Ferdinand August Falck

Lehrbuch der praktischen Toxikologie für praktische Ärzte und

Studierende

Mit Berücksichtigung der gerichtsärztlichen Seite des Faches

Ferdinand August Falck

Lehrbuch der praktischen Toxikologie für praktische Ärzte und Studierende
Mit Berücksichtigung der gerichtsärztlichen Seite des Faches

ISBN/EAN: 9783743687448

Hergestellt in Europa, USA, Kanada, Australien, Japan

Cover: Foto ©berggeist007 / pixelio.de

Weitere Bücher finden Sie auf **www.hansebooks.com**

LEHRBUCH

DER

PRAKTISCHEN TOXIKOLOGIE

FÜR

PRAKTISCHE ÄRZTE UND STUDIRENDE

MIT

BERÜCKSICHTIGUNG DER GERICHTSÄRZTLICHEN SEITE DES FACHES

BEARBEITET

VON

D^{R.} med. FERD. AUG. FALCK,

A. ORD. PROFESSOR DER PHARMAKOLOGIE AN DER UNIVERSITÄT
ZU KIEL.

———————◆·◆———————

STUTTGART.

VERLAG VON FERDINAND ENKE.

1880.

Vorwort.

Die Zahl der in diesem Lehrbuche besprochenen Giftstoffe konnte, entsprechend der Aufgabe desselben: vorzugsweise dem Bedürfnisse des praktischen Arztes und Gerichtsarztes, sowie des Studirenden der Medicin gerecht zu werden, nur eine beschränkte sein. Bis auf wenige Ausnahmen wurden nur solche Stoffe behandelt, welche erfahrungsgemäss oft Erkrankung und Tod der Menschen hervorrufen. Mit Rücksicht auf den festgesetzten Umfang des Lehrbuchs war sowohl für die allgemeine als die specielle Toxikologie nur eine gedrängte Darstellung zulässig. Abstammung, physikalische und chemische Eigenschaften der Giftstoffe konnten nur ganz kurz berücksichtigt werden, nur so weit, als es zur Erkennung, zum Nachweis des Giftes nothwendig schien. Genauer wurde die Aetiologie der Vergiftungen behandelt; hierbei wurde Werth darauf gelegt, dieselbe durch kurze statistische Angaben zu illustriren. Begreiflich können letztere nicht als absolut richtige angesehen werden — wie viel leichtere Vergiftungen, ja wie viel Todesfälle kommen nie zur öffentlichen Besprechung?! — doch wird man aus denselben genügend zu ersehen vermögen, welche Bedeutung das einzelne Gift für den Menschen, für den praktischen Arzt besitzt. Auch Symptomatologie, Verlauf und Behandlung der Vergiftungen wurden je nach dem Interesse, welches der praktische Toxikologe für das Gift hat, mehr weniger eingehend behandelt. Die Ergebnisse der Experimental-untersuchungen konnten nicht unberücksichtigt bleiben, es wurden jedoch, ohne auf wissenschaftliche Controversen näher einzugehen, meist nur diejenigen Thatsachen angeführt, welche theils bei dem Nachweis der stattgefundenen Vergiftung für den Gerichtsarzt von der grössten Wichtigkeit sind, theils bei der Beurtheilung der Giftwirkung nicht entbehrt werden können.

Von Literaturangaben musste fast vollständig abgesehen werden; auch an dieser Stelle können von den zahlreichen, bei der Ausarbeitung berücksichtigten Abhandlungen, Monographien, Hand- und Lehrbüchern der Chemie, Physiologie, Pharmakologie, Toxikologie etc. nur namhaft gemacht werden: die Toxikologien von *Binz* (Intoxicationen in *Gerhardt's* Handbuch), *Böhm-Naunyn-v. Böck* (in *Ziemssen's* Handbuch: 2. Aufl.), *Christison*, *C. Ph. Falck* (in *Virchow's* Handbuch), *Henkel-Hasselt, Hermann, Th.* und *A. Husemann, Orfila-Krupp, Tardieu-Roussin* von *Theile-Ludwig, Tardieu-Roussin* (2. édit.), *Taylor-Seydeler, Werber* u. A., die Pharmakologien von *Binz, Buchheim, Husemann, Noth-nagel-Rossbach* (3. Aufl.), *Schroff* u. A., die Jahresberichte von *Husemann*, von *Wiggers-Husemann-Dragendorff*, die Referate in *Schmidt's* Jahrbüchern; ferner: *Dragendorff*: Ermittelung der Gifte, 2. Aufl., *Eulenberg:* giftige Gase und: Gewerbe-Hygiene, *Hirt:* Krankheiten der Arbeiter, *Th.* und *A. Husemann:* Pflanzenstoffe.

In einem Anhange wurden die von der *Pharmacopoea germanica* zugelassenen Maximaldosen der Arzneimittel tabellarisch zusammengestellt mit den kleinsten Giftmengen, welche bereits zu Todesfällen geführt haben. Diese Uebersicht dürfte recht geeignet sein, den praktischen Arzt aufmerksam zu machen auf die Gefahr, welche die Benutzung der Maximaldosen einzelner Stoffe in sich schliesst. Möge der Inhalt dieser Tabelle mit dazu beitragen, die Zahl der sog. Medicinal-vergiftungen mehr und mehr zu vermindern.

Kiel, 20. September 1880.

Der Verfasser.

Inhaltsverzeichniss.

Allgemeine Toxikologie.

Definition, physikalische und chemische Eigenschaften, sowie Abstammung der Gifte.

Die Beantwortung der Frage, was ein Gift sei, wird im ersten Augenblicke Jeder für eine sehr leichte Aufgabe halten und wird derselbe auch schnell mit einer Definition bei der Hand sein. Prüft man die gegebene Antwort alsdann genauer, so wird man oft zu der Ueberzeugung kommen, dass derselben entsprechend, auch mechanisch einwirkende Körper (Dolche etc.) zu den Giften gerechnet werden müssten, was wohl auch der Laie für unrichtig halten wird.

Auch für den Toxikologen ist die wissenschaftliche Beantwortung der Frage schwer. Zahlreiche Definitionen des Wortes, des Begriffes: Gift sind im Laufe der Zeit gegeben [1]) und auch wieder als ungenügend verlassen worden. Den wissenschaftlichen Anforderungen am meisten entsprechend dürfte wohl die von *C. Ph. Falck* zuerst aufgestellte, von *Th. Husemann* später modificirte Definition sein. Dieselbe lautet in der Fassung von *Husemann:* „Wir definiren Gifte: als solche anorganische oder organische, theils künstlich darstellbare, theils im Pflanzenreich oder in normalen thierischen Organismen gebildete Stoffe, welche, ohne sich selbst dabei zu reproduciren, durch die chemische Natur ihrer Molecüle unter bestimmten Bedingungen im gesunden Organismus Form und Mischungsverhältnisse der organischen Theile verändern und durch Vernichtung von Organen oder Störung ihrer Verrichtungen die Gesundheit beeinträchtigen und unter Umständen das Leben aufheben."

---

[1]) S. in dieser Beziehung: *P. J. Schneider:* Ueber die Gifte. 2. Auflage 1821. S. 103—118.

Diese allerdings etwas lange Definition [1]) schliesst vom Gebiete der Toxikologie aus: die Imponderabilien (Elektricität, Blitz etc.), die früher oft abgehandelten sog. mechanischen Gifte (Glaspulver etc.), die Zoonosen (Wuth, Rotz etc.), die Infectionskrankheiten (Syphilis, Pocken, Intermittenten u. v. a.), die parasitären Krankheiten (Trichinose); sie stellt die Nahrungsstoffe nicht in einen Gegensatz zu den Giften, berücksichtigt somit auch die durch solche Stoffe (z. B. Kochsalz) bedingten Intoxicationen.

Die Schwierigkeit, eine brauchbare Definition des Begriffs Gift zu geben, wurde wohl dadurch vergrössert, weil man nach einer allgemeinen, allen Giften zukommenden Eigenschaft suchte und doch keine aufzufinden vermochte.

Gerade bezüglich ihrer mehr äusseren Eigenschaften unterscheiden sich die Gifte ganz bedeutend: einige derselben sind feste Körper, andere finden wir bei gewöhnlicher Temperatur im flüssigen Zustande, wieder andere sind unter den gleichen Bedingungen gasförmig.

Ihrer chemischen Zusammensetzung nach haben wir, wie schon die Definition besagt, zwischen anorganischen und organischen Giften zu unterscheiden. — Eine weitere Besprechung der allgemeinen chemischen Eigenschaften der Gifte muss als unmöglich, jedenfalls als unnütz unterbleiben.

Bezüglich der Abstammung ist zu erwähnen, dass die drei Reiche der Natur: Das Thier-, Pflanzen- und Mineralreich uns eine grosse Zahl giftiger Stoffe liefert, und dass ausser diesen noch durch die Thätigkeit der Chemiker eine recht grosse Zahl schädlicher Potenzen auf künstlichem Wege dargestellt wurden und immer noch neue aufgefunden werden.

Die Untersuchung der Giftwirkung.

So mannigfach verschieden bezüglich ihrer äussern Merkmale sind die Stoffe, welche Gegenstand der Toxikologie sind resp. werden können. Freilich wird die praktische Toxikologie, welche in erster Linie das Interesse des praktischen Arztes im Auge hat, sich nicht mit den unzähligen giftig resp. schädlich wirkenden Stoffen beschäftigen können;

---

[1]) Interessant dürfte es sein, hier die gesetzlichen Bestimmungen über Gift vergleichen zu können. Dieselben sind:

Für das deutsche Reich (Strafgesetzbuch §. 229): Wer vorsätzlich einem Andern, um dessen Gesundheit zu beschädigen, Gift oder andere Stoffe beibringt, welche die Gesundheit zu zerstören geeignet sind, wird etc.

Für Frankreich: (Code pénal, art. 301): Man versteht unter Vergiftung einen Angriff auf das Leben eines Individuums mittelst solcher Substanzen, die mehr oder weniger rasch den Tod herbeizuführen vermögend sind, ganz abgesehen davon, wie diese Substanzen in Anwendung gezogen oder verabreicht worden sind und welcherlei Folgen sie auch gehabt haben mögen.

Art. 317: Wer einen Andern krank oder arbeitsunfähig gemacht hat durch absichtliche Verabreichung solcher Substanzen, die, wenn sie auch ihrer Natur gemäss nicht den Tod herbeiführen, doch der Gesundheit Schaden zufügen, der soll etc.

Für England: Wer immer irgend ein Gift oder irgend etwas anderes Zerstörendes beibringt oder dabei behülflich ist, begeht ein Capitalverbrechen etc.

die wissenschaftliche Toxikologie hat aber auch diese Stoffe zu berücksichtigen. Ganz treffend sagt *Hermann* (S. 2) über die Aufgabe der Toxikologie: „sie (die Toxikologie) darf es sich nicht nehmen lassen, nichts anderes zu suchen, als die Kenntniss und das Verständniss aller von fremden Substanzen ausgehenden Veränderungen im Organismus. Ob der untersuchte Körper wirklich jemals zu Vergiftungen an Menschen Anlass giebt, ob er zu einer Anwendung als Arznei sich eignet, darf bei der Auswahl ihrer Gegenstände durchaus nicht in Betracht kommen."

Es ist somit die Aufgabe der Toxikologie, die Wirkung der giftigen Substanzen auf den Organismus festzustellen und zu analysiren.

Wohl erliegen jährlich eine grosse Zahl von Menschen, theils beabsichtigt, theils unabsichtlich in Folge von Unglücksfällen etc. der Wirkung giftiger Substanzen; dem entsprechend finden wir über diese Vergiftungen hin und wieder in politischen, wie Fachzeitungen etc. berichtet. Im Grossen und Ganzen sind aber solche Berichte nicht so erstattet, dass sie uns einigermassen befriedigen könnten. — In der grossen Mehrzahl der Fälle erfahren wir über die in den Körper eingeführte Menge des Giftes gar nichts oder doch nur ganz ungenügende Angaben wie: ein Schluck, eine Theetasse voll u. dergl. Dazu kommt, dass die meist in den Magen eingeführten Giftmengen schon sehr bald, entweder durch die Giftwirkung selbst, oder durch helfende Eingriffe der Aerzte etc. — und auch die Selbstmörder werden oft genug, wenn sie von den heftigsten Schmerzen gepeinigt werden, nach Rettung, zum wenigsten noch Linderung verlangen — wieder entleert werden; wie viel vom Gift ist nun in das Blut gelangt? — Auch erfahren wir oft über die ersten Anfänge des Erkrankens nichts Zuverlässiges, oft sogar über den ganzen Verlauf der Intoxication, da in nicht wenigen Fällen der Vergiftete vor Ankunft eines Arztes in den Händen von Laien sein Leben beschliesst.

Im denkbar günstigsten Falle erhalten wir Auskunft über die eingeführte Giftmenge, über den Verlauf der Vergiftung (wohl grösstentheils von Laien beobachtet und beschrieben) und über den Ausgang des Unglücksfalles. Doch alles dies kann unsere Kenntniss über die Giftwirkung nur wenig erweitern, zumal da in der grossen Mehrzahl der Fälle die berichteten Symptome nicht allein auf eine Giftwirkung zurückzuführen sein dürften. Werden wir doch stets bemüht sein, die Zahl der jährlich der Giftwirkung verfallenden Opfer so viel wie irgend möglich zu verringern! Dies können wir nur dadurch erreichen, dass wir energisch mit allen unsern Hülfsmitteln der Wirkung des Giftes, resp. der Intensität desselben entgegen zu arbeiten suchen. Wir werden demnach durch diese Berichte, wenige Fälle ausgenommen, kein reines Bild der Allgemeinwirkung erhalten, sondern stets ein durch unsere Eingriffe und die Wirkung der Gegengifte modificirtes. Es werden somit die bei Menschen zur Beobachtung kommenden Intoxicationen uns auch nur in beschränktem Masse zur Lösung der oben angedeuteten Aufgabe behülflich sein können.

Die Toxikologie, namentlich die praktische Toxikologie hat aber noch eine zweite Aufgabe zu erfüllen, die darin besteht, der eintretenden Macht der Gifte entgegen zu arbeiten, zu helfen, zu heilen. Auch zur Lösung dieser schönen, aber auch sehr schweren Aufgabe können die zufälligen Intoxicationen der Menschen nicht benützt werden. Bei Letzteren kann der praktische Arzt nicht lange experimentiren, sondern er muss, so schnell wie möglich, die, durch das Experiment gefundenen, durch öfteren Erfolg erprobten, Mittel zur Anwendung bringen.

Nur durch eine methodische Untersuchung können wir unsere Kenntnisse, sowohl über die Art der Giftwirkung, als namentlich über die zu benutzenden Gegengifte vervollständigen. Dabei sind die Krankengeschichten der vergifteten Menschen nicht ganz zu vernachlässigen. Geben die unglücklich verlaufenen Fälle uns doch einen Anstoss zu erneutem Suchen und Arbeiten, während wir durch die Nachricht von in Folge unseres Eingriffs glücklich verlaufenen Intoxicationen für unsere Mühe reichlich belohnt werden.

Das Experiment ist somit in erster Linie zu benutzen, um unsere toxikologischen Kenntnisse mehr und mehr zu vervollständigen.

Wenn auch zum Nachweis und Studium einzelner Giftwirkungen abgetrennte, todte Theile von Thieren als vollkommen genügend bezeichnet werden müssen, so ist man doch gezwungen zum Experiment am lebenden Organismus seine Zuflucht zu nehmen, sobald es sich darum handelt, das Wesen der Vergiftung genauer festzustellen. Und nur, wenn Letzteres einigermassen erreicht ist, kann man mit etwas Aussicht auf Erfolg, an lebenden Organismen experimentirend, Gegengifte zu suchen unternehmen.

Wie wichtig das Experiment am lebenden Organismus für die praktische Toxikologie ist, kann ausser durch zahlreiche ältere Beispiele durch Folgendes klargelegt werden.

Bekanntlich ist das chlorsaure Kali ein viel gebrauchtes, oft erprobtes Heilmittel, welches namentlich gegen Mundaffectionen aller Art, besonders aber gegen Rachendiphtheritis bei einer sehr grossen Zahl von Kindern Gutes geleistet hat. Seine Anwendung, seine Wirkung gegen die erwähnten Affectionen ist so allbekannt, dabei seine Unschädlichkeit so oft betont worden, dass man diese Substanz im gewissen Sinne zu den sog. Hausmitteln zu zählen berechtigt ist. Und doch ist es ein heftiges Gift.

Schon lange weiss man, dass die Kalisalze (s. diese) heftige auf den Herzmuskel wirkende Gifte sind; bezüglich des chlorsauren Salzes ist auf diese Gefahr lange Zeit hindurch nur vereinzelt hingewiesen und statt des Kalisalzes das entsprechende Natronsalz empfohlen worden. Trotzdem wurde die Benutzung des Kali chloricum kaum vermindert; man gab die grossen Dosen nach wie vor fort und dürfte es gerechtfertigt erscheinen, die Vermuthung auszusprechen, dass manches Kind, welches, als an der Diphtheritis verstorben, aufgeführt wurde, in Folge der früher unbekannten, heimtückischen Wirkung der Chlorate zu Grunde gegangen ist. Selbst einige aus Amerika gemeldete, durch chlorsaures Kali veranlasste Unglücksfälle scheinen nicht im Stande gewesen zu sein, die Ansicht vieler Praktiker über die Unschädlichkeit dieses Mittels zu ändern. Dem Ergebniss des Thierexperiments sollte es überlassen bleiben, die intensiv-giftige Wirkung der Chlorate (s. diese) sicher nachzuweisen und darzuthun, dass diesen Körpern neben den heilenden auch schädliche Wirkungen inne wohnen. Hoffen wir, dass bei der neuen Herausgabe der Pharmacopoea germanica die Chlorate in der Tabelle A (der Maximaldosen) Aufnahme finden und dass auf diese Weise der allzufreien Benutzung dieser Stoffe ein, wenn auch kleines Hinderniss bereitet werde.

Das Experiment kann, zur Erweiterung unserer toxikologischen Kenntnisse, in der verschiedensten Weise[1]) an lebenden Organismen ausgeführt werden.

Da die praktische Toxikologie in erster Linie die bei dem Menschen hervorgerufenen Wirkungen der Gifte zu berücksichtigen hat, so würde es für sie am vortheilhaftesten sein, wenn man auch zu dem Experiment den menschlichen Organismus heranziehen könnte. Glücklicherweise liegen die Zeiten fern, in welchen es einem *Fallopia*, *Matthiol*, *Brassavolus* u. A. gestattet war, die Wirkung ihrer Gifttränke, sowie die von ihnen bereiteten Gegenmittel an Verbrechern zu prüfen. Auch Untersuchungen, wie die, welche der ob seines Heroismus gerühmte *Konr. Gesner* an seinem eignen Körper und mit Gefahr für sein Leben über die Wirkung der Gifte ausgeführt hat, stehen vereinzelt da; sind auch solche Handlungen nicht zu rechtfertigen, so wird man sie auch gerade nicht zu sehr verdammen dürfen, wenn, wie dies bei *Drorzak* und *Heinrich* namentlich der Fall war, die Untersuchung unter Aufsicht und Leitung eines erfahrenen Lehrers ausgeführt wird. Nur in diesem Falle können solche Untersuchungen für die Wissenschaft von Nutzen sein.

Ganz können wir freilich die Experimente am Menschen nicht entbehren, sobald wir darnach streben, die Wirkung der Gifte vollkommen kennen zu lernen. In welcher Weise die Gifte auf das Sensorium einzuwirken vermögen, das kann einzig und allein am Menschen festgestellt werden[2]). Zum Nachweis, zur Beurtheilung jeder andern Wirkung der Gifte genügt vollkommen das Experiment am lebenden Thiere.

Die Thierarten.

Bezüglich des Werthes der zu erhaltenden Resultate ist die Wahl der zum Experiment zu benutzenden Thiere sehr wichtig. Nicht alle Thierarten verhalten sich dem einzelnen Gift gegenüber gleich und können wir, was namentlich hervorzuheben ist, nicht von allen Thieren weiter einen Schluss bezüglich der Wirkung auf den Menschen machen. Wohl am ersten dürfte dies zulässig sein bei dem Experimentiren mit dem Hunde, der als Carnivore (resp. Omnivore) dem Menschen nicht so sehr fern steht, wie dies bei dem sonst viel benutzten Kaninchen der Fall ist.

Bedeutend sind die Unterschiede der Giftwirkung auf die Repräsentanten der verschiedenen Thierklassen etc., Unterschiede, welche wir nicht immer auf die verschiedene Lebensweise der Thiere zurückzuführen vermögen. So wissen wir, dass z. B. beim curarisirten und chloralisirten Kaninchen die Reizung des Ischiadicus den Blutdruck herab-

---

[1]) Die hier einzuschlagende Methodik ist von *Hermann* näher auseinander gesetzt. Es ist nicht der Plan dieses Lehrbuches, diesen Zweig der Experimentalforschung mehr, als zum Verständniss unbedingt nothwendig ist, zu berücksichtigen.

[2]) Oft werden uns in dieser Beziehung die zufällig vorkommenden Vergiftungen genügend Aufschluss geben.

setzt, beim ähnlich behandelten Hunde aber erhöht[1]). — So haben die
Untersuchungen von *Salkowski*, *Walter*, *Hallervorden* u. A. dargethan,
dass Mineralsäuren in dem Organismus des Fleischfressers (Hundes)
anders wirken, als in dem Organismus des Pflanzenfressers (Kaninchen).
Doch nicht allein zwischen den Repräsentanten verschiedener
Ordnungen derselben Thierklasse, nein auch in derselben Ordnung
finden wir zwischen den einzelnen Familien, sogar in derselben Gattung
zwischen einzelnen Arten wesentliche, bei dem Experiment zu berücksichtigende Unterschiede. So hat man gefunden, dass z. B. Kaninchen
und Maus (beide der Ordnung der Glires zugehörig) verschieden fein
auf die Wirkung des Strychnins (s. dieses) reagiren, dass Rana esculenta und Rana temporaria sich dem Coffeïn gegenüber wesentlich verschieden verhalten.

Dieses, sowie noch manches Andere muss bei der Wahl der Thiere
berücksichtigt werden. Wir benutzen von Säugethieren: Hund, Katze,
Kaninchen und Meerschweinchen, seltner und nur zu ganz bestimmten
Zwecken: Pferde, Ziegen, Ratten, Mäuse u. dergl. Von Vögeln kommen
fast nur Hühner und Tauben, weniger kleinere Thiere, wie Sperlinge etc.
in Betracht. Von den Kaltblütern wird am meisten der sehr brauchbare Frosch angewandt; seltner Schlangen und Fische. Wirbellose
Thiere dienten bisher nur ganz besonderen Zwecken. So benutzte
Hensen: Palaemon antennarius, Mysis spinulosus u. a., um mit Hülfe
der durch Strychnin erhöhten Reflexerregbarkeit bei diesen Thieren
die Fähigkeit zu Hören, nachzuweisen. *J. Steiner* prüfte die Wirkung
des Curare an Krebsen, Schnecken, Seesternen, Medusen etc.

Die Applicationsstellen.

Um die Wirkungen der Gifte auf den thierischen Organismus
kennen zu lernen, ist es nöthig, die Gifte auf die Thiere einwirken zu
lassen. Die Applicationsstelle, sowie die Art, wie das Gift beigebracht
wird, ist für den Erfolg des Versuches von der grössten Wichtigkeit.

Schon durch die Application auf die Körperbedeckung kann
durch einzelne Stoffe eine mehr oder weniger intensive, locale Wirkung bedingt werden, die zunächst vorzugsweise von den physikalischen Eigenschaften, sowie von der chemischen Affinität des
Giftes zu den (chemischen) Componenten der Applicationsstelle abhängen wird.

Von ersteren dürfte hier das Lösungsverhältniss zu erwähnen
sein. So wird z. B. eine feste Stange Kalihydrat, kurze Zeit mit der
trocknen Haut in Berührung gebracht, kaum eine Wirkung hervorrufen, während eine concentrirte, wässerige Lösung dieses Mittels die
Haut in kurzer Zeit zu zerstören im Stande ist. Dass man hierbei
auch auf die ev. Wirkung des Lösungsmittels Rücksicht nehmen und
beim Studium der localen Wirkung z. B. absoluten Alkohol als Lösungsmittel vermeiden muss, braucht wohl nur kurz erwähnt zu werden. —
Am meisten hängt aber die locale Wirkung jedenfalls von der chemischen Affinität des Giftes zu den Körperbestandtheilen ab. Ist dieselbe bedeutend, so erhalten wir eine intensive Wirkung, wie Aetzung,

---

[1]) S. *Grützner* u. *Heidenhain*, *Pflüger's* Archiv Bd. 16. S. 52.

Zerstörung u. s. w.; andernseits ist die Wirkung gering, vielleicht gleich Null.

Aehnliches liesse sich auseinandersetzen bezüglich der localen Giftwirkung auf die Schleimhäute des Mundes, Rachens, Magens, Rectums u. a. m.

Schon durch die Einwirkung des Giftes auf die äussere Haut kann aber neben der localen Wirkung oder auch ganz ohne eine solche, eine weitergehende Wirkung hervorgerufen werden. Dieselbe, den ganzen übrigen Körper in Mitleidenschaft ziehend, ist auf zwei wesentlich verschiedene Verhältnisse zurückzuführen.

Diese Allgemeinwirkung kann dadurch zu Stande kommen, dass die Hautthätigkeit vernichtet wird, dass durch den auf die Haut einwirkenden Reiz einzelne für das Leben wichtige Nervencentren in Mitleidenschaft gezogen werden u. s. w., wie wir dies bei den gefirnissten Thieren sehen; begreiflich kann hier von einer dem Gift eigenthümlichen Wirkung keine Rede sein.

Die Allgemeinwirkung kann aber auch dadurch bedingt sein, dass Theile des Giftes in das Gefässsystem und so zu allen innern Theilen des Körpers gelangen [1]). Wir erhalten dann die dem Gifte eigenthümliche Wirkung.

Letztere Wirkung, die uns hier vorzugsweise interessirt, kommt nur zu Stande, wenn Gift in, für jeden Stoff bestimmter Menge, in das Blut gelangt.

In das Blut werden giftige Stoffe gebracht, indem wir sie künstlich in das Gefässsystem injiciren, entweder, und dies geschieht wohl in der Mehrzahl der Fälle, in eine geöffnete Vene, oder, in selteneren Fällen, in die Arterie. Dass diese Application sehr sorgfältig ausgeführt werden muss, ist selbstverständlich. Namentlich ist darauf zu achten, dass mit dem Gifte nicht zugleich Luft [2]) in das Gefässsystem gelangt. Auch das will ich zu erwähnen nicht unterlassen, dass die in's Blut zu injicirenden Stoffe im gelösten Zustande benutzt werden müssen und dass sie sich den Blutbestandtheilen gegenüber insofern indifferent verhalten müssen, als sie in demselben zur Bildung von Niederschlägen etc. keine Veranlassung geben.

Die directe Injection in das Blut ruft sehr rasch die Wirkung des Giftes hervor; langsamer kommt dieselbe zu Stande, wenn man dafür sorgt, dass die Gifte durch Resorption in das Blut gelangen. Dies lässt sich von den verschiedensten Körperstellen aus erreichen.

In erster Linie kommt hier der subcutane Zellstoff in Betracht. Man injicirt die Giftlösung mit Hülfe einer Spritze (*Pravaz'*schen Spritze) und verhindert den Wiederaustritt des Giftes durch Schluss des Stichkanals. Muss man, wie dies zum „physiologischen Nachweis" einer Vergiftung meist geschieht, an Fröschen experimentiren, so spritzt man die Giftlösung in deren Lymphsäcke ein.

---

[1]) Auf die Frage nach der Resorptionsfähigkeit der äusseren Haut kann hier nicht eingegangen werden.

[2]) Die Frage, bezüglich der Gefahr des Lufteintritts in die Venen hat zu zahlreichen Untersuchungen Anlass gegeben. Hier kann dieselbe nicht behandelt werden. — Wenn auch kleine Mengen Luft, ohne bedeutende Störungen hervorzurufen, in das Gefässsystem eindringen können, so dürfte doch eine solche Complication des Versuchs möglichst zu vermeiden sein.

Die Application in den Magen geschieht bei Thieren am besten mit Hülfe von Schlundsonden, Kathetern und ähnlichen Instrumenten. Auch in das Rectum, die Harnblase etc. kann man in ähnlicher Weise Gifte einspritzen.

Die Resorption und damit die Wirkung der Gifte, ist von diesen Applicationsstellen aus sehr verschieden. So konnte ich, um nur ein Beispiel anzuführen, bei meinen Versuchen mit salpetersaurem Strychnin Hunde tödten, wenn ich ihnen pro Kilo Körpergewicht 0,75 mg des Giftes in den Unterhautzellstoff applicirte; denselben Erfolg erzielte ich durch eine Injection von 2 mg in das Rectum, von 3,9 mg in den nüchternen Magen, während von der letzten Applicationsstelle aus durch 2 mg der Tod nicht bedingt wurde. Von der Harnblase aus konnte selbst durch 5,5 mg[1]) dieses heftigen Giftes nicht das geringste Vergiftungs-symptom hervorgerufen werden. Ueber die Resorptionsfähigkeit der Harnblase ist oft gestritten; ich möchte auf diese Frage hier nicht näher eingehen, bin aber der Ansicht, dass das Strychninsalz gar nicht resorbirt wird, oder doch nur in so kleinen Mengen, dass letztere, ohne Vergiftungserscheinungen zu veranlassen, in demselben Masse in den Nieren wieder zur Ausscheidung gelangen.

Soll das Gift in den Magen, resp. das Rectum applicirt werden, so erhält man nur dann brauchbare Resultate, wenn man diese Körper-höhlen im leeren Zustande benutzt. Um dies bei dem Magen zu erreichen, benutzt man am besten nüchterne Hunde; in das Rectum applicirt man zunächst ein ausleerend wirkendes Clysma.

Nicht unerwähnt darf ich lassen, dass von derselben Applications-stelle aus verschiedene Gifte auch verschieden schnell zur Resorption gelangen. Am bekanntesten ist in dieser Beziehung die relative Un-wirksamkeit von Curare, vom Schlangengift, vom Magen aus, während andere Gifte von dieser Stelle schnell zur Wirkung kommen. — Die Veränderungen, welche die Gifte an den einzelnen Applicationsstellen erleiden können und welche von Einfluss auf ihre Wirkung sind, wer-den später besprochen.

Noch eine Applicationsstelle muss hier berücksichtigt werden, nämlich die Lungen, welche für die gasigen Gifte von Wichtigkeit sind. Wohl kann man die Gase, in Wasser oder Blutserum absorbirt, direct in das Blut, resp. unter die Haut injiciren, doch wird man es meist vorziehen, diese Gifte, mit Luft vermischt oder auch rein von den Thieren einathmen zu lassen. Hierbei können verschiedene, theils einfache, theils sehr complicirte Apparate benutzt werden. Auf die-selben näher einzugehen, würde zu weit führen.

Andere Bedingungen der Giftwirkung.

Im Vorhergehenden haben wir schon einige Verhältnisse kennen gelernt, welche auf die Giftwirkung von Einfluss sind, nämlich die Thierspecies und die Applicationsstelle. Weitere die Giftwirkung be-herrschende Verhältnisse, welche wir theilweise durch die Wirkung der Arzneimittel und Gifte auf Menschen kennen gelernt haben, sind die Gewöhnung und die Körperverhältnisse des Einzelindividuums.

---

[1]) 0.03 g Strychninnitrat bei einer Hündin von 5370 g Gewicht.

Die Gewöhnung des Organismus an den Einfluss eines Giftes ist für die praktische Toxikologie, nicht minder aber für die Arzneimittellehre von der grössten Wichtigkeit. An einzelne Gifte, z. B. Alkohol, Opium u. a. kann sich der Organismus sehr gewöhnen, derart, dass von demselben grosse Giftmengen ertragen werden, welche von andern, an den Genuss nicht Gewöhnten, nicht ohne Schaden für Gesundheit und Leben eingenommen werden können. — In gewissem Gegensatz zu der Gewöhnung an Gifte steht die cumulative Wirkung anderer, z. B. Digitalis, sowie die Idiosynkrasie.

Bezüglich der Körperverhältnisse des Individuums ist in erster Linie das Alter zu erwähnen. Junge und auch ganz alte Individuen werden gewöhnlich durch dieselben Mengen Arznei und Gift heftiger ergriffen, als Erwachsene mittleren Alters. Aehnliches ist bezüglich des Geschlechts zu erwähnen. Frauen finden wir meist der Giftwirkung gegenüber nicht so widerstandsfähig als Männer.

Auch durch den Ernährungszustand, bestehende Krankheiten etc. kann die Giftwirkung erhöht, resp. abgeschwächt werden. So werden hungernde Thiere viel schneller der Giftwirkung z. B. des Brucins erliegen, als gut genährte Thiere.

Auch einige Verhältnisse des giftigen Körpers selbst, welche für das Zustandekommen, die Intensität der Wirkung etc. wichtig sind, haben wir noch kennen zu lernen.

Die Menge des in den Körper eingeführten Giftes ist von der grössten Bedeutung. Keine der als „Gift" anerkannten Substanzen wirkt in jeder beliebigen Menge schädlich, eine Thatsache, welche ja täglich durch die therapeutische Anwendung einer grossen Zahl von Giftstoffen erhärtet wird. Von jedem Gift können wir eine relativ, resp. absolut kleine Menge bezeichnen, welche überhaupt keine Wirkung zu äussern im Stande ist. Steigert man allmälig die Menge, so kommen wir zu einer Grösse, welche ganz schwache Symptome hervorzurufen vermag (dosis toxica). Steigert man mehr und mehr, so wird die Wirkung immer intensiver werden und bei einer für jedes Gift, für Thierspecies, Applicationsstelle u. s. w. genau zu bestimmenden Menge der letale Ausgang, ohne Anwendung von Gegengiften etc., nicht zu verhindern sein (dosis letalis minima). Eine weitere Steigerung wird im Grossen und Ganzen den Verlauf der Intoxikation beschleunigen, jedoch auch nur bis zu einer gewissen Grenze.

Zur Hervorrufung der Giftwirkung, zur Veranlassung des Todes muss das Blut des Thieres eine ganz bestimmte Menge von Gift aufnehmen und auch für einige Zeit bewahren. Ich habe z. B. bei mehreren Tauben, welchen eine Harnstofflösung in den Kropf applicirt war, nach dem Tode, die noch im Kropfe befindliche Menge Harnstoff quantitativ bestimmt. Ich fand, dass die Thiere starben, sobald von der injicirten Giftlösung aus dem Kropfe: 3,7—4,55—3,85—4,54— 3,95 g Harnstoff pro 250 g Taube verschwunden waren; eine Taube starb nicht, es waren 2,95 g pro 250 g resorbirt, 3,1 g pro 250 g injicirt [1]).

Der Gehalt des Blutes an Gift hängt natürlich ab von der Schnelligkeit, mit der das Gift von der Applicationsstelle resorbirt und

---

[1]) *C. Lammers.* Dissertation. Marburg 1872.

mit der es aus dem Blute wieder eliminirt wird. Ist die Resorption
relativ langsam resp. gering, die Elimination aber z. B. in Folge einer
schnellen Circulation relativ schnell, so wird die dosis toxica wie letalis
minima eine sehr hohe sein und umgekehrt. So beträgt letztere nach
meinen Versuchen: von Strychninnitrat — Application unter die Haut
— für Kaninchen: 0,6 mg pro Kilo, für Mäuse aber, wohl nur in
Folge der schnellen Elimination: 2,4 mg pro Kilo.

Ausser der Menge des Giftes ist aber auch noch der physikalische Zustand desselben wichtig. Beherrscht derselbe doch in gewissen Grenzen die Schnelligkeit der Resorption des Giftes. So wird
ein und dasselbe Gift, in Lösung applicirt, schneller und intensiver
wirken, als wenn die gleich grosse Menge desselben in fester Form
eingeführt wird. Auch die Concentration der Lösung ist für die
Art der Giftwirkung höchst wichtig. Im Allgemeinen wirken Lösungen
mittlerer Concentration am besten; ganz gesättigte Lösungen vieler
Gifte rufen oft locale Veränderungen hervor und kann dadurch die
Resorption beeinträchtigt werden; sehr verdünnte Lösungen einzelner
Gifte können als unschädlich bezeichnet werden.

Dass verdorbene Gifte, z. B.: altes Coniin nicht so wirkt, wie
reines, frisch dargestelltes, ist selbstverständlich; mit solchen Präparaten wird man nicht experimentiren. Nur deshalb muss darauf aufmerksam gemacht werden, weil auf die Anwendung solcher verdorbener, zersetzter Gifte, z. B. der Blausäure, der Misserfolg manches
Selbstmordversuchs zurückzuführen ist.

Auch das darf ich nicht unerwähnt lassen, dass manche Giftpflanze je nach dem Standort, nach der Vegetationsperiode u. a. m.
in Folge des verschiedenen Gehalts an giftigem Princip auch verschieden intensiv einwirkt.

Veränderung der Gifte im Organismus.

Die an oder in den lebenden Organismus gebrachten Gifte können
oft schon an der Applicationsstelle, öfter noch in dem Blut und den
Geweben Veränderungen erfahren, durch welche auch ihre Wirkung
modificirt werden kann.

Die oben besprochene Wirkung auf die Körperbedeckung dürfte
hier zunächst zu erwähnen sein. Viele Gifte können, ohne verändert
zu werden, auf die Haut applicirt werden: andere aber, z. B.: starke
Mineralsäuren, Laugen, Metallsalze etc., finden hier Gelegenheit sich
mit den Proteïnsubstanzen zu vereinigen und kann die weitergehende
Wirkung solcher Gifte hierdurch wesentlich beeinträchtigt werden.

Viel mannigfaltiger gestalten sich die Verhältnisse, sobald die
Gifte nicht äusserlich auf die Haut, sondern in den Organismus selbst
eingeführt werden.

Einzelne Gifte werden allerdings auch so ohne jede Veränderung
resorbirt werden, sie verweilen im Blute und werden ebenso unverändert schliesslich wieder aus dem Körper entfernt. Andere Gifte werden
aber, theils schon an der Applicationsstelle, theils im Blute und den Geweben
in der verschiedensten Weise verändert werden. Durch diese Veränderungen kann die schädliche Wirkung der Stoffe auch wesentlich
modificirt, theils aufgehoben, theils erst hervorgerufen werden.

Schon die Erwärmung, welche die in den lebenden Organismus des Warmblüters eingeführten Stoffe erfahren, kann verändernd auf bestimmte Körper einwirken. So wird die injicirte Xanthogensäure: $HS.CS.O.C_2H_5$, durch ihre Erwärmung über 24^0 C. in Alkohol: $HO.C_2H_5$ und Schwefelkohlenstoff: SCS zerlegt und wirkt sie namentlich durch letzteren auf den Organismus ein (*Lewin* 1879).

In ähnlicher Weise wie bei der Application auf die Haut können aber auch einzelne Gifte, in den Organismus eingeführt, verändert werden. Applicire ich z. B. eine sehr concentrirte Lösung von Chloralhydrat in den subcutanen Zellstoff, so wird diese Lösung auf ihre nächste Umgebung stark ätzend einwirken; es wird so ein Theil des Giftes, gebunden, überhaupt nicht an der Resorption betheiligt sein, ein anderer Theil, überall umgeben von verätztem Gewebe, wird aber nur ganz allmälig resorbirt werden und zur Wirkung gelangen.

Oft wird in dem Organismus Gelegenheit vorhanden sein, dass giftige Salze ihre Säure resp. Basis mit normal im Organismus enthaltenen Salzen umtauschen. Diese Umsetzungen haben nur dann für uns Interesse, wenn dabei das giftige Salz in ein unlösliches und unschädliches, resp. ein wenig giftiges in ein heftigeres Gift verwandelt wird. So wird, um ein Beispiel anzuführen, das giftige Chlorbaryum durch Natriumsulfat unschädlich gemacht unter Bildung von unlöslichem Baryumsulfat ($BaCl_2 + Na_2SO_4 = 2NaCl + BaSO_4$: *Onsum* führte auf die Bildung dieses Niederschlags und dadurch hervorgerufene Embolie der Lungencapillaren die giftige Wirkung der Baryumsalze zurück: das Unhaltbare dieser Ansicht, ebenso bezüglich der Oxalwirkung, wurde durch *Cyon* experimentell nachgewiesen).

Ferner können die eingeführten Stoffe sich mit in dem Organismus gebildeten Körpern vereinigen. Ein schon lange gekanntes Beispiel der Art ist die Benzoësäure: $C_6H_5.COOH$, welche sich in dem Organismus (bei Hunden in den Nieren) mit der Amidoessigsäure (Glycocoll): $CH_2.NH_2.COOH$ zu Benzoyl-amidoessigsäure (Hippursäure): $CH_2.NH(C_6H_5.CO).COOH$ vereinigt. Von giftigen Stoffen muss hier jedenfalls das Phenol: $C_6H_5.OH$ genannt werden, welches im Organismus sich mit Schwefelsäure vereinigend, in dem Urin als phenolschwefelsaures Salz: $C_6H_5.O.SO_3K$ erscheint.

Auch Spaltungen kommen vor und können für die Giftwirkung wichtig sein. Spaltungen erleiden die Glucoside. So wird das Amygdalin durch die Einwirkung des in den bittern Mandeln zugleich enthaltenen Emulsins gespalten unter Bildung der sehr giftigen Blausäure ($C_{20}H_{27}NO_{11} + 2H_2O = 2C_6H_{12}O_6 + C_6H_5.CHO + CNH$), welch letzterer es seine Wirkung verdankt. Zu dieser Spaltung ist die Wirkung eines im Körper normal nicht enthaltenen Stoffes, des Emulsins nothwendig.

Spaltungen ähnlicher Art können aber auch durch die chemische Beschaffenheit der Gewebsflüssigkeiten etc. bewirkt werden. Hier darf wohl das Chloral (s. Chloralhydrat) erwähnt werden, welches (im Reagensglase) durch Einwirkung von Alkalien leicht in Chloroform und ameisensaures Salz ($CCl_3.CHO + KOH = HCCl_3 + HCOOK$) zerfällt. — Statt der Alkalien kann sich aber auch die im Körper in grosser Menge entstehende Kohlensäure an den Spaltungen betheiligen. Wird einem Thiere ein trifulsocarbonsaures Salz injicirt, so geht das Thier durch die Einwirkung des entstehenden Schwefelwasserstoffs und Schwefelkohlenstoffs zu Grunde. Die Spaltung erfolgt durch Einwirkung der Kohlensäure nach der Gleichung: $SC(SK)_2 + CO(OH)_2 = CO(OK)_2 + SH_2 + CS_2$.

Schliesslich ist noch zu erwähnen, dass die in den Organismus eingeführten Stoffe in demselben mehr weniger vollständig zerstört, verbrannt werden können: im günstigsten Falle werden Kohlensäure und Wasser als Endproducte austreten.

Ich kann diese Betrachtung über die Veränderung der Gifte im lebenden Thiere nicht verlassen, ohne nochmals auf die Wichtigkeit derselben aufmerksam gemacht zu haben. Schon *Liebreich* hat zur Erklärung der Wirkung des Chloralhydrats die im Blute allmälig eintretende Spaltung desselben herangezogen. Es ist jedenfalls eine solche Bildung des Giftstoffes im circulirenden Blute sehr bedeutungsvoll und können durch eine solche Einwirkung in statu nascendi einzelne Vergiftungssymptome stärker ausgesprochen zum Vorschein kommen, als wenn derselbe Giftstoff fertig gebildet von aussen in den Körper eingeführt wird. (S. Schwefelwasserstoff, Schwefelkohlenstoff.)

Ausscheidung der Gifte.

Ist ein Gift in das Blut eines lebenden Thieres aufgenommen, so wird ersteres unverändert oder in Form seiner Spaltungs- resp. Verbrennungsproducte mit dem circulirenden Blute zu den secernirenden Organen gelangen und schnell oder langsam durch deren Thätigkeit aus dem Körper entfernt werden. Je nach den physikalischen und chemischen Eigenschaften der Gifte werden die einzelnen secernirenden Organe die Ausscheidung vermitteln. Im Allgemeinen werden die flüchtigen Stoffe (Gase, Dämpfe) vorzugsweise durch die Lungenthätigkeit, die festen, im Wasser löslichen Körper aber durch die Nieren ausgeschieden werden.

Die Elimination wird wesentlich beeinflusst durch die chemische Affinität der giftigen Substanz zu den Blutbestandtheilen resp. zu den secernirenden Elementen des betreffenden Organs.

Ist die Affinität des Giftes zu einzelnen Blutbestandtheilen sehr gross, so wird begreiflich die Elimination nur sehr langsam stattfinden, unter Umständen sogar noch von der Applicationsstelle aus Gift zu dem Blute hingezogen werden. Ein Beispiel hierfür ist das Kohlenoxydgas. Seine Verwandtschaft zu dem Hämoglobin ist sehr gross, die entstehende Verbindung eine sehr dauerhafte; so kommt es, dass das Kohlenoxydgas aus dem Blute, trotz des regen Austausches zwischen Blutgasen und Alveolenluft, nur sehr langsam eliminirt wird, dass, falls die Alveolenluft einen bestimmten Gehalt an diesem Gas enthält, sogar noch weitere Mengen von Gift durch die Lungen aufgenommen werden. Freilich ist der Gehalt der Alveolenluft für die Ausscheidung auch solcher Gase, die, wie die Kohlensäure, leicht abgegeben werden, ebenfalls wichtig und kann es auch für diese eine Grenze geben, wo keine Ausscheidung aus dem Blute, sondern eine Aufnahme in das Blut stattfindet.

Ist im andern Falle die Affinität des Giftes zu den secernirenden Elementen bedeutend, so wird die Ausscheidung der betreffenden Substanz aus dem Blute sehr rasch erfolgen. Bezüglich dieser Verhältnisse darf die Untersuchung von *Heidenhain* angeführt werden. Derselbe fand, dass schon sehr geringe Mengen von indigblauschwefelsaurem Natrium, in das Blut injicirt, sehr schnell durch die Nieren wieder ausgeschieden werden in Folge der grossen Anziehungskraft, welche die Zellen der gewundenen Harnkanälchen auf diesen Farbstoff auszuüben vermögen. Dieser Farbstoff wird sogar dann noch von diesen Epithelien aufgenommen, wenn die Secretion des Harnwassers vollständig unterdrückt ist. Sollte nicht Aehnliches für einzelne Gifte stattfinden? Jedenfalls wird die grosse Mehrzahl der Gifte (viele Salze, Metalle, Alkaloïde etc.) mit dem Urin aus dem Körper entfernt.

Eine geringere Bedeutung hat die Ausscheidung durch die Schweisssecretion; man hat Jod, Quecksilber, Chinin u. a. m. darin nachgewiesen. Praktisch viel wichtiger ist der Uebergang einzelner Gifte in die Milch, da auf diese Weise mit der Milch Gift in den Körper der Säuglinge u. A. gelangen kann; man findet Jod, Alkohol, Arsen, Quecksilber u. a. in der Milch wieder.

Auch ein Uebergang von Giften in den Speichel, den Magen-, Darm- und Pancreassaft, sowie in die Galle ist nachgewiesen. Hierdurch gelangt das Gift wieder in den Darmkanal und kann hier wieder resorbirt werden. Von den hier in Betracht kommenden Drüsen verdient namentlich die Leber hervorgehoben zu werden, von der wir wissen, dass sie eine grosse Zahl von Giften kürzere oder längere Zeit zurückzuhalten vermag. Indem dieselben dann später plötzlich, mit der Galle in den Darmkanal entleert, wieder resorbirt werden, veranlassen sie durch plötzliche Erhöhung des Giftgehalts des Blutes die cumulative Wirkung, welche bei einzelnen Arzneien häufig genug beobachtet werden kann.

Auch in die im Uterus befindlichen Früchte können einzelne Gifte (Chloroform, Antimon, Jod u. a.) aus dem mütterlichen Blute übergehen und die Entwicklung etc. beeinträchtigen.

Locale und entfernte Wirkung der Gifte.

Die Gifte, welche wir auf den thierischen Organismus einwirken lassen, verursachen theils schon an der Applicationsstelle, theils nach ihrer Resorption und event. Umsetzung, Spaltung etc. in dem gesammten Körper mehr weniger bedeutende Veränderungen der Structur, der Thätigkeit der Organe etc. Man pflegt gewöhnlich die locale und entfernte Wirkung eines Giftes zu unterscheiden.

Die locale Wirkung, die ich schon öfters erwähnt habe, besteht darin, dass das Gift an seiner Applicationsstelle schon bedeutende Aenderungen hervorruft. Dieselben werden theils dadurch verursacht, dass die Gifte, sich mit den Gewebstheilen verbindend, dieselben anätzen und zerstören, theils dadurch, dass sie als heftige Reize wirkend, einen stärkeren Blutzufluss, Entzündung, Blasenbildung etc. hervorrufen, theils dadurch, dass sie auf die in der Applicationsstelle resp. ihrer nächsten Umgebung verlaufenden Nerven bald lähmend, bald reizend einwirken und so zu Aenderungen von Organthätigkeiten Anlass geben.

Oft wird diese locale Wirkung den gesammten Organismus kaum alteriren. Ist aber das Applicationsorgan in Bezug auf dessen Function für das Fortbestehen des Thieres wichtig, so kann schon durch eine locale Einwirkung das Leben bedroht, ja vernichtet werden.

Die entfernte Wirkung eines Giftes kommt zu Stande, wenn das Gift resp. seine Producte, mit dem Blute circulirend, zu allen Organen hingelangt und, je nach der Affinität, auf bestimmte Organe functionsändernd einwirkt.

Functionsstörend kann das Gift schon auf das Blut einwirken, indem es die Blutkörperchen zerstört, sie zur Aufnahme und Abgabe von Sauerstoff unfähig macht etc. Störend kann das Gift eingreifen in die Thätigkeit des Herzens, der Nerven und Nervencentren, der verschiedensten Organe, der Muskeln etc. Eine allgemeine Betrachtung dieser Verhältnisse würde hier zu weit führen und muss deshalb auf die einzelnen Gifte verwiesen werden[1]).

Die Vergiftungen der Menschen.

Ihre Ursachen und Häufigkeit.

Bezüglich der Gelegenheitsursache lassen sich die bei Menschen auftretenden Vergiftungen in absichtliche und zufällige trennen.

Mit der Absicht zu schaden, resp. zu tödten kann ein Gift in den menschlichen Körper eingeführt werden, entweder durch sein eigenes Thun (Selbstmord, Selbstvergiftung) oder durch die Handlung Anderer (Giftmord).

Die Selbstmörder benutzen in den verschiedenen Ländern auch verschieden häufig Gift zur Ausführung ihres Willens. Mit Benutzung des amtlichen Quellenwerkes für den preussischen Staat[2]) habe ich, die Selbstmordfälle in den Jahren 1869 bis 1876 betreffend, folgende die Benutzung der Gifte illustrirende Zahlenwerthe zusammengestellt. In der Tabelle, welche nur die absoluten Werthe enthält, sind in jeder Rubrik 3 Zahlenwerthe aufgenommen, von welchen der erste (grösserer Druck) den Gesammtwerth angibt, von den beiden übereinander stehenden Werthen (kleinerer Druck) aber uns der obere die Selbstmörder männlichen, der untere die weiblichen Geschlechts vorführt.

Tabelle I. (s. folgende Seite.)

Der Inhalt dieser Tabelle bedarf keiner Besprechung. Man sieht, dass in dem preussischen Staate in den letzten Jahren die Zahl der Selbstmordfälle von 2723 (1871) auf 3917 (1876) d. h. um 43,6% gestiegen sind; die Summe der Vergifteten erhob sich aber von 65 (1872) auf 147 (1876); sie erfuhr somit eine Steigerung um 126,1%. Man sieht, dass die Benutzung der Gifte zur Ausführung des Selbstmordes ganz bedeutend zugenommen hat. Auf die Ursache hierzu kann ich hier nicht näher eingehen. Nur das muss ich noch

---

[1]) Auch eine Behandlung der Analyse der Giftwirkung am lebenden Thiere liegt ausserhalb der Aufgabe dieses Lehrbuchs. Wir verweisen deshalb auf die Darstellung von *Hermann* S. 6—23. S. 49—92.

[2]) Zeitschrift des Kgl. preuss. statist. Bureaux XI. 1871 S. 41. XIV. 1874 S. 248 i. — Preussische Statistik Heft 38. 1876. Heft 46. 1878.

Tabelle I.

	1869.	1870.	1871.	1872.	1873.	1874.	1875.	1876.	Summe.
Gesammtzahl der Selbstmordfälle:	2570 / 616 / **3186**	2334 / 629 / **2963**	2183 / 540 / **2723**	2363 / 587 / **2950**	2216 / 610 / **2826**	2527 / 548 / **3075**	2683 / 595 / **3278**	3189 / 728 / **3917**	20065 / 4853 / **24918**
Einnehmen von festen und flüssigen Giften:	58 / 45 / **103**	38 / 44 / **82**	27 / 30 / **57**	34 / 28 / **62**	35 / 37 / **72**	47 / 39 / **86**	70 / 47 / **117**	75 / 53 / **128**	384 / 323 / **707**
Einathmen giftiger Gase:	3 / 7 / **10**	8 / 6 / **14**	4 / 5 / **9**	2 / 1 / **3**	1 / 3 / **4**	4 / 5 / **9**	2 / 9 / **11**	8 / 11 / **19**	32 / 47 / **79**
Summe der Vergifteten:	61 / 52 / **113**	46 / 50 / **96**	31 / 35 / **66**	36 / 29 / **65**	36 / 40 / **76**	51 / 44 / **95**	72 / 56 / **128**	83 / 64 / **147**	416 / 370 / **786**
Motive zum Selbstmord überhaupt bekannt:	2730	2556	2303	2490	2343	2541	2697	3188	20848
Trunkenheit und Trunksucht:	232 / 11 / **243**	212 / 8 / **220**	190 / 16 / **206**	190 / 7 / **197**	273 / 17 / **290**	289 / 6 / **295**	324 / 12 / **336**	374 / 11 / **385**	2084 / 88 / **2172**
Von den Selbstmördern waren Alkoholisten:	306 / 13 / **319**	268 / 11 / **279**	230 / 17 / **247**	244 / 11 / **255**					1048 / 52 / **1100**

erwähnen, dass auch unter den für die einzelnen Fälle angeführten Motiven die Werthe für „Trunkenheit und Trunksucht" von 197 auf 385 d. h. um **95,4%** gestiegen sind.

Tabelle II.

		Männer.			Weiber.			Summe.	
	relat.	absol.	relat.	relat.	absol.	relat.	relat.	absol.	relat.
Gesammtzahl der Selbstmorde:		**20065**	100		**4853**	100		**24918**	100
relativ:		80,5			19.5			100	
es vergifteten sich:	100	**416**	2.07	100	**370**	7.6	100	**786**	3,15
relativ:		52,9			47.1			100	
durch feste und flüssige Gifte:	92,3	**384**	1.91	87,3	**323**	6,6	90	**707**	2.83
relativ:		54.3			45.7			100	
durch giftige Gase:	7,7	**32**	0,16	12,7	**47**	1.0	10	**79**	0.32
relativ:		40.5			59.5			100	

In dieser Tabelle sind die uns vorzugsweise interessirenden Angaben der Tabelle I. zusammengefasst.

Betrachten wir zunächst die Selbstmörder ohne Rücksicht auf das Geschlecht, so finden wir, dass in den Jahren 1869—1876 im Mittel von 100 Selbstmördern nur 3,15 sich des Giftes bedienten und zwar 2,83 resp. 90% feste und flüssige Gifte, 0,32 resp. 10% giftige Gase.

Die Selbstmörder überhaupt vertheilen sich in Preussen sehr ungleich auf die beiden Geschlechter: 80,5% derselben waren Männer, 19,5% Frauen. Dieses Verhältniss ändert sich wesentlich, sobald wir nur die durch Gifte zu Grunde Gegangenen berücksichtigen. Es liefern allerdings die Männer mit 52,9% noch immer das grössere Contingent, doch dreht sich das Verhältniss herum, sobald wir nur die durch Gase Vergifteten in's Auge fassen: 40,5% Männer, 59,5% Frauen. Dass die Frauen relativ mehr zu dem Gifte ihre Zuflucht nehmen, als die Männer, geht aus verschiedenen Werthen der Tabelle hervor. Von den Männern starben nur 2,07% durch Giftwirkung, von den Frauen dagegen 7,6%; bei letztern ist die Benutzung der giftigen Gase (Kohlendunst): 12,7% eine grössere, als bei den Männern: 7,7%.

Auch der Inhalt der Tabelle III. dürfte einiges Interesse beanspruchen.

Tabelle III.

in der Provinz:	durch feste und flüssige Gifte:	durch giftige Gase:	durch Gifte:
Von je 100 Selbstmördern tödteten sich			
Preussen	5,1	0,4	5,5
Brandenburg	6,7	1,5	8,2
Pommern	1,9	—	1,9
Posen	3,2	—	3,2
Schlesien	2,7	0,1	2,8
Sachsen . . .	2,5	00,6	2,56
Schleswig-Holstein	2,4	0,1	2,5
Hannover . . . , . . .	1,1	—	1,1
Westfalen	1.15	0,15	1,3
Hessen-Nassau	1,9	—	1,9
Rheinland und Hohenzollern . .	1,3	0.2	1,5

Wir erkennen aus diesen Mittelwerthen der Jahre 1873 bis 1876 die Häufigkeit der Selbstvergiftung in den einzelnen preussischen Provinzen. Brandenburg mit Berlin stellt mit 8,2% das grösste Contingent, Hannover mit nur 1,1% das kleinste, Posen entspricht mit 3,2% annähernd dem Mittel des ganzen Staates (3,15%). Auch die Benutzung von festen und flüssigen, sowie von gasförmigen Giften ist in den einzelnen Provinzen verschieden.

Nach den Angaben von C. F. Majer[1]) benutzten in Bayern in den Jahren 1857—1870 im Mittel 2% der Selbstmörder: „Gift". In den Jahren 1871 : 3,2%, 1872 : 3%, 1873 : 2,2%, 1874 : 2,7%, 1875 : 2,5%.

Für Württemberg stellt sich für die Jahre 1857—1870 das Mittel zu 1,2% (Landenberger).

Auch Quetelet[2]) und Oesterlen[3]) machen Angaben über die Benutzung des Giftes zum Selbstmord. Es starben von den Selbstmördern durch die Wirkung eines Giftes

---

[1]) Generalbericht der Sanitätsverwaltung im Königreich Bayern Band 8—10. — Vierteljahrschr. für gerichtl. Med. N. F. 19. S. 151.
[2]) Physique sociale de l'homme T. II. 1869. p. 232.
[3]) Handbuch der med. Statistik 1874. S. 729.

	im Mittel
in Belgien (1840—49) . .	1,8 %
„ Dänemark (1840—56) .	1,5 „
„ England (1858—59) . .	9,1 „
„ Frankreich (1835—44) .	2,48„
„ „ (1848—57) . .	1,8 „
„ Cant. Genf (1838—55) . .	4,9 „
„ in Schweden (1843—55) . .	21,7 „

Auch in diesen Staaten benutzen männliche und weibliche Selbstmörder nicht gleich häufig ein Gift, um ihre Absicht auszuführen.
Folgende Tabelle zeigt den Einfluss des Geschlechts.

Tabelle IV.

	Frankreich				Dänemark		England			
	1835—44		1848—57		1835—56		1852—56		1858—59	
	M.	W.	M.	W.	M.	W.	M.	W.	M.	W.
Durch Gift	2,25	3,1	1,6	2,8	0,7	3.4	5,7	16.8	7.2	14.6%
Durch Kohlendunst .	5,13	12,7	6,5	14,5	—	—	—	—	—	—

Eines Commentars bedürfen diese Werthe wohl nicht.

In allen vorhergehenden Angaben finden wir entweder nur die
Bezeichnung „Gift" oder eine Unterscheidung zwischen flüssigen und
festen Giften auf der einen und giftigen Gasen auf der andern Seite.
Zuverlässige Angaben über die Benutzung einzelner Gifte fehlen meist.
In dem amtlichen Quellenwerk für Preussen konnte ich nur für das
Jahr 1869 Angaben in dieser Richtung finden. Darnach blieb von
103 Selbstvergifteten bei 56 die Art des Giftes unbekannt. Von den
übrigen 47 benutzten 13: Schwefelsäure, 11: Phosphor, 6: Blausäure,
Cyankalium etc., 5: Morphin, 3: Arsenik, 2: Salpetersäure, Scheidewasser, je 1: Salzsäure, Schweinfurtergrün, Alaun, Alkohol, Chloroform, Nicotin und „Medicin".

Der Giftmord spielte in früherer Zeit eine grössere Rolle als
jetzt. Zuverlässige Angaben über die Häufigkeit des Giftmordes sind
nur vereinzelt zu finden.

In Preussen[1]) wurden in den Jahren 1863—1877 im Ganzen
137213 Verbrechen, begangen von 95085 Angeklagten, vor den Ge-
schworenen verhandelt. Die Anklage lautete gegen 60 Angeklagte,
betreffend 77 Verbrechen, auf Giftmord. Es waren somit 0,063% der
Angeklagten (entsprechend 0,056% der Verbrechen) des Giftmords be-
schuldigt. Von den Angeklagten waren 23 (= 38,3%) Männer, 37
(= 61,7%) Frauen. Verurtheilt wurden 35 Angeklagte (= 58,3%). —
Nach den Provinzen vertheilt wurden von den 77 Verbrechen abge-

---

[1]) Nach der Statistik der preussischen Schwurgerichte, Berlin 1867—78.
bearbeitet.

urtheilt: in Preussen: 24, Schlesien: 17, Brandenburg: 11, Sachsen: 9, Pommern: 5, Hannover [1]): 4, Rheinland: 3, Posen und Westfalen je 2.

Von den in Frankreich in den Jahren 1826—29 gerichtlich verhandelten 2663 Verbrechen (crimes capitaux) waren 150 = 5,63 % durch Gifte ausgeführt. Von den Verbrechern waren 77 = 51,3 % Männer und 73 = 48,7 % Weiber.

Die Gifte, von welchen namentlich Arsen, Phosphor, Opium angeführt werden müssen, sind von den Mördern schon an den verschiedensten Stellen des Körpers ihrer Opfer, so in dem Gehörgang, der Vagina applicirt worden; in der Mehrzahl der Fälle wurde aber das Gift in den Magen gebracht, indem es den Speisen: Suppe, Milch, Kaffee, Brod etc. beigemengt wurde.

Auch die zufällig erfolgende Vergiftung der Menschen kann auf verschiedene Ursachen zurückgeführt werden.

Ein grosses Contingent stellt die technische resp. „gewerbliche" Vergiftung (Hirt). Hirt definirt die gewerblichen Vergiftungen als „diejenigen an Gewerbetreibenden (Fabrikarbeitern) zur Beobachtung kommenden krankhaften Zustände, welche in der Mehrzahl der Fälle allmälig entstehend, auf die mehr oder minder lang andauernde Beschäftigung mit Stoffen zurückzuführen sind, welche, wenn sie bis zu einer gewissen Menge oder in einem bestimmten hohen Concentrationsgrad in den Organismus eingeführt, zur Resorption gelangen, unheilvolle Wirkungen auf die Gesundheit der Arbeiter auszuüben im Stande sind." Ich habe hierzu nichts hinzuzufügen.

Diese gewerblichen Intoxicationen werden vorzugsweise durch mineralische, resp. anorganische Gifte wie Arsen, Blei, Quecksilber u. v. a. veranlasst; nur selten kommen solche durch organische Gifte (Anilin etc.) vor.

Oeconomische Vergiftungen entstehen im Haushalte oft genug, sei es, dass schädliche Nahrungs- und Genussmittel als Speise benutzt werden, sei es, dass Nahrungsmittel und Gifte verwechselt werden, sei es, dass Gift-haltige Gegenstände der verschiedensten Art auf den menschlichen Körper einzuwirken vermögen.

Nahrungs- und Genussmittel können eine der Gesundheit, dem Leben nachtheilige Wirkung besitzen, wenn dieselben mit Giftstoffen vermengt eingesammelt (Mutterkorn-haltiges Getreide) oder verfälscht im Handel vertrieben werden [2]) (Mehl, Brod, Butter, Salz, Liqueure, Wein, Thee, Chokolade etc.), oder wenn sie im Haushalt vor ihrem Genuss, bei der Zubereitung etc. sich mit giftigen Stoffen zu imprägniren Gelegenheit haben (durch die Röhrenleitung: Blei-haltiges Wasser, durch Benutzung von Messinggeräthen: Kupfer-haltige Speisen etc.) oder wenn sie, durch Gährungen etc. verdorben, benutzt werden (Wurst-, Käsegift etc.)

Verwechslungen von Nahrungsmitteln und Giften kommen ziemlich oft vor, indem im Haushalt gebräuchliche giftige Stoffe aus Un-

---

[1]) Die neuen Provinzen sind erst von 1868 an berücksichtigt.

[2]) Hierher gehören wohl auch Intoxicationen, bedingt durch den Genuss der durch Giftwirkung (Strychnin etc.) erlegten Vögel; ferner giftiger Honig, durch die Bienen von Giftpflanzen gesammelt, Ziegenmilch, durch Colchicum-haltiges Futter der Thiere schädlich u. a.

wissenheit, Leichtsinn etc. statt ähnlich aussehender Nahrungsstoffe
(z. B. Arsen-haltiges Rattengift für Zucker oder Mehl gehalten, Zinn-
chlorid für Kochsalz u. a. m.) benutzt werden, oder indem giftige
Pflanzentheile statt geniessbarer eingesammelt und genossen werden
(Giftpflanzen, Pilze).

Schliesslich sind noch die giftigen Geräthschaften, Fabrikate etc.
zu erwähnen (Arsen-haltige Tapeten, Kleider, Handschuhe, Kinder-
spielzeug, u. v. a.), deren Benutzung schon oft zu Intoxicationen Anlass gegeben hat. Auch die unbeabsichtigten Vergiftungen durch
Kohlendunst in Folge zu frühen Schlusses der Ofenklappe etc. werden
wohl hierher zu rechnen sein.

Auch die Medicinalvergiftung kommt leider noch oft genug vor.
Derartige Vergiftungen können hervorgerufen werden durch die
Schuld des Arztes, indem giftig wirkende Arzneien in zu hoher Dosis
gegeben, indem stark wirkende Stoffe in nicht passender Arzneiform
(Schüttelmixtur etc.) verschrieben, indem nicht die nöthige Menge von
Lösungsmittel (ein Theil der giftigen Substanz bleibt ungelöst) ange-
wandt, indem Arzneilösungen combinirt werden, welche zur Bildung
schwer löslicher, aber giftiger Niederschläge Anlass geben. In solchen
Fällen wurde die Intoxication oft dadurch veranlasst, dass die sehr
giftigen Sedimente der Arznei in der letzten Dosis auf einmal von dem
Patienten eingenommen wurden.

Auch der Apotheker, resp. die, giftige Stoffe an das Publikum
verkaufende Person (Drogist etc.) kann zu Vergiftungen Anlass geben;
so wurden höhere Dosen dispensirt, als durch den Arzt verschrieben
waren, wurden giftige Stoffe statt unschädlichen resp. weniger intensiven Mitteln abgegeben (z. B. durch Verwechslung ähnlich aussehender
Stoffe etc.: Strychnin statt Santonin, Strychninpillen statt Aloëpillen etc.),
wurden falsche Angaben in der Signatur gemacht, oder Signaturen
zweier verschieden stark wirkender Mittel vertauscht u. a. m.

Endlich kann die Vergiftung auch durch die, das Mittel benutzenden, resp. dem Kranken darreichenden Menschen hervorgerufen werden.
So wurden stark wirkende Arzneien öfter und in grösserer Menge als
vorgeschrieben, eingenommen, äusserlich zu benutzende Stoffe innerlich
genommen (Atropinsalbe auf Brod gestrichen). — Hier müssen jedenfalls auch alle die Vergiftungen aufgeführt werden, welche der Benutzung sog. Geheimmittel (Quecksilber-, Arsen-, Blei-haltig etc.) ihren
Ursprung verdanken., Auch die unvorsichtige Benutzung sog. Hausmittel (Gebrauch von Tabaksblätteraufguss als Thee statt zum Clysma,
Sabadillsamen innerlich statt äusserlich etc.) und Abortivmittel (Sabina,
Secale cornutum, Taxus, Ruta etc.) hat schon zu Unglücksfällen Anlass gegeben.

Alle diese zufällig hervorgerufenen Intoxicationen müssen wir
wohl als in der Zahl der durch Gift Verunglückten enthalten,
annehmen. Ich habe alle in dem amtlichen Quellenwerk des preussischen Staates [1]) enthaltenen, diese Unglücksfälle betreffenden Angaben
zusamengestellt. Die absoluten Werthe der Jahre 1869—1876 sind
in folgender Tabelle enthalten.

---

[1]) l. c.

Tabelle V.

	1869.	1870.	1871.	1872.	1873.	1874.	1875.	1876.	Summe.
Gesammtzahl der Verunglückten:	6382 (5323/1059)	6268 (5223/1045)	6719 (5566/1153)	6918 (5815/1103)	7084 (5999/1085)	6625 [2378]* (5564/1061)	7105 [2360] (5911/1194)	7262 [2343] (6090/1172)	54363 (45491/8872)
Ersticken durch Gase:	174 (132/42)	223 (163/60)	244 (181/63)	178 (136/42)	188 (155/33)	194 [44] (137/57)	217 [35] (137/80)	209 [50] (155/54)	1627 (1196/431)
Vergiftung durch Genuss von Beeren und Pilzen:	9 (5/4)	9 (6/3)	20 (10/10)	3 (1/2)	21 (7/14)	5 (5/—)	18** (10/8)	7 (6/1)	92 (50/42)
Vergiftung durch Vitriol und Säuren:	5 (4/1)	7 (4/3)	7 (6/1)	10 (4/6)	11 (10/1)	6 (4/2)	12 [1] (8/4)	10 [3] (7/3)	68 (47/21)
Vergiftung durch Arsenik, Phosphor und andere Gifte:	14 (6/8)	10 (7/3)	6 (2/4)	14 (9/5)	13 (7/6)	12 (8/4)	4 (2/2)	13 (3/10)	86 (44/42)
Vergiftung durch Alkohol:	55 (48/7)	36 (34/2)	67 (58/9)	46 (43/3)	84 (81/3)	88 (80/8)	86 (81/5)	113 (111/2)	575 (536/39)
Summe der durch Giftwirkung Verunglückten:	257 (195/62)	285 (214/71)	344 (257/87)	251 (193/58)	317 (260/57)	305 [44] (234/71)	337 [36] (238/99)	352 [37] (282/70)	2448 (1873/575)

* Eingeklammert ist die Zahl der im Beruf Verunglückten.

** Später als 48 Stunden starben noch $15\,\tfrac{10}{5}$.

Bezüglich des Inhalts dieser Tabelle habe ich zunächst noch zu bemerken, dass in dieselbe nur d i e Unglücksfälle aufgenommen wurden, bei welchen in Folge der Einwirkung der Schädlichkeit der Tod der Person sofort oder innerhalb der ersten 48 Stunden eintrat. Was die Vergiftung durch Alkohol betrifft, so ist amtlich dazu Folgendes bemerkt: „nur diejenigen Fälle, in denen der — zuweilen als Schlagfluss etc. registrirte — Tod sehr bald auf übermässigen Genuss von Spirituosen erfolgt ist."

Die Tabelle V. lässt für die einzelnen Jahre eine Zunahme der Unglücksfälle von 6268 auf 7262 d. h. um 15,8 %, der durch Gifte Verunglückten von 257 auf 352 d. h. um 36,9 % erkennen.

Die im Beruf Verunglückten sind nur von den 3 letzten Jahren ziffermässig angegeben. Ich habe einige Rechnungen ausgeführt, welche uns, allerdings nur auf Grund der wenigen Zahlenwerthe, erkennen lassen, welchen Einfluss die Gifte auf die Zahl der im Beruf Gestorbenen haben. Von den in den 3 Jahren Verunglückten waren zur Zeit des Unglücks 33,7 % im Berufe thätig; von den durch Gift Verunglückten waren aber nur 1,9 % in derselben Lage; von den im Berufe Gestorbenen erlagen nur 13,4 % einer Giftwirkung. Man sieht hieraus, dass die Gifte den im Berufe Thätigen nicht so verderblich sind, wie man oft anzunehmen pflegt.

Tabelle VI.

	„Kinder von unter 15 Jahren."		„Personen von über 15 Jahren."		Summe.	
	absol.	relat.	absol.	relat.	absol.	relat.
Gesammtzahl der durch Giftwirkung Verunglückten:	348	100	2100	100	2448	100
relativ:	14.2		85.8		100	
Erstickt durch Gase:	186	53.4	1441	68.6	1627	66.5
relativ:	11.4		88,6		100	
Vergiftet „durch Genuss von Beeren u. Pilzen":	58	16.7	34	1.6	92	3.7
relativ:	63.0		37.0		100	
Vergiftet durch Vitriol und Säuren:	39	11,2	29	1.4	68	2.8
relativ:	57,3		42.7		100	
Vergiftet durch Arsenik, Phosphor und andere Gifte:	43	12,4	43	2.1	86	3.5
relativ:	50.0		50.0		100	
Vergiftet durch Alkohol:	22	6.3	553	26.3	575	23,5
relativ:	3.8		96.2		100	

Das amtliche Quellenwerk nimmt insofern Rücksicht auf das Alter der Verunglückten, als es zwischen Kindern unter 15 und Personen über 15 Jahren unterscheidet. Die bezüglich dieser Verhältnisse interessantesten Werthe sind in Tabelle VI. eingetragen. — Man sieht aus diesen Zahlen, dass einige Gelegenheitsursachen der Verunglückung durch giftige Stoffe vorzugsweise bei den Kindern sich bemerklich machen (z. B. Beeren und Pilze mit 63 %), andere wieder bei den Erwachsenen (Alkohol mit 96,2 %). Zur Erklärung dieser Verhältnisse brauche ich wohl nichts hinzuzufügen.

Tabelle VII.

	Männer.			Weiber.			Summe.		
	relat.	absol.	relat.	relat.	absol.	relat.	relat.	absol.	relat.
Gesammtzahl der Verunglückten:		**45491**	100		**8872**	100		**54363**	100
relativ:		83,7			16,3			100	
Summe der durch Giftwirkung Verunglückten:	100	**1873**	4,12	100	**575**	6,48	100	**2448**	4,5
relativ:		76,5			23,5			100	
Erstickt durch Gase:	63,9	**1196**	2,63	75,0	**431**	4,86	66,5	**1627**	2,99
relativ:		73,5			26,5			100	
Vergiftet „durch Genuss von Beeren und Pilzen":	2,6	**50**	0,11	7,3	**42**	0,47	3,7	**92**	0,17
relativ:		54,4			45,6			100	
Vergiftet durch Vitriol u. Säuren:	2,5	**47**	0,10	3,6	**21**	0,23	2,8	**68**	0,13
relativ:		69,1			30,9			100	
Vergiftet durch Arsenik, Phosphor und andere Gifte:	2,4	**44**	0,10	7,3	**42**	0,47	3,5	**86**	0,16
relativ:		51,2			48,8			100	
Vergiftet durch Alkohol:	28,6	**536**	1,18	6,8	**39**	0,45	23,5	**575**	1,05
relativ:		93,2			6,8			100	

Keinen so ausgesprochenen Einfluss, wie wir dies soeben, wenigstens für zwei Ursachen, bei dem Alter sahen, besitzt auf die durch

Gift Verunglückten das Geschlecht. Wir sehen allerdings, dass, während von den Verunglückten überhaupt 4,5 % der Giftwirkung erliegen, von den verunglückten Männern nur 4,12 %, von den Frauen aber 6,48 % durch Gift zu Grunde gegangen sind. Diese Differenz ist sehr gering; ebenso in den andern Relativwerthen. Nur bezüglich des Alkohols sehen wir aus bekannten Gründen ein bedeutendes Präväliren des männlichen Geschlechtes.

Interessantere Angaben lassen sich über die Vertheilung der durch Giftwirkung Verunglückten auf die einzelnen Provinzen machen. Ich habe mit Hülfe des vorhandenen Materials (leider nur für die Jahre 1869—1873 und 1875) die Mittelwerthe für die angegebenen Jahre berechnet und in folgende Tabelle eingetragen.

Tabelle VIII.

in der Provinz:	Alkohol:	Arsenik, Phosphor und andere Gifte:	Vitriol und Säuren:	Beeren und Pilzen:	Gasen:	Giften überhaupt:
Preussen	2,00	0,27	0,12	0,40	2,80	5.59
Brandenburg	0,28	0,20	0,44	0,23	6,00	7,15
Pommern	0,66	0,30	0,20	—	2,00	3,16
Posen	1,38	0,22	0,04	1,67	3,20	6,51
Schlesien	0,83	0,25	0,07	0,17	4,40	5,72
Sachsen	0,07	0,21	0,04	—	1,70	2,02
Schleswig-Holstein . .	1.76	0,12	0,19	—	1,10	3,17
Hannover	1,94	0,03	0,06	0,03	0,70	2,76
Westfalen	0,87	—	0,03	—	5,50	6,40
Hessen-Nassau . . .	0,60	—	0,15	0,05	1,20	2,00
Rheinland und Hohenzollern	0,11	0,08	0,02	0,09	2,10	2,40

Von je 100 Verunglückten — starben durch die Wirkung von

Ich glaube auf den Inhalt dieser Tabelle nicht näher eingehen zu müssen; die Zahlen sprechen für sich. Auch würde es viel zu weit führen, genauer auseinander zu setzen, wodurch dieses verschiedene Verhalten der einzelnen Provinzen hervorgerufen wird. Nur so viel möchte ich bemerken, dass die hohen Werthe, welche wir für die Provinz Brandenburg verzeichnet finden, durch die Stadt Berlin veranlasst werden; auch, dass das Fehlen von Unglücksfällen durch den Genuss von Beeren und Pilzen in Pommern, Sachsen, Schleswig-Holstein und Westfalen nicht auf ein Fehlen von Giftpflanzen in diesen Provinzen zurückgeführt werden darf. Hier sind jedenfalls andere Verhältnisse z. B. die geringe Benutzung der Pilze überhaupt als Nahrungsmittel u. a. m. von der grössten Wichtigkeit.

Die Diagnose der Vergiftungen.

Die Diagnose einer Intoxication kann in einzelnen Fällen sehr leicht, präcis und sicher zu stellen sein. Hat man es z. B. mit einem Selbstmörder zu thun, welcher in Folge der eingetretenen Schmerzen nach Linderung und Rettung verlangt, so werden wir leicht erfahren, welches Gift er genommen und durch Prüfung von Giftresten, eventuell des Erbrochenen, durch Beobachtung der Symptome die Richtigkeit seiner Angaben controliren können.

In der grossen Mehrzahl der Fälle wird aber die Diagnose der stattgehabten Vergiftung sehr erschwert sein. Das erste, was wir alsdann beachten müssen, ist das Verhalten des Patienten.

Allgemeine oder ein allgemeines Symptom, aus welchem sofort das Bestehen einer Intoxication erkannt werden könnte, gibt es nicht. Dagegen gibt es Symptomencomplexe, welche einer Anzahl von Vergiftungen eigenthümlich, bei andern wieder fehlen. Diese Symptomencomplexe, theils auf Störungen im Bereiche des Nervensystems, theils auf solche des Tractus intestinalis zurückzuführen, sind jedoch nicht immer scharf von einander getrennt, auch kommen dieselben ausser bei Vergiftungen auch noch bei spontan entstandenen Krankheiten vor. Die Symptome allein können uns deshalb auch keine Sicherheit dafür geben, ob wir es mit Vergiftung oder mit einer Krankheit aus anderen Ursachen zu thun haben.

Durch die Berücksichtigung der Anamnese werden wir unsere Diagnose einer Intoxication schon mehr sichern können. Durch die Aufnahme der Anamnese werden wir unterrichtet über das Alter, die Beschäftigung, den bisherigen Gesundheitszustand des Kranken, den Eintritt und Verlauf der Krankheit, die etwa epidemisch herrschenden Krankheiten, über psychische Verhältnisse etc. Alle diese Verhältnisse können wesentlich dazu beitragen, uns die Diagnose zu erleichtern.

Schon die Kenntniss des Alters kann uns auf den richtigen Weg führen. Finden wir ein kleines Kind gelähmt daliegen, so werden wir in der Diagnose auf Vergiftung bestärkt werden, weil im jugendlichen Alter Apoplexien, Gehirncongestionen bisher nur sehr selten beobachtet wurden.

Die Kenntniss der frühern Beschäftigung des Patienten wird uns ebenfalls einen Fingerzeig geben können, ob Krankheit oder Vergiftung. Ich erinnere hier an einzelne Angaben bez. der Ursache der Intoxicationen.

Wichtiger noch ist die Kenntniss des Gesundheitszustands und des Eintritts der Symptome.

1) Die Vergiftungserscheinungen treten plötzlich auf, während die Person vorher gesund war.

Wird Gift in verbrecherischer Absicht beigebracht, so geschieht dies in der Mehrzahl der Fälle in so hoher Dosis, dass alsdann die Symptome ganz plötzlich, ohne Vorläufer (Apoplexie) auftreten und sehr schnell an Intensität zunehmen. — Im Gegensatz hierzu sind Fälle verhandelt [1]), in welchen stark wirkende Gifte (Arsen) in kleinen Mengen längere Zeit öfter gegeben, ein chronisches Magenleiden vortäuschten und so den Tod verursachten.

Wichtig ist hierfür ferner die Kenntniss der herrschenden Krankheiten, der sog. genius epidemicus. Während einer Cholera-Epidemie wird man eine plötzlich unter den Erscheinungen der Cholera auftretende Krankheit auch für diese zu halten berechtigt sein. Und doch sind schon Epidemien der Art benutzt worden, um unliebsame Menschen durch Arsen hinwegzuräumen. In solchen Fällen wird unsere Kenntniss der Familienverhältnisse des Patienten etc. den Verdacht für eine Vergiftung abzuschwächen oder zu verstärken im Stande sein.

2) Die Symptome treten bald nach dem Genusse von Speise und Getränk auf.

Dieser anamnestische Thatbestand wird in der grossen Mehrzahl der acuten Intoxicationen nachzuweisen sein. Derselbe verstärkt den Verdacht für eine Vergiftung sehr, bietet aber immer noch keine Sicherheit. Kann es doch vor, dass nach langem Fasten ein reichliches Mahl Symptome erzeugte, welche einer Vergiftung ähneln, kann der Genuss kalten Wassers schädlich wirken etc. — Andernseits kann durch den gleichzeitigen Genuss von Speise und Trank die Wirkung der Gifte verzögert werden; wirken die Gifte doch am Besten in dem leeren Magen.

Auch bestehende Krankheiten können die Giftwirkung wesentlich modificiren, indem die Patienten entweder unempfindlicher (z. B. bei Dysenterie, Tetanus: hohe Dosen von Opium gut vertragen; ähnlich bei Hemiplegien: Strychnin) oder empfindlicher für die Giftwirkung sind. Solche gesteigerte Empfänglichkeit besteht z. B. bei Anlage zum Schlagfluss: für Opium, bei Magen- und Darmentzündung: für Arsen etc.; bei Nierenkrankheiten ist die Wirkung der durch die Nieren zu eliminirenden Stoffe erhöht (Jodkalium ruft leichter Exantheme hervor, Calomel leicht Speichelfluss bei Masern-Kranken etc.).

Auch nach der Einnahme von Arzneimitteln können die Symptome rasch eintreten (s. Medicinal-Vergiftung). Mit einer solchen haben wir es jedoch nicht immer zu thun, es kann auch ein Giftmord vorliegen. Ist doch schon statt unschädlicher Arznei dem Kranken absichtlich Gift gereicht worden!

Schliesslich ist zu erwähnen, dass das Gift nicht allein vom Magen aus zur Wirkung gelangen muss. Giftige Gase werden eingeathmet, feste und flüssige Gifte wurden schon an verschiedenen andern Körperstellen (Injection von Schwefelsäure, Arsen in das Rectum, von Arsen in die Vagina, Eingiessen von Schwefelsäure, von Nicotin in den Mund etc.) applicirt.

---

[1]) S. Taylor I. Seite 192.

3) Wenn mehrere Personen zu derselben Zeit dieselbe Nahrung, resp. Arznei benutzt haben, so leiden Alle an ähnlichen Symptomen.

Wenn, was jedoch nur sehr selten stattfinden wird, diese Thatsache sicher nachgewiesen wird, so ist jedenfalls der Verdacht einer Vergiftung durch Nahrung, resp. Arznei sehr gross, die stattgehabte Vergiftung aber noch immer nicht erwiesen.

Die Substanzen, welche, von mehreren Personen genossen, bei diesen dieselben Krankheitssymptome hervorgerufen haben, können ausser durch einen Gehalt an Gift auch noch durch andere Stoffe z. B. Trichinen schädlich wirken.

Ferner können zwischen den Erkrankungen der einzelnen Personen Differenzen vorkommen, welche wir auf den ungleich grossen Genuss der giftigen Nahrung zurückführen können. Diejenige Person, welche viel genossen hat, wird meist auch heftiger ergriffen werden, als andere, welche weniger gegessen haben. Auch ist die Möglichkeit vorhanden, dass nicht Alle erkranken: von der Familie *Louis Philippe* in Claremont erkrankte in Folge des Gebrauchs Blei-haltigen Wassers nur der dritte Theil.

Ich halte es für nothwendig, an dieser Stelle einige Angaben bezüglich der Differentialdiagnose zu machen, beschränke mich aber auf die drei vorzugsweise in Betracht kommenden Symptomcomplexe.

Das Auftreten von Krämpfen aller Art kann durch Vergiftung, sowie durch Krankheit bedingt sein. Sind die Krämpfe tetanische, so kann eben so gut an eine Strychninvergiftung, wie an spontane Krankheiten (Tetanus idiopathicus, traumaticus, Trismus neonatorum etc.) gedacht werden. Abgesehen von den Fällen, bei welchen die Krämpfe auf grössere Verwundungen zurückgeführt werden können (trotzdem könnte auch noch eine Intoxication vorliegen), werden wir zur Unterscheidung von Vergiftung und Krankheit Folgendes zu berücksichtigen haben.

Die Vergiftung beginnt kurze Zeit nach Genuss einer das Gift enthaltenden Substanz, indem die Personen plötzlich zu zittern anfangen, schon auf sehr geringe Reize zusammenfahren und plötzlich von einem heftigen Krampfanfall (Tetanus, Trismus) heimgesucht werden. An dem nur kurze Zeit dauernden Anfalle sind alle Körpermuskeln betheiligt; auf den Anfall folgt allgemeine Erschlaffung. Derartige Krämpfe, spontan oder durch äussere Reize veranlasst, folgen mehrere auf einander mit immer kürzeren Intervallen; meist erfolgt der Tod während eines Anfalls, wenige Stunden, resp. sogar nur Minuten nach Einnahme des Giftes.

Die Krankheit entwickelt sich allmälig, indem die Patienten Anfangs über Steifheit im Halse, in den Bewegungen des Kopfes, des Unterkiefers klagen. Diese Affection zeigt sich später auch an den Muskeln des Rumpfes, noch später an den Extremitäten (die Finger sind nur selten afficirt). Diese tonische Spannung der Muskeln dauert lange Zeit an (nur selten von ganz kurzen Relaxationen unterbrochen). Während dieses Zustandes werden die Patienten von electrischen Zuckungen befallen; eigentliche tetanische Krämpfe können bei sehr schwerer Erkrankung durch stärkere Reize ausgelöst werden. Der Tod erfolgt erst nach 4—6—12 und mehrtägigem Kranksein.

Durch Krankheit (Apoplexie) bedingte lähmungsartige Zustände können leicht eine Intoxication durch Narcotica (Opium etc.) vortäuschen.

Bei der spontanen Krankheit gehen oft dem eigentlichen Anfalle sog. Vorläufer voraus. Der apoplectische Anfall erfolgt dann, wohl selten kurz nach dem Essen, plötzlich; die Personen stürzen in Folge einer grösseren Gehirnblutung hin, liegen alsdann besinnungs- und bewegungslos mit geröthetem Gesichte und stertorösem Athmen da. Die Lähmungen erstrecken sich in der Mehrzahl der Fälle nur auf ganz bestimmte Muskelgruppen des Gesichts, der Extremitäten, meist nur auf einer Seite.

Bei dem durch Opium Vergifteten beginnen die ersten Symptome einer Giftwirkung kurze Zeit nach Einnahme des Giftes (in Speise etc.), die Intensität der Erscheinungen nimmt nur ganz allmälig (je nach der Giftmenge bald schneller, bald etwas langsamer) zu und sind Schwindel, Betäubung, Uebelkeit und Erbrechen zu beobachten. Auf einen, kurze Zeit anhaltenden Zustand der Aufregung stellt sich Schlaf ein, aus welchem die Patienten Anfangs noch für kurze Zeit zu erwecken sind. Die Patienten liegen bewegungslos da, mit erschlafften Muskeln (nicht einseitig), herabgesetzter Sensibilität, gleichmässig verengten Pupillen. Es entwickelt sich allgemeine Paralyse, der Patient stirbt.

Auch Störungen im Bereiche des Tractus intestinalis können sowohl durch Vergiftung, als durch Krankheit hervorgerufen sein. Wir betrachten hier die Unterschiede zwischen der Intoxication durch arsenige Säure und der Cholera (Cholera nostras und asiatica). Durch arsenige Säure Vergiftete können zu jeder Jahreszeit in Behandlung kommen. Als erstes Symptom werden wir stets Erbrechen erwähnt finden; erst nach demselben erfolgen unter den heftigsten kolikartigen Schmerzen Entleerungen geringer Mengen blutiger Massen aus dem Darmkanal. Nimmt die Intoxication einen langsamen Verlauf, so können die Entleerungen des Darms mehr und mehr Cholerastühlen ähnlich werden, stets aber wird man durch die Untersuchung das Gift darin nachweisen können. Auch das brennende, kratzende Gefühl in Rachen und Speiseröhre, über welches die Vergifteten stets klagen, ist hier noch zu erwähnen, sowie der Umstand, dass mehrere durch Arsen vergiftete Personen auch dieselben Symptome erkennen lassen.

Die Cholera asiatica tritt meist epidemisch auf; von einem Cholerakranken werden ohne vorhergehendes Erbrechen und ohne jeden Schmerz grosse Mengen flüssigen Darminhalts, sog. Reiswasserstühle entleert werden; brennende Schmerzen im Rachen etc. fehlen.

Ein durch Cholera nostras veranlasster Anfall, gewöhnlich auf einen Diätfehler zurückzuführen, stellt sich meist im Sommer und Herbst ein; die Ausleerungen sind stark gallig gefärbt, ohne Spur von Arsen. Diese Krankheit verläuft meist nur bei epidemischem Auftreten tödtlich und betrifft dieser Ausgang meist ganz junge resp. alte Personen.

In vielen Krankheitsfällen werden wir uns auch mit Hülfe der Differentialdiagnose keine Sicherheit, betreffs der Frage: ob Intoxication, ob Erkrankung, verschaffen können. In solchen Fällen werden wir zunächst durch die Anamnese zur Untersuchung der eingenommenen Nahrung, resp. Arznei, zur Betrachtung der erbrochenen Massen, zur mikroskopischen und chemischen Untersuchung derselben aufgefordert. Auch wird in einzelnen Fällen eine solche, selbst oberflächliche Untersuchung uns aufzuklären im Stande sein (Geruch des Erbrochenen nach Blausäure, Vorkommen von giftigen Samen: Cytisus, resp. Früchten: Tollkirsche; mikroskopisch die Haare der Strychnossamen u. a. m.). In vielen Fällen wird freilich die chemische Untersuchung der Reste der eingenommenen Nahrung resp. Arznei, der erbrochenen Massen nicht zu umgehen sein.

Auch die O e f f n u n g d e r L e i c h e eines Verstorbenen kann zum Nachweis der Todesursache wesentlich beitragen. Werden wir doch in einzelnen Fällen durch die Section die Gewissheit erhalten, dass der plötzliche Tod durch eine Magenperforation, eine Brucheinklemmung, Darmverschlingung, Ruptur eines Aortenaneurysmas u. v. a. veranlasst wurde. In ähnlicher Weise werden wir uns in einigen Fällen schon durch die Section von dem Vorhandensein eines Giftes (Geruch der Leichentheile nach Blausäure, Nachweis von Phosphordämpfen) überzeugen können. Die an den Organen anzutreffenden pathologischen Veränderungen dürften nur bei einer kleinen Anzahl von Vergiftungen so charakteristisch sein, dass die Diagnose auf Vergiftung ohne weitere Untersuchungen als sichergestellt betrachtet werden darf. In allen andern Fällen, jedenfalls in der grossen Mehrzahl der praktisch-wichtigen Vergiftungen, ist die chemische Untersuchung der Leichentheile (s. diese) nicht zu umgehen.

Verlauf und Prognose der Vergiftungen.

Je nach den verschiedenen Ursachen, durch welche die Vergiftung veranlasst wurde, wird letztere auch einen verschiedenen Verlauf nehmen. Man unterscheidet wesentlich Vergiftungen, welche schnell und solche, welche langsam verlaufen.

A c u t (schnell verlaufend) nennt man eine Vergiftung, welche, durch die Application e i n e r r e s p. n u r s e h r w e n i g e r, r e l a t i v g r o s s e r M e n g e n v o n G i f t v e r a n l a s s t, schon kurze Zeit (wenige Sekunden, Minuten, resp. Stunden) nach Genuss der giftigen Substanz beginnt und schnell zum Tode oder zu einer allmälig resp. rasch sich einstellenden Genesung führt.

C h r o n i s c h (langsam verlaufend) nennt man eine Vergiftung, welche d u r c h d a s f o r t g e s e t z t e E i n d r i n g e n k l e i n e r, o f t k a u m w ä g b a r e r G i f t m e n g e n in den Organismus sich ganz langsam und Anfangs unmerklich entwickelt, bis zu einer bestimmten Intensität; dann erst werden bedeutende Krankheitserscheinungen unsere Aufmerksamkeit erregen. Auch in diesen Fällen kann, nach Entfernung der Krankheitsursache, die Genesung relativ rasch, in der Mehrzahl der Fälle aber wird sie ganz langsam eintreten.

Im Allgemeinen kann man anführen, dass die als Selbstmord, Giftmord und Medicinal-Vergiftung zu bezeichnenden Intoxicationen einen acuten, die gewerblichen, resp. technischen Vergiftungen einen chronischen Charakter haben, während die öconomischen Vergiftungen bald acut (Verwechslung von Nahrungsmittel und Gift etc.), bald chronisch (Blei-haltiges Trinkwasser, Arsen-haltige Tapeten etc.) verlaufen werden. Ausnahmen gibt es für alle diese Fälle z. B. für die Medicinal-Vergiftung: die chronische Opiumintoxication in Folge zu lange fortgesetzten Gebrauchs von Opiumpräparaten.

Allgemeines über die bei einer Intoxication zu stellende Prognose lässt sich kaum angeben, da für die Prognose in erster Linie die Art des Giftes von der grössten Wichtigkeit ist.

Bezüglich der Prognose kommt bei allen Vergiftungen etwa Folgendes in Betracht: Wichtig für die Beurtheilung einer Intoxication ist die Art der Entstehung und damit in innigem Zusammenhange die Menge des eingeführten Giftes; haben wir es mit Selbstmord, resp. Giftmord zu thun, so werden wir uns meist vergebens abmühen, gegen die Giftwirkung anzukämpfen; in diesen Fällen sind meist so hohe Giftmengen in den Körper eingeführt, wird der Arzt oft erst ganz spät hinzugezogen, so dass alle Mittel wirkungslos bleiben müssen. Ist die Intoxication zufällig entstanden, so kann ja unter Umständen auch hier die eingeführte Giftmenge sehr bedeutend sein, stets wird aber doch der Patient, sobald er die stattgefundene Intoxication ahnt, Hülfe suchen.

Ausser der Menge des Giftes kommt noch der physikalische Zustand desselben wesentlich in Betracht. Ist das Gift in fester Form eingeführt, so wird es langsamer zur Wirkung kommen, als wenn es vor der Einnahme gelöst wurde. Doch auch je nach dem Concentrationsgrad der Lösung wird die Prognose schlechter resp. günstiger zu stellen sein. Dass die Applicationsstelle ebenfalls von Einfluss ist, geht aus dem früher (S. 6—8) Gesagten hervor.

Auch die verschiedenen Körperzustände des Patienten sind bei der Prognose zu berücksichtigen. Wir haben schon früher den Einfluss des Geschlechts, des Alters, des Ernährungszustands, der Gewöhnung und der bestehenden Krankheiten auf die Giftwirkung kennen gelernt. Auch bezüglich der Prognose müssen wir allen diesen Verhältnissen Rechnung tragen. Verhältnisse, welche die Wirkung der Gifte begünstigen, werden die Prognose verschlechtern und umgekehrt. Ausnahmsfälle wird man natürlich auch hier vorführen können.

Schliesslich kommt auch noch wesentlich in Betracht der Zeitpunkt der Intoxication, in welchem zuerst die Hülfeleistung möglich war und die etwa eingetretenen Vergiftungssymptome. Wird in Folge der Giftwirkung kurze Zeit nach Einnahme des Giftes durch Erbrechen der Mageninhalt und damit das Gift wieder entfernt, so wird damit schon gleichsam therapeutisch gegen die Giftwirkung Front gemacht und sehr oft eine weitergehende Intoxication verhindert (S. Zink: die „autodynamische Expulsion" von *Duroy*). Sind dagegen solche Wirkungen durch das Gift nicht verursacht worden und kommt ein Arzt erst spät zu dem Kranken, so wird schon ein grosser Theil des Giftes resorbirt und deshalb nur eine ungünstige Prognose zu stellen erlaubt sein.

Behandlung der Vergiftungen.

Die Behandlung eines Vergifteten wird nicht in allen Fällen denselben Weg verfolgen, um ihr Ziel: die Rettung, Heilung resp.

Besserung des Kranken zu erreichen. Wir werden andere Aufgaben zu erfüllen haben, wenn ein chronisch Leidender Heilung sucht, andere, wenn wir einen durch acut entstandene Vergiftung Erkrankten dem Tod zu entreissen uns bemühen. Auch bei acut Vergifteten wird, entsprechend früher Gesagtem, nicht in jedem Falle Gleiches zu thun uns obliegen. Richtet sich doch alsdann, abgesehen vom Einfluss der Art des Giftes, die Behandlung noch wesentlich nach dem Intoxicationsstadium, darnach ob schon Gift zur Resorption gelangt ist, ferner nach der Applicationsstelle u. v. a.

Sollen wir eine acute Vergiftung bekämpfen, so werden wir vor Allem zwei Aufgaben zu erfüllen bestrebt sein, nämlich 1) das in den Organismus eingeführte Gift unschädlich zu machen und 2) die durch die Giftwirkung verursachten Erscheinungen, sowie die Giftwirkung selbst zu bekämpfen.

Die Erfüllung der ersten Aufgabe, bestehend darin, **das in den Körper eingeführte Gift unschädlich zu machen,** wird die verschiedensten therapeutischen Massregeln erfordern.

Vorauszuschicken ist, was wir unter „unschädlich machen" verstehen; begreiflich nicht das, dass wir das Gift etwa wie auf Papier aufgestreuten trockenen Sand einfach hinwegblasen oder wischen. Diese Aufgabe kann den Giften gegenüber nicht gestellt werden, weil es doch selten ohne geringere oder schwerere Veränderungen an der Applicationsstelle abgehen wird. Wir sollen nur bestrebt sein, die Giftwirkung, soweit dies noch möglich, auf die schon veranlassten Läsionen zu beschränken, so dass z. B. an der Applicationsstelle durch fortgesetzte Einwirkung des Giftes auf intactes Gewebe etc. nicht noch grössere Flächen, resp. Massen in Mitleidenschaft kommen, pathologisch verändert werden, sowie, dass nicht noch grössere Mengen Gift, als schon aufgenommen wurden, zur Resorption gelangen. Daraus geht hervor, dass wir die giftigen Stoffe unschädlich machen können, indem wir dieselben, soweit sie noch an der Applicationsstelle vorhanden sind, von dieser und aus dem Körper entfernen und dadurch zugleich oder durch weitere Massregeln eine fortgesetzte Resorption derselben verhindern.

Je nach der Art des Giftes, je nach der Applicationsstelle wird man in der verschiedensten Weise zu handeln haben.

Findet man einen Menschen in einem mit Kohlendunst erfüllten Zimmer schwer erkrankt liegen, so wird man Beides, die Entfernung des giftigen Gases von der Applicationsstelle (den Lungen) und die Verhinderung einer fortgesetzten Resorption des Giftes dadurch erreichen, dass man den Patienten in frische, normal zusammengesetzte Luft bringt.

Ist ein Gift einem Menschen äusserlich beigebracht worden, so wird man, je nach der Körperstelle, verschiedene Vorkehrungen zu treffen haben. Wurde z. B. ein Mensch von einer giftigen Schlange in die Hand gebissen, so kann man schon dadurch vorläufig Hülfe schaffen, dass man oberhalb der Wunde (d. h. nach dem Körper, dem Herzen zu) eine Binde um den Arm anlegt, dadurch die Circulation und somit die Fortführung des Giftes von der Bissstelle hemmt. Natürlich darf man sich hiermit allein nie begnügen, sondern muss zur Entfernung des Giftes Weiteres thun.

Ist das Gift äusserlich auf eine Wunde, z. B. auf eine durch
die Wirkung eines Zugpflasters ihrer Epidermis beraubte Hautstelle
gebracht, so kann die Entfernung häufig schon durch Abwaschen
mit Wasser erreicht werden. Dass hierbei die Art des Giftes Berücksichtigung verdient, ist selbstverständlich. Ist z. B. beim Arbeiten
mit concentrirter Schwefelsäure eine kleine Menge dieser stark wirkenden Flüssigkeit auf eine Hautstelle gespritzt, so wird man die Entfernung des grössten Theils der Säure zunächst durch Anwendung
trockener Körper, Filtrirpapier etc. zu versuchen haben, Wasser aber
erst dann anwenden, wenn nur noch ganz geringe Spuren zu tilgen
sind; andernfalls würde bei sofortiger Anwendung von Wasser eine
Temperatursteigerung hervorgerufen und dadurch die Verletzung vergrössert werden können.

Ist das Gift in eine tiefere Wunde gelangt, so kann man durch
Ausdrücken und Aussaugen dasselbe zu entfernen versuchen.
Auch bei der Anwendung dieser Hülfsmittel ist die Art und Wirkungs-
weise des Giftes zu beachten. Wohl kann man eine Wunde mit dem
Munde selbst aussaugen, wenn erstere durch eine Schlange beigebracht
ist, vorausgesetzt, dass die Mundschleimhaut etc. keine Verletzung besitzt. Doch auch in diesem Falle thut man gut, die aus der Wunde
ausgesaugte Flüssigkeit auszuspeien. In andern Fällen wird man zu
mechanisch wirkenden Saugapparaten seine Zuflucht nehmen müssen
(trockene Schröpfköpfe).

In vielen dieser Fälle schreitet man am Besten sofort zur Zerstörung des Giftes. Bei dieser Art des Eingriffs wird es kaum
zu vermeiden sein, zugleich mit dem Gift auch noch Theile der Applicationsstelle (Wunde) selbst zu vernichten. Je nach der Art der Wunde
wird man verschieden intensiv einzuwirken haben, jedoch dürften nur
in seltenen Fällen mehr oberflächlich wirkende Mittel, wie Höllenstein
eine genügende Sicherheit für die Zerstörung des Giftes bieten. Um
den Zweck vollkommen zu erreichen, wählt man am besten die ener-
gischen Aetzmittel, von welchen Kalilauge, Ammoniakflüssigkeit,
die rauchende Salpetersäure, Antimonchlorür u. a. namhaft zu machen
sind. Auch kann man durch Brennen mit dem Glüheisen, mit einem
glühend gemachten Messer oder einer Stricknadel die Wundfläche, den
Wundkanal etc. zerstören; ist kein derartiger Gegenstand schnell zur
Hand, so kann selbst eine brennende Cigarre, das Anzünden einer
kleinen Menge Schiesspulver auf der Wunde etc. benutzt werden.

Meist wird das Gift in eine Körperhöhle gelangt sein und
werden wir in diesen Fällen in verschiedener Weise dasselbe wieder
zu entfernen versuchen müssen.

Aus der Mund- und Nasenhöhle wird man wohl schon durch
öfteres Ausspülen die giftige Substanz vollkommen entfernen können.

Ist das Gift in den Magen aufgenommen (wohl die grosse
Mehrzahl der praktisch wichtigen Intoxicationen), so wird in erster
Linie darnach zu fragen sein, ob die Giftwirkung selbst nicht schon
dadurch sich helfend geäussert hat, dass dieselbe spontan Entleerungen
des Magens veranlasste. Bei vielen Intoxicationen wird dies bereits
der Fall gewesen sein; wenn nicht, dann genügt oft schon ein geringer
Reiz, um Erbrechen hervorzurufen. So wird oft schon durch
einen geringen, den Schlund treffenden Reiz (Kitzeln mit dem Finger,

einer Feder etc.) eine Brechwirkung mit nachfolgendem Erbrechen ausgelöst werden können; auch kann man, wenn dieses nichts hilft, bis andere Mittel beschafft sind, von einigen im Haushalt benutzten Mitteln (die wohl überall zur Hand sein werden) Gebrauch machen. Als solche sind starke Kochsalzlösung, Senf in Wasser suspendirt, Baumöl, Schnupftabak zu nennen, wobei jedoch zu bemerken, dass für bestimmte Gifte einzelne dieser Körper (z. B. Kochsalz bei Sublimat, Oel bei Phosphor, Canthariden) contraindicirt sind.

Die sog. Emetica sind zur Entleerung des Magens eines Vergifteten sehr wichtig. Man benutzt als Brechen erregende Arzneimittel: Cuprum sulfuricum (refracta dosi 1 g!), Zincum sulfuricum (refr. dos. 1,2 g!), Tartarus stibiatus (0,1 g pro dos.), Radix Ipecacuanhae (0,5 g : 150 Wasser), Emetin (5—20 mg pro dos.) und Apomorphin (5—10 mg pro dosi). In jedem Einzelfalle wird man mit Rücksicht auf das Gift und die durch dasselbe hervorgerufenen Symptome etc. eines dieser Mittel auszuwählen haben. So wird man von den innerlich zu nehmenden Stoffen die Metallsalze nur dann wählen, wenn nicht durch das Gift selbst schon eine stärkere Reizung, Entzündung resp. Anätzung des Magens verursacht wurde. Ist Letzteres der Fall, so wendet man am Besten die Brechwurzel resp. ihr Alkaloïd oder das Apomorphin an. Letzteres namentlich eignet sich fast allein in solchen Fällen, in denen dem Patienten durch den Mund nichts beizubringen ist, sei es, dass die Kiefer trismatisch geschlossen sind, sei es, dass der Patient sich mit allen seinen Kräften einer Heilung zu widersetzen versucht. In solchen Fällen wird man durch subcutane Injection von Apomorphin die Entleerung des Magens bewirken können.

Nicht selten erhalten wir selbst durch die Emetica keine Brechwirkung: in solchen Fällen kann man von der Magenpumpe Gebrauch machen. Man wendet diesen Apparat jetzt in der verschiedensten Form an, doch dürfte sehr oft, wenn der Magen eines Vergifteten entleert werden soll, grade ein solcher Apparat kaum zur Hand sein. Für solche Fälle wurde schon öfter die Anwendung eines Gasschlauches empfohlen. *Ewald*[1]) sagt, dass der gewöhnliche Gasschlauch in sich selbst Festigkeit genug habe, um ohne Mandrin in den Magen eingeführt zu werden und so als Schlundrohr zu dienen. Man benutzt einen Schlauch, doppelt so lang, als die Entfernung zwischen Mund und Pylorus, stumpft den unteren Rand mit der Scheere ab, führt den beölten Schlauch ein und füllt nun mit Hülfe eines aufgesetzten Trichters den Magen und Schlauch mit Wasser und andern Flüssigkeiten. Jetzt senkt man Trichter und Schlauchende unter das Niveau des Magens und entleert durch den so gebildeten Heber die Flüssigkeit nebst Mageninhalt. Die Ausspülung des Magens kann auf diese Weise mit Hülfe neuer Flüssigkeitsmassen öfters wiederholt werden. Besteht Trismus, so kann man durch die Nase den Schlauch einführen.

Die Anwendung der Magenpumpe, resp. die Einführung eines Gasschlauches ist nicht in allen Fällen zulässig. So wird man namentlich dann davon absehen müssen, wenn durch die Giftwirkung starke Anätzungen von Speiseröhre und Magen bedingt sind: es würde sonst durch die Sonde, resp. den Schlauch leicht eine Perforation an einer

---

[1]) Berliner klin. Wochenschrift 1875 S. 6.

Stelle des Tractus intestinalis veranlasst werden können. Auch dann, wenn der Mageninhalt, namentlich die giftige Substanz (Schwämme, Früchte) aus grösseren Stücken besteht, welche einer Entleerung durch ein solch enges Rohr nicht günstig sind, wird man durch Brechmittel die Entfernung des Giftes versuchen müssen. Andererseits hat die Ausspülung des Magens vor der Benutzung der Emetica Vorzüge, indem dadurch eine Entleerung des Giftes sofort erfolgt, die Wirkung der Brechmittel aber erst nach 15—20 Minuten einzutreten pflegt, indem ferner die Entfernung des Giftes vollständiger geschieht und zugleich durch Anwendung von Lösungen bestimmter Chemikalien das noch in dem Magen enthaltene Gift durch chemische Zersetzung unschädlich gemacht werden kann. Man wird überhaupt zur Ausspülung des Magens nur selten reines Wasser, resp. Trinkwasser verwenden, weil man dadurch in vielen Fällen eine schnellere Lösung und dadurch auch bessere Resorption des Giftes veranlassen würde. Statt Wasser benutzt man eine Lösung eines der später zu nennenden chemischen Gegengifte.

Ist das Gift in das Rectum applicirt oder sind Theile der giftigen Substanz aus dem Magen in den Darmkanal gewandert, so wird man auch diese aus dem Körper zu entfernen suchen. In ersterem Falle wird man vom Anus aus die Entleerung des Giftes zu bewirken haben, natürlich mit besonderer Rücksicht auf die Eigenschaften des Giftes. Zur Entfernung der schon in den Darmkanal gerückten Giftmassen haben wir für Entleerungen des Darms durch Einnehmen zweckmässig wirkender Arzneien zu sorgen. Als solche kommen hier vorzugsweise Oleum Ricini (25—50 g), Oleum Crotonis (½—2 Tropfen), Senna, Gutti, Jalapenknollen u. v. a. in Betracht. Auch hier werden ölige Mittel bei einzelnen Vergiftungen (Phosphor und Canthariden) zu vermeiden sein.

Sollte Gift in die Harnblase oder in die Scheide eingeführt sein, so wird es nicht schwer halten, dasselbe durch Ausspülen zu entfernen.

Wir haben uns bisher vorzugsweise damit beschäftigt, anzugeben, wie wir am Besten das Gift von den verschiedenen Applicationsstellen entfernen können. Jetzt haben wir noch zu behandeln, auf welche Weise, durch welche Mittel wir die Gifte, ohne sie sofort zu entfernen, unschädlich machen können. Hierzu benutzen wir die sog. chemischen Gegengifte. Die Benutzung dieser Mittel spielt bei der Behandlung eines Vergifteten eine grosse Rolle, namentlich dann, wenn wir genau über die Art des benutzten Giftes unterrichtet sind.

Die **Wirkung der chemischen Gegengifte: Antidote,** beruht darauf, dass dieselben in Folge ihrer chemischen Affinität zu bestimmten, giftig wirkenden Stoffen sich mit letzteren verbinden resp. umsetzen, auf diese Weise das leicht lösliche und leicht resorbirbare Gift in einen schwer-, resp. unlöslichen und damit ungiftigen Körper überführen; in einzelnen Fällen (Säuren etc.) sind die entstehenden Verbindungen selbst löslich, aber unschädlich.

Ein allgemein wirksames Gegenmittel ist, trotz der Bemühungen von der ältesten Zeit an, nicht gefunden und wird auch, entsprechend den so verschiedenen chemischen Eigenschaften der Gifte, nie aufgefunden werden. Trotzdem können wir hier eine kleine Zahl von

chemischen Stoffen nennen, deren Wirkung nicht gegen ein einzelnes
Gift, sondern gegen eine Gruppe von schädlichen Potenzen gerichtet
ist und welche wir deshalb hier behandeln wollen.

Als erstes, als wichtigstes Mittel dieser Art haben wir das Eiweiss zu nennen, welches noch dadurch sich auszeichnet, dass man es
im Nothfalle wohl immer schnell beschaffen kann. Von Eiweiss können
wir in vielen Vergiftungsfällen Gebrauch machen, besonders dann,
wenn es sich um die Einfuhr von anorganischen Giften handelt. Eiweiss
in wässeriger Lösung mit Säuren (Schwefelsäure, Salzsäure, Salpetersäure) zusammengebracht, verbindet sich mit diesen und liefert mehr
weniger voluminöse Coagula, die in Wasser unlöslich sind. Aehnlich
verhalten sich eine grosse Anzahl von Metallsalzen: Zink-, Cadmium-,
Silber-, Kupfer-, Quecksilber- und Bleisalze, Alaun, ferner Jod. Mit
Laugen entstehen lösliche Verbindungen.

Man wendet das Eiweiss (von mehreren Eiern), mit einer grösseren Menge Wasser versetzt, an: hierbei ist noch darauf Rücksicht
zu nehmen, dass die Verbindungen mit schweren Metallsalzen meist
durch einen Ueberschuss von Salzlösung wieder gelöst werden, man
also stets dafür sorgen muss, dass eine grosse Menge von Eiweisslösung mit dem Gifte zusammengebracht wird. Nur bei einzelnen
Metallgiften z. B. Sublimat dürfte auch ein Ueberschuss von Eiweisslösung zu meiden sein, da das Sublimatalbuminat durch allerdings ziemlich bedeutenden Ueberschuss von Eiweisslösung wieder aufgelöst wird.

Sollte Eiweisslösung nicht zu beschaffen sein, so kann man zunächst von Milch Gebrauch machen. Grosse Mengen Milch werden
in Folge ihres Gehaltes an Casein und Albumin ebenfalls viele Gifte
unlöslich machen, jedoch nicht so sicher, wie Hühnereiweiss.

Bei einzelnen speciell aufzuführenden Giften kann man, wenn
Eiweiss und Milch nicht sofort zur Stelle sind, auch noch andere Stoffe
anwenden. Hier würde das Kochsalz zu erwähnen sein, welches man
bei acuter Silbervergiftung (s. diese) so lange anwenden kann, bis Eiweiss beschafft ist; letzteres ist aber dem Kochsalz jedenfalls vorzuziehen. — Aehnliches ist anzuführen bezüglich der Jodvergiftung (s.
diese); auch hier kann man als erste Hülfe Amylum und Stärke-
mehl-haltige Substanzen verabreichen; da aber die Verwandtschaft
des Jods zum Eiweiss (Magenwandung!) grösser ist, als zum Amylum,
so wird man, wenn man die Wahl hat, das Eiweiss vorziehen müssen.

Von den Metallsalzen wird der Brechweinstein durch Eiweiss
nicht gefällt. Um diese Substanz unschädlich zu machen, benutzen wir
am Besten Gerbsäure (Tannin) und Gerbstoff-haltige Flüssigkeiten, welche man schnell anfertigen lassen kann unter Benutzung
von Galläpfeln, Eichenrinde, Weidenrinde, Chinarinde u. v. a. Diese
Flüssigkeiten wirken zersetzend auf das genannte Gift unter Bildung
von schwer löslichem, gerbsaurem Antimonoxyd. — Wichtiger für die
Anwendung des Tannin in der Toxikologie ist dessen Verhalten zu der
grossen Zahl der höchstgiftigen Pflanzenbasen. Die Alkaloïde und deren
Salze werden durch Zusatz von Gerbsäure aus ihren Lösungen fast
vollkommen ausgefällt als in Wasser schwer lösliche Niederschläge,
welche alsdann leicht z. B. aus dem Magen entfernt werden können.
Mit wegen dieser Eigenschaften benutzt man bei Vergiftungen durch
solche Pflanzenstoffe Gerbstoff-haltige Flüssigkeiten, um mit denselben

den Magen auszuspülen; es wird dabei zugleich das etwa noch zurückbleibende Alkaloïd unlöslich gemacht.

Ein weiteres Mittel, welches namentlich gegen Alkaloïd-Vergiftung benutzt werden kann, welches aber selbst in grösserer Menge beigebracht, schädlich wirkt, ist das Jod. Auch dieser Körper hat die Eigenschaft, die Alkaloïde aus ihren Lösungen auszufällen. Man benutzt als Antidot eine verdünnte Lösung; nach *Bouchardat*: Rp. Jodi puri 0,2 g, Kalii jodati 2 g, Aquae destillatae 360 g, M. D. S. Alle 2—5 Minuten ein Glas voll.

Auch die Thierkohle darf hier wohl erwähnt werden. Als Absorptionsmittel für Farbstoffe wird Thierkohle ziemlich viel gebraucht. In ähnlicher Weise wirkt die Kohle aber auch noch absorbirend für eine grosse Zahl Substanzen ein. So ist die frisch geglühte Kohle fähig, ziemlich bedeutende Mengen verschiedener Gase (Kohlenoxyd, Schwefelwasserstoff u. a.) in sich aufzunehmen; ähnlich verhält sich die Kohle zu Metallsalzen, zu Phosphor und einer grossen Zahl giftiger Alkaloïde. Indem letztere von der Kohle absorbirt werden, kann deren Wirkung jedenfalls verlangsamt werden. Ein sicheres Gegenmittel ist sie aber nicht.

Wir haben in dem Eiweiss schon ein Mittel gegen die Intoxication durch Säuren kennen gelernt. Wir können aber noch gegen derartige Vergiftungen von andern sog. neutralisirenden Mitteln Gebrauch machen. Als solche sind zu erwähnen verdünnte Natronlauge, kohlensaures und doppelkohlensaures Natron (weniger die Kalisalze), gebrannte und kohlensaure Magnesia, Kalkwasser und kohlensaurer Kalk und Präparate, welche diese Stoffe enthalten (Kreide etc.). Alle diese Mittel können bei Säurevergiftung benutzt werden (bei Oxalsäure nur die Magnesia- und Kalkpräparate!).

Auch Seifenwasser kann, wenn andere oben genannte Mittel fehlen, gegen anorganische Säuren zur Anwendung kommen. Die wässerige Lösung der fettsauren Alkalien wird durch die stärkere Säure zerlegt unter Abscheidung von Fettsäure und Bindung der stärkern Säure mit dem Alkali.

Entgegengesetzt der Säurevergiftung ist die Intoxication durch Laugen zu behandeln. Hier haben wir als neutralisirendes Mittel verdünnte Säuren (Essig etc.) zu benutzen.

Bezüglich der gegen einzelne Gifte, wie Arsen, Phosphor, Baryum-, Bleisalze u. a. empfohlenen Gegenmittel müssen wir auf den speciellen Theil verweisen.

Alle Massregeln, welche wir bis jetzt kennen gelernt haben, hatten den Zweck, das soeben resp. kurze Zeit vorher in den Körper eingeführte Gift wieder daraus in veränderter resp. unveränderter Gestalt zu entfernen. Sehr oft wird der praktische Arzt sehr spät zu dem Vergifteten hinzugerufen werden; es sind vielleicht schon Stunden seit der Einnahme des Giftes verflossen, es sind schon bedenkliche Erscheinungen der Giftwirkung eingetreten, Symptome, die sofort erkennen lassen, dass schon grössere oder kleinere Mengen des Giftes in das Blut aufgenommen worden sind. Was ist in solchen Fällen zu thun?

Auch bei der Behandlung solcher Kranken sind die bisher angeführten Massregeln nicht ausser Acht zu lassen. Auch hier wird man zu versuchen haben, das an der Applicationsstelle etwa noch vorhandene

Gift durch Darreichung von Antidoten unschädlich zu machen und z. B.
aus dem Magen durch Anwendung von Emeticis resp. der Magenpumpe
zu entfernen. Zugleich mit diesen Massnahmen hat der praktische Arzt
die Bekämpfung der bereits aufgetretenen Krankheitssymptome zu beginnen und derselben all seine Kräfte zu widmen.

Schon in früherer Zeit wurde viel über die dynamischen
Gegengifte gehandelt. Man empfahl symptomatisch: Morphin gegen
eine Strychninvergiftung etc., ohne über die Art der Wirkung eine
klare Vorstellung zu besitzen[1]). Durch gerade nicht sehr gute Beobachtungen am Krankenbette kam man sogar dahin, zwei Stoffe als
wechselweise anzuwendende Gegengifte zu empfehlen. Schon im 16. Jahrhundert traten *Albin* und *Lobel* dafür ein, dass bei Belladonnavergiftung
Opium als ausgezeichnetes Gegengift benutzt werden könne und 100
Jahre später schlugen *Horst* und *Faber* vor, diese Mittel gegenseitig
zu verwerthen.

Oft ist im Laufe der Zeit diese Frage experimentell behandelt
worden; doch den Untersuchungen dieses Jahrhunderts, ja erst der
letzten Decennien sollte es vorbehalten bleiben, die wissenschaftliche
Grundlage für die Lehre vom **Antagonismus der Gifte** zu liefern.
Ausschlaggebend für diese Lehre war jedenfalls die Untersuchung von
Schmiedeberg und *Koppe* über das Muscarin, das giftige Alkaloïd des
Fliegenpilzes. *Schmiedeberg* machte uns mit den interessanten Wirkungen dieser bis dahin oft gesuchten, jedoch nie gefundenen Pflanzenbase bekannt und lehrte zugleich in dem Atropin ein Heilmittel gegen
die Pilzvergiftung kennen. Indem *Schmiedeberg* durch Thierversuche
die Wirkung des Muscarins klar stellte, zeigte er, dass demselben eine
dem Atropin entgegengesetzte Wirkung zukomme. Er fand, dass der
durch Muscarin beim Frosche leicht hervorzurufende diastolische Herzstillstand durch nachfolgende Application von Atropin prompt aufgehoben werde, nach vorhergegangener Injection des letzten Stoffes überhaupt nicht zu bewirken sei. Genauer die Wirkung des Muscarins
analysirend, gelang *Schmiedeberg* der Nachweis, dass das Muscarin
Herzstillstand hervorrufe durch Erregung der in dem Froschherzen
gelegenen gangliösen Endapparate des Vagus, während dem Atropin
eine auf dieselben Apparate gerichtete lähmende, resp. die Erregbarkeit derselben herabsetzende Wirkung zukommt. Aehnlich wie beim
Herzen konnte bezüglich der Wirkung von Muscarin und Atropin auf
andere Organe eine entgegengesetzte Wirkung mit Sicherheit nachgewiesen werden: Ueberall konnte die erregende Wirkung des Muscarins nachgewiesen und mit Erfolg durch Application des Atropins
wieder beseitigt, resp. durch vorhergegangene Injection von Atropin
das Zustandekommen der Muscarinwirkung verhindert werden. Muscarin und Atropin wirken auf dieselben Theile der Organe im entgegengesetzten Sinne, ersteres erregend, letzteres die Erregbarkeit
herabsetzend resp. lähmend ein und kann die erregende Wirkung durch
die, die Erregbarkeit herabsetzende beseitigt werden. Das Umgekehrte
findet nicht statt.

---

[1]) *Husemann* sagt noch 1862 (S. 104): „Im Allgemeinen kommen die dynamischen Gegengifte wegen des ihre Wirkung verhüllenden Dunkels nicht viel in
Anwendung."

Dieser einseitige Antagonismus in der Wirkung von Muscarin und Atropin ist so vollkommen, wie er nur gedacht werden kann; dem entsprechend ist die Heilwirkung, welche das Atropins bei der Muscarinvergiftung zu entfalten vermag, so sicher, wie man sie bisher bei keinem anderen Gifte kannte. Selbst in den spätesten Stadien der Fliegenschwammvergiftung hat die Anwendung des Atropins noch den gewünschten Erfolg und bleibt dessen lebensrettende Wirkung erst dann aus, wenn Circulation und Respiration bereits im Erlöschen sind.

Dass man bei vorkommenden Intoxicationen von solchen entgegengesetzten Wirkungen zweier Stoffe Gebrauch machen kann und muss, ist selbstredend. Leider ist die Zahl der als physiologische Antagonisten zu bezeichnenden Giftpaare, für welche wir im Muscarin und Atropin ein so eclatantes Muster besitzen, noch sehr klein [1]).

Oft findet man ein 2. Paar von Giften: das Physostigmin und Atropin dem eben behandelten Paare zur Seite gestellt. Dass diese beiden Stoffe nicht in physiologischem Antagonismus zu einander stehen, wurde erst durch neuere Untersuchungen über die Wirkung des Physostigmins sicher nachgewiesen. Wir wissen jetzt, dass dem Physostigmin nicht eine Wirkung auf Nerven resp. Nervenendapparate (wie dem Muscarin), sondern eine Wirkung auf peripherer gelegene Theile der betreffenden Organe, nämlich auf die Muskelsubstanz zukommt. Das Physostigmin wirkt erregend auf die Muskulatur (des Herzens, der Iris u. a.), während das Atropin die Erregbarkeit der Nervenendapparate herabsetzt. Hier kann somit von einer physiologisch-entgegengesetzten Wirkung keine Rede sein. Wir können diese Stoffe demnach auch nicht als physiologische Antagonisten bezeichnen.

Wenn wir so bezüglich des Physostigmin-Atropins zu einer ungünstigen Ansicht hingeführt werden, so ist dadurch doch noch nicht entschieden, ob nicht doch die Wirkung des einen Stoffes die des andern günstig, d. h. im heilenden, resp. lindernden Sinne zu beeinflussen im Stande ist. Eine solche günstige Wirkung ist gerade für die beiden genannten Körper nicht ganz zu leugnen. Oft machen die Augenärzte von den Calabarpräparaten Gebrauch gegen eine hochgradige, zu lange anhaltende Atropinmydriasis. Wenn auch das Atropin durch lähmungsartige Wirkung auf die Nerven eine starke Pupillen-Dilatation verursacht, so können wir doch theoretisch jedenfalls die Pupille verengen, wenn wir den noch intacten, bezüglich seiner Erregbarkeit normalen Musculus sphincter Iridis reizen. Eine solche Erregung und damit Contraction dieses Muskels können wir, wenn auch nur vorübergehend, durch die Physostigminwirkung erreichen. Praktisch wichtiger ist jedenfalls die Wirkung dieser Stoffe auf das Herz. Hat die lähmende Wirkung des Atropins auf dieses Organ einen solchen Grad erreicht, dass dadurch das Leben bedroht wird, so wird man durch die Einwirkung auf den Herzmuskel selbst Hülfe zu schaffen versuchen müssen. Man wird versuchen, durch die Wirkung des Physostigmins, als eines Muskel-erregenden Stoffes die Herzaction zu kräftigen und so lange zu unterhalten, bis in Folge der allmäligen Ausscheidung aus dem Körper die gefahrdrohende Wirkung des lähmenden

---

[1]) Die Thatsachen über den „Antagonismus der Gifte" habe ich in meinem gleichnamigen Vortrag (*Volkmann's* Vorträge No. 159. 1879) zusammengestellt.

Giftes abgeschwächt, beseitigt ist. Eine solche Einwirkung eines Heilmittels gegen ein Gift darf nicht gering geachtet werden. Physiologisch können wir ja doch gegen die lähmende Wirkung eines Giftes kaum etwas machen, wohl aber symptomatisch. Wir versuchen zunächst gegen das lebenbedrohende Symptom mit Hülfe der durch die Pharmakologie uns empfohlenen Mittel anzukämpfen, wir suchen nach pharmakologischen Antagonisten, wenn das Auffinden physiologischer Antagonisten als unwahrscheinlich bezeichnet werden muss.

Solche pharmakologische Antagonistenpaare werden wir bei der Betrachtung der einzelnen Gifte noch mehrere (hier nenne ich vorläufig: Atropin-Physostigmin, Strychnin-Chloral, Morphin-Atropin) kennen lernen. Eine Anzahl der namhaft zu machenden Paare liefern den Beweis, dass Stoffe, welche man schon lange als Symptomatica bei der betreffenden Vergiftung anzuwenden pflegte, sich bei der experimentellen Untersuchung als brauchbare pharmakologische Antagonisten bewährt haben. Die Symptomatica spielten ja früher, als der Antagonismus noch unbekannt war, bei der Behandlung der Giftwirkung eine Hauptrolle und sind dieselben auch jetzt noch immer bei einer grossen Zahl von Giften die hauptsächlichsten Hülfsmittel. Wir werden diese Arzneimittel in der Toxikologie ebenso wenig, wie bei der Behandlung spontan aufgetretener Krankheiten entbehren können.

So werden wir, falls durch die Giftwirkung eine heftige Entzündung des Tractus intestinalis veranlasst ist, von antiphlogistisch wirkenden Mitteln Gebrauch machen, das zu heftige und zu lange anhaltende Erbrechen zu unterdrücken, die Schmerzen zu entfernen uns bemühen. Dies suchen wir durch Anwendung von Eis und Eispillen, von schleimigen Flüssigkeiten, von Opium u. a. m. zu erreichen; gegen Collapszustände sind Excitantien (Campher, Aether u. a.) am Platze.

Sind bei dem Vergifteten Symptome einer narkotischen Intoxication vorhanden, so werden wir ebenfalls die excitirend wirkenden Mittel (Alcoholica und Aetherea, Campher, starken Kaffee, starke Hautreize) zu Hülfe nehmen, gegen Krämpfe von Chloroforminhalationen u. a. Gebrauch machen.

Wir lassen uns demnach bei der Behandlung eines Vergifteten zunächst durch die vorhandenen Symptome leiten. Dass man dabei aber nicht ohne Ueberlegung zu Werke gehen und einzig und allein auf Grund des vorhandenen Symptoms das betreffende Mittel auswählen darf, ist selbstredend. Auch hier haben wir noch manches Andere zu prüfen und zu erwägen, ehe wir uns zur Anwendung eines Mittels entschliessen.

Vor Allem ist es nothwendig zu wissen, auf welche Ursache, auf welche Functionsstörung das Symptom, welches wir bekämpfen wollen, in dem vorliegenden Falle zurückgeführt werden muss. Haben wir einen Menschen zu behandeln, bei welchem hochgradiger Dyspnoë daliegt, bei welchem die Respirationsthätigkeit zu erlöschen droht, so würde es thöricht sein, ohne weiteres Besinnen die künstliche Respiration einzuleiten. Kann doch die Störung der Respirationsthätigkeit ausser durch andere Verhältnisse durch Störung der Thätigkeit des Herzens oder der Respirationsmuskeln veranlasst sein. Ist die Dyspnoë auf eine Einwirkung, z. B. des Muscarins, auf das Herz zurückzuführen, so würde die künstliche Respiration nichts nützen; ist aber die Respirationsstörung veranlasst durch Lähmung der Respirationsmuskeln, z. B. bei der Curarewirkung, und sind, wie in diesem Falle, das Herz und andere wichtige Organe noch intact, dann können wir durch die künstliche Respiration die Herzthätigkeit zu unterhalten und dadurch die Elimination des Giftes zu ermöglichen versuchen.

Die Unterhaltung der Respiration auf künstliche Weise muss, wenn von der symptomatischen Behandlung der Vergifteten die Rede ist, ebenfalls genannt werden. Sie kann ausser bei der eben angeführten Intoxication durch Pfeilgift, noch bei einer kleinen Zahl von Vergiftungen durch andere Stoffe Gutes leisten.

Bei nur geringer Einwirkung eines Giftes (Curare) auf die Athmung kann schon eine mehrmalige Compression der Brust und des Unterleibes, rhythmisch ausgeführt, vollständig ausreichend sein, um die Respiration wieder normal zu gestalten. Bei intensiverer Vergiftung wird diese Massregel aber nicht ausreichend sein.

Zur künstlichen Unterhaltung der Respiration bei Scheintodten sind die verschiedensten Methoden vorgeschlagen worden. Nach *Marshall Hall* wird die künstliche Respiration in der Weise ausgeführt, dass man den Patienten auf Bauch, Brust und Gesicht (Brust etwas erhöht) legt, den Körper desselben alsdann auf die Seite dreht und dann wieder plötzlich in die alte Lage zurückwendet, wobei zugleich zur Exspiration ein kräftiger Druck auf den Rücken auszuüben ist; man wiederholt diese Wendungen öfters, 15 Mal in der Minute und solange, bis die Respiration selbstständig thätig ist. — Nach *Silvester* wird die künstliche In- und Exspiration durch starke Streckung der Arme nach dem Kopfe hin (Heben der Rippen) und Zurückbringen nach der Brust und Druck auf die Brust ausgeführt.

Sicherer dürfte wohl die künstliche Respiration durch Benutzung des Inductionsstroms auszuführen sein. Die elektrische Reizung (Anlegung der Elektroden, die eine in die Fossa supraclavicularis nach aussen von dem Rande des Sternocleidomastoïdeus, die andere in die Magengrube — oder Reizung des Nervus phrenicus am Halse: Vorderfläche der Scaleni) wird intermittirend und rhythmisch, etwa 15 Mal in der Minute, erfolgen müssen. In einem Falle von Curarevergiftung bei einem Tetanus traumaticus wurde die künstliche Respiration durch electrische Reizung eine Stunde mit günstigem Erfolge unterhalten *(Bianchi)*.

In verzweifelten Fällen wird man die Tracheotomie ausführen und ähnlich, wie beim Thierversuche, künstlich Luft in die Lungen einblasen müssen. Zu dem Zwecke wird man in die Trachealöffnung ein elastisches Rohr (Katheter) einführen, das äussere Ende desselben mit einem Blasebalg verbinden und nun kleine Mengen von Luft rhythmisch einblasen. Die Exspiration kann durch Druck auf den Thorax unterstützt werden.

Bevor ich die Behandlung der acuten Intoxication verlasse, muss ich noch eine Behandlungsmethode der Intoxication erwähnen. Es ist dies die Transfusion des Blutes. Es liegt mir ferne, hier die Transfusionsfrage behandeln zu wollen; ich kann nur einiges Wenige über die Ausführung derselben hier mittheilen. Man benutzt Aderlassblut eines gesunden Menschen; dasselbe wird zunächst durch Schlagen von dem Fibrin befreit, filtrirt, resp. colirt und alsdann auf

Körpertemperatur erwärmt. Inzwischen ist bei dem Kranken eine Vene (basilica u. a.) freigelegt, aus einer Oeffnung derselben eine der zu injicirenden entsprechende Blutmenge entleert und wird nun mit Hülfe von passenden Instrumenten das defibrinirte normale Blut infundirt (Eindringen von Luft zu vermeiden!). Die Transfusion hat schon bei einzelnen Intoxicationen Gutes geleistet.

Wir wenden uns nun zu der Behandlung der chronischen Intoxicationen. Nach dem früher (S. 29) über die chronische Vergiftung Mitgetheilten wird die erste Aufgabe der Behandlung die sein, zu verhindern, dass noch weiter kleine Theile der giftigen Substanz in den Körper gelangen und damit die Gefahr erhöhen. Zu dem Zwecke werden die betreffenden Arbeiter ihre Beschäftigung wechseln resp. aufgeben müssen, wird man Tapeten etc. zu entfernen haben, wird man die weitere Einführung von Morphin zu hindern versuchen etc., was in manchen Fällen nicht so leicht auszuführen sein dürfte.

In zweiter Linie hat man für Entfernung des im Körper enthaltenen Giftes zu sorgen, indem man dessen Elimination soviel wie möglich befördert. Zu dem Zwecke kann man die Secretion der verschiedenen drüsigen Organe anregen, vermehren durch Benutzung von harntreibenden, schweisstreibenden und Abführmitteln. Die auftretenden Symptome sind nach allgemeinen Regeln zu bekämpfen.

Der gerichtliche Nachweis der Vergiftungen [1]).

Nicht selten werden die Gerichtsärzte veranlasst werden, sich über die Todesursache eines plötzlich Gestorbenen zu äussern. Diese Aufgabe wird namentlich dann gestellt werden, wenn durch Nebenumstände der Verdacht einer Vergiftung erweckt wird. Der Gerichtsarzt wird besonders darüber sein Gutachten abzugeben haben, ob in dem fraglichen Falle eine Vergiftung stattgefunden, welches Gift dabei zur Anwendung kam und ob der Tod in Folge der Vergiftung eintreten musste.

Diese Fragen können theilweise schon mit Hülfe des im Vorhergehenden Gesagten beantwortet werden.

Ob eine Vergiftung stattgefunden hat oder nicht, diese Frage haben wir mit Berücksichtigung alles dessen, was bezüglich der Diagnose einer Vergiftung gesagt ist, zu beantworten. Auch hier sind in erster Linie die zu Lebzeiten des Verstorbenen zur Beobachtung gekommenen Erscheinungen zu berücksichtigen., Hierzu ist es nothwendig, eine genaue Beschreibung des Verlaufs der Krankheit, von ihrem Beginn bis zum letalen Ausgang zu geben, wobei der frühere Gesundheitszustand, die Behandlung, namentlich ob Arzneien, welche in grosser Dosis selbst als Gifte benutzt werden, zur Anwendung kamen, besonders hervorzuheben sind. Den Werth der Symptome für die Diagnose einer Intoxication haben wir schon früher kennen gelernt: auch hier kommt die Aehnlichkeit der Symptome bei Vergiftung und Krankheit

---

[1]) Hier können nur die wichtigsten und nothwendigsten Thatsachen über diesen Theil der praktischen Toxikologie vorgeführt werden. Genauere ausführliche Angaben findet man in dem Buche von *Dragendorff*: Die gerichtlich-chemische Ermittlung von Giften. 2. Aufl. 1876. welches bei keiner Untersuchung entbehrt werden kann.

in Betracht und ist deshalb im betreffenden Falle die Differentialdiagnose ausführlicher zu behandeln.

Nur in seltenen Fällen wird auf Grund der Symptome allein die
Diagnose auf Intoxication zu stellen möglich sein und ist zunächst
jedenfalls noch das Resultat anderer Beobachtungen und Untersuchungen
mit zu berücksichtigen. Als solche sind zu nennen die Untersuchung
der erbrochenen Massen (wenn Erbrechen stattgefunden hat und
das Erbrochene nicht, wie dies wohl oft der Fall sein dürfte, beseitigt
ist), der Ueberreste von Speisen, von benutzten Arzneien
u. a. m. Schon die einfache Betrachtung dieser für den Krankheits-
fall wichtigen Objecte kann uns in der Diagnose auf Intoxication be-
stärken, wenn wir z. B. in dem Erbrochenen giftige Pflanzentheile
resp. Thierstücke (Flügeldecken der Canthariden etc.) erkennen, wenn
wir den, bestimmten Giften eigenthümlichen Geruch (Blausäure, Chloroform, Alkohol bei kleinen Kindern) wahrnehmen, wenn wir Phosphordämpfe aufsteigen sehen u. a. m. Die chemische Untersuchung hat
alsdann das Vorhandensein einer giftigen Substanz noch genauer
darzuthun.

Die in gerichtlichen Fällen stets (vorschriftsmässig) auszuführende
Section der Leiche kann in bestimmten Fällen noch weiteren Aufschluss über die Todesursache geben; namentlich hat dieselbe dadurch
eine grosse Bedeutung, dass wir durch die Oeffnung der Leiche oft,
als Ursache des plötzlichen Todes, eine Gehirnblutung, eine Magenperforation, eine Ruptur eines Gefässes etc. erkennend, eine Vergiftung auszuschliessen vermögen resp. als unwahrscheinlich hinstellen
müssen, oft aber auch durch den Nachweis bedeutender Anätzungen
etc. des Tractus intestinalis, des Geruchs bestimmter Gifte u. s. w.
die Gründe für eine stattgehabte Vergiftung verstärken können. Bezüglich der Organveränderungen, welche durch die Wirkung bestimmter Gifte hervorgerufen werden, müssen wir auf den speciellen
Theil verweisen. Hier sei nur erwähnt, dass schon die Untersuchung
des Blutes (z. B. spectralanalytisch) Aufschluss über die stattgehabte
Vergiftung (Kohlenoxyd u. a.) zu geben vermag.

Sehr wichtig für den Nachweis einer Vergiftung ist die **chemische
Untersuchung** der schon oben genannten Objecte (Erbrochene Massen
etc.) und der aus der Leiche zu entfernenden Theile [1].

---

[1] Die gesetzlichen Bestimmungen der Leichenöffnung Vergifteter sind:

Preussische Criminalordnung §. 167: Ist Verdacht vorhanden, dass der Ver-
storbene durch Gift um's Leben gekommen sei, so müssen von dem Arzte die etwa
gefundenen Ueberbleibsel des vermeintlichen Giftes, sowie die in dem Magen und
Speisekanal angetroffenen verdächtigen Substanzen nach chemischen Grundsätzen
geprüft werden, wobei jedoch vom Richter mit grösster Vorsicht dahin zu sehen
ist, dass die zu untersuchenden festen und flüssigen Körper nicht vertauscht oder
verwechselt werden, sondern deren Identität ausser Zweifel gesetzt sei. Zu diesem
Ende müssen, wenn der chemische Process nicht in Gegenwart des Richters abge-
macht werden kann, den beiden Sachverständigen diese Substanzen versiegelt
mittelst gerichtlichen Protokolls übergeben und in eben der Art zurückgeliefert
werden.

Regulativ für das Verfahren der Gerichtsärzte bei den gerichtlichen Untersuchungen menschlicher Leichen vom 13. Februar 1875.

§. 22. „Bei Verdacht einer Vergiftung beginnt die innere Besichtigung
mit der Bauchhöhle. Es ist dabei vor jedem weiteren Eingriff das äussere Aus-

In keinem Falle sollte man ohne weitere Voruntersuchung der Objecte sofort zu dem chemischen Nachweise übergehen. Schon die einfache Inspection des Mageninhalts vermag, nöthigenfalls mit Hülfe einer Lupe resp. des Mikroskopes ausgeführt, uns Aufschluss über die Art des Giftes zu geben; in sehr günstigen Fällen wird es sogar dadurch ermöglicht, den grössten Theil des Giftes auf mechanischem Wege von den übrigen Theilen zu trennen. So ist es möglich, aus dem Mageninhalt krystallinische Stoffe hervorzusuchen, welche uns

---

sehen der oberen Baucheingeweide, ihre Lage und Ausdehnung, die Füllung ihrer Gefässe und der etwaige Geruch zu ermitteln.

In Bezug auf die Gefässe ist hier, wie an andern wichtigen Organen, stets festzustellen, ob es sich um Arterien oder Venen handelt, ob auch die kleineren Verzweigungen oder nur Stämme und Stämmchen bis zu einer gewissen Grösse gefüllt sind, und ob die Ausdehnung der Gefässlichtung eine beträchtliche ist oder nicht.

Alsdann werden um den untersten Theil der Speiseröhre dicht über dem Magenmunde, sowie um den Zwölffingerdarm unterhalb der Einmündung des Gallenganges doppelte Ligaturen gelegt und beide Organe zwischen denselben durchschnitten. Hierauf wird der Magen mit dem Zwölffingerdarm im Zusammenhange herausgeschnitten, wobei jede Verletzung derselben sorgfältig zu vermeiden ist. Die Oeffnung geschieht in der im §. 21 angegebenen Weise.

Es wird sofort der Inhalt nach Menge, Consistenz, Farbe, Zusammensetzung, Reaction und Geruch bestimmt und in ein reines Gefäss von Porzellan oder Glas gethan.

Sodann wird die Schleimhaut abgespült und ihre Dicke, Farbe, Oberfläche, Zusammenhang untersucht, wobei sowohl dem Zustande der Blutgefässe, als auch dem Gefüge der Schleimhaut besondere Aufmerksamkeit zuzuwenden und jeder Hauptabschnitt für sich zu behandeln ist. Ganz besonders ist festzustellen, ob das vorhandene Blut innerhalb von Gefässen enthalten oder aus den Gefässen ausgetreten ist, ob es frisch oder durch Fäulniss oder Erweichung (Gährung) verändert und in diesem Zustande in benachbarte Gewebe eingedrungen (imbibirt) ist. Ist es ausgetreten, so ist festzustellen, wo es liegt, ob auf der Oberfläche oder im Gewebe, ob es geronnen ist oder nicht u. s. w.

Endlich ist besondere Sorgfalt zu verwenden auf die Untersuchung des Zusammenhanges der Oberfläche, namentlich darauf, ob Substanzverluste, Abschürfungen (Erosionen), Geschwüre vorhanden sind. Die Frage, ob gewisse Veränderungen möglicherweise durch den natürlichen Gang der Zersetzung nach dem Tode, namentlich unter Einwirkung gährenden Mageninhalts, zu Stande gekommen sind, ist stets im Auge zu behalten.

Nach Beendigung dieser Untersuchung werden der Magen und der Zwölffingerdarm in dasselbe Gefäss mit dem Mageninhalt (s. oben) gethan und dem Richter zur weiteren Veranlassung übergeben. In dasselbe Gefäss ist auch später die Speiseröhre, nachdem sie nahe am Halse unterbunden und über der Ligatur durchschnitten worden, nach vorgängiger anatomischer Untersuchung, sowie in dem Falle, dass wenig Mageninhalt vorhanden ist, der Inhalt des Leerdarms zu bringen.

Endlich sind auch andere Substanzen und Organtheile, wie Blut, Harn, Stücke der Leber, der Nieren u. s. w. aus der Leiche zu entnehmen und dem Richter abgesondert zur weiteren Veranlassung zu übergeben. Der Harn ist für sich in einem Gefässe zu bewahren, Blut nur in dem Falle, dass von einer spectralanalytischen Untersuchung ein besonderer Aufschluss erwartet werden kann. Alle übrigen Theile sind zusammen in ein Gefäss zu bringen.

Jedes dieser Gefässe wird verschlossen, versiegelt und bezeichnet.

Ergibt die Betrachtung mit blossem Auge, dass die Magenschleimhaut durch besondere Trübung und Schwellung ausgezeichnet ist, so ist jedesmal und zwar möglichst bald eine mikroskopische Untersuchung der Schleimhaut, namentlich mit Bezug auf das Verhalten der Labdrüsen, zu veranstalten.

Auch in den Fällen, wo sich im Mageninhalt verdächtige Körper, z. B. Bestandtheile von Blättern oder sonstige Pflanzentheile, Ueberreste von thierischer Nahrung finden, sind dieselben einer mikroskopischen Untersuchung zu unterwerfen."

dann sehr leicht die Gegenwart von Metallgiften (Arsen, Quecksilber etc.) nachzuweisen gestatten. Pflanzliche Theile, den Speisen beigemischt, können leicht mikroskopisch auf ihre Abstammung untersucht werden. Man wird so erkennen, ob man es mit Theilen von Pilzen, mit Bruchstücken von Blättern und Früchten, mit ganzen Samen etc. zu thun hat. Oft wird man in letzteren Fällen auch wohl die Pflanzenspecies, von der sie stammen, anzugeben vermögen. Alle, auf mechanischem Wege isolirbaren Stücke sind gesondert zu untersuchen und Theile davon als Corpora delicti aufzubewahren.

Zur Voruntersuchung gehört ferner noch die Prüfung etwa vorgefundener Reste des Giftes, der kurz vor dem Tode eingenommenen Medicamente etc.; hierdurch erhalten wir oft in kurzer Zeit Aufklärung über den vorliegenden Fall.

Zur Vorprüfung kann auch die Dialyse zu Hülfe genommen werden. Hierzu wird ein Theil der zu untersuchenden Substanz zerkleinert, mit destillirtem Wasser in einen Brei verwandelt, mit Salpetersäure stark sauer gemacht und bei Körpertemperatur 12 Stunden lang digerirt; alsdann bringt man die Masse in einen Dialysator. Die äussere Flüssigkeit kann nach 24 Stunden auf das Vorhandensein verschiedener Gifte resp. Giftgruppen geprüft werden.

Das Ergebniss dieser Untersuchungen ist für die weitere Behandlung der überlieferten Objecte oft von der grössten Wichtigkeit. Können wir auf diesem Wege doch sehr schnell Gewissheit von dem Vorhandensein eines ganz bestimmten Giftes erhalten und werden wir alsdann zunächst unsere Untersuchung nur in dieser Richtung weiter auszudehnen haben. Freilich ist dabei zu berücksichtigen, dass, was gerade nicht selten vorgekommen ist, zur Ausführung eines Giftmordes mehr als ein Gift benutzt worden sein kann.

Hat die Vorprüfung kein Resultat geliefert, so werden wir zunächst uns aus den bei Lebzeiten aufgetretenen Erscheinungen eine Ansicht über die Art des Giftes zu bilden haben. Fehlt uns auch bezüglich der Symptome jegliche Angabe oder sind dieselben zu allgemein angegeben, so sind bei der Untersuchung alle Gifte zu berücksichtigen.

Die gerichtlich-chemischen Untersuchungen auf Gifte werden von den dazu angestellten Gerichtschemikern oder andern Sachverständigen: Chemikern resp. Apothekern vorgenommen. Bei diesen Untersuchungen dürfen nur solche Geräthe benützt werden, welche absolut frei von giftigen Substanzen sind: auch müssen die zu benutzenden Chemikalien auf ihre Reinheit geprüft werden.

Von den dem Chemiker übergebenen Organen etc. hat derselbe zunächst einen Theil (die Hälfte) für weiter auszuführende Untersuchungen, Controlbestimmungen u. s. w. zu reserviren. Die übrige Menge wird nun zur Aufsuchung der verschiedenen Giftgruppen in mehrere Theile zerlegt und nach verschiedenen Methoden untersucht. *Dragendorff* schlägt folgende Theilung [1]) vor:

1) Zur Untersuchung auf flüchtige indifferente Gifte (Alkohol,

---

[1]) a = Magen. Mageninhalt. Erbrochenes und Speisereste.
    b = Darm. Darminhalt und Fäces.
    c = Leber. Milz. Hirn etc.
    d = Blut und Harn.

Chloroform, Nitrobenzol, ätherische Oele etc.), Jod, Chlor, Cyanverbindungen und Phosphor von a, c und d je ein Fünftel, von b ein Viertel;

2) Alkaloïde, Ammoniak und Derivate desselben (Anilin etc.), Cantharidin und Pikrotoxin wie bei 1);

3) Gifte aus der Zahl der schweren und leichten Metalle (alkalische Laugen etc.) von a: ein Fünftel, b: ein Viertel, d: ein Drittel und c, bei dem noch Pancreas, Lungen, Nieren, Muskelfleisch genannt werden: ein Drittel;

4) stark ätzende und giftige Säuren: a, c und d: je ein Fünftel, b: ein Achtel.

Ich halte es für nothwendig, etwas Näheres über den Gang einer solchen Untersuchung hier anzuführen und beginne [1]) mit dem Nachweis der leicht flüchtigen Gifte, nämlich: Ammoniak und Amide, Anästhetica (Chloroform etc.), Alkohol, Aether, ätherische Oele, Nitrobenzin, flüchtige Säuren, Chlor, Brom, Jod, Phosphor.

Diese Gifte werden meist schon bei der Voruntersuchung durch Geruch etc. nachgewiesen sein. — Die gleichmässig gemischte, zerkleinerte Masse wird zum sichern Nachweis nach geringem Zusatz von Wasser der Destillation zu unterziehen sein. Die Reaction der Masse muss, je nach den Stoffen, welche man abzuscheiden beabsichtigt, verschieden sein. Die Masse muss alkalisch reagiren, sobald wir Ammoniak und amidartige Substanzen nachweisen wollen; für den Nachweis der anderen flüchtigen Gifte ist es zweckmässig, vor der Destillation mit einer geringen Menge verdünnter Schwefelsäure anzusäuern. Die Destillate dienen zur weiteren Untersuchung auf diese Gifte: alkalisch reagirende Destillate enthalten Ammoniak resp. amidartige Substanzen; ist das Destillat neutral und farblos, so wird man entweder schon in den zu Beginn der Destillation übergehenden Flüssigkeiten den sehr flüchtigen Körper nachzuweisen vermögen oder es muss eine grössere Menge des Destillats zur Untersuchung benutzt werden. In diesem Destillat kann Chloroform, Alkohol, Aether, Schwefelkohlenstoff, Schwefelwasserstoff, ätherische Oele, Nitrobenzin, Chloralhydrat enthalten sein. Reagirt das farblose Destillat sauer, so kann darin auf Blausäure, Salzsäure, Ameisensäure etc. geprüft werden. Bei der Prüfung der Reaction kann durch das Destillat das Lacmuspapier entfärbt werden: Chlor, unterchlorige Säure. Gefärbt überdestillirende Dämpfe machen die Gegenwart von Jod resp. Brom wahrscheinlich; leuchten diese Dämpfe, so wird Phosphor vorhanden sein.

Gross ist die Zahl der giftigen Pflanzenstoffe (Alkaloïde, Glucoside etc.), welche nicht selten Gegenstand der chemischen Untersuchung gewesen sind. Nachdem es *Stas* in dem Processe *Bocarmé* gelungen war, Nicotin aus Leichentheilen abzuscheiden und damit den Beweis zu liefern, dass unter günstigen Verhältnissen auch die heftig wirkenden Alkaloïde aus der Leiche der damit Vergifteten wieder darzustellen sind, hat man im Laufe der Zeit Methoden zur Abscheidung dieser und anderer giftiger Pflanzenstoffe ausgearbeitet, welche als Verfahren von *Stas-Otto* [2]), von *Erdmann-Uslar* und von *Dragendorff* bekannt sind und schon oft mit Erfolg zur Ausführung solcher Unter-

---

[1]) *Dragendorff* S. 25 etc.

[2]) S. *Otto:* Anleitung zur Ausmittelung der Gifte. 5. Auflage. Braunschweig 1875.

suchungen gedient haben. Ich beschränke mich darauf, hier nur ganz kurz die Methode von *Dragendorff*, welche die grösste Zahl von organischen Körpern nachzuweisen gestattet, anzuführen.

Die fein zerkleinerten Untersuchungsobjecte werden, wenn nöthig, mit destillirtem Wasser verdünnt und mit verdünnter Schwefelsäure deutlich sauer gemacht. Die ganze Masse wird bei 50 ° C. einige Stunden lang digerirt, colirt und der Rückstand noch mehrmals in ähnlicher Weise behandelt. Die vereinigten Colaturen werden zum Syrup eingedunstet, letzterer mit dem 3—4fachen Volum Alkohol 24 Stunden bei 30 ° C. digerirt, kalt filtrirt und mit Weingeist von 70% ausgewaschen.

Aus dem Filtrat wird der Alkohol durch Destillation grösstentheils entfernt und der wässerige Rückstand, wenn nöthig, mit Wasser verdünnt und filtrirt. Das saure Filtrat gibt, wiederholt mit frisch rectificirtem Petroläther geschüttelt, an letzteren Stoffe ab, welche nur selten Gegenstand der Untersuchung sein werden (Piperin, Pikrinsäure, Campher, ätherische Oele, Capsicin, Zersetzungsproducte des Aconitin). Die saure, wässerige Flüssigkeit wird nunmehr öfter mit Benzin ausgeschüttelt. Das Benzin vermag von giftigen Stoffen Caffeïn, Cantharidin, Santonin, Digitalin, Colchicin, Daphnin u. a. m. zu lösen. Man setzt jetzt das Ausschütteln der sauren, wässerigen Lösung mit Chloroform fort und vermag so Cinchonin, Theobromin, Papaverin, Narceïn, Pikrotoxin, Helleboreïn, Digitaleïn, Jervin u. a. abzuscheiden.

Durch nochmaliges Behandeln mit Petroläther wird der Flüssigkeit zunächst der Rest von Chloroform entzogen und alsdann die Flüssigkeit durch Zusatz von Ammoniak alkalisch gemacht.

Die ammoniakalische wässerige Flüssigkeit wird nunmehr wieder kalt mit Petroläther ausgeschüttelt und auf diese Weise durch letzteren folgende Körper gelöst: Strychnin, Chinin, Sabadillin, Conydrin; Brucin, Veratrin, Emetin; Coniïn, Nicotin, Anilin u. a. m. — Alsdann schreitet man zur Ausschüttelung der ammoniakalischen Lösung mit Benzin und isolirt so: Atropin, Hyoscyamin, Strychnin, Chinin, Narcotin, Kodeïn, Sabadillin, Thebaïn; Brucin, Physostigmin, Veratrin, Sabatrin, Delphinin, Aconitin, Emetin. — Die ammoniakalische wässerige Lösung wird wiederholt mit Chloroform behandelt und so an dieses noch Morphin, Papaverin und Narceïn abgegeben; wird nunmehr noch mit Amylalkohol geschüttelt, so werden weiter noch Morphin und Narceïn, ferner Solanin u. a. in Lösung gehen. — Schliesslich wird die wässerige Flüssigkeit mit Glaspulver getrocknet, der Rückstand zerrieben und mit Chloroform behandelt: der Auszug enthält Curarin.

Weitere toxikologisch wichtige Eigenschaften dieser Gifte und der Nachweis des einzelnen Giftes wird im speciellen Theile besprochen werden. Hier will ich nur kurz erwähnen, dass die grosse Zahl der Alkaloïde sich einer Anzahl von Reagentien gegenüber ähnlich verhält und wir mithin durch diese sog. Alkaloïd-Reagentien die Anwesenheit von organischen Basen in reinen Lösungen nachweisen können. Als solche Reagentien, welche mit Alkaloïdsalzen meist charakteristische Niederschläge liefern, sind zu nennen: Phosphormolybdänsäure, Phosphorwolframsäure, die Doppelsalze von Jodkalium mit Quecksilber-, Wismuth-, Kadmiumjodid, Platin-, Gold- und Quecksilberchlorid, Tannin, Jod, Jodkalium u. a. m.

Es dürften wohl hier noch die Untersuchungen von *Wanklyn* und *Blyth* zu erwähnen sein. Letzterer trennt eine grosse Zahl von Alkaloïden, indem er in c. 1 mg der aus den Leichentheilen etc. isolirten Substanz durch Einwirkung von übermangansaurem und kohlensaurem Kali den Stickstoff ganz oder zum Theil in Form von Ammoniak austreibt und letzteren mit Hülfe von *Nessler*'schem Reagens quantitativ bestimmt, in 4 Gruppen; von diesen gibt der Repräsentant der ersten Gruppe (Solanin) 0,98 °/o Ammoniak ab; die der zweiten Gruppe angehörigen Körper (Morphin, Codeïn, Papaverin, Veratrin) liefern 2,50—2,98 °/o, die der dritten Gruppe (Atropin, Narcotin, Strychnin, Brucin, Aconitin, Coniïn): 3,5—5,73 °/o und die vierte Gruppe: Nicotin: 10,49 °/o Ammoniak.

Gemäss der von *Dragendorff* angegebenen Theilung des Untersuchungsmaterials haben wir uns nunmehr mit dem Nachweis der als Gifte oft benutzten Metallsalze zu beschäftigen. In den der Leiche entnommenen Objecten werden diese Gifte stets mit einer grösseren oder geringeren Menge organischer Substanz vermengt uns zur Untersuchung überliefert werden; diese organischen Massen hindern das Zustandekommen der den Metallsalzen eigenthümlichen Reactionen. Es ist daher unsere erste Aufgabe, die nachzuweisenden Körper von diesen organischen Beimengungen zu befreien. Wir erreichen dies am Einfachsten durch vollkommene Zerstörung aller organischen Materie.

Zur Zerstörung der organischen Substanz hat man eine Anzahl von Methoden angegeben, von welchen wir hier nur folgende [1]) kurz berücksichtigen können.

Methode von *Fresenius* und *Babo:*

Die zerkleinerte Substanz wird mit reiner Salzsäure und chlorsaurem Kali (10 g auf 360 g Masse) in einem Glaskolben auf dem Wasserbade erwärmt und wird derselben später noch von Zeit zu Zeit je 2 g chlorsaures Kali solange zugesetzt, bis die Farbe der Flüssigkeit eine halbe Stunde nach dem letzten Zusatz nicht mehr dunkler geworden. — Nun wird, am Besten durch Einleiten eines Stromes gewaschener Kohlensäure in die warme Lösung, das in letzterer enthaltene freie Chlor vertrieben, die Flüssigkeit noch heiss filtrirt und das Filter mit heissem Wasser ausgewaschen. Lösung und Filterrückstand sind gesondert zu untersuchen. Sobald Antimon resp. Zinnsalze vorhanden sind, muss die Zerstörung in einer mit Vorlage versehenen tubulirten Retorte vorgenommen werden.

Methode von *Wöhler* und *von Siebold:*

Die zerkleinerte Substanz wird durch Kochen mit Salpetersäure in einen Brei verwandelt, welchen man nach Neutralisation mit kohlensaurem Natron und Zusatz von Chilisalpeter resp. salpetersaurem Ammon unter Umrühren zur Trockne bringt. Die vollkommen trockene Masse wird allmälig in kleinen Portionen in einen zu schwacher Rothgluth erhitzten Porcellantiegel eingetragen und so verpufft. Wird die erste Portion durch fortgesetztes Erhitzen nicht vollkommen weiss, so muss der trockenen Masse noch salpetersaures Salz zugesetzt werden. Der schliesslich erhaltene Rückstand enthält die Metalle, von denen sich Quecksilber verflüchtigt haben wird, als: in Wasser löslich: arsen-

---

[1]) Nach *Dragendorff.*

saures und chromsaures Natron, Bleioxyd- und Zinkoxyd-Natron; in Wasser unlöslich: antimon- und zinnsaures Natron, Kupferoxyd, Wismuthoxyd, kohlensaurer Baryt, Gold und Silber.

Methode von *Verryken:*

Die vollkommen ausgetrocknete, zur Untersuchung bestimmte Masse wird im Sauerstoffstrome in einem glühenden Glasrohre verbrannt. *Verryken* fand von Kupfer noch 1 : 40,000, von Blei, Quecksilber und Arsen noch 1 : 50,000.

Die nach einer dieser Methoden erhaltenen löslichen und unlöslichen Substanzen werden gemäss der qualitativ-chemischen Analyse weiter untersucht. Auf die wichtigsten Reactionen komme ich bei der Besprechung der einzelnen Gifte zurück. Hier habe ich nur noch zu erwähnen, dass man zum Nachweis der Metalle in den nach Zerstörung der organischen Substanz erhaltenen Flüssigkeiten, resp. direct in den thierischen Secreten (Urin) noch die Electrolyse zu Hülfe nahm. *Mayençon* und *Bergeret,* welche dieses Verfahren für eine grössere Zahl von Metallen ausprobirt haben, benutzen dazu eine einfache galvanische Batterie, auf dessen, aus Platin bestehender Electrode sich die Metalle niederschlagen; der genauere Nachweis ist für die einzelnen Körper verschieden.

Ich wende mich nun zu der Aufsuchung der letzten Gruppe von Giften, welche aus den Erd- und Alkalimetallen, sowie aus den stärkeren Säuren gebildet wird.

Ueber den Nachweis der hierher gehörigen Metallsalze lässt sich Allgemeines nicht anführen (Barytsalze können mit den schweren Metallsalzen aufgefunden werden); ähnlich verhält es sich mit den stärkeren Säuren. Alle diese Stoffe können in der Regel in dem wässerigen Auszug des zur Untersuchung überlieferten Materials nachgewiesen werden.

Oft wird in der eben besprochenen Weise durch die chemische Untersuchung aus den Objecten etc. eine Substanz isolirt werden, welche sich durch charakteristische chemische Reactionen als ein bestimmtes Gift zu erkennen gibt. Um den Beweis des Vorhandenseins des betreffenden Giftes noch zu verstärken, kann für bestimmte Körper noch die mikroskopische Untersuchung der Sublimate herangezogen werden. Nachdem schon *Guy* u. A. bei ihren Untersuchungen auch das Mikroskop zu Hülfe genommen hatten, hat *Helwig* (das Mikroskop in der Toxikologie) diese Methode zum Nachweis von Metall- und Pflanzengiften genauer behandelt. Zur Herstellung schöner mikroskopischer Präparate genügt immer eine Menge von 0,5 mg, von einzelnen Giften wurden noch durch Anwendung von 0,001 mg gute mikroskopische Präparate erhalten. Schliesslich kann man auch noch die Sublimationsfähigkeit einiger Gifte benutzen und sich von denselben auch auf diesem Wege einige mikroskopische Präparate verschaffen. Man vergleicht dieselben wohl am Besten mit solchen Präparaten, welche man sich selbst aus den chemisch-reinen Stoffen dargestellt hat. Nach *Guy* sollen gerade die sublimirten Präparate sehr empfindlich gegen die Farbenproben sein und können dieselben daher auch zu chemischen Reactionen benutzt werden.

Auch der sog. physiologische Nachweis der Gifte ist hier noch zu besprechen. Wohl gibt es keine kleine Anzahl von Giften, welche durch so charakteristische Reactionen ausgezeichnet sind, dass der chemische Nachweis vollkommen genügt, um uns von dem Vorhandensein des speciellen Giftes zu überzeugen. Andernseits aber kommen oft genug Intoxicationen durch Pflanzengifte vor, bei welchen Stoffe isolirt werden, welche zwar bestimmte Reactionen geben, jedoch nicht deutlich genug, um mit Sicherheit das Vorhandensein des Giftes behaupten zu können. In solchen Fällen kann man nach dem Vorgange von *Marshall Hall* den physiologischen Nachweis zu führen versuchen. Dies wird natürlich nur dann zulässig sein, wenn ein Gift vorzuliegen scheint, welches durch ganz besondere pharmakologische Wirkungen ausgezeichnet ist (s. Strychnin, Atropin, Curare, Digitalis u. a.). Nur in solchen Fällen dürfte es zu rechtfertigen sein, mit den isolirten Substanzen Thierversuche anzustellen [1]).

Bei manchen Intoxicationen wird es zur Entscheidung der Frage, ob der Tod durch Gift veranlasst wurde, nicht genügen, ein Gift qualitativ nachgewiesen zu haben; es wird vielmehr zur Beantwortung dieser Frage die quantitative Bestimmung der in der Leiche enthaltenen Giftmenge gefordert werden müssen. Diese Forderung muss in allen solchen Fällen gestellt werden, wenn ein in kleinen Mengen auch therapeutisch benutzter, resp. ein normal in menschlichen Organen in geringen Mengen (s. Zink, Kupfer) nachweisbarer Stoff gefunden wird, zumal, wenn die Anamnese ergeben hat, dass der betr. Mensch die betr. Substanz in der letzten Zeit seines Lebens als Arznei benutzte. Wie diese quantitativen Bestimmungen auszuführen sind, kann hier nicht weiter auseinander gesetzt werden [2]).

Sind von einem Gifte grössere Mengen, quantitativ bestimmt, in den Organtheilen eines Gestorbenen gefunden, so ist zunächst noch die Frage zu entscheiden, ob dieses Gift nicht erst nach dem Tode in die Leiche gelangt sein kann. Diese Frage wird namentlich dann zu stellen und zu beantworten sein, wenn die Untersuchung der Leichentheile erst längere Zeit nach dem Tode vorgenommen werden konnte.

Wurde eine Leiche erst nach längerer Zeit aus dem Grabe entfernt, so wird man stets ausser den Leichentheilen auch noch Theile der um den Sarg befindlichen Erdschichten auf metallische Gifte (Arsen) untersuchen müssen, um sicher darzuthun, ob die aus der Leiche isolirten Gifte, aus dem umgebenden Erdreich stammend, in dieselbe eingedrungen sein könnten oder nicht. Doch nicht allein auf diese Art können Gifte zufällig in die Leiche gelangt sein, nein auch absichtlich wurde schon, um eine Vergiftung vorzuspiegeln, gleich nach dem Tode Gift in die Leiche eingeführt. Diese Giftlösungen können von der Applicationsstelle aus in die benachbarten Organe eindringen, wie dies noch durch neuere Untersuchungen von *Reese* dargethan wurde. Letzterer fand die Gifte (Arsen, Brechweinstein, Sublimat) bei seinen Hunden, wenn er erstere in die Leiche gebracht hatte, nur an der Oberfläche der der Applicationsstelle (Magen) be-

---

[1]) S. übrigens weiter unten unter Ptomaïne.
[2]) S. die Lehrbücher der quantitativen chemischen Analyse, sowie auch *Dragendorff* l. c.

nachbarten Organe (Leber, Milz): war dagegen das Gift in den lebenden Körper eingeführt, so wird man dasselbe auch im Innern der Leber etc. finden. Zu berücksichtigen dürfte noch die Angabe von *Scolosuboff* sein, dass bei mit Arsen vergifteten Hunden das Gift in Hirn und Rückenmark in weit grösserer Menge als in andern Organen abgelagert wurde. — Umsichtige Untersuchungen werden eine solche Imbibition der Organe mit Gift auszuschliessen im Stande sein; namentlich ist in solchen Fällen auf die beobachteten Vergiftungserscheinungen, sowie den pathologisch-anatomischen Befund die nöthige Rücksicht zu nehmen.

Die aus Leichentheilen isolirten Substanzen können aber auch in der Leiche selbst ihre Ursprungsstätte gehabt haben. Diese Möglichkeit ist natürlich für die grosse Zahl der anorganischen Gifte (Arsen, Quecksilber etc.) vollkommen ausgeschlossen: dagegen ist sie vorhanden für die organischen Substanzen. seitdem durch die genauen Untersuchungen von *Selmi* das Vorkommen der Ptomaïne (Leichenalkaloïde) sichergestellt ist.

Unsere Kenntniss von den giftig wirkenden Fäulnissproducten ist nicht ganz neu. Wie es scheint, waren *Emmert*, sowie *Aebi* und *Schwarzenbach* die Ersten, welche gelegentlich des Processes Demme-*Trümpy* solche giftig wirkenden Substanzen aus den Leichentheilen zu isoliren vermochten. Später fand *Marquardt* bei einer gerichtlichen Untersuchung ein dem Coniin ähnliches, nicht giftiges Alkaloïd und 1866 isolirten *Jones* und *Dupré* aus einem Thierkörper einen Stoff, von ihnen „animalisches Chinoïdin" genannt. Erst in Folge der Publication von *Selmi* machten *Liebermann, Schwanert* u. A. bekannt, dass auch sie schon, meist nach der *Stas'*schen Methode, ähnliche Substanzen aufgefunden hätten.

Selmi theilte 1873 mit, dass er nach der Methode von *Stas-Otto* sowohl aus gefaulten wie frischen Eingeweiden eine Substanz isolirt habe, welche sich den Reagentien gegenüber wie ein Alkaloïd verhalte. *Selmi* gelang es, aus menschlichen Leichen, welche nach 1, 3, 6 resp. 10 Monaten ausgegraben worden waren, 4 stark basische Stoffe abzuscheiden, die sich bei Vereinigung mit jodhaltiger Jodwasserstoffsäure durch die Bildung von krystallinischen Niederschlägen charakterisirten. Drei dieser Körper waren in Aether löslich, aber nicht giftig, während der vierte in Aether unlösliche, ein heftiges Gift, bei Kaninchen Tetanus und Tod hervorrief. Es ist diese Thatsache jedenfalls bei der Anstellung des sog. physiologischen Experiments resp. Nachweises (s. oben S. 48) zu berücksichtigen.

Selmi behandelt genauer die einzelnen Körper, lehrt ihre Darstellung und Eigenschaften und vergleicht dieselben mit den Pflanzenalkaloïden, speciell dem Morphin, Codeïn, Atropin und Delphinin. *Selmi* hebt hervor, dass die Ptomaïne bei gerichtlichen Untersuchungen nicht nur leicht Irrthümer hervorrufen könnten, sondern dass durch ihr Auffinden in einzelnen speciell angeführten Fällen solche Irrthümer bereits vorgekommen seien. *Selmi* betont, dass der Nachweis giftiger Pflanzenalkaloïde durch die Entdeckung der Cadaveralkaloïde eine gegen früher schwierigere Aufgabe geworden sei, dass aber dieser Nachweis immer noch mit grösstmöglicher Sicherheit geliefert werden könne, sobald man mit der nöthigen Vorsicht verfahre, die Alkaloïde wiederholt reinige und die charakteristischen Reactionen genau ausführe. — Später gelang es *Selmi* noch ein in Aether lösliches, krystallisirende Salze bildendes Ptomaïn zu isoliren; dasselbe wirkte auf Frösche giftig.

Auch *Moriggia* und *Battistini* haben die Ptomaïne dargestellt, indem sie grosse Mengen der Organe, jedenfalls grössere Mengen, als man bei gerichtlichen Untersuchungen anzuwenden pflegt, verarbeiteten. *Zülzer* isolirte ebenfalls alkaloïdartige Stoffe, deren Wirkung der des Atropin und Hyoscyamin (wichtig bezüglich des physiologischen Nachweises der Gifte!) ähnlich ist. — *Panum* spricht sich über das Fäulnissgift dahin aus, dass dasselbe ein chemisches, den Pflanzenalkaloïden nahestehendes Gift sei, welches nicht flüchtig, in der Siedehitze nicht zerstörbar, sich in Wasser leicht löse. Er hält das Gift für ein Product der Einwirkung von Bacterien.

Ich halte es für nothwendig, hier mitzutheilen, dass auch aus in Fäulniss befindlichen Pflanzentheilen giftige Substanzen isolirt werden konnten. Schon 1845 fand *Ballardini*, dass in Fäulniss befindlicher Mais giftig sei. *Lombroso* und *Dupré* haben kürzlich aus Mais, welchen sie der Gährung unterworfen hatten, 2 stark giftig wirkende Stoffe, ein fettes Oel: Oleoresin und ein Extract: Maïsin, resp. Pellagrozeïn genannt (offenbar keine chemisch reinen Substanzen), dargestellt. Die Wirkung dieser Körper war verschieden, indem dieselben, aus in der sehr heissen Jahreszeit (Sommer 1876) faulenden Stoffen dargestellt, eine tetanische Wirkung zeigten, während durch Fermentation des Mais bei gewöhnlicher Temperatur nur ein narkotisch wirkendes Product erhalten werden konnte. *Brugnatelli* will in diesen Gemengen Alkaloïden nachgewiesen haben.

Ist unter Rücksichtnahme auf alle diese Verhältnisse eine entschieden giftige Substanz isolirt worden, so ist noch weiter bei der Beurtheilung des Falles nachzuforschen, ob die zu Lebzeiten beobachteten Krankheitssymptome auf die Wirkung des aus der Leiche isolirten Körpers zurückgeführt werden können. Zum stricten Nachweis einer stattgefundenen Vergiftung müssen die Angaben der Anamnese, der Sectionsbefund und das Ergebniss der Analyse auf die Wirkung ein und desselben Giftes hindeuten. Sollten die anamnestischen Thatsachen nicht mit der Wirkung des gefundenen Giftstoffes in Einklang zu bringen sein, so würde dies bedeutend gegen eine stattgehabte Vergiftung sprechen.

Umgekehrt kann es vorkommen, dass selbst durch die sorgfältigste, genaueste Untersuchung der Organtheile etc. keine giftige Substanz isolirt wird. In solchen Fällen würde dadurch die stattgehabte Vergiftung nicht ausgeschlossen sein. Das Ergebniss der chemischen Untersuchung ist alsdann dahin auszusprechen, dass kein Gift nachweisbar war. Dabei aber kann doch der Tod des Menschen durch die Wirkung eines Giftes veranlasst sein. Das Gift kann ja grösstentheils durch Erbrechen und Durchfall wieder aus dem Körper ausgeschieden sein, was namentlich bei langsam verlaufenden Intoxicationen möglich ist; es kann das Gift in dem lebenden Körper vollkommen verbrannt sein, so dass wir es nicht nachweisen können, und es kann, wenn die Untersuchung erst lange nach dem Tode mit den ausgegrabenen Leichentheilen angestellt werden konnte, das Gift in der Leiche durch Fäulniss etc. zerstört sein. Letzteres ist begreiflich bezüglich der schweren

Metallsalze nicht möglich und dürfte der Nachweis der stattgefundenen
Vergiftung für diese Metalle noch lange Zeit nach dem Tod zu führen
sein. Bei den organischen Giften ist dies jedoch anders; einige werden
durch den Verwesungsprozess ziemlich rasch zerstört, andere können
ebenfalls noch nach langer Zeit aufgefunden werden. — Bei der gerichtlichen Beurtheilung solcher Fälle kommen alsdann der moralische
Nachweis u. a. m. in Betracht.

Die Eintheilung der Gifte.

Ich unterlasse, hier auf die von Andern aufgestellten Classifica-
tionen der Gifte einzugehen. Jede Eintheilung hat Vorzüge, hat Mängel,
die man besprechen, über die man streiten könnte.

Zur Eintheilung der Gifte benutze ich diejenige Hülfswissen-
schaft der Toxikologie, welche zur Zeit am meisten vorgeschritten,
ausgebildet ist: die Chemie. Mich anlehnend an die Systeme der
Chemie, lasse ich im speciellen Theile die Gifte so auf einander folgen,
dass ich mit den anorganischen Stoffen beginne, an diese zunächst die
organischen, künstlich-darstellbaren anreihe, alsdann die gut untersuchten Pflanzen- und Thierstoffe[1]) (Alkaloïde, Säure-Anhydride, Glucoside, ätherische Oele etc.) folgen lasse; ich schliesse mit den wenigen
Thiergiften, über deren Wesen wir bis jetzt nicht oder so gut wie
nicht aufgeklärt sind.

---

[1]) S. *F. A. Falck:* Uebersicht der speciellen Drogenkunde. Kiel 1877. 8. 37 S.

Specielle Toxikologie.

I. Anorganische Gifte.

1. Schwefelsäure.

Die freie Schwefelsäure: SH_2O_4, kommt in der Natur nicht sehr verbreitet vor; man findet dieselbe in einzelnen Gewässern, welche an Vulcanen entspringen, z. B. im Rio Vinagre in Neu-Granada; auch in dem Speichel von Dolium Galea ist sie in ungebundenem Zustande enthalten. — Man unterscheidet nach der Reinheit, der Concentration etc.:

1) Schwefelsäureanhydrid: SO_3, wird als lange, farblose, durchsichtige, bei 16⁰ schmelzende Prismen erhalten; Siedepunkt: 46⁰C.

2) Schwefelsäurehydrat: H_2SO_4, bildet im reinen Zustande grosse, prismatische Krystalle, welche bei 10,5⁰ schmelzen; ihr specifisches Gewicht beträgt 1,854 bei 0⁰ C.; auf 30—40⁰ C. erwärmt, raucht sie an der Luft und destillirt bei 330⁰. An der Luft stehend, zieht sie energisch Wasser aus derselben an, mit Wasser vermischt, erhitzt sich die Säure ganz bedeutend, bei Mischung von gleichen Theilen dieser Flüssigkeiten um 95⁰ C. Die meisten organischen Stoffe werden durch sie zerstört. — Wasserhaltige Schwefelsäure liefert unter 7⁰ C. grosse, prächtige Krystalle von der Zusammensetzung $H_2SO_4 + H_2O$, sog. Eisöl; dieselben schmelzen bei 7,5⁰ C. Wasserhaltige Säure kommt im Handel als englische Schwefelsäure, resp. Vitriolöl vor; dieselbe hat meist das spec. Gewicht von 1,83:93% Schwefelsäure entsprechend. Es ist eine geruch- und farblose, resp. etwas bräunlich gefärbte, wie Oel fliessende Flüssigkeit, aus welcher die reine Säure durch Destillation gewonnen wird.

3) Rauchende Schwefelsäure (Nordhäuser Vitriolöl) enthält Pyroschwefelsäure: $H_2S_2O_7$. Es ist eine bräunliche, wie Oel fliessende, dickliche Flüssigkeit von 1,89 bis 1,9 spec. Gewicht, welche an der Luft raucht; abgekühlt scheiden sich grosse, farblose, durchsichtige Krystalle aus; letztere schmelzen bei 35⁰ C.

Ausser diesen Flüssigkeiten sind noch andere, theils technisch, theils medicinisch benutzte Lösungen für die praktische Toxikologie von Wichtigkeit. Hier ist zunächst die officinelle verdünnte Schwefelsäure zu nennen, dargestellt durch Mischung von einem Theil reiner Schwefelsäure mit 5 Theilen destillirten Wassers; sie hat das spec. Gewicht von 1,113 bis 1,117. Ferner die Mixtura sulfurica acida, eine klare, farblose Flüssigkeit von 0,998 bis 1,002 spec. Gewicht, erhalten durch Mischen von 1 Theil reiner Schwefelsäure mit 3 Theilen Weingeist. — Ausserdem könnten noch in Betracht kommen die Mixtura vulneraria acida und die Tinctura aromatica acida.

Schwefelsäurehaltige Flüssigkeiten sind für die praktische Toxikologie von der grössten Wichtigkeit. Unzählige Intoxicationen sind im Laufe der Zeit durch diese Flüssigkeiten veranlasst worden und werden noch immer solche Vergiftungen gemeldet. Die Häufigkeit der Schwefelsäurevergiftung dürfte wohl aus folgenden Zahlenangaben zu beurtheilen sein.

In Preussen benutzten im Jahre 1869 von 103 durch Giftwirkung zu Grunde gegangenen Selbstmörder 13 Schwefelsäure und „Oleum" (= 12,6%): nach *Casper* sollen in Berlin 90% der Selbstvergiftungen durch Schwefelsäure zu Stande kommen. — In England kamen in den Jahren 1837 und 1838 von 541 durch Gifte hervorgerufenen Todesfällen 32 (= 5,9%) auf Schwefelsäure. — In Frankreich wurden von 1851—1871 793 Vergiftungsfälle vor Gericht verhandelt; 36 derselben (= 4,5%) waren durch Schwefelsäure veranlasst *(Tardieu)*. *Flandin* stellte aus den Jahren 1841—1844 200 Intoxicationen zusammen, von welchen 11 (= 5,5%) als durch Schwefelsäure hervorgerufen bezeichnet werden. — Nach *Hasselt* kamen von 930 in England, Frankreich und Dänemark beobachteten Vergiftungsfällen 100 (= 10,8%) auf Schwefelsäure. — Im allgemeinen Krankenhause in Wien wurden in den Jahren 1856—1859 30 Vergiftete behandelt; Schwefelsäure hatte 13 Mal (= 43,3%) zur Erkrankung Anlass gegeben.

Diese wenigen Angaben berechtigen wohl zu dem Schlusse, dass die Schwefelsäure ziemlich häufig zu Intoxicationen Anlass gibt (in Frankreich zu 4,5—5,5%, in England zu 5,9%, in England, Frankreich und Dänemark zu 10,8%, in Preussen zu 12,6%), und dass namentlich in grösseren Städten Vergiftungen durch diese Substanz in grosser Zahl beobachtet wurden (in Wien 43,3%, in Berlin 90%).

Wir können die Schwefelsäure-Intoxicationen nach ihrer Entstehungsursache in absichtliche und unabsichtliche, resp. zufällige trennen. Absichtlich wurde dieses Gift schon sehr oft in den menschlichen Organismus eingeführt, theils zur Ausführung eines Giftmordes, theils zur Selbstvergiftung.

Vergiftungen Anderer durch schwefelsäurehaltige Präparate kamen nur in sehr geringer Zahl vor; meist waren es kleine Kinder, welchen diese Flüssigkeiten eingegeben wurden; nur ausnahmsweise wurde Schwefelsäure zur Ausführung des Giftmordes bei Erwachsenen benutzt. Letzteren wurde alsdann das Gift beigebracht, entweder im trunkenen Zustande, oder im Schlafe, oder dieselben nahmen die stark ätzend wirkende Substanz als „Medicament" willig ein. Unter andern Umständen dürfte es auch schwer fallen, einem Erwachsenen dieses Gift heimlich beizubringen; dagegen hat man durch Begiessen mit concentrirter Schwefelsäure, durch Spritzen derselben in das Gesicht gewaltsam den Körper Erwachsener zu verstümmeln versucht und sogar auf diese Weise den Tod veranlasst.

Häufiger als zum Giftmord dient Schwefelsäure zur Selbstvergiftung. Die häufige Benutzung dieses, die heftigsten Schmerzen verursachenden Giftes wird dadurch erklärt, dass Schwefelsäure so mannigfach in der Technik, im Haushalte Verwendung findet, daher die Beschaffung dieser Flüssigkeit erleichtert ist, und dass die intensiv giftige Wirkung der Schwefelsäure allgemein bekannt ist.

Mindestens ebenso häufig wie durch die Absicht der Menschen sehen wir Schwefelsäureintoxicationen unbeabsichtigt, durch Zufall entstehen. Erleichtert wird das Zustandekommen solcher Vergiftungen ebenfalls wieder durch die vielseitige technische etc. Benutzung des Vitriolöles. Zufällig kamen solche Intoxicationen vor durch Verwechslung mit Wasser, Bier, Schnaps etc., zufällig kamen aber auch Intoxicationen zu Stande, indem Schwefelsäure statt Arznei verabreicht wurde. Solche Verwechslungen fanden statt mit Ol. Ricini, Leberthran u. a.: auch mit einem Klysma wurde schon Schwefelsäure applicirt. Manche der Selbstvergiftungen dürfen wohl auch hierher gerechnet werden, indem namentlich in früherer Zeit die Schwefelsäure in verbrecherischer Weise als Abortivum hin und wieder angewandt wurde.

Böhm hat aus den letzten 50 Jahren 113 genauer beobachtete Fälle von Schwefelsäureintoxicationen zusammengestellt; in 53 Fällen konnte die Ursache der Vergiftung genau festgestellt werden: 24 derselben (45,3 %) verdankten dem Zufall ihre Entstehung, 16 (30,2 %) waren Selbstvergiftungen und 13 (24,5 %) wurden als an Kindern ausgeführte Giftmorde verzeichnet. — Bezüglich des Alters und Geschlechts vertheilten sich die 113 Fälle zu 32,7 % auf Männer, 47,7 % auf Weiber und 19,6 % auf Kinder unter 10 Jahren. — Tödtlich verliefen von den 113 Vergiftungen: 77 = 68,2 %.

Die tödtlich wirkende Menge lässt sich bei diesem Gifte, wie bei vielen andern nur annähernd angeben. — Die grosse Mehrzahl der Berichte über stattgefundene Intoxicationen mit Schwefelsäure und deren Präparate gibt uns über die eingeführte Menge nur ganz ungenügende Angaben, wie „ein tüchtiger Schluck", „ein Mund voll" und dergl. Nur in sehr wenigen Fällen ist die Giftmenge dem Gewichte nach angegeben: doch auch dann sind wir noch immer nicht genügend unterrichtet, da ausser der Menge des Giftes noch der Concentrationsgrad von der grössten Wichtigkeit ist. — Für den Ausgang der Vergiftung kommen aber ausserdem noch verschiedene andere Umstände in Betracht. In erster Linie dürfte hier wohl die Applicationsstelle zu nennen sein. Ist das Gift, wie dies wohl meist geschah, in den Magen gebracht, so richtet sich die Wirkung des Giftes wesentlich nach dem Inhalte des Magens. Ist letzterer leer, so kann durch die heftige Wirkung auf die Magenwandung (Perforation etc.) schon durch ganz geringe Mengen einer concentrirten Säure der Tod in kurzer Zeit hervorgerufen werden; ist dagegen der Magen stark angefüllt, so kann selbst nach Einnahme sehr grosser Mengen der stärksten Säure Genesung eintreten. Immer wird ausserdem das Schicksal der Vergifteten noch abhängen von dem Zeitpunkt, zu welchem ihnen die erste Hülfe geleistet wurde. Auch der Zeitpunkt, zu welchem sich die Gift-

wirkung durch Eintritt von Erbrechen documentirt. kann ebenfalls von
Einfluss sein.

Alle diese Verhältnisse erklären wohl zur Genüge, dass in einzelnen Fällen schon durch eine Drachme (c. 4 g) das Leben eines Erwachsenen vernichtet werden konnte, während in andern Fällen 1, 2,
ja selbst 3 Unzen (bis 90 g) käuflicher Schwefelsäure wohl die Menschen krank machten, aber sie nicht zu tödten vermochten. — Als
kleinste Menge, welcher Erwachsene erlegen sind, führt *Christison*
eine Drachme an; ein 1 Jahr altes Kind starb schon nach dem Genuss von
40 Tropfen Schwefelsäure, welche dasselbe statt Ricinusöl erhalten hatte.

Die mit Tod geendeten Schwefelsäureintoxicationen zeigten einen
sehr verschiedenen Verlauf. Einzelne derselben verliefen in dem
kurzen Zeitraum von wenigen Stunden; *Taylor* führt Fälle der Art an,
welche in einer Stunde, in 1 1/2, 2, 3, 4 und mehr Stunden tödtlich
endeten. Beobachtungen anderer Intoxicationen ergaben als Dauer der
Intoxication 18, 24—48 Stunden. Wieder bei andern Vergifteten zieht
sich aber die Krankheit lange hin und erfolgt der Tod meist in Folge
der durch die erste Giftwirkung veranlassten pathologischen Veränderungen erst nach Wochen, Monaten, Jahren (im Fall von *Beck* nach
2 Jahren).

Symptome und Verlauf.

Wird ein Mensch mit concentrirter Schwefelsäure übergossen
(nach *Christison* ist dies in England, namentlich aber in Schottland,
zeitweilig öfters vorgekommen), so entsteht meist sofort an den betreffenden Hautstellen ein heftiger Schmerz; die Haut wird verfärbt,
anfangs weiss, später braun und kann sich dieselbe, wenn die Einwirkung sehr intensiv war, theilweise ablösen. Gelangte die Flüssigkeit in die Augen, so werden die Theile stark anschwellen, es können
Entzündungen eintreten und das betroffene Auge zu Grunde gehen.
Ist die durch die Säurewirkung verätzte Hautoberfläche sehr gross, so
wird schliesslich, ähnlich wie bei umfangreichen Verbrennungen der
Tod erfolgen.

Wird das Gift, beabsichtigt oder zufällig getrunken, so treten die
Symptome der Giftwirkung entweder schon während des Verschluckens
oder sofort nach demselben auf. Die ersten Symptome beziehen sich
stets auf die locale Einwirkung des Giftes und werden deshalb je nach
der Stelle, auf welche das Gift am intensivsten gewirkt hat, auch etwas
verschieden sein. Ist das Gift mit allen Theilen des oberen Abschnitts
des Tractus intestinalis in Berührung gekommen, so wird man, ausser
der Angabe über den intensiven, sauren und scharfen Geschmack der
Flüssigkeit, klagen hören über starkes, schmerzhaftes Brennen im
Munde, Schlunde, der Speiseröhre bis zu dem Magen hin. Dadurch,
dass die Giftlösung auf Epiglottis, resp. Glottis einwirkt, werden oft
krampfhafte Hustenstösse veranlasst und hierdurch ein Theil des in
dem Schlunde etc. befindlichen Giftes wieder herausgeschleudert; die
Einwirkung auf diese Theile der Rachenhöhle kann so intensiv sein,
dass Erstickungsanfälle eintreten und der Tod in Folge von anhaltendem
Glottiskrampfe.

Gelangte ein Theil des Giftes bis in den Magen, so tritt meist
sofort oder doch nach sehr kurzer Zeit heftiges Würgen und Erbrechen

ein; es werden stark sauer schmeckende, schleimige Massen entleert; dieselben haben oft das Aussehen wie schwarzer Kaffeegrund und sind nicht selten sofort mit Blut gemischt. Das Erbrechen, sowie die Schmerzen sind sehr heftig, so dass der Kranke, vorzugsweise wohl in Folge der ungeheuren Schmerzen, in Krämpfe verfällt, bewusstlos zu Boden stürzt. Das Erbrechen wiederholt sich in der nächsten Zeit öfters, den erbrochenen Massen findet man grössere oder kleinere Theile des Schleimhautepithels beigemengt. — Jetzt bemerkt man auch an der Schleimhaut des Mundes starke Veränderungen, welche sich als weisse Verfärbung zu erkennen geben. Die stark afficirte Schleimhaut kann sich in kleinen Fetzen loslösen; in einzelnen Fällen beobachtete man auch, dass sich die Schleimhaut des Mundes, des Schlundes und der Zunge in einem Stück loslöste und entleert wurde; ähnliches wurde auch bezüglich der Schleimhaut der Speiseröhre berichtet.

In sehr vielen Fällen wird wohl die Schleimhaut des Magens am stärksten angegriffen. Durch die Säurewirkung kann die Magen-wandung perforirt werden; es gelangt der Mageninhalt nebst Säure in die Bauchhöhle und tritt der Tod alsdann schnell und plötzlich ein. — Doch auch, wenn es nicht zu Magenperforation kommt, finden wir die Zeichen der heftigen Entzündung. Der Unterleib ist aufgetrieben und sehr empfindlich, es können kolikartige Schmerzen eintreten; in der Regel besteht Verstopfung, nur selten erfolgt eine Entleerung fester, dunkelgefärbter Fäcalmassen, mit welchen ebenfalls abgestossene Schleim-hautfetzen entleert werden können.

In Folge der wiederholten Entleerungen, Brechanstrengungen und der heftigen Schmerzen bildet sich ziemlich rasch ein Schwächezustand aus. Der Puls ist klein, frequent, die Athmung verlangsamt, unregel-mässig, die Haut kalt und mit Schweiss bedeckt. Es ist unlöschbarer Durst vorhanden, dabei oft Unvermögen zu schlucken, sowie Speichel-fluss. Das Bewusstsein ist meist erhalten, es herrscht grosse Angst; an den Muskeln des Gesichtes, der Extremitäten beobachtet man hin und wieder krampfhafte Bewegungen: der Collaps geht in einen coma-tösen Zustand und in Tod über; letzterem gehen in einzelnen Fällen, in Folge hochgradiger Dyspnoë, resp. Asphyxie Convulsionen voraus.

Nicht immer endet der Tod die schrecklichen Leiden so schnell, in Zeit von 24—36 Stunden. Sehr oft wird die erste Einwirkung des Giftes überstanden und treten nunmehr die Folgen der localen Gift-wirkung hervor. Dieselben sind in den verätzten Theilen der Mund- und Rachenhöhle als starke Schwellung und Röthung zu bemerken. Es kommt zu eitrigen Entzündungen, zu Ulcerationen. Dabei bestehen die heftigen Schmerzen fort, die Schlingbeschwerden, Speichelfluss, hartnäckiges, kaum zu stillendes Erbrechen, durch welches jegliche Nahrung sofort wieder aus dem Magen entfernt wird; Verstopfung, Retention des Urins. — Die Schwellung der Theile der Mund- und Rachenhöhle kann so bedeutend werden, dass Athemnoth veranlasst wird. — Die Entzündungen nehmen ihren Verlauf; es können noch jetzt grosse, zusammenhängende Stücke der Schleimhaut der Speise-röhre, des Magens, durch Würgen und Erbrechen entleert werden; die Schmerzen nehmen nach und nach ab, ebenso die Schlingbeschwerden, das Erbrechen hört auf, und schreitet die Genesung langsam vorwärts. — In einzelnen Fällen kann ein solcher Zustand der Besserung wochenlang bestehen, so dass man den Patienten für vollkommen hergestellt ansieht; in andern Fällen kommt es kaum zu einer solchen Pause. Das Erbrechen dauert fort, ebenso die Schlingbeschwerden und Schmerzen. Die Ernährung wird immer mehr und mehr behindert, die eingenommenen Speisen sofort wieder entleert, später kann nur noch flüssige Nahrung in den Magen gelangen und gehen die Patienten in Folge einer durch Vernarbung entstandenen Strictur der Speiseröhre oder des Pylorus dem schrecklichen Hungertode entgegen.

Von weiteren Symptomen der Schwefelsäurevergiftung ist zunächst das Auftreten von Eiweiss, von Fibrincylindern und auch von Blut im Urin zu erwähnen. Die Ausscheidung der schwefelsauren Salze ist bedeutend vermehrt. Ferner die von *Mannkopff* zuerst beobachtete Intercostalneuralgie, welche erst am 4., 7., resp. 22. Tage auftrat und sehr hartnäckig war.

Leichenbefund.

In der Leiche eines durch Schwefelsäurewirkung zu Grunde Gegangenen wird man auch, je nach dem schnellen resp. langsameren Verlaufe die verschiedensten pathologischen Veränderungen nachweisen können.

Ist der Tod wenige Stunden nach dem Genusse des Giftes erfolgt, so wird man die Merkmale der frischen Verätzung an den berührten Schleimhäuten sehen: weisse Färbung der Lippen, der Mundtheile etc.; das Epithel ist geschrumpft, sehr leicht, wo es nicht schon spontan geschehen ist, von den darunter gelegenen gerötheten, geschwollenen Theilen abzuziehen. An einzelnen Stellen, wo die Säure intensiver eingewirkt hat, finden wir, namentlich in den Schleimhautfalten, braune Aetzschorfe. Den Magen finden wir meist am stärksten verändert; häufig hebt sich derselbe durch eine schwärzliche Färbung von der Umgebung ab. In demselben sind enthalten chocoladenfarbene bis schwarze, stark sauer reagirende schmierige Massen, welche man nach Perforation des Magens in der Bauchhöhle verbreitet findet. In letzterem Falle sind die Wandungen des Magens sehr mürbe und leicht zerreisslich, so dass sie fetzenweise sich von einander ablösen. Das Gewebe wird als gallertartig erweicht beschrieben. — Ist die Säure in den Darm gedrungen, so können hier ähnliche Verätzungen angetroffen werden. — Auch auf der äusseren Haut des Körpers können wir die Spuren der Säurewirkung finden: ziemlich häufig bemerkt man von den Mundwinkeln herabziehende braune lederartige Streifen, welche durch das Ueberfliessen der Säure veranlasst wurden. — Das Blut ist dunkel, dickflüssig und findet man hin und wieder Gerinnsel im Herzen, so wie in den grossen Gefässen. — Nach *Casper* tritt bei den durch Schwefelsäure Vergifteten die Fäulniss auffallend spät ein.

Ist der Tod nicht durch die acute Giftwirkung erfolgt, so finden wir in den Organen an der einen Stelle die Zeichen der Entzündung, an anderer die der ulcerativen Degeneration, starke Narbenbildung, Verengerungen; daneben Veränderungen der Organe, welche auf die unzureichende Ernährung zurückzuführen sind.

Experimental-Untersuchungen.

Die Wirkung der concentrirten Schwefelsäure auf den thierischen Organismus, resp. abgetrennte Theile ist von *C. Ph. Falck* und *Vietor* genauer untersucht worden.

Auch bei Thieren konnten analoge Wirkungen wie bei den Intoxicationen der Menschen nachgewiesen werden. — Die Hauptwirkung, welche die concentrirte Schwefelsäure ausübt, ist auf die Applicationsstelle gerichtet. Hierbei kommt zunächst in Betracht die Temperaturerhöhung, welche eintritt, sobald concentrirte Schwefelsäure mit Wasser zusammentrifft, ferner die wasserentziehende Kraft dieser Säure, sowie endlich ihr Verhalten zur Eiweisssubstanz. Wird concentrirte Säure zu einer Lösung von Eiweiss zugesetzt, so bildet sich Anfangs eine starke Ausscheidung von weissen Gerinnungen; letztere lösen sich durch weiteren Zusatz der Säure wieder vollkommen auf und es entsteht alsdann eine klare, durchsichtige, rothgefärbte Lösung. Verdünntere Säure erzeugt nur Coagulation, vermag aber die gebildeten Niederschläge nicht wieder zu lösen. Aehnlich wie zu Eiweiss verhält sich die Schwefelsäure zu defibrinirtem Blut, nur wird hier auch noch der Blutfarbstoff verändert, schwarz. Geronnenes Fibrin wird erst von 60%iger Säure aufgelöst. — Muskelfleisch wird von starker Säure verfärbt, es quillt schnell geleeartig auf und wird schliesslich vollkommen gelöst zu einer braunrothen, trüben Flüssigkeit. Auch die Wandungen des Schweinemagens werden schon durch 60%ige Säure schnell vollkommen gelöst.

Wurde 20-, 10- und 5%ige Schwefelsäure Hunden direct in das Blut gespritzt (Vena jugularis), so gingen die Thiere schnell zu Grunde; zu Lebzeiten wurden Störungen der Athmung, Asphyxie, Convulsionen etc. beobachtet; in den Leichen fand man Blutgerinnsel in den Gefässen. — Nüchternen Tauben wurde die Säure (10—70%ige) in den Kropf injicirt; es wurde Dyspnoë, Adynamie und Paralyse beobachtet, ein starkes Sinken der Temperatur und erfolgte der Tod in 12—100 Minuten. Bei Kaninchen, welchen (10%ige bis concentrirte) Säure in den Magen gebracht wurde, traten ebenfalls Respirationsstörungen ein, heftige Schmerzen, Adynamie, Anästhesie, Convulsionen und Tod; letzterer erfolgte 33 Minuten bis 5 Stunden 8 Minuten nach der Injection des Giftes, bei der 10%igen Säure sogar erst nach circa 18 Stunden. Anätzungen der Magenwandung bis zu Perforation wurden auch hier angetroffen.

Behandlung.

Hat man einen mit concentrirter Schwefelsäure Vergifteten zu behandeln, so muss man so schnell wie immer möglich die in dem Magen befindliche Säure unschädlich zu machen suchen. Wo keine andern Mittel sofort zur Hand sind, wird zunächst jedenfalls der Genuss grosser Mengen von Wasser dadurch sich nützlich erweisen, dass durch dasselbe die stark ätzende Wirkung der concentrirten Säure abgeschwächt wird, wobei freilich auch zu bedenken ist, dass das Mischen von Wasser und Säure eine starke Erhitzung bedingt und die schnelle und starke Ausdehnung des Magens an angeätzten Theilen der Wandung leichter zu Perforation Anlass geben kann. — Neben dem reinen

Trinkwasser kommen dann als verdünnende und theilweise auch neutralisirende Mittel noch in Betracht das leicht zu beschaffende Seifenwasser, Milch und verdünntes Hühnereiweiss. Zugleich mit diesen Flüssigkeiten wird man noch zu stärker neutralisirenden Körpern zu greifen haben; als solche sind zunächst gepulverte, resp. geschabte Kreide, Eierschalen, Holzasche zu nennen. Alle oder einzelne der bisher genannten Stoffe werden überall schnell zur Hand sein und daher sofort angewandt werden können. — Ausserdem kann man, wenn alle möglichen Mittel zur Stelle sind, sehr gut von kohlensauren Alkalien, namentlich Natriumsalzen, von gebrannter Magnesia, Kalkwasser u. a. Gebrauch machen. Im Allgemeinen werden die in Wasser löslichen Antidote den unlöslichen, darin suspendirten vorzuziehen sein, da sehr oft schon im Anfang der Vergiftung das Schlucken sehr erschwert ist. Auch kann, wie *Hofmann* angibt, durch unvorsichtige Darreichung der Antidote, z. B. eines Breis von Magnesia usta, durch Eindringen desselben in die Trachea etc. Erstickung eintreten. — Die Anwendung von Brechmitteln wird durch das durch die Giftwirkung erfolgende Erbrechen überflüssig gemacht und würde eher schaden als nützen; auch die Benutzung der Magenpumpe könnte leicht zu Zerreissungen der angeätzten Theile führen. — Im Uebrigen ist die symptomatische Behandlung am Platze; bei drohender Asphyxie durch Glottisödem etc. kann die Tracheotomie indicirt sein.

Der gerichtlich chemische Nachweis.

Eine durch concentrirte Schwefelsäure veranlasste Intoxication auf chemischem Wege nachzuweisen, dürfte nur dann gelingen, wenn der Tod kurze Zeit, wenige Stunden nach der Vergiftung eingetreten ist. Zum Nachweis dienen Reste des Giftes, die erbrochenen Massen, der Inhalt des Magens und eventuell des Darms. Diese Massen werden eine stark saure Reaction besitzen, sobald freie Säure als Gift eingeführt und dieselbe durch Gegenmittel nicht schon neutralisirt wurde. — Um die freie Säure aus dem Mageninhalt auszuziehen, digerirt man nach *Dragendorff* die zerkleinerte Masse bei 50—60° mit so viel absolutem Alkohol, dass die Masse 75 %igem Alkohol entspricht, filtrirt nach einiger Zeit, neutralisirt genau mit Kali und verdunstet zur Trockne. Man erhält alsdann das Kalisalz der Säure. Vor der Neutralisation kann man prüfen, ob die saure Reaction auch auf das Vorhandensein freier Säure zurückzuführen ist. Hierzu dient eine Mischung von reinem essigsaurem Eisenoxyd mit Rhodankalium in Wasser, welche erst bei Gegenwart einer Spur freier Mineralsäure die blutrothe Farbe annimmt. Auch Methylviolett in alkoholischer Lösung, wird blau bis graublau gefärbt, sobald in 10 ccm Flüssigkeit noch 2,5 mg H_2SO_4 enthalten ist. — Für die Schwefelsäure ist charakteristisch das Entstehen von Niederschlägen mit Chlorbaryum; der schwefelsaure Baryt ist in verdünnter Salz- und Salpetersäure unlöslich. Auch essigsaures Blei liefert einen in Wasser schwer, in kochender Salzsäure leicht löslichen Niederschlag. — Die quantitative Bestimmung der gefundenen Schwefelsäure, resp. schwefelsauren Salze, kann ebenfalls zur Beurtheilung des Falles von der grössten Wichtigkeit sein; würden durch dieselbe grössere Mengen von schwefelsauren Salzen, als normal in Organen etc. enthalten zu sein pflegen, vorgefunden, so würde durch

diese Angabe die Diagnose auf Schwefelsäure-Intoxication bedeutend
an Sicherheit gewinnen, vorausgesetzt, dass andere Thatsachen schon
eine solche Intoxication wahrscheinlich machten. Auch ist die Ausscheidung der schwefelsauren Salze durch den Urin in zahlreichen
Intoxicationen ganz bedeutend vermehrt gefunden worden. — Auch
an der Kleidung des Vergifteten zu bemerkende Flecken etc. sind zu
berücksichtigen; ein wässriger Auszug derselben lässt oft noch die
saure Reaction erkennen und dürfte auch Schwefelsäure, resp. schwefelsaures Salz darin nachzuweisen sein. So konnte *Taylor* noch nach
27 Jahren die Schwefelsäure in einer aus einem solchen Flecken aus-
gezogenen Flüssigkeit nachweisen.

2. Salzsäure.

Die Chlorwasserstoffsäure (Salzsäure): HCl, dargestellt
durch Einwirkung von concentrirter Schwefelsäure auf Kochsalz, am
besten unter Erwärmen, bildet ein farbloses, stechend riechendes, an
der Luft dicke weisse Nebel bildendes Gas, dessen spec. Gewicht =
1,26 ist; dasselbe kann durch starken Druck zu einer farblosen Flüssigkeit comprimirt werden. Wasser vermag von dem Gase bei 0° C.
circa 500 Volumina Gas zu absorbiren; die so erhaltene Flüssigkeit
(Salzsäure) ist farblos, stark sauer, ätzend. Die stärkste Säure der
Art, welche erhalten wird, ist eine 45%ige Lösung des Gases, mit
einem spec. Gewicht = 1,2. Aus der Luft zieht sie Wasser an und
erhält man eine Säure mit 25% HCl und einem spec. Gewicht von
1,124. — Die rohe Salzsäure des Handels enthält circa 30—33% HCl;
dieselbe ist meist gelblich gefärbt durch die darin enthaltenen Verunreinigungen. — In der Natur findet man ebenfalls freie Salzsäure,
gebildet durch die Thätigkeit der Vulcane (der Rio Vinagre in Neu-
Granada enthält ziemlich bedeutende Mengen freier Salzsäure); in sehr
verdünntem Zustande ist die Salzsäure ein wesentlicher Bestandtheil
des Magensaftes.

Salzsäure der verschiedensten Concentration wird sehr viel in der
Technik, sowie auch in Haushaltungen verbraucht. Trotzdem gehören
Vergiftungen durch diese Säure zu den selteneren Vorkommnissen,
so dass nach *Tardieu* unter 793 in den Jahren 1851—1871 gerichtlich
verhandelten Vergiftungsfällen (in Frankreich) sich nur 8 Salzsäure-
vergiftungen befanden. Auch in der Literatur finden wir nur sehr
wenige Angaben über Salzsäure-Intoxicationen. Ich konnte im Ganzen
19 solcher Berichte auffinden. Nur eine dieser Vergiftungen ist als
Mord bezeichnet. Verwechselt mit andern Flüssigkeiten und zwar mit
Molken, mit Zuckerwasser und mit Branntwein, veranlasste die Salzsäure 3 Mal Vergiftung und Tod. Als Abortivum wurde sie in einem
Falle in den Körper eingeführt. In einem von *Tardieu* berichteten
Falle wurde bei einem 2 Wochen alten Kinde, welches an Soor litt,
das Innere des Mundes mit rauchender Salzsäure bepinselt, das Kind
starb an der verschluckten Säure. Alle andern (13) Intoxicationen
sind wohl als Selbstvergiftungen aufzufassen, jedoch ist nur bei 5 derselben Selbstmord ausdrücklich angegeben. — Von den Vergifteten
befanden sich 4 im jugendlichen Alter; sie erlagen alle der Wirkung
des Giftes; von den Erwachsenen waren 9 Weiber, 3 Männer, in

3 Fällen ist das Geschlecht nicht angegeben. — Die Dosis letalis ist auch für dieses Gift nicht sicher zu fixiren, theils wegen der geringen Zahl (9) von Angaben über die zur Wirkung gekommene Giftmenge, theils wegen ungenügender Angabe der Beschaffenheit der Präparate. Die geringste Menge, welcher ein Kind erlag, war 4 g *(Johnson)*; der Tod erfolgte nach 10 Stunden. Nach *Taylor* starb eine 63jährige Frau durch 15 g concentrirter Säure nach 18 Stunden: in *A. Köhler's* Falle trat der Tod nach 30 g in 50 Tagen ein. Andernseits wurden Patienten nach Einnahme von 15 und 30 g wieder vollkommen hergestellt. — Von den 19 Vergifteten starben 14 (= 73,7%). Der Tod erfolgte bei 8 Vergifteten in Zeit von 2—24 Stunden, in 4 Fällen nach 50—56 Tagen; die vollständige Genesung aber in 3 Fällen schon nach 8—15 Tagen.

Die Salzsäurevergiftung hat bezüglich der Symptome sowie des Verlaufes die grösste Aehnlichkeit mit der Schwefelsäure-Intoxication. In erster Linie kommt auch bei dieser Vergiftung die locale Einwirkung in Betracht. — Als Unterscheidungsmerkmale zwischen der Vergiftung durch Schwefelsäure und Salzsäure führt *Husemann* an, dass bei letzterer der Mageninhalt nicht kaffeebraun, sondern gelblich gefärbt sei, dass die braunen Flecke auf der Haut am Munde sowie an den Lippen fehlen, die Magenwandungen wohl erweicht, aber nur selten perforirt seien. Neben den durch die locale Veränderung hervorgerufenen Erscheinungen seien Nervenaffectionen, wie Schwindel, Umnebelung der Sinne und Convulsionen vorhanden.

Die Behandlung richtet sich nach dem bei der Schwefelsäurevergiftung Angeführten. Auch für den gerichtlich-chemischen Nachweis würde man in ähnlicher Weise vorgehen müssen. Zunächst würde festzustellen sein, ob noch freie Säure in dem zu untersuchenden Objecte vorhanden ist. Ausser den bei der Schwefelsäure genannten Reactionen dürfte noch die Angabe *Flückiger's* zu erwähnen sein, wonach Jodkalium-Quecksilberlösung aus Colchicinlösungen bei Gegenwart freier Mineralsäuren schön hellgelbe Flocken ausfällt. — Ferner wird die vorhandene Chlormenge quantitativ zu bestimmen sein.

Schliesslich muss hier noch die Einwirkung der Salzsäuredämpfe auf den Menschen erwähnt werden. Namentlich in Sodafabriken ist Gelegenheit gegeben, dass auf die Arbeiter die genannten Gase einzuwirken vermögen. Es entstehen, besonders auf der Haut, leicht entzündliche, jedoch schnell wieder schwindende Affectionen. Auch wird die Verdauung der Arbeiter leicht gestört.

3. Salpetersäure.

Die reine Salpetersäure: NHO_3, dargestellt durch Destillation von salpetersauren Alkalien mit Schwefelsäure, ist eine farblose, an der Luft stark rauchende, ätzend wirkende Flüssigkeit von 1,54 spec. Gewicht; dieselbe wird bei −40° krystallinisch, siedet bei 86°, mischt sich mit Wasser unter Erwärmung. Dem Lichte ausgesetzt, wird sie leicht zerlegt in Untersalpetersäure und freien Sauerstoff (durch letzteren können geschlossene Gefässe leicht zersprengt werden). Mit Wasser der Destillation unterworfen, bleibt eine 68%ige Säure zurück. Dieselbe kommt im Handel vor. — Von der reinen Säure findet man im

Handel, in den Apotheken verschieden starke Präparate. In Deutschland ist eine Säure von 1,185 spec. Gewicht entsprechend einem Gehalt von circa 30% HNO_3 officinell.

Die im Handel vorkommende rohe Salpetersäure, das Scheidewasser, ist eine farblose, resp. schwach gelbliche, rauchende Flüssigkeit von 1,25—1,35 spec. Gew. Sie enthält circa 50% HNO_3 neben andern Beimengungen (Chlor, Schwefelsäure, organische Substanzen etc.).

Die rauchende Salpetersäure, eine Lösung von Untersalpetersäure in Salpetersäure, ist eine dunkelrothe, rothe, erstickende Dämpfe ausstossende Flüssigkeit von 1.52—1,525 spec. Gewicht. Sie ist eines der stärksten Aetzmittel.

Salpetersäurehaltige Flüssigkeiten werden in der Technik vielfach benutzt. Vergiftungen mit diesen Flüssigkeiten gehören aber doch zu den Seltenheiten. *Tartra* hat aus 400 Jahren nur 55 hierher gehörige Fälle sammeln können. Und auch jetzt kommen nur hin und wieder solche Intoxicationen vor, so in England 1837 und 1838 unter 541 Todesfällen durch Giftwirkung 2 durch Salpetersäure, in Frankreich in den Jahren 1851—1871 von 793 Vergiftungsfällen nur 3, in Preussen 1869 von 103 Intoxicationen (Selbstmord) nur 2 durch Scheidewasser. — In der Literatur sind auch nur eine geringe Zahl von Berichten über solche Intoxicationen zu finden. Von 19 gesammelten Fällen verdankten 2 ihre Entstehung der verbrecherischen Absicht, Anderen zu schaden. Ein Säugling starb, von der Mutter durch Salpetersäure vergiftet, schon nach wenigen Minuten; einer Frau wurde, im trunkenen Zustande, eine Menge starker Salpetersäure von ihrem Manne ins rechte Ohr gegossen; sie starb nach 6 Wochen. — In *Warren*'s Falle war circa 8 g Scheidewasser als Abortivum benutzt worden; die Negerin starb nach 15 Tagen. — In 2 Fällen wurde das Gift von Kindern zufällig, mit Bier etc. verwechselt, getrunken; beide Patienten starben. — Die übrigen 14 Fälle (circa 74%) sind als Selbstvergiftungen zu bezeichnen. — Von 16 Vergifteten waren 3 Kinder, 8 Frauen und 3 Männer. — Die Dosis letalis für die Salpetersäure fest zu stellen, ist recht schwierig, zumal da die verschiedensten Präparate benutzt worden sind. In *Arnott*'s Falle starb ein 13jähriger Knabe, welcher einen Mund voll (auf 2 Drachmen, circa 8 g geschätzt) Säure statt Bier verschluckt hatte, nach 36 Stunden. Die 34jährige Negerin, welche ebenfalls 2 Drachmen (circa 8 g) Salpetersäure getrunken haben soll, ging erst nach 15 Tagen zu Grunde. — In 2 Fällen wurden die Patienten nach 15 g Scheidewasser, resp. 15 g concentrirter und 30 g verdünnter Säure wieder hergestellt. In allen andern Fällen, in welchen mehr als 15 g: 30—64 g Salpetersäure zur Wirkung kam, endete die Vergiftung letal. Der letale Ausgang ist als das häufigste Schicksal der Vergifteten zu bezeichnen. Von den 19 Vergifteten erlagen 17 = 90% der Giftwirkung, 2 wurden wieder hergestellt. — Die Zeit des Todes war bei den Vergifteten verschieden, jedoch erlagen von 16 Kranken 10 in den ersten 36 Stunden, die anderen 6 erst nach Wochen, Monaten und Jahren. Am schnellsten verlief die Intoxication bei dem Säugling; in *Bernt-Sobernheim*'s Falle trat der Tod auch schon $1^3/_4$ Stunden nach der Vergiftung ein. Nach *Tartra* starben von 55 Vergifteten (31 durch Zufall entstanden, 24 Selbstvergiftungen) 26 = 43,6%.

Auch die Salpetersäurevergiftung hat in ihren Symptomen, ihrem Verlauf sehr grosse Aehnlichkeit mit der Intoxication durch Schwefelsäure. — Als Unterscheidungsmerkmale sind zu nennen, dass die namentlich zu Beginn der Vergiftung erbrochenen Massen meist eine gelbliche Farbe und den Geruch nach Salpetersäure besitzen; dass die angeätzten Stellen überhaupt eine orangegelbe Farbe haben. Diese Farbe, welche auch auf der mit Salpetersäure benetzten Haut sichtbar ist, beruht auf der Bildung der sog. Xanthoproteïnsäure. Durch Ammoniak können diese Flecke nicht entfernt werden. — Entzündungen der Schleimhaut der Respirationsorgane findet man bei dieser Intoxication ziemlich häufig. — In einem Falle *(Wunderlich)* herrschte Dysenterie des Dickdarms, während der Dünndarm keine pathologischen Verhältnisse darbot.

Auch der Leichenbefund zeigt grosse Uebereinstimmung mit dem der Schwefelsäure-Intoxication. Bezüglich der Behandlung gilt Alles das bei der eben genannten Vergiftung Gesagte.

Der gerichtlich-chemische Nachweis.

Der Nachweis des Vorhandenseins der freien Säure wird in ähnlicher Weise zu führen sein, wie dies bei den vorhergehenden Intoxicationen (S. 60 u. 62) angegeben ist. Auch wurde z. B. in dem Falle von *Hjelt* Salpetersäure noch in dem Mageninhalt einer 5 Stunden nach der Vergiftung gestorbenen Frau nachgewiesen. — Auch in dem Urin der Vergifteten kann man versuchen, die Gegenwart salpetersaurer, resp. salpetrigsaurer Salze darzuthun (nach *Schoenbein* sind dieselben in geringer Menge im normalen Urin enthalten). — Für die Erkennung der Salpetersäure resp. ihrer Salze sind folgende Reactionen wichtig: der Rückstand liefert mit metallischem Kupfer und concentrirter reiner Schwefelsäure versetzt, rothe Dämpfe von Stickoxyd; färbt mit concentrirter Schwefelsäure eine Eisenvitriollösung tiefbraun; die durch concentrirte Schwefelsäure freigemachte Salpetersäure färbt Brucinlösungen, sowie schwefelsaures Anilin roth (Brucin nach *Nicholson* noch bei 0,01 mg Salpetersäure im Liter). Jodkaliumkleister wird nicht gebläut, wohl aber durch salpetrige Säure. — Gelbe Flecken auf der Haut lassen sich durch Wasser, Alkohol, Aether, Benzin nicht entfernen, werden durch Ammoniak resp. Kali orange; mit einem Gemisch von Kalihydrat und Cyankaliumlösungen befeuchtet und bis zum Trocknen erwärmt, werden dieselben dunkelorange.

Ausser der Salpetersäure sind auch noch die sich aus dieser Flüssigkeit entwickelnden Dämpfe toxikologisch wichtig. Durch das Einathmen dieser **untersalpetersauren Dämpfe** sind schon eine kleine Anzahl von Vergiftungen beobachtet worden. *Husemann* erwähnt 12 solcher Fälle, zu denen aus der neueren Zeit noch 5 hinzukommen. Alle diese Intoxicationen, von welchen 15 letal endeten, sind als technische zu bezeichnen, meist veranlasst, indem beim Arbeiten etc. mit (oft rauchender) Salpetersäure gefüllte Ballons zerbrochen und die Dämpfe in die Atmosphäre dringend, eingeathmet wurden. In vielen Fällen genügte eine Einathmungszeit von 5—20 Minuten, um den letalen Ausgang zu veranlassen. Der Tod erfolgte nach 11, 26 bis zu 40 Stunden.

Oft wurden die Arbeiter durch Eintreten von heftigem Husten,

Athemnoth veranlasst, die mit Dämpfen angefüllten Räume zu verlassen. Es tritt dann erst nach und nach brennende Hitze im Halse, Schmerzen auf der Brust, im Magen und Unterleib ein. Respirationsbeschwerden, Husten mit gelbem, resp. blutigem Auswurf, Steigerung der Athemnoth, Entleerung von ebenfalls gelb gefärbten Fäces. Tod durch Asphyxie. — In den Leichen findet man meist die Erscheinungen der Entzündung der Schleimhäute der Respirationsorgane. — Behandlung: symptomatisch.

Da sich untersalpetersaure Dämpfe bei der Ausführung zahlreich technischer Arbeiten (Salpetersäurefabrication, Goldarbeiter, Vergolder, Gürtler, Verzinner, Arbeiter in der Münze, in Nitrobenzinfabriken u. a. m.) bilden, so ist Gelegenheit gegeben, dass diese Dämpfe oft auf die Arbeiter einwirken. Dank guter Ventilation etc. ist glücklicherweise der Gehalt der Luft der Arbeitsräume an diesen Dämpfen so gering, dass nur selten ernstliche Einwirkungen auf die Arbeiter beobachtet werden. Wohl tritt anfangs eine gesteigerte Reizbarkeit der Nasenschleimhaut, auch Katarrh der Respirationsschleimhaut ein, doch schwindet alles dies in der Mehrzahl der Fälle bald wieder *(Hirt)*. Nur wenn grössere Mengen der Gase inhalirt werden, stellt sich heftiger Husten ein. Conjunctivitis, Erkrankungen der Schleimhaut des Kehlkopfs, der Bronchien, Lungenemphysem.

4. Schweflige Säure.

Die schweflige Säure: SH_2O_3, ist im freien Zustande unbekannt, da sie beim Freiwerden aus ihren Salzen sofort in Wasser und Anhydrid zerfällt. — Das Schwefligsäure-Anhydrid: SO_2, ist ein farbloses, erstickend riechendes Gas von 2,24 spec. Gewicht. Dasselbe wird schon bei — 10° C. zu einer farblosen Flüssigkeit verdichtet; Wasser absorbirt von dem Gase das circa 50fache Volumen. Das Anhydrid entsteht durch Verbrennen von Schwefel, durch Einwirkung von Kohle u. a. auf Schwefelsäure, von Kupfer auf heisse Schwefelsäure etc.

Dieses Gas wird technisch vielfach verwendet als Bleichmittel in Strohhutfabriken, ferner um Haare, Wolle, Seide und andere thierische Stoffe zu bleichen; als antiseptisch wirkendes Mittel (Schwefeln des Hopfens, des Fleisches, eingemachter Früchte, des Weines u. a. m.). Auch bei der Schwefelsäure-, Glas-, Alaun- etc. Fabrication tritt dieses Gas in bedeutender Menge auf.

Acute Vergiftungen durch Einwirkung dieses Gases auf den menschlichen Organismus sind aus neuerer Zeit nicht bekannt geworden. Dagegen hat dieses Gas durch Hervorrufung chronischer Erkrankungen der Arbeiter in den betreffenden Fabriken etc. einige Bedeutung.

Die Luft, in welcher die Arbeiter sich aufhalten, enthält in der Regel nicht über 7—9 % des schwefligsauren Gases *(Hirt)*. Ein Gehalt von 1—3 % macht sich in der Regel nur bei sensiblen Arbeitern durch eine Reizung der Respirationsschleimhäute (öfters Niesen, Husten etc.) bemerkbar. Die Verdauungsapparate leiden aber bei allen: saurer Geschmack, Appetitmangel, saures Aufstossen, unregelmässige Stuhlentleerung sind hier namentlich aufzuführen. Wichtiger als dies ist die Thatsache, dass durch die anhaltende Wirkung dieses Gases die Disposition zu chronisch-entzündlichen Processen der Lungen erhöht wird *(Hirt)* und daher Leute mit „schwacher Brust" von solchen Arbeiten fern zu halten sind.

Die experimentellen Untersuchungen von *Eulenberg* und *Hirt* haben die giftige Wirkung dieses Gases auf Thiere festgestellt. Kaninchen, welche längere Zeit den Dämpfen ausgesetzt bleiben, werden sehr bald unruhig, es tritt Speichelfluss auf, erschwerte Respiration, Dyspnoë und schliesslich der Tod meist unter Convulsionen. — Constant wurde bei den Versuchen ein ca. 25 Secunden dauernder Athmungsstillstand beobachtet, welcher, reflectorisch, zurückgeführt wurde auf eine Reizung der sensiblen Nerven der Nasenschleimhaut. — Das Gift wirkt ausserdem auf Vagus und dessen Endigungen in der Lunge lähmend, auf das Athmungscentrum Anfangs erregend, dann lähmend. Auf das vasomotorische Centrum wirkt das Gas in kleinen Mengen Anfangs und schnell vorübergehend reizend, dann aber lähmend ein; die Pulsfrequenz wurde herabgesetzt, die Herzaction schwach und scheint das Gift direct lähmend auf den Herzmuskel einzuwirken. — In den Thierleichen fand *Hirt* öfters Zeichen einer Lungenentzündung.

5. Chlor.

Das Chlor: Cl, ist ein gelblich-grünes Gas von 2,45 spec. Gewicht, welches durch hohen Druck zu einer grünlich-gelben Flüssigkeit verdichtet werden kann. Das Gas besitzt einen durchdringenden, erstickenden Geruch. — Man erhält das Gas am besten durch Erwärmen von Braunstein mit Kochsalz und Schwefelsäure ($MnO_2 + 2NaCl + 2H_2SO_4 = Na_2SO_4 + MnSO_4 + 2H_2O + 2Cl$). — Von Wasser wird das Gas leicht absorbirt (1 Vol. Wasser von 10° C.: 3 Vol. Gas). Diese Flüssigkeit: Chlorwasser genannt, besitzt den Geruch und Geschmack des Chlors, wird aber, am Lichte stehend, leicht zersetzt unter Bildung von Salzsäure (Sauerstoff entweicht).

Der Chlorkalk ist ein weisses, amorphes trockenes Pulver von eigenthümlichem Geruche. Es ist ein Gemenge von unterchligsaurem Calcium, Chlorcalcium und Kalkhydrat, welches mit Säuren vermischt, Chlorgas liefert.

Chlor und Chlorhaltige Präparate werden in grossen Mengen, namentlich als Bleich- und Desinfectionsmittel benutzt. Dem entsprechend kommen Vergiftungen leichteren Grades, welche auf die Wirkung des Chlors zurückzuführen sind, ziemlich häufig vor, während tödtlich verlaufene Intoxicationen zu den Seltenheiten gezählt werden müssen.

Aus früherer Zeit sind 5 tödtliche Intoxicationen bekannt geworden; zu denselben kommt aus neuerer Zeit der von *Cameron* berichtete Fall. — Weder zur Selbstvergiftung, noch zum Giftmord wurde bisher das Chlor benutzt; die vorgekommenen Intoxicationen sind wohl alle als technische zu bezeichnen, veranlasst durch die Benutzung, die Beschäftigung mit Chlorgas, sei es zu wissenschaftlichen Untersuchungen (Chemiker etc.), sei es in dem Gewerbe etc. In letzterer Beziehung kommen hier die Schnellbleicher und namentlich die Arbeiter der Chlorkalkfabriken in Betracht.

Sind die betr. Arbeiter gezwungen, längere Zeit grosse Mengen Chlorgas einzuathmen, so stellen sich ziemlich schnell die Symptome der Intoxication ein. Die Leute stürzen plötzlich zusammen und erfolgt der Tod in wenigen Minuten, wenn nicht schnell Hülfe geleistet wird. — Sind geringere Mengen von Chlorgas in der Einathmungsluft, so stellt sich bald heftiger Husten ein, Auswurf von Schleim aus Mund und Nase, Niesen, hochgradige Athemnoth. Die Symptome schwinden bald, wenn der Patient der Einwirkung des schädlichen Gases entzogen wird.

Bei Arbeitern, welche Jahr aus Jahr ein der Einwirkung des Chlorgases ausgesetzt sind, kommen relativ häufig Erkrankungen, namentlich der Respirationsorgane vor. Von 1000 Chlorarbeitern wurden jährlich 450—500 an innern Erkrankungen behandelt (Hirt). Acute Katarrhe der Respirationsorgane, sowie acute Pneumonien sind die vorzugsweise zur Behandlung kommenden Leiden. „Phthisis" kommt seltener vor, doch verläuft eine solche Erkrankung unter der Einwirkung des Chlors sehr schnell. — Eine Gewöhnung an die Wirkung des schädlichen Gases scheint man ebenfalls annehmen zu können; nur magern die Arbeiter ab, sie zeigen eine bleiche Gesichtsfarbe, ihre Verdauung leidet und das Geruchsvermögen geht fast vollständig verloren.

In der Leiche eines durch Chlorgas zu Grunde Gegangenen fand Cameron in den Bronchien schaumige, blutige Flüssigkeit, sowie Chlorgeruch im Gehirn bei Eröffnung der Ventrikel.

Die Wirkung des Chlorgases auf den thierischen Organismus wurde von Eulenberg, Falk u. A. genauer festgestellt. Man bezeichnete früher als Todesursache den krampfhaften Schluss der Stimmritze; die neueren Untersuchungen haben ergeben, dass dieser Schluss reflectorisch erfolgt, schnell vorübergeht und dass die Thiere durch Herzlähmung zu Grunde gehen. Ob letztere dadurch zu Stande kommt, dass Chlor im Körper in Salzsäure übergeführt wird, müsste noch sichergestellt werden.

Bei der Behandlung eines durch Chlordämpfe Vergifteten dürfte in erster Linie dafür Sorge zu tragen sein, den Patienten aus der chlorhaltigen Luft in frische Luft zu versetzen. Im Uebrigen würde symptomatisch zu verfahren sein. — Um derartige Intoxicationen in Fabriken möglichst zu verhüten, empfiehlt Eulenberg vor Mund und Nase Schwämme, welche mit Alkohol getränkt sind, zu tragen.

6. Brom und Bromalkalien.

Das Brom: Br, findet sich in der Natur nur in Verbindung mit Metallen (in Meerwasser, in Soolquellen etc.). Im reinen Zustande ist es eine dunkelrothbraune, fast schwarze Flüssigkeit, von unangenehmem, eigenthümlichem Geruche; ihr spec. Gewicht beträgt bei 0° C.: 3,187; sie siedet bei 63° C., verflüchtigt sich aber schon bei gewöhnlicher Temperatur, schwere, gelbrothe Dämpfe bildend. Bei — 24°,5 C. erstarrt das Brom zu einer blättrig-krystallinischen, stahlgrauen Masse. In Wasser löst sich das Brom schwer (in 32 Theilen Wasser) zu einer rothbraunen Flüssigkeit. In Aether, Alkohol, Chloroform etc. löst es sich leicht.

Vergiftungen durch Brom gehören zu den Seltenheiten. Nur 4 hier zu erwähnende Fälle konnten gefunden werden. Von diesen kam eine Intoxication, eine Selbstvergiftung zu Stande, durch das Einnehmen von c. 30 g Brom; der Tod erfolgte nach 7½ Stunden; *Husemann* schätzt die Dosis letalis für das reine Brom zu weniger als eine Drachme (3,75 g). — Die übrigen hier zu erwähnenden Intoxicationen wurden zufällig durch Unglücksfälle veranlasst. In einzelnen Fällen *(Chevallier)* wurden Arbeiter in einer Bromfabrik dadurch beschädigt, dass sie mit Brom in Folge eines Unglücksfalles übergossen wurden. In andern Fällen wurden grössere Mengen von Bromdämpfen eingeathmet *(Thelmier, Duffield;* Jhrber. 1868). Vergiftungen mit tödtlichem Ausgange sind durch Bromdämpfe bis jetzt nicht beobachtet worden.

Gelangt flüssiges Brom in grösserer Menge auf die Haut, so bewirkt es Verfärbung, Aetzung und Zerstörung der getroffenen Theile und können hierdurch langwierige Krankheiten veranlasst werden. Innerlich genommen werden durch Bromflüssigkeit ähnliche Erscheinungen, wie durch concentrirte Säuren hervorgerufen. — Wirken dagegen Bromdämpfe concentrirt ein, so können die betroffenen Personen plötzlich bewusstlos hinstürzen und eventuell asphyctisch zu Grunde gehen. Die von den Dämpfen betroffenen Theile des Körpers sind auch hier mehr weniger stark verätzt. — In verdünnterem Zustande eingeathmet werden Hustenanfälle hervorgerufen, Glottiskrampf, Kopfschmerzen, Reizungen der Schleimhäute der Nase, der Augen etc.

Behandlung symptomatisch. — Gegen die Einwirkung des Broms auf die äussere Haut empfiehlt *Eulenberg* Waschungen mit schwacher Kalilauge, um das freie Brom zu binden; bei Vergiftungen durch Bromdämpfe haben die Inhalationen von Wasserdämpfen in mehreren Fällen gute Dienste geleistet.

Die Bromalkalien.

Das Bromkalium: K Br, krystallisirt in glänzenden, in Wasser leicht löslichen Würfeln; ähnlich verhält sich das Bromnatrium: NaBr.

Diese beiden Bromsalze, vorzugsweise aber die Kaliumverbindung, werden seit einigen Jahren vielfach bei der Behandlung verschiedener Nervenkrankheiten (Epilepsie u. A.) benutzt. Während der Anwendung dieser Arzneimittel sind häufig bei den Patienten Krankheitserscheinungen beobachtet worden, welche auf eine toxische Wirkung des Brompräparates zurückgeführt wurden. Auch wurde durch Untersuchungen an gesunden Menschen eine schädliche Wirkung des Bromkaliums nachgewiesen.

Die meisten Angaben über die Bromkaliumvergiftung beziehen sich auf Kranke, welchen längere Zeit grössere oder kleinere Mengen dieses Mittels gereicht wurden. Nur selten werden nach einmaliger Einfuhr einer grösseren Menge des Salzes Vergiftungssymptome beobachtet. Tödtlich verlaufene Intoxicationen durch eine einzige Dose veranlasst, scheinen überhaupt nicht beobachtet zu sein.

Verschiedene Experimentatoren haben die Wirkung einmaliger Dosen von Bromkalium an gesunden Menschen erprobt. *Laborde* nahm selbst Dosen von 6 und 15 g. Kleine Dosen veranlassten starken Salzgeschmack, vermehrte Speichelsecretion, Ructus, später Neigung zum Schlaf, Harndrang, Schlaf mit Träumen. Nach grösseren Dosen folgte auf stärkeren Speichelfluss bald Trockenheit des Mundes, nach 1½—2 Stunden: Trübung des Gesichtes, Betäubung und Somnolenz, Schlaf mit Träumen und Alpdrücken, schwerfällige Sprache, Herabsetzung der Sensibilität und Reflexthätigkeit; diese Erscheinungen hielten 15—18 Stunden lang an und blieb nur ein eigenthümlicher dumpfer Kopfschmerz zurück. — Die Reflexerregbarkeit des Gaumens, der Pharynxwand u. a. m. ist meistens vollständig aufgehoben.

Ueber die Bromwirkung bei Kranken, namentlich Nervenkranken, liegen eine grosse Zahl von Beobachtungen vor. Die Giftmenge, welche zur Hervorrufung des Bromismus nöthig ist, wird verschieden gross angegeben und scheint dieselbe ausser durch Alter und Geschlecht wohl auch noch durch individuelle Eigenthümlichkeiten beeinflusst zu werden. Nach *Voisin* sollen Kinder Dosen von 12 g pro die längere Zeit ohne Nachtheil einnehmen können; dagegen beobachtete *Crocker* bei einem 8 Monate alten Kinde, welches 12 Tage lang täglich c. 0,2 g, einen Monat lang täglich 0,4 g Bromkalium, im Ganzen c. 14 g erhalten hatte, ein ausgesprochenes Bromexanthem.

Bei schlecht genährten Individuen treten die Intoxicationssymptome schon früher und nach geringeren Mengen ein, als bei gut genährten.

Die Vergiftung, welche man gewöhnlich als „chronische Vergiftung" bezeichnet findet, stellt sich meist nach Monate-, Jahrelangem Gebrauche des Bromkalium ziemlich schnell ein. Man bemerkt plötzlich an dem Patienten wankenden Gang, Kopfschmerzen, Somnolenz, Schwierigkeit zu Sprechen, schlechte, zitternde Schrift, Agraphie: auch Abmagerung, Durchfälle wurden beobachtet.

Auch eine langsamer sich entwickelnde Form des Bromismus wird von *Voisin* aufgestellt. Bei derselben machen sich Anfangs mehr die allmälig eintretenden Ernährungsstörungen bemerklich. Die Kranken magern bedeutend ab, es stellt sich bald Advnamie ein, die Gesichtsfarbe ist schmutziggelb, der Gesichtsausdruck stupide, das Sehen und Hören ist bedeutend herabgesetzt, das Gedächtniss geschwächt; die Stimme ist heiser; das Zahnfleisch zeigt sich geschwollen, geröthet, schmerzhaft; die Nasenschleimhaut katarrhalisch afficirt. Dazu gesellen sich dann nach und nach die oben schon angeführten Störungen von Seiten des Nervensystems.

Voisin beschreibt endlich noch eine Bromcachexie, ausgezeichnet durch das Auftreten von Carbunkeln, Erysipel, Pneumonie, choleriformer Enterocolitis, welche Erkrankungen meist unter typhösen Erscheinungen letal endeten.

Ein Symptom wurde bisher noch nicht besprochen: es ist dies das sog. Bromexanthem, welches nach *Voisin* bei 75% aller mit Bromkalium längere Zeit behandelten Kranken beobachtet werden kann. *Voisin* unterscheidet 4 Formen des Exanthems, von welchen eine acneartige Form, der Acne simplex und indurata entsprechend, am häufigsten auftritt. Ziemlich schnell, nach Benutzung von 3—4 g Bromkalium pro die, stellen sich auf den Schultern, der Stirn, Nase, nach vorhergehendem Jucken der betreffenden Stellen, nadelkopfgrosse, violettrothe, mit rothem Hof umgebene Pusteln ein, welche längere Zeit be-

stehen bleiben, vereitern und einen intensiv rothen Fleck mit Anschwellung hinterlassen. — Eine zweite Form, welche vorzugsweise
an den Waden erscheint, bildet längliche, resp. runde, kirschrothe
Plaques, auf welchen sich acneartige Pusteln erheben; sie gehen oft
in Geschwüre über. — Ferner wurden, ebenfalls an den untern Extremitäten, hin und wieder Erythem und Ekzem beobachtet.

Nur in seltenen Fällen scheint die therapeutische Benutzung des
Bromkaliums den letalen Ausgang der Krankheit beschleunigt zu haben.
In einem von *Hameau* berichteten Falle ging eine Epileptica, welche
in 10 Monaten 2 Kilo Bromkalium verbraucht hatte, cachectisch zu
Grunde und gingen dem Tode Delirien und profuse Schweisse voraus.
Nach *Stille* wird durch Bromkalium auch die Reflexerregbarkeit der
Respirationsschleimhaut herabgesetzt und so die Ansammlung von
Schleim in den Bronchien ermöglicht. Ein in dieser Weise veranlasster
Bronchialkatarrh führte nach *Stille* den Tod einer Epileptica, welche
in 20 Tagen je 11 g Bromkalium erhalten hatte, ziemlich schnell herbei
und gingen demselben Schwindel und Schlafsucht voraus.

In den meisten Fällen wird es jedoch gelingen, die Symptome,
welche durch die Brombehandlung hervorgerufen sind, durch Aussetzen
des Mittels zu beseitigen. *Voisin* sah unter Anwendung von Dampf-
bädern, Purgantien, Diureticis und nahrhafter Kost die Symptome in
einigen Tagen wieder verschwinden.

Experimentaluntersuchungen.

Zahlreiche Untersuchungen sind über die Wirkung der Bromalkalien, speciell des Kalisalzes an Thieren ausgeführt worden.

Das Brommetall wird von allen Schleimhäuten ziemlich schnell
als solches resorbirt.

Viele Experimentatoren haben sich mit der Frage beschäftigt, ob
die Wirkung des Bromkaliums auf das in demselben enthaltene Brom
oder auf seinen Kaligehalt zurückzuführen sei und glaubten viele
Forscher die Bromkaliumwirkung als eine Kalivergiftung betrachten
zu müssen. — Schon *Gubler* fand, dass Bromnatrium dieselbe Wirkung,
wie die Kaliverbindung besitze, eine Thatsache, welche später von
Andern bestätigt wurde. Nach den Untersuchungen von *Krosz* sind
die Symptome, welche das Bromkalium hervorruft, zum Theil auf
das in diesem Salz enthaltene Kalium, zum Theil auf das darin enthaltene Brom zurückzuführen; das Kalium, auch in Form von Chlorkalium geprüft, verursacht: Lähmung des Herzmuskels, resp. der Herzganglien, damit zusammenhängend Verlangsamung der Respiration
und Sinken der Temperatur, ferner Lähmung der Nerven (vom Centrum
ausgehend) und endlich Lähmung der Muskeln. Andererseits ist auf
das Brom (Bromnatrium) die centrale Lähmung der Verbindungsfasern
zwischen den sensitiven und motorischen, resp. sensoriellen Ganglien,
ferner das Exanthem und in geringem Maasse die Pulsverlangsamung
zurückzuführen. — Auch therapeutisch hat *Hollis* u. A. das Bromnatrium
bei Epilepsie mit Erfolg benutzt und treten nach *Stark* bei Benutzung
des Bromnatriums dieselben Exantheme und andere Symptome der
Vergiftung, wie nach Bromkalium auf.

Die Ausscheidung des Bromalkali erfolgt vorzugsweise durch die
Nierenthätigkeit. Das Brom kann schon kurze Zeit nach Einnahme

des Salzes in dem Urin nachgewiesen werden. Die Elimination geht nur sehr langsam vor sich; *Rabuteau* ist, auf Grund seiner Untersuchungen, der Ansicht, dass das Brom als ein normaler Bestandtheil des Urins anzusehen sei. — Auch im Speichel, in der Milch *(Loughlin)*, im Inhalt der Acnepusteln *(Guttmann)* wurde Brom mit Sicherheit nachgewiesen.

Zum chemischen Nachweis des Broms und der Bromalkalien wird man die betreffenden Organe etc. im ersteren Falle direct der Destillation unterwerfen, bei Gegenwart von Bromalkalien aber die Massen zunächst mit einer Lösung von Kaliumbichromat und verdünnter Schwefelsäure versetzen und dann destilliren. Das Destillat wird mit Kali neutralisirt eingedampft, geglüht. — Der Urin kann zum Nachweis erst, durch Kali alkalisch gemacht, stark eingedampft werden; auch können die alkalisch gemachten Massen zunächst im Silbertiegel verbrannt werden. Ein Theil des Rückstandes, vorsichtig mit Chlorwasser versetzt und mit Schwefelkohlenstoff geschüttelt, färbt letzteren tief orange (Grenze: 10 ccm Lösung von 1 : 30000). — Ein anderer Theil mit verdünnter Salpetersäure neutralisirt, gibt mit salpetersaurem Silber einen farblosen, käsigen, in Aetzammoniak schwer löslichen Niederschlag. — *Namias* fand Bromkalium im Blut, Gehirn, Rückenmark, Leber, Lungen etc. eines vor dem Tode mit Bromkalium behandelten Patienten.

7. Jod und Jodalkalien.

Das Jod: J, findet sich wie das Brom nur in Verbindung mit Metallen, wird im Grossen aus Seepflanzen dargestellt. Im reinen Zustande bildet es grosse, schwarz-graue, metallisch glänzende, rhombische Krystalle, deren spec. Gew. $= 4,948$ beträgt, welche sich schon bei gewöhnlicher Temperatur allmälig verflüchtigen, bei 114^0 schmelzen, jedoch erst über 200^0 C. sieden; der Dampf ist intensiv violett, bei höheren Temperaturen intensiv blau gefärbt. In Wasser ist das Jod sehr schwer löslich (1:4500), leichter in Jodkaliumlösung, in Alkohol und Aether (braune Lösungen), Chloroform und Schwefelkohlenstoff (rosenrothe Lösungen).

Eine alkoholische Lösung des Jod ist als Tinctura Jodi officinell: eine dunkelrothbraune Flüssigkeit, welche in 10 Theilen einen Theil Jod enthält.

Viel benutzt wird eine wässerige Lösung: *Lugol*'sche Jodlösung genannt, welche meist in 30 g : 1,875 g Jodkalium und 1,25 Jod enthält.

Das Jodkalium: J K, bildet grosse, farblose Würfel von 2,9 spec. Gew.: sie lösen sich bei gewöhnlicher Temperatur in 0,7 Theilen Wasser, in 40 Theilen absolutem Alkohol.

Das Jodnatrium: J Na, bildet monokline, 2 Mol. Krystallwasser enthaltende Krystalle, welche in Wasser und Alkohol leicht löslich sind.

Alle diese Stoffe vermögen, auf den menschlichen Organismus einwirkend, Vergiftungen mit selbst tödtlichem Ausgange hervorzurufen.

Tödtlich endende Intoxicationen durch Jodpräparate wurden bis jetzt nur in sehr kleiner Zahl beobachtet, während Vergiftungen geringerer Intensität sehr häufig vorgekommen sind.

Von absichtlich hervorgerufenen, tödtlich verlaufenen Intoxicationen (Selbstvergiftungen, resp. Giftmorde) durch Jodpräparate finden sich in der Literatur nur 6 angegeben. Nur in 3 dieser Fälle ist die in den Magen gebrachte Menge des Giftes festgestellt: es waren 1 Scrupel, 1 und 2 Unzen Jodtinctur. Diese Angaben lassen keinen Schluss bezüglich der letalen Dosis zu. *Husemann* hält 1 Drachme (3,75 g) Jodtinctur, 15—20 Gran (0,9—1,2 g) Jod für eine letale Dosis; in *Gairdner's* Falle starb ein Kind nach 0,12 g Jod (1 Scrupel Tinctur). — Dass die Wirkung der eingeführten Giftmenge abhängig ist von dem Füllungszustand des Magens, sowie auch von der Beschaffenheit des Mageninhalts (Eiweisskörper, Amylaceen), ist selbstverständlich. — Die *Pharmacopoea germanica* gibt als Maximaldosen der Jodtinctur an: 0,3 g pro dosi, 1,2 g pro die.

Die übrigen Intoxicationen durch Jod sind theils als technische, theils als medicinale zu bezeichnen.

Technisch kommen Vergiftungen zu Stande bei Arbeitern, Chemikern u. A., welche mit der Darstellung von Jod und Jodpräparaten beschäftigt, der Einwirkung der Joddämpfe ausgesetzt sind. Auf diese Weise entstanden, sind acute Intoxicationen selten, chronische häufiger beobachtet worden.

Therapeutisch wird von Jod und Jodpräparaten umfangreich Gebrauch gemacht gegen zahlreiche Erkrankungen, von welchen wir hier nur Struma, Syphilis, chronische Metallcachexien namhaft machen. Ausser der innerlichen Darreichung kommt bei solchen Kranken das Jodpräparat auch in Form der Injection zur Anwendung, so bei Struma, Hydrocele, Ovariencysten, Echinococcen der Leber u. a. m. Chronische sowie acute, ja selbst letale Intoxicationen sind in dieser Weise hervorgerufen worden.

1) Die acute Jodvergiftung in Folge der Einathmung der Joddämpfe.

Diese Vergiftung tritt nach *Hirt* in Form eines Anfalles auf, charakterisirt durch heftigen Hustenreiz, Kopfschmerzen, Anschwellung der Augenlider mit Thränenfluss, Jodschnupfen etc. Auch Bewusstlosigkeit wurde schon beobachtet, dagegen nie der Tod eines auf diese Weise Erkrankten.

2) Die acute Vergiftung durch Einführung des Giftes in den Magen.

Dieselbe kam bisher nur durch Benutzung von concentrirten Jodlösungen zu Stande; sie hat in ihren Erscheinungen grosse Aehnlichkeit mit der Vergiftung durch stark ätzend wirkende Säuren, Metallsalze etc. Dem entsprechend treten auf: Brennen im Halse, Schmerzen vom Schlunde bis zum Magen, Erbrechen Jod-haltiger, bei Gegenwart von Amylum blaugefärbter Massen. Auch Durchfälle breiiger, später blutiger Massen stellen sich ein, kühle Haut, kleiner Puls, Ohrensausen, Collaps und in *Hermann's* Falle der Tod 33 Stunden nach Einnahme des Giftes. (Während dieser Intoxication wurden nur sehr geringe Mengen Urin secernirt.) Auf der Haut sind an den Händen, den Lippen oft braune, durch Ammoniakwirkung verschwindende Flecken, hervorgebracht durch die locale Wirkung des Jods, zu constatiren. — In der

Leiche findet man Hyperämien und Verätzungen der von der Giftlösung getroffenen Schleimhäute.

3) Die acute Jodvergiftung, hervorgebracht durch Injection von Jodlösungen in Cysten etc.

In früherer Zeit wurden Injectionen von Jodlösungen (meist in Form der *Lugol*'schen Lösung) in Ovariencysten in grosser Zahl gemacht und sind hierdurch selbst letal verlaufene Intoxicationen verursacht worden. Nach *Velpeau* starben von 130 durch Jodinjection Behandelten 30 in Folge dieser Operation. *Legrand* berichtet über 3 weitere Todesfälle, *Rose* ebenfalls über einen. In einem weiteren (35.), ebenfalls tödtlich verlaufenen Falle wurde nach *Benedict* die Jodtinctur in einen gespaltenen Hydrorrhachissack injicirt *(Husemann)*. Es scheint, dass ausser diesen 35 Todesfällen noch weitere auf die Injection von Jodlösungen zurückzuführen sind *(Rose)*.

Die Injection der Jodlösung (Tinct. Jodi und Wasser ana 150 g, Jodkalium 3.75 g) verursachte, in *Rose*'s Falle, die heftigsten Schmerzen, so dass Patientin ohnmächtig wurde. Mehrere Stunden später erfolgte Erbrechen grosser Flüssigkeitsmassen, welche kurz vorher erst, um den heftigen Durst zu löschen, getrunken waren. Das Gesicht war bläulich. Die Haut desselben, sowie die Extremitäten eiskalt. Der Puls frequent, hart, an der Radialis, später selbst an der Carotis kaum noch zu fühlen. Das Erbrechen erfolgte wiederholt, jedoch ohne Schmerzen; die entleerten Massen waren grasgrün gefärbt und Jod-haltig. Die Urinmenge war sehr gering. — Am 3. Tage trat an Stelle der Hautblässe eine hochrothe Farbe der Wangen ein, die Haut fühlte sich heiss an, der Puls war jetzt voll, weich, leicht zu fühlen, es herrschte das sog. „Jodfieber", bei welchem jedoch eine über die Norm erhöhte Körpertemperatur nicht nachgewiesen werden konnte (Temp. 37,^{0}1C.). — Am 4. Tage nach der Injection trat Exanthem auf; zugleich bemerkte man starke Schwellung der Speicheldrüsen; auch waren Schlingbeschwerden vorhanden. — Am 10. Tage starb die Patientin plötzlich (durch Herzlähmung); während der Intoxication trat 21mal Erbrechen ein.

4) Die chronische Jodvergiftung.

Auch diese kommt wesentlich in Folge der therapeutischen Verwendung der Jodpräparate zu Stande, doch hat man auch technische Intoxicationen der Art beobachtet. *Arroneet* hat 1852 die aus früherer Zeit gemeldeten Medicinalvergiftungen zusammengestellt: von 536 Patienten, welche Jod in Form der Tinctur erhalten hatten, zeigten 20 (3,6%) die Symptome der chronischen Vergiftung; bei 251 Patienten wurde die *Lugol*'sche Lösung angewendet: es erkrankten in Folge dessen 6 (2,4%): 403 Personen erhielten Jodkalium: es erkrankten 40 (9,9%). Es erkrankten somit von 1190 mit Jodpräparaten Behandelten 66 (= 5,5%). — Aus neuerer Zeit haben wir keine statistischen Angaben über die Häufigkeit der chronischen Jodvergiftung.

Die chronische Jodvergiftung, welche durch längere Zeit stattfindende Aufnahme kleiner Dosen der Präparate zu Stande kommt, charakterisirt sich durch Symptome, welche theilweise schon bei der acuten Intoxication genannt wurden.

Symptome der chronischen Vergiftung.

Die zur Beobachtung kommenden Erscheinungen sind abhängig von der Beschaffenheit des benutzten Präparates, derart, dass Präparate, welche freies Jod enthalten (Tinctur, *Lugol'sche* Lösung), theilweise eine andere Wirkung entfalten, als solche, in denen das Jod gebunden (als Kalium-, Natriumsalz) enthalten ist.

Wir beginnen mit denjenigen Symptomen, welche fast ausschliesslich bei der Benutzung von freies Jod enthaltenden Präparaten aufzutreten pflegen. Es sind hier zunächst die Verdauungs-, und damit Ernährungsstörungen zu nennen; das freie Jod ruft Reizungserscheinungen der Schleimhäute des Tractus intestinalis hervor. Abnahme des Appetits, unvollständige Verdauung, Uebelkeit, Erbrechen und starke Abmagerung in Folge der stark herabgesetzten Nahrungsaufnahme; durch den Gebrauch von reinem Jodkalium wurden solche Störungen nicht veranlasst.

Ausser den Affectionen des Magens findet man bei Patienten, welche der Einwirkung des Jods längere Zeit ausgesetzt sind, auch noch an andern Schleimhäuten auffallende Veränderungen. Hier ist in erster Linie der „Jodschnupfen“ zu nennen, eine Affection der Schleimhaut der Nasenhöhle, charakterisirt durch Röthe, Schwellung derselben, sowie starke Secretion. Diese Affection, fast immer mit heftigem Stirnkopfschmerz einhergehend, breitet sich meist auf die Schleimhaut des Rachens aus, es entsteht eine Angina mit Schmerzen im Halse, Husten und selbst Blutspeien. Auch Speichelfluss pflegt sich meist einzustellen, jedoch ohne Mundgeschwüre und ohne foetor ex ore. Eine stärkere Röthung der Conjunctiva mit Thränenfluss dürfte wohl immer beobachtet werden. — Alle diese Schleimhautaffectionen wurden bei Anwendung von Jod wie von Jodkalium beobachtet; doch ist *Rossbach* auf Grund eigener Beobachtungen der Ansicht, dass Jodkalium nur in einzelnen Fällen, bei gesteigerter Empfänglichkeit, diese Schleimhautaffectionen hervorzurufen vermöge, im Grossen und Ganzen dieselben aber auf die Benutzung von Präparaten, welche freies Jod enthielten, zurückzuführen seien. — Eine ähnliche Ansicht äussert *Rossbach* über die Ursache der Exantheme; durch extremes Reinhalten und Bäder könne bei Gebrauch von reinem Jodkalium das Exanthem vermieden werden. Dagegen ruft Jod ganz constant Exantheme der verschiedensten Art (Erythem, Ekzem, Urticaria, Papeln und Pusteln, Erysipel etc.) am ganzen Körper, namentlich aber im Gesicht und an den Extremitäten hervor. — Schliesslich müssen wir noch die Wirkung des Jods sowie des Jodkaliums auf die drüsigen Organe, speciell auf hypertrophirte Schilddrüsen erwähnen; dieselben atrophiren unter dem Einflusse der Jodbehandlung.

Auch Störungen im Bereiche des Nervensystems, Paralysen und Anästhesien, Muskelzittern sind von einzelnen Beobachtern gemeldet worden.

Experimentaluntersuchungen.

In grosser Zahl wurden dieselben über die Wirkung des Jods und seiner Präparate angestellt. — Wird freies Jod mit Albuminlösungen zusammengebracht, so bilden sich 2 Modificationen von Jod-

albumin, eine lösliche und eine unlösliche; in beiden ist das Jod nur
sehr locker gebunden; durch Erhitzen, sowie durch Dialyse wird dem
Jodalbumin das Jod schnell entzogen, indem in ersterem Falle das
Albumin gerinnt.

Die Aufnahme des Jods und seiner Präparate erfolgt von allen
Applicationsstellen ziemlich rasch. Auch von der unversehrten Haut
wird Jod aufgenommen, Jodkalium aber nicht.

Wirkt Jod in Dampfform auf ein Thier ein, so bemerkt man bei
demselben Unruhe, Röthung der Schleimhäute, Speichelfluss, beschleunigte Respiration und Herzthätigkeit und schliesslich tritt der Tod ein
in Folge der Entzündung der Respirationsorgane (Eulenberg).

Die Wirkung, welche die Jodpräparate bei innerer Application
hervorzurufen pflegen, ist noch nicht genügend studirt; selbst die neueren
Untersuchungen von Högyes lassen noch Manches unaufgeklärt.

Högyes fand, was zum Theil von Binz schon früher nachgewiesen
war, dass Jodoform : CHJ₃ , in Mandelöl gelöst, von der Applicationsstelle (Zellstoff etc.) unter Hinterlassung des Oeles, schnell verschwindet,
bei Hunden und Katzen Erscheinungen von Schläfrigkeit und starker
Narkose hervorruft, während welcher die Reflexerregbarkeit nicht verändert ist. Nach grösseren Dosen gehen die Thiere in einigen Tagen
unter Abmagerung, in Folge von Herz- und Athmungsparalyse zu
Grunde und findet man in der Leiche fettige Entartung der Leber,
der Nieren, des Herzens und der übrigen Muskeln. — Bei Kaninchen
fehlten die narkotischen Symptome. — Aus der Jodoformlösung wird
an der Applicationsstelle das Jod frei, letzteres verbindet sich mit
Albumin und wird als Jodalbumin hinweggeführt. — Letzteres, aus
freiem Jod und Hühnereiweiss dargestellt, verursacht bei Hunden und
Katzen dieselben Symptome wie Jodoform. — Auch freies Jod, in
Oel gelöst, applicirt, gibt zu Jodalbuminbildung Anlass, ohne die
Symptome der Narkose hervorzurufen: es treten Erbrechen ein, allgemeine Abmagerung, Respirationsstörungen. — Nach Binz kommt auch
dem jodsauren Natron eine ähnliche, narkotisirende Wirkung wie dem
Jodoform zu: auch dieser Körper bewirkt Lähmung des Respirationscentrums, welche durch künstliche Respiration aufgehalten, resp. abge-
wendet werden kann; stärkere Dosen wirken durch Herzlähmung letal.
— Jodnatrium ruft bei Hunden heftige Salivation, Erbrechen, Collaps
und Tod hervor; auf den Blutdruck ist Jodnatrium, sowie freies Jod
ohne Einfluss; in den Leichen fand man Lungenödem, Exsudate in der
Pleurahöhle, Anfüllung der Harnkanälchen mit Blutgerinnseln (Böhm).
— Jodpräparate bewirken nach v. Böck keine Aenderungen der Harnstoffausscheidung, nach Rabuteau, sowie Milanesi aber eine Abnahme
derselben um 40 %, resp. 4—15 %. — Die Körpertemperatur der
Kaninchen wurde durch letale Dosen von Jodkalium um 7⁰,9 C. herabgesetzt (F. A. Falck).

Die Elimination des Jods aus dem Körper ist Gegenstand zahlreicher Untersuchungen gewesen. — Nach Einnahme von 2 g Jodnatrium konnte Rabuteau das Jod in dem Urin schon nach 5 Minuten,
in dem Speichel nach 7 Minuten nachweisen. Die Ausscheidung des
Jods durch den Urin dauert sehr lang: noch in der Zeit von 111 bis
121 Stunden nach der Einnahme konnte Rabuteau das Jod mit Sicherheit nachweisen. — Rózsahegyi fand das Jod in der Thränenflüssigkeit,

in der Galle, den Secreten des Darmkanals, im Menstrualblute wieder.
— In der Milch wurde das Jod schon oft nachgewiesen; mit der Milch
geht dasselbe in den Körper der Säuglinge über und erscheint es in
dem Urin derselben. *Welander* fand das Jod im Fruchtwasser und im
Urin Neugeborener, deren Mütter vor ihrer Niederkunft Jodpräparate
erhalten hatten. — Auch im Nasenschleim wurde das Jod aufgefunden,
sowie kürzlich von *Adamkiewicz* im Pustelinhalt eines Jodacne-kranken
Menschen.

Behandlung.

Die Behandlung der acuten Jodvergiftung verlangt die
Darreichung von Stärkekleister, von Eiweisslösungen; die dadurch entstehenden Verbindungen: Jodamylum und Jodalbumin sind aber selbst
giftig und wird man Sorge tragen müssen, dieselben aus dem Magen
zu entfernen (Magenpumpe etc.) — Gegen die nach Injection in Cysten
auftretende acute Vergiftung wird man symptomatisch vorgehen, die
Respiration bei Störungen derselben künstlich unterhalten müssen. —
Die Symptome der chronischen Vergiftung verschwinden meist
schnell nach dem Aussetzen des betr. Arzneimittels; sonst: symptomatisch.

Der gerichtlich-chemische Nachweis.

Derselbe kann auf analoge Weise, wie für das Brom geliefert
werden. — *Rabuteau* fand das Jod im Urin, indem er denselben mit
reinem Kali eindampfte, glühte, den Rückstand in wenig Wasser löste,
filtrirte und mit Stärkekleister und Salpetersäure prüfte; er fand das
Jod noch bei einer Verdünnung von 1 : 100000. — Als wichtigste
Reactionen für das Jod sind anzugeben: die violette Farbe der Dämpfe,
die Blaufärbung der Stärke, die violette resp. rosenrothe Farbe der
Chloroform- und Schwefelkohlenstofflösung.

8. Schwefelwasserstoff.

Der Schwefelwasserstoff: H_2S, ist ein farbloses, höchst unangenehm nach faulen Eiern riechendes Gas, welches bei niederer
Temperatur und unter hohem Druck eine farblose Flüssigkeit darstellt.
Das Gas röthet feuchtes Lacmuspapier: angezündet, verbrennt es an
der Luft mit bläulicher Flamme. — Wasser vermag von dem Gase
das 2—3fache Volumen zu absorbiren: man erhält eine farblose, nach
Schwefelwasserstoff riechende Lösung: Schwefelwasserstoffwasser;
durch Erhitzen wird das Gas ausgetrieben.

Dieses Gas findet sich in der Umgebung einzelner Vulkane (Italien, Sicilien etc.); hin und wieder auch in Kohlengruben und Erz-
gruben. Schwefelwasserstoff kommt, mit andern Gasen gemengt, in
den Schwefelwässern absorbirt vor. Er bildet sich bei vielen Processen.
— Wasser, vorzüglich Meereswasser, welches organische Stoffe neben
Sulfaten enthält, kann in Folge der Reduction der letzteren Schwefel-
wasserstoff-haltig werden. Aehnliche Processe können sich in jungem
Wein abspielen: „der Wein böxt". — Auch bei der Zersetzung organischer Massen können ziemlich bedeutende Mengen von Schwefelwasserstoff gebildet werden. Dieses Gas wurde von *Planer* in Spuren
in den Dünn- und Dickdarmgasen einiger menschlicher Leichen nach-

gewiesen. Auch in dem Darmkanal (Dickdarm) der Thiere (Hunde) wurde es gefunden, wenn dieselben mehrere (6) Tage mit Fleisch gefüttert waren (bis zu 0,77 %/o Schwefelwasserstoff), dagegen nicht nach Fütterung mit Hülsenfrüchten. In grösserer Menge wird dasselbe da gefunden werden, wo grosse Massen organischer Stoffe der fauligen Zersetzung unterworfen sind, in Latrinen, Kloaken, Abtrittsgruben, Mistgruben u. v. a. Die Zusammensetzung der sich bildenden Gasgemenge wird vorzugsweise von der Beschaffenheit des Grubeninhalts abhängig sein, kann jedenfalls nicht als constant angenommen werden. So fand *Gaultier* in dem Gasgemenge eines Abzugskanals: 2,99 %/o Schwefelwasserstoff; die Gase von Mistgruben sollen 2,5—8 °/oo—2 °/o dieses Gases enthalten, Kloakengase bis zu 8 %/o; *Sonnenschein* fand in der Flüssigkeit einer Lohgrube 13 Volum %/o Schwefelwasserstoff neben 12 Vol. %/o Kohlensäure. — In chemischen Laboratorien, in Fabriken wird Schwefelwasserstoffgas häufig benutzt.

Vergiftungen durch Schwefelwasserstoff kommen gar nicht selten vor. In der Literatur finden wir Berichte über 26 Todesfälle (s. *Eulenberg, Casper, Blumenstock, Orfila, Christison* u. A.), welche auf die Einwirkung von Schwefelwasserstoff-haltigen Gasgemengen etc. zurückgeführt werden müssen. Alle diese Intoxicationen sind als zufällige, als öconomische und technische zu bezeichnen. Vergiftungen mit Schwefelwasserstoffgas kamen vor, veranlasst durch längere Zeit fortgesetztes Trinken von Wasser, welches grössere Mengen dieses Gases enthielt *(Clemens)*. — Alle andern Intoxicationen wurden veranlasst durch die Einwirkung des Gases selbst auf den Menschen. Das längere Zeit stattfindende Einathmen der Ausdünstungen schlecht geschlossener Kloaken etc. hat schon zu Erkrankung und Tod Anlass gegeben *(Christison, d'Arcet)*. Die meisten Vergiftungen kamen zu Stande bei Arbeitern, welche die Entleerung und Reinigung der Abtritte, Kloaken etc. zu besorgen haben. — Auch in Gräbern, Grabgewölben können sich solche Gasgemenge anhäufen und auf die Arbeiter schädlich einwirken. — Bezüglich des Zustandekommens der Schwefelwasserstoffintoxication sind die Lohgerbereien zu nennen; auch in Darmsaitenfabriken, Leimsiedereien, Knochensiedereien, beim Flachsrösten, in Zuckersiedereien, Stärkefabriken und Bierbrauereien, sowie in chemischen Fabriken, Laboratorien, Apotheken etc. ist mannigfach Gelegenheit zur Bildung und Entwicklung von Schwefelwasserstoff gegeben und können in Folge dessen durch letzteres Unglücksfälle veranlasst werden. — *Eulenberg* erzählt einen Fall, einen Conditor betreffend, welcher jedesmal erkrankte, wenn er Ultramarin zum Färben von Zuckerwaaren benutzte. — Schliesslich haben wir noch die „Selbstinfection" durch abnorme Bildung grösserer Mengen von Schwefelwasserstoff in dem Darmkanal des Menschen zu erwähnen. Solche Selbstinfectionen wurden von *Betz, Senator, Emminghaus* beobachtet und glaubte schon *Ideler* darin die Ursache vieler hypochondrischer Leiden erkannt zu haben. Solche abnorme Gasentwicklung kann bei einzelnen Verdauungsstörungen zu Stande kommen.

Die acute Vergiftung durch Schwefelwasserstoff u. Kloakengase.

Für das Zustandekommen dieser Intoxication ist natürlich die Menge des giftigen Gases, welche in der eingeathmeten Luft enthalten ist, von der grössten Bedeutung. Ueber die Dosis toxica und letalis sind wir nicht genau unterrichtet, doch scheint man annehmen zu dürfen, dass die Einwirkung einer Atmosphäre, welche 4% Schwefelwasserstoff enthält, für den darin arbeitenden Menschen höchst gefährlich ist und, wenn die Einathmung längere Zeit stattfindet, dadurch dem Leben ein Ende gemacht wird.

Eulenberg unterscheidet 3 verschiedene Grade der acuten Vergiftung. — Die mildeste Form documentirt sich durch Eintreten von Uebelkeit, Aufstossen wie von faulen Eiern, Eingenommensein des Kopfes, Kopfschmerzen, Erbrechen, grosse Mattigkeit und Muskelschwäche, Coliken und Durchfälle; in einzelnen Fällen wurden Delirien, Lachkrämpfe, Muskelzuckungen beobachtet.

Die zweite Form charakterisirt sich durch heftige Krämpfe. Die ohnmächtig, bewusstlos Daliegenden verfallen schnell in klonische und tonische Krämpfe (Trismus, Tetanus, Opisthotonus) und kann der Tod während eines tetanischen Anfalls eintreten.

Die dritte Form, die Asphyxie, folgt auf die beiden ersten, oder tritt sofort auf. Der Vergiftete stürzt, oft mit einem Schrei, plötzlich wie todt zusammen, er liegt ohne Bewusstsein, bewegungs- und gefühllos da; das Gesicht ist blass, die Haut kalt, mit Schweiss bedeckt, die Respiration ist stark verlangsamt, schwierig, der Puls schwach, langsam, unregelmässig, die Pupillen sind erweitert, es tritt Dyspnoë ein, die Lippen werden bläulich und erfolgt der Tod durch Asphyxie, welchem Muskelzuckungen, auch heftige Convulsionen vorausgehen können.

Bei schnell eingeleiteter Behandlung erholt sich der Kranke nur langsam und kann das Bewusstsein mehrere Tage lang aufgehoben sein, es stellen sich Schmerzen in den Gliedern ein, hin und wieder krampfige Affectionen der Muskeln, Schlafsucht, vollkommene Genesung.

Experimentaluntersuchungen.

Dass der Schwefelwasserstoff auch für Thiere ein heftig wirkendes Gift ist, wurde durch zahlreiche Untersuchungen erhärtet. — Indem *Eulenberg* der Einathmungsluft dieses Gas beimischte, vermochte er Thiere in kurzer Zeit zu tödten und zwar starben Hunde bei 0,05 % schon nach einer Minute, Kaninchen und Katzen bei derselben Giftmenge nach 2, resp. 15 Minuten; eine Taube starb bei 0,007 % SH_2 in der Atmosphäre nach 4 Minuten. Einzelne Thiere scheinen gegen dieses Gift resistenter zu sein; Ratten und Mäuse sollen in einer Atmosphäre, welche 2—3 % Schwefelwasserstoff enthält, am Leben bleiben.

Ausser auf dem Wege der Einathmung gelangt aber der Schwefelwasserstoff auch noch in das Blut, wenn er, von Wasser absorbirt, in den Magen, in den Unterhautzellstoff, das Rectum, in die Bauchhöhle etc. applicirt wird. Auch von der unverletzten, äusseren Haut wird dieses Gas in den Körper aufgenommen; am schnellsten kommt es zur Wirkung, wenn man es direct in das Blut injicirt.

Bei warmblütigen Thieren bewirkt das Gift schnell Störungen der Respiration, Krämpfe, Mydriasis, Asphyxie und Tod. — Bei Fröschen tritt zunächst Unruhe, frequente Athmung ein, dann erfolgt Mattigkeit, Stillstand der Respiration, vollständige Lähmung; das Herz schlägt noch verlangsamt und unregelmässig einige Zeit fort; das Blut ist schmutzig-grün gefärbt. — Auch Fische erliegen ziemlich schnell der Giftwirkung unter ähnlichen Erscheinungen (*Falck* und *Amelung*).

Auf das Herz wirkt der Schwefelwasserstoff ziemlich intensiv ein. Das Froschherz wird schnell in diastolischen Stillstand versetzt, der schnell vorübergehend einer verlangsamten unregelmässigen Herzthätigkeit Platz macht. Auch bei Kaninchen tritt im Anfangsstadium eine Verlangsamung der Pulsfrequenz mit Sinken des Druckes ein, in Folge einer Reizung des Vaguscentrums. Später und in grösseren Dosen tritt dann eine Lähmung des Herzens ein.

Wichtiger als diese Aenderungen der Herzthätigkeit ist aber die eigenthümliche Einwirkung des Schwefelwasserstoffs auf das Blut. Leitet man einen Strom dieses Gases in frisch aus der Arterie entleertes Blut, so verschwinden die dem Sauerstoff-Hämoglobin eigenthümlichen Absorptionsstreifen, das Blut nimmt eine schmutzig-grüne Farbe an und zeigt jetzt ein eigenthümliches, im Roth des Spectrums liegendes Band. Das Oxyhämoglobin ist durch die Einwirkung des Schwefelwasserstoff verändert, es hat sich eine als Schwefelmethämoglobin bezeichnete Verbindung *(Hoppe-Seyler)* gebildet, welche in concentrirter Lösung schmutzig-roth, in verdünnter olivengrün gefärbt ist und einen von dem Methämoglobin verschiedenen Absorptionsstreifen, im Roth zwischen C und D des Spectrums zeigt. Die entstandene Schwefelverbindung ist sehr beständig und verhindert die normale Thätigkeit des Hämoglobins als Sauerstoffträger. Der Tod ist somit ein Erstickungstod.

Beim Froschversuche kann man die Blutveränderung leicht beobachten; bei Warmblütern tritt aber der Tod schon ein, während noch die Absorptionsstreifen des Oxyhämoglobins deutlich vorhanden sind. *Planer* fand in den Blutgasen eines durch SH₂ vergifteten Hundes neben Sauerstoff etc. geringe Mengen von Schwefelwasserstoff (0,8—4.8 %). — Kürzlich ist es *Lewin* gelungen, auch bei dem Warmblüter die Einwirkung des Schwefelwasserstoffs auf das Blut genauer nachzuweisen. Das sog. *Schlippe*'sche Salz: Natriumsulfantimoniat wird durch Behandeln mit Kohlensäuregas sehr leicht und schnell zerlegt unter Bildung von Schwefelwasserstoff. Diese Umsetzung geht in dem Thierkörper in Folge der Einwirkung der in Geweben etc. enthaltenen Kohlensäure ebenfalls vor sich; der Schwefelwasserstoff wirkt jetzt in statu nascendi auf das Oxyhämoglobin ein, die Thiere gehen unter den Erscheinungen der Schwefelwasserstoffvergiftung zu Grunde und zeigt das Blut neben den beiden Absorptionsstreifen des Oxyhämoglobins noch das Band der oben erwähnten Schwefelverbindung, den „Sulfhämoglobinstreifen", wie *Lewin* ihn nach dem Vorschlage von *Lankester* nennt. Dieser Streifen ist sehr constant und kann weder durch Sauerstoff noch durch Kohlenoxyd zum Verschwinden gebracht werden. „Zu einer totalen Substitution des Schwefels, resp. Schwefelwasserstoffs für den Sauerstoff des Hämoglobins kann es intra vitam gar nicht kommen, weil das Thier schon viel früher an Sauerstoffmangel zu Grunde geht" (*Lewin*). Die künstliche Unterhaltung der Respiration ist ohne Einfluss auf die Intoxication (*Lewin*). Alle Thiere gehen zu Grunde nach 0,1—0,5 g *Schlippe*'schem Salze, entsprechend 32—80 mg Schwefelwasserstoff, Frösche schon durch 25—50 mg des Salzes, subcutan applicirt.

Auch die Wirkung der trisulfocarbonsauren Salze hat

Lewin studirt. Dieselben werden durch Kohlensäure zerlegt unter Bildung von Schwefelwasserstoff und Schwefelkohlenstoff nach der Gleichung: $SC(SNa)_2 + CO(OH)_2 = Na_2CO_3 + H_2S + CS_2$. In dem Blute der mit diesen Salzen vergifteten Thiere tritt der Absorptionsstreifen des „Sulfhämoglobins" auf.

Das giftige Gas wird aus dem Körper vorzugsweise durch die Lungen wieder entfernt; in einzelnen Fällen (*Betz* u. A.) wurde auch im Urin Schwefelwasserstoff nachgewiesen.

Der Leichenbefund.

Die meisten der durch Schwefelwasserstoff zu Grunde Gegangenen lassen, mehr weniger intensiv, den charakteristischen, äusserst unangenehmen Geruch dieses Gases erkennen und verlangt *Husemann*, um die Wirkung dieser Ausdünstungen zu verhindern, die Leichen vor der Obduction mit Chlorlösung zu besprengen, in dem Sectionslocal Chlorräucherungen vorzunehmen. — *Blumenstock* hebt als die Schwefelwasserstoff-Intoxication kennzeichnende Leichenerscheinungen unter andern hervor: die schnell eintretende und von oben beginnende Verwesung, sowie die Beschaffenheit des Blutes; letzteres ist dünnflüssig, dunkelkirschroth bis tintenschwarz. — Ausserdem findet man angeführt: bläuliche, resp. grünliche Verfärbungen der Haut und der verschiedensten Organe, Hyperämie der Hirnhäute etc.

Die Behandlung der acuten Vergiftung.

Bei vorkommenden Unglücksfällen wird die erste Aufgabe der Behandlung sein, den Verunglückten der fortgesetzten Einwirkung des schädlichen Gases zu entziehen. Bei der Erfüllung dieser Bedingung ist zu berücksichtigen, dass die Hülfebringenden sich der Gefahr aussetzen, selbst vergiftet zu werden. Demgemäss handeln auch viele Berichte über mehrfache Vergiftungen, entstanden durch unvorsichtiges Vorgehen bei den Rettungsversuchen (von 10 Arbeitern, welche in dieser Weise den giftigen Gasen sich aussetzten, starben 6 sehr schnell, die andern wurden wieder hergestellt; *Casper*). Es ist deshalb nothwendig, das Entstehen derartiger Intoxicationen durch vorher vorzunehmende Desinfection etc. zu verhüten; schon durch Feuer können solche giftige Gase, welche sich in Gruben angesammelt haben, unschädlich gemacht werden. Ist trotzdem ein Arbeiter verunglückt, so wäre es nach *Böhm* am zweckmässigsten und sichersten, die Hülfeleistenden durch einen vor Mund- und Nasenöffnung gebundenen Schlauch mit Mundstück, mit der normalen Luft in Verbindung zu erhalten (nach Art der Taucher). „Solche Schläuche müssten dann freilich unter den Requisiten für die Grubenreiniger stets vorräthig sein." (*Böhm*.)

Auch die weitere Behandlung des Vergifteten ist in Folge der schädlichen Ausdünstungen mit grosser Vorsicht vorzunehmen (Desinfection mit Chlor etc.). Die Anwendung von Brechmitteln (Apomorphin: *Böhm*) findet man überall empfohlen und können dieselben namentlich dann günstig wirken, wenn Fäcalstoffe etc. verschluckt, resp. eingeathmet wurden. Gegen die Asphyxie wird die künstliche Respiration empfohlen, welche in *Lewin*'s Versuchen wirkungslos war. In verzweifelten Fällen könnte von der Transfusion mit vorausgehendem Aderlass noch Hülfe erwartet werden. Nur auf diese Weise können wir eine grössere Menge Oxyhämoglobin-haltiger Blutkörperchen in den Kreislauf des Vergifteten einführen.

2) Chronische Vergiftung durch Schwefelwasserstoff.

Berichte über derartige Intoxicationen finden wir nur in sehr geringer Zahl. Es gehören hierher die von *Clemens* beschriebenen Erkrankungen in Folge des Genusses von Schwefelwasserstoff-haltigem Wasser, ferner die wenigen Fälle der Selbstinfection. Auch bei Grubenreinigern etc. kommen ähnliche Krankheitserscheinungen vor; nach *Hirt* ist bei denselben die chronische Vergiftung seltener als bei den Arbeitern, welche reinem Schwefelwasserstoff ausgesetzt sind; von letzteren leidet mindestens die Hälfte an chronischer Vergiftung.

Die Symptome bestehen in allgemeiner Schwäche, Schwindel, Kopfschmerz, Uebelkeit und Erbrechen; Verlust des Appetits, Koliken, Icterus, Abmagerung. Auch Gehirnerscheinungen, Fieber kann eintreten und so ein dem Typhus ähnlicher Verlauf beobachtet werden. In einzelnen Fällen wurde auch eine furunkelähnliche Hautaffection beobachtet.

Während die öftere Einwirkung der Kloakengase allmälig eine Immunität gegen dieselben hervorzurufen scheint, tritt bei dem reinen Schwefelwasserstoff keine Gewöhnung, im Gegentheil eine grössere Empfindlichkeit ein, aber es schwindet die Gefahr, von einer intensiven Erkrankung befallen zu werden *(Hirt)*.

Der chemische Nachweis.

Kommt Schwefelwasserstoff in grösserer Menge in der Luft vor, so kann derselbe an seinem eigenthümlichen Geruche, sowie daran erkannt werden, dass Bleipapier schnell geschwärzt wird. In der Leiche würde man nur kurz nach dem Tode den Nachweis zu liefern versuchen, „weil später keine genügende Sicherheit vorhanden, dass nicht durch eingetretene Fäulniss Schwefelwasserstoff gebildet worden“ *(Dragendorff)*. Auch würde man versuchen können, spectroscopisch im Blute die Wirkung des Schwefelwasserstoffs nachzuweisen.

Anhang. Schwefelalkalien.

Vergiftungen durch die Verbindungen des Schwefels mit Kalium und Natrium gehören nach *Husemann* zu den Seltenheiten; auch sind in der Literatur der letzten Jahre keine Berichte über solche Intoxicationen enthalten, dagegen aber aus früherer Zeit.

Die Vergiftungen, meist entstanden durch Benutzung von Fünffach-Schwefelkalium (Schwefelleber): K_2S_5, verdanken ihre Entstehung dem Zufall. So wurden Lösungen von Schwefelleber statt Schwefelwasser (z. B. Barèges), statt abführender Mittel getrunken, äusserlich zu benutzende Lösungen, innerlich genommen etc.

Als letale Dosen werden 3—4 Drachmen (c. 11—15 g) bezeichnet, toxisch wirken schon Dosen von 0,3—0,6 g Schwefelkalium. — Im Magen werden diese Gifte unter Bildung von Schwefelwasserstoff, Schwefel etc. zerlegt. Die Hauptwirkung ist auf den Schwefelwasserstoff zurückzuführen, während die örtlich an den Schleimhäuten beobachtete Einwirkung wohl durch das Kalium zu Stande kommt. — Verlauf, Behandlung etc. stimmt daher mit der Schwefelwasserstoffvergiftung überein.

9. Phosphor.

Der Phosphor: P, findet sich in der Natur nur als Verbindung.
Man unterscheidet von ihm zwei, wesentlich verschiedene Modificationen:
den gewöhnlichen und den rothen, oder amorphen Phosphor. — Der
gewöhnliche Phosphor ist ein farbloser, resp. schwach gelblich gefärbter, durchsichtiger Körper von eigenthümlichem Knoblauch-ähn-
lichem Geruche; in der Kälte ist er fest und spröde, bei gewöhnlicher
Temperatur lässt er sich wie Wachs schneiden, bei 44^0 C. schmilzt
er und verbrennt, an der Luft auf 60^0 erwärmt, mit glänzend weisser
Flamme. Sein spec. Gewicht ist bei 10^0 C. : 1,826. In Wasser nicht
völlig unlöslich (s. unten S. 86), löst er sich in Alkohol und Aether
nur schwer, leichter in ätherischen und fetten Oelen, sehr leicht in
Schwefelkohlenstoff. Er kann in grossen Rhombendodekaëdern krystallisirt erhalten werden. — Wird der Phosphor, bei Abschluss von
Sauerstoff, über 250^0 erhitzt, so geht er in die rothe Modification
über. Der amorphe Phosphor ist ein scharlach-, resp. braunrothes
Pulver, welches vollkommen geruchlos, in allen Lösungsmitteln unlöslich, ein spec. Gewicht von 2,1—2,3 besitzt. An der Luft bleibt er
unverändert. Durch längeres Erhitzen wird er wieder in den gewöhnlichen Phosphor zurückverwandelt.

Von diesen beiden Modificationen hat nur der gewöhnliche Phosphor toxikologisches Interesse, da der amorphe Phosphor vollständig wirkungslos, ungiftig ist.

Ausser der Anwendung des gewöhnlichen Phosphors als Heilmittel haben wir hier dessen Benutzung in chemischen Laboratorien,
in Fabriken, sowie im Haushalt zu erwähnen, da dieselbe für das
Zustandekommen von Phosphorvergiftungen wichtig ist. — Officinell
ist ein Oleum phosphoratum, dargestellt aus 1 Theil Phosphor
und 80 Theilen Mandelöl. — Wichtig ist die Benutzung des Phosphors
zur Anfertigung der allbekannten Zündhölzchen. Die an letzteren
haftende Zündmasse besteht aus Braunstein, Mennige, einem Farbstoff,
Gummi und 6—7 % (seltener bis 17 %) Phosphor. — Zur Vertilgung
der Ratten etc. benutzt man sehr viel Pasten, resp. Latwergen,
welche ausser Nahrungsstoffen (Mehl, Fette, Zucker u. a. m.) auch
Phosphor enthalten: der Gehalt an letzterem ist verschieden (1,2—3%
Phosphor; meist wohl 1,6 %).

1) Die acute Phosphorvergiftung.

1833 wurde der Phosphor zuerst zur Anfertigung von Zündhölzchen
benutzt; vor diesem Jahre gehörten Vergiftungen durch Phosphor zu
den Seltenheiten, seitdem, namentlich seit den 40er Jahren hat sich
dieses wesentlich geändert. Phosphorintoxicationen sind im Laufe der
letzten 40 Jahre so häufig vorgekommen, dass ihre Zahl auch nicht
annähernd zu bestimmen sein wird. Ist doch die giftige Wirkung des
Phosphors allgemein bekannt und Phosphor-haltige Stoffe in Form der
Zündhölzchen, des Rattengiftes leicht zu beschaffen! In Preussen kamen
1869 von 103 Intoxicationen (Selbstmord): 11 (= 10,7 %), in Frankreich 1851—71 von 793 gerichtlich verhandelten Vergiftungsfällen :
267 (= 33,7 %: *Tardieu*) auf Phosphor.

Um einige Angaben über die Aetiologie der acuten Phosphorvergiftung geben zu können, habe ich die Intoxicationen der letzten 11 Jahre zusammengestellt. Ich fand kurze Angaben über 84 Intoxicationen, von welchen aber nur 76 hier verwerthet werden konnten. Von diesen 76 Vergiftungen sind 60 (= 79 %) als absichtliche, 16 als zufällige zu bezeichnen. Absichtlich wurden Phosphor-haltige Präparate 55 mal zur Selbstvergiftung, nur 5 mal zur Ausführung des Giftmordes benutzt. Unbeabsichtigt kamen 2 durch Benutzung des Phosphors als Medicament, 13 im Haushalt durch Unglücksfälle zu Stande; in einem Falle wurde Phosphor absichtlich genommen, um die Wirkung eines Gegengiftes zu prüfen (*Géry*). — Von den 76 Vergifteten gehörten 6 dem kindlichen Alter an, von den Erwachsenen kamen 43 (= 61 %) auf das weibliche, 13 auf das männliche Geschlecht, von 14 ist das Geschlecht nicht angegeben. — Was die angewandten Präparate betrifft, so wurden die 2 Medicinalvergiftungen durch Benutzung von Arznei veranlasst: die übrigen 74 Fälle vertheilen sich auf 2 Formen: die Zündhölzchen und die Phosphorpaste und zwar der Art, dass 52 mal (= 70 %) der in der Zündmasse enthaltene Phosphor, 22 mal eine Phosphorpaste zur Wirkung gelangte. Auch durch Phosphor in Substanz sind schon Vergiftungen, wenn auch seltener veranlasst worden. — Sowohl bei den absichtlichen wie zufälligen Intoxicationen kamen nur selten Zündholzmasse resp. Paste unverändert in den menschlichen Körper. Dies dürfte fast nur bei den Vergiftungen der Kinder stattfinden, welche sich öfters dadurch vergifteten, dass sie unbeabsichtigt die Köpfchen der Zündhölzchen ableckten, resp. abnagten, dass sie ausgelegtes, z. B. auf Oblaten gestrichenes Rattengift auffanden und verzehrten. In vielen öconomischen Vergiftungen, Selbstvergiftungen und Giftmorden aber kamen die Giftpräparate, in andere Massen eingehüllt, zur Anwendung. Viele Selbstmörder benutzten Zündhölzchen, indem sie die Köpfe derselben abschabten, das erhaltene mehr weniger feine Pulver mit Wasser, Kaffee, Milch, Branntwein etc. macerirten und die so gewonnene „Lösung" tranken. Andere bereiteten sich mit den genannten Flüssigkeiten von den Zündholzköpfchen einen warmen Aufguss, welchen sie benutzten. Dass so dargestellte Flüssigkeiten Phosphor in fein vertheiltem Zustand enthalten, das lehren zahlreiche durch solche „Lösungen" verursachte, letale Intoxicationen, ist aber auch kürzlich noch durch *Fischer* experimentell nachgewiesen worden: auch enthält die Zündmasse Gummi, durch dessen Wirkung der Phosphor wohl emulgirt werden kann. — Auch in Gemüse, in Mus etc. eingehüllt, gelangte die Zündmasse, sowie die Paste in den Magen.

Von den 76 Vergifteten starben 42 = 55,3 %. Das Schicksal der Vergifteten ist von den verschiedensten Verhältnissen abhängig. Zunächst von der Grösse der eingeführten Giftmenge, dann von der Form des Giftes, dem Zustande des Magens, den Körperverhältnissen der Vergifteten, seiner Behandlung etc.

Auch die Dosis letalis ist von analogen Verhältnissen abhängig und lässt sich dieselbe deshalb und wegen der oft ungenügenden Angaben in den vorliegenden Berichten nur annähernd fixiren. Die kleinste Dosis, welche den Tod eines Erwachsenen bedingt haben soll, war 7,5 mg Phosphor (*Löbel*). *Böcker* sah nach dieser Menge, sowie nach

15 mg bedenkliche Symptome eintreten; ähnliches gibt *Thompson* an
von einem Menschen, der in 20 Stunden 27 mg, *Anstie* von einem
Patienten, welcher in 6 Tagen 58 mg Phosphor verbraucht hatte. —
Ein 7 Wochen altes Kind starb 3—4 Stunden, nachdem es 20 mg
Phosphor erhalten hatte (*Kessler*). Eine 52jährige Frau nahm im Verlauf von 4 Tagen 60 mg Phosphor; sie starb 3 Tage nach der letzten
Dosis von 30 mg (*Galtier*). Für die tödtliche Wirkung von 0,1 und
mehr g Phosphor liegen mehrere Beobachtungen vor und wird man
mit *Falck*, *Husemann* u. A. eine Menge von 0,03—0,18 g Phosphor
als eine Erwachsenen sehr gefährliche, wenn nicht tödtliche Dosis bezeichnen müssen. — Wir würden auf Grund der vielen durch Phosphor
veranlassten Intoxicationen im Stande sein, die letale Menge genauer
zu bestimmen, wenn wir nur befriedigende Angaben über die eingeführte Giftmenge besässen. So aber erfahren wir in der Mehrzahl der
Fälle gar nichts über die Giftmenge, in andern Fällen aber nur, dass
ein Packet, Päckchen, 100 etc. Zündhölzchen benutzt seien. (Nach
Mayet enthält eine Schachtel: 75, ein Päckchen: 220, ein Packet
500 Zündhölzchen). *Gunning* hat den Phosphorgehalt der Zündholz-
köpfe bestimmt, ihn aber in den einzelnen Handelssorten so wechselnd
gefunden (in je 100 Zündhölzchen von 10 verschiedenen Sorten: 12
bis 62 mg, im Mittel: 36,9 mg Phosphor), dass wir auch so die letale
Dosis nicht zu bestimmen vermögen. — Ein Kind starb durch Ablecken
von 8 Hölzchen; 10 Zündhölzchen genügten, um den Tod in 5 Tagen
hervorzurufen (*Mering*); letal wirkten ferner 190, 300, 500 und mehr;
Erkrankungen traten ein durch 10, 12, 30, 50 und mehr. — Die Grösse
der Dosis ist abhängig von dem Zustande, in dem sich der Phosphor
befindet: ist der Phosphor in Lösung (Oel, Aether etc.) resp. im fein
vertheilten Zustande, so vermag er schon in geringer Menge heftiger
zu wirken, als wenn er in fester Form, in grossen Stücken in den
Magen gelangt (Feuerkönig *Chabert*). — Gelangt das Gift in den leeren
Magen, so vermag es viel intensiver einzuwirken, als wenn es zunächst
erst mit grossen Mengen Speisebrei gemischt wird. — Auch die Zeit,
zu der Hülfe geleistet wird, resp. zu der in Folge der Giftwirkung
(Erbrechen) das Gift theilweise wieder entleert wird, ist sehr wichtig.
Durch alles dies wird erklärt, dass sehr hohe Dosen, z. B. c. 2 g Phosphor in Form von Paste (*Macevan*), eine Maceration von 2000 Zündhölzchen, zu 1,2 g Phosphor berechnet (*Blaschko*), nicht dem Leben
der Vergifteten ein Ende setzten. — Die *Pharmacopoea germanica*
bestimmt als Maximaldosen des „Phosphor": pro dosi: 0,015; pro
die: 0,06 g.

   Symptome und Verlauf der acuten Phosphorvergiftung.
   Schon durch Einführung medicinaler Dosen Phosphor können unangenehme Erscheinungen hervorgerufen werden. So beobachtete
Thompson bei Gebrauch von 6 mg-Dosen ausser dem Eintreten eines
Wärmegefühles, vollerem Pulse, Zunahme der Temperatur. Röthung
des Gesichts noch Hautjucken, Uebelkeit, in einzelnen Fällen Tremor,
selbst klonischen Krampf: Brennen im Darmkanal, Schwäche und
Blasswerden des Gesichts bezeichnet *Routh* als Zeichen der Sättigung
des Körpers mit Phosphor. — Grössere Mengen, auf einmal genommen,
pflegen nur in Ausnahmefällen sofort eine stärkere Wirkung hervorzurufen; meist bemerkt man die ersten Symptome mehrere Stunden nach

Einnahme des Giftes. Die Vergifteten klagen über brennende Schmerzen im Magen und Unterleib, es folgt oft Auftreibung des Leibes mit hoher Empfindlichkeit desselben, grosser Durst, Uebelkeit, Würgbewegungen und Erbrechen. Die erbrochenen Massen sind Phosphor-haltig, besitzen dessen eigenthümlichen Geruch, leuchten im Dunkeln. Auch die ausgeathmete Luft kann nach Phosphor riechen und leuchten. Auch Durchfälle können schon bald eintreten und hat man auch an den diarrhoischen Massen ein Leuchten wahrgenommen. War die in den Magen eingeführte Giftmenge relativ sehr gross, der Vergiftete schwächlich, im kindlichen Alter, so kann schon in wenigen Stunden unter Collapserscheinungen der Tod erfolgen. In andern Fällen aber, in welchen das Gift durch das Erbrechen fast vollständig wieder entleert wurde, stellt sich allmälig Besserung und Genesung ein. — In der grossen Mehrzahl der letal verlaufenen Fälle folgt auf das erste Stadium der gastrischen Symptome eine kürzere, resp. längere Zeit dauernde Besserung; die Kranken befinden sich scheinbar vollständig gesund. Nach ein, resp. zwei Tagen aber zeigt sich plötzlich eine icterische Hautfärbung, auch die Conjunctivae sind meist icterisch; es stellen sich die Schmerzen im Unterleib wieder ein, es erfolgt Erbrechen von oft Blut-haltigen Massen; Blut kann auch in den Stühlen enthalten sein und können sich auch noch andere Blutungen (z. B. aus der Nase, dem Munde) einstellen. Zu frühe sich einstellende Menstruation wird ebenfalls erwähnt; in einzelnen Fällen trat bei schwangeren Personen Abortus ein (*Klett, Maschka* u. A.). Auch Blutungen in der Haut können eintreten und so an den verschiedensten Hautstellen rothe Flecke erscheinen, welche in einem Falle zur Diagnose „Purpura rheumatica" Anlass gaben (*Heschl*). — Neben der icterischen Hautfärbung tritt oft ein Frieselausschlag ein, zugleich mit ersterer, oder ihr bald folgend, findet man die Lebergegend besonders schmerzhaft; die Leber ist mehr weniger stark vergrössert. — Die Urinmenge ist meist normal, oder stark vermindert, selten vermehrt; in dem Urin findet man oft Eiweiss, Fibrincylinder, Gallen-Farbstoff und Säuren, der Urin ist dunkelrothbraun gefärbt; in einzelnen Fällen wurde in dem Urin Leucin und Tyrosin in erheblicher Menge gefunden (*Fränkel*), in andern Pepton-ähnliche Stoffe und Fleischmilchsäure (*Schultzen* und *Riess*). Der Harnstoffgehalt wurde theils vermehrt, theils vermindert gefunden. — Mit diesen Erscheinungen verbindet sich meist Collaps; die Patienten liegen collabirt da, ihre Temperatur ist meist normal, selten stark erhöht, die Herzthätigkeit ist geschwächt, das Bewusstsein erhalten. Später werden die Patienten somnolent, es treten Delirien ein, in einzelnen Fällen Convulsionen, selbst Opisthotonus und schliesslich der Tod. — Erfolgt in Folge zweckmässiger Behandlung Genesung, so bleiben eine Zeit lang Symptome, wie Kopfschmerz, Rücken- und Gliederschmerzen etc. bestehen, auch die Anschwellung der Leber, sowie der Icterus schwinden nur langsam. Auch können chronische Magenaffectionen, sowie Lähmungen einzelner Extremitäten zurückbleiben.

Die mit Tod endenden Intoxicationen zeigten einen verschieden schnellen Verlauf. Von 82 durch Phosphor zu Grunde Gegangenen starben 10 = 12,2 % in den ersten 24 Stunden, 20 = 24,4 % am 2. bis 3. Tage, 38 = 46,3 % am 4. bis 6. Tage, demnach 68 = 82,9 % in den ersten 6 Tagen nach Einnahme des Giftes und 14 = 17,1 %

am 7. bis 11. Tage. Doch können sich die Intoxicationen noch länger hinziehen (Tod am 17. Tage; *Orfila*).

Leichenbefund.

Je nach dem schnelleren, resp. langsameren Verlaufe werden die in dem Körper wahrzunehmenden Veränderungen verschieden stark ausgesprochen sein. Trat der Tod schon nach wenigen Stunden ein, so ist der Leichenbefund meist als negativ zu bezeichnen; wohl findet man dann in den ersten Wegen Phosphor-haltige, leuchtende Massen, welche die Diagnose bestätigen: doch sind die Organe normal beschaffen. — Ist dagegen der Tod erst nach mehreren Tagen eingetreten, dann wird man wohl immer für die Phosphorvergiftung charakteristische Veränderungen vorfinden. — Die äussere Haut ist meist icterisch verfärbt, man findet in der Haut punktförmige, linsengrosse, ja thalergrosse Ecchymosen *(Maschka)*; ähnliche Ecchymosen bemerkt man an verschiedenen innern Organen, auf den Lungen, dem Herzen, dem Zwerchfell etc. Das Blut ist dunkel und dünnflüssig, nicht geronnen. In der Schleimhaut des Magens und Dünndarms findet man die Zeichen der Entzündung (Röthung, Schwellung, Ecchymosen, Geschwüre); daneben sind die Labdrüsen mit fetthaltigen Zellen erfüllt. Die quergestreiften Muskeln, Herz, Leber, Nieren, Uterus *(Maschka)*, Pancreas *(Habershon)*, die Wandungen der kleineren Gefässe sind fettig degenerirt. Namentlich in der Leber, auch in den Nieren findet man diese Degeneration vor: die Leber ist vergrössert, blassgelb gefärbt, teigig, ihre Zellen mit einer grossen Zahl von Fetttröpfchen angefüllt; schliesslich kann das Volumen der Leber wieder abnehmen, es stellt sich Atrophie ein.

Experimentaluntersuchungen.

Zahlreiche Untersuchungen sind mit Phosphor an Thieren ausgeführt worden, um das Wesen seiner Wirkung kennen zu lernen. Der Phosphor scheint als solcher, nicht als Phosphorsäure, Phosphorwasserstoff etc., zu wirken, indem er von den thierischen Flüssigkeiten relativ leicht gelöst (nach *Hartmann* lösen 100 g Wasser von 36—40°C.: 0,227 mg Phosphor, 100 g Galle dagegen 11,3—25,3 mg Phosphor) und so resorbirt wird. Für diese Annahme spricht der Nachweis des Phosphors im Blute, im Darmkanal nach subcutaner Injection, das Leuchten der Exspirationsluft, des entleerten Urins. — Auch bei Thierversuchen traten ähnliche Erscheinungen auf, wie bei den oben behandelten Vergiftungen der Menschen. Die Körpertemperatur zeigt anfangs eine Erhöhung, später sinkt sie schnell und tief ab. Genauer untersucht ist die Einwirkung des Phosphors auf den Stoffwechsel; kleine Mengen bewirken eine bedeutende Steigerung der Harnstoffausscheidung, grosse Dosen dagegen ein starkes Sinken. Der Phosphorsäuregehalt des Urins ist ganz bedeutend vermehrt. Auch in dem Körper der Thiere findet man die fettigen Degenerationen der verschiedensten Organe, namentlich der Leber; durch lange fortgesetzte Einwirkung des Giftes tritt schliesslich Cirrhose ein. — Einwirkung des Phosphors auf das Knochensystem wurde bisher nur bei Benutzung sehr geringer, medicinaler Dosen von *Wegner* nachgewiesen.

Die Behandlung der acuten Phosphorvergiftung.

Vor Allem wird man das in dem Magen befindliche Gift unschädlich zu machen versuchen müssen. Dieses erreicht man am besten

durch Entleerung des Mageninhalts, entweder mit Hülfe der Magenpumpe etc. oder durch Anwendung von Brechmitteln. Von Brechmitteln
ist allen andern das schwefelsaure Kupfer vorzuziehen *(Bamberger)*;
demselben kommt ausser der brechenerregenden bei dieser Vergiftung
noch eine zweite Wirkung zu, nämlich die, den Phosphor unschädlich
zu machen, indem letzterer, wenn er in kleinen Stückchen vorhanden
ist, mit einer Kupferschicht überzogen und so seine Resorption behindert wird. Um den vorhandenen Phosphor vollkommen zu „verkupfern“,
ist es nöthig, die Kupferlösung auch nach erfolgtem Erbrechen noch
fort einzugeben. Da das schwefelsaure Salz aber immer wieder Erbrechen hervorruft, so nimmt man alsdann am besten das kohlensaure
Kupfer, ½stündlich, in Dosen von 0,25—0,5 g zugleich mit etwas verdünntem Essig *(Bamberger)*. *Marmé* und *Husemann* fanden, dass ver-
kupferter Phosphor ohne schädliche Folgen den Darmkanal der Thiere
durchwandern kann. — Die schon in den Darm gewanderten Giftmengen sind durch Anwendung von Abführmitteln schnell zu entfernen,
hierbei sind aber ölige Abführmittel, wie überhaupt bei der Behandlung der Phosphorvergiftung Fett-haltige Mittel zu vermeiden, weil die Oele den Phosphor leichter lösen und so seine Resorption erleichtern würden. Dieses Lösungsvermögen der Oele hat
Macevan benutzt, um den Phosphor aus dem Magen zu entfernen; zu
dem Zwecke führte *Macevan* die Magenpumpe ein und wusch mit Hülfe
von Oel den Magen aus. In *Macevan's* Falle war der Phosphor als
Paste in einer Menge von c. 2 g eingenommen und trat ohne Erbrechen etc., nur in Folge der Ausspülung, die Genesung ein.

Auch die Kohle besitzt nach den Untersuchungen von *Eulenberg*
und *Vohl* eine den Phosphor fixirende Kraft, derart, dass Phosphoröl
durch Filtriren durch Thierkohle Phosphor-frei gemacht werden kann.
Eulenberg und *Vohl* schlagen vor, Kohle dem schwefelsauren Kupfer
zuzusetzen und nach erfolgtem Erbrechen nur noch allein zu benutzen.
In der Praxis scheint von der Kohle bisher keine Anwendung gemacht
zu sein. Dagegen wurde von einem andern Mittel in den letzten Jahren
sehr oft bei Phosphorvergiftungen Gebrauch gemacht, von dem Terpentinöl. Dasselbe wurde 1868 durch *Andant* bei acuter Phosphorvergiftung empfohlen, auf Grund eines Selbstmordversuches, welcher,
da Phosphor und Terpentinöl zugleich als Gifte genommen waren, ohne
den gewünschten Ausgang glücklich verlief. Seitdem ist über den
antidotarischen Werth des Terpentinöls viel gearbeitet worden und sind
zahlreiche Heilungen durch dieses Mittel berichtet. *Köhler* zeigte 1870,
dass nur dem Sauerstoff-haltigen Terpentinöl eine günstige
Wirkung zukomme, indem dasselbe sich mit dem Phosphor, letzteren
erst oxydirend, zu terpentin-phosphoriger Säure, einer unschädlichen
Substanz, verbinde. *Vetter* empfahl 1871, einem mit Phosphor Vergifteten zunächst zur Hervorrufung von Erbrechen, mehrere Dosen von
Kupfervitriol zu geben und d erst, nach erfolgter Entleerung des
Magens, das Terpentinöl (*Andant* ₀ Mixtur: Ol. Terebinthinae 10 g,
Mucilagin. Gumm. arabic. 360 g, Syrup. Aurant. Flor. 60 g M. D. S.
auf 4 Mal z. n.). Diesem Vorschlage *Vetter's* wird man wohl bei vorkommenden Phosphorintoxicationen zu folgen haben, d. h. so schnell
wie möglich den Magen entleeren und dann noch Terpentinöl geben,
zumal da nach *Köhler* das Terpentinöl nur dann sicher wirkt, wenn es

bald nach Einnahme des Giftes beigebracht wird, während, sind schon 24 Stunden verstrichen, das Terpentinöl sicher wirkungslos bleibt. In allen Fällen ist aber das Ozon-haltige, nicht rectificirte Oel zu benutzen, da nur diesem, im günstigen Zeitpunkt angewandt, eine heilende Wirkung zukommt. — *Thiernesse* und *Casse* haben, da sie den Sauerstoffgehalt für das eigentliche Werthvolle des Oeles hielten, bei Phosphor-vergifteten Thieren Sauerstoffgas in das Blut infundirt und zwar, wie berichtet, mit günstigem Erfolge. Auch haben dieselben bei menschlichen Vergiftungen durch die innerliche Anwendung des Ozonwassers günstige Resultate erzielt. Auch ist später schon neben dem Terpentinöl von dem Ozonwasser Gebrauch gemacht worden (*Berthold* u. A.). — Von *Eulenburg* und *Landois* wurde 1867 die Transfusion empfohlen. Erfahrungen am Krankenbette liegen über den Werth dieser Behandlung nicht vor. — Gegen die Collapszustände wird man symptomatisch vorzugehen haben.

Gerichtlicher Nachweis.

Obwohl die acute Phosphorvergiftung einen durch das Auftreten bestimmter Symptome charakterisirten Verlauf darbietet, so können doch Fälle vorkommen, in denen die richtige Diagnose ohne genaue Untersuchung von Erbrochenem etc. zu Lebzeiten sehr erschwert, ja unmöglich ist, wie dies durch einen von *Lange* berichteten Fall bewiesen wird. — Zum chemischen Nachweis hat man den kurz nach der Einnahme des Giftes durch Erbrechen entleerten Mageninhalt, sowie die Fäces zu benutzen; der Leiche wird man zur Untersuchung Magen und Darmkanal nebst Inhalt, Leber und Blut entnehmen müssen. In vielen Fällen wird man an dem Erbrochenen, dem Mageninhalt den charakteristischen Geruch des Phosphors wahrzunehmen im Stande sein, auch wohl bemerken, dass im Dunkeln leuchtende Dämpfe ausgestossen werden. Auch kann man in den Falten der Darmschleimhaut oft kleine Phosphorstückchen auffinden.

Sind in organischen Massen kleine Mengen Phosphor enthalten, so kann man ihre Gegenwart nach *Scheerer* dadurch erkennen, dass die Dämpfe der verdächtigen Massen mit Silberlösung getränkte Papierstreifen rasch schwärzen, während mit Blei getränktes Papier nicht geschwärzt wird. Die Reaction, beruhend auf der Eigenschaft des Phosphors resp. der phosphorigen Säure Silbersalze zu reduciren, ist so empfindlich, dass, wo sie ausbleibt, man keine weiteren Versuche auf Phosphor anzustellen braucht (*Dragendorff*). Im andern Falle hat man die Gegenwart von Phosphor noch sicher zu stellen.

Hierzu dient die Mitscherlich'sche Methode. Man benutzt dabei einen mit einem Destillations- resp. Kühlrohr verbundenen Glaskolben, in welchen man die zerkleinerten, mit Wasser zu einem Brei verdünnten Massen einfüllt, sie mit Schwefelsäure ansäuert und den Kolben erhitzt; wird die Arbeit im dunkeln Raume ausgeführt, so bemerkt man, bei Gegenwart von Phosphor, in dem Glasrohre leuchtende Dämpfe. *Fresenius* und *Neubauer* erhielten so von 1 mg Phosphor in 200000facher Verdünnung eine halbe Stunde fortgesetzt leuchtende Dämpfe. Das Leuchten wird durch Alkohol, Aether, Schwefelwasserstoff etc. verhindert. Das beim Erhitzen leicht eintretende Ueberschäumen der Masse kann durch Erhitzen mit heissen Wasserdämpfen vermieden werden.

Das Auftreten der leuchtenden Dämpfe beruht auf der Oxydation des Phosphors zu phosphoriger Säure; diese Oxydation kann verhindert werden, wenn man die Destillation im Kohlensäurestrom vornimmt; es sammelt sich alsdann der Phosphor in der Vorlage an. Die ersten Theile des Destillates werden beim Umschütteln im Dunkeln leuchten. Man leitet alsdann das Destillat in Silberlösung und benutzt den erhaltenen Silberniederschlag noch weiter (s. unten). — War nur phosphorige Säure vorhanden, so ist dieselbe im Destillationsrückstand nachzuweisen (s. unten).

Zum Nachweis des freien Phosphors zieht *Dusart* die Massen mit einer Schwefel-haltigen Mischung von Alkohol, Aether und Schwefelkohlenstoff wiederholt aus, lässt die erhaltenen Auszüge mit Kupferdrehspänen 24 Stunden stehen, destillirt ab, wäscht den Rückstand, bestehend aus Kupfer, Schwefel- und Phosphorkupfer, mit Alkohol und Aether ab, trocknet und weist den Phosphor nach. Hierzu benutzt man das *Dusart-Blondlot*'sche Verfahren. Man gibt in eine tubulirte Flasche die Massen, in welchen Phosphor (Silberniederschlag s. oben; Phosphorkupfer) oder phosphorige Säure (s. oben) nachgewiesen werden soll und fügt chemisch-reines Zink und reine Schwefelsäure hinzu: es entwickelt sich ein Gas, welches man zunächst eine Röhre passiren lässt, die zum Zweck der Absorption von Schwefelwasserstoff mit, mit Kalilauge, resp. Brechweinsteinlösung befeuchteten Bimssteinstückchen gefüllt ist. Das reine Gas, in Silberlösung geleitet, liefert einen Niederschlag von Phosphorsilber; angezündet (aus Platinspitze — Löthrohr — austretend) brennt es mit smaragdgrüner Flamme (Phosphorwasserstoffgas).

Für den gerichtlich-chemischen Nachweis ist auch noch auf die Stoffe Rücksicht zu nehmen, welche dem Phosphor beigemengt sind. War Zündmasse benutzt, so kann man versuchen Mennige etc. aufzufinden; in der Phosphorpaste ist oft Senfmehl enthalten, auch soll der Phosphor durch Arsen (c. 0,02 %) verunreinigt sein.

Mit Hülfe dieser Methoden gelang es schon oft in gerichtlichen Fällen die Gegenwart des Phosphors kurz nach dem Tode mit Sicherheit nachzuweisen. Doch auch noch längere Zeit nach dem Tode konnte dieser Beweis öfters geführt werden (nach *Elvers* 6 Wochen nach dem Tode). *Fischer* und *Müller* fanden den Phosphor (23 mg eingegeben) in der Leiche der damit vergifteten Meerschweinchen nach 8 Wochen noch als freien Phosphor, nach 12 Wochen als phosphorige Säure; nach 15 Wochen gelang der Nachweis nicht mehr, der Phosphor war jetzt höher oxydirt.

2) Die Einwirkung der Phosphordämpfe und die chronische Vergiftung.

Vergiftungen durch kürzere oder längere Zeit dauernde Einwirkung von Phosphordämpfen auf den menschlichen Körper kommen fast nur bei der technischen Benutzung des Phosphors, in Zündholzfabriken und bei der Darstellung des Phosphors vor.

Wirken plötzlich grössere Mengen von Phosphordämpfen auf einen Arbeiter ein, so tritt tiefe Ohnmacht ein, ein comatöser Zustand, in welchem nach 8 Tagen der Tod erfolgt. Ist die Giftmenge nicht so bedeutend gewesen, so können sich als Folgen acute Bronchitiden, auch Pneumonien entwickeln (*Hirt*). Der Tod erfolgt in Folge einer Lähmung der Centralorgane. — In den meisten Fällen, in denen geringe Mengen von Phosphordampf längere Zeit einwirken, tritt eine chronische Intoxication ein: die Arbeiter magern ab, ihre Verdauung ist gestört, es tritt öfter Erbrechen ein, Durchfälle; die Haut ist bleich, der Puls klein, unregelmässig; später stellt sich Fieber ein, Brustschmerzen, partielle Lähmungen und Tod. Eine schädliche Wirkung auf die Respirationsorgane ist ebenfalls nachgewiesen, es werden chronische Katarrhe, Emphysem hervorgerufen und gehen Arbeiter mit schwacher Brust oft schnell phthisisch zu Grunde (*Hirt*).

Als chronische Phosphorvergiftung pflegt man gewöhnlich eine eigenthümliche Erkrankung der Kieferknochen zu bezeichnen, welche bei den Arbeitern in Zündholzfabriken beobachtet wird. Von diesen Arbeitern werden nur die befallen, welche die Phosphorzündmasse anfertigen, die Hölzchen in dieselbe eintauchen, letztere trocknen und verpacken. Auch bei Arbeitern in den Fabriken zur Herstellung der Phosphorbronze wurde diese Erkrankung beobachtet. Die Zeit, welche nöthig ist zur Hervorrufung der eigenthümlichen Knochenerkrankung ist sehr verschieden, sie schwankt zwischen 7 Wochen und 25 Jahren; im Mittel ergeben sich „5 Jahre als diejenige Zeit, deren der Arbeiter unter gewöhnlichen Verhältnissen zur Acquisition der Affection bedarf" (*Hirt*). Doch erkranken nicht alle Arbeiter, sondern nur 11—12% (im Reg.-Bezirk Breslau in den Jahren 1858 bis 1877; *Hirt*).

Die Erkrankung beginnt fast immer mit Zahnschmerzen, welche namentlich leicht und schnell an cariösen Zähnen einzutreten pflegen. Es stellen sich bald Anschwellung des Zahnfleisches ein, Lockerung der Zähne, die Schmerzen breiten sich auf die Kieferknochen aus, es bilden sich Abscesse, Fisteln, aus welchen stinkender Eiter entleert wird. Allmälig tritt Periostitis mit nachfolgender Nekrose der Kieferknochen ein, welche sich auf einzelne Theile beschränken, aber auch den ganzen Knochen befallen kann. Die Erkrankung findet man in 60,3 % aller Fälle an dem Unterkiefer (*Hirt*). Auf den Knochen bilden sich Verdickungen, Ablagerungen und können Osteophyten entstehen. — Als Ursache dieser Erkrankung ist eine local reizende Wirkung der Phosphordämpfe auf das Periost und dadurch hervorgerufene Periostitis anzusehen.

Zur Verhütung, resp. Verminderung der Erkrankungsfälle ist für eine gute Ventilation der Fabrikräume zu sorgen. Die Aufstellung von Terpentin in den Arbeitsräumen soll ebenfalls von günstigem Einfluss sein (*Hirt*). Kranke, schwächliche Leute, namentlich solche mit Zahn- und Lungenleiden Behaftete dürften zu diesen Arbeiten nicht zugelassen werden. — Fälle von Phosphornekrose kamen in letzter Zeit immer seltener vor. Sind die Knochen erkrankt, so muss auf operativem Wege Hülfe beschafft werden.

10. Arsenikalien.

Arsen: As, findet sich in der Natur sehr verbreitet, theils als solches, gediegen, theils in Verbindung mit Metallen, Sauerstoff etc.

Von seinen, theils natürlich vorkommenden, theils künstlich darstellbaren Verbindungen haben toxikologisches Interesse:

1) Die arsenige Säure: H_3AsO_3; dieselbe ist nicht darstellbar. Der gewöhnlich mit diesem Namen belegte Körper, auch weisser Arsenik genannt, ist ihr Anhydrid: das Arsenigsäure-Anhydrid: As_2O_3.

Wir kennen von dem Arsenik zwei Modificationen: die eine ist eine farblose, amorphe, glasartige Masse (Arsenikglas), deren spec. Gewicht 3,738 beträgt. Beim Aufbewahren wird die Masse undurchsichtig, porzellanartig, weiss und krystallinisch. — Die zweite Form, das krystallisirte Anhydrid, bildet reguläre Octaëder, resp. Tetraëder mit 3,689 spec. Gew.: sie geht durch Schmelzen (bei c. 218° C.) in die amorphe Form über. Beide Formen sind in Wasser schwer löslich, die amorphe etwas leichter (1 Th. in 108), als die Krystalle (1 Th. in 355 Th. Wasser von 15° C.). Die Lösung hat einen schwachen, unangenehm süsslichen Geschmack; sie reagirt schwach sauer. Das Anhydrid ist sublimirbar. Mit Basen vereinigt es sich zu Salzen, von denen das Kalisalz, in wässeriger Lösung, als Liquor Kali arsenicosi officinell ist. Die Lösung enthält in 90 Theilen ein Theil Anhydrid (*Fowler*'sche Lösung).

2) Die Arsensäure: H_3AsO_4 und ihr Anhydrid: As_2O_5. Erstere bildet weisse rhombische Prismen, welche an der Luft zerfliessen; letzteres ist eine farblose, glasartige, leicht lösliche Masse.

3) Der Arsenwasserstoff: AsH_3 ist ein farbloses, coërcibles, unangenehm knoblauchartig riechendes Gas, in Wasser wenig löslich, mit bläulich-weisser Flamme brennend.

4) Schwefelverbindungen kommen natürlich vor als Realgar: As_2S_2 und Auripigment: As_2S_3. Ersterer bildet dunkelrothe, letzteres goldgelbe, resp. citronengelbe Massen, welche, in chemischreinem Zustande nicht giftig, durch Beimischung von Arsenik schädlich wirken.

5) Die Arsenikfarben. Das arsenigsaure Kupfer, unter dem Namen: *Scheel*'sches Grün bekannt, ist eine schön grüne, in Wasser unlösliche Masse. — Das arsenigessigsaure Kupfer: Schweinfurter Grün, eine schön hellgrüne Malerfarbe. — Auch die Anilinfarben, welche sehr oft Arsenik enthalten, sind hier zu erwähnen.

1) Die acute Arsenikvergiftung.

Acute Vergiftungen durch Arsenik gehören mit zu den am häufigsten vorkommenden Intoxicationen. In Preussen starben im Jahre 1869 von 103 durch Giftwirkung zu Grunde gegangenen Selbstmördern allerdings nur 4 durch Einnahme von Arsenik, resp. Schweinfurtergrün; weitere Angaben über Häufigkeit der Arsenikintoxicationen in Preussen liegen nicht vor. In England starben in den Jahren 1837 bis 1838 von 541 Vergifteten (Selbst- und Giftmord) 185 = 34,2 %. In Frankreich wurden in den Jahren 1851—1871: 793 Vergiftungen gerichtlich verhandelt; von denselben waren 287 = 36,2 % durch Arsenik zu Stande gekommen.

Von 183 von *Husemann* zusammengestellten Fällen wurden 89 als absichtliche (Giftmord und Selbstvergiftung), 88 als zufällige bezeichnet; über 6 fehlen nähere Angaben. Von den zufälligen waren 67 öconomische, 18 medicinale und 3 technische Vergiftungen. Die öconomischen Intoxicationen verdanken theilweise ihren Ursprung der Benutzung des Arseniks zur Vertilgung von Ratten etc., indem Arsenik statt Zucker, Salz etc. in der Küche benutzt wurde; ebenso Arsenik-haltiges Mehl u. s. w. Solche Intoxicationen entstehen ferner in nicht geringer Zahl in Folge der Anwendung von Arsenhaltigen Farbstoffen zum Färben der Speisen und Getränke (Anilinhaltige Wurst, Backwerk, Kuchen, Pudding etc., Pickles, Wein etc.), zum Färben von Kinderspielzeugen, Tinten (Anilintinte; *Breszek*), zum Färben von Kleidern, Tapeten etc., zur Herstellung von Farben für Tuschkasten der Kinder, u. a. m. [1]). In Moskau kamen acute Arsenintoxicationen, für Choleraerkrankungen gehalten, vor, veranlasst durch den Genuss von Hausen, die zur Conservirung mit Arsenik bestreut waren. — Medicinal-Intoxicationen wurden veranlasst durch Einnahme zu grosser Dosen bei der therapeutischen Benutzung von Arsenpräparaten, durch unvorsichtige Anwendung von Arsensalben etc. (gegen Krätze; als Abortivum von sog. Quacksalbern verordnet; als Aetzmittel etc.), durch Verwechslungen von Arsenik mit Magnesia, Cremor Tartari, Brausepulver u. a. m., durch Benutzung von Arzneimitteln, welche sich als Arsen-haltig erwiesen (Veilchenpulver, zum Einstauben neugeborener Kinder benutzt, enthielt 38,5 °/o As_2O_3; die Kinder starben am 9. resp. 14. Tage; *Tidy*. — Bismuth. subnitric. Arsenikhaltig; *Hébert*. — u. a. m.). — Technische Intoxicationen mit acutem Verlauf sind selten (s. chronische Vergiftung).

Von den Fällen abgesehen, in welchen das Gift als Salbe äusserlich auf die Haut applicirt wurde, in denen giftige Staubmassen eingeathmet wurden etc., wurde das Gift immer in den Magen aufgenommen. Nur in wenigen Fällen (der Selbstvergiftung) geschah dies in Form der gepulverten, arsenigen Säure, resp. einer Lösung derselben; meist hören wir, dass das Gift Speisen und Getränken, oft in grosser Menge, absichtlich und zufällig, beigemengt war und so in den Magen gelangte.

Von dieser Art der Application, sowie von der Applicationsstelle

---

[1]) Ueber den Arsengehalt verschiedener, im Haushalt etc. benutzter Gegenstände etc. finden wir folgende Angaben: Grüner Tarlatanstoff : 13 1/2 °/o As *(Riedel)*; 20 Ellen desselben = 60 g As_2O_3 *(Ziureck)*. — Grüne Lampenschirme As-haltig *(Braun, Malthe, Zuntz u. A.)*. — Grüne Wachslichter : 1.5—2°/o As_2O_3 *(Macfarlane)*. Grüne Briefcouverts à Stück 76—77 mg As_2O_3 *(Vogel)*. — Dunkelgrüne Ledermanschetten As-haltig. — Prächtig glänzende Papierhülle des Zuckerwerks : 0.302 g schweres Stück = 32 mg As_2O_3 und 22 mg CuO *(Debrunner)*. — 1 Ries Tecturpapier : 60 g Arsensäure *(Christel)*. — Grüngefärbtes, künstliches Moos, rothgefärbte Blumen As-haltig *(Ludwig)*. — Cartoncigarrenspitzen ebenso *(Jaederholm)*. Papierkragen à Stück 0.67 g As_2O_3; marineblaue Handschuhe; blaue Anilintinte As-haltig *(Buszka)*; — rothe Tapete 1 □ m : 67 mg As *(Hallwachs)*. — Hell- und dunkelrothe Briefpapiere As-haltig *(Vohl)*. — Fuchsinfarben : 0,25—6,5°/o As; 1 □ Fuss damit gefärbten Stoffes : 0,1 mg As *(Springmühl)*; damit gefärbte Liqueure und Fruchtsäfte à Flasche : 10 mg As_2O_3 *(Marchi)*; gefärbte Weine : 0,45—0,81 mg As_2O_3 im Liter *(Ritter)*. — Arsenigsaure Thonerde zum Fixiren, beim Zeugdruck benutzt : 1 Elle Kattun : 1—1,6 g As_2O_3 *(Gintl)*. — Corallin : As-haltig — verschiedenfarbige Wolle : As-haltig *(Mayer)*. — Braune Streichfläche der schwedischen Zündholzkästen : As-haltig *(Ulex)*. — Tapeten, in 1000 Quadratcentimeter 4,5 mg Arsen *(Ulex)*. — Tapete, welche auf einer Fläche von 12 Quadratmeter 20 g arsenige Säure enthielt, veranlasste chronische Vergiftung *(Jeserich)*.

ist natürlich auch für den Arsenik die Dosis letalis abhängig. In den Magen gebracht, soll nach *Christison* erst 1,95 g des Pulvers, 0,29 g der Lösung von Arsenik tödtlich wirken. *Taylor* gibt genauere Angaben über die Menge von Arsenik, welche schädlich und letal zu wirken vermöge. Nach ihm können schon durch 6,5 mg Arsenik in einzelnen Fällen die bedenklichsten Symptome hervorgerufen werden; dasselbe erwähnt er von andern Fällen, in welchen 8, 13, 22, 32 mg, meist in Form der *Fowler*'schen Lösung, im Laufe von mehreren Tagen als Gesammtmenge verbraucht waren. 340 Kinder wurden zufällig vergiftet durch Milch, welche arsenigsaures Natron enthielt; jedes der Kinder hatte c. 1 Gran (= 65 mg) Arsenik erhalten; sämmtliche Kinder erkrankten mehr weniger heftig, sie wurden aber alle wieder hergestellt. Zwei Erwachsene hatten je 0,13 g Arsenik in Wein erhalten; sie erholten sich wieder allmälig. Eine Frau, welche im Laufe von 5 Tagen 0,13 g Arsenik als *Fowler*'sche Lösung verbraucht hatte, erlag der Intoxication; 0,1625 g Arsenik, in 2 Unzen Fliegenwasser, tödtete ein 19jähriges, kräftiges Mädchen in 36 Stunden. Aus allen diesen Beobachtungen schliesst *Taylor*, dass „unter günstigen Umständen zwei bis drei Gran (0,13—0,195 g) dieses Giftes hinreichen, um den Tod herbeizuführen". Nur eine kleine Zahl der beobachteten Intoxicationen ist auf den Gebrauch einer so geringen Giftmenge zurückzuführen; meist kamen, besonders bei den absichtlich hervorgerufenen Vergiftungen eine bedeutend grössere Menge (bis zu 120 g) zur Wirkung. Dass auch durch so hohe Dosen Vergiftete noch gerettet werden können, ist durch zahlreiche Beobachtungen erhärtet. Der Ausgang der Vergiftung hängt auch bei dieser Intoxication ausser von der Giftmenge noch wesentlich ab von dem Füllungszustand des Magens, der Zeit des Eintritts der Symptome (Erbrechen) resp. der Hülfe etc. — Die *Pharmacopoea germanica* bestimmt als Maximaldosen: für Acidum arsenicosum 5 mg pro dosi, 10 mg pro die, für Liquor kali arsenicosi: 0,4 g pro dosi, 2 g pro die (letzteres = 22 mg arsenige Säure!).

Von den durch *Husemann* gesammelten 183 Fällen endeten 81 = 44 % letal; von denselben kamen 50 = 61,7 % auf die absichtlich hervorgerufenen Vergiftungen.

Symptome und Verlauf der acuten Arsenikvergiftung. Schon durch die therapeutische Anwendung kleiner Dosen Arsenik können bei einzelnen Personen unangenehme, ja lebensgefährliche Symptome hervorgerufen werden. Als solche werden genannt: Zusammenschnüren des Schlundes, Schmerzen im Magen und Darm, Uebelkeit, Erbrechen, auch Durchfälle; dazu gesellen sich oft nervöse Erscheinungen: Kriebeln in den Händen, Muskelschwäche, „lähmungsartiges Zittern des Kopfes", Kopfschmerzen, Irrereden etc. Auch Hautausschläge sind oft beobachtet worden.

Werden grössere, toxische resp. letal wirkende Dosen eingeführt, so werden sich bald auch intensivere Vergiftungserscheinungen einstellen. Die ersten Symptome pflegen im Mittel ½—1 Stunde nach Einnahme des Giftes hervorzutreten; doch sind auch Fälle beobachtet, in welchen die Anzeigen der Intoxication einmal schneller, ein ander Mal später auftraten. So stellten sich bei einem Weibe unmittelbar nach Einnahme des Giftes ungeheure Schmerzen ein *(Beck);* in andern

Fällen verstrichen 8 Minuten (*Christison*), 15 Minuten (*Taylor*) bis zum
Eintritt der Symptome. In andern Fällen befanden sich die Vergifteten
Stunden lang ganz wohl: erst nach 5 Stunden (*Orfila*), 7 (*Lachèse*),
8 (*Tonnelier*), 10 Stunden (*Taylor*) trat heftiges Erbrechen als erstes
Symptom ein.

Die zu beobachtenden Symptome, der Verlauf der Intoxication
kann bei verschiedenen Vergifteten auch wesentlich verschieden sein.
C. Ph. Falck hat deshalb 4 Formen der acuten Arsenikvergiftung
unterschieden, nämlich: Affection der Haut, der ersten Wege, Cerebralaffection und Arsenikasphyxie. Dadurch, dass einzelne Symptome der
verschiedenen Formen zugleich auftreten können, wird das Bild der
acuten Vergiftung noch complicirter. Die Ursache, welche diesen verschiedenen Verlauf der Vergiftung bedingt, ist bis jetzt nicht nachgewiesen; zum Theil wird von Einfluss sein: der Füllungszustand des
Magens, die Grösse der Giftmenge, sowie namentlich auch die Form
des Giftes (gelöst, resp. ungelöst).

Meist tritt bei einem mit Arsenik Vergifteten das Bild der Gastroenteritis auf. Die Patienten klagen über heftige Schmerzen in der
Magengegend, sie werden unwohl, es erfolgt heftiges Erbrechen von
braunen, trüben, schleimigen Massen, welche, war dem Gift Indigo
oder Russ beigemischt, blau oder schwarz gefärbt sein können, im
späteren Verlaufe aber durch beigemischte Galle grün aussehen und
hin und wieder Blut enthalten. Die Brechanfälle wiederholen sich oft
und werden namentlich durch den Genuss von Nahrung hervorgerufen.
Daneben besteht Trockenheit, brennende Hitze im Schlunde, heftiger
Durst. Sehr bald folgt auf das Erbrechen profuser Durchfall und
werden unter heftigen Schmerzen wässerige, oft reiswasserähnliche,
hin und wieder blutige Massen entleert. Auch Kreuzschmerzen, Wadenkrämpfe, Aphonie kann sich einstellen. Schnell stellt sich Collaps ein;
der Puls ist klein, frequent, die Haut kalt, mit klebrigem Schweisse
bedeckt, anfangs blass, später cyanotisch; das Bewusstsein ist meist
erhalten. Später tritt Coma ein, Convulsionen und Tod. — Der ganze
Verlauf der Vergiftung hat grosse Aehnlichkeit mit der Cholera (s. S. 28).

Nicht selten fehlen die Symptome von Seiten des Tractus intestinalis vollständig oder sind nur sehr schwach ausgeprägt. Der Vergiftete befindet sich anfangs ganz wohl, später stellt sich Kopfschmerz,
Schwindel, Schwächegefühl ein, dazu Gliederschmerzen; plötzlich wird
er ohnmächtig, es stellen sich Delirien ein, Coma, allgemeine Paralyse
und Tod, welchem klonische Convulsionen vorangehen können.

In einzelnen Fällen, in welchen anfangs die Erscheinungen der
Gastrointestinalaffectionen bestanden, hören dieselben später auf, um
dann nach Stunden sich wieder einzustellen; solche Remissionen, resp.
Intermissionen wurden jedoch nicht oft beobachtet. Auch können
Hautaffectionen zum Vorschein kommen. Man findet, besonders im
Gesicht, an den Genitalien einen Nesselausschlag, Erysipel mit Bläs-
chenbildung, Petechien. — Auch icterische Verfärbung der Haut, besonders des Gesichts wurde ebenfalls beobachtet. — Im Urin wurden
schon Eiweiss und Blut, auch Fibrincylinder aufgefunden.

Die Vergiftung verläuft ziemlich rasch und meist gewöhnlich in
Zeit von 18 Stunden bis 3 Tagen letal. Es sind jedoch Fälle bekannt,
in welchen der Tod schon nach 20 Minuten (*Taylor*), nach 2 Stunden

(*Boland*) 2½, 3, 4, 6 etc. Stunden eintrat; in anderen Fällen erfolgte der Tod erst nach 4 Tagen, 5, 6 (*Herzog von Praslin*), 12 (*Cormick*), 16 Tagen (*Alexander*). — Wird die Todesgefahr beseitigt, so bleiben oft mancherlei Nachkrankheiten: chronische Verdauungsstörungen, Magengeschwüre, chronische Hautaffectionen, Anästhesie und Paralyse der Extremitäten zurück.

Auch durch äussere Anwendung Arsenik-haltiger Präparate (Salbe etc.) können unter ähnlichen Erscheinungen verlaufende Allgemeinerkrankungen wie bei innerlicher Darreichung veranlasst werden; nur treten die Symptome langsamer auf und enden ebenso erst später, nach mehreren bis 20 Tagen. — Auf die Haut applicirt, ruft das Gift umfangreiche Ausschläge mit Pusteln etc. hervor. Dazu treten Symptome der Allgemeinerkrankung, wie Erbrechen etc.

Leichenbefund.

Mag das Gift äusserlich oder innerlich applicirt, in Form von Pulver oder als Lösung in den Magen gebracht sein, man wird doch in der Mehrzahl der Fälle stets charakteristische Veränderungen der Schleimhaut des Magens finden, welche begreiflich nicht auf locale Aetzwirkung zurückgeführt werden kann. Die Magenschleimhaut ist entweder nur an einzelnen Stellen, Streifen oder an grösseren Flächen mehr weniger intensiv entzündet, mit Ecchymosen versehen; in seltenen Fällen findet man Ulcerationen, noch seltener gangränöse Stellen und nur in 3 Fällen wurde der Magen perforirt gefunden (*Taylor*). Diese Entzündungserscheinungen wurden schon angetroffen bei Vergifteten, welche 2 Stunden nach der Einnahme des Giftes gestorben waren; Geschwüre fanden sich schon 4 Stunden nach der Vergiftung. — Die Zeichen der Entzündung können aber in einzelnen Fällen (Cerebralaffection) vollständig oder fast vollständig fehlen. — Ausser dem Magen findet man, namentlich bei etwas langsamerem Verlaufe der Intoxication, noch andere Organe verändert. Aehnlich, wie bei der Phosphorvergiftung, hat man auch in der Leiche des durch Arsenik zu Grunde Gegangenen fettige Degenerationen der Muskeln, vorzugsweise des Herzens, ferner der Leber, Nieren, der Wand der feineren Gefässe, der Magenlabdrüsen (Gastroadenitis) gefunden. Auch wurden Ecchymosen am Pericard und an andern Stellen beobachtet. — Wurden die Leichen der durch Arsenik Vergifteten nach längerer Zeit ausgegraben, so fand man, jedoch nicht immer, dass die Eingeweide noch gut erhalten waren, dass noch keine Fäulniss eingetreten war. Die Arsenhaltigen Organe waren verschrumpft, mumificirt. Ob allein durch Wirkung des Arseniks, ist nicht entschieden.

Experimentaluntersuchungen.

Zahlreiche Untersuchungen sind über die Wirkung des Arseniks angestellt worden. — Mit Eiweisskörpern vermag sich der Arsenik nicht zu verbinden, dagegen haben kürzlich *Binz* und *Schulz* nachgewiesen, dass durch Digeriren bei 39° C. mit Eiweiss, Fibrin, Gehirnsubstanz, Pflanzeneiweiss etc. arsenige Säure, resp. deren Salze in Arsensäure und umgekehrt die Arsensäure in arsenige Säure umgewandelt wird. Dieselben Oxydationen resp. Reductionen erfahren die betr. Arsenoxyde in dem thierischen Organismus. Auf dieses eigenthümliche Verhalten führen *Binz* und *Schulz* die Wirkung des Arsens

auf den Organismus zurück. „Die Umwandlung beider Säuren (Arsen-, arsenige Säure: M_3AsO_3 wird M_3AsO_4 wird M_3AsO_3) in einander bedingt innerhalb der sie vollziehenden Eiweissmolecüle heftiges
Hin- und Herschwingen von Sauerstoffatomen. Dieses je nach der vorhandenen Menge der Atome, ist die Ursache der giftigen oder therapeutischen Wirkungen des Arsens." Die Oxydationen und Reductionen
des As folgen unaufhörlich auf einander und wirkt die regellose, intramoleculäre Bewegung des Sauerstoffatoms intensiv auf das Gefüge des
Eiweisses ein. Das Eiweiss wird angesengt und schliesslich zerstört.
Die Folgen dieser Wirkung bemerken wir in der Schleimhaut des
Magendarmkanals: die hier hervorgerufene Gastroenteritis kann auf
diese Einwirkung zurückgeführt werden. Auch die Einwirkung des
Arsens auf das Nervensystem (Lähmungen etc.) erklären *Binz* und *Schulz*
in dieser Weise. Auch die Wirkung des Arsens auf den Stoffwechsel
gehört hierher. *Gaehtgens* constatirte während der Arsenwirkung eine
bedeutende Vermehrung der Harnstoffausscheidung durch die Nieren;
Saikowsky hatte nachgewiesen, dass, ähnlich wie durch Phosphor, auch
durch Arsenpräparate fettige Degenerationen der verschiedensten Organe hervorgerufen werden. Das Eiweissmolecül wird gespalten, der
Stickstoff-haltige Antheil erscheint oxydirt im Urin, während das entstandene Fett an der Bildungsstätte zurückbleibt. — Bei mit Arsen
vergifteten Thieren schwindet der Glycogengehalt der Leber, auch
wird bei solchen Thieren durch den Diabetesstich keine Zuckerausscheidung hervorgerufen. Das Glycogen wird als das am leichtesten
Verbrennende zuerst verbrannt. — Das Arsen wirkt fäulnisswidrig,
indem es die Fäulnisshefen nicht aufkommen lässt, sondern sie bei ihrer
Entstehung sofort oxydirt. — Auch die Gewöhnung des Organismus
an den Arsengenuss, sowie die bei der Arsenfütterung eintretende Zunahme des Körpers werden von *Binz* und *Schulz* ebenfalls erklärend
besprochen. — Arsenik, Kaninchen subcutan applicirt, setzt die Körpertemperatur bedeutend herab; in meinen Versuchen bis $10^0,4$ C.

    Behandlung der acuten Arsenikvergiftung.

    In erster Linie ist eine möglichst rasche und vollständige Entfernung des Giftes aus dem Magen anzustreben. Zu diesem Zwecke
wird man von Magenpumpe, Brechmitteln etc. Gebrauch machen.
Ausserdem gibt man chemische Gegengifte. Officinell ist: Antidotum Arsenici: dargestellt durch Vermischen von 60 Theilen
Liquor Ferri sulfurici nebst 120 Theilen Wasser mit 7 Theilen Magnesia usta und 120 Theilen Wasser: es entsteht ein rothbrauner, bitterlich schmeckender Brei, ein Gemenge von Eisenoxydhydrat, gebrannter
Magnesia und gelöste schwefelsaure Magnesia. Indem diese Mischung
im Ueberschuss mit arseniger Säure zusammenkommt, bilden sich
arsenigsaures Eisenoxyd und arsenigsaure Magnesia, welche beide, in
Wasser unlöslich, sich in den Darmsäften etwas lösen. Zugleich wirkt
die gebildete schwefelsaure Magnesia abführend. Von diesem Antidot
gibt man, Anfangs alle 10 Minuten, später alle halbe Stunde 1—2 Esslöffel voll! Ausserdem kann zur Entleerung des Darmkanals daneben
noch ein Abführsalz gegeben werden. Das Mittel muss längere Zeit
fortgegeben werden, namentlich in den Fällen, in welchen das Gift
als Pulver in den Magen eingenommen war. — Im Uebrigen: symptomatisch, gegen den Collaps: Excitantien etc.

2) Die chronische Arsenikvergiftung.

Werden längere Zeit fortgesetzt, täglich kleine Mengen Arsenik und Arsen-haltige Präparate auf dem Wege durch den Magen, resp. die Lungen oder von der Haut aus bei leichten Verletzungen, in den Körper eingeführt, so entwickeln sich allmälig Krankheitssymptome, welche man als chronische Intoxication zusammenzufassen pflegt, deren schwerere Form von *C. Ph. Falck* als **Tabes arsenicalis** bezeichnet wurde.

Chronische Vergiftungen geringerer Intensität werden durch medicinale Benutzung von Arsenpräparaten, namentlich in Form der, *Fowler'schen* Lösung nicht selten hervorgerufen. — Als Resultat eines Giftmordes ist die chronische Vergiftung nur selten beobachtet worden. Dagegen tritt dieselbe häufig auf bei der technischen Benutzung und Verarbeitung Arsen-haltiger Stoffe. In Betracht kommen hier die Arbeiter in Arsenikbergwerken und Hütten, in Bleischrotfabriken (Bleischrot enthält 0,3—0,8 % Arsen), in Anilinfarbenfabriken; ausserdem sind noch zu nennen: die Blaufarbenwerke, Glasfabrikation, das Beizen der Thierfelle, das Ausstopfen der Thiere u. a. m. — Auch öconomische Intoxicationen können durch die lange Zeit fortgesetzte Aufnahme von Arsen zu Stande kommen und sind solche schon, in der verschiedensten Weise entstanden, oft genug beobachtet worden. Anlass dazu gibt das so häufige Vorkommen von Arsen in einer Unsumme von Verbrauchsgegenständen etc., von welchen wir einzelne Angaben oben (S. 92) zusammengestellt haben. Hier wollen wir nur einiges Wenige erwähnen. Chronische Intoxicationen wurden veranlasst durch die Benutzung von Arsen-haltigen Farben bei der Anfertigung künstlicher Blumen, durch die Bearbeitung und das Tragen mit Giftfarben imprägnirter Kleiderstoffe (ein grünes Tarlatankleid verliert durch die Erschütterungen an einem Ballabend 20,136 g Farbstaub; *Ziureck*), die Benutzung von farbigen Lampenschirmen etc., die Anfertigung gefärbter Tapeten, das Bewohnen von Räumen, deren Wände mit Arsen-haltigem Anstrich, resp. Tapeten bedeckt sind u. v. a. — Was den letzteren Fall betrifft, das Bewohnen (Schlafen etc.) von Räumen, deren Wandoberfläche Arsen-haltig genannt werden muss, so liegen zahlreiche Beobachtungen vor, welche die schädliche Einwirkung dieses Aufenthaltes etc. sicher stellen. Hauptsächlich ist es wohl der Arsen-haltige Staub, welcher in solchen Räumen vorhanden ist und, eingeathmet oder verschluckt, zur Wirkung gelangt. Doch auch im dampfförmigen Zustande kann das Gift einwirken. Hat doch *Fleck* nachgewiesen, dass die Zimmerluft feuchter Wände, deren Wandungen mit Schweinfurter Grün bedeckt sind, auch ohne Verstauben Arsenik enthält und zwar in Form von Arsenwasserstoff, dessen Entstehung auf eine Reduction der arsenigen Säure durch den Vegetationsprozess von Schimmelpilzen zurückgeführt wird. (Auch durch die Thätigkeit der Hefepilze wird aus arseniger Säure Arsenwasserstoff gebildet: *Johannsohn*). *Hamberg* hat dann den Arsengehalt der Luft der mit grünen Arsentapeten ausgestatteten Zimmer direct nachgewiesen; in 2160 l Luft konnte Arsen in Staubform, wie in Dampfform (Arsenwasserstoff) aufgefunden werden.

Symptome der chronischen Vergiftung.

Dieselben stellen sich nur ganz allmälig ein, nicht bei allen der
Schädlichkeit ausgesetzten Individuen; auch zeigen nicht alle Erkrankte
dieselben Erscheinungen. — Als erste Symptome findet man oft Röthung
der Conjunctiva, der Nase, des Schlundes und Kehlkopfs, welche sich
allmälig zu starker Entzündung steigern kann: in der Mundschleimhaut können oberflächliche Geschwüre entstehen; die Mund- und Rachen-
theile sind trocken, Speichelfluss ist nicht vorhanden. Zugleich tritt
ein chronischer Magenkatarrh auf, durch welchen die Ernährung bedeutend leidet; auch Durchfälle können eintreten. — Dazu kommen
Hautaffectionen, welche in erster Linie an den unbedeckten Hautstellen,
dann auch an den Genitalien (bei den Arbeitern) und andern Körpertheilen beobachtet werden; es treten unangenehm juckende Ekzeme,
papulöse und pustulöse Ausschläge auf. — Später werden die Patienten
von Kopfschmerzen befallen, sie klagen über Schlaflosigkeit; es stellt
sich Anämie ein, Abmagerung, Muskelschwäche, Cardialgie, rheuma-
tische Schmerzen in den Gliedern. Auch Anästhesien der Hand, eines
Unterschenkels etc. treten ein, lähmungsartige Zustände einzelner Extremitäten. In Folge der schlechten Ernährung schwinden die Körper-
bestandtheile mehr und mehr, es stellt sich hectisches Fieber ein, profuse Schweisse, Oedeme, Wassersucht, vollständige Erschöpfung und
Tod (Tabes arsenicalis; *Falck*). — Behandlung: Frühzeitige
Verhinderung der fortgesetzten Einwirkung des Giftes; sonst symptomatisch (Jodkalium etc.).

Die Arsenikesser.

In bestimmtem Gegensatze zu der gewöhnlich in Folge der Einwirkung kleiner Arsenikmengen eintretenden chronischen Intoxication
steht die (diätetische) Benutzung von Arsenpräparaten, wie sie namentlich in Steiermark und Tirol, doch auch in andern Ländern (Amerika;
Larue) beobachtet wurde. Die sog. Arsenikesser sollen, um leicht
bedeutende Höhen ersteigen zu können, um blühend und gesund zu
bleiben etc., von Jugend auf öfter Arsenpräparate, von kleinen Dosen
anfangend und allmälig steigernd, ohne Schaden in ihren Körper aufnehmen. Auf der Versammlung in Graz (1875) nahm ein solcher
Arsenophage 0,3 g Schwefelarsen, resp. 0,4 g arsenige Säure im Bei-
sein der Aerzte ein. — Die Arsenesser nehmen das Gift in festem
Zustand, vermeiden das Trinken von Flüssigkeiten, welche Thatsachen
Werber zur Erklärung der auffallenden Gewöhnung heranzieht. *Rossbach* ist der Ansicht, dass die von den Arsenikessern benutzten Präparate nicht oder nur zum kleinsten Theil resorbirt würden.

Der chemische Nachweis des Arsens.

Die löslichen Arsenpräparate gehen ziemlich schnell in das Blut
und von da in den Urin über; im Harn erscheint das Arsen oft schon
wenige Stunden nach der Aufnahme und ist gewöhnlich das im Körper
befindliche Gift auf diesem Wege in 12—15 Tagen vollständig wieder
entfernt. In solchen Fällen, in welchen sich die Intoxication so lange
hinzieht, wird Arsen nicht mehr nachweisbar sein. Dagegen gelang
der Nachweis des Arsens im Urin oft in früheren Perioden der Vergiftung, sowie in dem Urin der chronisch Vergifteten und ist in letzteren
Fällen der Nachweis zur Sicherung der Diagnose wichtig.

Ausser dem bei Lebzeiten entleerten, dem in der Blase der Leiche enthaltenen Urin sind noch als wichtige Untersuchungsobjecte die aus dem Magen entleerten Massen, sowie auch die Fäces zu nennen. — Von Leichentheilen kommt in erster Linie der Magen nebst Inhalt in Betracht. War das Gift in fester Form genommen, so wird man gar nicht selten Theile desselben mit blossen Augen erkennen und mechanisch isoliren können; man findet alsdann an verschiedenen Stellen im Magen, auch im Duodenum kleine, harte, weisse Körner, welche oft wie eingekeilt in der Schleimhaut festsitzen. — Ausser dem Magen kann man noch die verschiedensten Organe: Leber, Blut, Muskeln, Gehirn etc. untersuchen.

Die zur Untersuchung gelangenden Substanzen werden zunächst, zur Zerstörung der organischen Massen, nach einer der früher kurz angegebenen Methoden (s. S. 47) behandelt und kommen hier namentlich in Betracht die Methoden von *Fresenius* und *Babo*, von *Wöhler* und *von Siebold*, von *Verryken*. Es ist hier besonders darauf aufmerksam zu machen, dass alle bei der Untersuchung zu benutzenden Reagentien etc. zuvor auf Arsen geprüft sein müssen.

Die erhaltene Flüssigkeit wird nun am besten mit Schwefelwasserstoff behandelt, nachdem man vorher durch Zusatz von saurem schwefligsaurem Natron die Arsensäure zu arseniger Säure reducirt und die schweflige Säure, ebenso wie vorher das freie Chlor etc. verjagt hat. Man erhält einen schön citronengelben Niederschlag von Schwefelarsen. Der abfiltrirte, ausgewaschene Niederschlag wird mit Ammoniak, resp. Kalilauge gelöst, die braune Lösung mit Schwefelsäure im Ueberschuss versetzt und die Masse unter Umrühren und öfterem Zusatz kleiner Mengen von salpetersaurem Natron in einer Porcellanschale erhitzt, zuletzt bis auf 170° C.; man erhält eine farblose, resp. hellgelb gefärbte Flüssigkeit, welche auf Arsen weiter zu prüfen ist.

Methode von *Marsh*. Die Oxyde des Arsens werden durch Wasserstoff in statu nascendi zu Arsen reducirt, letzteres verbindet sich mit dem Wasserstoff, wenn beide in statu nascendi auf einander wirken, zu Arsenwasserstoff, von dem ein Theil gasförmig entweicht. — Man entwickelt in dem *Marsh*'schen Apparat mit Hülfe von Arsenfreiem Zink und verdünnter (1:8), völlig erkalteter, reiner Schwefelsäure: Wasserstoff, den man längere Zeit, zur Prüfung auf Reinheit, durch die glühenden Röhren leitet. Alsdann setzt man durch das Trichterrohr allmälig die auf Arsen zu prüfende Flüssigkeit zu. In den aus bleifreiem, schwer schmelzendem Glase bestehenden, glühenden Röhren entsteht schneller oder langsamer ein Anflug von Arsen, ein Arsenspiegel. Das aus dem Röhrensystem austretende Gas leitet man noch in eine Lösung von schwefelsaurem Silber. Schliesslich kann man an das Röhrenende eine Platinspitze (Löthrohrspitze) ansetzen und das Gas entzünden. Arsenwasserstoff brennt mit blauweisser Flamme, erzeugt auf einer in die Flamme gehaltenen Porcellanschale: Arsenspiegel. — Mit dem *Marsh*'schen Apparat konnte *Zwenger* noch 0,1 mg arsenige Säure nachweisen, *Otto* noch 0,8—1 mg.

Man untersucht jetzt die erhaltenen Spiegel und die Silberlösung. Der Arsenspiegel entsteht nur hinter der erhitzten Stelle: er besteht aus einer grauen, braun-metallglänzenden, zusammenhängenden Masse,

welche, in atmosphärischer Luft erhitzt. zu arseniger Säure sich oxydirt: farbloser, krystallinischer (Tetraëder, Octaëder) Anflug (Antimon:
amorph). — Der Spiegel, in Wasserstoff erhitzt, kann von einer Stelle
zur andern getrieben werden (Antimon nicht oder sehr schwer). —
Eine Lösung von unterchlorigsaurem Natron löst den Arsenspiegel
momentan (Antimon wird nicht gelöst). — Mit wenig Salpetersäure
von 1,3 spec. Gew. löst sich der Spiegel: die Lösung gibt mit einer
Lösung von salpetersaurem Silberoxyd-Ammoniak einen gelben Niederschlag von arsensaurem Silberoxyd (Antimon nicht). — Ein Arsenspiegel, mit kochender Salzsäure und chlorsaurem Kali gelöst, die
kalte Lösung mit Weinsäure, Salmiak und Ammoniak versetzt, gibt
keine Trübung; die Lösung liefert auf Zusatz von Magnesiamixtur
einen krystallinischen Niederschlag von arsensaurer Ammon-Magnesia
(Antimon liefert keinen Niederschlag). — In der Silberlösung hat sich
metallisches Silber abgeschieden: das Filtrat, mit Ammoniak neutralisirt, liefert gelbes, arsensaures Silber.

Andere Methoden des Nachweises.

Zur Entwicklung des Wasserstoffs benutzt man Natriumamalgam
(1 Th. Natrium, 8—10 Th. Quecksilber; *Davy*). Das Arsenpräparat
mit Wasser in ein Reagensglas gebracht, ein Stückchen Amalgam zugesetzt, liefert Arsenwasserstoff (brauner Fleck auf dem Silberpapier).
— Tapeten etc. mit reiner 22⁰/₀ Salzsäure übergossen und macerirt:
die Lösung in ein Reagensglas mit etwas Kochsalz und Zinnchlorür
gebracht, der Brei mit Schwefelsäure und dann mit Salzsäure versetzt,
liefert Ausscheidung von metallischem Arsen (Antimon nicht) (*Betten-
dorf*, *Hager*). — Das Arsen wird quantitativ meist als arsensaure
Ammon-Magnesia bestimmt.

Oft wurde Arsen bei gerichtlichen Untersuchungen nachgewiesen.
Auch in den Organen der mit Arsenik vergifteten Thiere hat man es
gefunden und quantitativ bestimmt. *Scolosuboff* vergiftete einen Hund
mit arseniger Säure: er fand in je 100 Th. der frischen Organe: in
den Muskeln: 0,25, der Leber: 2,71, dem Gehirn: 8,85 und dem
Rückenmark: 9,33 mg Arsen, somit eine Ansammlung des Giftes im
Nervengewebe. — Ist der Tod erst 12—15 Tage nach Einnahme des
Giftes eingetreten, dann wird man oft in der Leiche das Gift nicht
mehr auffinden. Dagegen hat man in ausgegrabenen Leichen der an
Arsen Verstorbenen noch nach vielen (13—14; *Altschul*) Jahren den
Arsengehalt nachweisen können. — Zur Beantwortung der Frage, ob
der Tod durch Arsenik herbeigeführt wurde, muss die Giftmenge
quantitativ festgestellt werden. Hatten die Leichen längere Zeit im
Grabe gelegen, so ist zugleich darauf Rücksicht zu nehmen, dass das
Gift von aussen her in die Leiche gelangen konnte; es muss die den
Sarg, resp. die Leiche umgebende Erde auf Arsen geprüft werden;
auch durch den Farbenanstrich der Sargbretter u. a. m. könnte Arsen
in die Leiche gelangt sein.

3) Die Arsenwasserstoffvergiftung.

Vergiftungen durch Arsenwasserstoffgas gehören zu den Seltenheiten und verdanken dieselben alle dem Zufall ihre Entstehung.
Bisher wurden 22 solcher Vergiftungen beobachtet. Die Vergifteten
waren Chemiker und Arbeiter an chemischen Fabriken, resp. Silber-

hüttenarbeiter. Die unvorsichtige Benutzung des *Marsh*'schen Apparates kann zu derartigen Intoxicationen Anlass geben; ebenso die Darstellung, resp. Entwicklung von Wasserstoff, wenn dabei Arsen-haltige Reagentien benutzt werden (Fälle von *Wächter*.).

Die toxisch, resp. letal wirkende Menge dieses Gases ist nicht genau zu bestimmen; doch steht so viel fest, dass dasselbe zu den giftigsten Gasen gerechnet werden muss und schon eine sehr geringe Menge schädlich einzuwirken vermag. (Es enthält 96,2 % Arsen.) Bei *Gehlen* soll eine Menge, welche nur 0,6 mg Arsen entsprach, zur Wirkung gekommen sein; er starb am 9. Tage. *Brittau* starb am 6. Tage, nachdem er 150 ccm Wasserstoffgas (dasselbe enthielt zufällig Arsen = $0,78 g As_2O_3$) inhalirt hatte.

Von den 22 Vergifteten starben 9 = 41 %. Der Tod erfolgte am 2., 3., 5., 6., 2 mal am 8., ferner am 9., 24. und 30. Tage. — Als Symptome werden erwähnt: Schwindel, Uebelkeit, Erbrechen, welch letzteres, mit heftigen Schmerzen in der Magengegend, sich öfter wiederholt. Es stellt sich Icterus ein, Unterdrückung der Nierenthätigkeit, resp. Entleerung geringer Mengen blutigen Urins. Die Respiration ist erschwert, frequent, ebenso die Herzthätigkeit. Im weiteren Verlaufe treten Exantheme auf, Blutungen aus Nase etc. und erfolgt der Tod unter Erscheinungen der Erschöpfung. — Der Urin ist Hämoglobin-haltig und ist in demselben Arsen nachzuweisen. — Leichenbefund negativ. In den Nieren fand *Wächter* die Harnkanälchen der Pyramiden- und Rindensubstanz mit rothen Blutkörperchen erfüllt und ausgestopft. — Behandlung: symptomatisch.

Thiere werden schon getödtet in einer Luft, welche 0,25 % des Gases enthält (*Eulenberg*). Das Gas wirkt auf das Blut, indem es das Oxyhämoglobin reducirt, die Blutkörperchen zerstört, resp. zur Sauerstoffaufnahme unfähig macht (*Bogomoloff*).

11. Antimonpräparate.

Von Antimonverbindungen haben wesentlich nur zwei toxikologisches Interesse, nämlich das Antimonchlorür und der Brechweinstein.

1) **Das Antimonchlorür,** auch Antimonbutter genannt: $SbCl_3$ wird erhalten durch Einwirkung von Salzsäure auf Dreifach-Schwefelantimon: krystallinische, farblose Massen, welche an der Luft zu einer trüben Flüssigkeit zerfliessen. Die officinelle Lösung dieses Präparates enthält c. 15 % freier Salzsäure; die Lösung selbst wird durch Zusatz der 4—5fachen Menge Wasser in einen Brei verwandelt, unter Bildung von Antimonoxychlorür und schliesslich von Algarothpulver.

Vergiftungen mit dieser stark ätzend wirkenden Masse sind nur in geringer Zahl beobachtet. *Taylor* führt 4 solcher Fälle an, zu welchen noch 1875 einer hinzukam. 1mal wurde dieses Gift zur Ausführung eines Selbstmordes benutzt; 4mal waren es kleine Kinder von 7—12 Jahren, welche diese Substanz zufällig statt Ingwerbier, Antimonwein oder aus Versehen erhalten hatten. Letztere Fälle, bei welchen zwischen 8 und 20 g eingenommen waren, verliefen günstig, während in dem zuerst erwähnten Falle durch eine Menge von 60 bis 90 g der Tod in 10½ Stunden eintrat.

Die Erscheinungen, welche beobachtet wurden, erinnern an

die durch ätzende Säuren hervorgerufenen. Auch hier stellt sich heftiger,
brennender Schmerz im Munde, Schlunde und Magen ein, die Schleimhaut ist an einzelnen Stellen abgelöst, das Schlingen ist erschwert und
schmerzhaft, es erfolgt Erbrechen, welches sich oft wiederholen kann.
Mattigkeit mit allgemeiner Schwäche und grossem Kräfteverfalle stellen
sich ein; die Haut ist kalt und blass, der Puls klein, die Respiration
erschwert. Es trat in dem einen Falle Betäubung ein und Tod. —
In der Leiche war die Innenfläche des Tractus intestinalis vom Munde
bis in den Dünndarm ganz schwarz, wie verkohlt; die Schleimhaut
war nicht mehr vorhanden, das Gewebe war mürbe, leicht zu zerreissen.
— Gegen eine Intoxication durch Antimonbutter hat man von den bei
der Schwefelsäure namhaft gemachten Mitteln Gebrauch zu machen:
Kalkwasser, Magnesia mit Milch, Eiweiss, Tannin-haltige Getränke u. a. m.

2) **Der Brechweinstein,** w e i n s a u r e s A n t i m o n y l - K a l i :
$C_4H_4O_6(SbO)K + \frac{1}{2}H_2O$, erhalten durch Digeriren von Antimonoxyd
mit Weinstein und Wasser, bildet farblose, glänzende, rhombische
Octaëder, welche an der Luft verwittern, undurchsichtig werden und
zu weissem Pulver zerfallen. Die Krystalle lösen sich in 15 Theilen
kaltem, 2 Theilen kochendem Wasser und hat die Lösung einen me-
tallisch-ekelhaften Geschmack.

Dieses, als Emeticum etc. therapeutisch sehr viel benutzte Präparat, ist auch toxikologisch wichtiger als das vorhergenannte, da es
schon zu zahlreichen Intoxicationen Anlass gegeben hat.

Im Jahre 1857 hat *Taylor* 37 durch Brechweinstein und dessen
Präparate verursachte Intoxicationen zusammengestellt. Aus den letzten
Jahren sind nur wenige, hierher gehörige Fälle bekannt geworden.
Ich zähle noch 12 Intoxicationen. — Als U r s a c h e d i e s e r I n t o x i -
c a t i o n e n haben wir nur in wenigen Fällen Giftmord und Selbstmord
zu verzeichnen, während die Mehrzahl der Vergiftungen dem Zufall
ihre Entstehung verdankt. Von letzteren sind wieder die grosse Mehrzahl als Medicinalvergiftungen zu bezeichnen. Oft finden wir angegeben, dass der Brechweinstein anstatt Bittersalz, Weinstein, Glaubersalz, Kal. citric., Weinsäure u. a. genommen wurde; auch durch die
medicinale Anwendung zu hoher Dosen oder den zu lange fortgesetzten
Gebrauch dieses Arzneimittels sind keine kleine Zahl acuter, sowie
auch chronisch verlaufener Intoxicationen bedingt worden. Auch Brech-
weinstein-haltige Geheimmittel, wie das Vomipurgativ von *Leroy*, der
Sirop de Pagliano u. a. m. haben schon solche Vergiftungen veranlasst. Als öconomische Intoxicationen dürfen nach *Husemann* diejenigen
zu erwähnen sein, welche 1861 in Göttingen durch auf dem Jahrmarkt
gekaufte Honigkuchen in grosser Zahl hervorgerufen wurden; es war
zu der Bereitung der Kuchen irrthümlich Brechweinstein benutzt worden.

Die genaue Fixirung der Grösse der für Menschen t ö d t l i c h
w i r k e n d e n Mengen von Brechweinstein ist sehr schwer. Ausser
der Wirkung des Giftes selbst, sind noch andere Momente für den
Ausgang der Vergiftung von der grössten Wichtigkeit. Tritt, wie
dies namentlich bei Genuss grosser Dosen meist der Fall ist, sehr
schnell nach der Vergiftung von selbst reichliches Erbrechen und auch
Durchfall ein, so können, wie in den Fällen von *Gleaves, Lebreton,
Freer* und *Lundblad* Mengen von 31 g, 24 g, 15,6 g und 15 g ohne
tödtlichen Ausgang überstanden werden. Andernseits finden wir Fälle

berichtet, in denen viel kleinere Mengen den Tod erwachsener Personen veranlassten. In *Pollock's* Fall erfolgte auf 3,9 g der Tod in 10 Stunden; nach *Haldane* ging ein Pneumonie-Kranker durch c. 3 g in 4 Tagen zu Grunde; ein 50jähriger Selbstmörder endete durch 2 g nach 3½ Tagen (*Récamier*); mit Rücksicht auf die im Erbrochenen, im Darminhalt und Urin gefundene Menge Antimon mussten, nach *Redwood*, bei einem plötzlich erkrankten und 56 Stunden nach dem Eintritt der ersten Symptome gestorbenen Anwalte mindestens 0,65 g zur Wirkung gekommen sein. In dem von *Laveran* beobachteten Falle erhielt ein an Erysipelas faciei leidender Mann in 4 Tagen je 0,1 g Brechweinstein; er starb am 9. Tage nach Einnahme der letzten Dosis. Nach *Wakley* starb ein Mann 24 Stunden nach der Einnahme von 0,195 g aufgelöstem Brechweinstein. Doch durch noch kleinere Dosen können namentlich bei durch Krankheit geschwächten Personen die heftigsten Symptome veranlasst werden. Belege hierfür gibt *Taylor* (die Dosis war c. 3 und 4 mg). — Dass kleine Kinder durch noch kleinere Mengen vergiftet und getödtet werden können, ist begreiflich. — *Taylor* gelangt zu dem Schlusse, dass unter Umständen eine Dosis von 0,65 bis 1,3 g, auf 1mal genommen, das Leben eines Erwachsenen vernichten kann, und dass noch kleinere Mengen genügen, wenn sie in getheilten Dosen genommen werden. — Die *Pharmacopoea germanica* gibt für Tartarus stibiatus als Maximaldosen an: 0,2 g pro dosi, 1 g pro die.

Je nach der Grösse der Dosis zeigen die Vergiftungen durch Brechweinstein einen schnellen, resp. langsamen Verlauf und haben wir zwischen acuten und chronischen Intoxicationen bezüglich der Symptome zu unterscheiden.

Die acute Brechweinsteinvergiftung.

Dieselbe kommt zu Stande, wenn das Gift in grösserer Menge in oder auf den Körper applicirt wird. Auf die Haut in Form von Salbe etc. applicirt, bewirkt das Gift Anfangs ein Gefühl von Brennen, bei längerer Einwirkung bilden sich kleine Knötchen, welche sich allmälig in Pusteln verwandeln; letztere fliessen leicht zusammen und hinterlassen nach der Heilung deutliche Narben. Für das Zustandekommen solcher Pusteln scheint die saure Reaction des Secretes der Hautdrüsen nothwendig zu sein.

Werden grössere Mengen von Brechweinstein innerlich genommen, so kann ebenfalls durch locale Wirkung zur Pustelbildung Anlass gegeben werden. Zunächst aber, oft schon wenige Minuten nach Einnahme des Giftes, stellen sich die heftigsten Schmerzen im Munde, Rachen, Speiseröhre und Magen, sowie grosser Durst ein; es erfolgt Uebelkeit und heftiges, oft sich wiederholendes Erbrechen, sowie profuse Diarrhöen, an welche sich, zunächst wohl bedingt durch den acuten Wasserverlust des Körpers in Folge der Entleerungen, hochgradige Schwäche, Collaps anschliessen: die Respiration ist verlangsamt, der Puls klein, die Haut kühl und cyanotisch, mit klebrigem Schweisse bedeckt; es folgt Bewusstlosigkeit, Delirien, Zittern und, meist unter tonischen, resp. klonischen Convulsionen der Tod. Auch bei solchen Intoxicationen ist die Bildung von Pusteln auf der Haut beobachtet worden (*Gleaves, Laveran*). *Danis* beobachtete schon nach 0,6 g rothe, masernähnliche Flecken auf der sonst etwas gerötheten

Haut. Aehnliches beobachtete *Lande* nach medicinalem Gebrauch dieses Mittels. — Die Intoxication kann namentlich bei kleinen Kindern sehr schnell, in nur wenigen (6—8—13) Stunden letal enden, kann aber auch sich über mehrere Tage erstrecken; andererseits kann trotz bestehenden hochgradigen Collapses die Vergiftung günstig verlaufen und ist dieses Verhalten von *Taylor* als Unterschied von der Arsenvergiftung hervorgehoben worden.

In den Leichen der Vergifteten findet man wohl immer die localen Veränderungen im Tractus intestinalis. Auf der Schleimhaut des Mundes etc. findet man Aphthen und Pusteln, die Schleimhaut selbst ist stark verändert, geröthet, entzündet, erweicht, angeätzt und können diese Veränderungen oft bis in den Dünndarm verfolgt werden.

Experimentaluntersuchungen.

Mayerhofer und *Nobiling* haben längere Zeit kleinere Mengen von Brechweinstein genommen (1 — 10 mg) und dabei Anfangs Unbehagen, eingenommenen Kopf, Blutandrang zum Kopfe, Schläfrigkeit, Schwindel, Flimmern vor den Augen beobachtet. Allmälig verschlechtert sich der Appetit, Drücken im Magen, selbst stechende Schmerzen und Uebelkeit stellen sich ein. Der Puls wird schwach und langsam. Schliesslich kommt es zu Erbrechen und profusen Durchfällen, es erscheint Eiweiss im Urin (Albuminurie wurde auch von *Boé* bei acuter Vergiftung beobachtet), der Mensch magert sehr bedeutend ab.

Durch Thierversuche hat man die Wirkung des Brechweinsteins genauer festgestellt. Auch bei Thieren (welche brechen können) findet man als erstes Symptom heftiges Erbrechen, wohl bedingt durch eine Wirkung des Giftes auf die in der Magenwandung befindlichen Nervenendigungen, welche reflectorisch den Brechact auslösen. — Der Brechweinstein (ebenso das weinsaure Antimonoxyd-Natron) übt ein intensive Wirkung auf das Herz aus, indem nach schnell vorübergehender Vermehrung der Pulszahl, diese und der Blutdruck sinkt und das Herz zum diastolischen Stillstand gelangt. Für das Zustandekommen des Herzstillstands ist jedenfalls die Wirkung des Brechweinsteins auf die Muskeln von der grössten Wichtigkeit. Der Brechweinstein ist ein starkes Muskelgift (*Buchheim*), welches in kleinen Mengen die Erregbarkeit des Herzmuskels herabsetzt, in grossen Mengen diesen lähmt. Aehnlich wie auf das Herz wirkt dieses Gift auch auf die andern quergestreiften Muskelfasern, wodurch die Abnahme der Muskelkraft, welche bald nach der Einnahme des Giftes sich einstellt, erklärt wird. In innigstem Zusammenhang hiermit steht die Wirkung auf die Athmung; dieselbe wird bald oberflächlich, verlangsamt und unregelmässig. — Die Temperatur sinkt bei den vergifteten Thieren ziemlich bedeutend, in meinen Untersuchungen um 4,4—6,2° C. — Auf den Stoffwechsel wirkt der Brechweinstein resp. die Antimonpräparate ebenfalls ein, indem nach *Saikowsky* fettige Degeneration in drüsigen Organen und dem Herzmuskel eintreten und nach *Gültgens* die Stickstoffausscheidung durch den Urin eine Steigerung erfährt. — Der Tod erfolgt wohl immer durch Herzlähmung.

Behandlung.

Bei der acuten Brechweinsteinvergiftung wird es nur selten nothwendig werden, durch Emetica, besser durch die Anwendung der Magenpumpe die Gifte aus dem Magen wieder zu entleeren, da das Gift selbst für diese Entleerungen schon genügend gesorgt haben wird. Als Gegengift gegen den Brechweinstein sind Tannin, Gerbsäure-haltige Mittel überhaupt (Decocte von Eichenrinde, Chinarinde etc.) anzuwenden; das entstehende gerbsaure Antimonoxyd ist schwer löslich. — Ausser dem Tannin würde noch von Magnesia, von Eiweiss, Milch etc. Anwendung zu machen sein. Gegen die entfernte Wirkung: symptomatisch.

    Die chronische Brechweinsteinvergiftung. Mehrere solche Vergiftungen, in verbrecherischer Absicht ausgeführt, wurden uns aus England gemeldet. Sie kommen zu Stande durch lange fortgesetzte Einnahme kleiner Giftmengen und kommen Anfangs alle die Symptome zur Beobachtung, welche wir schon aus *Mayerhofer's* Selbstversuchen kennen gelernt. Zu dem Erbrechen und den profusen Durchfällen, welche oft von Verstopfung gefolgt sind, kommen hinzu Verlust der Stimme und Muskelkraft, kalte Haut, Abnahme des Gewichtes, Erschöpfung und Tod. Letzterer erfolgt, nachdem, vielleicht Monate lang, täglich kleine Mengen Gift in den Körper eingeführt waren, oft erst mehrere Tage (bis 16 Tage) nach der letzten Giftdosis.

    Namentlich in solchen Fällen ist der gerichtlich-chemische Nachweis von der grössten Wichtigkeit. Die zur Untersuchung zu verwendenden Organe werden am besten durch chlorsaures Kali zerstört. Die erhaltene Lösung von Antimonchlorid wird bei Gegenwart von freier Säure durch Schwefelwasserstoff gefällt: es bildet sich ein orangerother Niederschlag von Schwefelantimon, welcher in Ammoniak und saurem, schwefelsaurem Natron unlöslich, sich in Schwefelkalium, in Schwefelammonium, sowie in Salzsäure leicht löst. — Im *Marsh'*schen Apparate verhält sich das Antimon ähnlich dem Arsen, indem gasförmiger Antimonwasserstoff entsteht. Derselbe ist geruchlos und brennt, angezündet, mit grünlich-weisser Flamme; in Silberlösung geleitet, entsteht „Antimonsilber" und ist die Lösung frei von Antimon; der entstandene Niederschlag, nach *Dragendorff* ein Gemenge von Silber und Antimonoxyd, gibt das Antimon an Weinsäure ab. Der Antimonwasserstoff wird, über Kali geleitet, vollständig zerlegt, was bei Arsenwasserstoff nicht der Fall ist. In der rothglühend gemachten Röhre des *Marsh'*schen Apparates entsteht ein Anflug, ein Spiegel resp. Ring (s. Arsen). — Ausser diesen Reactionen können noch andere angestellt werden, um die Gegenwart des Antimon nachzuweisen. Die salzsaure Lösung des Antimon gibt, mit Wasser verdünnt, einen weissen Niederschlag von Algarothpulver; in eine blankgeputzte Platinschale gegossen (nach Verdampfen des grössten Theils der Salzsäure) und metallisches Zink hineingestellt, liefert es auf dem Platin einen braunen Niederschlag von Antimon und gibt nach *Fresenius* noch 0,05 mg Antimon in 1 ccm Lösung mit 2 Tropfen Salzsäure in $^1/_4$ Stunde eine deutliche Reaction.

    Für den gerichtlichen Nachweis des Antimons ist die Reinheit der angewandten Reagentien von der grössten Wichtigkeit. — Ist Antimon sicher nachgewiesen, so ist bei Beantwortung der Frage, ob das gefundene Antimon den Tod veranlasst habe, die Benutzung des Brechweinsteins als Arzneimittel zu berücksichtigen und ist es deshalb

geboten, die Menge des in Organen vorhandenen Antimon quantitativ
zu bestimmen.

Antimon, resp. seine Verbindungen werden durch die verschiedensten Organe aus dem Blute wieder entfernt. Brechweinstein findet
sich, nach subcutaner Injection, in den erbrochenen Massen; man findet
es in dem Urin, der Galle und der Milch und kann durch letztere
das Gift in den Körper der Säuglinge etc. gelangen (*Taylor* u. A.). —
Die bei Darreichung von Brechweinstein entstehenden Pusteln dürften
wohl ebenfalls auf eine solche Elimination zurückzuführen sein. — In
der Leber wird das Antimon zurückgehalten und nur nach und nach
wieder ausgeschieden. Intermissionen der Ausscheidung, welche auf
dieses Verhalten zurückgeführt werden müssen, fanden *Millon* und
Laveran. — Antimon konnte noch nach 14, nach 21 Monaten in der
ausgegrabenen Leiche nachgewiesen werden; in dem Falle *Palmer* enthielt ein Ovarium 1,3 mg. Eine Imbibition der Leiche mit Antimon
ist weniger zu fürchten als mit Arsen.

Ich kann die Betrachtung dieser Intoxication nicht verlassen, ohne
die gewerbliche Vergiftung durch Antimon erwähnt zu haben (*Hirt*).
Dieselbe kommt zu Stande durch Einathmung von Antimondämpfen,
durch Verschlucken oder durch Resorption des Giftes von der Haut
aus. Schmerzhaftes Stechen auf der Brust, Athemnoth, trockener
Husten, Verdauungsbeschwerden zeigen sich bei den betreffenden Arbeitern. Die Patienten magern stark ab. Dabei wurde eine starke
Einwirkung auf die Geschlechtsorgane (Impotenz etc.) beobachtet.

12. Ammoniak und Ammoniaksalze.

Das Ammoniak: NH_3, dargestellt durch Erhitzen eines Ge-
misches von 1 Theil Salmiak und 2 Theilen Kalk, ist ein farbloses,
comprimirbares Gas von eigenthümlichem, stechendem Geruche; von
Wasser wird dasselbe absorbirt und zwar bei 0^0 C. das 1000fache
Volum, bei gewöhnlicher Temperatur noch das 600fache Volum des
Wassers. Diese wässerige Lösung: wässeriges Ammoniak, Salmiakgeist, besitzt den Geruch des Gases, reagirt stark alkalisch;
durch Erwärmen wird das Gas ausgetrieben. — Auch von Alkohol
werden ziemlich grosse Mengen Ammoniak (10 %) absorbirt; man erhält das weingeistige Ammoniak. — Das Ammoniak ist eine starke
Base, welche sich direct mit Säuren zu Salzen verbindet.

Das kohlensaure Ammonium des Handels (anderthalbkohlen-
saures Salz: $CO_3(NH_4)_2 + 2CO_3H \cdot NH_4$), dargestellt im Grossen durch
Erhitzen von Salmiak und kohlensaurem Calcium, bildet eine durch-
scheinende, krystallinische Masse, welche stark nach Ammoniak riecht,
in Wasser sich leicht löst; das sog. Hirschhornsalz besteht wesentlich aus diesem Ammoniumsalz.

Das Chlorammonium (der Salmiak): NH_4Cl, im Grossen
gewonnen aus dem sog. Gaswasser, bildet reguläre Octaëder oder
Würfel, welche in Wasser sehr leicht löslich sind.

Vergiftungen mit den angeführten Ammoniakverbindungen, sowie
mit Präparaten derselben, sind öfter berichtet.

1) Vergiftungen durch Ammoniakdämpfe.

Dieselben verdankten verschiedenen Ursachen ihre Entstehung.

2 Todesfälle wurden veranlasst, indem Ammoniakflüssigkeit bei Epileptischen in unvorsichtiger Weise als Riechmittel angewendet wurde; 1mal wurde dieselbe als Riechmittel bei Blausäurevergiftung benutzt; einmal entstand die Intoxication durch Einathmung des aus einer zerbrochenen Flasche entwichenen Ammoniakgases und einmal kam ein Techniker in einer *Carré*'schen Eismaschine in grosse Lebensgefahr.

Als Symptom dieser Intoxication ist das schon bald nach dem Einathmen der Dämpfe eintretende Gefühl der Erstickung zu nennen; es stellt sich dann ein brennender Schmerz im Mund und Rachen ein, Erbrechen seröser Massen; auf der Brust starkes Schleimrasseln mit Husten und Auswurf schleimiger Massen, Bronchitis, welche mehrere Tage anhalten kann. Es kommt grosse Schwäche hinzu und kann der Tod durch Störung der Respirationsthätigkeit eintreten.

Wird, wie dies bei Arbeitern der Fall sein kann, das Ammoniakgas in geringer Menge längere Zeit eingeathmet, so entstehen dadurch chronische Bronchialkatarrhe etc. Bei Cloakenarbeitern entsteht durch die reizende Wirkung des Gases eine eigenthümliche Augenentzündung (la Mitte) (*Hirt*).

2) Vergiftungen durch Ammoniakflüssigkeit.

Die Zahl der Intoxicationen mit wässerigem Ammoniak ist viel grösser, als die Anzahl der durch Gas bedingten. 30 Vergiftungen, bei welchen theils Salmiakgeist, theils Präparate desselben (Aqua sedativa, Liniment etc.) zu Wirkung gelangten, finde ich in der Literatur angegeben. Von diesen Intoxicationen sind 2 als Giftmord, 8 als Selbstmord zu bezeichnen; die Vergifteten: kleine Kinder, erlagen beide der Wirkung, während von den Selbstmördern 6 zu Grunde gingen. — Die meisten der hierher gehörigen Vergiftungen waren zufällig entstanden, oft durch Verwechslung der giftigen Flüssigkeit mit andern unschädlichen; auch kam es vor, dass die Ammoniaklösung, statt sie äusserlich zu benutzen, innerlich genommen wurde. Nach *Plenk* wurde einem Menschen, welchen ein toller Hund gebissen hatte, ein Gläschen voll Salmiakgeist in den Schlund gegossen; er war in 4 Minuten todt. Von den hierher gehörigen 20 Intoxicationen endeten 12 letal.

Ueber die für Menschen tödtliche Menge sind wir nur unvollkommen unterrichtet. Auch bei diesen Vergiftungen kommen Fälle vor, in denen die Genesung nach grossen Dosen (30 und 40 g Salmiakgeist) in wenigen Tagen erfolgte, während in andern Fällen relativ geringe Mengen (4—6—8 g) einen letalen Ausgang veranlassten. Nach *Taylor* hängen die Wirkungen mehr von den veranlassten Verletzungen der Luftwege und des Magens, als von der absoluten Giftmenge ab; dass es hierbei zunächst wesentlich auf den Concentrationsgrad der Lösung ankommt, ist selbstverständlich; es wird daher auch durch ein Liniment keine so intensive Vergiftung veranlasst werden können, wie durch den Salmiakgeist selbst.

Die Zeit, welche von der Einnahme des Giftes bis zum Eintritt des Todes verfloss, war sehr verschieden. In dem oben erwähnten Falle trat der Tod schon nach 4 Minuten ein: auch in andern Fällen wurde ein ähnlich schneller Verlauf beobachtet. Oefter vergehen aber Stunden bis der Tod erfolgt (3 Stunden bei *Christen*, 4: *Kern*, 6: *Chapplain*, 11: *Thomas*: 12: *Gillam* etc.); ebenso oft wohl finden wir, dass

sich die Krankheit länger hinzieht und erst am 2. (*Matterson, Dyson*),
3. (*Leudet*), am 8. (*Rulié, Francais*), am 10. (*Potain*), ja selbst erst
am 24. Tage (*Patterson*) der Tod erfolgt.

Die Symptome, welche durch die energisch wirkenden Flüssigkeiten hervorgerufen werden, stellen sich sofort mit der Einnahme des
Giftes ein. Starkes Brennen, die heftigsten Schmerzen im Munde und
Schlunde, in der Speiseröhre, dem Magen, dem Kehlkopf und Trachea,
verbunden mit Angst und grosser Erstickungsnoth, sind wohl als die
ersten Zeichen der stattgefundenen Intoxication anzuführen. Die
Schmerzen können so hochgradig sein, dass die Vergifteten wie rasend
herumlaufen, ja bewusstlos zusammenstürzen. Das Schlucken ist erschwert, schmerzhaft, die Stimme schwach; es tritt Uebelkeit und Erbrechen ein, welch letzteres sich oft wiederholt; es können auch noch
Durchfälle hinzukommen. Die Schleimhäute, auf welche das Gift direct
eingewirkt hat, sind geschwollen und stark geröthet, es stellt sich
heftiger Husten ein, durch welchen schleimige, oft blutige Massen in
grösserer Menge ausgeworfen werden; auch ein intensiver Speichelfluss
kann eintreten. Die Respiration ist erschwert, beschleunigt, der Puls
oft kaum zu fühlen, sehr frequent, die Haut ist kalt, gefühllos. Diese
Symptome können allmälig an Intensität zunehmen und gehen die
Patienten in Folge der Athmungsstörungen, resp. durch starken Kräfte-
verfall zu Grunde. Tritt Genesung ein, so können katarrhalische
Affectionen der Respirationsorgane noch längere Zeit bestehen bleiben.

In der Leiche findet man die verschiedenartigsten Veränderungen
der Schleimhäute des Mundes etc., Röthung, Schwellung, Verlust des
Epithels, Geschwürsbildung und sogar Perforation des Magens. Auch
die Schleimhaut der Respirationsorgane ist stark entzündet und findet
man croupöse Membranen in der Luftröhre und den Bronchien.

3) Einen ähnlichen Verlauf zeigen die Vergiftungen durch
kohlensaures Ammoniak. Vergiftungen durch das flüchtige Laugen-
salz, resp. Hirschhornsalz sind bis jetzt nur in geringer Zahl beobachtet.
4 schwere Vergiftungen, von welchen 2 letal endeten, sind beschrieben;
bei letzteren trat der Tod 36 Stunden resp. 3 Monate nach Einnahme
des Giftes ein.

4) Durch Chlorammonium verursacht, wurde bisher nur eine
Vergiftung beobachtet; dieselbe betrifft einen 22jährigen Irrsinnigen,
welcher 6 Stunden lang Krystalle und Pulver von Salmiak ass, in
Folge dessen von Magenschmerzen, Schwindel, Ohrensausen und Sehstörungen befallen wurde; es trat ein kurzer Krampfanfall ein, wonach
die Hände in starker Flexion verblieben; die Haut war kühl, die Respiration gestört, der Patient wie todt; eine energische Behandlung,
namentlich die Anwendung des electrischen Stromes zur Unterhaltung
der Respiration, rettete den Patienten.

Die Behandlung hat für Entfernung, resp. für Neutralisation
der giftigen Massen Sorge zu tragen. Bei Vergiftung mit Salmiakgeist würde man von verdünnten Säuren, dem im Haushalte benutzten
Essig etc. Gebrauch machen können. Metallische Brechmittel werden
so viel wie möglich zu meiden sein; auch bei der Anwendung der
Magenpumpe ist wohl auf die Verätzung etc. Rücksicht zu nehmen.
Die übrigen Wirkungen verlangen eine symptomatische Behandlung;

intensive Athmungsstörungen können die Tracheotomie, die künstliche Unterhaltung der Athmung, nothwendig machen.

Experimentaluntersuchungen.

Durch zahlreiche Untersuchungen haben wir die Wirkung der Ammoniakalien kennen gelernt. — Diese Substanzen werden ziemlich rasch von allen Applicationsstellen aus resorbirt und findet die Resorption bei den flüchtigen Stoffen auch durch die Lungen statt. — Die ätzend wirkenden Präparate verursachen, ihrer Wirkung entsprechend, locale Veränderungen. — Wird Ammoniak Fröschen subcutan applicirt, so tritt sehr schnell eine ganz bedeutende Steigerung der Reflexerregbarkeit ein, ferner Convulsionen meist tetanischer Art, später Lähmung und Tod. Die Convulsionen kommen zu Stande durch Einwirkung des Giftes auf das Rückenmark. Diese tetanischen Convulsionen kommen bei Kaninchen etc. nur dann zu Stande, wenn das Gift in das Blut injicirt wird und bleiben dieselben bei Extremitäten, deren Nerven vorher durchschnitten wurden, aus. Auf reflectorischem Wege können tetanische Anfälle nicht hervorgerufen werden; es erfolgen nur Reflexzuckungen. — Wichtig ist die Einwirkung der Ammoniakalien auf den Kreislauf. Bei Fröschen wird durch Ammoniak rasch eine starke Verengerung der Arterien in der Schwimmhaut hervorgerufen, welche auf Reizung des vasomotorischen Centrums bezogen wird. Bei Säugethieren findet man, nach schnell vorübergehender Erniedrigung, ein bedeutendes Steigen des Blutdrucks, nach Injection grosser Dosen aber Sinken des Drucks und Herzstillstand. — Auch auf die Athmung wirken die Ammoniakalien intensiv ein, indem sogleich nach Injection von Gift in das Blut die Respiration für kurze Zeit stillsteht, dieselbe aber dann sehr beschleunigt wird. Diese Beschleunigung wird in Folge der Durchschneidung der Nn. Vagi nicht aufgehoben, während der Athmungsstillstand nach vorhergehender Durchschneidung dieser Nerven nicht beobachtet wurde. Grössere Dosen wirken schliesslich lähmend auf das Athmungscentrum ein. — Was die Ausscheidung der Ammoniakalien aus dem Körper betrifft, so haben zahlreiche neuere Untersuchungen dargethan, dass dieselben nicht durch die Lungen eliminirt werden, sondern durch den Urin zum grössten Theil in Form von Harnstoff den Körper wieder verlassen.

Gerichtlich-chemischer Nachweis.

Bei Verdacht einer durch Ammoniakalien stattgefundenen Vergiftung kommen als Untersuchungsobjecte wohl nur das Erbrochene, höchstens noch der Mageninhalt in Betracht. Diese Massen sind nach Zusatz von Natronhydrat und Alkohol zu destilliren und die übergegangene Flüssigkeit weiter zu prüfen. Als Reactionen kommen in Betracht der Geruch des Ammoniakgases, die blauviolette Färbung des frisch bereiteten Hämatoxylinpapiers, sowie die Farbenänderungen anderer Reagenzpapiere; ferner die Bildung der Salmiaknebel bei Gegenwart von Salzsäure; auch kann das Platinchloriddoppelsalz dargestellt werden.

13. Die ätzenden Präparate von Kalium und Natrium.

Das Kaliumhydroxyd (Kalihydrat): KOH, bildet im reinen Zustande weisse, krystallinische Massen, welche bei hoher Temperatur leicht schmelzen, an der Luft rasch zerfliessen unter Aufnahme von Wasser und Absorption von Kohlensäure. Dasselbe ist in Wasser, auch Alkohol leicht löslich; die wässerige Lösung ist als Kalilauge bekannt.

Das Natriumhydroxyd (Natronhydrat): NaOH, ist dem vorhergenannten Körper sehr ähnlich, zerfliesst jedoch nicht an der Luft. Liefert die Natronlauge.

Ausser diesen beiden Präparaten kommen in Folge einer ähnlichen Wirkung noch in Betracht:

Das kohlensaure Kalium (Pottasche): $CO(OK)_2$, ein Hauptbestandtheil der Pflanzenaschen, aus welchen es dargestellt werden kann. In reinem Zustande bildet es weisse, säulenförmige Krystalle, welche an der Luft schnell zu einer laugenhaft schmeckenden, stark alkalisch reagirenden Masse zerfliessen. — Die Pottasche des Handels ist noch durch andere Salze verunreinigt.

Das kohlensaure Natrium (Soda): $CO(ONa)_2 + 10OH_2$, findet sich vorwiegend in der Asche von Seepflanzen, bildet im reinen Zustande grosse, farblose Krystalle, welche an der Luft verwittern, in Wasser aber leicht löslich sind.

Vergiftungen durch die hier beschriebenen Substanzen, welche namentlich in der Technik sehr viel gebraucht werden, kamen hin und wieder vor. Auch durch den Genuss von Bleichlaugen, der sog. *Javelle'*schen Lauge (unterchlorigsaures Kali und Natron) sind Intoxicationen veranlasst worden.

Von den 27 in der Literatur angeführten Intoxicationen wurden 7 mit der Absicht zu tödten hervorgerufen und haben wir von diesen 2 als Giftmorde (ausgeführt durch *Javelle'*sche Lauge resp. Natronlauge), 5 als Selbstmorde zu bezeichnen. Alle andern (20) Intoxicationen verdanken ihren Ursprung dem Zufall, indem die betreffenden, stark ätzenden Lösungen, resp. Flüssigkeiten aus Versehen getrunken wurden; in 2 Fällen finden wir angeführt, dass kohlensaures Kalium statt Laxirsalz eingenommen sei; in einem Falle wurde viele (18) Jahre hindurch täglich c. 8 g doppelkohlensaures Natrium gegen Dyspepsie gebraucht und hierdurch (?) plötzlich der Tod verursacht.

Die Mehrzahl (15) der angeführten Intoxicationen ist durch den Gebrauch von Pottasche veranlasst worden, bei 6 Fällen wird als Gift die *Javelle'*sche Lauge namhaft gemacht, je 2 Intoxicationen sind auf den Gebrauch von Seifenlauge resp. Natronlauge zurückzuführen, während nur bei je einem Falle doppeltkohlensaures Natrium, resp. Kalihydrat genannt ist.

Von den 27 Vergifteten starben 22 = 81,5%; über die Giftmengen, welche diese Todesfälle veranlasst haben, erfahren wir nur sehr wenig, auch sind die Angaben über die Dauer der Intoxicationen nicht sehr genau. In einem Falle von *Dewar* erlag ein Knabe, welcher zufällig c. 90 g einer starken Lösung von Pottasche getrunken hatte, der Wirkung des Giftes nach *Christison* in 12 Stunden (nach *Taylor* schon in 3 Stunden); in einem von *Orfila* berichteten Falle aus dem Jahre 1836 starb ein 3jähriges Mädchen, welches eine unbestimmte Menge an der Luft zerflossener Pottasche verschluckt hatte, nach 24 Stunden. In allen andern letal verlaufenen Fällen zog sich die Intoxication über mehrere Tage, über Wochen, ja Monate hin. In *Moeli's* Fall trat der

Tod am 87. Tage ein, in andern Fällen wird als Dauer der Vergiftung 3, 4, 7 Wochen, 2, 3, 4, 4½ Monate, in dem von *Basham* berichteten Falle sogar 27 Monate angegeben. — *Tardieu* gibt an, dass für einen Erwachsenen von *Javelle*'scher Lauge 150—200 g, von Pottasche oder Soda 10—20 g als tödtlich wirkende Menge anzusehen sei.

Die Symptome der Laugenvergiftungen.

Sogleich nach oder schon während des Verschluckens des Giftes klagen die Patienten über den beissenden, salzigen Geschmack, welcher oft schon verhindert, dass das Gift vollständig verschluckt wird. Dazu tritt, sobald die Flüssigkeit verschluckt wurde, heftiges Brennen im Munde, Speiseröhre und Magen, heftige Schmerzen in den betreffenden Parthien. Im Munde und Schlunde können direct die stärksten localen Veränderungen der Schleimhaut wahrgenommen werden. Die Schleimhaut an Lippen und Zunge löst sich ab, die Theile schwellen stark an. Das Schlingen ist erschwert, es stellt sich Uebelkeit und Würgen ein, Erbrechen von stark alkalisch reagirenden, oft mit Blut und Schleimhautfetzen untermischten Massen. Dabei sind die Schmerzen sehr bedeutend gesteigert, es herrscht grosse Angst, die Glieder zittern und können bei kleinen Kindern Convulsionen zum Vorschein kommen. Die Haut ist kühl, klebrig, der Puls frequent, es stellt sich allgemeine Schwäche ein, zu dem Erbrechen treten kolikartige Schmerzen nebst Diarrhöe hinzu und kann in seltenen Fällen (von 22 nur 2 mal = 9,1 %) der Tod schon wenige (bis 24) Stunden nach der Vergiftung eintreten; dabei gehen Bewusstlosigkeit, Convulsionen und schliesslich Lähmung voraus.

In den meisten Fällen gehen die Vergifteten nicht durch die erste Einwirkung des Giftes zu Grunde; die Symptome nehmen mehr und mehr ab, das Erbrechen hört auf, auch die Durchfälle lassen nach und kann vollkommene Genesung eintreten. Meist ist diese Genesung aber keine vollkommene, keine dauernde. Es treten mehr und mehr Symptome auf, welche auf starke Veränderungen im Verlaufe des Tractus intestinalis, auf Stricturen an den verschiedensten Stellen desselben, namentlich aber in dem untern Theile der Speiseröhre hindeuten und gehen die Patienten erst nach Monaten, ja nach Jahren in Folge der ungenügenden Ernährung zu Grunde.

Der Leichenbefund.

Derselbe wird begreiflich je nach dem schnelleren, resp. langsameren Verlaufe ein verschiedener sein. Ist der Tod bald nach der Vergiftung eingetreten, so wird man noch die frisch entstandenen Läsionen der Schleimhaut des Tractus intestinalis vorfinden: Röthung, Schwellung, Erweichung, Ablösung derselben, Perforation des Magens. Hat die Krankheit einen langsameren Verlauf gehabt, so werden auch die Entzündungserscheinungen vollkommen geschwunden sein: statt dessen findet man an den verschiedensten Stellen der Speiseröhre, des Magens (am Pylorus) Narben und Verengerungen des Lumens, welche die normale Ernährung zu verhindern im Stande waren.

Die Behandlung.

Die Behandlung einer Vergiftung durch Laugen kann im Anfang der Intoxication durch Darreichung von verdünnten Säuren (Essig.

Citronensaft etc.) die ätzenden, alkalischen Stoffe unschädlich machen, so dass weitere Anätzung gesunder Schleimhaut nicht mehr stattfinden kann. Die Entfernung der Gifte aus dem Magen wird meist durch das spontan eintretende Erbrechen besorgt; sonst könnte von der Magenpumpe Gebrauch gemacht werden, natürlich unter Berücksichtigung der etwa stark verätzten Speiseröhre etc. — Sonst symptomatisch.

Experimental-Untersuchungen.

In concentrirtem Zustand kommt den Laugen eine ätzende Wirkung auf thierische Gewebe zu; dieselbe ist abhängig zum Theil davon, dass die Laugen den Geweben Wasser entziehen, auch davon, dass diese Substanzen die Bestandtheile des Körpers zu lösen und zu verändern im Stande sind. Hierauf beruhen auch die bei Vergifteten veranlassten localen Veränderungen und sind dadurch auch die heftigen Schmerzen zu erklären. — Die gelösten Eiweissstoffe können nach Zusatz von Alkalien durch Siedehitze nicht mehr coagulirt werden. — Auch die kohlensauren Salze von Kalium und Natrium wirken in concentrirter Lösung ähnlich ein.

Die kohlensauren Salze, in geringer Menge normale Bestandtheile des Organismus von Mensch und Thier, sind als solche für das Fortbestehen des Lebens von grosser Wichtigkeit. *Merunowicz* wies nach, dass ein Froschherz, welches durch Kochsalzlösung zum Stillstand gebracht war, wieder zu schlagen beginnt, wenn man eine 0,25—0,5‰ kohlensaures Natrium haltende Kochsalzlösung auf das Herz einwirken lässt. Das im Blut enthaltene kohlensaure Natrium kann somit als ein Belebungsmittel für das Herz angesehen werden.

In grösserer Menge in den Körper längere Zeit eingeführt, wirkt das Natriumcarbonat schädlich. *Schoenlein* konnte durch Injection dieser Salzlösung in das Blut das Froschherz in diastolischen Stillstand versetzen; letzterer verschwand nach einiger Zeit wieder; die Ursache wurde auf eine Schädigung der Muskelsubstanz zurückgeführt. — *Lomikowsky* fütterte Hunde längere Zeit täglich mit 50—60 g doppeltkohlensaurem Natrium und fand, dass die Thiere den Appetit verloren, abmagerten, Erbrechen und Durchfall bekamen und nach 4—5 Wochen starben. Es fanden sich zahlreiche Veränderungen in den Organen der Thiere. — *Rabuteau* fand, dass 5—6 g doppeltkohlensaures Natrium, täglich genommen, die entleerte Harnstoffmenge verminderte, die Pulsfrequenz herabsetzte, auch auf die Körpertemperatur erniedrigend einwirkte; durch grössere Dosen wurde ein Zustand der Chlorose, Muskelschwäche veranlasst.

14. Kaliumsalze.

Das Chlorkalium: KCl, findet sich natürlich, bildet im reinen Zustande farblose, durchsichtige Würfel, welche sich in Wasser sehr leicht lösen, in Alkohol unlöslich sind; die wässerige Lösung hat salzigen Geschmack.

Das schwefelsaure Kalium: $SO_2(OK)_2$, bildet farblose, rhombische Krystalle von bitterlich-salzigem Geschmack, welche sich in 10 Theilen Wasser lösen.

Das weinsaure Kalium, der Weinstein: $C_4H_4O_6 . HK$, bildet im reinen Zustande durchsichtige, schwach säuerlich schmeckende, rhombische Krystalle, welche sich in 210 Theilen Wasser von 17^0 C. lösen.

Ausser diesen 3 Salzen hätte ich noch andere, in Wasser lösliche Kalisalze, welche ihre Wirkung dem Kali verdanken, namhaft machen können (s. auch noch S. 115 u. 117); doch beschränke ich mich hier auf diese kleine Zahl. — Vergiftungen mit den genannten Kalisalzen sind bis jetzt nur in sehr geringer Menge beobachtet worden. Ich finde in der Literatur nur 4 Fälle, alle aus früherer Zeit (1837—56), von welchen 3 durch das schwefelsaure, einer durch das saure, weinsaure Salz veranlasst würde.

In *Tyson's* Falle nahm ein Mann 4—5 Esslöffel voll Cremor Tartari; er wurde von heftigem Erbrechen und Diarrhöen heimgesucht, klagte über Schmerzen im Leibe, heftigen Durst, Lähmung der Extremitäten: sein Puls war schwach und trat der Tod nach ungefähr 48 Stunden ein. — Die Schleimhaut des Tractus intestinalis zeigte sich mehr weniger stark entzündet.

Von den 3 letal verlaufenen Fällen, welche durch das schwefelsaure Kalium veranlasst wurden, kamen 2 zu Stande, indem dieses Salz in Mengen von je 60 g als Abortivum angewandt wurde; von den schwangeren Frauen starb die eine nach c. 12 Stunden, die andere ebenfalls nach einigen Stunden. In dem 3. Falle wurde dieses Salz (c. 37,5 g in getheilten Dosen) bei einer Wöchnerin als Abführmittel verordnet. Nach der ersten Dosis stellten sich heftige Magenschmerzen, Uebelkeit, Erbrechen und Durchfall ein; die Symptome verschlimmerten sich nach jeder Dosis und starb Patientin nach 2 Stunden. — Auch in den beiden andern Fällen waren ähnliche Symptome beobachtet worden und wurde auch bei den Vergiftungen durch das schwefelsaure Salz die Schleimhaut entzündet gefunden.

Experimental-Untersuchungen.

Nachdem durch die Untersuchungen von *Cl. Bernard* und *Grandeau* die intensive Giftigkeit der Kaliumsalze bekannt war, sind im Laufe der Zeit zahlreiche Untersuchungen über die Art der Wirkung dieser Stoffe ausgeführt worden.

Werden einem Frosche kleine Mengen Chlorkalium injicirt, so tritt bald Lähmung der Extremitäten ein, Schwächung der Reflexbewegung, Unregelmässigkeit der Athmung und Herzthätigkeit und nach kurzer Zeit steht das Herz still. Wird die Giftlösung einem Hunde etc. direct in das Blut gespritzt, so erfolgt fast augenblicklich der Tod durch Stillstand des Herzens; kleinere Dosen und bei subcutaner Application bewirken den Herzstillstand erst nach längerer Zeit, nachdem Verlangsamung des Pulses, Dyspnoë und Convulsionen vorangegangen sind.

Am Interessantesten ist die Wirkung der Kalisalze auf das Herz. Genaue Untersuchungen haben ergeben, dass durch kleine Dosen, nach einem schnell vorübergehenden Sinken des Blutdrucks und der Pulsfrequenz, rasch ein bedeutendes Steigen des Drucks folgt, anfangs verbunden mit wenige Sekunden dauernder Pulsbeschleunigung, später mit Verlangsamung. Die Drucksteigerung erfolgt auch nach Durchschneidung des Rückenmarks. Etwas grössere Dosen bewirken sofort Sinken des Drucks fast zur Nulllinie und Stillstand des Herzens (die Feder verzeichnet eine gerade Linie); wird jetzt der Thorax geöffnet, so überzeugt man sich leicht, dass dieser Herzstillstand nur ein scheinbarer ist; das Herz des „todten" Thieres macht noch 120—160 rhythmische Contractionen in der Minute und sind sogar noch eine Stunde später Vorhofscontractionen zu beobachten. — Wird nach dem Aufhören der Athmung letztere künstlich unterhalten und frühzeitig Compressionen des Thorax ausgeführt, so kann das Herz derart wiederbelebt werden, dass der Blutdruck rasch wieder ansteigt, die Respiration wieder selbstständig erfolgt etc.; Vergiftung und Wiederbelebung können bei demselben Thiere kurz hintereinander mehrmals mit Erfolg ausgeführt werden. Es gelingt, Thiere, welche schon 36 Minuten im Scheintod lagen, vollständig wieder zum Leben zurückzubringen *(Böhm)*. Die Compressionen des Thorax dienen dazu, die in dem Herzen befindliche Giftlösung daraus zu entfernen, einen Nothkreislauf zu unterhalten und einen mechanischen Reiz auf das Herz auszuüben. Nach *Böhm* ruft die Injection einer grösseren Menge Kalisalz heftige Herzkrämpfe hervor und scheint alsdann die athmungsartige Schwäche der nervösen automatischen Herzapparate einzutreten; nur durch den Nothkreislauf (Versorgung des Blutes mit Sauerstoff) wird die Erholung des Herzens möglich *(Böhm)*. Durch allzu grosse Dosen kann aber die Erregbarkeit des Herzens definitiv aufgehoben werden; es werden alsdann die Wiederbelebungsversuche ohne Erfolg bleiben. — *Köhler* fand, dass nach vorhergehender Halsmarkdurchschneidung grössere Mengen Kalisalz injicirt werden müssen, bis das letale Absinken des Blutdrucks erfolgt. *Köhler* nimmt als Todesursache der Kalivergiftung die Lähmung des vasomotorischen Centrums an, während die peripher gelegenen Centren der Gefässinnervation intact bleiben. Als zweite Todesursache führt *Köhler* an die Einwirkung auf das Athmungscentrum, welches anfangs stark erregt, später gelähmt werde. — Auf das übrige Nervensystem wirken die Kaliumsalze ebenfalls anfangs erregend, später lähmend ein. Die Körpertemperatur sinkt während der Vergiftung ziemlich bedeutend, nach meinen Versuchen (an Kaninchen mit Chlorkalium) bis zu $7^0,8$ C. — Die Resorption der Kalisalze vom Magen, resp. subcutanen Zellstoff aus, ist nach *Hermann-Forel* sehr langsam, ebenso erfolgt die Elimination durch die Nieren auch langsam. Im Urin findet sich während der Intoxication Zucker.

Anhang : **Die Natriumsalze.**

Denselben kommt eine solche eigenthümliche und intensive Wirkung, wie sie die Kaliumsalze hervorrufen, nicht zu und hält man die Natriumsalze gewöhnlich für völlig unschädlich. Und doch sind auch Vergiftungen, selbst mit letalem Ausgange durch Chlornatrium veranlasst worden. So erzählt *Taylor*, dass ein junges Mädchen c. ein halbes Pfund Kochsalz gegen Würmer einnahm: es trat bei demselben allgemeine Paralyse ein und im Laufe weniger Stunden der Tod. Nach *Christison* haben Mengen von einem Pfund ebenfalls, in 24 Stunden, dem Leben eines Mannes ein Ende gemacht. Magen und Eingeweide waren stark entzündet. — Aus neuerer Zeit sind solche Vergiftungen bei Menschen nicht beobachtet worden.

15. Salpetersaures Kalium und Natrium.

Das salpetersaure Kalium, der Salpeter: KNO_3, bildet im reinen Zustande grosse, farblose, durchsichtige, gestreifte, sechsseitige, rhombische Prismen von kühlendem, salzigem Geschmack, welche sich in 4 Theilen Wasser lösen. Dient als energisches Oxydationsmittel.

Das salpetersaure Natrium, der Chilisalpeter: $NaNO_3$, krystallisirt in würfelähnlichen Rhomboëdern, welche aus der Luft Wasser anziehen und in Wasser leichter löslich sind, als Salpeter.

Von diesen beiden Substanzen hat nur das Kaliumsalz bis jetzt toxikologische Wichtigkeit.

Vergiftungen durch Salpeter.

Vergiftungen mit diesem therapeutisch viel gebrauchten Mittel sind in kleiner Anzahl beschrieben worden. Von den 20 in der Literatur aufgeführten Intoxicationen kamen 8 dadurch zu Stande, dass der Salpeter mit abführenden Salzen (5mal mit schwefelsaurem Magnesium, 2mal mit schwefelsaurem Natrium, 1mal mit einem „Purgirmittel") verwechselt wurde; 1mal wurde Salpeter statt Kochsalz genommen, 2mal kam die Vergiftung zufällig, aus Versehen zu Stande, einmal wurde Salpeter in grosser Menge einem Klystier zugesetzt; die andern Fälle verdanken ihre Entstehung der Anwendung zu grosser, therapeutisch benutzter Dosen.

9 der Vergifteten erlagen der Wirkung des Giftes. Der Tod erfolgte durch 25 g nach 12 Stunden, durch je 30 g nach $^3/_4$, 6 und 36 Stunden, 32 g nach 3 Stunden, durch 37,5 g nach 5 Stunden, durch 30—45 g nach 2 Stunden und durch 48 g nach 60 Stunden. In den nicht letalen Vergiftungen waren Mengen von 15—120 g in den Körper eingeführt worden. Es ergibt sich hieraus die Unmöglichkeit, die letal wirkende Dosis genauer zu fixiren, zumal, wenn man dabei berücksichtigt, dass einzelne, namentlich englische Aerzte von dem Salpeter in den hohen Dosen von 6—12, ja bis 16 Drachmen (c. 24—48—64 g) pro die Gebrauch gemacht haben.

Symptome der Vergiftung.

Bald nach dem Genuss dieses Giftes stellte sich meist Uebelkeit, Erbrechen und Durchfall ein; in *Chevallier's* Fall erfolgten nach 25 g Salpeter 30 Durchfälle und der Tod in 12 Stunden; heftiger Schmerz im Leibe, im Schlunde und Magen. Dazu kommen kleiner und schwacher Puls, erschwerte Respiration, Kälte der Haut, namentlich an den Extremitäten, ein Gefühl von Kälte längs des Rückgrats und Zittern der Glieder. Auch leichte Convulsionen können sich einstellen, Kopfcongestionen, furibunde Delirien, Bewusstlosigkeit, Collaps und Tod. — Bei günstigem Verlaufe können einzelne Symptome (Verdauungsstörungen, Durchfälle, lähmungsartige Zustände) Tage lang anhalten. — In den Leichen fand man meist die Schleimhaut des Tractus intestinalis mehr weniger stark entzündet und verändert, bis zur Perforation des Magens.

Behandlung der Vergiftung.

Bei einer Salpetervergiftung wird man zunächst für Entfernung des Giftes zu sorgen haben; die einzelnen Symptome verlangen, da ein

Gegengift nicht bekannt ist, symptomatische Behandlung. Gegen die Asphyxie würde man nach *Böhm* durch künstliche Respiration und Compressionen des Thorax einzuwirken versuchen müssen.

Experimentaluntersuchungen.

Dem salpetersauren Kalium kommen zunächst alle die Wirkungen zu, welche wir vorher bei der Behandlung der Kaliumsalze kennen gelernt haben; auch hat zur Feststellung dieser Wirkungen in einer grossen Zahl von Untersuchungen der Salpeter gedient. Wenn ich trotzdem den Salpeter und die salpetersauren Alkalien überhaupt getrennt von den Kaliumsalzen bespreche, so hat dies seinen Grund in dem eigenthümlichen Verhalten dieser Verbindungen zu organischen Körpern. *Schoenbein* wies nach, dass Nitrat durch sämmtliche thierische und pflanzliche Eiweissstoffe, Leim, Kohlenhydrate, Bierhefe, Schwämme und Pilze, sowie durch die rothen Blutkörperchen zu Nitrit reducirt wird und fand *Gscheidlen*, dass auch das lebende thierische Gewebe, namentlich die Muskelsubstanz im thätigen Zustande Nitrat reducire. Nach *Barth* tritt diese Reduction auch in Mischungen ein, welche Pancreas enthalten, während die Gegenwart der Galle die Reduction zu verhindern, resp. zu verlangsamen befähigt zu sein scheint.

Die Untersuchungen von *Binz-Barth* haben ergeben, dass das salpetersaure Natrium, welches bisher für unschädlich gehalten wurde, intensiv auf den Körper einzuwirken vermag, indem es Frösche zu 0,4 g, subcutan applicirt, in Zeit von 2 Stunden tödtet, nachdem sich fibrilläre Zuckungen einzelner Muskelgruppen, Bewegungslosigkeit, Narkose eingestellt haben. Das Herz stirbt zuletzt, contrahirt sich aber, kurz nach dem Stillstand, noch auf Reize. — Bei Kaninchen, in grösserer Menge subcutan applicirt, ruft es Narkose hervor; die Thiere liegen bewusstlos zur Seite, ohne Bewegung und reagiren nur auf starkes Kneifen, resp. bei Berühren der Augen. Die Athmung wird verlangsamt, ebenso die Herzthätigkeit: der Tod erfolgt unter einigen krampfhaften Athembewegungen. — Im Urin konnte oft Nitrit nachgewiesen werden [1]).

Es wurden Untersuchungen mit salpetrigsaurem Natrium (das angewandte Präparat enthielt nur 20% reines Natriumnitrit) angestellt, welche das Nitrit als heftiges Gift erkennen liessen, indem schon 0,1 g genügte, um ein 730 g schweres Kaninchen vom subcutanen Zellstoff aus zu tödten (*Barth*). — Auch hierbei tritt sehr bald Erschlaffung ein, erschwerte Respiration, Zucken der Muskel und Tod ohne Convulsionen. Auch Erbrechen stellt sich bei Versuchen mit Hunden ein. Das Blut war chokoladenfarben und liess, spectroskopisch untersucht, die beiden Oxyhämoglobinstreifen nur verschwommen erkennen, dagegen aber einen Streifen im Roth. Die respiratorische Functionsfähigkeit des Hämoglobins soll durch das Nitrit aufgehoben werden (*Barth*). — Die Vergiftung durch Chilisalpeter hat sehr grosse

---

[1]) Die Giftigkeit des Chilisalpeters wurde kürzlich auch von *Kobert* bestätigt. doch hält er die Umwandlung des Nitrats zu Nitrit im Thierkörper für nicht genügend bewiesen; das Blut der vergifteten Thiere zeige das *Gamgee*'sche Nitritspectrum nur ausnahmsweise. der Urin der Thiere enthalte im vollständig reinen Zustand kein Nitrit. Auch bei Menschen. welche wochenlang stündlich 0.5—1 g Natronsalpeter einnehmen. ist der Urin frei von Nitriten (*Kobert*).

Aehnlichkeit mit der Nitritvergiftung und glaubt *Barth* annehmen zu dürfen, dass bei ersterer die Bildung und Wirkung von Nitrit wichtig ist. — Ueber die betreffenden Kalisalze liegen keine Untersuchungen vor.

Gerichtlich-chemischer Nachweis.

Der chemische Nachweis der Vergiftung durch salpetersaure Alkalien, sowie durch Alkalisalze überhaupt, ist nicht sehr einfach und kann nur durch quantitative Bestimmung der in den Organen enthaltenen Kali- resp. Natronmengen zu führen versucht werden.

Zur Bestimmung der Alkalien werden die zu untersuchenden Massen ausgetrocknet, verkohlt, die Kohle mit Wasser ausgelaugt, alsdann völlig verascht, wieder ausgelaugt und filtrirt. Die erhaltene Lösung wird zunächst qualitativ auf Kali, resp. Natron geprüft, durch die Bildung der Niederschläge von saurem, weinsaurem Kalium, von Kalium-Platinchlorid, von kieselfluorwasserstoffsaurem und überchlorsaurem Kalium. Die Natriumsalze färben die Flamme gelb.

16. Chlorsaures Kalium und Natrium.

Das chlorsaure Kalium: $KClO_3$, im Grossen dargestellt durch Einleiten von Chlorgas in eine Mischung von Kalkhydrat und Chlorkalium, wird schliesslich erhalten in Form von weissen, perlmutterglänzenden Tafeln, resp. Blättchen, welche sich in 16—17 Theilen Wasser von 15° C., in 2 Theilen kochendem Wasser lösen.

Das chlorsaure Natrium: $NaClO_3$, dargestellt durch Zersetzung von weinsaurem Natrium durch chlorsaures Kalium, bildet farblose, stark hygroskopische Krystalle, die sich schon in gleichen Theilen Wasser lösen.

Von diesen beiden Salzen ist namentlich das Kalisalz ein gegen Krankheiten häufig angewandtes Mittel. Wenn man die Lehrbücher etc. der Arzneimittellehre bezüglich dieses Arzneistoffs nachschlägt, so findet man Angaben, welche das chlorsaure Kalium als ein ganz ungefährliches Mittel hinstellen. Und doch sind schon durch die Wirkung dieses Mittels eine kleine Anzahl von letalen Intoxicationen veranlasst worden.

Schon im Jahre 1856 beobachtete *Lacombe* eine solche Vergiftung mit tödtlichem Ausgang, veranlasst dadurch, dass 30 g chlorsaures Kalium an Stelle von Bittersalz eingenommen waren.

Einen ähnlichen Unglücksfall berichtet *Ferris*, indem durch einen Esslöffel voll dieses Salzes unter Symptomen von Cyanose und Collaps der Tod in 36 Stunden eintrat.

Dr. Fountain starb 1858, als er, um die Wirkung des Mittels zu prüfen, c. 40 g *(Jacobi;* nach anderen Angaben: 29,2 g) dieses Salzes auf einmal nahm, am 4. Tage, an einer Nierenentzündung.

Während man in Deutschland das chlorsaure Kalium für völlig unschädlich hielt (nur *Husemann* sprach sich für die Schädlichkeit des chlorsauren Kaliums als Kaliverbindung aus), wurden, namentlich in den letzten Jahren, aus andern Ländern mehrere Intoxicationen gemeldet, so von *Kauffmann, Kennedy, Mattison, Mc. Futyre, Krackowitzer, Jacobi, J. Lewis Smith, Hall.* Die geringste Menge, welche eine tödtliche Wirkung ausübte, war: für ein 1jähriges Kind 3,9 g (eine Drachme) *Hall*, für ein 3—4jähriges Kind 11,7 g (3 Drachmen) *Smith*. Auch beobachtete *Kennedy*, dass 0,3 g-Dosen, längere Zeit gegeben, Gastritis hervorbrachten.

Erst in neuester Zeit sind Arbeiten veröffentlicht, welche die Giftigkeit des chlorsauren Kaliums und Natriums gegen allen Zweifel sicher stellten. Es sind dies die Untersuchungen von *M. Tacke* und namentlich von *F. Marchand*. Letzterer bespricht genauer mehrere hierher gehörige Vergiftungen an Kindern und Erwachsenen und knüpft daran die Ergebnisse seiner Thierversuche.

Da die meisten Vergiftungen durch medicamentöse Anwendung des chlorsauren Kaliums veranlasst wurden, so dürfte gegen das Zustandekommen der Vergiftung eine sorgfältige Dosirung des Mittels geboten sein. *Jacobi* schlägt deshalb vor, in 24 Stunden Säuglingen nicht mehr als 1—1,5 g, 3jährigen Kindern bis 2 g und Erwachsenen nicht über 6—8 g zu verabreichen.

Dass oft genug grössere Mengen dieser Arznei ohne Schaden eingenommen wurden, muss man dadurch erklären, dass in diesen Fällen jedenfalls die Lösung in den angefüllten Magen gelangte und hier schon zum grössten Theil reducirt wurde.

Symptome der Chloratvergiftung.

Nach *Marchand* ist für die Vergiftung des Menschen durch Chlorate charakteristisch: das plötzliche Auftreten der Erscheinungen kurze Zeit nach Einverleibung des Mittels, heftiges, anhaltendes Erbrechen, blutiger Urin, Verminderung der Urinmenge. Auch Darmblutungen kommen vor. Ferner stellt sich eine gelbliche, oft icterische Hautfärbung ein, schneller Verfall der Kräfte, Abmagerung, Hirnerscheinungen, Delirien, Benommenheit, schliesslich Coma. Der Tod trat oft erst nach mehreren Tagen ein.

Leichenbefund.

Von Veränderungen, welche bei der Oeffnung der Leichen gefunden wurden, sind folgende als für die Chloratvergiftung charakteristisch zu erwähnen. Das Blut zeigt eine sehr eigenthümliche, chokoladenbraune Farbe, die sich auch bei längerem Stehen an der Luft nicht ändert. Von den übrigen Organen zeigen die Nieren die stärkste Veränderung. Auch diese sind meist durchweg dunkelchokoladenbraun gefärbt. Mikroskopisch ist der Befund etwas verschieden, je nach dem schnelleren oder langsameren Verlauf der Vergiftung.

Bei acut verlaufener Intoxication zeigen sich fast alle Harnkanälchen vollständig mit bräunlichen Cylindern angefüllt, gleichsam wie mit brauner Masse künstlich injicirt. Die Cylinder bestehen theils aus einer grossen Zahl veränderter, dicht gedrängter Blutkörperchen, theils sind sie mehr homogen, resp. körnig. Die Gefässe sind stark mit Blut überfüllt.

In den Nieren der längere Zeit nach Genuss des Giftes Gestorbenen sind im Gegensatz hierzu die Gefässe, namentlich in der Rinde leer, die Glomeruli wie zusammengefallen, die Kanälchen der Rinde frei; nur die Sammelröhren des Markes sind angefüllt mit körnigen bräunlichen Cylindern.

Auch die Milz schwillt in kurzer Zeit in colossaler Weise an, ist dunkel schwarzroth und angefüllt mit zusammengeballten Blutkörperchen.

Behandlung.

Gegen eine intensive, acute Vergiftung dürfte die Transfusion von Blut von grossem Nutzen sein, während bei der chronischen Vergiftung die Therapie des urämischen Processes eingeschlagen werden müsste.

Experimentaluntersuchungen.

Chlorsaures Kalium wird durch Behandeln mit Eiter, Hefe, Fibrin bei Blutwärme rasch reducirt (*Binz-Tacke*).

Wird dem frischen Thierblut eine Lösung von Chlorat zugesetzt, so wird ersteres schon nach einigen Stunden dunkelrothbraun und schliesslich braun und syrupartig, ja selbst gallertartig dick. Spectroskopisch lässt das Blut die Hämoglobinstreifen nicht mehr erkennen, dagegen einen deutlichen Streifen im Roth.

Dieselbe Veränderung erleidet das Blut auch im lebenden Körper und ist dieselbe schon 46 Minuten nach Injection des Giftes nachweisbar. Diese Blutveränderung ist ohne Zweifel als Todesursache der acut verlaufenden Vergiftung anzusehen (*Marchand*). Das Blut verliert die Fähigkeit: Sauerstoff aufzunehmen, das Hämoglobin wird zersetzt durch die oxydirende Wirkung der Chlorate unter Bildung von Methämoglobin, welches spectroskopisch in dem Blute nachzuweisen ist. Hierbei geht ein grosser Theil der Blutkörperchen zu Grunde; diese veränderten Körperchen häufen sich in verschiedenen Organen (Milz, Nieren) an, ihre Zerfallsproducte geben theilweise zu der icterischen Färbung der Haut Veranlassung, während die abgestorbenen Blutkörperchen selbst durch die Nieren zur Ausscheidung kommen.

War die Blutveränderung nicht intensiv genug, um schnell dem Leben ein Ziel zu setzen, so kann noch im späteren Verlauf der Vergiftung eine bedeutende Anhäufung der veränderten Blutkörperchen in den Sammelröhren des Nierenmarks stattfinden und dadurch ein mechanisches Hinderniss für die normale Nierensecretion geschaffen werden (Urämie).

Zu erwähnen ist noch, dass die Chlorate, sowohl vom Unterhautzellstoff, wie vom Magen und auch der Bauchhöhle aus zur Resorption gelangen und dieselben im Urin, dem Speichel, auch im Tracheal- und Bronchialsecret (*Binz-Tacke*) nachgewiesen werden konnten. *Isambert* und *Hirne* wollen von 6 g chlorsaurem Kalium in 48 Stunden: 5,964 g, als Chlorat durch die Nieren ausgeschieden, in dem Urin gefunden haben.

Wie sich die Wirkung des Kaliumsalzes zu der des chlorsauren Natriums stellt, ist experimentell nicht entschieden; nur so viel steht fest, dass auch durch chlorsaures Natrium Thiere getödtet werden können. Aus den Versuchen, welche *Tacke* mit chlorsaurem Natrium an Kaninchen anstellte (Application in den Magen), berechnet sich als minimal letale Dosis 5,09 pro kg, während 4 g nicht tödtlich wirkten.

17. Baryumsalze.

Das Baryum findet sich in der Natur hauptsächlich als Schwerspath und Witherit. — Von seinen Salzen interessiren uns:

Das Chlorbaryum: $BaCl_2 + 2 H_2O$. farblose, glänzende rhombische Tafeln, in 2 Theilen Wasser löslich, unangenehm, bittersalzig schmeckend;

Das kohlensaure Baryum: Witherit: $BaCO_3$, als rhombische Krystalle natürlich vorkommend, durch Fällung: ein weisses, in Wasser unlösliches Pulver:

Das salpetersaure Baryum: $Ba(NO_3)_2$, farblose, glänzende Octaëder, in 12 Theilen Wasser löslich, wird in der Feuerwerkerei zur Bereitung von Grünfeuer benutzt.

Vergiftungen durch Baryumsalze sind bis jetzt nur in geringer Zahl zur Kenntniss gekommen. Ueber die Veranlassungen dieser Intoxication (15 Fälle) finden sich folgende Angaben: Zur Ausführung des Selbstmords wurde von kohlensaurem Baryum 3mal Gebrauch gemacht; in dem letzten Falle, der tödtlich endete, war das Gift in Form von Rattenmehl genommen worden. — Zur Ausführung des Giftmordes hat das Baryum bis jetzt nicht gedient. Meist wurden durch diese Gifte Krankheiten und Tod hervorgerufen, indem sie, mit andern Arzneimitteln verwechselt, in den Körper eingeführt wurden. So wurde in 3 Fällen Chlorbaryum statt Glaubersalz, 1mal dasselbe statt Carlsbader Salz, 1mal eine Mischung von salpetersaurem Baryum und Schwefel, statt Schwefelpulver und 1mal eine Mixtur von essigsaurem Baryum und Himbeersyrup, statt äthylschwefelsaurem Natrium genommen. Anschliessend an diesen Fall ist zu erwähnen, dass der Berichterstatter Dr. *Lagarde* selbst von der Mixtur kostete und schwer erkrankte. — 1mal wurden therapeutisch, gegen Anordnung des Arztes, durch Versehen des Apothekers zu grosse Dosen Chlorbaryum genommen. — Schliesslich kamen 4 Fälle zur Kenntniss, veranlasst durch den Genuss von Backwerk, zu dessen Anfertigung kohlensaures Baryum enthaltendes Mehl benutzt war. Von den 15 Erkrankten starben $9 = 60 \%$. Die letale Dosis ist nicht von allen Fällen bekannt; in dem *Wach*'schen Falle trat nach 15 g Chlorbaryum der Tod in c. 2 Stunden ein, in dem Falle *Husemann*'s nach 10 g desselben Salzes; in dem Falle von *Wolf* erfolgte nach 11,25 g Chlorbaryum Genesung. — Auch 15 g salpetersaures Baryum wirkten tödtlich (*Tidy*). — Die *Pharmacopoea germanica* gibt für Baryum chloratum als Maximaldosen 0,12 g pro dosi, 1,5 g pro die an.

Symptome der Vergiftung.

Lagarde beobachtete an sich selbst folgende Symptome: 3 Stunden nach der Einnahme traten Unbehagen und allgemeine Schwäche, Prikeln und Ameisenkriechen an verschiedenen Hautstellen auf; 8 Stunden nachher bestand völlige Lähmung der Arme und Beine; es trat Uebelkeit, Erbrechen ein, welch' letzteres sich wiederholte. Die Lähmung der Muskeln breitete sich mehr und mehr über Bauch-, Hals- und Brustmuskeln aus und schliesslich auf die Sphincteren, so dass Harn- und Kothentleerungen unwillkürlich erfolgten. Husten und Sprechen waren sehr beschwerlich, die Respiration erschwert, Puls = 56, Temperatur gesunken; es bestand starker Durst und Todesangst; keine Schmerzen. Bewusstsein und Sensibilität intact.

Die Intoxicationen verlaufen oft in wenigen Stunden (1—12 Stunden werden angegeben) tödtlich. — Der Sectionsbefund bietet nichts der Baryumvergiftung Eigenthümliches.

Experimentaluntersuchungen.

Versuche an Thieren haben ebenfalls die Giftigkeit der Baryumsalze öfters dargethan. Das kohlensaure Baryum, als solches unlöslich (und ohne Geschmack), wird im Magen in Chlorbaryum umgesetzt. Die Resorption dieser Gifte erfolgt vom Magen, wie aus dem subcutanen Zellgewebe.

Die Ansicht von *Orfila*, *Cyon* u. A., dass Baryumsalze Herzgifte seien, wurden durch die Untersuchungen von *Böhm* (-*Mickwitz*) bestätigt. Die Experimente derselben ergaben einen intensiven Einfluss auf den Circulationsapparat, welcher sich bei kleinen Dosen durch bedeutende Steigerung des Blutdrucks, bei grossen Dosen durch systolischen Herzstillstand documentirt. Auch der Darm wird zu lebhaften peristaltischen Bewegungen (daher Erbrechen und Durchfall) angeregt; die Blase ist stark contrahirt. — Bei Fröschen erfolgt schnell Lähmung, nachdem auf kleine Dosen ein Stadium der Reizung vorangegangen; die Thiere bieten die für Pikrotoxin, Cicutoxin (s. diese) so charakteristischen Symptome (Schreireflex etc.) in Folge der Reizung der in der Medulla oblongata gelegenen Centren dar; bei Warmblütern tritt tetanische Krämpfe auf; auf das Respirationscentrum wirkt das Baryum reizend; der Tod erfolgt durch Asphyxie. — Bei meinen Versuchen mit Chlorbaryum fiel die Temperatur der Kaninchen um 3—12,6 °C.

Die Behandlung der Baryumvergiftung hat das Gift aus dem Körper zu entfernen (Brechmittel, Magenpumpe) resp. unschädlich zu machen durch Darreichung von schwefelsauren Salzen (Natron oder Magnesia). Sonst symptomatisch.

Gerichtlich-chemischer Nachweis.

Die Organe sind mit chlorsaurem Kali und Salzsäure zu zerstören und die erhaltenen Massen auf Baryum zu prüfen; da jedenfalls Theile des Baryums als schwefelsaures Salz (die Schwefelsäure von der Oxydation der Eiweisskörper stammend) vorhanden ist, so muss zunächst die im Wasser unlösliche Masse durch Glühen mit kohlensaurem Natron-Kali aufgeschlossen werden.

Baryum wurde in der Leber und dem Harn gefunden.

18. Zink und seine Präparate.

Das Zink kommt in der Natur ziemlich häufig vor, als Zinkblende: ZnS, Galmei oder Zinkspath: $ZnCO_3$, Willemit und Zinkglas oder Kieselzinkerz. Aus diesen Verbindungen wird das Metall hüttenmässig dargestellt; das käufliche Zink enthält fast immer Blei, geringe Mengen von Eisen, oft auch Arsen und Cadmium.

Das Zink schmilzt bei 412°, siedet bei 1040°, ist destillirbar; an der Luft erhitzt, verbrennt es zu Zinkoxyd. Es ist in verdünnten Säuren leicht löslich.

Das Zinkoxyd: ZnO, auch Zinkweiss genannt, ist ein weisses, in Wasser unlösliches Pulver, wird durch Säuren leicht gelöst; ebenso das kohlensaure Zink.

Das schwefelsaure Zink, Zinkvitriol: $ZnSO_4$, bildet dem Magnesiumsulfat sehr ähnliche Krystalle, die sich in Wasser sehr leicht ($^2/_3$ Th.) lösen.

Das Chlorzink: $ZnCl_2$, bildet eine weisse, sehr zerfliessliche Masse.

Alle diese Verbindungen werden technisch, im Haushalt, sowie als Arzneimittel gebraucht und haben dieselben, aus den verschiedensten Ursachen, schon zu leichten, resp. schweren, ja tödtlichen Vergiftungen Anlass gegeben.

Als Giftmord wurden in neuerer Zeit 2 Fälle (*Tardieu, Duroy*) in Frankreich verhandelt; Zinkvitriol hatte: einmal den Tod, das andere Mal eine schwere Erkrankung des Vergifteten bewirkt. — In der Absicht der Selbstvergiftung wurde mehrmals von Zinksalzen Gebrauch gemacht und zwar sowohl von Zinksulfat, als namentlich von Chlorzink in Form des in England gebräuchlichen „*Burnett's* desinfecting fluid." Von 26 Vergiftungen durch Chlorzink kamen 24 in England vor, je 1 in Frankreich und Deutschland.

Oefter finden wir Vergiftungen durch Zinkpräparate dadurch veranlasst, dass das Zinksulfat statt Bittersalz eingenommen worden war (*Ramsay, Makintosh*), resp. dass das Magnesiumsalz 70 % Zinksulfat enthielt (*Felletar*); auch die *Burnett*'sche Lösung wurde mehrmals aus Versehen statt Mineralwasser etc. genommen. — Auch Zinkweiss [1]) hat, als Bestandtheil von Mehl, zu schweren Erkrankungen Anlass gegeben. In Holland und Belgien wird nicht selten zur Brodbereitung Zinksulfat dem Mehl zugesetzt und enthielt solches Brod bis 35 % dieser Substanz (*Eulenberg* und *Vohl*). — Metallisches Zink (Zinkröhren, verzinkte Gefässe) wird schon durch Wasser, stärker durch Pflanzensäuren, Fettsäuren etc. angegriffen, gelöst: auf diese Weise sind schon öfter Vergiftungen veranlasst (Wein im Zinkgefäss gestanden, ebenso Wasser [2]) und Milch; *Fleck*). — Auch der Arbeiter müssen wir gedenken, welche, dem Einflusse der Zinkdämpfe ausgesetzt, ziemlich häufig erkranken.

Die Dosis letalis der Zinkpräparate ist mit Sicherheit kaum anzugeben, da durch die eigenthümliche Wirkung der Zinksalze die Gefahr durch die Entfernung des Giftes beseitigt, resp. vermindert werden kann. So kommt es, dass wir in zahlreichen Fällen nach Genuss von 30 g und mehr Zinkvitriol Genesung eintreten sehen, während in andern Fällen kleinere Mengen tödtlich wirkten. In dem Falle von *Tardieu* und *Roussin* wirkten 7,6 g Zinksulfat in 36 Stunden tödtlich. — Auch für das Chlorzink gilt Aehnliches. So wurde die Wirkung von 12 g dieses Salzes überstanden, während in dem Falle von *Markham* 6 g nach mehreren Wochen den Tod veranlasst haben sollen (*Taylor*). Die *Pharmacopoea germanica* schreibt als Maximaldosen vor: Zincum chloratum: 0.015 g pro dosi, 0,1 g pro die; Zincum lacticum, sulfuricum, valerianicum: 0,06 g pro dosi, 0,3 g pro die; Zincum sulfuricum pro emetico refracta dosi: 1,2 g.

---

[1]) Es scheint mir wichtig zu erwähnen, dass *Tollens* in einer Gummipuppe, mit welcher ein Kind gespielt hatte (letzteres wurde krank) 60,58% Zinkoxyd. in einer andern 57.68% auffand.

[2]) 4.5 l enthielten 0.06 g Zink (*Boardman*). — *Ziurek* fand in 1 l. in Zinkreservoir aufbewahrtem Wasser 1.0104 g Zn.

Symptome der acuten Zinkvergiftung.

Die durch grössere Dosen von Zinkvitriol oder Chlorzink hervorgerufenen Intoxicationen unterscheiden sich nur wenig bezüglich der Symptome.

1) Die acute Vergiftung durch schwefelsaures Zink soll mit der acuten Intoxication durch Brechweinstein sehr übereinstimmen; nur darin unterscheiden sich diese Vergiftungen, dass bei der durch Zinksalz veranlassten ein höchst widerlicher Metallgeschmack, stärker als durch Brechweinstein, empfunden wird und dass die Schleimhaut des Mundes ein weisses, gerunzeltes Aussehen darbietet (*Henkel-Hasselt*).

Meist schon kurze Zeit nach der Aufnahme des Giftes (bei der von *Lutier* beobachteten Massenvergiftung erst nach 15 Stunden) stellen sich Brennen und Schmerzen im Unterleib, heftiges Erbrechen ein; durch letzteres, die „autodynamische Expulsion", wie sie *Duroy* nennt, wird meist der grösste Theil des Giftes wieder entfernt. (In dem Falle von *Makintosh* trat auf 30 g Genesung ein, ohne Einnahme eines Gegengiftes.) Auch Durchfälle werden verursacht. In schwereren Fällen tritt Collaps hinzu, Dyspnoë und wenige Stunden nach Einfuhr des Giftes der Tod. — Magen und Darm finden sich verschieden stark entzündet.

2) Etwas verschieden von diesen Symptomen sind die durch Chlorzink hervorgerufenen. Es kommt hierbei die stark ätzende Wirkung dieses Salzes zur Geltung. Meist treten in Folge dessen sofort starke Schmerzen im Schlunde auf und sind starke Verätzungen der Lippen, Zunge etc. zu bemerken (in dem von *Tuckwell* beobachteten Falle fehlten diese); dazu kommt Dysphagie, Speichelfluss, Erbrechen von selbst blutigen Massen, Durchfälle. Collaps, kleiner, fadenförmiger Puls, Coma und Tod, der meist schon in wenigen Stunden erfolgt. Diese Vergiftung kann sich aber auch über viele Tage hinziehen und wurden in einem solchen Falle tetanische Krämpfe in einzelnen Muskelgruppen beobachtet (*Tuckwell*). Auch Nierenentzündung mit Albuminurie wurde beobachtet. — In der Leiche sind starke Anätzungen der Schleimhaut zu finden; nach chronischem Verlaufe die Folgen derselben (Stricturen etc.).

Experimentaluntersuchungen.

Die Experimentalforschung hat über die Wirkung der Zinkpräparate Folgendes ergeben: Die löslichen Zinksalze verbinden sich mit löslichen Eiweisssubstanzen zu Albuminaten und kommen als solche zur Resorption. Bacterienentwicklung wird durch Gegenwart von 2 % Zinkvitriol verhindert (*Buchholz*). — Die Zinkverbindungen gelangen, sowohl vom Magen, wie vom subcutanen Zellstoff aus in das Blut. Nach *Meihuizen* wird die Reflexerregbarkeit herabgesetzt. Die Untersuchungen von *Harnack* mit pyrophosphorsaurem Zinkoxyd-Natron ergaben, die Angaben von *Blake*, *Letheby* und *C. Ph. Falck* bestätigend, dass die Zinksalze die Muskeln des Körpers und Herzens vollständig lähmen und so, auf Respiration und Herzthätigkeit einwirkend, tödten. Für Kaninchen ergibt sich als letale Dosis $0,08—0,09$ g ZnO, subcutan applicirt. Die Körpertemperatur sinkt im Laufe der acuten Vergiftung ganz bedeutend, nach meinen Versuchen bei Kaninchen um $7,3—13,0°$ C.

Die Elimination des Zinks erfolgt durch den Urin, die Galle und die Milch *(Falck-Harnier)*, durch ersteren nach *Michaelis* erst am 4.—5. Tage nachweisbar.

Behandlung der acuten Vergiftung.

Sie hat zunächst die Gifte unschädlich zu machen durch Einfuhr von Eiweiss-haltigen Lösungen (Milch, Eiweiss etc.) und Entfernung der gebildeten Albuminate. Als Gegengifte sind kohlensaure Alkalien und Gerbsäure-haltige Lösungen anzusehen. Sonst symptomatisch.

Wir können die acute Zinkvergiftung nicht verlassen, ohne noch die Krankheit zu erwähnen, welche gar nicht selten durch Einathmung der Zinkdämpfe hervorgerufen wird: das Zink- oder Giessfieber *(Hirt)*.

Diese acut verlaufende Krankheit wird nicht selten bei Messingarbeitern, Gelbgiessern etc. beobachtet. Sie entsteht durch Einathmung von Metalldämpfen (ausser Zink noch Kupfer), charakterisirt sich durch Muskelschwäche, Rückenschmerzen, Frostschauer nebst Schüttelfrost, frequenten Puls, quälenden Husten, Stirnkopfschmerz. Nach 3 bis 6 Stunden: reichlicher Schweiss, tiefer Schlaf und Genesung innerhalb 24—48 Stunden. — Mittel, um die Krankheit zu verhüten, gibt es nicht; gegen den Husten: heisse Milch.

Chronische Zinkvergiftung.

Auch die chronische Zinkvergiftung bedarf einer kurzen Erwähnung. Nach *Popoff*'s Beobachtung wurde ein seit 12 Jahren in einer Broncegiesserei beschäftigter Arbeiter von Anfällen heimgesucht, bestehend in heftigen Kopfschmerzen, Frostgefühl, Krampf in den Wadenmuskeln, Uebelkeit, Erbrechen, Durchfälle. Er verspürte starken Metallgeschmack. Auch andere Arbeiter zeigten ähnliche Affectionen. — Der Urin enthielt Zink.

Auch durch Genuss von Zink-haltigem Trinkwasser könnten chronische Vergiftungen veranlasst werden. Beobachtungen hierüber liegen nicht vor.

Gerichtlich-chemischer Nachweis.

Bei demselben sind von Organen neben dem Magen- und Darminhalt: die Leber, Milz, Muskeln und der Harn zu berücksichtigen [1]).

Man zerstört die organischen Massen durch Behandeln mit chlorsaurem Kali und Salzsäure, macht mit Ammoniak schwach alkalisch und fällt mit Schwefelammon: man erhält so weisses Schwefelzink. — Von Reactionen sind wichtig: Kali- und Natronlauge fällen weisses Zinkoxydhydrat. Kohlensaure Alkalien fällen weisses basisch-kohlensaures Zink etc. — Die quantitative Bestimmung wird nicht zu umgehen sein. Nach neueren Untersuchungen von *Lechartier* und *Bellamy* enthielt die Leber von Menschen 0,02 g Zinkoxyd; 913 g Muskeln des Ochsen: 0,03 g, 1152 g hartgekochte geschälte Hühnereier: 0,02 g.

---

[1]) *Matzkewitsch* fand von subcutan applicirtem Zinkacetat in den Organen der Hunde: In den Knochen 35,49%. Haut: 3.70; Applicationsstelle: 2,19; Gehirn 1.02; Leber: 1.75; Lunge und Herz: 1.68; Nieren und Harnblase: 1,07; Magen und Darm: 1.32 und in den Muskeln: 60,50% ZnO.

Ebenso fand sich Zink in Getreidekörnern, Mais, Gerste, weissen Bohnen in kleiner Menge. — Uebereinstimmend hiermit fanden *Raoult* und *Breton* in 700 g Menschenleber 7 mg Zink und 2 mg Kupfer, ein zweites Mal in 400 g Leber: 12 mg Zink und 6 mg Kupfer. Diese Verhältnisse sind bei gerichtlichen Untersuchungen jedenfalls zu berücksichtigen.

Anhang: Cadmiumsalze.

Das neben dem Zink in der Natur in kleinen Mengen häufig vorkommende Cadmium hat praktisch kaum ein Interesse. Die Wirkung ist nach *Marmé's* Untersuchungen ähnlich der durch Zink veranlassten, nur wirkt das Cadmium intensiver. Nach meinen Untersuchungen fällt die Temperatur des Kaninchens um 8,5—14,6° C. Die Elimination ist ebenfalls der des Zinks analog.

1876 wurde eine nicht letale Vergiftung durch Bromcadmium, aus Versehen statt Bromammonium abgegeben und eingenommen, veröffentlicht (*Wheeler*).

19. Silberpräparate.

Von den Silberpräparaten hat das salpetersaure Silber, der Höllenstein: $AgNO_3$, allein praktisches Interesse. Derselbe, dargestellt durch Auflösen von metallischem Silber in Salpetersäure, bildet farblose, rhombische Tafeln, die in $1/2$ Theile Wasser löslich, bei 198° schmelzen.

Vergiftungen durch Silbersalpeter sind relativ, wie absolut selten.

Die acute Silbervergiftung.

Acute Vergiftungen wurden bisher nur wenige beobachtet. Zur Ausführung des Selbstmordes wurde Höllenstein, wie es scheint, nur einmal (*Orfila*) benutzt, jedoch ohne tödtlichen Ausgang. Dem gegenüber finden wir häufiger acute Intoxicationen, veranlasst durch Abbrechen und Verschlucken des zum Touchiren in der Mundhöhle benutzten Stiftes. Seit 1868 sind 5 solcher Unglücksfälle bei der medicinalen Anwendung des Höllensteins beobachtet und beschrieben. Von den 5 Patienten, meist Kindern, starb einer in Folge der Vergiftung. Um diese Gefahren beim Aetzen zu vermeiden, empfiehlt *Schuster* Stifte aus 1 Theil Chlorsilber und 10 Theilen Höllenstein zu benutzen; dieselben sind fest und lassen sich nadelfein zuspitzen.

Die Dosis letalis des Höllensteins ist nicht zu bestimmen; in dem Selbstmordversuch kamen c. 30 g zur Anwendung; über den letal verlaufenen Fall fehlen die Angaben. — Die *Pharmacopoea germanica* bestimmt als Maximaldosen für Argentum nitricum 0,03 g pro dosi, 0,2 g pro die.

Symptome der acuten Vergiftung.

Die Vergiftung verläuft unter den Erscheinungen einer heftigen Gastroenteritis: Brennen und heftige Schmerzen im Verlaufe des Tractus intestinalis, Erbrechen von weissen, am Lichte sich schwärzenden Massen; auch Durchfälle sind vorgekommen. Bewusstlos liegen die Patienten da, es tritt Paralyse ein und Tod; auch krampfhafte Affectionen sind beobachtet.

Die Section ergab in dem letal verlaufenen Falle: kleine Ver-ätzungen in der Speiseröhre, eine sehr beträchtliche, weissgefärbte Corrosion im Magen und eine graue im Duodenum.

Experimentaluntersuchungen.

Trotz zahlreicher Experimente an Thieren ist das Wesen der Silberwirkung noch nicht sicher gestellt. Der Silbersalpeter hat eine grosse Verwandtschaft zu Chlormetallen, sowie zu Eiweiss und bildet Niederschläge in Berührung mit solchen Substanzen. — Von diesen in Wasser unlöslichen Körpern wird das Chlorsilber durch wässerige Lösungen von Chlormetallen (Chlornatrium), von salpetersauren Alkalien gelöst, während das Silberalbuminat durch Kochsalzlösung, durch Blut-serum, durch eine Verdauungsflüssigkeit aufgelöst werden kann. Auf diesem Wege gelangt wohl das Silber zur Resorption.

Die acute Silbervergiftung kann durch Injection der Giftlösung in das Blut, das subcutane Zellgewebe und den Magen hervorgerufen werden. Zur Anwendung kamen Lösungen von Silbersalpeter, von Chlorsilber, resp. Silbersalpeter in unterschwefligsaurem Natron, von salpetersaurem Silberoxyd-Ammoniak. In Bezug auf die Erscheinungen scheint ein Unterschied zwischen Warm- und Kaltblütern zu bestehen *(Curci).* Bei Hunden und Katzen traten als erste Symptome Erbrechen und Durchfälle auf; es folgten alsdann Muskelschwäche, Paralyse, Störungen der Respiration und schwache clonische Convulsionen *(Rouget),* während bei Kaltblütern ziemlich schnell, in Folge der Reizung des Rückenmarks, tetanische, den durch Strychnin bedingten, ähnliche Convulsionen eintraten und später erst die Störungen der Respiration und Muskelbewegung. *Rouget,* wie auch *Curci* nehmen an, dass die Wirkung des Silbers auf das Centralnervensystem gerichtet sei, dass nach einem rasch vorübergehenden Stadium der Excitation, Lähmung des Centrums der Respiration und Bewegung eintritt. Der Tod erfolgt durch centrale Asphyxie; die allgemeine Lähmung ist als Reflexpara-lyse aufzufassen *(Curci).* — Nach meinen Untersuchungen sinkt die Temperatur der mit Silbersalpeter subcutan versehenen Kaninchen um 6,7—17,6° C.; letzteres der stärkste Temperaturabfall, welchen ich bei meinen Versuchen beobachtet habe.

Behandlung der acuten Vergiftung.

Bei der acuten Vergiftung des Menschen ist als Gegenmittel gegen die locale Wirkung des Silbers von Eiweisslösungen in grösserer Menge Gebrauch zu machen (Milch, Eiweiss); wenn derartige Flüssig-keiten nicht sofort zur Hand sind, kann man zunächst Kochsalz-lösungen anwenden, wobei jedoch zu bedenken, dass das Silber sich lieber mit Eiweiss (Magenwandung etc.), als mit dem Chlornatrium verbindet, auch letzteres die Fähigkeit hat, im Ueberschuss: Chlorsilber zu lösen. — Behandlung sonst symptomatisch. (Vielleicht bei bedeu-tender Lebensgefahr durch erschwerte Athmung etc.: künstliche Re-spiration.)

Die chronische Silbervergiftung.

Wichtiger als die schnell verlaufenden Vergiftungen sind die Erkrankungen, welche durch lange Zeit fortgesetzte Einwirkung von Silberpräparaten entstehen. Dieselben verdanken in der Mehrzahl der Fälle ihre Entstehung einem zu lange dauernden Gebrauche medicamentöser Dosen von Silbersalpeter gegen Epilepsie, Tabes etc.; in zwei Fällen wurden derartige Erkrankungen erzeugt durch wiederholtes, mehrere Jahre fortgesetztes Aetzen der Pharynxwand mit Höllenstein, wobei jedenfalls kleine Mengen Silberalbuminat in den Magen gelangten und so resorbirt wurden (*Duguet.*) *Bresgen* beschreibt einen Fall, in dem durch Jahre lang fortgesetzte Färbungen des Bartes mit starken Höllensteinlösungen die ersten Symptome der Erkrankung beobachtet wurden.

Symptome der chronischen Vergiftung.

Diese Erkrankung besteht, ausser einer von *Guipon* zuerst beschriebenen, entzündlichen Schwellung des Zahnfleisches, mit violettem Saume der Zahnränder — *Chaillou* bezeichnet den Silbersaum als erstes, constant eintretendes Zeichen der Affection — namentlich in einer mehr weniger starken Verfärbung der Körperoberfläche: Argyrie. Nach längerem Gebrauch der Silberpräparate zeigen sich, zuerst an den Nagelgliedern der Finger (*C. Ph. Falck*), dann an andern Hautstellen: grauschwarze Flecke, welche allmälig grösser werden und schliesslich eine allgemeine, grauschwarze Färbung der ganzen Haut bedingen. Diese Verfärbung, nicht beschränkt auf die äussere Haut, auch an Schleimhäuten, auf innern Organen zu finden, ist allerdings am intensivsten an den, dem Lichte ausgesetzten Hautstellen.

Guipon beobachtete den Silbersaum nach 2 Monate fortgesetztem Gebrauche von im Ganzen 3,9 g Silbersalpeter, *Chaillou* sah denselben an den oberen Schneidezähnen schon nach Verbrauch von 2 g auftreten und gibt letzterer an, dass der Silbersaum nach 3—4 Monate dauernder Kur und Verbrauch von 10 g kaum zu vermeiden sei und nicht wieder verschwinde. — Die eigentliche Argyrie, die Hautverfärbung, tritt erst nach grösseren Dosen ein: bei *Chaillou* war die schiefergraue Farbe nach Verbrauch von 8 g noch nicht zu bemerken, während sie schon nach 15 g beobachtet werden konnte. Hiermit stimmt die Beobachtung *Riemer*'s gut überein: in diesem Falle zeigte sich nach einem Jahre und Verbrauch von 17,4 g Höllenstein ein grauschwärzlicher Anflug des Gesichtes, nach 34,032 g war der Patient am ganzen Körper verfärbt.

Bei diesem Patienten, welcher sehr bald zur Section gelangte, hat *Riemer* genauer den Ort dieser Verfärbung nachgewiesen. So fand man die Verfärbung ausser in der äusseren Haut noch an den verschiedenen Schleim- und serösen Häuten: die Plexus chorioidei waren schwarzblau: das Endocard, die Herzklappen, namentlich die Mitralis, die Aorta blass- bis dunkelgrau; ebenso die übrigen Gefässe und war die Verfärbung auf die Intima beschränkt. Auch die übrigen Organe, besonders Leber und Nieren, zeigten Verfärbung. Das Pigment ist in Form von ganz feinen Körnchen, die wahrscheinlich metallisches Silber sind, in der Haut unter dem Rete Malpighi in der obersten Schicht

des Coriums abgelagert, ferner in den tiefern Bindgewebsschichten und
den Schweissdrüsen; das Epithel war frei. Auch die kleineren Arterien
(Media und Adventitia derselben) enthielten das Pigment. — Auch in
den Organen findet sich das Silber vorzugsweise in den kleineren Ge-
fässen und dem Bindegewebe, während das Epithel silberfrei ist. —
Liouville konnte die Pigmentirung innerer Organe, namentlich der
Nieren, in der Leiche einer Frau finden, welche 5 Jahre vor ihrem
Tode in Zeit von 270 Tagen c. 7 g Silbersalpeter eingenommen hatte.

Auch bei Thieren hat man experimentell die chronische Silbervergiftung hervorzurufen versucht. *Huet* benutzte zu seinen Fütte-
rungsversuchen Ratten; eine Argyrie der äusseren Haut wurde nicht
veranlasst, wohl aber eine Ablagerung von Silber in den inneren Organen, besonders in der Milz. Zu ähnlichem Resultate gelangten andere Experimentatoren, welche an Kaninchen die Wirkung der Silberpräparate studirten. *Bogoslowsky* sah seine Thiere unter Abnahme des
Körpergewichts, fettiger Degeneration der Muskeln, der Leber etc. zu
Grunde gehen. Aehnliches konnte *Rózsahegzi* nachweisen.

Chemischer Nachweis.

Nur selten dürfte die Aufgabe gestellt werden, chemisch die stattgehabte Silbervergiftung nachzuweisen. Man würde die organische
Substanz mit Hülfe von chlorsaurem Kali und Salzsäure zerstören
und das Ungelöste (Chlorsilber) auf Silber zu prüfen haben.

Mayençon und *Bergeret* wiesen electrolytisch, nach dem Gebrauch
von Silberpräparaten, das Silber in dem Harn nach. *Gissmann* konnte
jedoch das Silber nicht finden, während *Rózsahegzi* Silber im Harn
und Koth nachweisen konnte.

20.   Kupfer und seine Präparate.

Das Kupfer findet sich in der Natur sehr verbreitet, gediegen,
resp. in Verbindung mit Sauerstoff, Schwefel, Schwefel und Eisen oder
Arsen oder Antimon. Das Metall wird aus den Erzen hüttenmännisch
gewonnen. Im reinen Zustand ist es gelbroth, stark glänzend, schmilzt
bei 1330° C.

Kupferoxydul: Cu_2O, und Kupferoxyd: CuO, kommen natürlich vor, werden durch Säuren leicht gelöst.

Das basisch kohlensaure Kupfer: $CO_3(CuOH)_2$, bildet sich
bei Berührung von Kupfer mit Wasser und Luft; in der Natur als
Malachit vorkommend. — Schwefelsaures Kupfer, Kupfervitriol:
$CuSO_4$, bildet grosse blaue, in $2\frac{1}{2}$ Theilen Wasser lösliche Krystalle.
— Kupferchlorid: $CuCl_2$, eine gelbbraune, zerfliessliche Masse, in
wässeriger Lösung grün. — Essigsaures Kupfer: $Cu(C_2H_3O_2)_2 + H_2O$,
dunkelgrüne, in Wasser schwer lösliche Krystalle; in Verbindung mit
arsenigsaurem Kupfer: Schweinfurter Grün.

Alle diese Kupferpräparate, sowie noch andere, theils natürlich
vorkommende, theils künstlich darstellbare können in dem menschlichen
Körper zu Erkrankungen Veranlassung geben. Solche Intoxicationen
sind gar nicht selten, zumal Kupfer und seine Legirungen, sowie seine
Salze in der Technik, im Haushalt und in der ärztlichen Praxis mannigfach zur Anwendung kommen.

Die acute Kupfervergiftung.

Die ätiologischen Verhältnisse der Kupfervergiftung sind folgende: Absichtliche Vergiftungen durch Kupferpräparate gehören, trotz des ekelhaften Geschmacks derselben, nicht zu den Seltenheiten. Nach *Tardieu* waren in Frankreich in den Jahren 1851—1871 von 793 vor Gericht verhandelten Vergiftungen: 159 durch Kupfersalze (120 durch Sulfat, 39 durch Acetat) veranlasst. Zu Selbstvergiftungen wurde ebenfalls ziemlich häufig von Kupfersalzen Gebrauch gemacht.

Zahllos sind die durch Kupfer und seine Präparate unbeabsichtigt hervorgerufenen Erkrankungen. Dass schon durch verschluckte Kupfermünzen heftige, langdauernde Erkrankungen veranlasst werden können, beweist der von *Senfft* beschriebene Fall (im Urin war Kupfer enthalten). — Ein grosses Contingent von Vergiftungen liefern Kupferhaltige Nahrungsmittel, sei es, dass dieselben durch Zusatz von Kupferpräparaten verfälscht, resp. gefärbt waren, sei es, dass sie bei der Zubereitung sich mit Kupferverbindungen imprägnirt hatten.

Zur ersten Gruppe gehören Vergiftungen durch gefärbte Bonbons, Gemüseconserven (nach *Carles* enthielten Erbsen 0,0163—0,026 %, Bohnen 0,01 % CuO, in Paris den Gemüsen zugesetzt; *Holdermann* fand in 6 Gurken: 0,045 g CuO), durch grüne Austern (importirte „portugiesische" enthielten pro Stück 3—3,5 mg Cu), durch Branntwein, namentlich Absynthliqueur. Auch zum Färben des grünen Thee's wird Kupfer benutzt. — Mit Kupfervitriol zum Schutz gegen Insectenfrass etc. getränkter Waizen veranlasste, von Kindern genossen, den Tod. Auch in betrügerischer Weise wird zu dem Mehl ausser Kupfervitriol noch Alaun und Zinkvitriol zugesetzt und so durch das Brod Erkrankung veranlasst (namentlich in Belgien). Auch durch das Heizen der Backöfen mit alten Eisenbahnschwellen gelangte Kupfer (und Zink) in das Brod und verursachte letzteres Erkrankung *(Werner)*.

Sehr häufig gelangt Kupfer in die Nahrungsmittel durch Benutzung von Kupfergefässen im Haushalt, in der Technik. So kann durch Benutzung kupferner Röhrenleitung das Wasser Kupfer aufnehmen *(Reichardt)*. Bedeutend wird der Kupfergehalt, sobald saure Flüssigkeiten (Essig, saure Früchte, Citronensaft, Wein) in Kupfergefässen aufbewahrt werden. Die Benutzung schlecht verzinnter Kochgeschirre hat oft das Leben bedroht und vernichtet; auch Fette und Oele wirken dabei unter Bildung von fettsaurem Kupfer lösend und somit schädlich.

Medicinale Intoxicationen, durch sehr hohe Dosen von Kupfersalzen, sind, wenn auch selten, beobachtet worden. — Die Benutzung fein vertheilter Kupferlegirung zum Golddruck auf Büchern führte nach *Taylor* zu einer heftigen Vergiftung. Die Erkrankungen, welche bei Arbeitern durch Kupfer hervorgerufen werden, haben einen langsameren Verlauf.

Auch für die Kupferpräparate ist die letale Menge kaum anzugeben. Nach *Taylor* erfolgte in Folge der Einfuhr von 26,25 g Kupfervitriol, nebst 11,25 g Eisenvitriol nach 72 Stunden der Tod; auch haben 15 g Grünspan in 60 Stunden dem Leben ein Ende gemacht; bei einem Kinde wirkten schon 1,25 g Grünspan tödtlich *(Taylor)*. Andererseits trat selbst nach 45 g Grünspan Genesung ein. — Die *Pharmacopoea germanica* bestimmt als Maximaldosen für Cuprum sul-

furicum und Cuprum sulfuricum ammoniatum: 0,1 pro dosi, 0,4 g pro
die; für Cuprum sulfuricum pro emetico refracta dosi: 1 g.

Symptome der acuten Kupfervergiftung.

Die Symptome der acuten Kupfervergiftung treten nicht sehr
rasch ein; es zeigen sich ekelhafter Kupfergeschmack schon bald nach
der Einnahme des Giftes, mit Blaufärbung der Schleimhaut des Mundes etc., erst später stellt sich Kopfschmerz, Schwindel, Uebelkeit und
heftiges Erbrechen von grünlichen, resp. bläulichen Massen ein. Heftige,
kolikartige Schmerzen im Unterleibe gehen dem Eintritt von Durchfällen voraus; die Entleerungen sind anfangs meist blutig, später
grünlich-gelb resp. schwärzlich (durch Schwefelkupfer). Dazu kommen
im späteren Verlaufe noch Delirien, Anästhesien, Lähmungen, resp.
Convulsionen und Tod. Icterische Hautfärbung wird auch angegeben.
— Nur selten tritt bei dieser Vergiftung der Tod ein, da meist durch
das eintretende Erbrechen die Hauptmenge des Giftes wieder aus dem
Körper entfernt wird.

Leichenbefund.

Die Section der Leichen ergibt Entzündung und Anätzung der
Schleimhaut des Tractus intestinalis bis zum Rectum und finden sich
auf derselben oft blaue, grüne, resp. braune Flecke.

Experimentaluntersuchungen.

Zahlreiche Experimente an Thieren haben die giftige Wirkung
der Kupferpräparate bewiesen.

Lösliche Kupfersalze bilden mit Eiweisslösungen voluminöse Niederschläge, welche im Ueberschuss der Salzlösung sich wieder auflösen.
In Form dieser Kupferalbuminate gelangt das Kupfer zur Resorption.

Die Wirkung der in den Magen, resp. unter die Haut der Thiere
gebrachten Giftlösungen ist übereinstimmend mit der acuten Vergiftung
der Menschen. Die Untersuchungen von *Orfila, Blake* und *C. Ph. Falck-
Neebe* hatten schon einen Einfluss der Kupfersalze auf die Muskeln
(Adynamie, Herzlähmung) nachgewiesen. Durch *Harnack's* Untersuchungen, ausgeführt mit dem, Eiweisslösungen nicht fällenden, wein-
sauren Kupferoxyd-Natron (Kupferalbuminat hat nach *Harnack* dieselbe
Wirkung), ist sichergestellt, dass beim Frosche $^1/_2$—$^3/_4$ mg, bei Kaninchen 0,05 g, bei Hunden 0,4 g CuO, subcutan applicirt, tödtlich wirken.
Während der Intoxication erlischt die directe Reizbarkeit der willkürlichen Muskeln mehr und mehr und gehen die Thiere vollständig gelähmt
zu Grunde; auch das Herz wird gelähmt. — Das Erbrechen, welches
nach *Harnack* nur eintritt, wenn das Salz in den Magen der Hunde
gebracht wird, erfolgt durch die locale Wirkung auf gewisse Theile der
Magenwandung *(Harnack)*. — Die Körpertemperatur der Kaninchen
sinkt nach meinen Versuchen um 3,7—9,6° C. — Das Kupfer wird
durch Urin und Fäces wieder aus dem Körper entfernt. Die Ausscheidung erfolgt sehr langsam.

Behandlung der acuten Vergiftung.

Die Behandlung der acuten Kupfervergiftung hat das Unschädlichmachen des Giftes anzustreben. Hierzu dienen grosse Mengen Eiweiss-

haltiger Flüssigkeiten (Milch, Hühnereiweiss etc.), sowie Magnesia usta. Ausserdem sind noch Eisenpräparate (metallisches Eisen, Schwefeleisen etc.) empfohlen. Sonst symptomatisch. Fette Oele sind zu vermeiden!

Die chronische Kupfervergiftung.

Durch länger dauernde Einwirkung von Kupferpräparaten können Erkrankungen: die chronische Kupfervergiftung, hervorgerufen werden. Solche Erkrankungen kommen unter den mit Kupfer und seinen Legirungen Arbeitenden vor. Das reine metallische Kupfer ist an sich ungiftig und kann somit dasselbe auf die mit ihm Arbeitenden nicht schädlich wirken; nur in den Haaren lagert sich Kupfer ab, auf den Zähnen findet man rundliche, scharf begrenzte, grünliche Flecke *(Hirt)*.

Bei einer grossen Anzahl Gewerbetreibender handelt es sich aber nicht um die Verarbeitung von reinem Kupfer, sondern von Legirungen desselben mit andern Metallen (Zinn, Zink, Blei, als Bronce und Messing). In welcher Weise die andern Metalle, namentlich das Blei, an den Erkrankungen dieser Arbeiter Schuld haben, ist noch nicht sichergestellt. Arbeiter, welche mit Kupfersalzen (Sulfat und Acetat) zu thun haben, erkranken — jedoch ausserordentlich selten und nur da, wo von Sauberkeit und Vorsicht keine Rede ist *(Hirt)* — an der „Kupferkolik", einem acut verlaufenden, sehr schmerzhaften Magendarmkatarrh *(Hirt)*. Diese Affection unterscheidet sich von der Bleikolik durch den aufgetriebenen Unterleib, Durchfall und die über den ganzen Leib verbreiteten Schmerzen. Die Entleerungen können grünlich gefärbt sein. Der beschriebene Kupfersaum der Zähne ist nicht eine Verfärbung des Zahnfleisches, wie beim Bleisaum, sondern eine grünblaue Zone an der Basis der Zähne (an den Schneidezähnen am stärksten, an den hintern Backenzähnen fehlend), bedingt durch Ablagerung von Kupferstaub: das Zahnfleisch ist geröthet durch chronische Entzündung *(Bailly, Bucquoy* u. A.). Das Vorkommen von Kupferlähmungen ist fraglich.

Gerichtlich-chemischer Nachweis.

Bezüglich des gerichtlich-chemischen Nachweises einer Kupfervergiftung ist auf das normale Vorkommen von Kupfer in thierischen und menschlichen Organen aufmerksam zu machen.

Zahlreiche Untersuchungen sind über das Vorkommen des Kupfers in Pflanzen und Thieren ausgeführt worden. *Sarzeau* konnte dasselbe in 200 Pflanzenspecies auffinden *(Duchaux* fand Kupfer in Cacaoschalen und dadurch in Chokolade). Viele Analytiker haben nach Kupfer in den Thieren gesucht und zum Theil auch gefunden. So wurde es nachgewiesen in Regenwürmern, Helix pomatia, Scolopendra, Canthariden, der Natter. Auch Hühnereier erwiesen sich kupferhaltig. In den Organen von Säugethieren wurde oft Kupfer gefunden.

Bergeron und *L'Hôte* benutzten 14 menschliche Cadaver, um das Vorkommen des Kupfers sicherzustellen. Sie fanden in 6 Fötus Spuren dieses Metalls, in den Leichen älterer Menschen entsprechend mehr. *Raoult* und *Breton* fanden in 700 g Leber eines Steinkranken 2 mg Kupfer und 7 mg Zink, in 400 g der Leber eines Phthisikers: 6 mg Cu und 12 mg Zn. *Rabuteau* und *Ycon* fanden in der Leber einer Frau.

welche innerhalb 122 Tagen 43 g schwefelsaures Kupferoxydammoniak eingenommen und 3 Monate nach der letzten Dosis gestorben war: 0,2395, resp. 0,236 g (nach 2 verschiedenen Methoden) Kupfer in 1474 g Substanz. Und doch war diese Frau nicht an Kupfervergiftung gestorben!

In damit vergifteten Thieren wurde ebenfalls das Kupfer oft aufgefunden, so im Blut, in der Leber, im Harn.

Zum forensischen Nachweis können die zur Untersuchung kommenden Organe mit chlorsaurem Kali und Salzsäure zerstört werden. Auch kann man die getrockneten Massen mit salpetersauren Salzen verpuffen. — Von Reactionen auf Kupfer sind wichtig das Verhalten seiner Lösungen zu Ammoniak (erst Fällung, dann im Ueberschuss: lazurblaue Lösung), Ferrocyankalium (braunrother Niederschlag), Kalilauge etc. Metallisches Eisen überzieht sich in einer Kupferlösung mit einer rothen Kupferschicht, nach *Husemann* noch in einer Verdünnung von 1 auf 15000 erkenntlich. *Mayençon* und *Bergeret* konnten durch Electrolyse (Aluminium-Platinelement) das Kupfer noch nachweisen, wenn die Verdünnung 1 : 1000000 war (im Urin von Choreakranken, welche 10 mg Kupfersalmiak täglich erhielten; — in Leber und Hirn eines mit 0,2 g Kupfersalmiak vergifteten Kaninchens fand sich die grösste Menge).

Zur Sicherstellung der stattgehabten Kupfervergiftung ist die quantitative Bestimmung des Kupfers in den Organen nach den analytischen Methoden auszuführen.

21. Quecksilberpräparate.

1) Das metallische Quecksilber: Hg, kommt in der Natur nicht sehr häufig im reinen Zustand vor; öfter in Verbindung mit Schwefel. — Das reine Metall ist silberweiss, stark glänzend, bei gewöhnlicher Temperatur flüssig; sein spec. Gewicht bei 0^0 C.: 13,596. Bei $-39^0,5$ C. erstarrt die Flüssigkeit zu einer krystallinischen, aus Octaëdern bestehenden Masse. Bei gewöhnlicher Temperatur verdampfend, siedet es bei 360^0 C. — Das flüssige Quecksilber dient zur Darstellung zahlreicher Salze, sowie des

2) Unguentum Hydrargyri cinereum, einer bläulich-grauen Salbe, welche c. $^1/_3$ metallisches Quecksilber im sehr fein vertheilten Zustande enthält. — Zu erwähnen sind wohl noch die Pilulae Hydrargyri (blue pills) mit $20^0/_0$ metallischem Quecksilber.

3) Das Quecksilberchlorür (Calomel): Hg_2Cl_2, bildet kleine, glänzende, quadratische Krystalle oder ein weisses, amorphes Pulver, welches beim Erhitzen sublimirt, in Wasser, Alkohol, verdünnten Säuren unlöslich ist.

4) Das Quecksilberchlorid (Sublimat): $HgCl_2$, bildet lange, weisse, rhombische Prismen, sublimirt: weisse Krystallkrusten, welche sich bei 17^0 C. in 18 Theilen, bei 100^0 in 2 Theilen Wasser lösen zu einer sauer reagirenden, metallisch schmeckenden Flüssigkeit; bei 17^0 C. sind zur Lösung 2,5 Theile Alkohol von 0,830 spec. Gewicht resp. 4 Theile Aether nöthig. Bildet mit Metallchloriden Doppelsalze. Sublimatlösung, mit überschüssigem Ammoniak versetzt, liefert einen Niederschlag von

5) Quecksilberamidochlorid (weisser Präcipitat): $(NH_2Hg)Cl$, eine schwere, weisse, in Wasser unlösliche Masse von styptischem Geschmacke.

6) Das Quecksilberjodür: Hg_2J_2, ein gelbgrünes Pulver; sublimirt bildet es gelbe, rhombische Krystalle; in Wasser schwer, in Alkohol unlöslich.

7) Das Quecksilberjodid: HgJ_2, wird erhalten in intensiv scharlachrothen Quadratoctaëdern resp. in gelben, rhombischen Blättchen, welche in Wasser unlöslich, in Alkohol, Jodkaliumlösung etc. leicht löslich sind. Bildet mit Jodiden: Doppelsalze.

8) Das Quecksilberoxyd: HgO, durch Behandeln von Quecksilber mit Salpetersäure und Erhitzen etc. (auf trockenem Wege dargestellt) ein rothes, krystallinisches Pulver (rhombische Krystalle), durch Fällen von Sublimatlösung mit Natronlauge (auf nassem Wege dargestellt) ein amorphes, gelbes, sehr fein vertheiltes Pulver. Ist in Wasser nur in sehr geringer Menge, in Säure leicht löslich.

9) Das salpetersaure Quecksilberoxydul: $HgNO_3 + H_2O$, farblose, grosse, monokline, meist tafelförmige Krystalle, welche in Salpetersäure-haltigem Wasser sich sehr leicht lösen; officinell ist eine 10%ige Lösung.

10) Das Schwefelquecksilber (Zinnober): HgS, kommt natürlich in rothen, säulenförmigen, hexagonalen Krystallen vor; künstlich dargestellt: eine dunkelrothe, krystallinische Masse. — Eine schwarze, amorphe Modification erhält man durch Zusammenreiben von Schwefel und Quecksilber als feines, schwarzes Pulver.

Ausser diesen officinellen Quecksilberpräparaten und den damit dargestellten Salben etc. sind noch zahlreiche andere Quecksilberverbindungen bekannt; dieselben können ebenfalls zu Vergiftungen Anlass geben.

Alle Quecksilberpräparate können gemäss ihrer Wirkung auf den Organismus in 2 Gruppen eingetheilt werden: in ätzende (corrosive) und milde. Zu den ätzenden Quecksilberpräparaten haben wir das Quecksilberchlorid, den weissen Präcipitat, das Quecksilberjodid, Quecksilberoxyd und die in Wasser leicht löslichen Quecksilbersalze zu rechnen, zu den milden dagegen die graue Quecksilbersalbe, das Quecksilberchlorür, das Jodür, die Schwefelverbindung und die in Wasser unlöslichen Quecksilbersalze.

Werden die genannten Präparate in für jeden Körper verschiedener, relativ kleiner Menge einmal oder öfter in den Organismus eingeführt, so rufen dieselben, in das Blut aufgenommen, Krankheitserscheinungen hervor, welche man als constitutionelle Quecksilbervergiftung zu bezeichnen pflegt. Bezüglich dieser durch Quecksilber hervorzurufenden Allgemeinwirkung unterscheiden sich die in die beiden Gruppen vertheilten Präparate nicht oder höchstens nur derart, dass das eine Präparat die Allgemeinwirkung leichter, schneller, das andere dieselbe schwieriger, langsamer hervorzurufen pflegt. — Ein Unterschied zwischen der Wirkung der ätzenden und milden Präparate macht sich erst bei Application grösserer Giftmengen geltend. Alsdann treten bei Benutzung der ätzenden Präparate (in bestimmter Concentration) Symptome hervor, welche auf die locale Einwirkung derselben auf die Applicationsstelle zurückzuführen sind, und mit der ätzenden Wirkung

der starken Mineralsäuren, der Laugen und vieler anderer Metallsalze
verglichen werden können; daneben können auch durch Resorption
kleinerer Theile des Giftes Allgemeinwirkungen hervorgerufen werden.
Die milden Präparate aber verursachen selbst in den grossen Dosen
keine oder kaum eine nennenswerthe Localaffection: es kommt nur
die Allgemeinwirkung zu Stande.

Quecksilbervergiftung als Folge von Verätzung *(C. Ph. Falck)*.

Von den oben namhaft gemachten ätzenden Präparaten hat der
Sublimat vorzugsweise toxikologisches Interesse; doch können Vergiftungen auch durch andere Verbindungen veranlasst werden. Von
30 Intoxicationen verdankten 27 der Anwendung von Sublimat ihre
Entstehung, je 1 dem weissen Präcipitat, dem Quecksilberoxyd und
dem salpetersauren Quecksilber.

Die hier zu behandelnden Intoxicationen durch ätzende Quecksilberpräparate gehören nicht zu den oft zu beobachtenden. In England starben in den Jahren 1837—1838 von 541 Vergifteten (Selbst-
und Giftmord) 19 = 3,5 % durch Quecksilberwirkung. In Frankreich
wurden 1851—1871 von 793 Criminalfällen nur 8 (1 %) durch Quecksilber verursachte verhandelt. — Auch in der Literatur finden wir
keine grosse Zahl von Berichten über hier zu berücksichtigende Intoxicationen.

Die ätiologischen Verhältnisse der Vergiftung sind aus
folgenden Angaben ersichtlich. Von 30 von mir zusammengestellten
Fällen, vorzugsweise Vergiftungen durch Sublimat, sind 20 als absichtliche, 10 als zufällige zu bezeichnen. Absichtlich wurde Sublimat
nur in einem Falle zum Giftmord angewandt; in allen andern Fällen
handelt es sich um Selbstvergiftungen. Diese auffallende Thatsache
der geringen Benutzung dieses Mittels zur Ausführung des Mordes
findet ihre Erklärung in dem höchst intensiven, metallischen Geschmack,
welchen dieser Stoff allen Speisen, Getränken etc., welchen er zugesetzt wird, verleiht. — Die zufälligen Intoxicationen sind theils öconomische, theils medicinale. Zufällig entstanden Vergiftungen, indem
Sublimatlösungen, als Medicament verordnet, mit Schnaps, Liqueur und
andern Getränken verwechselt wurden, zufällig entstanden dieselben
durch zu grosse, therapeutisch angewandte Mengen, durch Verabreichung
von Sublimat statt Calomel, statt Tartarus stibiatus, Magnesia, Jalapen-
pulver u. a. m. — Von den 30 Vergifteten starben 24 = 80 %.

Eine genaue Festsetzung der letalen Dosis ist auch bei diesen
Giften mit grossen Schwierigkeiten verknüpft. *Taylor* führt an, dass
ein Kind eine Menge von 3 Gran = 0,195 g Sublimat, statt Calomel
gegeben, erlegen sei und dass auch ein Erwachsener, welcher durch
die Giftwirkung zu Grunde ging, nicht mehr als 3 Gran genommen
habe. Auch für die tödtliche Wirkung von 0,4—0,5 g Sublimat liegen
Angaben vor: so wurde noch vor Kurzem von *Ketli* berichtet, dass
bei einem Erwachsenen nach 0,5 g, in Lösung genommen, der Tod am
4. Tage erfolgte. — In den meisten Fällen kamen bedeutend grössere
Mengen, theils gelöst, theils in Substanz zur Anwendung. Doch sind,
trotz grosser Dosen, nicht alle tödtlich verlaufen; selbst nach c. 30 g
trat noch Genesung ein (in den vollen Magen aufgenommen, frühzeitiges
Erbrechen!). — Die letale Dosis der übrigen, ätzend wirkenden, Queck-

silberpräparate lässt sich noch weniger angeben, da es an genügenden Beobachtungen fehlt. Die *Pharmacopoea germanica* bestimmt an Maximaldosen: Hydrargyrum bichloratum corrosivum, Hydr. bijodatum rubrum und Hydr. oxydatum rubrum, für jedes pro dosi: 0,03 g, pro die: 0,1 g; Hydrargyrum jodatum flavum pro dosi: 0,06 g, pro die: 0,4 g; Hydrargyrum nitricum oxydulatum: pro dosi: 0,015 g, pro die: 0,06 g und Liquor Hydrargyri nitrici oxydulati pro dosi: 0,1 g, pro die: 0,5 g.

Der Verlauf der Sublimatintoxicationen ist verschieden rasch und kann die Vergiftung schon nach $1/2$ Stunde, aber auch erst nach vielen (26) Tagen durch den Tod enden. In 36 Fällen fand ich die Dauer der Intoxication angegeben; es starben am 1. und 2. Tage: 11, am 4. und 5. Tage: 11, zusammen an den ersten 5 Tagen 22 = 61 %; am 6.—26. Tage: 14.

Symptome der Vergiftung.

Die Symptome, welche die Einnahme einer concentrirten Sublimatlösung hervorbringt, treten sofort, noch während des Hinunterschluckens resp. nur kurze Zeit später ein. Das erste, was empfunden wird, ist der intensive, metallische Geschmack; es stellt sich schnell ein Gefühl von Zusammenschnüren im Schlunde ein, Schlingbeschwerden, brennender Schmerz im Munde, im Rachen, bis zum Magen hin. Alle Schleimhautparthien, mit welchen die Giftlösung in Berührung gekommen war, sind stark angeätzt, weisslich verfärbt. — Diese localen Veränderungen in der Mund- und Rachenhöhle können so bedeutend sein, dass Glottisödem und Tod durch Asphyxie schnell eintritt (*Taylor*). — Die Schmerzen können so heftig werden, dass der Vergiftete ohnmächtig zusammensinkt. Nur kurze Zeit und es stellt sich Uebelkeit ein, Würgbewegungen und heftiges Erbrechen, durch welches der Mageninhalt und damit auch das Gift, wenigstens zum Theil, nach aussen entleert wird. Durch die Brechbewegungen, welche oft hintereinander eintreten können, werden anfangs weisse, später blutige Massen entleert; auch können grosse Fetzen abgestossener Schleimhaut des Magens und Darmkanals in den erbrochenen Massen enthalten sein (*Loewy*). — Bald nach dem ersten Brechact erfolgt, ebenfalls unter heftigen Schmerzen, profuser Durchfall; auch die hierdurch entleerten Massen sind im weiteren Verlaufe meist mit Blut vermischt. — Die Patienten liegen jetzt collabirt, mit kalter, klebriger Haut, kleinem, fadenförmigem Pulse, erschwerter Respiration da: die Urinsecretion ist meist unterdrückt, selbst mehrere, (bis 4) Tage lang. Die Empfindung schwindet mehr und mehr, es treten Convulsionen ein und Tod bei oft ungetrübtem Bewusstsein. — Zieht sich die Krankheit über mehrere Tage hin, so können zu diesen Erscheinungen der heftigen Gastroenteritis noch die durch Aufnahme von Quecksilber in das Blut veranlassten Symptome hinzutreten. So findet man in solchen Fällen, jedoch nicht in allen, das Auftreten von Speichelfluss erwähnt; auch Lockerungen und Blutungen des Zahnfleisches, Foetor ex ore etc. werden namhaft gemacht.

Leichenbefund.

In der Leiche findet man pathologische Veränderungen namentlich im Tractus intestinalis. Die Schleimhaut des Mundes kann in einzelnen Fällen völlig unversehrt sein; meist ist dieselbe weiss oder auch schiefergrau verfärbt, erweicht, so dass sie sich leicht loslöst. Aehnliches findet man an der Schleimhaut der Speiseröhre, des Magens. Letztere ist mehr weniger entzündet, theilweise in Fetzen abgelöst, mit vielen, stark angeätzten, mit Schorfen besetzten Stellen versehen; auch Ecchymosen wurden angetroffen; Perforationen der Magenwandung wurden bis jetzt nur äusserst selten gefunden. Die Schleimhaut des Dünndarms findet man in den meisten Fällen unverändert, dagegen zeigte sich oft die Schleimhaut des Dickdarms geschwellt, stark entzündet. — Die übrigen Organe zeigen keine constanten Veränderungen.

Die Behandlung.

Die erste Aufgabe der Behandlung, die Entleerung des Giftes wird oft durch die Giftwirkung selbst erfüllt; andernfalls ist für Entleerung des Magens zu sorgen, sei es durch Auslösung von Brechbewegungen in Folge mechanischer Reize oder durch Wirkung von Brechmitteln, von welchen hier Apomorphin am Platze ist, sei es durch Anwendung von Magenpumpe und Ausspülung des Magens. — Daneben resp. vorher ist die weitergehende Aetzung der Schleimhäute zu bekämpfen, durch Bindung der ätzenden Körper. Gute Dienste leisten hier die leicht zu beschaffenden Eiweissstoffe, Hühnereiweiss mit Wasser verdünnt, sowie Milch, im Nothfall auch Kleber. Die löslichen Quecksilberverbindungen bilden mit Eiweissstoffen nicht ätzende, aber doch nicht ganz unlösliche Körper, welche alsdann durch Erbrechen etc. aus dem Magen zu entfernen sind. — Das empfohlene hydratische Schwefeleisen ist, da es doch nur selten im Nothfalle zur Hand sein wird, jedenfalls für die Behandlung unwichtiger. — Die einzelnen Vergiftungssymptome erheischen symptomatische Behandlung.

Vergiftung als Folge der Resorption von Quecksilberpräparaten (*C. Ph. Falck*); **constitutionelle Quecksilbervergiftung.**

Wie schon oben erwähnt, rufen alle Quecksilber-haltigen Präparate, wenn sie in passender Form in grösserer oder geringerer Menge in den Körper gelangen, die gleichen Vergiftungssymptome hervor. In den meisten Fällen der constitutionellen Erkrankung wird es sich um die Einwirkung des metallischen Quecksilbers in Dampfform, resp. als Salbe, des Calomels und Sublimats handeln, während die übrigen Quecksilberpräparate weniger in Betracht kommen.

Allgemeinerkrankungen des menschlichen Körpers in Folge der Wirkung von Mercurialien kommen sehr häufig vor; dieselben sind, wohl ohne Ausnahme, unbeabsichtigt entstanden.

Aetiologisch haben wir hier kurz die Verwendung des Quecksilbers und seiner Präparate zu erörtern. — Schon die Gewinnung des Quecksilbers als Metall oder Erz ist toxikologisch wichtig; die in den Quecksilberwerken beschäftigten Arbeiter sind dem Einflusse dieses Metalls in hohem Grade ausgesetzt, weniger die Grubenarbeiter, als namentlich die bei der Verhüttung thätigen Leute. Denn während von 100 Grubenarbeitern nur jährlich 1,5—2,1 an Intoxicationen leiden, findet man leichte Grade der Vergiftung bei allen Hüttenarbeitern, schwere Grade aber bei 8,7 % (nach *Hirt* leidet sogar ein nicht unbedeutender Theil der Bewohner von Idria, ohne mit Quecksilber zu arbeiten, an Mercurialdyskrasie). — Von Gewerbetreibenden,

welche mit metallischem Quecksilber zu thun haben, sind hier zu
nennen : Die Vergolder (Feuervergolder), Gürtler, Broncearbeiter, die
Anfertiger von Barometern und Thermometern, die Arbeiter in Zünd-
hütchenfabriken (Verwendung von Knallquecksilber), in Spiegelfabriken
(von 100 innerlich kranken Arbeitern leiden 80 an Quecksilbervergiftung;
Hirt). — Quecksilbersalze sind für die Technik nicht so wichtig, wie
das Metall, doch werden auch Leute, welche Jahr aus, Jahr ein mit
Quecksilberverbindungen zu thun haben, von Vergiftungserscheinungen
befallen. Das salpetersaure Quecksilberoxydul wird in der Hutmacherei
benutzt; in schlecht ventilirten Werkstätten leiden 50—75% der Arbeiter an der Intoxication. — Auch Sublimat wird technisch (in der
Zeugdruckerei, Darstellung von Anilinroth etc.) benutzt; Beobachtungen
über technische Vergiftungen durch Sublimat fehlen.

Therapeutisch wird von Quecksilberpräparaten umfangreich
Gebrauch gemacht. Wenn auch alle die oben genannten officinellen
Verbindungen und ihre galen'schen Präparate angewandt werden können,
so wird doch in der Mehrzahl der Fälle nur die graue Salbe, Sublimat und Calomel benutzt. Während die graue Salbe nur äusserlich
zu Einreibungen Verwendung findet, gelangt der Sublimat in der verschiedensten Form, von verschiedenen Stellen (subcutan, innerlich und
äusserlich) in den Körper. Calomel wird wohl nur innerlich verabreicht. — Selbst bei der therapeutischen Anwendung der Mercurialien
werden von dem Arzte sehr oft leichtere und schwerere Intoxicationen
veranlasst; nicht minder geschieht dies, wenn Quecksilberpräparate auf
Anrathen sog. Quacksalber in unvorsichtiger Weise benutzt werden.

Auch die öconomische Vergiftung ist noch kurz zu erwähnen.
Man rechnet hierher Vergiftungen, welche durch Einwirkung von
Quecksilberdämpfen (metallisches Quecksilber in Stuben etc. verschüttet;
Kriegsschiff Triumph 1810) entstanden sind. Hierher gehören wohl
auch die Fälle, welche der Anwendung von Quecksilbersalbe bei Thieren
ihre Entstehung verdankten; Leute, welche die Salbe in die Haut der
Thiere eingerieben hatten, erkrankten ziemlich heftig. — Die Symptome,
sowie der Leichenbefund zeigten grosse Uebereinstimmung mit der
durch ätzende Mercurialien bedingten Vergiftung. Man könnte deshalb im Zweifel sein, ob diese Fälle zur constitutionellen Intoxication
zu rechnen sind oder nicht. Ich führe diese Fälle hier auf, weil sich,
viel regelmässiger als bei der Einnahme von Sublimat etc. in den
Magen, in Folge der äusseren Application Symptome der constitutionellen Vergiftung einstellten; in 4 Fällen erfolgte der Tod schon am

ersten Tage. In den Leichen der so schnell Gestorbenen (es waren
je 90 g graue Salbe gegen Krätze eingerieben) fand man Quecksilber
in den Lungen, den Nieren, der Haut etc. wieder auf.

Die grosse Mehrzahl der constitutionellen Vergiftungen zeigt
keinen so rapiden Verlauf, ist im Gegentheil eher als chronische,
denn als acute Intoxication zu bezeichnen. Die Symptome dieser
Intoxication werden am reinsten bei technischen Vergiftungen hervortreten; bei den zahlreich zur Beobachtung kommenden medicinalen
Vergiftungen ist das Bild der Intoxication durch die Symptome der
Erkrankung (meist wohl Syphilis) getrübt.

Die Einwirkung des Quecksilbers in Dampfform zeigt sich bei
den Arbeitern verschieden schnell und intensiv; bei allen stellt sich
mindestens ein leichter Grad der Intoxication ein, durch welche die
Ernährung leidet, so dass der Körper abmagert. Die Haut ist bleich,
erdfahl, die Schleimhäute sind livid, die Zunge ist belegt, die Speichelsecretion verstärkt, der Athem übelriechend.

In der grossen Mehrzahl der Fälle ist aber die Vergiftung intensiver, die Symptome der Art, dass ärztliche Hülfe gesucht wird. Anfangs klagen die Kranken nur über unangenehmen, metallischen Geschmack, aus dem Munde dringt ein penetranter übler Geruch, die
Zunge ist belegt, die Schleimhaut des Mundes, Rachens ist geröthet,
ebenso das Zahnfleisch; diese Theile schwellen an, die Speichelsecretion
wird vermehrt und tritt intensiver Speichelfluss ein. Die Menge des
hierdurch meist nach aussen entleerten Speichels soll bis zu 8 kg
täglich betragen haben; der Speichel ist alkalisch, stark riechend, und
hat anfangs vermehrtes, im späteren Verlaufe normales specifisches
Gewicht. — An einzelnen Stellen der geschwollenen Theile bilden sich,
meist durch Druck begünstigt, kleine, seichte Geschwüre, welche sich
mehr und mehr vergrössern und zusammen fliessen können. Allmälig
werden auch die Zähne locker und fallen aus, die Schleimhautaffection
geht auf die Kieferknochen über, es tritt Periostitis, selbst Nekrose
ein. Heilt die Affection, so können Verwachsungen der Wangen mit
den Zahnrändern eintreten, stets aber bilden sich weisse, strahlenförmige
Narben. — Zugleich neben der Stomatitis, deren Auftreten durch bestehende Caries der Zähne, sowie durch Schwangerschaft begünstigt
wird, treten krankhafte Erscheinungen im Tractus intestinalis ein.
Es stellt sich Aufstossen ein, Uebelkeit und Erbrechen der genossenen
Massen, von Schleim und Galle; dazu kommen Leibschmerzen, Durchfälle mit Verstopfung abwechselnd, Ernährungsstörungen der verschiedensten Art und Intensität. — Bleiben die Kranken den schädlichen
Einflüssen noch länger ausgesetzt, so kommt es zu dem Erethismus
mercurialis (*Kussmaul*); derselbe documentirt sich durch psychische
Reizbarkeit, grosse Schreckhaftigkeit und Verlegenheit, in welche der
Arbeiter sehr leicht versetzt werden kann. Dazu kommen Schlaflosigkeit, ängstliche Träume; Kopfschmerzen, Ohrensausen, Schwindelanfälle, Niederstürzen, Bewusstlosigkeit u. a. — Dieser Zustand kann
lange Zeit unverändert bestehen; sehr oft bemerkt man aber schon
bald die ersten Zeichen des Tremor mercurialis. Es stellt sich
Ameisenkriechen ein, Pelzigwerden der Hände, selt'ner der Füsse,
gelinde Schmerzen in den Gelenken des Daumens, Ellenbogens, Knie's
und Fusses, Unsicherheit im Gebrauche der Extremitäten. Ganz all-

mälig fangen, bei anhaltender Arbeit, die Hände an zu zittern: dieser Zustand breitet sich von den Händen auf die Arme, nach und nach auch auf Füsse und Beine, Kiefer und Zunge etc. aus; schliesslich können alle willkürlichen Muskeln mehr weniger stark ergriffen sein. Mit der Zeit wird das Zittern immer heftiger, es kommt zu vollkommen convulsivischen Bewegungen. Der Patient ist jetzt nicht mehr Herr seiner Muskeln; er ist nicht im Stande, ergriffene Gegenstände sicher zu handhaben, die Bewegungen der Beine werden unsicher, in Folge der Affection der Zungenmuskeln tritt Stottern auf; das Gesicht ist zur Grimasse verzerrt; der Patient gewährt einen erbärmlichen Anblick. In diesem Zustande ist der Kranke vollkommen hülflos; er ist nicht im Stande zu gehen, sich zu bewegen, zu essen, zu kauen, zu reden etc. Im höchsten Grade ausgebildet, wird durch die convulsivischen Zuckungen der ganze Körper hin- und hergeschleudert, jede einzelne Muskelgruppe, ja jeder einzelne Muskel für sich zuckt, es herrscht eine schrankenlose Anarchie im Gebiete des willkürlichen Muskelsystems. Dabei wird der Zustand noch gesteigert durch jede Gemüthsbewegung; dagegen wirkt die Ruhe beruhigend und hören die convulsivischen Bewegungen im Schlafe meist auf. — Dazu treten noch Affectionen anderer Organe. Die Respiration ist geschwächt und erschwert, Dyspnoë und Asthma sind vorhanden, der Puls ist klein, verlangsamt; die Muskulatur des Magendarmkanals ist ebenfalls ergriffen, gelähmt. Es kommt zur Parese und Paralyse einzelner Muskelgruppen, Extremitäten etc. Diese lähmungsartigen Zustände bestehen meist schon neben dem Tremor. — Wirkt das Gift immer noch ein, so magern die Patienten in Folge der Ernährungsstörungen mehr und mehr ab, es kommt zu der Cachexia mercurialis. Zu den vorher geschilderten Leiden treten noch hydropische, pyämische Affectionen, Phthisis etc. hinzu und gehen die Patienten schnell zu Grunde.

In jedem der vorerwähnten Stadien der Vergiftung kann in Folge passender Behandlung Heilung erzielt werden; doch bleiben oft noch Jahre lang einzelne Symptome, z. B. Zittern, zurück.

Symptome und Verlauf der constitutionellen Vergiftung sind etwas verschieden, je nachdem es sich um medicinale oder technische Intoxication handelt. Bei der medicinalen treten die Symptome schnell und heftig auf, sich meist auf die Affectionen des Mundes, des Nahrungsschlauches beschränkend, während Erethismus und Tremor nur selten einzutreten pflegen. Bei den technischen Intoxicationen dagegen entwickeln sich die Leiden nur ganz allmälig, oft erst im Laufe von vielen Jahren und kommt, während Speichelfluss, Stomatitis etc. gar nicht selten fehlen, oder doch bedeutend zurückstehen, vorzugsweise Erethismus und Tremor zur Beobachtung.

Ebenso, wie bei den Arbeitern das Auftreten von Vergiftungssymptomen individuell verschieden ist, ebenso beobachtet man Aehnliches bei der therapeutischen Anwendung der Mercurialien. Schon durch relativ sehr geringe Mengen können bei einzelnen Kranken heftige Vergiftungen (Salivation, Stomatitis, Nekrose der Knochen etc.) mit selbst tödtlichem Ausgange hervorgerufen werden. Namentlich scheinen bestimmte körperliche Verhältnisse (bestehende Krankheiten etc.) das Auftreten der Intoxication zu begünstigen; so beobachtete *Sillard* bei bestehendem Morbus Brightii nach therapeutischen Dosen von Calomel schwere Intoxicationen, welche auf die gestörte Elimination des Quecksilbers zurückgeführt wurden. In einem Falle von *Kuns* bewirkten 0,04 g Sublimat, in 30 Stunden eingenommen, bei einem an Peritonitis Leidenden starken Speichelfluss etc. *Farquharson* berichtet Fälle von Idiosynkrasie gegen Calomel bei Frauen, welche längere Zeit in den Tropen gelebt und dort excessiv mit Calomel behandelt worden waren.

Behandlung der constitutionellen Quecksilbervergiftung. Prophylactisch ist gegen das Zustandekommen der Erkrankung der Fabrikarbeiter etc. für gute Ventilation der Arbeitsräume Sorge zu tragen, auch auf grösste Reinlichkeit der Arbeiter strenge zu achten. Ausserdem können noch weitere Massregeln getroffen werden, um die in der Luft enthaltenen Quecksilberdämpfe unschädlich zu machen. So empfahl *Merget* Abwaschung des Körpers mit Chlorwasser und Entwicklung von Chlordämpfen. — Wichtiger scheint die Empfehlung von *J. Meyer*, in den Werkstätten Abends eine genügende Menge käuflicher Ammoniakflüssigkeit auf den Fussboden auszugiessen; seit Anwendung der Ammoniakdämpfe in einer Spiegelfabrik zu Chauny sind die neu eingetretenen Arbeiter von Vergiftung verschont geblieben. — Auch Schwefel hat man als Prophylacticum empfohlen, gestützt auf die Beobachtung, dass Pflanzen, welche bei Gegenwart von Quecksilberdampf schnell absterben, bei gleichzeitiger Gegenwart von Schwefeldampf unversehrt bleiben; Schwefel und Quecksilber in Dampfform vereinigen sich im Dunkeln zu schwarzem Schwefelquecksilber, unter Mitwirkung des Lichtes zu Zinnober (*Schrötter*). — In ähnlicher Weise wirken Joddämpfe. Weder vom Schwefel noch vom Jod scheint man bis jetzt praktisch Gebrauch gemacht zu haben.

Sind die Symptome der Giftwirkung vorhanden, so ist natürlich in erster Linie Sorge zu tragen, dass eine fortdauernde Aufnahme des Giftes in den Körper verhindert wird. Gegen die Krankheitserscheinungen ist dann weiter vorzugehen. Handelt es sich um eine heftige Mundaffection mit Speichelfluss, so hat man zunächst örtlich von reinigenden, adstringirenden Mitteln Gebrauch zu machen. Die Mundhöhle zu säubern, rein zu halten, ist hier eine der Hauptaufgaben. Zur Darstellung der zu benützenden Mundwässer verwendet man Alaun, Kreosot, Folia Salviae u. v. a., namentlich aber chlorsaures Kali, welches bei der therapeutischen Benutzung der Mercurialien schon als Prophylacticum gegen die Mundaffectionen zugleich mit diesen zur Anwendung kommt. Daneben kann man durch Diuretica und Abführmittel die Elimination des Giftes zu beschleunigen versuchen. — Sind schwerere Vergiftungserscheinungen zu bekämpfen, handelt es sich um einen beginnenden, resp. ausgebildeten Tremor, so hat man, ausser der Beseitigung der Ursache, für eine beschleunigte Ausscheidung des Giftes zu sorgen. Als ein für diesen Zweck brauchbares Mittel hat man schon lange das Jodkalium empfohlen, durch welches auch schon günstige Resultate erzielt wurden. Auch Bäder, namentlich Schwefelbäder wurden gerühmt, überhaupt viele Mittel, welche die Secretionen zu vermehren im Stande sind. Gegen den Tremor: Electricität. — Die schädliche Einwirkung des Quecksilbers auf die Ernährung ist bei allen unter Quecksilberwirkung Stehenden namentlich zu berücksichtigen. Durch nahrhafte Kost, strenges Reinhalten des Körpers und

Anwendung von warmen Bädern kann das Auftreten der Symptome jedenfalls für längere Zeit hinaus geschoben werden.

Experimentaluntersuchungen.

Die Experimentalforschung ist sehr rege gewesen, die Wirkung der Mercurialien auf den Organismus klar zu stellen. — Schon die Frage nach der Resorption der einzelnen Quecksilberpräparate hat zu zahlreichen Arbeiten Anlass gegeben. Am einfachsten gestalten sich die Verhältnisse bei den löslichen Quecksilbersalzen, speciell dem Sublimat. Eine concentrirte Sublimatlösung bringt in Eiweisslösungen Niederschläge hervor; der entstandene Körper, auf dessen Bildung die Aetzwirkung beruht, ist ein Quecksilberoxydalbuminat (chlorfrei zu erhalten!), welches in überschüssigem Eiweiss, sowie in Kochsalz leicht löslich ist. In Form dieses Körpers gelangt der Sublimat zur Resorption; auch hat man von ihm sowie von einem Peptonat mit gutem Erfolge therapeutisch Gebrauch gemacht. — Anders ist es mit den unlöslichen Quecksilbersalzen, speciell dem Calomel. Die Art, wie es resorbirt wird, war lange Zeit unklar. Jedenfalls sind für die Resorption der unlöslichen Salze die im Organismus vorhandenen Chloride der Alkalien, die im Magensaft vorkommende freie Salzsäure, sowie auch die kohlensauren Alkalien des Darmsaftes (*Jeannel, Bellini* u. A.), das Eiweiss von der grössten Wichtigkeit. (*Polk* fand, dass Calomel, mit Zucker gemischt, längere Zeit aufbewahrt, allmälig in Sublimat übergeht.) Auch diese Verbindungen gelangen schliesslich als Albuminat in das Blut. Die zur Resorption gelangende Menge ist freilich nicht sehr bedeutend; fand doch *Riederer*, dass von dem in den Magen gebrachten Calomel 67,3—77% mit den Fäces den Körper der Hunde wieder verliessen. — Immer noch nicht ganz sicher ist man bezüglich der Resorption des metallischen Quecksilbers, namentlich bei seiner Anwendung als Salbe. Wird das Metall innerlich in grösserer Menge genommen (bei Ileus etc.), so läuft dasselbe, ohne zu schaden, durch den Darmkanal hindurch; doch kam es nicht selten vor, dass kleinere Mengen im Darmkanal zurückblieben und Vergiftungssymptome veranlassten. Als graue Salbe applicirt, wirkt das Metall jedoch intensiver ein, theils deshalb, weil in dieser Form die Oberfläche des Metalls ganz bedeutend vergrössert ist, theils, weil es schon als Oxydul resp. Oxydsalz in der Salbe vorhanden ist: ältere graue Salbe enthält jedenfalls fettsaure Quecksilbersalze. Die Resorption des im fein vertheilten Zustande (mit Gummi und Glycerin verrieben) subcutan applicirten Metalls wurde kürzlich von *P. Fürbringer* nachgewiesen. Trotzdem dürfte bei Einreibungen der grauen Salbe das Verdampfen des Quecksilbers und Einathmung des Dampfes (bei Thierversuchen durch Ablecken: *Rindfleisch*) für die Resorption von Wichtigkeit sein und glaubt auch *Rossbach*, dass bei Schmierkuren „das Quecksilber weniger durch die Haut, als vielmehr durch die Athmungsorgane aufgenommen" werde.

Die Ausscheidung des Quecksilbers aus dem Organismus wurde schon bei der Behandlung kurz erwähnt. Die Elimination geschieht durch alle Secrete: Quecksilber wurde in dem Harn, dem Schweisse, der Milch, dem Speichel, der Galle nachgewiesen. Im Urin konnte das Gift schon 2 Stunden nach der Einnahme desselben aufgefunden werden (*Byasson*) und ist nach Aufnahme einer Dosis die Ausscheidung durch den Harn in 24 Stunden beendet; ist längere Zeit Quecksilber eingeführt, so dauert auch die Ausscheidung noch viele Tage nach der letzten Aufnahme fort. *Riederer* fand in dem Urin 2—2,85% des eingeführten Calomels wieder. Die Form, in welcher das Quecksilber in den Secreten erscheint, ist bis jetzt nicht bekannt; es dürfte wohl als Albuminat vorhanden sein. In dem Urin der unter Quecksilberwirkung stehenden Organismen wurde öfter Eiweiss nachgewiesen, ferner Leucin, Tyrosin, sowie Zucker. — Auch mit den Fäces wird Quecksilber entleert. Nach Calomelgebrauch sind die Fäces charakteristisch gras-grün gefärbt, welche Färbung wohl mehr auf den Gehalt an Gallenfarbstoff, als auf Schwefelquecksilber zurückzuführen ist.

Ueber das Zustandekommen, die Art der Quecksilberwirkung sind wir noch ungenügend unterrichtet. Zu erwähnen ist, dass die Stickstoffausscheidung durch den Urin eines mit Mercurialien Behandelten unverändert bleibt (*v. Böck*). — Die Körpertemperatur sank nach Einführung letaler Dosen von Sublimat, bei meinen Kaninchen-Versuchen bis zu 10,°4 C. — Bei schwangeren, dem Quecksilber ausgesetzten Personen tritt leicht Abortus ein. — Die bei constitutioneller Vergiftung auftretenden Erscheinungen von Seiten des Nervensystems sind wohl auf einen cerebralen Ursprung zurückzuführen. Die electrische Muskelreizbarkeit war selbst bei einer 7 Jahre bestandenen Lähmung vollkommen erhalten (*Kussmaul*).

Der chemische Nachweis des Quecksilbers.

Soll Quecksilber in organischen Massen (Leichentheilen etc.) nachgewiesen werden, so werden zunächst durch Behandlung mit chlorsaurem Kali und Salzsäure die organischen Substanzen zu zerstören sein. Die so erhaltene Lösung wird mit Schwefelwasserstoff behandelt, der aus schwarzem Schwefelquecksilber bestehende Niederschlag gut ausgewaschen, in Königswasser gelöst, zur Trockne verdampft und der Rückstand mit verdünnter Salzsäure aufgenommen. Diese Lösung wird nun weiter geprüft: Sie gibt, mit Zinnchlorürlösung versetzt, grauen Niederschlag von metallischem Quecksilber (Grenze: 1:40000-facher Verdünnung; *Overbeck*). — Zur Abscheidung des Metalls aus der Lösung kann man auch den galvanischen Strom benutzen. Die aus einem Goldblättchen und Eisen (Zinn) bestehenden Electroden einer Batterie werden in die Lösung eingetaucht: es schlägt sich das Quecksilber vorzugsweise auf dem Gold nieder. Letzteres wird abgewaschen und in einer engen Glasröhre erwärmt; es setzen sich an der Glaswand kleine Quecksilberkügelchen ab; dieselben werden durch Einwirken von Joddämpfen in krystallinisches Quecksilberjodid, welches beim Erhitzen gelb, beim Erkalten roth wird, verwandelt. — Zur Abscheidung des Quecksilbers durch Electrolyse kann man die mit chlorsaurem Kali und Salzsäure erhaltene Lösung benutzen. *Ludwig* behandelte den Harn direct, indem er ihn mit Salzsäure versetzte, auf 50—60° erwärmte und metallisches Kupfer (Zink) in fein vertheiltem Zustand zusetzte: auf dem Metallpulver schlägt sich das Quecksilber nieder (Nachweis durch Destillation und Jodidbildung). — *Riederer* fand bei einem seiner Versuche (Hund) in je 100 g frischen Organs: der Leber: 6,6 mg, des Hirns, Lunge etc.: 2,7 mg und der Muskeln 0,4 mg.

22. Alaun.

Der Alaun, schwefelsaures Aluminium-Kalium: $KAl(SO_4)_2 + 12H_2O$, bildet grosse, farblose, durchsichtige Octaëder, ist in 7—8 Th. Wasser löslich, die Lösung reagirt schwach sauer.

Dieser Körper hat bis jetzt nur sehr selten zu Vergiftungen Anlass gegeben. Nach *Boehm*'s Zusammenstellung wurde der Alaun einmal zum Giftmord benutzt. Die übrigen Intoxicationen wurden hervorgerufen, indem Alaun statt anderer Arzneimittel (Gummi arabicum, Magnesia sulfurica u. a) in grosser Menge eingenommen wurde. — Die Benutzung des Alaunes als Zusatz zum Mehl, wie dies häufig in England geschieht, scheint bisher keine Vergiftung veranlasst zu haben.

Ueber die Dosis letalis ist wenig bekannt; zu dem Giftmord genügte für ein 3 Monate altes Kind: 0,9 g, in einem 2. Falle wurde ein Erwachsener durch 30 g getödtet.

Die Symptome sind: heftiges Brennen im Munde, Schlunde und Magen, Uebelkeit mit blutigem Erbrechen, frequente Respiration, sehr schneller Puls; Ohnmachten treten wiederholt ein; die Temperatur sinkt.

Die Oeffnung der Leiche lässt im oberen Theil des Tractus intestinalis Verätzungen der Schleimhaut erkennen; einzelne Theile, wie die Zunge, sind geschwollen; Hyperämien im Darmkanal, den Nieren.

Der Alaun verbindet sich mit gelösten Eiweisssubstanzen zu unlöslichen Niederschlägen. Ueber die physiologische Wirkung des Alaunes fehlen gute Untersuchungen ganz.

Bezüglich der Behandlung hat man durch Anwendung von Eiweisslösungen den Alaun unlöslich zu machen, durch Emetica, Magenpumpe zu entfernen; sonst symptomatisch.

Der chemische Nachweis kann keine Schwierigkeit machen; die organische Substanz kann entweder durch Einwirkung von chlorsaurem Kali und Salzsäure oder durch Einäschern zerstört werden. Alaun wurde im Urin, im Magen und verschiedenen Organen nachgewiesen.

23. Chromverbindungen.

Von Chrompräparaten haben toxikologisches Interesse:

Das Chromsäure-Anhydrid: CrO_3, prachtvoll carmoisinrothe, rhombische Prismen, an der Luft zerfliessend zu einer gelbrothen resp. braunrothen Flüssigkeit.

Das chromsaure Kalium: K_2CrO_4, schön hellgelbe, glänzende, rhombische Krystalle, in Wasser sehr leicht löslich.

Das saure chromsaure Kalium, Kaliumbichromat: $K_2Cr_2O_7$, dunkelorange-rothe, grosse, vierseitige Tafeln, in Wasser löslich.

Vergiftungen durch Einwirkung von Chrompräparaten sind nicht selten. In der Literatur finden wir bis jetzt über 17 Intoxicationen berichtet, von welchen 3 durch Chromsäure-Anhydrid, 2 durch chromsaures Kalium, 12 durch Kaliumbichromat veranlasst wurden. — Von diesen Intoxicationen sind 6 als Selbstvergiftungen zu bezeichnen: in einem 7. Falle wurde Kaliumbichromat als „Abortivum“ gebraucht, mit tödtlichem Erfolge. — Alle andern Vergiftungen sind zufällig entstanden, zum Theil, indem das Gift als Glaubersalz, doppelkohlensaures Kali etc. eingenommen, resp. indem Chromsäure als Aetzmittel gebraucht wurde.

Von den 17 Intoxicationen endeten 9 (= 53%) letal. Der Tod erfolgte 4, 5, 12 und 14 Stunden nach der Einnahme des Giftes. Die Menge der bei diesen Vergiftungen zur Wirkung gekommenen Präparate ist nur für wenige Fälle annähernd festgestellt. Für das Kaliumbichromat liegen 4 Angaben vor; Dosen von 0.25—4 g verursachten zwar Erkrankung, doch wurden die Patienten wieder hergestellt, während die Patientin *Wood's* 4 Stunden nach der Einnahme von 8 g starb. — In *Wardner's* Fall erreichte ein Selbstmörder durch Einnahme von 1 g Chromsäure nicht seine Absicht; *Parochow* starb 12 Stunden nach der Einnahme eines Esslöffel voll (c. 15 g) gelben chromsauren Kaliums.

Symptome der Vergiftung.

Meist wurde das Gift in den Magen eingeführt. Kurze Zeit darauf stellte sich in fast allen Fällen Uebelkeit und heftiges Erbrechen ein: durch letzteres, welches sich öfter wiederholte, wurden anfangs hochgelb gefärbter Speisebrei, später Galle und Blut entleert. Dazu trat oft auch Diarrhöe, flüssige, seröse Stühle, welche unter heftigen Koliken entleert wurden. Es stellt sich schnell Collaps ein, das Gesicht ist blass und kalt, der Puls schwach, unregelmässig, die Respiration verlangsamt, erschwert, das Bewusstsein geschwunden.

In *Mosetig's* Falle stellte sich, nachdem ein in jauchigem Zerfall befindliches Brustcarcinom mit krystallisirter Chromsäure geätzt worden, bald heftiges Erbrechen, intensive Leibschmerzen ein; pulslos, mit kalter Haut, cyanotischem Gesicht lag die Patientin, fortwährend erbrechend, da und zeigte das Bild einer Cholera asiatica. Nach einigen Stunden erfolgte der Tod. — Aehnlich, jedoch nicht letal, verlief ein Fall von *Bruck.*

In der Leiche findet man, jedoch nicht constant, Röthung und Erweichung der Schleimhaut des Magens etc. Das Blut ist theerartig.

Ausser zu diesen acut verlaufenen Allgemeinvergiftungen geben Chrompräparate in der Technik auch noch zu localen Läsionen Anlass. Bei Arbeitern in Färbereien, welche mit Lösungen von Chrompräparaten fortwährend zu thun haben, bilden sich an den Händen schmerzhafte, in die Tiefe fressende Geschwüre, welche nur sehr schwer heilen. Doch nicht allein die fortwährende Einwirkung der Lösung auf die Haut wirkt schädlich, nein auch die Einwirkung in Staubform kann ähnliche Affectionen hervorrufen. Bei der Bearbeitung des Chromeisensteins, beim Verpacken der fertigen Chromfarben sind die Arbeiter diesem Staube fortwährend ausgesetzt. An unbedeckten erodirten Hautstellen können sich cylindrische, bis in die Muskulatur eindringende Geschwüre entwickeln. — Wichtiger jedoch ist die Einwirkung des Chromstaubs auf die Nasenschleimhaut, während die Athmungsorgane nicht ergriffen werden. Die Nasenschleimhaut wird sehr schnell katarrhalisch afficirt (heftiges Prickeln, häufiges Niesen), die Nasenscheidewand perforirt, die ganze Nasenscheidewand vollständig zerstört. Diese „Rhinonekrose“ soll sich sehr schnell, schon durch 12 Tage fortgesetztes Arbeiten ausbilden können. Das Geruchsvermögen ist nicht alterirt (*Hirt*).

Experimentaluntersuchungen.

Untersuchungen, welche über die Wirkung der Chromate an Thieren angestellt wurden, haben die intensiv giftige Wirkung dieser Präparate dargethan. Nach *Gergens* sterben Kaninchen schon nach 0,26 g Kaliumchromat, subcutan applicirt. Es stellt sich Hyperämie des Tractus intestinalis ein, Nephritis und Cystitis. — Nach *Priestley* wird das vasomotorische Centrum anfangs erregt, später gelähmt. Der allgemeinen Lähmung gehen Convulsionen voraus. — *Mayer* konnte Chrom in dem Blut, dem Herzen, der Leber, den Nieren nachweisen.

Behandlung der Vergiftung.

Bei acuten Vergiftungen ist zunächst für vollständige Entfernung des Giftes, welches durch Anwendung von Eisenoxydhydrat unschädlich gemacht werden kann, zu sorgen; sonst symptomatische Behandlung.

Chemischer Nachweis.

Die organischen Massen sind durch chlorsaures Kali und Salzsäure zu zerstören; mit der erhaltenen Lösung sind die für Chrom charakteristischen Reactionen auszuführen.

24. Bleipräparate.

1) Das metallische Blei: Pb, findet sich selten gediegen, sehr häufig aber in Verbindung mit Schwefel, Sauerstoff u. a. Das reine Metall ist bläulich-grau, stark glänzend, sehr weich, dehnbar, wenig fest. Es schmilzt bei 326° C.: krystallisirt in Octaëdern. An der Luft überzieht es sich mit einer sehr dünnen Schicht von Oxydul; in Berührung mit Wasser und Luft bildet sich Bleihydroxyd.

2) Das Jodblei: PbJ_2, bildet prachtvoll-goldgelbe, in Wasser fast unlösliche Blättchen.

3) Das Bleioxyd (Bleiglätte, Lithargyrum): PbO, ein gelbes resp. röthlichgelbes Pulver, beim Erhitzen schmelzend und zu einer krystallinischen Masse wieder erstarrend.

4) Die Mennige (Minium): Pb_3O_4, ein Gemenge von Blei-Oxyd und Sesquioxyd, bildet ein schweres, lebhaft rothes Pulver, welches durch Erhitzen Sauerstoff verliert.

5) Das Bleiweiss (Cerussa), ein basisch-kohlensaures Bleisalz: $2 CO_3 Pb + Pb(OH)_2$, fabrikmässig erhalten als rein weisses, amorphes Pulver; in Wasser unlöslich.

6) Das essigsaure Blei (Bleizucker): $(C_2 H_3 O_2)_2 Pb + 3 H_2 O$, bildet grosse, wasserhelle, glänzende, 4seitige Prismen, von widerlichsüssem Geschmack, welche an der Luft leicht verwittern, in Wasser und Alkohol leicht löslich sind. In höherer Temperatur geschmolzen verliert es Essigsäure und Wasser unter Bildung von basischen Salzen. Eins derselben ist enthalten in dem officinellen

7) Liquor Plumbi subacetici, dem Bleiessig, dargestellt durch Behandeln von 2 Theilen Bleizucker und 1 Theil Bleiglätte; er

ist eine stark alkalisch reagirende, farblose Flüssigkeit vom spec. Gewicht 1,235 bei 15° C. Mit 49 Theilen Wasser verdünnt, liefert der Bleiessig das officinelle Bleiwasser, mit 45 Th. Wasser und 4 Th. Weingeist das Goulard'sche Bleiwasser.

Ausser diesen officinellen Präparaten und den daraus dargestellten Arzneimischungen (Salben etc.) sind noch eine grosse Zahl von Bleiverbindungen bekannt: auch die hier nicht speciell aufgeführten können gelegentlich zu Vergiftungen Anlass geben.

Die acute Bleivergiftung.

Acute Bleiintoxicationen wurden vorzugsweise durch die Anwendung von Bleizucker, resp. Bleiessig veranlasst; ebenso, wie durch diese, können aber auch durch andere in Wasser resp. in den Secreten lösliche Verbindungen acut verlaufende Vergiftungen hervorgerufen werden.

Absichtlich bewirkte Bleivergiftungen kamen in früherer Zeit öfter vor; jetzt gehören dieselben zu den Seltenheiten. Nach *Tardieu* war unter 793 in den Jahren 1851—1871 in Frankreich gerichtlich verhandelten Vergiftungen nur eine einzige, bei der Bleipräparate benutzt waren. Auch in Deutschland wurde ein Giftmordprocess in Cöln verhandelt; es war der Tod von 2 Personen durch öftere Darreichung von Bleizucker herbeigeführt worden. Hin und wieder dienten Bleipräparate zur Selbstvergiftung. — Auch die zufällig durch Einfuhr von Bleiverbindungen entstandenen acuten Intoxicationen sind an Zahl nicht gross. Unbeabsichtigt wurden Vergiftungen veranlasst durch Verwechslungen von Bleiweiss mit Magnesia, mit Kalkpulver etc., von Bleizucker mit Zucker, Alaun etc., durch Anwendung Blei-haltiger Geheimmittel, durch Gebrauch von bei der Zubereitung, Aufbewahrung Blei-haltig gewordenen Nahrungsmitteln u. a. m.

Die Dosis toxica und letalis ist nicht genau zu bestimmen. Es sind zahlreiche Fälle bekannt, in denen Mengen von 30—60 g Bleizucker in den Körper eingeführt wurden und die Vergiftung doch einen günstigen Ausgang nahm. In früherer Zeit gab man den Bleizucker therapeutisch in Dosen von 2—2,5 g pro die längere Zeit ohne allen Nachtheil, *Swieten* gab täglich 3,9 g 10 Tage lang, ehe wesentliche Symptome auftraten. *Naunyn* hält 10 g und mehr für eine letale Dosis. Die Maximaldosen der *Pharmacopoea germanica* sind für Plumbum aceticum zu 0,06 g pro dosi, 0,4 g pro die angesetzt.

Auch die Zeitdauer der Vergiftung ist in Folge mangelnder Angaben nicht genau zu bestimmen. Der Tod erfolgte in letal verlaufenden Fällen nach 24—36 Stunden, doch kann sich die Intoxication auch über mehrere Tage hinziehen.

Die Symptome der acuten Vergiftung beginnen oft erst nach einigen Stunden; es sind als solche zu nennen: unangenehmer Metallgeschmack, brennende Schmerzen im Munde bis zum Magen, Uebelkeit, Würgen und Erbrechen von milchweissen resp. gelblichen, Blei-haltigen Massen; es stellt sich heftiger Durst ein, heftige Kolikschmerzen mit Durchfällen, doch kann auch Verstopfung bestehen. Dazu treten Kopfschmerz, Schwindel, Betäubung, kleiner Puls, frequente Respiration, Wadenkrämpfe etc., Anästhesien, Lähmungen, Coma.

In nicht letalen Fällen tritt die Genesung ziemlich rasch ein, doch können nach *Husemann* Wochen, ja Monate später, nach einer acuten Vergiftung noch die Symptome der chronischen Intoxication eintreten.

In der Leiche der schnell der Bleiwirkung Erlegenen findet man, mehr weniger stark ausgeprägt, die Erscheinungen der Gastro-enteritis; die afficirten Schleimhäute sind geröthet, verätzt, entzündet.

Die Behandlung der acuten Intoxication erheischt die schnelle Entfernung des Giftes; man erreicht dieselbe durch Brechmittel, wenn nicht schon durch die Bleiwirkung selbst die Entleerung des Magens erfolgte. Auch die Magenpumpe etc. kann mit Erfolg angewandt werden. Um die gelösten Bleisalze zu binden, kann man, wenn die weiter zu nennenden Antidote fehlen, zunächst von Eiweisslösungen, Milch Gebrauch machen. Wichtig für die Behandlung sind lösliche, schwefelsaure Salze (schwefelsaures Natron, Kali, Magnesia), verdünnte Schwefelsäure, auch Alaun, ferner Phosphate (Natronsalz). Die voll-kommene Entfernung der Bleiverbindungen ist dann noch durch Ab-führmittel (Oleum Ricini u. a. m.) zu beschleunigen. — Sonst sym-ptomatisch.

Die chronische Bleivergiftung. Der constitutionelle Saturnismus.

Werden längere Zeit fortgesetzt, kleine Mengen Blei-haltiger Substanzen in den Organismus eingeführt, so entwickeln sich, individuell verschieden, in kürzerer, resp. längerer Zeit Krankheitssymptome, welche auf eine Aufnahme des Giftes in das Blut zurückgeführt werden müssen.

Chronische Bleivergiftungen kommen sehr häufig vor. Zum klei-neren Theile sind dieselben veranlasst durch medicinale Anwendung von Blei-haltigen Arzneimitteln; meist hat man es mit technischen resp. öconomischen Vergiftungen zu thun. — Medicinale Vergif-tungen der Art wurden beobachtet nach Benutzung von Magisterium Bismuthi, nach 14tägigem Gebrauche von 0,05—0,1 g Bleiacetat bei einem Herzkranken (*Maisonneuve*), in Folge des längere Zeit fortge-setzten Verbands eines Fussgeschwürs mit Bleiweisssalbe und Blei-wasser (*Fischer*), durch Anwendung von Blei-haltigen Flüssigkeiten gegen Sommersprossen (*Bial*) u. a. m.

Wichtiger, der Zahl nach bedeutender sind die öconomischen Bleivergiftungen. Hierher gehören die zahllosen Intoxicationen, welche dem oft Jahre lang fortgesetzten Genusse von Blei-haltigen Flüssigkeiten, als Wasser, Wein, Bier, Essig etc. ihre Entstehung ver-danken. Durch Bleiröhren fliessendes Trinkwasser finden wir in ein-zelnen Fällen als Quelle der Erkrankung angegeben; dass bei der so bedeutenden Benutzung der Bleiröhren zu Wasserleitungen solche Er-krankungen nicht öfter beobachtet werden, diese Thatsache wird er-klärt durch die verschiedene Beschaffenheit des Wassers und damit auch verschiedene Einwirkung desselben auf das Blei. Am stärksten wird das Metall durch destillirtes Wasser angegriffen, namentlich dann, wenn es zugleich mit Luft in Berührung kommt. Von Bestandtheilen des Wassers sind hier die Nitrate, Ammoniak zu nennen, welche eine Lösung des Bleis begünstigen, während ein grosser Gehalt des Wassers an Kalksalzen, an Kohlensäure etc. die Lösung erschwert resp. hindert, indem sich auf dem Metall eine Deckschicht aus Blei- und Kalkcarbonat bildet. — Auch die Benutzung von destillirtem Wasser (auf Schiffen) hat Vergiftungen veranlasst. Solches Wasser, in Blei-haltigen Apparaten (Kühlrohr etc.) dargestellt, enthielt 0,25 g Blei im Liter. — Ausser den Getränken können auch die Speisen durch Bleigehalt schädlich wirken (Benützung schlecht glasirter Gefässe etc.). — Eine grössere Zahl von Intoxicationen wurde schon mehrmals beobachtet, veranlasst durch Mehl resp. daraus gefertigte Nahrungsstoffe; mit Blei ausgegossene Mühlsteine waren zur Herstellung des Mehls benutzt worden *(Bucquet, Alfred)*. Der Genuss von Brod aus Backöfen, welche mit bleifarbengestrichenem Holze geheizt wurden, bewirkte ebenfalls leichtere und schwerere Vergiftungssymptome (66 Bewohner von Paris; *Ducamp)*. Auch die Benutzung von Blei-haltigem Schnupftabak, Schminken etc. [1]) finden wir als Ursache von chronischen Intoxicationen angeführt.

Das Hauptcontingent von Blei-Kranken liefert aber unstreitig die Benutzung des Bleis und seiner Verbindungen in den Gewerben. Schon bei der Gewinnung des Bleis sind die Gruben-, Hüttenarbeiter der Einwirkung dieses Giftes ausgesetzt. Grade bei diesen Arbeitern ist die Erkrankungshäufigkeit sehr gross; nach *Hirt* sind 87 % der Arbeiter bleikrank. — Auch die Silberhüttenarbeiter sind ebenfalls hier zu nennen; von 100 innerlich Kranken waren 58 vergiftet. Weniger wichtig ist die Bearbeitung des Bleis zur Herstellung von Platten, Röhren etc. Dagegen ist die Darstellung des Bleiweisses hier besonders zu erwähnen; sind doch nach *Tanquerel* c. 32 % aller Bleikranken Bleiweissarbeiter gewesen. Bleiweiss wird in der Technik vielfach benutzt zur Herstellung von Spielkarten, Visitenkarten, in der Spitzenindustrie, Handschuhfabriken, zur Anfertigung von Kitt, als Farbe von Anstreichern (Tünchern), Malern, Lackirern. Von den Anstreichern, welche namentlich sehr gefährdet sind, erkranken im Laufe der ersten 5 Jahre ihrer Arbeit 75 % *(Hirt)*. — Auch die Bleiglätte dient in der Technik zur Anfertigung von Glas und Glasuren. Durch die letzte Verwendung sind besonders die Töpfer der Wirkung des Bleis ausgesetzt; 25 % der innerlich kranken Töpfer sind bleikrank *(Hirt)*. — Die Verwendung der Mennige in den Gewerben hat keinen grossen Einfluss auf die betreffenden Arbeiter; ähnlich verhält es sich mit dem Bleizucker, welcher in der Färberei, zur Firnissbereitung, zur Darstellung des chromsauren Bleis Anwendung findet. Dagegen ist die Verwendung von Bleilegirungen für die betreffenden Arbeiter von der

---

[1]) Ueber den Bleigehalt verschiedener. im Haushalt etc. benutzter Gegenstände findet man folgende Angaben: salpetersaures Wismuth enthielt 5% *(Millard)*, 1% *(Bouchut)*, 0,1% *(Chatin)* Blei. — In Stanniol verpackter Schnupftabak enthielt: 0.31—0.76% *(Flinzer)* — 3% Blei; das Stanniol bis 70% *(Wolff)*. Zinnfolie mit 1% Blei ist als zulässig erklärt. — Visitenkarten à Stück 0,4 g Bleizucker *(Ebert-Wittstein)*. — Amerikanische Haarfärbemittel 0.21—3,4% Blei, weisse Schminken 22.7—40% Blei als Carbonat *(Chandler)*. — Ein Schoppen Essig, 9 Stunden in schlecht glasirtem Kruge gestanden, enthielt 0,09 g Blei *(Schoenbrod)*. — Rothe Oblaten mit 9% Mennige *(Bernhart)*. — Amerikanisches Ledertuch mit 45.7% Blei. — Papiermanschetten, Cigarrenspitzen Bleiweiss-haltig *(Jacobsen)*. — Rosshaare 3½% Blei *(Hitzig-Naunyn)*. — In der Nähe von Bleiweissfabriken gezogene Gemüse wurden von *de Loos* Blei-haltig gefunden: eine 650 g schwere Rübe enthielt 0.01—0.014 Blei, 272 g Möhren: 0.0173. 4 Endivien: 0.13 g Blei.

grössten Wichtigkeit. Eine hierher zu rechnende Legirung ist das Schriftgiessermetall; Schriftgiesser und Setzer sind der Bleiwirkung ausgesetzt; innerhalb 5 Jahren erkranken von 100 Giessern 35—40, von 100 Setzern nur 8—10 an Bleivergiftung *(Hirt)*. — Schliesslich sind die Klempner, Weissgiesser und Verzinner, Arbeiter in Kugelfabriken *(Edelmann)* noch zu nennen.

Die Aufnahme des Bleis in den Organismus ist verschieden, doch kommt die grösste Zahl der Vergiftungen jedenfalls durch Application von Blei-haltigen Massen in den Magen zu Stande. Diese Art der Aufnahme finden wir zum Theil bei den Medicinalintoxicationen, vorzugsweise aber bei den öconomischen, doch sind die technischen Vergiftungen ebenfalls hier zu nennen. Bei den zuletzt genannten Vergiftungen gelangt das Blei meist als Staub, auch in Dampfform in den Anfang des Nahrungsschlauchs, in die Athmungsorgane und wird hier resorptionsfähig gemacht. Auch von der Haut, besonders von wunden Stellen, Geschwüren etc. können Bleiverbindungen in den Körper aufgenommen werden. — Die unlöslichen Bleiverbindungen werden zunächst durch die Einwirkung der Körpersecrete (Magensaft etc.) zum Theil in lösliche Salze übergeführt; letztere verbinden sich alsdann mit dem Eiweiss zu leicht löslichem Albuminat.

Die Giftmenge, welche in das Blut aufgenommen sein muss, um Vergiftungserscheinungen hervorzurufen, ist auch nicht annähernd zu bestimmen; dasselbe gilt bezüglich der Zeit des Eintrittes der ersten Vergiftungssymptome. Einzelne Arbeiter erkranken schon kurze Zeit nach Beginn ihrer Thätigkeit, einzelne schon nach 1—2 Wochen, andere nach ebensoviel Monaten, wieder andere erst nach vielen Jahren; nur wenige bleiben vollständig von der giftigen Wirkung des Bleis verschont.

Die Symptome der chronischen Bleivergiftung.

Schon bald nach Beginn der Beschäftigung mit Blei-haltigen Substanzen kommen schwache Krankheitserscheinungen zur Beobachtung, welche zunächst den Arbeiter selbst wenig oder gar nicht belästigen, dem Arzte aber anzeigen, dass die Vergiftung bereits eingetreten ist. Diese Symptome pflegt man gewöhnlich unter dem Namen der saturninen Dyskrasie und Cachexie *(C. Ph. Falck)* zusammenzufassen. Als erstes Symptom der „Bleisättigung" ist wohl eine auffallende Verfärbung der Haut zu erwähnen; letztere wird blassgelb resp. bleigrau und tritt namentlich im Gesicht, am Auge etc. deutlich hervor. Diese Hautverfärbung ist oft schon nach 12—20tägiger Beschäftigung mit Bleiweiss wahrzunehmen. Gleichzeitig treten Störungen der Ernährung ein, welche sich durch Abmagerung und Entkräftung des Körpers documentiren. Dabei nimmt die Ausathmungsluft einen eigenthümlichen, übelriechenden, stinkenden Geruch an (Foetor), der Geschmack ist verändert, styptisch süsslich, die Mundschleimhaut ist afficirt. Auf derselben bemerkt man anfangs dunkelgefärbte Streifen und Flecken, später an den den Zähnen zunächst gelegenen Parthien des Zahnfleisches einen schieferblauen Streifen: den sog. Bleisaum, welcher für die Bleivergiftung charakteristisch ist. Derselbe hat eine Breite von 1—3 Linien, und ist bedingt durch die Ablagerung von Schwefelblei in Form mikroskopisch kleiner Körnchen *(Fagge);* die übrigen

Theile des Zahnfleisches sind matt rothblau gefärbt. Ist die Erkrankung weiter vorgeschritten, so ist die ganze Mundschleimhaut mehr weniger stark schieferblau verfärbt. Das Zahnfleisch ist verdünnt, contrahirt, die Zähne erscheinen verlängert und sind letztere an den Hälsen dunkelbraun, an den Kronen hellbraun verfärbt (besonders die Schneide- und Eckzähne). Die Absonderung des Speichels ist vermindert, in Folge dessen der Mund trocken.

Dieser Zustand der Dyskrasie kann lange Zeit unverändert bestehen bleiben; er kann, wird der Arbeiter vor einer weiteren Einwirkung der Schädlichkeit geschützt, allmälig wieder schwinden, oder, dauert die Einwirkung fort, zu heftigeren Erkrankungsformen führen. Als erste derselben ist die

Bleikolik zu nennen, welche nach *Hirt* nur in 25—30% der Fälle aus der Dyskrasie hervorgeht, sonst aber als primäre Erkrankung auftritt.

Diese Krankheitsform finden wir sehr häufig unter den mit Blei beschäftigten Arbeitern. Nach *Hirt* leiden von 100 bleikranken Setzern 50 an Kolik, von ebensoviel Schriftgiessern, Töpfern, Anstreichern und Bleiweissarbeitern 54,1, 55, 56—57 und 57,4, während von 100 bleikranken Mennigarbeitern nur 34,3 von Kolik befallen sind.

Dem eigentlichen Kolikanfall gehen oft Symptome vorher, bestehend in Schmerzen im Unterleib, welche sich nach der Nahrungsaufnahme steigern, in hartnäckiger Verstopfung resp. Durchfällen. Der Kolikanfall beginnt dann plötzlich mit den heftigsten paroxystisch auftretenden Schmerzen im Leibe, die in der Mehrzahl der Fälle an mehreren Stellen des Unterleibs auftreten, aber ebensogut auf die Stelle um den Nabel, resp. auf das Epi- resp. Hypogastrium beschränkt sein können. Die Schmerzen können so intensiv sein, dass der Patient sich unter Schreien umher wirft, Selbstmordversuche macht, oder ohnmächtig wird; die Schmerzen werden durch Druck etwas gemildert. Die Bauchdecken sind meist brettartig hart gespannt, eingezogen, in einzelnen Fällen so stark, dass sie an der Wirbelsäule anliegen. — Auch Schmerzen in den Hoden, den Samensträngen, in der Scheide, sowie Strangurie können vorkommen. — Fast immer besteht Verstopfung, die hartnäckig der Wirkung der Purgantien etc. trotzend, 8—14 Tage bestehen kann. Dabei ist Gasentwicklung vorhanden; schliesslich werden kuglig gestaltete, trockene, harte, schwarze Fäces (Scybala) entleert. — Die Zunge ist belegt, es ist Durst vorhanden, Uebelkeit, mitunter Erbrechen; hin und wieder tritt Icterus auf. — Die Herzthätigkeit ist verlangsamt bis auf 30 in der Minute; die Pulscurve zeigt eine auffallend breite Gipfelkuppe (Intensität des Kolikschmerzes und Grad der Gefässspannung gehen parallel; *Riegel*); die Respiration ist dagegen beschleunigt. Die Nierensecretion ist herabgesetzt, Albuminurie wurde beobachtet (*Gaffky* u. A.). — Die einzelnen Schmerzanfälle sind nur von kurzer Dauer, meist nur einige Minuten; der ganze Symptomcomplex kann Wochen lang bestehen bleiben, wird jedoch meist in wenigen Tagen vollkommen geschwunden sein. In der Mehrzahl der Fälle erfolgt Genesung; tödtlicher Ausgang erfolgt meist nur dann, wenn noch andre Affectionen zugleich vorhanden sind. — Leichenbefund negativ.

Als zweite Erkrankungsform der constitutionellen Bleivergiftung ist zu nennen die

Arthralgia saturnina. Auch diese Form kann in wenigen
Fällen direct als primäre Erkrankung auftreten, es können aber, und
dies ist wohl meist der Fall, die Symptome der Dyskrasie, ja auch die
Kolik vorausgehen. Die Kranken werden plötzlich von mehr weniger
heftigen Schmerzparoxysmen befallen. Die Schmerzen treten in den
Muskeln und den übrigen Theilen der Glieder auf; am häufigsten
sind die unteren Extremitäten befallen und finden wir namentlich die
Flexoren, seltener die Extensoren afficirt. Durch Druck werden die
Schmerzen vermindert. Gleichzeitig mit den Schmerzen werden die
Muskeln von Krämpfen befallen; es kommt zu einer auffallenden Re-
traction des Muskels, tonischen Contractionen, Zittern; die Muskeln
werden hart und bilden höckerige Geschwülste. — Der Verlauf dieser
Krankheitsform hat Aehnlichkeit mit der Kolik. Die Häufigkeit der
Arthralgie geht aus folgenden Zahlen hervor: von 100 bleikranken
Anstreichern, Bleiweissarbeitern, Setzern, Töpfern, Schriftgiessern und
Mennigarbeitern litten an Arthralgie: 32—33, 32,8, 33,3, 35, 39,4
und 57,5.

Zu erwähnen sind hier noch der Tremor und die Contracturen. Nur selten findet man bei bleikranken Arbeitern einzelne
Muskeln, von welchen der Orbicularis oris und Levator anguli oris zu
nennen sind, von oscillirend-spasmodischen Bewegungen befallen, nur
in sehr seltenen Fällen sind eine grössere Zahl von Muskeln afficirt.
Auch die Verkrümmungen, bedingt durch eine tonisch-spasmodische
Contraction der Flexoren, besonders der oberen Extremitäten, der Hände,
findet man nur selten.

Als dritte Erkrankungsform haben wir dann zu nennen:
Die Bleilähmungen. Auch diese können, wie jede Bleier-
krankung, primär entstehen, folgen jedoch meist auf eine der vorhergenannten Affectionen. *Tanquerel* fand dieselben bei Arbeitern, welche
nur 3 Tage mit Blei-haltigen Substanzen beschäftigt waren; doch selbst
nach 52jähriger Thätigkeit können dieselben erst zum Vorschein kommen.
Nur bei 5,8% aller Bleikranken fand *Tanquerel* die Lähmung. Wir
finden die Lähmungen der Muskeln vorwiegend an den oberen Extremitäten, seltener an den Beinen, noch seltener am Rumpfe, Kehlkopf: fast ohne Ausnahme werden die Extensoren befallen. Die
Lähmung befällt nur selten ein ganzes Glied, häufiger nur einzelne
Muskelgruppen, nicht selten nur einen Muskel (eines einzelnen Fingers)
und sind hier die Extensoren der Hand, der Finger, ferner der Tri-
ceps brachii, der Deltoïdeus, zu nennen (die Lähmung befällt nicht
immer alle von einem peripheren Nerven versorgten Muskeln). Die
Lähmung ist meist auf beiden Seiten, symmetrisch; seltener ist eine
ganze Körperseite befallen. — Auch die Flexoren bleiben nicht ganz
verschont; jedenfalls ist eine Schwäche derselben nachweisbar. — Im
weiteren Verlaufe bemerkt man Atrophie, ja fast vollständigen Schwund
der gelähmten Muskeln. Schon vorher verlieren die gelähmten Muskeln ihre electrische Erregbarkeit (gegen den inducirten Strom, während die Muskeln oft auf den constanten Strom, sowie auf mechanische
Reize reagiren, sogar eine erhöhte Erregbarkeit gegen diese Reize besitzen; *Erb's* Entartungsreaction). — In Folge dieser Muskelaffectionen
kommt es zu den mannichfachsten Difformitäten an den Händen, den
Schultern etc. — Zuweilen gesellt sich zu der Lähmung Anästhesie

hinzu. Dieselbe ist meist nur unvollkommen, auf einzelne Hautstellen beschränkt; seltener betrifft sie auch die tiefer gelegenen Theile. — Durch zweckmässige Behandlung kann die Lähmung wieder, jedoch ganz allmälig, vollständig schwinden; nur sehr selten (Lähmung der Intercostalmuskeln) wurde tödtlicher Ausgang beobachtet. — In der Leiche findet man ausgesprochene Veränderungen der gelähmten und atrophirten Muskeln. Die Muskelfasern sind verschmälert, ihre Kerne sind vermehrt, man findet körnig-fettige Metamorphose der contractilen Substanz; auch findet man leere, resp. mit Fetttröpfchen erfüllte Sarcolemmaschläuche vor. Auch an den motorischen Nerven findet man degenerative Atrophie der Fasern mit interstitieller Neuritis.

Encephalopathia saturnina umfasst als 4. Erkrankungsform alle in Folge der Bleivergiftung eintretenden Functionsstörungen des Gehirns. Ebenso wie die vorherbehandelten kann auch diese Form primär auftreten, oder aus der Kolik etc. allmälig entstehen. Als sog. Prodromalerscheinungen sind zu nennen: Kopfschmerzen, Schwindel, Schlaflosigkeit, Ohrensausen, Doppelsehen etc. Die Krankheit selbst bietet die verschiedensten Symptomencomplexe dar. Entweder bemerkt man an den Patienten ruhige Delirien, oder es kommt zu furibunden Delirien, zu heftigen Wuthanfällen, welche sich schnell zu steigern pflegen. In andern Fällen tritt ein comatöser Zustand ein. Die Kranken liegen in tiefer Betäubung da. Am häufigsten verläuft das Gehirnleiden unter dem Bilde der Epilepsie. Die epileptischen Anfälle (allgemeine oder partielle Convulsionen) treten sehr häufig auf und dauern 2—30 Minuten. Das Bewusstsein ist oft geschwunden, es bleibt längere Zeit Coma bestehen. Während desselben kann der Tod eintreten. — Leichenbefund: negativ.

Von andern Bleiaffectionen ist zu nennen die Amaurose; dieselbe befällt, meist plötzlich auftretend, beide Augen und verschwindet meist in einigen Tagen wieder. Man hat Atrophie der Sehnerven, resp. auch Neuritis optici gefunden.

Auch Nierenaffectionen findet man bei Bleikranken nicht selten; man findet Albuminurie, auch chronische Nephritis.

Bleibt die Einwirkung des Bleis auf den Organismus fortbestehen, oder tritt sie nach kurzer Unterbrechung wieder ein, so kann der vollkommen genesene Arbeiter wieder von derselben Krankheitsform oder auch einer andern, nach kürzerer oder längerer Zeit befallen werden. Solche Recidive finden wir namentlich bei der Kolik sehr häufig, doch auch bei den andern Bleikrankheiten. Hört dann die Einfuhr des Giftes immer noch nicht auf, so kommt es zur Cachexie; es treten andere Krankheiten, Ernährungsstörungen, Katarrhe, Pneumonie, Pleuritis, Nephritis, Meningitis etc. hinzu, welche dem Leben bald ein Ende machen.

Experimentaluntersuchungen.

Experimentaluntersuchungen sind bezüglich der Bleiwirkung in grosser Zahl ausgeführt worden; doch erst die neueren Untersuchungen von *Harnack* haben unsere Kenntnisse wesentlich vermehrt. *Harnack* wandte eine Bleiverbindung an, der keine locale Wirkung an der Applicationsstelle zukommt: das essigsaure Bleitriäthyl. Die Hauptresultate sind folgende: das Blei wirkt auf die Substanz aller quergestreiften Muskeln derart ein, „dass es zunächst nicht jede Contraction unmöglich macht, sondern dass es eine sofortige Erschöpfung des thätigen Muskels hervorruft; schliesslich verliert der Muskel auch an Erregbarkeit und stirbt ab." Das Blei erregt gewisse central gelegene, motorische, nervöse Apparate; so entstehen eigenthümliche atactische Bewegungen, ein unausgesetztes Zittern und Zucken, Convulsionen. Ferner erregt das Blei in der Darmwand gelegene nervöse Apparate, bewirkt dadurch allgemeine Contraction und Vermehrung der Peristaltik des Darmes, Kolikanfälle, Steigerung der Empfindlichkeit der Bauchgegend, Durchfälle. — Respiration und Circulation werden nicht direct beeinflusst. — Die Symptome der chronischen Bleivergiftung des Menschen werden von *Harnack* erklärt. Die Bleikolik ist die Folge der Erregung der Darmganglien; beim Menschen tritt hartnäckige Verstopfung ein, weil die krampfhafte Contraction des Darmes überwiegt, bei den Thieren Durchfälle in Folge der verstärkten Peristaltik. Durch die bei der Contraction erfolgende Austreibung des Bluts aus dem Darm stellt sich eine stärkere Füllung und Spannung der Arterien, Verlangsamung des Pulses ein. Der Schmerz ist bedingt durch die krampfhafte Contraction des Darmes, die eingezogenen, harten Bauchdecken durch reflectorische Contractionen der Bauchmuskeln. — Die Bleilähmung wird erklärt durch die Wirkung des Bleies auf die quergestreiften Muskeln. Letztere ermüden sehr rasch und werden deshalb durch Inductionsströme nicht in Tetanus versetzt, durch den constanten Strom zu einzelnen Contractionen gebracht. — Die Bleiarthralgie ist bedingt durch die Einwirkung auf central gelegene, motorische Nervenapparate; analog die Symptome der Encephalopathie.

Bei Fröschen tritt die Bleiwirkung schon nach 2—3 mg Triäthyl ein, bei Kaninchen erst nach 40 mg (subcutan). Der Tod erfolgt durch Herzlähmung. Bei Hunden treten als Hauptsymptom der Wirkung eigenthümliche, choreaartige Bewegungen ein (*Harnack*). — Durch essigsaures Blei, subcutan applicirt, wird die Körpertemperatur der Kaninchen um 9,4°C. erniedrigt (*F. A. Falck*). — Die Ausscheidung des im Körper enthaltenen Bleis erfolgt durch den Urin und die Galle. Nach *Annuschat* kann die Ausscheidung durch die Galle aufhören, während die Leber noch Blei enthält.

Die Behandlung der chronischen Bleivergiftung.

Wie bei allen technischen Vergiftungen spielen auch bei dem Saturnismus die prophylactischen Massregeln eine Hauptrolle. Hier ist in erster Linie die Ventilation zu erwähnen, sowie die peinlichste Reinlichkeit der Arbeiter (Wechsel der Kleidung vor und nach der Arbeit; bei sehr staubigen Arbeiten: Tragen eines Respirators; Reinigung der Hände, des Mundes etc. vor jeder Mahlzeit; wenn möglich täglich ein Vollbad; Verbot: Nahrungsmittel etc. in die Arbeitsräume zu nehmen etc.) Zur vollkommen Entfernung des an der Haut klebenden Bleistaubes empfiehlt *Méhu* Bäder von unterchlorigsaurem Natron (400 g Chlorkalk, Natriumcarbonat in 10 l Wasser gelöst, 1 g Olei Citri zur Verdeckung des Chlorgeruches). — Als Präservativ empfiehlt *Peligot* für die Fabrikarbeiter den Milchgenuss.

Sind Symptome der Bleivergiftung bereits vorhanden, so hat man die weitere Einwirkung zu verhindern, durch Entfernung des Patienten. Zugleich hat man die Ausscheidung des Bleis aus dem Körper zu beschleunigen, wozu Abführmittel, Schweiss- und harntreibende Mittel empfohlen sind. Die Ausscheidung des Bleis durch den Urin wird namentlich durch Jodkalium ganz bedeutend erhöht, resp. wieder angeregt, wenn sie schon aufgehört hatte. (*Annuschat* fand bei Blei-vergifteten Hunden im Urin 3,8—4,1 mg Blei in 100 ccm; nach Jodkaliumgebrauch aber 6,9—14 mg). Nach *Melsens* beginnt man mit 0,5 g Jodkalium pro die und steigt allmälig auf 5 g; eine vollständige Kur, fortgesetzt bis im Urin keine Spur von Blei mehr zu finden ist, soll ungefähr 300 g erfordern.

Das Auftreten der Bleikolik erheischt im Allgemeinen eine symptomatische Behandlung, gegen die Kolikschmerzen Opium resp. Morphin, sowie Chloral, gegen die hartnäckige Verstopfung neben diesen noch Abführmittel (Ricinus- und Crotonöl, meist genügt schon die Senna, Bittersalz u. a. m.). Nach *Riegel* schwinden die Kolikschmerzen, wenn man Amylnitrit resp. Pilocarpin verabfolgt; die Linderung ist nur während der Wirkung dieser Mittel vorhanden. Nach *Harnack* werden die Darmaffectionen durch kleine Mengen Atropin vollständig beseitigt und empfiehlt derselbe subcutane Atropin-Injectionen.

Bei der Bleilähmung hat man von der Electricität (Inductionsstrom und constanter Strom) mit gutem Erfolge Gebrauch gemacht. Ferner ist von Strychnin, innerlich, resp. subcutan Gebrauch zu machen. Letzteres Mittel kommt neben örtlichen Blutentziehungen bei der Behandlung der Amaurose namentlich in Betracht.

Der Nachweis des Bleis.

Zum Nachweis des Bleis in organischen Massen ist die Zerstörung derselben, am besten mit Hülfe von chlorsaurem Kali und Salzsäure nothwendig. Das Metall wird alsdann als Chlorblei erhalten. Letzteres, grösstentheils gelöst, wird durch Schwefelwasserstoff in Schwefelblei übergeführt; letzteres wird durch Salpetersäure in salpetersaures resp. auch schwefelsaures Blei verwandelt. — Die Lösung eines Bleisalzes gibt mit Schwefelsäure resp. Sulfatlösungen weisse Niederschläge von schwefelsaurem Blei, mit Salzsäure resp. Chloriden weisse Niederschläge von Chlorblei, welche in Ammoniak ungelöst und ungefärbt bleiben; chromsaures Kali liefert gelben, in Kalilauge löslichen Niederschlag; Jodkalium gibt gelben, in der Hitze löslichen Niederschlag.

Heubel hat die Verbreitung des Blei's in dem Körper der an chronischer Bleivergiftung zu Grunde gegangenen Thiere quantitativ festgestellt; er fand in 100 g frischer Substanz: in den Knochen: 19—27 mg, den Nieren: 12—20, der Leber: 10—16, dem Rückenmark: 6—10, dem Gehirn: 4—5, Muskeln, Herz: 2—3, den Lungen, dem Darm etc.: 1—2 mg Blei.

II. Organische Gifte.

25. Kohlensäure.

Die Kohlensäure (Kohlensäureanhydrid): CO_2, ist unter gewöhnlichen Druck- und Temperaturverhältnissen ein farbloses Gas, von schwach säuerlichem, prickelndem Geruch und Geschmack; es ist schwerer als Luft (spec. Gew. $= 1,524$), wird von Wasser absorbirt (1 vol. Wasser von 0^0 C.: 1,79 vol. CO_2). Das Kohlensäuregas kann durch starken Druck zu einer farblosen, durchsichtigen Flüssigkeit condensirt werden; dieselbe erstarrt bei $- 79^0$ zu einer lockern, weissen schneeartigen Masse.

Die Kohlensäure ist ein normaler Bestandtheil der Atmosphäre (darin enthalten zu 0,04 Vol.%). An einzelnen Stellen der Erde finden wir in Höhlen etc. grössere Mengen dieses Gases angehäuft (so in der Dunsthöhle bei Pyrmont, am Laacher See, in Frankreich, in Italien die Mofetten, Hundsgrotte von Pozzuoli bei Neapel, die Giftthäler auf Java etc.). Die Luft der Hundsgrotte enthält 61,5—71 Vol. % CO_2 *(Graham, Young)*. — Die Kohlensäure entsteht bei der Zersetzung kohlensaurer Salze, in dem Körper der Pflanzen und Thiere als Stoffwechselproduct, bei der Verbrennung zahlreicher, organischer Stoffe, bei Fäulniss- und Gährungsprocessen u. a. m. Sie ist in geringer Menge in jedem Brunnen- und Quellwasser enthalten, in grösserer Menge in zahlreichen Mineralwässern.

Vergiftungen durch Kohlensäuregas.

Vergiftungen durch Kohlensäure-haltige Gasgemische sind gar nicht selten und können überall da beobachtet werden, wo grössere Mengen dieses Gases gebildet werden und in die Athemluft gelangen. — Diese Intoxicationen sind, bis auf wenige Ausnahmen, durchweg als zufällige zu bezeichnen. In früherer Zeit sollen Selbstmörder, um sich zu tödten, sich in Dunsthöhlen begeben haben. — Der Einwirkung der Kohlensäure sind die Arbeiter in Bierbrauereien (Gährkeller), Branntweinbrennereien, Weinkellern, bei der Darstellung der Presshefe ausgesetzt. Auch die Arbeiter in Brunnen, namentlich alten, langverschlossenen Brunnen, ferner in Bergwerken etc. sind ähnlichen Gefahren ausgesetzt. In letzterem Falle häuft sich Kohlensäure an, die von den Arbeitern selbst, von ihren brennenden Lampen etc. geliefert wird. Aehnliches findet in geschlossenen, schlecht ventilirten, von Menschen, Thieren angefüllten Räumen statt. In einem besetzten Hörsaale stieg der Kohlensäuregehalt in einer Stunde von 0,1 auf 0,32%; in engen Gesellschaftsräumen, schlecht ventilirten Schulen beträgt er oft 0,72% *(Pettenkofer)*. Das Maximum der Kohlensäureanhäufung in durch Athmen verdorbener Luft beträgt 10% *(Allen)*. Dass der Aufenthalt in einer solchen Atmosphäre schädlich wirkt, ist durch zahlreiche Unglücksfälle bewiesen (Gefängnisse, Auswandererschiffe etc. — Im Fort William in Calcutta wurden 146 Personen in einen engen Raum eingeschlossen; am andern Morgen waren 123 todt).

Symptome der Vergiftung.

Die Erscheinungen, welche durch die Einwirkung von Kohlensäure bei Menschen hervorgerufen werden, sind verschieden, je nach der Menge des Giftes, der Zeitdauer der Einwirkung u. a. m. *Eulenberg* unterscheidet 4 Stadien.

Im ersten Stadium treten als Kohlensäurewirkung: „Beklemmung des Athmens", Schwindel, Ohrensausen, Funkensehen ein. Dauert die Einwirkung längere Zeit, so tritt Betäubung ein, Eingenommenheit

des Kopfes, psychische Aufregung, „eine Art von lustiger Trunkenheit
mit hastiger Sprache, unruhigen Geberden"; schliesslich Schlaf resp.
Verlust der Besinnung.

Wirkt die Kohlensäure noch länger ein, oder wird der Kohlen-
säure-Gehalt der Luft grösser, so treten die Symptome des zweiten
Stadiums ein; es wird der völlig bewusstlose Vergiftete von heftigen
Convulsionen, selbst Tetanus und Katalepsie befallen. — Als drittes
Stadium reiht sich die Asphyxie an: dabei besteht vollständige Anästhesie.
Dieses Stadium tritt sofort ein, wenn Menschen der Wirkung reiner
Kohlensäure ausgesetzt sind und erfolgt alsdann der Tod in wenigen
Minuten.

Als viertes Stadium führt *Eulenberg* das Stadium der Erholung
an. Die Vergiftungserscheinungen lassen allmälig wieder nach, und
nach 1—2 Tagen ist der Kranke wieder vollkommen hergestellt.

In der Leiche findet man die Zeichen der Erstickung: dunkles,
flüssiges Blut, welches an der Luft bald hellroth wird; venöse Hyperämien der Lungen und anderer Organe: Lungenödem; Ecchymosen
unter der Pleura, dem Pericard, an der Magenschleimhaut und vielen
anderen Stellen.

Experimentaluntersuchungen.

Auch an Thieren ist die giftige Wirkung der Kohlensäure festgestellt worden. Dieses Gas wird ziemlich schnell durch die Lungen
in den Körper aufgenommen, wird aber auch vom Unterhautzellstoff,
vom Magen und Darm resorbirt. Die Kohlensäure ist ein normaler
Bestandtheil des Blutes. Die in dem Blute fortwährend eintretenden,
geringen Schwankungen des Gehaltes an Kohlensäure hält man für
ein Reizmittel, durch welches normal die regelmässigen Respirations-
bewegungen ausgelöst werden. Steigt der Gehalt des Blutes an
Kohlensäure, indem letztere in grosser Menge eingeathmet wird und
sich hierdurch oder durch verhinderte Ausscheidung im Blute anhäuft,
so wird der auf das Respirationscentrum gerichtete Reiz immer intensiver und tritt schliesslich Lähmung des Centrums ein. Dass diese bei
Thieren hervorzurufenden Vergiftungserscheinungen nicht auf einen
Sauerstoffmangel, wie man früher wollte, zurückgeführt werden können,
wurde durch zahlreiche Versuche bewiesen. Auch findet sich in dem
Blute der durch Kohlensäurewirkung zu Grunde gegangenen Thiere
derselbe Sauerstoffgehalt wie normal; nur die Menge der Kohlensäure
ist bedeutend vermehrt *(Pflüger* fand im Hundeblut, normal: 14,4 % O,
29,8 % CO_2, 1,2 % N; nach Kohlensäure-Dyspnoë: 16,8 % O, 56,8 %
CO_2, 1,4 % N).

Wird Thieren eine Mischung von 1 Theil Sauerstoff und 2 Theilen
Kohlensäure zugeführt, so werden dieselben sofort unruhig, der Blutdruck steigt unter Abnahme der Pulsfrequenz bedeutend an, die Respi-
rationen sind tief und energisch. Nur wenige Athemzüge und es
beginnt, von den untern Extremitäten her, eine motorische und sensible
Lähmung des Thieres, welche schnell den ganzen Körper befällt und
mit der Chloroform-Narkose Aehnlichkeit hat. Die Respirationsfrequenz
sinkt, ebenso der Blutdruck. Die Inspirationen sind tief, mühsam,
die Exspirationen erfolgen stossweise. Der Blutdruck sinkt mehr und
mehr, die Respiration wird oberflächlich, steht endlich ganz still, wäh-

rend das Herz noch schlägt. Durch zeitweiliges Athmen von frischer Luft kann das Thier unter dem Einflusse der Kohlensäureathmung lange Zeit in Narkose gehalten werden (*Runge* u. A.). Die anfangs eintretende Pulsverlangsamung ist Folge einer Vagusreizung; die Steigerung des Blutdruckes erfolgt in Folge der Reizung des in der Medulla oblongata gelegenen vasomotorischen Centrums, sowie durch Erregung peripherer gelegener Apparate. Die Muskeln und motorischen Nerven sind nach dem Tode noch erregbar, während die Reflexerregbarkeit und die willkürliche Bewegung des Thieres bei hohen Kohlensäuredosen schon innerhalb der ersten Minute der Einathmung erlischt (*Friedländer* und *Herter*). — Das isolirte Froschherz, in Kohlensäure gebracht, zeigt Vermehrung der Schlagzahl und wurde (am *Luciani*schen Froschherzpräparat) eine Steigerung der Energie der Herzcontractionen nachgewiesen; auch das durch Muscarin zum Stillstand gebrachte Froschherz fängt, in Kohlensäure versetzt, wieder an zu schlagen. Die Kohlensäure wirkt reizend auf die automatischen, musculomotorischen Herzganglien (*Kobert*).

Behandlung.

Die durch Kohlensäurewirkung Erkrankten sind so schnell wie möglich aus der schädlichen Atmosphäre zu entfernen (s. Kohlenoxydgasvergiftung).

¡26. Kohlenoxyd und Leuchtgas.

Das Kohlenoxyd: CO, ist ein farb- und geruchloses Gas von 0,97 spec. Gew., welches in Wasser nur in sehr geringer Menge löslich ist (100 Th. Wasser absorbiren 2,5 Theile Gas). Dieses Gas bildet sich beim Erhitzen von Kohlenstoff bei gehindertem Luftzutritt resp. bei Ueberschuss von Kohle, beim Leiten von Kohlensäure über rothglühende Kohlen etc.; es verbrennt angezündet mit blassblauer, schwachleuchtender Flamme zu Kohlensäure.

Das chemischreine Kohlenoxydgas hat für die praktische Toxikologie nur eine untergeordnete Bedeutung, da Vergiftungen durch dieses Gas bei Menschen nur äusserst selten beobachtet werden. Anders verhält es sich mit einer kleinen Zahl von Gasgemengen, welche als wesentlichen, giftigen Bestandtheil Kohlenoxyd in grösserer resp. geringerer Menge enthalten. Es sind dies der Kohlendunst, das Leuchtgas, die Minengase u. a.

Als Kohlendunst bezeichnet man die bei der Heizung, bei der Verbrennung entstehenden Gase. In Betracht kommen die Gase, welche bei unvollständiger Verbrennung von Holz entstehen, welche aus glühenden Holzkohlen, Steinkohlen, Torf und anderm Heizungsmaterial entweichen. Die Zusammensetzung dieser Gasgemische wechselt sehr nach der Art des Brennstoffes, dem Grade der Verbrennung u. a. m. Man findet in den Gasen neben Sauerstoff und Stickstoff wechselnde Mengen von Kohlensäure und Kohlenoxyd; *Eulenberg* fand im Mittel aus 8 Analysen 24,68 % (11,34—37,2 %) Kohlensäure und 2,54 % (0,52—5,4 %) Kohlenoxyd. Daneben in 1000 Theilen 0,004 schweren Kohlenwasserstoff; auch sehr geringe Mengen von schwef-

liger Säure können nachgewiesen werden, in dem Braunkohlendampf
auch Ammoniak.

Das Leuchtgas, gewonnen durch trockne Destillation von Steinkohlen, auch von Holz, ist ein Gasgemenge von sehr wechselnder Zusammensetzung, welche Thatsache auf das so sehr verschiedene Material
zur Darstellung, auf die bessere, resp. schlechtere Reinigung etc. zurückgeführt werden muss. *Bunsen* fand in dem aus Cannelkohlen
dargestellten Gase 45,58% H, 34,9% CH₄, 6,64% CO, 4,08% C₂H₄,
3,67% CO₂, 2,46% N, 2,38% C₄H₈ und 0,29% SH₂. — Ein gereinigtes
Harzgas enthielt 18,78% Kohlenoxyd, ein Holzgas sogar 61,79%
Kohlenoxyd. — Von allen in dem Leuchtgas enthaltenen Substanzen
ist jedenfalls das Kohlenoxydgas das giftigste, dasjenige, welches wohl
einzig und allein die Erscheinungen der Leuchtgasvergiftung veranlasst.

Auch die Minengase, der Pulverdunst etc. sind Gasgemenge
von höchst wechselnder Zusammensetzung. In den Pulvergasen wurde
von *Bunsen* 3,88% Kohlenoxyd, neben 52,7% CO₂, 41,1% N, 1,2% H,
0,6% SH₂ und 0,5% O gefunden; das österreich. Gewehrpulver lieferte
ein Gasgemenge mit 5,18%, das Geschützpulver mit 10,19% Kohlenoxyd (*Karolyi*). — Der Kohlenoxydgehalt der Minengase ist sehr
wechselnd; während des Minenkrieges können sie bis 5% dieses Gases
enthalten (*Poleck*); je später nach der Explosion die Untersuchung vorgenommen wird, um so weniger wird gefunden, 38 Stunden nach der
Explosion 1,28%. Die Graudenzer Minengase (1873) enthielten
0,07—2,7% CO₂, 0,01—0,48% CO, und 20,8—17,8% O. — Die bei
der Verbrennung der Schiessbaumwolle entstehenden Gase enthalten ebenfalls bedeutende Mengen von Kohlenoxyd; *Karolyi* fand in
denselben neben 28,6—29% Kohlenoxyd, 19—20,8% CO₂ und 7,2 bis
11,2% CH₄; *Sarrau* und *Vieille* fanden in solchen Gasen: 36—43% CO,
neben 24—30% CO₂.

Auch in der Technik ist die Gelegenheit zur Bildung von Kohlen-
oxyd-haltigen Gasgemengen vorhanden. Dieses ist der Fall in Gas-
fabriken, bei der Darstellung der Holzkohle, der Coaks, in Eisen-
hütten etc.

Kohlenoxydvergiftung.

Vergiftungen durch Kohlenoxyd-haltige Gase gehören mit zu den
häufigsten Intoxicationen, jedenfalls zu den häufigsten der durch Gase
bedingten. — Von den in Preussen 1869—76 durch Giftwirkung zu
Grunde gegangenen Selbstmördern benutzten 10 % giftige Gase
(s. S. 16); dagegen finden wir bei 66,5% der durch Giftwirkung
Verunglückten das Ersticken durch Gase als Todesursache angeführt (s. S. 23).

Absichtlich und unbeabsichtigt hat das Kohlenoxydgas schon in
unzähligen Fällen das Leben von Menschen vernichtet. Zur Ausführung des Giftmords ist bis jetzt von diesem giftigen Gase nur in
sehr seltenen Fällen Gebrauch gemacht worden. Dagegen spielt dieses
Gift eine grosse Rolle, wenn es sich um die Ursachen der Selbstvergiftungen handelt.

Sehr häufig hören wir von durch Kohlenoxyd verursachten Unglücksfällen; die grosse Mehrzahl derselben sind als öconomische Vergiftungen zu bezeichnen.

Oeconomische Vergiftungen kommen zu Stande bei der Benutzung von glühenden Kohlen etc. in Kohlenbecken zur Erwärmung kleiner, geschlossener Räume resp. zu technischen Zwecken (z. B. Schlafen in der Nähe eines sog. Löthofens; *Hake*); Intoxicationen werden in grosser Anzahl veranlasst durch unzweckmässige, resp. unvorsichtige Behandlung der Oefen. Hier sind namhaft zu machen: schlecht ziehende Oefen, schadhafte Ofenröhren, resp. schlecht schliessende Ofenthüren (3 Fälle von *Lanz*), der Schluss der in Ofenröhren angebrachten Klappen zu einer Zeit, wenn sich in dem Ofen noch glühende, resp. glimmende Kohlen befinden etc. Auch unverschuldet können die bei der Verbrennung entstehenden Gase tödtlich auf die Zimmerbewohner einwirken. Ein heftiger Wind kann, durch den Schornstein wirkend, die Ofengase in das Zimmer treiben und so selbst tödtliche Vergiftung veranlassen (s. 4 Fälle von *Ditlevsen*); auch in der Küche, vor dem offenen Feuer stehend, können Personen vergiftet werden (2 Fälle von *Torrance*). — Kohlendunst kann ferner erzeugt werden durch unbemerkt stattfindendes Verkohlen von Holzbalken, Dielen, Möbeln, etc.; durch Verbreitung der dabei entstehenden Gase in der nächsten Umgebung (in geschlossenen Räumen etc.) können Intoxicationen veranlasst werden. (Auch das Glimmen halberloschener Lampen, Kerzen soll zu letalen Vergiftungen Anlass gegeben haben.)

Ebenso wichtig wie der Kohlendunst ist jedenfalls das Leuchtgas, dessen Anwendung zur Beleuchtung, zur Heizung zahlreiche Unglücksfälle hervorgerufen hat. Viele dieser Intoxicationen verdanken ihre Entstehung der Unvorsichtigkeit (das Gas strömt aus halbgeschlossenen Hähnen aus; die Gasflamme ist, wie eine Kerze, durch Blasen ausgelöscht, der Hahn ganz offen geblieben u. a. m.); in andern Fällen handelt es sich um zufällig, resp. durch gewaltsame, unbeabsichtigte Beschädigung entstandene Risse in den Gasröhren. Diese Oeffnungen, durch welche das Gas in grösserer Menge entströmt, können in den Wohnungen selbst vorhanden sein, sie können sich aber auch ausserhalb des Wohngebäudes befinden. Risse entstehen leicht im Winter, wenn das in der Leitung befindliche Wasser friert und dadurch die Röhren sprengt; das Gas strömt in die Umgebung. Ist der Erdboden fest gefroren, so kann das Gas nicht nach oben entweichen, es muss unter der undurchdringlichen Eisschicht entlang sich verbreiten, bis es unter Wohnhäuser etc. gelangt und hier durch den lockern, nicht gefrorenen Boden nach oben dringen kann. Nach *Pettenkofer* wird bei starker Heizung der Zimmer die Grundluft aspirirt und gelangt so die mit Leuchtgas gesättigte Luft noch schneller in die Räume. In dieser Art, durch eine schadhafte Stelle der Gasleitung unter dem Erdboden der Strasse, weit ab von den Wohnräumen (bis 7 m) sind schon öfter Unglücksfälle verursacht worden (*Wallichs, Chaumont, Jacobs, Rochelt, Cobelli, Wesche, Pawlikowski, Jäderholm;* es verunglückten in dieser Weise seit 1869: 41 Personen und starben davon 25). — Dass nicht öfter Vergiftungen durch Leuchtgas vorkommen, darf wohl auf den eigenthümlichen Geruch desselben, durch welchen auf die Gefahr aufmerksam gemacht wird, zurückgeführt werden. Dieser Geruch ist für gewöhnlich schon bei einem Gehalt von 0,5 % Gas in der Luft zu bemerken; derselbe kann aber vollständig fehlen, wenn das Gas zunächst durch einen lockern Sandboden gedrungen ist und hierdurch seine Riechstoffe verloren hat. (Die Luft bildet ein explosives Gasgemenge, wenn sie wenigstens 6—7% Leuchtgas enthält.)

Die oben erwähnten Pulver-, resp. Minengase geben ebenfalls zu Intoxicationen Anlass: man bezeichnet letztere meist als „Minenkrankheit". Der Einwirkung dieser Gase sind die Mineure beim Belagerungskriege in den Gallerien nach Sprengung der Minen, bei Entfernung des Schuttes etc. ausgesetzt und kommen, namentlich zu Beginn der Arbeit, solche Erkrankungen in grösserer Zahl vor (bei den Graudenzer Mineurübungen 81 Erkrankungen — davon 27 schwere — mit 7 Todesfällen).

Ueber die auf Menschen schädlich resp. tödtlich wirkenden Mengen von Kohlenoxyd lassen sich keine Angaben machen (für Thiere s. unten).

Symptome der Vergiftung.

Die Erscheinungen, welche wir bei Menschen während der Einwirkung von Kohlenoxyd beobachten, sind nicht immer gleich intensiv; begreiflich hängt die Intensität von der Menge des Giftes, dann aber auch von individuellen Verhältnissen etc. ab.

Wirkt, wie dies bei den Selbstversuchen von *Klebs* u. A. geschah, reines Kohlenoxydgas ein, so können die Vergiftungssymptome sehr schnell auftreten. Oft bemerkt man im Anfang ein brennendes Gefühl auf der Haut, es tritt Kopfschmerz ein, Flimmern vor den Augen, starkes Klopfen der Temporales, Schwindelanfälle, Bewusstlosigkeit; die Personen stürzen plötzlich zu Boden. — Wirkt das schädliche Gas nur ganz allmälig ein, so werden Uebelkeit und Erbrechen, auch wohl unwillkürliche Entleerung von Urin und Fäces hervorgerufen, bevor die Bewusstlosigkeit eintritt. — Im Anfang der Wirkung ist der Puls sehr frequent, bis zu 180, die Haut, namentlich des Gesichts, stark geröthet; später ist Herzthätigkeit und Respiration stark verlangsamt, die äussere Haut blass, im weiteren Verlaufe cyanotisch. Die Respiration wird mehr und mehr verlangsamt, schnarchend, dyspnoisch, die Sensibilität erlischt mehr und mehr und macht vollkommener Anästhesie Platz, es tritt Sopor ein und Tod. — Schreitet die Vergiftung nur ganz allmälig weiter, so wird man bei den Patienten kaum Convulsionen auftreten sehen; erfolgt dagegen die Intoxication rasch, so wird es wohl selten an Erstickungskrämpfen fehlen; rasch tritt alsdann Asphyxie auf. — Constant beobachtet man bei Kohlenoxyd-Vergifteten ein starkes Sinken der Temperatur, Lähmungen der Muskulatur, der Sphincteren etc. Im Urin findet man Zucker und auch Eiweiss.

Bezüglich des Verlaufs kann man schwerere und leichtere Vergiftungen unterscheiden. In den leichtesten Fällen stellt sich Kopfschmerz und Schwindel ein, welche längere Zeit bestehen, dann aber vollständig schwinden. In etwas schwereren Fällen werden die Menschen aus dem Schlafe erweckt (die meisten Intoxicationen kommen im schlafenden Zustande zur Ausbildung) durch Uebelkeit und stattfindendes Erbrechen; sie fühlen sich sehr unwohl, wanken oft nur noch halb bewusst in das Freie aus der gefährlichen Atmosphäre, resp. fallen bei diesen Rettungsversuchen hin und bleiben bewusstlos liegen. In wieder andern Fällen findet man die Patienten bewusstlos und regungs-

los daliegen, mit erschwerter Respiration resp. unter Convulsionen etc.
Die Lähmung, auch die Anästhesie beginnt in vielen Fällen an den
unteren Extremitäten und schreitet von da fort.

Wichtig für die Beurtheilung gerichtlicher Fälle ist die schon
oben erwähnte individuelle Verschiedenheit dem giftigen Gase gegenüber. Zunächst ist dieselbe abhängig von dem Alter der Vergifteten
der Art, dass Kinder viel leichter der Giftwirkung erliegen, als
Erwachsene; auch Schwangere sollen viel empfindlicher gegen die
Wirkung dieses Giftes sein. Auch dann, wenn derartige Verhältnisse
nicht vorliegen, kommt es doch vor, dass von mehreren Personen, welche
in demselben Gasgemenge sich gleich lange aufgehalten haben, einige
todt, andere nur betäubt aufgefunden werden. Ausser der individuellen
Verschiedenheit kommt hier noch die verschiedene Lage der Personen
zu der Giftquelle etc. in Betracht; die Zusammensetzung der Luft
wird in der Nähe des Ofens, eines offenen Gashahnes etc. doch eine
andere, schädlichere sein, wie in der Nähe eines Fensters, einer Thüre etc.

Die Zeitdauer der Intoxication ist sehr verschieden, von wenigen Minuten bis zu 24, 48 und mehr Stunden (Tod am 10. Tage in
einem Falle von *Cobelli*). Die grosse Mehrzahl endet letal; andernfalls macht die Genesung nur langsam Fortschritte. In leichtern Vergiftungsfällen bleiben Kopfschmerzen und allgemeine Schwäche längere
Zeit bestehen; in schwereren Fällen, in welchen in Folge der Wiederbelebungsversuche die Respiration wieder selbstständig thätig wird,
bleiben zunächst für kürzere oder längere Zeit Lähmungen, Anästhesien, Bewusstlosigkeit bestehn. Erst nach und nach, im Verlaufe von
Tagen, selbst Wochen schwinden diese Zustände, die körperliche und
geistige Thätigkeit kehrt mehr und mehr zur Norm zurück.

Experimentaluntersuchungen.

Die Wirkung des Kohlenoxyds wurde durch zahlreiche Versuche
an Thieren festgestellt. Das Gas gelangt von der Lungenoberfläche
in das Blut. Die Aufnahme geht ziemlich rasch vor sich; das Blut
von Thieren, welche in 10% CO-haltiger Luft athmeten, enthielt schon
nach 1½ Minuten: 18,4 % dieses Gases; nachdem Hunde eine Stunde
lang 0,05 % CO geathmet hatten, enthielt ihr Blut 7,6 % dieses Gases
und konnte das Blut nur noch ⅓ des normal aufzunehmenden Sauer-
stoffs binden (*Gréhant*).

Die auffallendste Veränderung erfährt durch die Giftwirkung das
Blut. Der locker gebundene Sauerstoff des Oxyhämoglobins wird ausgetrieben unter Bildung von Kohlenoxydhämoglobin. Letzteres besitzt
dieselbe Krystallform wie das Oxyhämoglobin, unterscheidet sich aber
von diesem durch seine Farbe, schwerere Löslichkeit in Wasser, festere
chemische Bindung etc. Die Lösung dieses Körpers in Wasser hat eine
mehr bläulich-rothe Farbe; im Spectralapparate, bei genügender Verdünnung untersucht, sind 2 Absorptionsstreifen zwischen D und E sichtbar; dieselben sind denen des Oxyhämoglobins sehr ähnlich, liegen aber
näher bei einander und sind etwas weiter nach E hin verschoben. Durch
Auspumpen resp. durch Behandeln mit indifferenten Gasen wird die Verbindung nur schwer zerlegt; durch Fäulniss, Einwirkung von Pancreas-
ferment etc. wird sie gar nicht oder doch nur äusserst schwer verändert;
reducirende Substanzen wirken nicht ein (*Hoppe-Seyler* u. A.).

Auf dieses Verhalten des Kohlenoxyds zu dem Hämoglobin müssen wir die giftige Wirkung dieses Gases zurückführen. Schon kleine Mengen des Gases machen, indem sie allmälig in das Blut aufgenommen werden, die Blutkörperchen mehr und mehr unfähig, als Sauerstoffträger thätig zu sein. Es tritt Sauerstoffarmuth des Blutes ein, welche bei einem bestimmten Grade zum Tode (durch Erstickung) führen muss.

Die Untersuchungen haben ergeben, dass Thiere schon in einer Luft mit sehr geringem Kohlenoxydgehalt zu Grunde gehen, so Kaninchen schon bei 0,46% CO (*Poleck* und *Biefel*), Hunde bei 0,54% (*Leblanc*); doch sind dies wohl noch nicht die untersten Grenzen. Dass Thiere in einer Luft mit 1%, 2% und mehr Kohlenoxyd schon in wenigen Minuten zu Grunde gehen, ist durch zahlreiche Versuche dargethan. — Auf Kaltblüter wirkt das Gas weniger schnell; wirbellose Thiere können bei Gegenwart von Sauerstoff tagelang in Kohlenoxydgas leben.

Bei den vergifteten Thieren können die analogen Erscheinungen wie bei den Menschen beobachtet werden. — Die Contractilität der vergifteten Muskeln bleibt nach dem Tode der Thiere länger erhalten, als die der nicht vergifteten (*Bochefontaine*). — Auf das ausgeschnittene Froschherz wirkt das Gas nicht intensiv ein. — Bei Säugethieren bewirkt das Gift anfangs Reizung, dann Lähmung der Centralapparate des Gefässsystems. — Während der Intoxication tritt bei den Thieren (Hunden) Glycosurie ein; Zucker konnte schon 30—60 Minuten nach der Einathmung im Urin gefunden werden; die Ausscheidung, in einzelnen Fällen bis 4% Zucker, dauerte nie länger als 3 Stunden (*Senff*).

Leichenbefund.

Es wird angegeben, dass der Körper der durch Kohlenoxyd zu Grunde Gegangenen auffallend lange, bis zu 40 Stunden warm bleibe, sowie, dass er der Verwesung lange widerstehe. — Die auffallendste Veränderung hat jedenfalls die Farbe des Blutes und dadurch die der Organe erfahren. Schon auf der äusseren Haut fallen die hellrosenrothen Todtenflecken auf; mehr noch treten diese Veränderungen hervor bei der Besichtigung der Organe. Schon auf ihrer Oberfläche bemerkt man eine hellrothe Färbung, eingeschnitten, ergiessen dieselben flüssiges, in grösserer Menge kirschroth, in dünnern Schichten hellroth gefärbtes Blut. Dasselbe ist in den Organen in relativ grosser Menge enthalten. Leber, Nieren, Milz, Muskeln u. a. sind fettig entartet gefunden worden; die Lungen ödematös, zum Theil emphysematös.

Behandlung der Kohlenoxyd-Vergiftung.

Wird man zu einem vergifteten Menschen gerufen, so hat man, wenn dies nicht schon geschehen, zunächst dafür Sorge zu tragen, dass der Vergiftete aus der schädlichen Atmosphäre in frische Luft und in eine zweckmässige Lage (erhöhter Kopf etc.) gebracht werde. In leichteren Vergiftungsfällen werden diese einfachen Massnahmen völlig genügen, den Menschen aus der Lebensgefahr zu bringen. Liegt aber eine stärkere Intoxication vor, ist der Patient vollständig bewusstlos, seine Respiration erschwert, bedeutend verlangsamt, kaum noch zu bemerken, dann sind weitere Hülfeleistungen so schnell wie möglich anzuordnen und auszuführen. In solchen Fällen kann man von Begiessungen mit Eiswasser, von Essig-Klystieren, von Senfteigen etc. Gebrauch machen; in schwereren Fällen wird es unumgänglich nothwendig sein, die Respiration künstlich zu unterhalten (die Methoden s. S. 40) und wenn möglich dabei Inhalation von Sauerstoff anzuwenden. (Sauerstoff-Inhalationen wurden mit günstigem Erfolge von *Siveking*, *Linas*, *Crequy* angewandt; in einem Falle von *Pratti* wurde trotz Fehlen von Herzschlag und Respiration ein Vergifteter durch $^3/_4$ Stunden lang fortgesetzte künstliche Respiration wieder hergestellt.) Bei der Anwendung der künstlichen Respiration, sowie bei der Vornahme von Wiederbelebungsversuchen überhaupt ist daran zu denken, dass es sich darum handelt, das Hämoglobin zur Sauerstoffaufnahme wieder fähig zu machen, das Kohlenoxydhämoglobin zu zerlegen. Da letzteres nur sehr langsam möglich ist, so wird man auch die künstliche Respiration lange Zeit, Stunden lang fortsetzen müssen. So lange das Herz des Vergifteten noch schlägt, kann durch angeregten Gasaustausch in den Lungen das Blut allmälig zur Norm zurückgeführt werden. — Freilich wird man in sehr bedenklichen Fällen sich nicht begnügen dürfen, nur auf diesem Wege den Sauerstoffgehalt des Blutes, resp. die Zahl der thätigen Blutkörperchen zu erhöhen. In solchen Fällen wird wohl nur noch von der Transfusion mit vorausgehendem depletorischem Aderlass (s. S. 40) Rettung zu erwarten sein und wird man in ganz verzweifelten Fällen den Umtausch des Blutes öfters ausführen und zugleich die Respiration künstlich unterhalten. Die Transfusion wurde schon mit Erfolg in verschiedenen Fällen angewandt.

Für die Mineurs hat man als P r o p h y l a c t i c u m Respiratoren, welche die Respirationsluft des einzelnen Menschen vor den schädlichen Gasen schützen sollen, empfohlen; ebenso verschiedene complicirte Athmungsapparate. Nicht unerwähnt will ich lassen, dass als Prophylacticum der Kohlenoxydvergiftung früher schon *Carstanjen* einen Wecker angegeben hat; neuerdings hat *Ansel* einen kleinen Apparat construirt (auf der Diffusion der Gase beruhend), einen „electrischen Warner gegen Erstickungsgefahr durch Kohlenoxydgas", der zum Aufstellen in Schlafzimmern etc. empfohlen wird.

D e r N a c h w e i s d e r K o h l e n o x y d v e r g i f t u n g. Zum Nachweis des Kohlenoxyds in dem Körper eines Vergifteten benutzt man das Blut. Schon die hellrothe Farbe ist, wenn längere Zeit nach dem Tode verflossen, wichtig. Zum sichern Nachweis benutzt man fast ausschliesslich die Spectralanalyse. Das stark verdünnte Kohlenoxydblut (nach *Jaederholm* ist ein Zusatz von Boraxlösung sehr gut) zeigt im Spectralapparat zwei Absorptionsstreifen, welche auf Zusatz eines reducirenden Mittels (ein Paar Tropfen Schwefelammonium) nicht verschwinden [zu bedenken ist hierbei, dass solches Blut stets auch noch, wenn auch nur kleine Mengen Sauerstoff (Oxyhämoglobin) enthält und somit bei dieser Behandlung der Reductionsstreifen neben den Kohlenoxydbändern vorhanden sein wird]. Nach *Eulenberg* kann zu diesem Nachweis selbst getrocknetes Blut mit positivem Resultat benutzt werden. *Hoppe-Seyler* hat mit Kohlenoxyd gesättigtes, defibrinirtes Blut längere Zeit aufbewahrt; dasselbe zeigte noch nach 20 Jahren die charakteristischen Absorptionserscheinungen.

Gekocht liefert Kohlenoxydblut ein ziegelrothes Coagulum; normales Blut wird graubraun. Das erstere, defibrinirt und mit dem doppelten Volumen Natronlauge versetzt, liefert eine rothe (mennigbis zinnoberrothe) geronnene Masse; normales Blut eine schwarze

schleimige Masse. Erstere Mischung wird durch Chlorcalcium carmin-
roth, durch Chlorammonium u. a. m. hellroth, durch Sublimat pfirsich-
roth; das normale Blut zeigt andere Farbenveränderungen.

Auch zum Nachweis des Kohlenoxyds in der Luft benutzt
man am besten das Verhalten dieses Gases zu verdünntem Blut. *Vogel*
konnte durch die Spectralreaction noch 0,25% Kohlenoxydgas mit
Sicherheit nachweisen. *W. Hempel* benutzte zum Nachweis kleine
Thiere (Mäuse) und fand, dass durch die Veränderung des Blutes dieser
Thiere noch 0,05% mit Leichtigkeit, ohne jeden Zweifel nachzuweisen
sind, die Grenze der Nachweisbarkeit bei 0,03% liegt; 0,05% verursachen starke Intoxicationserscheinungen, wenn man eine Maus einige
Stunden in dem betreffenden Raume athmen lässt.

Auch durch säurefreies Palladiumchlorür kann die zu untersuchende
Luft durchgeleitet werden, nachdem man für Absorption von Ammoniak
durch Schwefelsäure und von Schwefelwasserstoff durch Bleizucker
gesorgt hat; man erhält bei Gegenwart von Kohlenoxyd einen sammt-
artig schwarzen Niederschlag (*Eulenberg*). *Bischoff* gelang dieser Nachweis noch mit 0,24, 0,315 und 0,33 ccm Kohlenoxyd; *Gottschalk* gibt
als Grenze 0,022 Vol. % Kohlenoxyd in der Luft an.

27. Schwefelkohlenstoff.

Der Schwefelkohlenstoff: CS_2, dargestellt durch directe Vereinigung von Schwefel und Kohle bei hoher Temperatur, ist eine farblose, stark lichtbrechende Flüssigkeit, welche bei 47° siedet, bei 0° ein
spec. Gewicht von 1,293 besitzt. Sie entzündet sich leicht, ist in
Wasser wenig löslich, mischt sich mit Alkohol und Aether sehr leicht.
Sie vermag Schwefel, Phosphor, fette Oele, Harze, Kautschuk, Gutta-
Percha etc. zu lösen und wird von dem Schwefelkohlenstoff wegen
dieser Eigenschaften technisch Gebrauch gemacht.

Schwefelkohlenstoffvergiftung.

Vergiftungen durch Schwefelkohlenstoff gehören, trotz der umfangreichen Anwendung dieser Flüssigkeit, zu den Seltenheiten. Meist
werden Arbeiter in Kautschukfabriken davon befallen, während Vergiftungen anderer Arbeiter (aus einer Oelfabrik; *Flies*) bis jetzt äusserst
selten beobachtet zu sein scheinen. Auch zum Selbstmord wurde der
Schwefelkohlenstoff, wie es scheint, nur einmal benutzt (*Davidson*).

Acut verlaufene Vergiftungen wurden nur in geringer Zahl beobachtet; meist entwickelt sich, in Folge der anhaltenden Einwirkung
kleiner Mengen der schädlichen Dämpfe auf den Organismus, die Krankheit nur ganz allmälig. In allen diesen Fällen gelangte das Gift durch
die Lungen in den Körper; bei dem Selbstmordversuch wurden 2 Unzen
(c. 60 g) der Flüssigkeit in den Magen eingeführt.

Der von *Davidson* beobachtete acute Fall verlief unter dem
Bilde narkotischer Vergiftung; blasses Gesicht, weite Pupillen, frequenter
und schwacher Puls, verminderte Körpertemperatur mit Anfällen von
Schüttelkrämpfen wurden bei dem Patienten beobachtet. Die Exspirationsluft zeigte deutlich den Geruch des Giftes (chemisch nachzuweisen, indem man die Luft durch eine alkoholische Lösung von Tri-
äthylphosphin leitet: es tritt Rothfärbung ein); ebenso konnte dasselbe

im Urin constatirt werden. Schwindel und Kopfschmerz hielten mehrere Tage an, ebenso das intensive Brennen im Schlunde.

Praktisch wichtiger ist jedenfalls die chronische Vergiftung. Oft findet man, dass die Arbeiter, nachdem sie eben erst in den mit giftigen Dämpfen erfüllten Räumen zu arbeiten angefangen haben, schon über einzelne, allerdings leichtere Krankheitssymptome: wie intensiven, namentlich gegen Abend sich steigernden Kopfschmerz, Schwindel, Uebelkeit und Erbrechen klagen. Es kommen allmälig hinzu: Gliederschmerzen, Ameisenkriechen und Jucken an verschiedenen Hautstellen; der Puls ist etwas frequenter. Bei einzelnen Patienten (nicht constant bei allen, wie *Delpech* angibt; *Hirt*) tritt vorübergehend ein Zustand der Excitation ein, während dessen namentlich der Geschlechtstrieb ganz enorm gesteigert ist (beim weiblichen Geschlechte: Vermehrung der Quantität der Menstruation).

Dieser Zustand kann Wochen, ja Monate lang anhalten. Allmälig verschwindet aber die Aufregung und macht einer starken Depression Platz. Die vorher sehr lebhaften Leute werden mehr und mehr apathisch, stumpf; ihr Gedächtniss schwindet, ebenso wie die Fähigkeit des Sehens und Hörens bedeutend herabgesetzt ist. Der Geschlechtstrieb ist jetzt vermindert, oft ganz geschwunden. Auch die Arbeitsleistung der Muskeln wird sehr herabgesetzt und entwickeln sich, vorzugsweise an Händen und Fingern, Anästhesien, welche den Arbeiter zu der weiteren Beschäftigung unfähig machen, ihn nöthigen, dieselbe aufzugeben, und ihn so der weiteren Einwirkung des Giftes entziehen. Tödtlich verlaufene Vergiftungen sind bis jetzt auch noch nicht vorgekommen.

Gegen das Zustandekommen der Intoxication hilft eine gut eingerichtete Ventilation. Die Krankheit selbst ist rein symptomatisch zu behandeln (*Delpech* hat kleine Dosen Phosphor [1—5 mg] empfohlen); gegen Lähmungen und Paresen der Muskeln der constante Strom *(Fries).*

Experimentaluntersuchungen.

Ausgesprochener, als dies an mit Schwefelkohlenstoff vergifteten Menschen beobachtet werden konnte, findet man bei Thierversuchen, kurze Zeit nach Application des Giftes, vollkommene Anästhesie des ganzen Körpers, auch der Cornea, eintreten, welche Wirkung *L. Lewin* mit der anästhesirenden Wirkung des Chloroforms vergleicht.

Der Schwefelkohlenstoff wird, unter die Haut injicirt (4 g tödteten ein Kaninchen in 32 Minuten), schnell in das Blut aufgenommen und durch die Lungen wieder ausgeschieden (schon nach 6 Minuten nachzuweisen). Während der Anwesenheit des Giftes im Blute bewirkt dasselbe, in Folge seiner Eigenschaft, die Blutkörperchen aufzulösen, umfangreiche Zerstörungen dieser Körperchen (Hämatinbildung) und gehen die Thiere in Folge dessen, sowie in Folge der eintretenden Lähmung des Athmungscentrums durch Ersticken zu Grunde: künstliche Respiration ist ohne Nutzen *(L. Lewin).*

Spectroskopisch kann die Blutveränderung bei vergifteten Thieren nur dann nachgewiesen werden, wenn der Schwefelkohlenstoff erst im Körper aus einer Verbindung (Xanthogensäure) abgespalten wird, nicht aber, wenn er fertig gebildet eingespritzt wird. Im ersteren Falle verschwinden die Oxyhämoglobinstreifen und tritt der Absorptions-

streifen des Hämatins auf; ähnliches erhält man, wenn man auf Thierblut Schwefelkohlenstoff längere Zeit einwirken lässt *(L. Lewin)*.

Die Xanthogensäure: $HS.CS.O.C_2H_5$, wird schon bei 24^0
in Alkohol und Schwefelkohlenstoff zerlegt. In den Organismus eingeführt ruft sie die Symptome der Schwefelkohlenstoffvergiftung hervor.
Kaninchen werden durch 1—2,5 g, subcutan applicirt, in $1—3\frac{1}{2}$ Stunden getödtet; das Herz schlägt noch nach dem Tode fort. — Die
xanthogensauren Alkalien haben diese Wirkung nur dann, wenn sie,
in den Magen applicirt, durch die freie Säure, in Chlormetall und
Xanthogensäure umgesetzt werden. Die Kohlensäure der Gewebe etc.
vermag diese Umsetzung nicht zu bewirken *(L. Lewin)*.

28. Alkohol.

Der Alkohol, Aethylalkohol, Weingeist: C_2H_6O, ist eine
farblose, dünne Flüssigkeit von angenehmem Geruche, brennendem
Geschmacke, welche bei $78,^04$ C. siedet (bei 760 mm Druck), deren
spec. Gewicht bei 20^0 C.: 0,7895 beträgt. Sie ist leicht entzündlich,
mit blassblauer, wenig leuchtender Flamme verbrennend. Wasser zieht
sie begierig aus der Luft an, und mischen sich beide in allen Verhältnissen. — Der Alkohol kommt nur in geringer Menge fertig gebildet (als Säureäther) vor; er ist ein Product der sog. geistigen Gährung
und findet sich, dem entsprechend, in einer grossen Zahl von Flüssigkeiten. — Der im Handel vorkommende „absolute Alkohol" enthält 97—98 Volum % wasserfreien Alkohol; die officinellen Präparate
sind „Spiritus" mit 90—91 Vol. %, spec. Gewicht = 0,83—0,834 bei
15 °C. und „Spiritus dilutus" mit 68—69 Vol. %, spec. Gew. 0,892—0,896.

Ausser diesen reinen Mischungen von Alkohol und Wasser haben
toxikologisches Interesse eine grosse Zahl complicirter zusammenge-
setzter Flüssigkeiten; es gehören hierher die im gewöhnlichen Leben
zahlreich als Genussmittel, auch als Arzneimittel benutzten sog. alkoholischen Getränke: Biere, Obstweine, Weine, Branntweine und Liqueure.

Der Alkoholgehalt der Biere ist sehr verschieden; schwächere
Biere enthalten c. 2,5—3,5 Vol. %, stärkere 4—6, die schweren Porter
und Ale bis zu 9 % (Dubliner Porter: 9,04). — Dem Bier am nächsten
bezüglich des Alkoholgehalts stehen die Obstweine, von welchen
namentlich der Apfelwein zu erwähnen ist; letzterer enthält 2—6,2 Vol. %
Alkohol. — Auch bei den verschiedenen (Trauben-)Weinsorten
ist der Alkoholgehalt ein sehr verschiedener, jedoch ist derselbe wohl
durchweg höher als bei den Bieren, indem derselbe von 6,5—27,2 Vol. %
(Sicilianer) schwankt. — Bedeutend stärker sind die Branntweine
und Liqueure, deren Alkoholgehalt auch zwischen weiten Grenzen
(40—70 Vol. %) schwankt. Der deutsche Branntwein (Schnaps) enthält c. 45 Vol. %, Whisky 50—60, Wutky 62, Rum 60—70, Arrac 60,
Cognac 70, Curaçao 55, Absynth 50—80 Vol. % Alkohol.

Der Alkohol und die alkoholischen Getränke geben wohl von
allen Giften am häufigsten zu Intoxicationen, zu Erkrankungen Anlass.
— Acute, schnell tödlich endende Vergiftungen werden durch Alkoholica nur selten absichtlich hervorgerufen. Nur wenige Fälle sind bekannt, in welchen Alkohol zum Giftmord benutzt wurde; häufiger schon
dienten diese Flüssigkeiten zur Selbstvergiftung; auch wurde absichtlich

davon Gebrauch gemacht, um die Ausführung verschiedener Verbrechen (Diebstahl, Nothzucht etc.) zu erleichtern, zu ermöglichen; auch das „Betrunkenmachen kleiner Kinder" im Scherz darf als ätiologisches Moment der acuten Vergiftung erwähnt werden.

Die grosse Mehrzahl der Intoxicationen ist jedenfalls als unbeabsichtigt zu bezeichnen. Hier sind in erster Linie die öconomischen Intoxicationen anzuführen; dieselben sind theils acut, entstanden durch Unmässigkeit erwachsener Personen, resp. durch Unglücksfälle bei Kindern (Verwechslung mit andern Getränken, Naschlust etc.; Säuglinge durch die Milch betrunkener Ammen), theils chronisch, in Folge des habituellen Missbrauchs der als Genussmittel gebräuchlichen alkoholischen Getränke. — Auch durch die therapeutische Benutzung des Alkohols und seiner Präparate sind ebenfalls Vergiftungen veranlasst worden.

Die Häufigkeit der Alkoholintoxication und die damit im Zusammenhang stehenden Verhältnisse hier ziffernmässig zu behandeln würde viel zu weit führen; ich beschränke mich darauf, die oben (S. 14 u. f.) angegebenen Werthe bezüglich der Häufigkeit der Vergiftungen überhaupt hier kurz zu erwähnen [1]. Nach den oben (S. 22) mitgetheilten Tabellen verunglückten in Preussen in den Jahren 1869 bis 1876 durch Giftwirkung 2448 Personen. 575 derselben = 23,5% werden als durch Alkohol vergiftet (der Tod erfolgte innerhalb 48 Stunden nach übermässigem Genusse von Spirituosen) angeführt. — Von den 575 Vergifteten waren 536 = 93,2% Männer, 39 = 6,8% Weiber; dem Alter nach vertheilen sich dieselben zu 553 resp. 96,2% auf „Personen über 15 Jahren" und zu 22 = 3,8% auf „Kinder unter 15 Jahren." — Der Inhalt der Tabellen lässt auch noch andere Verhältnisse erkennen. Gelegentlich der Statistik der Selbstmörder erfahren wir (Tabelle I. S. 15), dass bei 20848 Selbstmördern als Motiv der Handlung in 2172 Fällen (= 10,4%) Trunkenheit und Trunksucht angeführt werden und dass von 11822 Selbstmördern (1869—1872) 1100 = 9,3% als Alkoholisten bekannt waren.

1) Die acute Alkoholvergiftung.

Die Menge Alkohol, welche nöthig ist zur Hervorrufung einer acuten Vergiftung, ist für die einzelnen Personen sehr verschieden, abhängig von dem Alter, Constitution, etwa bestehender Gewöhnung an Alkoholica, sowie endlich von dem Alkoholgehalt der angewandten Flüssigkeit. Ebenso, wie die toxische Menge, wird auch die Dosis letalis von denselben Verhältnissen beeinflusst. Als letal wirkende Mengen werden angeführt für ein 3jähriges Kind c. 75 g Gin, für einen 7 Jahre alten Knaben 100—120 g Brandy *(Taylor)*. Nach *Taylor* starb ein Mann, welcher in c. 2 Stunden 2 Flaschen Portwein (330 g Alkohol enthaltend) zu sich genommen hatte.

Symptome der acuten Alkoholvergiftung.

Ausser durch Einfuhr einer kleineren, resp. grösseren Menge Alkohol in den Magen kann diese Intoxication auch durch die Einathmung

---

[1] Genauere Angaben über den Alkoholismus findet man in: *A. Baer,* der Alkoholismus, seine Verbreitung und seine Wirkung etc. 1878.

von Alkoholdämpfen (in Brennereien; Benutzung von Eau de Cologne) herbeigeführt werden. — Man unterscheidet 3 Grade der acuten Vergiftung, welche durch die Wirkung verschieden grosser Giftmengen herbeigeführt werden.

Der erste Grad der Vergiftung, *der Rausch* wird bei den einzelnen Individuen, je nach der Gewöhnung durch kleinere, resp. grössere Mengen Alkohol-haltiger Getränke hervorgerufen. — Die Symptome, welche bei derartig Vergifteten hervortreten können, sind bei den verschiedenen Personen auffallend verschieden, dabei aber doch so allgemein bekannt, dass wir hier nicht näher darauf eingehen, zumal da diese Stufe der Vergiftung kaum für die praktische Toxikologie Interesse hat. Letzteres kann wohl auch noch von dem zweiten Grade der Vergiftung: der *Betrunkenheit* angeführt werden. Dieselbe entwickelt sich aus dem Rausche, wenn der Berauschte fortfährt, weitere Mengen Alkoholica zu sich zu nehmen; sie kann aber auch durch einmalige Einnahme einer grösseren Menge der Getränke ziemlich plötzlich hervortreten. — Beide Stufen haben das gemeinschaftlich, dass zu Beginn der Wirkung ein sich über einen längern Zeitraum hinziehender Zustand der Excitation eintritt, der schliesslich in einen mehr weniger intensiven Depressionszustand übergeht.

Der dritte Grad: die *Besoffenheit* geht entweder durch Steigerung der Giftmenge und damit der Symptome aus der Betrunkenheit hervor oder sie kann, ebenso wie die letztere, durch sehr beträchtliche Alkoholmengen sofort, nach sehr kurzer Zeit eintreten. Letzteres wird namentlich dann der Fall sein, wenn sehr alkoholreiche Getränke in den leeren Magen eingeführt, resp. kleineren Kindern beigebracht werden. — Schon wenige Minuten nach Genuss treten die Symptome der Vergiftung ein: dieselbe macht sich anfangs nur durch verwirrte Gedanken, durch die Unfähigkeit zu gehen und stehen bemerklich; es tritt Schwindel ein, der Mensch bricht bewusstlos zusammen. Die Besoffenen liegen mit rothblauem, gedunsenem Gesichte da, seltener sind sie leichenblass, ihre Augen sind stier und gläsern, resp. glänzend, injicirt, die Pupillen sind meist erweitert. Aeussere Reize sind unvermögend Reactionen der Sinneswerkzeuge auszulösen; das Bewusstsein ist völlig geschwunden, die Empfindung vollkommen erloschen. Die Respiration ist verlangsamt, schnarchend, die Herzthätigkeit schwach, verlangsamt, Pulse kaum zu fühlen. Die Haut fühlt sich kalt, klebrig an. Die Muskeln sind erschlafft, Speichelfluss stellt sich ein, oft Erbrechen von alkoholischen, sauer riechenden, schleimigen Massen, während der Athem den eigenthümlichen Geruch der genossenen alkoholischen Getränke mehr weniger erkennen lässt. In diesem Zustande des Coma's kann der Besoffene längere Zeit verharren: es kann, bei günstigem Verlaufe, sich alsdann ein tiefer Schlaf einstellen, aus welchem der Mensch mit den Zeichen des stärksten Katzenjammers (Kopfschmerzen, Uebelkeit, Erbrechen, Appetitlosigkeit etc. etc.) erwacht. Im andern Falle steigert sich die Intoxication, es kommt zu unwillkürlichen Entleerungen des Harns und der Fäces, es stellen sich convulsivische Zuckungen ein, allgemeine klonische und tetanische Convulsionen nebst Trismus, Lähmungen, Hemiplegien, die ausgesprochenen Symptome der Apoplexie oder der Asphyxie und schliesslich der Tod.

Der Verlauf dieser Vergiftung ist sehr verschieden; man hat beobachtet, dass die Vergifteten nach dem Genusse der starken Getränke sofort hinstürzten und nach wenigen Minuten verschieden; in andern Fällen erfolgte der Tod nach $\frac{1}{2}$ Stunde, nach 2—3 Stunden; doch auch nach 15—20 Stunden ist der letale Ausgang noch möglich, ja derselbe kann noch plötzlich erfolgen, nachdem schon scheinbar die Genesung begonnen hatte.

Leichenbefund.

Als charakteristisch für die acute Alkoholvergiftung wird von *Casper* der langsame Fortschritt der Verwesung bezeichnet. Nach *Husemann* ist dagegen der Alkoholgeruch, welcher in den Körperhöhlen, oft auch in den Muskeln wahrgenommen werden kann, viel wichtiger. — Waren sehr starke alkoholische Getränke zur Anwendung gekommen, so kann man wohl an der Schleimhaut der ersten Wege verschiedene Veränderungen, als mehr weniger starke Röthung, Entzündung, Geschwürsbildung, brandige Degeneration *(Corvisart)* beobachten. — Im Gehirn findet man meist die Zeichen der Hyperämie, in den Hirnhöhlen etc. seröse Exsudate, Hämorrhagien. Die Lungen sind oft ödematös.

Die Behandlung der acuten Vergiftung.

Durch Anwendung der Magenpumpe, durch Brechmittel wird man die in dem Magen enthaltenen Giftmengen schnell zu entfernen haben. Sonst hat man, da wir kein Gegengift kennen, die bestehenden Symptome zu bekämpfen und demgemäss von kalten Umschlägen etc. auf den Kopf, von Haut-reizenden Mitteln, reizenden Klystieren, Excitantien überhaupt, etc. Gebrauch zu machen. Auch die künstliche Unterhaltung der Respiration kann in einzelnen Fällen nothwendig sein.

2) Die chronische Alkoholvergiftung.

Die Aetiologie der chronischen Vergiftung ist schon oben behandelt. Hier sind nur noch einige prädisponirende Ursachen namhaft zu machen. Als solche führt *Huss* auf: klimatische (kaltes, nordisches Klima) und schlechte äussere Verhältnisse. Dass die Alkoholisten vorzugsweise dem männlichen Geschlecht zugehören, wurde schon erwähnt. Was das Alter betrifft, so waren von 139 Personen *(Huss)* 104 (= c. 75%) in einem Alter von 34—52 Jahren.

a) Das Delirium tremens, der Säuferwahnsinn.

Diese mehr acut verlaufende Form der chronischen Vergiftung, unter obigen Namen sehr bekannt, kommt bei Alkoholisten zum Ausbruch, entweder in Folge einer einmaligen, die Norm bedeutend überschreitenden Zufuhr von Alkohol, oder durch vollständige Entziehung des Genusses des gewohnten alkoholischen Getränkes. Letzteres ist namentlich der Fall, wenn die Potatoren von innern Krankheiten (Pneumonie, Pleuritis, Typhus etc.) befallen werden, wenn sie sich im betrunkenen Zustande Knochenbrüche verschiedener Art zugezogen haben, einer chirurgischen Behandlung unterworfen sind. Auch plötzliche Nahrungsentziehung soll zum Ausbruch der Erkrankung Anlass gegeben haben.

Die Symptome, welche bei solchen Kranken ziemlich constant zur Beobachtung kommen, treten ganz plötzlich auf, in der Regel ohne irgend welche Vorläufer. Als erstes, charakteristisches Symptom sind die Hallucinationen, namentlich des Gesichtes zu erwähnen. Die Patienten klagen über das Sehen von, über Belästigungen durch meist kleine Thiere (Käfer, Mäuse, Ratten etc.), sie glauben sich verfolgt von Schreckensgestalten. Zu den Hallucinationen des Gesichts kommen solche des Gehörs (das Hören von Geräuschen, Stimmen, Reden, Schimpfworten, Musik etc.), seltener des Geruchs und Geschmacks hinzu. Auch analoge Störungen des Gefühls treten oft auf (Gefühl von Spinngewebe, von Netzen auf der Haut, von kleinen Thieren unter der Haut etc.). Mit in Folge dieser Hallucinationen sind die Kranken fortwährend in Aufregung. Die Glieder, besonders die Finger, zittern, resp. sind beständig in Bewegung (Streichen und Zupfen an der Bettdecke etc.), es bestehen Delirien, welche bald als Lärmen, Toben und Wüthen, bald als unaufhörliche Geschwätzigkeit zu bezeichnen sind. Dabei besteht Tage lang vollkommene Schlaflosigkeit. Die Haut ist meist mit klebrigem Schweisse bedeckt, der Puls frequent, die Haut, besonders des Gesichtes, geröthet, die Zunge belegt. — In 82% der Fälle fand *Naecke* einen transitorischen Albumingehalt des Harns.

Der Verlauf, sowie der Ausgang dieser acut auftretenden Erkrankung ist sehr verschieden und vorzugsweise abhängig von der Complication mit andern Erkrankungen (Pneumonie, Knochenbrüche etc.). In letzterem Falle ist der Verlauf nicht selten sehr ungünstig und endet dann mit Tod (nach *L. Meyer* starben 17% der complicirten Fälle, 2% der nicht complicirten); in andern Fällen dauern die Delirien mehrere Tage, selten bis 2 Wochen. Die Delirien, welche anfangs Tag und Nacht vorhanden sind und Nachts namentlich intensiv hervorzutreten pflegen, mildern sich oft nach einem langen, anhaltenden Schlafe; die Tage sind jetzt frei, nur Nachts sind die Patienten noch unruhig. Ziemlich schnell tritt Genesung ein. — Die Genesung, Heilung kann als vollkommen, dauernd bezeichnet werden, wenn der Kranke nunmehr dem Genuss der alkoholischen Getränke entsagt; ist letzteres wie in der Mehrzahl der Fälle nicht zu erreichen, so erfolgen nach längerer resp. kürzerer Zeit, in Folge neuer Excesse, ein, resp. mehrere Rückfälle und gehen schliesslich die Kranken marastisch zu Grunde.

Die Behandlung des Delirium tremens ist als eine symptomatische zu bezeichnen. Oft dürfte die Erkrankung ohne jede Arznei günstig verlaufen, doch wird man in den meisten Fällen wohl durch Anwendung von Opium, Chloralhydrat für Ruhe und Schlaf zu sorgen haben. Auch Digitalis, Brechweinstein, Zinkpräparate, Salpeter sind empfohlen worden.

b) Die Alkoholdyskrasie.

Als erste Zeichen des allmälig einwirkenden Alkoholgenusses bemerkt man Veränderungen der Ernährung, die sich oft durch auffallende Anhäufung von Fett an den verschiedensten Körperstellen documentirt. Schon das Blut zeigt einen grösseren Fettgehalt. Fett lagert sich ab in dem Unterhautzellgewebe, den Muskeln, den verschiedenen Organen. Allmälig, oft erst nach jahrelangem Missbrauch der Alkoholica stellen sich Ernährungsstörungen ein; die Personen verlieren den Appetit, sie essen immer weniger, trinken statt dessen aber um so grössere Mengen Alkoholica. Es entwickelt sich ein Magendarmkatarrh mit vermehrter Schleimsecretion, Aufstossen, Sodbrennen, Erbrechen wässeriger Massen (Vomitus matutinus), Durchfällen resp. Verstopfung; die Kranken magern schnell ab. Nach und nach kommen Symptome zum Vorschein, welche auf eine Affection der verschiedensten Organe hindeuten. Der chronische Katarrh geht auf die Respirationsorgane über, es stellen sich Heiserkeit ein, Bronchialkatarrhe; die Herzthätigkeit ist gestört, unregelmässig, verlangsamt; der Gebrauch der verschiedensten Muskeln ist behindert, unter anderem die Sprache langsam, erschwert; die Muskeln zittern, es kommt zu Convulsionen. Epileptiforme Convulsionen können in immer häufiger auf einander folgenden Anfällen die Patienten heimsuchen. Anästhesien, Paralysen bilden sich aus. Auf der Haut kommen Ekzeme, Acnepusteln zum Vorschein. Die geistigen Thätigkeiten nehmen mehr und mehr ab, es kommt zu Blödsinn und gehen schliesslich die Kranken marastisch zu Grunde.

In den Leichen findet man Veränderungen in den verschiedensten Organen. An der Schleimhaut des Magens und auch des Darmes findet man die Zeichen des chronischen Katarrhs, Verdickung der Schleimhaut, Geschwürsbildungen, fettige Entartung der Magenlabdrüsen; die Leber findet man bald fettig degenerirt, bald im Zustand der Cirrhose; am Herzen zeigt besonders der linke Ventrikel anfangs Hypertrophie, später Dilatation und Verfettung; die Gefässe sind oft atheromatös entartet; auch die willkürlichen Muskeln findet man fettig degenerirt. Das Gehirn ist meist hyperämisch; Pachymeningitis ist meist vorhanden.

Die Behandlung der Alkoholdyskrasie hat in erster Linie Sorge zu tragen für eine allmälige Entziehung des Alkohols; sonst symptomatisch.

Experimentaluntersuchungen.

Dem absoluten Alkohol kommt, wie oben schon erwähnt, die Eigenschaft zu, Wasser begierig anzuziehen. Diese Eigenthümlichkeit ist für die Wirkung des Alkohols von grosser Bedeutung. — Kommt absoluter Alkohol mit Eiweisslösungen zusammen, so entstehen sofort Niederschläge, welche anfangs in Wasser löslich, später unlöslich werden. Diese Eiweiss fällende Wirkung des Alkohols ist um so stärker, je concentrirter der Alkohol ist. Ausser den Albuminaten werden auch noch Leim, Mucin, Peptone aus ihren Lösungen durch Alkohol gefällt. Diese Eigenschaften der Alkoholica erklären die locale Einwirkung dieser Flüssigkeiten, welche sowohl bei Menschen, wie bei vergifteten Thieren beobachtet werden. Selbst verdünnter Alkohol ruft bei seiner Application auf die Schleimhäute ein Gefühl von Wärme und Brennen hervor, die Speichelsecretion, die Absonderung des Magensaftes wird bedeutend vermehrt, die Verdauung dadurch verbessert (*Rossbach*). Anders ist es, sobald der Alkohol in concentrirtem Zustande in grösserer Menge eingeführt wird; es stellt sich sofort ein schmerzhaftes Brennen ein, die Schleimhäute zeigen sich entzündet, angeätzt, die Secretionen beschränkt. Aehnliche Wirkung tritt ein bei

Application auf die äussere Haut, nur kommt hier noch in Betracht, dass der Alkohol, rasch verdunstend, die Temperatur bedeutend herabzusetzen vermag.

Wirkt der Alkohol im verdünnten Zustande, in Dampfform, allmälig auf Blut ein, so werden die Blutkörperchen aufgelöst, das Blut wird lackfarben (*Hermann*), der Sauerstoff ist fester an das Hämoglobin gebunden *(Schmiedeberg)*.

Der Alkohol wird in Lösung resp. Dampfform von allen Applicationsstellen aus in den Körper aufgenommen und erzeugt bei Thieren ähnliche Symptome, wie beim Menschen, auch chronische Vergiftungen. — Die Herzthätigkeit wird durch kleine Mengen Alkohol etwas beschleunigt; grosse Dosen bewirken (durch Vagusreizung; *Zimmerberg)* Verlangsamung des Pulses, Sinken des Blutdrucks (durch Lähmung des vasomotorischen Centrums; daher Erweiterung der Gefässe). — Die Respirationsthätigkeit wird durch grosse Dosen herabgesetzt. — Die Körpertemperatur wird durch kleine Alkoholmengen kaum beeinflusst; grössere Dosen setzen dieselbe aber, auch im Fieberzustande, herab (*Binz* u. A.). *Fräntzel* fand bei 2 acut vergifteten Menschen im Rectum Temperaturen von 24,6 resp. 23°,8 C.; dieser Fall endete letal, während der erste Patient wieder hergestellt wurde. Die Kohlensäureausscheidung durch die Lungen (*Prout* u. A.), die Harnstoffausscheidung durch die Nieren (*Hammond* u. A.) wird durch Alkohol ebenfalls herabgesetzt, während die Urinmenge sich vermehrt zeigt; nach neueren Untersuchungen steigern grosse Dosen Alkohol die Harnstoffausscheidung (*J. Munk*). — Die Einwirkung des Alkohols auf das Nervensystem, welches, wie die Vergiftungserscheinungen darthun, wesentlich beeinflusst wird, bedarf noch der Aufklärung; „durch die Untersuchungen von *Schulinus* ist es höchst wahrscheinlich geworden, dass der Alkohol in dem Inhalt der Nervenzellen selbst eine chronische Veränderung erzeugt; ob dieselbe aber die Fette, das Lecithin, die Eiweisskörper oder den Wassergehalt betrifft, ist durchaus unbekannt" (*Rossbach*). Die Untersuchungen von *Zülzer*, *Strübing* machen es wahrscheinlich, dass der Stoffumsatz in der Nervensubstanz (Phosphorsäureausscheidung) während der Alkoholwirkung eine Aenderung erleidet, derart, dass derselbe während des Erregungsstadiums vermindert, im „Stadium der nervösen Depression" gesteigert erscheint, gegenüber dem in der Muskelsubstanz stattfindenden Umsatze (Stickstoffausscheidung).

In dem thierischen Organismus wird der eingeführte Alkohol nur zum Theil verändert, indem im Magen Essigsäure gebildet wird. Ein anderer Theil durchläuft unverändert den Körper und finden wir denselben in dem Urin, der Milch wieder. Der durch die Nierenthätigkeit entleerte Theil ist sehr klein, und beträgt nach *Binz-Heubach* bis zu 3 % des eingeführten Alkohols. Nach *Binz-Schmidt* konnte in den ersten 5 Stunden nach Einnahme von reinem Alkohol letzterer in der Ausathmungsluft nicht nachgewiesen werden; dagegen riecht man, „ob Jemand Rheinwein, Rum, Bier oder Kartoffelbranntwein getrunken hat"; die beigemengten, schwer verbrennlichen Aether, das Fuselöl machen sich alsdann geltend. — In dem durch Alkohol vergifteten Körper der Thiere findet man ebenfalls nur geringe Mengen Alkohol wieder, so z. B. *Anstie* zwei Stunden nach Application des Giftes nur noch c. 25 %; der grösste Theil des Alkohols war demnach in dem Körper zerstört worden. Aldehyd oder irgend ein anderes Verbrennungsproduct des Alkohols konnte nicht gefunden werden.

Der chemische Nachweis.

Die zur Untersuchung bestimmten Organe werden in zerkleinertem Zustande, wenn nöthig durch verdünntes Kali neutralisirt, in einer Retorte der Destillation unterworfen, derart, dass die übergehenden Dämpfe mit Platinmohr zusammentreffen. Ist Alkohol (auch Aether) vorhanden, so entsteht Aldehyd und Essigsäure, welche letztere leicht durch die Kakodylreaction nachgewiesen werden kann. — Auch die Chromsäurereaction kann benutzt werden. Man leitet die Dämpfe durch ein Rohr, gefüllt mit Asbestfasern, welche getränkt sind mit einer Mischung von conc. Schwefelsäure und Kaliumbichromatlösung: bei Gegenwart von Alkohol (auch Aether) tritt die grüne Farbe des Chromoxyds auf. — Alkohol mit Kalilauge und etwas Jod versetzt, liefert schon in sehr kurzer Zeit einen gelblichen Niederschlag von Jodoform, welcher aus mikroskopisch kleinen Tafeln besteht (Aether nicht). — Alkohol wurde in den verschiedensten Organen der damit vergifteten Thiere, in den Leichen an acuter Vergiftung zu Grunde Gegangener chemisch nachgewiesen.

29. Aether.

Der Aether, Aethyläther, Schwefeläther: $O(C_2H_5)_2$, im Grossen dargestellt durch Erhitzen von Schwefelsäure und Aethylalkohol, bildet im reinen Zustande eine farblose, sehr bewegliche, stark lichtbrechende Flüssigkeit von eigenthümlichem Geruche, brennendem Geschmack, deren spec. Gew. bei $0^0 = 0{,}736$ beträgt, welche schon bei gewöhnlicher Temperatur flüchtig, bei 35^0 C. siedet. Bei $- 31^0$ erstarrt der Aether krystallinisch. Mit Alkohol mischt er sich in jedem Verhältniss; bei $17^0{,}5$ lösen 35 Th. Aether 1 Th. Wasser, resp. 12 Th. Wasser 1 Th. Aether. Die Aetherdämpfe sind sehr leicht entzündlich, mit Luft gemischt, rufen sie bei der Entzündung gefährliche Explosionen hervor.

Die anästhesirende Wirkung des Aethers war früher bekannt, als die analoge Wirkung des Chloroforms und wurde deshalb von dem erstgenannten Mittel in den 40er Jahren vielfach in der Praxis Gebrauch gemacht. Später wurde der Aether durch das Chloroform mehr und mehr verdrängt und ist jetzt seine Anwendung nur auf einzelne Städte (Lyon, Boston etc.) beschränkt. So kommt es, dass das Interesse, welches die praktische Toxikologie für den Aether besitzt, nur ein sehr geringes ist.

Vergiftungen, Todesfälle, welche als durch Aether hervorgerufen angesehen werden müssen, sind nur in sehr kleiner Zahl vorgekommen; ein Grund hierfür ist jedenfalls die beschränkte Benutzung dieses Anästheticums. Vergiftungen kamen zu Stande theils durch die Application des flüssigen Giftes in den Magen, theils durch Inhalation der Aetherdämpfe. Die Zahl der durch innerliche Application veranlassten Erkrankungen ist sehr gering, ein tödtlicher Ausgang wurde bisher, wie es scheint, nicht beobachtet. Leichtere, resp. schwerere, selbst chronische Erkrankungen wurden durch die einmalige, resp. fortgesetzte therapeutische Verwendung des Aethers, resp. Aetherhaltiger Präparate (Spiritus aethereus u. a. m.), sowie ferner durch die

Benutzung des Aethers als Genuss-, Berauschungsmittel, anstatt des
Alkohols (methylirter Aether vorzugsweise in Nordirland benutzt;
Draper) hervorgerufen. — Die Vergiftungen und Todesfälle durch
Aetherdämpfe sind wohl alle als medicinale zu bezeichnen, hervorge-
treten bei der Benutzung des Aethers als Anästheticum, vorzugsweise
in der chirurgischen Praxis. Die gefährliche Wirkung des Aethers
tritt unter ähnlichen Verhältnissen hervor, wie die des Chloroforms
(s. dieses S. 177). Bezüglich der Häufigkeit der Aethertodesfälle erwähne ich, dass von 23204 durch Aether, von 2873 durch Chloroform
Narkotisirten je einer in der Narkose, resp. durch die Wirkung des
Anästheticums zu Grunde gehen soll (Bericht der ärztl. Ges. von Vir-
ginia; *Morgan*). — Bezüglich der toxisch und letal wirkenden Aether-
menge gilt dasselbe, was bei dem Chloroform zu sagen ist; erwähnen
möchte ich jedoch, dass in Boston bei 6000 Operationen 2800 Pfd.
Aether verbraucht wurden *(Bigelow)*.

Die Erscheinungen, welche bei einem durch Aether zu narkoti-
sirenden Menschen zum Vorschein kommen, haben grosse Aehnlichkeit
mit den durch die Chloroformwirkung verursachten. Auch bei dieser
Vergiftung können 3 Stadien angenommen werden (s. Chloroform S. 178).
— Die Leichen lassen den Geruch nach Aether erkennen. — Behandlung wie beim Chloroform.

Auch die an Thieren ausgeführten Untersuchungen haben die
Aehnlichkeit der Wirkung des Aethers und Chloroforms dargethan.
Der Aether wird von allen Applicationsstellen aus resorbirt und durch
Lungen- und Nierenthätigkeit wieder aus dem Körper entfernt. —
Local wirkt er intensiver wie Chloroform ein; durch Verdunstung erzeugt er schnell einen hohen Kältegrad (ein zerstäubter Strahl von
Aether auf eine Thermometerkugel gerichtet, bewirkt ein Sinken der
Temperatur von $+19$ auf -13^0 C. in $1/2$ Minute, Chloroform nur auf
-3^0 in 1 Minute; *Rosenthal*); so entsteht eine locale Anästhesie, welche
zur Ausführung kleinerer Operationen benutzt wird; diese Anästhesie betrifft, bei längerer Einwirkung, auch tiefer gelegene Körpertheile; selbst
das Gehirn der Thiere kann durch die Knochen hindurch zum Frieren
gebracht werden. — In den Magen applicirt, geht, in Folge der höheren Temperatur, der flüssige Aether schnell in Dampfform über und
kann auf diese Weise, wenn grössere Mengen eingeführt wurden, der
Tod durch Erstickung (Behinderung der Athmung durch Empordrängen
des Zwerchfells etc.) oder durch Ruptur des Magens herbeigeführt
werden. — Was die Allgemeinwirkung betrifft, so soll der Tod des
durch Aether vergifteten Thieres nicht durch Herzlähmung, sondern
durch Lähmung des Respirationscentrums zu Stande kommen.

Auch Fälle einer chronischen Vergiftung durch Aether sind
beobachtet worden. So beobachtete *Martin* bei einer Dame, welche
täglich kleine Mengen Aether auf Zucker einnahm, Zittern der Finger,
Erbrechen schleimiger Massen, Wadenkrämpfe, Ameisenkriechen, Ohrensausen, Flimmern vor den Augen etc. Auch in dem von *Ewald* berichteten Falle werden allgemeine Mattigkeit, Schwäche, Appetitmangel,
Muskelzittern angeführt; der Athem roch stark nach Aether und haftete
dieser Geruch der Exspirationsluft noch 8 Tage nach der letzten Inhalation an. Im Urin des Patienten konnten keine abnormen Bestandtheile (Zucker, Gallenfarbstoff) gefunden werden.

30. Chloroform.

Das Chloroform: CHCl₃, fabrikmässig dargestellt durch Einwirkung von Chlorkalk auf Alkohol oder durch Zersetzung des Chlorals mit Kali- (Natron-)lauge, bildet im reinen Zustande eine farblose Flüssigkeit von eigenthümlichem, ätherischem, süsslichem Geruch und Geschmack. Sein spec. Gewicht beträgt bei 0° C.: 1,525; es siedet bei 62°. In Wasser ist es nur schwer löslich (in 200 Theilen), auch nimmt es selbst von ihm nur sehr geringe Mengen auf; dagegen löst es sich leicht in Alkohol und Aether. — Für die therapeutische Anwendung des Chloroforms ist dessen leichte Zersetzung von der grössten Wichtigkeit; selbst reines Chloroform, besonders aber wasserhaltiges, wird durch den Einfluss des Lichtes (auch im schwarzen Glase), namentlich durch das directe Sonnenlicht zersetzt unter Bildung von Salzsäure, Chlorgas, Phosgengas etc. Diese Zersetzung des Chloroforms erfolgt nur äusserst langsam, sobald demselben c. 0.5—1 % absoluten Alkohols zugesetzt ist; Chloroform mit 0,5% Alkohol hat bei 15° ein spec. Gewicht von 1,494, das officinelle Präparat ein solches von 1,492—1,496.

Seit dem Jahre 1847, in welchem *Simpson*, gleichzeitig auch *Flourens* die anästhesirende Wirkung des Chloroforms erkannte, ist dieses Mittel bei der Ausführung zahlloser grösserer und kleinerer Operationen in der Praxis benutzt worden. Dass die Anwendung dieses Mittels nicht ungefährlich sei, wurde schon sehr bald (1848) erkannt und haben sich seit dieser Zeit die Todesfälle, welche auf die toxische Wirkung des Chloroforms allein zurückgeführt werden müssen, ansehnlich vermehrt. Die grosse Mehrzahl der bekannt gewordenen Intoxicationen kam zu Stande durch Einathmung der Chloroformdämpfe, nur wenige durch Einbringen des flüssigen Chloroforms in den Magen.

1) Vergiftung durch flüssiges Chloroform.

Die Zahl der hier in Betracht zu ziehenden Vergiftungen ist nicht sehr gross. Ich fand in der Literatur Berichte über 27 Fälle, bei denen grössere oder geringere Mengen von Chloroform verschluckt worden waren.

Die meisten dieser Vergiftungen sind als absichtliche zu bezeichnen; 18 Selbstmörder benutzten dieses Gift, theils (8) mit, theils (10) ohne Erfolg. Die übrigen Intoxicationen entstanden zufällig, indem Chloroform mit andern Flüssigkeiten, z. B. Schnaps verwechselt, aus Versehen getrunken wurde, indem Chloroform statt anderer Mixturen Patienten verabreicht wurde. — Von den 27 Vergifteten waren 3 Kinder, 15 männlichen und 9 weiblichen Geschlechts.

Die zur Wirkung gekommenen Giftmengen finden wir in der grossen Mehrzahl (25 Fällen) angegeben; mit Hülfe derselben ist es möglich, die letale Dosis des Chloroforms bei der Application in den Magen annähernd festzustellen. Die bei den 3 Kindern (4 Jahre alt) zur Wirkung gekommenen Mengen waren 4, 6 und 8 g; nur das Kind, welches 6 g erhalten hatte, wurde wieder hergestellt, die beiden andern starben. — Bei Erwachsenen kamen Chloroformmengen von 4 g bis zu 380 g (?; *Hacker*) zur Wirkung, resp. zur Anwendung. Der Erfolg dieser Giftmengen war sehr verschieden, abhängig jedenfalls von dem Füllungszustande des Magens, dem Eintritt der Giftwirkung, der Zeit der ersten Hülfeleistung, der Individualität (Gewöhnung an Alkoholica etc. etc.). Mit Rücksicht auf diese Verhältnisse ist es nicht wunderbar, wenn in einzelnen Fällen Dosen von 60 g, von 120 g (*Jackson*) überstanden wurden. Die kleinste, bei einem Erwachsenen letal wirkende Dosis betrug 15 g (*Taylor*). Bei 22 Erwachsenen ist die Dosis genau angegeben, bei 8 Fällen lag die Menge zwischen 4 und 30 g, es starb ein Vergifteter (durch 15 g); bei den übrigen 14 Vergifteten waren Dosen von 35—380 (?) g eingeführt worden, es starben 8 derselben und zwar 2 nach 40, 2 nach 45, je 1 nach 60, 90, 120 und 180 g. Hieraus kann wohl der Schluss gezogen werden, dass bei Application des Chloroforms in den Magen schon kleine Mengen von 15 g unter, für die Giftwirkung günstigen Verhältnissen schädlich, letal wirken können, dass aber Dosen von 40 g und mehr, ohne genügende Hülfeleistung, sicher den Tod verursachen.

Die Vergiftung verläuft, wenn letal, ziemlich rasch. Von 11 Vergifteten erlagen der Wirkung 2 in der ersten Stunde, je einer nach 3, 6, 24, 29 1/2, 30, 31, 36, 48 Stunden und nach 8 Tagen (*Pomeroy*).

Die Symptome der Giftwirkung treten oft schon bald nach der Application ein. Schon während oder kurz nach dem Verschlucken des Giftes können heftige, brennende Schmerzen im Mund, Hals und Magen eintreten. Später, oft allerdings schon nach wenigen Minuten, stellt sich ein Rausch-ähnlicher Zustand ein, es treten dabei Delirien auf, Betäubung und Narkose. Nicht selten kommt es schon vorher zu Erbrechen. In tiefem Coma liegen die Vergifteten da, ihre Haut fühlt sich kühl, feucht an, ihr Puls ist klein, unregelmässig, die Respiration verlangsamt, schnarchend. Das Gesicht ist leichenblass, eingefallen, die Bulbi sind nach innen und oben rotirt, die Pupille meist stark dilatirt, nicht mehr reagirend (verengte Pupillen wurden ebenfalls beobachtet; *Prinzle*); es herrscht vollkommene Anästhesie, es können Convulsionen eintreten, später Collaps und Tod.

In der Leiche findet man die Schleimhäute der ersten Wege mehr weniger stark geröthet, in einzelnen Fällen z. B. in *Pomeroy*'s Falle grössere Exulcerationen der Magenschleimhaut. Ausserdem fand man oft Gehirn- und Lungenhyperämie; im Herzen dunkles Blut.

Bei der Behandlung eines so Vergifteten hat man durch Anwendung von Magenpumpe etc. für Entleerung der Giftreste zu sorgen; sonst symptomatisch. Anwendung von excitirenden Mitteln, künstliche Respiration (s. unten).

2) Vergiftung durch Chloroformdämpfe.

Praktisch wichtiger als die Vergiftung in Folge des Verschluckens von Chloroform sind jedenfalls die Intoxicationen, bei welchen das Gift in Dampfform zur Anwendung kam. — Aetiologisch haben wir letztere in absichtliche und zufällige zu trennen. Mit der Absicht, Andere zu tödten, wurde das Chloroform nur sehr selten angewandt; *Casper* erwähnt 3 hierher gehörende Fälle. Einzelne Fälle sind berichtet, in denen Personen gewaltsam chloroformirt wurden, um Verbrechen gegen die Sittlichkeit, Diebstähle etc. auszuführen. Dagegen scheint es äusserst schwierig zu sein, schlafende Personen so tief zu chloroformiren, dass sie das Opfer einer verbrecherischen Handlung werden können

(Dobleau; s. auch *Winkler).* — Auch zur Selbstvergiftung wurde in einer kleinen Zahl von Fällen von den Chloroformdämpfen Gebrauch gemacht. Die Selbstmörder inhalirten die Dämpfe, indem sie sich mit Chloroform getränkte Tücher, Schwämme etc. vor den Mund banden, Chloroform auf das Kopfkissen gossen etc. — Die grosse Mehrzahl der Chloroformintoxicationen ist, als zufällig entstanden, auf die therapeutische Anwendung dieses Mittels als Anästheticum zurückzuführen. — Einzelne dieser tödtlich verlaufenen Medicinalvergiftungen sind verursacht durch die Benutzung von unreinem, zersetztem Chloroform; als Zersetzungsproducte, deren schädliche Wirkung hier in Betracht kommt, sind, ausser den schon oben genannten, noch der Chlorkohlenstoff zu erwähnen. Um diese Gefahren auszuschliessen, hat man empfohlen, zum Chloroformiren nur aus Chloral dargestelltes, reines, sog. Chloral-Chloroform anzuwenden; doch sind auch trotz Benutzung dieses Präparates weitere Todesfälle beobachtet worden. — Ausser der Verunreinigung des Chloroforms sind noch andere Momente, welche für das Zustandekommen des Chloroformtodes von Wichtigkeit sind, hier zu erwähnen. In erster Linie die Art der Anwendung des Mittels. Einzelne Todesfälle sind jedenfalls darauf zurückzuführen, dass die Chloroformdämpfe in zu concentrirtem Zustande inhalirt wurden. Diese Gefahr kann durch ganz allmälige Steigerung der Chloroformmenge in der Inspirationsluft beseitigt werden. Die zu inhalirende Luft soll nicht mehr als 3,5% Chloroformdampf enthalten (*Chloroformcomité*); dieser Bedingung würde man nur durch Anwendung von Inhalationsapparaten genügen können, nicht durch Taschentuch resp. Schwamm. Jedenfalls hat man darauf zu achten, dass auch nicht durch eine einzige Inspiration nur Chloroformdampf (ohne atmosphärische Luft) in die Lungen gelange. — Dass bei der Anwendung des Chloroforms kunstgerecht vorzugehen ist, versteht sich von selbst; nachlässige, kunstwidrige Handlung wird in einzelnen Fällen als Ursache des Chloroformtodes bezeichnet. Niemals sollte eine Narkose, zur Ausführung einer Operation, vom Arzte (Operateur) allein, ohne Beihülfe eines Andern, eingeleitet werden; es können dadurch leicht Unglücksfälle eintreten (*Sachs*); am gefährlichsten ist das Selbstchloroformiren. Am besten befindet sich der Patient in halbliegender Stellung, in der er, befreit von allen beengenden Kleidungsstücken, langsam und regelmässig die mit Chloroform vermischte Luft einathmet. Puls und Respiration müssen dauernd beobachtet werden. — Kinder sind nicht mehr gefährdet, als Erwachsene. Dem Geschlechte nach vertheilen sich die Todesfälle auf Männer und Frauen annähernd wie 2 zu 1 (72:37; *Chloroformcomité*); kräftige Personen scheinen der Chloroformwirkung geringeren Widerstand zu leisten, als schwächliche, besonders durch langdauernde Krankheit erschöpfte Patienten. — Von Krankheitszuständen der zu Chloroformirenden sind hier Herz- und Lungenaffectionen zu erwähnen; namentlich Patienten, welche mit Fettherz behaftet sind, scheinen durch die Chloroformnarkose sehr gefährdet zu sein. Aehnliches findet man angegeben bezüglich der Potatoren, resp. der an Delirium tremens Leidenden; nach *Sansom* dürfte auch bei diesen Fällen die bei chronischer Alkoholvergiftung allmälig eintretende Fettentartung des Herzens als Ursache des in der Chloroformnarkose plötzlich erfolgenden Todes

heranzuziehen sein. — Zu erwähnen ist noch, dass die grosse Mehrzahl der Chloroformtodesfälle bei der Vornahme kleiner, geringer Operationen (Zahnextractionen etc.) vorkam; *Husemann* spricht die Ansicht aus, dass hier die Todesursache im Shock liege, der „durch den chirurgischen Eingriff bei noch nicht völlig geschwundener Sensibilität hervorgebracht wurde". Jedenfalls thut man, auch bei geringeren Operationen gut, dieselben nicht eher vorzunehmen, als bis die Narkose vollkommen ausgebildet ist. Doch auch dann muss man auf den Eintritt eines Unglücksfalles gefasst sein. Der Tod kann in jedem Stadium der Chloroformwirkung eintreten. — Die Zahl der Chloroformtodesfälle ist nicht genau zu bestimmen. *Hofmann* schätzt dieselben in runder Zahl auf 250. — Auch über das Verhältniss der Zahl der Todesfälle zu der Zahl der Chloroformnarkosen liegen die verschiedensten Angaben vor; auch wird dasselbe in den verschiedenen Kliniken etc. ein sehr verschiedenes sein. *Nussbaum* rechnet auf 10000 Narkosen einen Todesfall, *Richardson* auf 3500 einen. *Bardeleben* gibt an, bis 1876 bei mehr als 30000 Narkosen keinen Todesfall beobachtet zu haben; dann traten 4 Unglücksfälle ein: es wurde seitdem Chloral-Chloroform benutzt, doch selbst mit Benutzung dieses Präparates ereignete sich 1879 wieder ein Unglücksfall.

Die Menge Chloroform, welche zur Erzeugung der Narkose nothwendig ist, kann ebenso wenig, wie die letal wirkende Menge genau bestimmt werden. Die therapeutisch anzuwendende Menge schwankt zwischen 1 und 60 g, doch werden in der Mehrzahl der Fälle 5—15 g zur Narkose ausreichend sein. Als kleinste Dosen, die den Tod herbeiführten, finden wir 15—20 Tropfen angegeben (*Taylor*). Der Tod erfolgt rasch, nur wenige Minuten nach Beginn der Einwirkung des Giftes.

Die Symptome der Vergiftung durch Chloroformdämpfe.

Man pflegt gewöhnlich 3 Stadien der Chloroformwirkung zu unterscheiden.

Im ersten Stadium, dem der Reizung, treten je nach dem Charakter des Patienten verschiedene Erscheinungen der Excitation ein. Die ersten Einathmungen rufen oft Brennen in den Augen, ein kratzendes Gefühl im Schlund, Husten hervor, dem bald Störungen der Sinnesthätigkeit (Flimmern vor den Augen, Verschleiert-sehen; Veränderungen des Gehörs, Geruchs, Geschmacks, des Gefühls, Ameisenkriechen, Pelzigsein etc.; in einzelnen Fällen geht der Abnahme zuerst eine Verschärfung der Sinne vorher), heitere Gemüthsstimmung folgen. Lebhafte Phantasiebilder, Hallucinationen, heftige Aufregung, Lachen, Weinen, Wuthanfälle, heftige, heitere Delirien, selbst Convulsionen können bei einzelnen Chloroformirten zum Vorschein kommen, beim Einen mehr, beim Andern weniger heftig sein; im Ganzen ist das Bild als sehr wechselnd, verschieden zu bezeichnen. Dabei ist das Gesicht meist geröthet, mit Schweiss bedeckt (halbseitiger Schweiss hin und wieder beobachtet), die Haut fühlt sich warm an, die Pupillen sind meist verengt. Auch Uebelkeit, Erbrechen (wenn kurz vorher Nahrung genossen war) kann erfolgen. Allmälig, oder plötzlich, im Verlaufe von 1 bis mehreren Minuten schwinden diese Zufälle, es stellt sich ein

das zweite Stadium, das der Depression. Die vorher be-
standene Beweglichkeit hört mehr und mehr auf, die Sensibilität nimmt
ab, die Patienten verfallen in tiefen Schlaf, das Bewusstsein ist aufgehoben, die Reflexbewegungen schwinden mehr und mehr (zuletzt an
den Augen), die Muskeln sind vollkommen erschlafft (die Masseteren
zuletzt), die Pupillen sind oft etwas erweitert, Athmung und Herzthätigkeit etwas verlangsamt, die Temperatur sinkt. Dieser Zustand
der Narkose dauert verschieden lang, dann erwacht der Patient, 20
bis 40 Minuten, in einzelnen Fällen auch erst einige Stunden nach der
letzten Einathmung langsam oder auch ganz plötzlich, nicht so selten
mit Uebelkeit und Erbrechen und bleiben Eingenommenheit des Kopfes,
Kopfschmerzen etc. oft noch mehrere Stunden fortbestehen. — Wird
bei vollkommen ausgebildeter Narkose die Chloroforminhalation fortgesetzt, so tritt bald das
      drittе Stadium, das der Paralyse ein. Unregelmässiger,
aussetzender Puls, ganz oberflächliche Respiration, cyanotische Färbung
der Haut, der Lippen, weite Pupillen zeigen die Gefahr, in welcher
der Patient schwebt. Der Tod erfolgt schnell durch Lähmung der
Athmung oder der Herzthätigkeit.
      Der Leichenbefund. In den Leichen der in der Chloroform-
narkose Verstorbenen findet man keine charakteristischen Aenderungen.
Angeführt wird ein schlaffer Zustand des Herzens, welches zusammengefallen, plattgedrückt ist; dünnflüssiges, sehr dunkles Blut; rascher
Eintritt der Verwesung. In den Körperhöhlen konnte in einzelnen
Fällen deutlicher Chloroformgeruch wahrgenommen werden.
      Die Behandlung der Chloroformasphyxie.
      Als Prophylacticum gegen das Eintreten des Chloroformtodes
empfahl vor Kurzem *Wachsmuth* einen Zusatz von Terpentinöl zu dem
Chloroform und zwar 1 Th. Ol. Terebinthinae auf 5 Theile Chloroform. Das Terpentinöl habe für die Lungen etwas Belebendes und
schütze gegen die sonst leicht eintretende Lungenlähmung.
      Sind trotz aller Vorsichtsmassregeln im Verlaufe der Chloroform-
inhalationen plötzlich bedenkliche Symptome eingetreten, so hat man
vor Allem die Respiration künstlich zu unterhalten (s. S. 40). — Sehr
oft wird es genügen, um die eingetretenen Respirationsstörungen zu
beseitigen, den Mund des Patienten zu öffnen, die Zunge hervorzuziehen.
Auch der von *Heiberg* zuerst beschriebene, von *(Little-)Esmarch* vorher
schon viel geübte Handgriff (Hervorziehen des ganzen Unterkiefers)
kann in vielen Fällen ebenfalls das Respirationshinderniss beseitigen. —
In andern Fällen wird man, wenn die genannten Hülfsmittel unwirksam bleiben, die künstliche Respiration, mit Compression des Thorax
verbunden, einzuleiten haben. *Böhm* gelang es, in ähnlicher Weise,
wie bei der Kalivergiftung (s. Kaliumsalze S. 114), durch Chloroform
vergiftete Thiere wieder zu beleben, wenn die künstliche Respiration
und Thoraxcompressionen spätestens 9 Minuten nach dem Herzstillstand
ausgeführt wurden; die natürliche Athmung stellte sich 6—48 Minuten
nach Beginn der Wiederbelebungsversuche ein, nachdem schon vorher
das Herz zu functioniren begonnen hatte. — Auch Hautreize, Begiessen
mit kaltem Wasser etc. können in einzelnen Fällen gute Dienste
leisten. — Ebenso ist die Anwendung des Amylnitrits hier zu erwähnen. In neuerer Zeit ist dieses Mittel in mehreren Fällen von

Chloroformasphyxie mit gutem Erfolge angewandt worden *(Bader,* *Burrall)*.

Experimentaluntersuchungen.

Das Chloroform wird von allen Applicationsstellen aus resorbirt, am schnellsten, wenn es in Dampfform eingeathmet wird. — Chloroform in Dampfform mit Blut zusammengebracht, macht dasselbe unter Zerstörung der rothen Blutkörperchen lackfarben. Ein Theil des Chloroforms wird dabei chemisch gebunden; auch der Sauerstoff ist fester an das Hämoglobin gebunden *(Schmiedeberg)*. — Bei Thierversuchen beobachtet man ähnliche Erscheinungen, wie bei chloroformirten Menschen. Local wirkt das Chloroform z. B. auf die Haut reizend, indem Röthung etc. hervorgerufen wird; die Theile werden gefühllos, schnell, wenn das Chloroform durch Verdunstung eine bedeutende Temperaturherabsetzung hervorrufen kann. — Auf die Circulationsapparate wirkt das Chloroform derart ein, dass anfangs, resp. durch kleine Dosen eine Steigerung der Pulszahl und des Blutdrucks hervorgerufen wird, später tritt Verlangsamung der Herzthätigkeit, Sinken des Druckes ein, durch Schwächung und schliesslich Lähmung der musculomotorischen Apparate und des vasomotorischen Centrums *(Scheinesson)*. Auch die Blutgeschwindigkeit wird bedeutend herabgesetzt *(Lenz* u. A.). — Auch die Respirationsthätigkeit wird verändert. Werden reine Chloroformdämpfe inhalirt, so erfolgt schnell Verlangsamung und Stillstand der Athmung; mit Luft, in geringer Menge inhalirt, kann die Athmung anfangs eine Beschleunigung zeigen, später kommt es zur Verlangsamung und schliesslich zum Stillstand in Folge der Lähmung des Centrums. — Die Eigenwärme der Thiere sinkt in der Narkose ziemlich stark; der Stoffwechsel soll herabgesetzt sein. Nach *Strübing* wird die Phosphorsäureausscheidung durch den Harn gegenüber der Stickstoffausscheidung durch die Chloroformwirkung vermehrt. Im Urin wurde öfter Gallenfarbstoff, sowie ein Kupfer reducirender Stoff (Chloroform; *Hegar*) nachgewiesen. — Im Zusammenhang mit der Wirkung des Chloroforms auf den Stoffwechsel steht jedenfalls auch die auftretende Fettdegeneration der Leber, Nieren, des Herzens und der Muskeln. — Auf die Muskeln übt das Gift einen starken Einfluss, indem es dieselben ziemlich rasch, bei Injection in die Muskelgefässe, unerregbar und starr macht. — Auch die Einwirkung des Chloroforms auf die Pupille darf nicht unerwähnt bleiben. Bei Menschen und Thieren findet man im Anfangsstadium der Chloroformwirkung die Pupille erweitert, dann contrahirt sich dieselbe, während der Narkose fortbestehend, ziemlich stark, erweitert sich jedoch in Folge äusserer Körperreize (*Westphal*); bei weiter zunehmender Chloroformwirkung tritt schliesslich wieder Erweiterung ein, beim plötzlichen Erwachen aber aus der Narkose zeigt sich zunächst eine Verstärkung der Contraction, der rasch Dilatation folgt (*Vogel*). Die Contraction wird auf eine Reizung, die Dilatation auf eine Lähmung des Oculomotorius zurückgeführt; durch directe Reizung des Oculomotorius kann die dilatirte Pupille wieder verengt werden (*Dogiel*). — Auf das Nervensystem wirkt das Chloroform, wie aus der Symptomatologie der Vergiftung hervorgeht, intensiv ein. Lässt man Chloroform direct auf die Nerven einwirken, so findet man anfangs deren Erregbarkeit erhöht, dann aber sinkt dieselbe und schliesslich stirbt der Nerv ab (*Bernstein*). Die Ganglienzellen der Hirnrinde zeigen nach der Behandlung mit Chloroform (Aether) eine Art Gerinnung ihres Zellinhalts (*Binz*). In welcher Weise die Wirkung des Chloroforms auf die Central-apparate (schliesslich vollkommene Lähmung) zu Stande kommt, bedarf noch der Aufklärung; interessant ist jedenfalls die Angabe von *Lallemand*, *Perrin* und *Duroy*, dass sich Chloroform (Aether) in der Gehirnmasse in relativ grosser Menge anhäuft (sie fanden im Muskel- und Zellgewebe: 0,16 Chloroform (0,25 Aether), im Gehirn 3,92 Chloroform (3,25 Aether), wenn der Gehalt des Blutes = 1 gesetzt wurde). — Die Ausscheidung des Chloroforms aus dem Körper erfolgt durch die Lungen (und den Harn; *Reichardt* konnte Chloroform im Urin nicht auffinden).

Der chemische Nachweis.

Die zu untersuchenden Organe werden der Destillation unterworfen, am besten derart, dass man zugleich einen Luftstrom durch die Masse hindurchleitet. Das Destillat wird auf Chloroform geprüft. Hierzu benutzt man am besten die von *Hofmann* angegebene Reaction. Zu dem Zwecke giesst man die zu prüfende Flüssigkeit in eine Mischung von Anilin und alkoholischer Natronlösung ein; es tritt beim Erwärmen heftige Reaction ein, ein unerträglicher Geruch des entstehenden Phenyl-carbylamin (Isocyanphenyl, Isonitril); letzteres ruft auf der Zunge einen äusserst bittern Geschmack, im Schlunde eine kratzende Empfindung hervor. Durch diese Reaction ist Chloroform noch in Verdünnung von 1 : 5—6000 Alkohol nachzuweisen. *Rennard* fand mit Hülfe dieser Methode Chloroform in dem Blute am 7. Tage nach dem Tode auf. — Quantitativ wird das Chloroform nach der von *Schmiedeberg* angegebenen Methode bestimmt.

3) Die chronische Chloroformvergiftung.

Dieselbe entsteht, wenn Chloroform ähnlich wie Alkohol und andere Stoffe, lange Zeit fortgesetzt, in den menschlichen Organismus, sei es in Dampfform, sei es als Flüssigkeit (in den Magen) eingeführt wird. Fälle der Art sind bis jetzt nur in sehr geringer Zahl beobachtet; dieselben wurden dadurch veranlasst, dass Patienten, welche während ihrer Erkrankung von dem Chloroform als Heilmittel Gebrauch gemacht, sich an die Benutzung und Wirkung dieses Stoffes so gewöhnt hatten, dass sie auch später dieses Mittel nicht mehr entbehren konnten. Störungen der Ernährung, Appetitlosigkeit, starke Abmagerung, Anämie sind die Folgen; auch stellen sich, ähnlich wie nach dem Alkoholmissbrauch, Geistesstörungen der verschiedensten Art ein.

31. Chloralhydrat.

Das Chloralhydrat entsteht beim Mischen von Chloral mit Wasser. — Das Chloral (Trichloraldehyd): $CCl_3 . CHO$, von *Liebig* 1831 entdeckt, fabrikmässig dargestellt durch Einwirkung von trockenem Chlorgas auf Aethylalkohol und Destillation nach Zusatz von concen-trirter Schwefelsäure, ist eine farblose, durchdringend riechende Flüssig-keit von 1,502 spec. Gewicht bei 18° C., welche bei 94°,4 siedet, neutral reagirt, ätzend wirkt, sich in Wasser, Alkohol und Aether leicht löst. Mit fixen Alkalien behandelt, wird das Chloral zersetzt unter Bildung von Chloroform und ameisensaurem Salze (nach der Gleichung: $CCl_3CHO + KHO = HCCl_3 + HCOOK$). — Mit 12% Wasser gemischt erstarrt das Chloral krystallinisch zu Chloralhydrat: $CCl_3CHO + H_2O$.

Dasselbe stellt im reinen Zustande farblose, durchsichtige, rhomboidale Krystalle von 1,901 spec. Gewicht dar; dieselben besitzen einen eigenthümlichen, aromatischen Geruch, bitteren unangenehmen Geschmack; sie schmelzen bei 58⁰ zu einer klaren, farblosen Flüssigkeit von 1,575 spec. Gewicht; auf 78⁰ erwärmt, zerfällt die Verbindung in Chloral und Wasser. Das Chloralhydrat ist in Wasser sehr leicht (in 1½ Theilen) löslich, ebenfalls löslich in Alkohol, Aether etc. Bei der Zerlegung durch Alkalien liefern 100 Theile Chloralhydrat 72,2 Theile Chloroform. — Auch mit Alkohol vereinigt sich das Chloral, ähnlich wie mit Wasser, zu einer krystallinischen Verbindung, dem Chloralalkoholat.

Nachdem im Jahre 1869 *Liebreich* auf Grund von Thierexperimenten und Beobachtungen am Krankenbette das Chloralhydrat als ein werthvolles Hypnoticum empfohlen hatte, ist dieses Arzneimittel schnell zu einem der wichtigsten und gebräuchlichsten des ganzen Arzneischatzes geworden. Wie die Mehrzahl unserer Arzneien ruft auch das Chloralhydrat, unter bestimmten Verhältnissen, im Uebermass genossen, bedenkliche Symptome, ja selbst den Tod hervor. Diese Gefahr, welche in der Benutzung des Chloralhydrats liegt, sollte sehr bald hervortreten. Nur ein Jahr war seit der ersten Mittheilung *Liebreich's* verflossen, als der erste Todesfall durch Chloralhydrat uns von England aus durch *J. F. Brown* gemeldet wurde. Seitdem haben sich die Chloraltodesfälle vermehrt, so dass dieses Mittel auch für die praktische Toxikologie von grosser Wichtigkeit ist.

1) Die acute Vergiftung durch Chloralhydrat.

Gross ist die Zahl der Vergiftungen, welche seit dem Jahre 1869 durch die Application des Chloralhydrats hervorgerufen wurden und zwar grösstentheils bei der therapeutischen Anwendung dieses Mittels. In der grossen Mehrzahl dieser Fälle handelte es sich nur um mehr weniger leichtere Vergiftungen, bei welchen zwar in Folge der Chloralwirkung bedenkliche, lebensgefährliche Symptome zum Vorschein kamen, die aber doch, namentlich bei geeigneter Hülfeleistung, einen für die Vergifteten günstigen Ausgang nahmen. Nur wenige der Intoxicationen endeten letal; ich fand in der Literatur Berichte, Notizen über 16 Todesfälle. Von diesen ist keine einzige, mit der Absicht zu tödten, hervorgerufen worden. Zum Giftmord scheint das Chloralhydrat bis jetzt nicht gedient zu haben. Die beiden von *Levinstein* beobachteten Selbstmordversuche hatten aber nicht den gewünschten Ausgang. — Die unbeabsichtigt hervorgerufenen Todesfälle verdanken alle ihr Zustandekommen der Benutzung des Chloralhydrats als Arzneimittel, als Schlafmittel, wobei meist die Arznei innerlich, in den Magen applicirt wurde. Vergiftungen kamen zu Stande durch Anwendung zu grosser Dosen Chlorals von Seiten der Aerzte, zu einer Zeit, als man die gefährliche Wirkung des Mittels noch nicht kannte resp. nicht genügend berücksichtigte; tödtliche Vergiftungen wurden aber auch ver-

anlasst, indem kranke Personen — meist wohl solche, welche an Schlaflosigkeit leidend, früher schon, von Aerzten behandelt, die schönen
Wirkungen des Chlorals kennen gelernt hatten — dieses Mal, ohne
Wissen des Arztes, sich Linderung zu verschaffen versuchten und dabei
zu hohe Dosen des giftigen Stoffes einnahmen. — Ausser in den Mägen
wurde die Giftlösung bei letal verlaufenen Fällen auch noch an anderen Körperstellen applicirt, ebenfalls bei der therapeutischen Benutzung dieses Mittels. In dem Fall von *Smith* gelangte die Chlorallösung bei einer Operirten in das Rectum; die Patientin starb 3 Stunden nach Application von 5,85 g Chloralhydrat. — Von *Oré* wurde
gegen einzelne Krankheiten, namentlich aber zur Hervorrufung von
Anästhesie die directe Injection des Chloralhydrats in das Blut empfohlen
und von ihm und Andern oft geübt; auch bei dieser so gefährlichen
Applicationsart trat der Tod eines Menschen ein und zwar bei der
Infusion von 6 g Chloral im Verlaufe von 6 Minuten (*Deneffe* u. *Wetter*).
— Nur nach der allerdings nur noch sehr selten geübten subcutanen
Injection des Mittels ist bis jetzt kein Todesfall eingetreten.

Die letale Dosis des Chloralhydrates lässt sich mit Hülfe
der wenigen (13) Angaben nicht bestimmen. Wie bei den meisten
andern Giften, so hängt auch bei dem Chloralhydrat der Erfolg des
eingeführten Giftes nicht allein von der Menge desselben, sondern noch
von einer Anzahl anderer Verhältnisse ab. So sollen nach *Bouchut's*
Beobachtungen an 10000 Kindern diese Chloralhydratlösungen besser
vertragen, als Erwachsene; nach *Bouchut* erhalten bei der therapeutischen Verwendung des Chlorals Kinder von 1—3 Jahren: 1—1,5 g,
von 3—5 Jahren: 2—3 g, von 5—7 Jahren 3—4 g Chloralhydrat, in
100 Theilen Wasser gelöst, pro dosi. Nach *Stappen* u. *Poirier* erlag
ein 5jähriges Kind der Wirkung von 4 g, als Anästheticum verabreicht.
— Bei Delirium tremens, überhaupt bei Leuten, welche dem Alkohol-
genusse ergeben sind, werden ebenfalls oft grössere Dosen gut vertragen. Doch kam gerade bei einem Deliranten die kleinste bis jetzt
letal gewirkte Menge von 1,25 g zur Anwendung: der 34jährige Mann
starb nach 8 Stunden (*Frank*). Die 2. kleinste Dosis von 1,95 g rief
bei einer Hysterica in 10 Stunden den Tod hervor (*Fuller*). Auch
eine Dosis von 2,5 g wirkte bei einem Deliranten letal (*Frank*). Die
Anwendung von 4 g verursachte bei einer Frau in kurzer Zeit deren
Tod (*Maschka*). 3 Geisteskranke gingen nach je 5 g schnell zu Grunde
(*Jolly*, *Hofmann*). Dosen von 10,4 g, von 11,7 g (*Needham*), 31,2 g
(*Brown*) wirkten ebenfalls letal. Bei den Selbstmordversuchen kamen
Dosen von 20—24 g zur Wirkung; die Vergifteten wurden wieder
hergestellt. — Auch durch Zufall, durch Verwechselung wurden schon
grössere Mengen, selbst 30 g in den Körper eingeführt, ohne letalen
Ausgang der Intoxicationen. — Alle diese Angaben zeigen, dass man
auch bei der Benutzung des Chloralhydrats sehr vorsichtig sein muss.
Für Erwachsene bezeichnet *Böhm* für die therapeutische Anwendung
3 g Chloralhydrat als Grenzdosis, *Rossbach* die Menge von 5—10 g
als tödtliche Gabe. — Die *Pharmacopoea germanica* (amtlicher Zusatz)
gibt für das Chloralum hydratum crystallisatum als Maximaldosis an :
4 g pro dosi, 8 g pro die.

Die Zeitdauer der Vergiftung bis zum letalen Ausgang ist nur
in einzelnen Fällen angegeben. Von 7 Vergifteten starben 3, welche

die geringsten Chloralmengen (1,25, 2,5 und 1,95 g) erhalten hatten,
8—10 Stunden nach der Einnahme der Arzneien (2 Fälle von *Frank*,
Fuller), 4 Vergiftete gingen viel schneller zu Grunde; bei zweien
(4 g *Maschka*, 5 g *Jolly*) erfolgte der Tod sehr rasch, nur kurze Zeit
nach der Einnahme, in einem 3. Falle (5 g, *Jolly*) endete die Intoxication schon nach ¼ Stunde und in *Brown*'s Falle (31,2 g) nach
1 Stunde. Aus diesen Angaben ist der Zusammenhang zwischen Giftmenge und Zeitdauer deutlich zu erkennen.

Die Symptome der acuten Vergiftung.

Werden einem Patienten als Arznei- und Schlafmittel kleine
Dosen Chloralhydrat eingegeben, so stellt sich je nach der Dosis
Chloral und den persönlichen Verhältnissen des Kranken schneller,
resp. langsamer, Müdigkeit und Schlaf ein, welch letzterer mehrere
Stunden anhält, während dessen der Patient mit etwas verlangsamter
Athmungs- und Herzthätigkeit, mit verengten Pupillen daliegt. Durch
äussere Reize kann der Schlafende erweckt werden. Die Sensibilität,
auch die Reflexthätigkeit ist während des Schlafes kaum verändert.
Nach dem Erwachen tritt nur selten Kopfschmerz, Erbrechen etc.
ein. — Vor Eintritt des Schlafes beobachtet man bei Chloralisirten
nach zu kleinen Dosen, bei schwächlichen Personen nicht so sehr selten
ein Stadium der Excitation, dessen Erscheinungen mit dem entsprechenden Stadium der Chloroformwirkung Aehnlichkeit haben; auch in
dem Schlafe selbst können die Patienten sehr unruhig sein.

Mit Steigerung der Chloralmengen nimmt die Wirkung derart
zu, dass zunächst auch der Schlaf verlängert wird. Bei einzelnen,
sehr empfänglichen Personen können aber schon durch sonst therapeutisch benutzte Dosen heftigere Vergiftungssymptome hervorgerufen
werden. Alsdann zeigt sich bei dem Schlafenden die Sensibilität stärker
beeinträchtigt, ebenso die Reflexthätigkeit, es kann vollkommene
Anästhesie eintreten, Coma und Tod durch Lähmung der Athmung,
resp. in seltenen Fällen: des Herzens.

Leichenbefund.

Charakteristische, nur der Chloralvergiftung eigenthümliche Aenderungen wurden in den Leichen nicht bemerkt. Hirnhyperämie finden
wir oft angeführt; die Magenschleimhaut war hin und wieder stärker
injicirt, es zeigten sich Blutextravasate, Excoriationen und Arrosion
(*Ogston*).

Experimentaluntersuchungen.

Das Chloralhydrat bewirkt, in concentrirter, wässeriger Lösung
Eiweisslösungen zugesetzt, sofort Niederschläge von Chloralalbuminat.
Hierauf beruht die locale Wirkung des Chlorals: auf die Haut applicirt,
ruft es Schmerzen, Röthung, sogar Blasenbildung hervor; auf wunden
Stellen bewirkt es einen weissen, oberflächlichen Schorf. — In verdünntem Zustande applicirt, gelangt es von dem Magen, Rectum,
Unterhautzellstoff etc. (aus Cysten, serösen Höhlen nur sehr langsam)
in das Blut. Direct in das Blut gespritzt, kann bei zu hoher Concentration Coagulation eintreten: ausserhalb des Körpers dem Blute

zugesetzt, bewirkt es Quellung und Erblassen der Blutkörperchen. — Nach *Liebreich's* Theorie wird das Chloralhydrat in dem Blute allmälig durch die Alkalescenz desselben zu Chloroform und ameisensaurem Salze gespalten und wäre die Wirkung des Chlorals auf das gebildete Chloroform zurückzuführen. Zahlreiche Untersuchungen haben das Unhaltbare dieser theoretischen Anschauung dargethan. Im Reagensglase vermögen wir eine Lösung von Chloralhydrat schnell zu zerlegen, wenn wir auf dieselbe eine mindestens 6%ige Lösung von Kalihydrat einwirken lassen; eine 5%ige Alkalilösung zerlegt schon nicht mehr augenblicklich, eine 2%ige Lösung wirkt noch zerlegend, jedoch zögernd, eine 1%ige Lösung dagegen wirkt nicht mehr zerlegend, auch nicht bei längerem Hinstehen (*C. Ph. Falck*). Durch Blut wird zugesetztes Chloralhydrat erst nach mehrstündigem Erwärmen auf 40° gespalten *(Hammarsten)*. Im thierischen Organismus findet die Zerlegung nicht statt. *Lewisson* fand, dass das Chloralhydrat auf sog. „Salzfrösche", in deren Gefässen 0,75%ige Kochsalzlösung circulirte, ebenso wirkt, wie auf normale Frösche. In dem Blute chloralisirter Thiere konnte Chloroform nicht aufgefunden werden (*Hammarsten*), ebenso nicht in der Exspirationsluft (*Hammarsten, Rajewsky* u. A.), im Urin (*Tomascewicz* u. A.). Dagegen fanden *v. Mering* und *Musculus* in dem Urin mit Chloral behandelter Kranken neben geringen Mengen Chloralhydrat einen neuen Körper, die Urochloralsäure: $C_7H_{12}Cl_2O_6$, eine links drehende, alkalische Kupferlösung, Silber- und Wismuthoxyd reducirende Substanz, welche von *C. Ph. Falck* auch aus dem Urin chloralisirter Hunde dargestellt werden konnte. Wir müssen somit annehmen, dass das Chloral als solches die charakteristische Wirkung auf den lebenden Organismus ausübt.

Bei Thieren ruft das Chloralhydrat dieselben Symptome, wie beim Menschen hervor. *C. Ph. Falck* zerlegt die Chloralintoxication der Thiere in 3 Stadien: ein vorbereitendes, hypnotisches resp. adynamisches und comatöses Stadium. — Die verschiedenen Thierspecies zeigen sich der Chloralwirkung gegenüber verschieden empfindlich; von den Säugethieren werden Katzen als sehr empfindlich bezeichnet, während Kaninchen und Hunde weniger empfindlich sind. — Die Wirkung des Chlorals auf die einzelnen Functionen der Organe etc. wurde genauer festgestellt. Eine intensive Wirkung übt das Chloral auf den Circulationsapparat aus. Die Herzthätigkeit wird bedeutend verlangsamt und schliesslich das Herz (auch beim atropinisirten Thiere) zum diastolischen Stillstand gebracht. Neuere Untersuchungen lehrten, dass Chloral anfangs erregend einwirkt (Aufhebung des Muscarinstillstands), dann aber lähmend auf die automatischen Centren des Herzens (*Harnack* und *Witkowski*). Der Blutdruck sinkt in Folge der Lähmung des vasomotorischen Centrums. — Die Respiration wird ebenfalls verlangsamt und schliesslich zum Stillstand gebracht (Lähmung des Centrums); der Respirationsstillstand tritt vor dem des Herzens auf. — Die Körpertemperatur wird im Laufe der Chloralintoxication bedeutend herabgesetzt, nach *C. Ph. Falck* bis zu 7°,6 C. — Selbst nach subcutaner Application ruft das Chloral bei Hunden und Katzen nicht selten Erbrechen hervor. — Die Milchsecretion wird bedeutend herabgesetzt (*Röhrig*). — Die Einwirkung des Chlorals auf das Nervensystem bedarf noch der Aufklärung. Die Reflexreaction wird durch kleine

Dosen anfangs etwas erhöht (*Rajewsky*), dann aber (durch grosse Dosen
sofort) stark herabgesetzt.

Die erste Aufgabe, Entfernung der noch nicht resorbirten Giftmengen aus dem Magen, ist durch Application von Brechmitteln,
Magenpumpe, Ausspülen des Magens etc. zu erfüllen. Gegen die Allgemeinwirkung sind verschiedene Mittel empfohlen. So von *Liebreich*
das Strychnin; dieses Mittel, in einem Falle von *Levinstein* neben
Stunden lang mit Hülfe des faradischen Stroms fortgesetzter künstlicher
Respiration, mit günstigem Erfolge angewandt, hat sich bei Thierversuchen (*Rajewsky, Husemann* u. A.) nicht bewährt. Das Strychnin
vermag weder die Respirations-, noch Herzlähmung zu verhindern,
auch das Sinken der Temperatur tritt beim chloralisirten, mit Strychnin
behandelten Thiere ein. — *Husemann* hat experimentell von den Excitantien den Kampfer, das Cajeputöl, die Ammoniakalien, auf ihren
antidotarischen Werth bei der Chloralintoxication geprüft, von diesen
Mitteln aber, sowie vom Amylnitrit keine lebensrettende Wirkung
beobachten können. — Dagegen wurden gute Erfolge erhalten, als mit
letalen Dosen Chloral vergiftete Kaninchen mit Atropin behandelt
wurden; dieses Mittel wirkte entschieden günstig auf die Respirationsthätigkeit ein, auch wurde die während der Chloralvergiftung vermehrte Secretion von Bronchialflüssigkeiten vermindert. In einem von
Levinstein beobachteten Selbstvergiftungsfalle wurde, da man aus der
hochgradigen Myose auf Morphinvergiftung schloss, das Atropin (subcutane Injection von 1,5 mg) neben Hautreizen etc. mit günstigem
Erfolge angewandt, so dass man wohl zukünftig von dem Atropin bei
Chloralvergiftung Gebrauch machen kann. Das Atropin ist im Stande,
die gesunkene Athemfrequenz wieder zu erhöhen und muss die Atropin-
dosis wiederholt werden, sobald ein Sinken der Respirationsthätigkeit
stattfindet.

2) Die chronische Vergiftung durch Chloralhydrat.

Diese Art der Vergiftung ist stets auf eine therapeutische Anwendung des Chlorals zurückzuführen, sei es, dass die Patienten zeitweilig Chloral als Hypnoticum erhalten und sich an das Mittel so gewöhnt hatten, dass sie dasselbe ohne ärztliche Verordnung weiter gebrauchten, sei es, dass die Erkrankung einen längere Zeit fortgesetzten
Gebrauch des Chlorals (z. B. in Irrenanstalten) nöthig machte. In
dieser Weise sind schon oft Erkrankungen, ja selbst Todesfälle hervorgerufen worden. Bei einer grossen Zahl dieser Patienten tritt allmälig
eine bestimmte Gewöhnung an die Wirkung ein, derart, dass immer
grössere und grössere Mengen Chloral, als zu Beginn der Behandlung,
nöthig sind; in einzelnen Fällen betrug die Steigerung das vierfache
der Anfangsdosis. Jedenfalls ist die Gewöhnung nicht so ausgesprochen,
wie bei dem Alkohol und Opium.

Schon nach kurzem Gebrauch des Mittels machen sich die Symptome der chronischen Intoxication bemerklich. Als solche finden
wir angeführt: Conjunctivitis und Hautausschläge der verschiedensten

Art (rother Ausschlag mit nachfolgender Desquamation, acute Purpura, Scarlatina-ähnlicher Ausschlag an Brust und Armen, Urticaria und papulöse Exantheme, Petechien etc.). Auch Desquamationen der Finger, Exulcerationen an den Nagelrändern wurden in einzelnen Fällen beobachtet (*Smith*). Decubitus soll bei der Chloraltherapie leicht auftreten (*Reimer*). — Auch Verdauungsstörungen treten bei chronischem Gebrauche des Chloral auf, Durchfälle, Abmagerung, Marasmus; beschleunigter Puls, Gliederschmerzen, Frostgefühl etc. Ebenso sind Störungen der geistigen Thätigkeiten bei solchen Patienten beobachtet worden. — Behandlung: Aussetzen des Mittels; sonst symptomatisch.

Der chemische Nachweis.

Die Gegenwart des Chlorals vermögen wir zu erkennen an dem Auftreten von Chloroform beim Behandeln der Massen mit Alkalien. — Zum Nachweis des Chlorals unterwirft man die zu untersuchenden Massen der Destillation, nachdem man zunächst verdünnte Schwefelsäure zugesetzt hat. In dem Destillate wird man, wenn nicht Chloroform als solches in der Masse enthalten war, kein Chloroform vorfinden. Setzt man jetzt zu den sauren Massen Alkali im Ueberschuss, so erhält man, war Chloral vorhanden, ein Destillat, in welchem durch die *Hofmann*'sche Isonitrilreaction noch sehr kleine Mengen Chloroform nachweisbar sind. — Chloral kann aus wässerigen Lösungen durch Schütteln mit Aether ausgezogen werden. — Von *Ogston* wird als ein gutes Reagens auf Chloral: Schwefelammonium empfohlen. Setzt man zu einer Chlorallösung dieses Reagens zu, so wird die vorher farblose Flüssigkeit in kurzer Zeit orangegelb gefärbt, später färbt sie sich braun, es fällt ein braunes, amorphes Präcipitat zu Boden und entwickelt sich ein sehr unangenehm riechendes Gas in grosser Menge. 10 mg Chloral in 1 ccm Wasser gaben Farbenveränderung, Präcipitat und charakteristischen Geruch, 1 mg nur noch die orangegelbe Verfärbung.

32. Oxalsäure und oxalsaure Alkalien.

Die Oxalsäure: $C_2H_2O_4$, in der Natur sehr verbreitet, findet sich nur selten im freien Zustande (in Boletus?), meist in Form löslicher, resp. unlöslicher Salze. Als saures Kalisalz wurde dieselbe in Oxalis- und Rumexspecies, als Natronsalz in Salsolaarten nachgewiesen; am weitesten verbreitet ist sie in Form ihres Kalksalzes, welches in geringer Menge in keiner Pflanze fehlen dürfte, in einzelnen Pflanzentheilen aber in grossen Mengen vorkommt. So enthält die Rhabarberwurzel bis zu 7,33% (*Flückiger*), die Guajakrinde bis 20,8, Lecanora esculenta sogar bis 22,8% oxalsauren Kalk (*Vogl*).

Auch in thierischen Excreten etc. konnte Oxalsäure, speciell oxalsaurer Kalk nachgewiesen werden.

Künstlich erhält man die Säure bei der Oxydation vieler organischer Körper z. B. Zucker, Stärkmehl mit Salpetersäure, durch Erhitzen von Cellulose (Sägespähne) mit Kalihydrat und wird die Oxalsäure so fabrikmässig dargestellt.

Die Oxalsäure, farblose, in 15 Theilen Wasser lösliche Prismen, bildet mit den Alkalien leicht lösliche Salze, während die Verbindungen mit andern Metallen theils schwer, theils unlöslich sind.

Die krystallisirte Säure, sowie das technisch benutzte Kleesalz (saures, oxalsaures Kali) haben schon oft den Tod von Menschen verursacht. Namentlich in England sind Vergiftungen durch Oxalsäure und Oxalate häufig vorgekommen, sehr selten in Deutschland und Frankreich. So wurden von 22 Intoxicationen 19 aus England, nur 3 aus Frankreich und Deutschland gemeldet (*Böhm*). Von 514 tödtlich verlaufenen Intoxicationen (in England in den Jahren 1837—1838) waren 19 = 3,7% durch Oxalsäure veranlasst und stieg die Häufigkeit später noch, da in den Jahren 1852—1856 von 265 Vergiftungen 13 = 4,9% durch Oxalsäure ausgeführt waren (nach *Husemann*'s Angaben berechnet).

Meist wurde das Gift von Selbstmördern, seltener von Giftmördern zur Erreichung ihres Vorhabens benutzt. Zahlreich sind die zufällig veranlassten Intoxicationen, vorzugsweise hervorgerufen durch Verwechslung der giftigen Salze mit Bittersalz, Weinstein u. a. — Auch durch den reichlichen Genuss von Rhabarberblättern und Schösslingen sollen leichte Vergiftungen veranlasst sein (*Taylor*). Wie viel Oxalsäure, resp. Kleesalz nöthig ist, um den Tod eines erwachsenen Menschen zu bedingen, ist mit Sicherheit nicht anzugeben. In dem von *Barker* beobachteten Falle erlag ein 16jähriger Knabe der Wirkung von c. 3,75 g Oxalsäure in 9 Stunden; nach *Welch* starb ein Weib schon 1 Stunde nach der Einnahme von 11,25 g krystallisirter Säure und stellten sich bei einem Mädchen, welches aus Versehen 2,5 g Säure verschluckt hatte, schon bedenkliche Symptome ein (*Babington*). — Andererseits ist wiederholt die Beobachtung gemacht worden, dass Patienten, welche nach Einnahme von selbst 30 g Säure, gelöst oder im festen Zustande, heftig erkrankt waren, wieder hergestellt wurden.

Symptome der Vergiftung.

Eine concentrirte Lösung von freier Oxalsäure wirkt zunächst auf die Schleimhäute ätzend, später erst wird sie resorbirt: die Alkalisalze gelangen, ohne locale Veränderungen, von den verschiedensten Applicationsstellen rasch in das Blut. Bezüglich der Wirkung dieser Gifte haben wir demnach die unverbundene Säure von ihren in Wasser löslichen Salzen getrennt zu behandeln.

Die freie Säure, in concentrirter Lösung in den Körper eingeführt, ruft zunächst dieselben Symptome wie die Mineralsäuren hervor: Klagen über sauren Geschmack und brennenden Schmerz vom Munde bis zum Magen hin. Schon wenige Minuten nach Einnahme des Giftes erfolgt Erbrechen, welches sich später noch oft, bis zum Tod wiederholen kann. Die erbrochenen Massen sind sauer, dunkelbraun, bis fast schwarz gefärbt, bestehen aus Schleim und verändertem Blute. — War die Giftlösung verdünnt, so sind die Schmerzen auch weniger heftig und erfolgt das Erbrechen erst nach 15—20 Minuten.

Auch die oxalsauren Alkalien, speciell das Natronsalz, wirken, obwohl sie keine local reizende Wirkung besitzen, entschieden giftig. Ziemlich rasch tritt bei dem Patienten Collaps ein, Herabsetzung der Herz- und Lungenthätigkeit. Der Puls ist sehr klein, die Haut kalt, die Fingerspitzen bleigrau verfärbt; Ameisenkriechen, tonische und klonische, ja selbst tetanische Convulsionen, Athemnoth, Coma und Tod. Sehr oft stellt sich der comatöse Zustand, aus welchem die

Patienten anfangs noch leicht zu erwecken sind, schnell ein und führt, nachdem völlige Bewusstlosigkeit dazugekommen, bald zum Tode.

Die Intoxication verläuft in der Regel ziemlich rasch, viel schneller wie die durch Mineralsäuren; der Tod erfolgte meist in einer Stunde, in einzelnen Fällen sogar in 3, 10, 15 Minuten. — Doch kann sich auch die Vergiftung länger hinziehen und tritt alsdann zu den oben angegebenen Symptomen chronische Gastritis, heftiger Durst, blutige Durchfälle, Nierenaffectionen hinzu. Auch jetzt kann der Tod noch nach mehreren Stunden, ja nach einigen Tagen erfolgen; andererseits macht die Besserung nur langsam Fortschritte.

Experimentaluntersuchungen.

Durch dieselben wurde vorzugsweise erst in jüngster Zeit die Wirkung der Oxalate auf den thierischen Organismus festgestellt (*Kobert* und *Küssner*). Diese Untersuchungen ergaben, dass bei Thieren, welche Oxalsäure, resp. oxalsaures Natron erhalten hatten, doch nur selten Reizungserscheinungen (Tetanus, Opisthotonus) sich einstellen, während in allen Versuchen Lähmungserscheinungen bis zur completen Lähmung beobachtet werden. Die Ursache hierzu ist eine Lähmung der Centralorgane, da Muskeln und motorische Nerven noch nach dem Tode auf Reizungen reagiren. — Genauere Untersuchungen haben ferner ergeben, dass die Oxalate in geringen Dosen das vasomotorische Centrum reizen (Erhöhung des Blutdrucks), in stärkeren Dosen aber vorübergehend, resp. dauernd lähmen. Die Herzthätigkeit wird unregelmässig, der Puls di- und tricrot. — Auch die Athmung wird stark beeinflusst: es kommt ziemlich schnell zu kurzen Stillständen in der Exspirationsphase, bei grösseren Dosen zum vollkommenen Stillstand: leitet man künstliche Respiration ein, so kommt mit dem Ansteigen des Blutdrucks auch die Athmung wieder in Gang, jedoch ist dieser Erfolg nur von kurzer Dauer; die spontane Athmung hört sehr schnell wieder auf, das Thier stirbt. Auch hier haben wir es jedenfalls mit einer Lähmung des Respirationscentrums zu thun. — Die Wirkung der Oxalate ist somit als eine Depression der Erregbarkeit aller Centren zu erklären (*Kobert* und *Küssner*).

Auch subacute und chronische Intoxicationen konnten die genannten Forscher bei Thieren hervorrufen. Krämpfe kommen hierbei noch seltener vor, als bei dem acuten Verlauf. Dagegen ist bei der chronischen Vergiftung die Erniedrigung der Körpertemperatur sehr stark ausgesprochen.

Die Untersuchung des nur in geringer Menge abgesonderten Urins liess in demselben Eiweiss und eine stark reducirende Substanz nachweisen. Letztere fand sich constant bei der Vergiftung durch freie Säure, seltener in Folge der Einwirkung des Natriumsalzes; sie verschwindet bei nicht tödtlichen Mengen ziemlich schnell wieder. Der Urin reducirte Kupfer und Wismuth und stand die Energie der Reduction im Verhältniss zur Menge des Giftes und der Intensität der Vergiftungserscheinungen. Die reducirende Substanz war keine Glycose. — Mikroskopisch konnte in dem Urin eine grosse Menge von Krystallen (oxalsaurer Kalk und Magnesia) nachgewiesen werden.

In den Leichen der der Oxalwirkung erlegenen Menschen findet man nicht selten ähnliche Veränderungen der Schleimhaut des Verdauungskanals (Magens), wie sie Mineralsäuren hervorrufen (Schwarzfärbung etc.); auch Perforation des Magens ist in einigen Fällen sicher nachgewiesen (bei Vergiftung durch oxalsaure Salze fehlen begreiflich die localen Veränderungen). Sonst lassen die Angaben über den Sectionsbefund nichts dieser Vergiftung Charakteristisches erkennen. Dagegen hat man in den Thierleichen an den Nieren einen „Localbefund, wie er nicht prägnanter gedacht werden kann" (*Kobert* und *Küssner*). Je nach dem schnelleren, resp. langsameren Verlaufe der Intoxication bemerkt man schon makroskopisch auf den Nierendurchschnitten entweder nur in der Rindensubstanz und der Grenzschicht eine feine, weisse Streifung — in exquisiten Fällen hebt sich die Grenzschicht, weisslich gefärbt, als schmaler, heller Saum auffallend von der übrigen Nierensubstanz ab — oder es ist die Rinde schon wieder ziemlich frei und die Marksubstanz, namentlich die Pyramiden sind weisslich gestrichelt. Diese Veränderungen rühren, wie die mikroskopische Untersuchung ergibt, von einer Ansammlung von Krystallen her, welche, in den Glomerulis sowie den Gefässen fehlend, in sämmtlichen Abschnitten der Harnkanälchen angetroffen werden können. Letztere können so dicht damit angefüllt sein, „als ob sie damit ausgegossen wären." — In andern Organen konnten regelmässig keine Oxalatkrystalle gefunden werden.

Behandlung der Vergiftung.

Dieselbe verlangt in erster Linie das Unschädlichmachen des Giftes. Entleerungen des Mageninhalts treten schon durch die Giftwirkung ein; durch Anwendung der Magenpumpe könnten auch leicht stärkere Verletzungen der kranken Magenwandung hervorgerufen werden. Man wird daher durch Darreichung löslicher Kalk- und Magnesiapräparate [Kalkwasser, Zuckerkalk (*Husemann*), auch Kreide, kohlensaure Magnesia etc.] das Gift unschädlich zu machen suchen. Sonst symptomatisch.

Zur gerichtlich-chemischen Ermittlung der Oxalvergiftung können das Erbrochene, Mageninhalt und von den Organen namentlich die Nieren benutzt werden. Die Massen sind mehrmals mit Salzsäurehaltigem Alkohol kochend auszuziehen, alsdann nochmals mit kochendem Wasser. Mit den schliesslich erhaltenen wässerigen Lösungen sind die für Oxalsäure charakteristischen Reactionen auszuführen. Bei der Beurtheilung dürfte auf das reichliche Vorkommen von Oxalaten in zur Nahrung etc. benutzten Pflanzentheilen Rücksicht zu nehmen sein.

Anhang. Die Untersuchungen von *Kobert* und *Küssner* haben weiter ergeben, dass auch durch Oxamid: $C_2H_4N_2O_2$ und durch Parabansäure: $C_3H_2N_2O_3$ leicht, durch ersteres chronische, durch letzteres sogar acute Oxalvergiftung veranlasst werden kann. Diese Substanzen liefern im thierischen Organismus Oxalsäure und ist der Nierenbefund damit übereinstimmend.

33. Nitroglycerin.

Das Nitroglycerin, Salpetersäure-Glycerinäther: $C_3H_5(O.NO_2)_3$, wird erhalten durch Eintropfen von Glycerin in eine Mischung von concentrirter Schwefelsäure und conc. Salpetersäure; es ist ein farbloses Oel von 1,6 spec. Gew. In Wasser unlöslich, wird es leicht durch kochenden Alkohol, sowie durch Aether gelöst. Beim Erhitzen und durch Schlag explodirt es und wird es deshalb zur Anfertigung von Dynamit (75% Nitroglycerin enthaltend) fabrikmässig dargestellt.

Das Nitroglycerin hat bis jetzt eine kleine Zahl letal verlaufener Vergiftungen veranlasst; dieselben wurden theils dadurch herbeigeführt, dass die Flüssigkeit an Stelle von Schnaps, Bier etc. getrunken wurde, theils indem sie, resp. Dynamit absichtlich zum Selbstmord und auch zum Giftmorde dienen sollte.

Die für Menschen tödtlich wirkende Menge ist mit Sicherheit nicht anzugeben. In einem Falle soll in Folge einer Unze (c. 30 g) Nitroglycerin der Tod eingetreten sein.

Vergiftungserscheinungen treten nicht allein in Folge der Application des Giftes in den Magen ein, sondern auch, wenn dasselbe auf die gesunde Haut applicirt wird. So trat bei *Werber* nach Einreibung eines Tropfens 10stündiger Kopfschmerz auf. Dasselbe wurde schon durch $^1/_{10}$ Tropfen, innerlich genommen, verursacht.

Grössere Mengen veranlassen auch schwerere Symptome. Beobachtet wurden Kratzen im Halse, Erbrechen, Durchfälle, heftige Kopfschmerzen, Schwindel, Bewusstlosigkeit, frequente Herz- und Respirationsthätigkeit, welche im weitern Verlaufe der Intoxication wieder verlangsamt wird. Es werden die Muskeln mehr und mehr gelähmt, es stellt sich Dyspnoë ein, Cyanose, Coma und Tod. — Leichenbefund negativ.

Die zahlreichen an Thieren angestellten Experimente lassen das Nitroglycerin als ein heftiges Gift erkennen (*Werber, Bruel*). Bei Fröschen bedingt das Gift, zu 2 mg applicirt, nach Art des Strychnin tetanische Convulsionen, bedingt durch Einwirkung auf das Centralnervensystem. Bei Warmblütern (Kaninchen werden durch 2 Tropfen in 1 Minute getödtet) zeigen sich Symptome der Depression: Betäubung, Narkose, Sopor und Paralyse. — In dem Blute der vergifteten Thiere konnte *Bruel* mikroskopisch keine Veränderung der Blutkörperchen nachweisen; spectroskopisch constatirte er in demselben den Absorptionsstreifen für Hämatin. Ausserdem fand *Bruel*, dass das Blut nicht die normale Menge Sauerstoff absorbirt enthält: es ist ölig, dunkel und färbt Leinwand: sepiafarben. Der Urin der Thiere enthält Zucker.

Therapie: Brechmittel, Magenpumpe, Excitantien, schwarzer Kaffee, Transfusion.

Zum gerichtlich-chemischen Nachweis sind die Massen (Erbrochenes etc.) mit absolutem Alkohol auszuziehen, nachdem zuvor durch Schwefelsäure schwach angesäuert ist. Das Alkoholextract wird alsdann mit Aether behandelt. Der Aetherrückstand wird nach Zusatz von Anilin resp. Brucin und concentrirter Schwefelsäure roth gefärbt. *Werber* konnte durch diese Reaction noch 0,06 mg Nitroglycerin nachweisen.

34. Cyanverbindungen.

Von der grossen Zahl der bekannten Cyanverbindungen haben für die praktische Toxikologie nur wenige ein besonderes Interesse. Es sind dieses:

1) Die **Cyanwasserstoffsäure**, die **Blausäure**: CNH, dargestellt u. a. durch Destillation von 10 Theilen Ferrocyankalium und 21 Theilen verdünnter (1 : 2 Wasser) Schwefelsäure, bildet im reinen Zustande eine wasserhelle Flüssigkeit von eigenthümlichem, durchdringend betäubendem, bittermandelartigem Geruche; ihr spec. Gewicht ist bei 18° C. = 0,7; sie siedet bei 26°,5, erstarrt bei — 15° krystallinisch; sie röthet Lacmuspapier, löst sich in Wasser, Alkohol sehr leicht. — Die **wasserfreie Säure** zersetzt sich beim Aufbewahren, selbst in luftdicht verschlossenen Gefässen allmälig unter Abscheidung eines braunen Körpers; ähnlich verhält sich auch die wasserhaltige, verdünnte Blausäure. — Mit Basen vereinigt sie sich unter Bildung von Cyanmetallen. Die wichtigste Verbindung der Art ist:

2) Das **Cyankalium**: KCN. Dasselbe entsteht z. B. beim Erhitzen von Stickstoff-haltigen organischen Massen. Es bildet im reinen Zustande weisse, resp. farblose, an feuchter Luft zerfliessende, in Wasser leicht, in absolutem Alkohol unlösliche Würfel. Ihre wässerige Lösung zersetzt sich bei gewöhnlicher Temperatur langsam, durch Kochen schnell unter Entwicklung von Ammoniak und Bildung von ameisensaurem Kalium. — Aehnlich verhält sich **Cyannatrium** und **Cyanammonium**; **Cyanzink** und **Cyanquecksilber** sind hier ebenfalls noch zu nennen, ferner das **Kaliumeisencyanür** (Ferrocyankalium, gelbes Blutlaugensalz): $Fe(CN)_2 + 4KCN + 3H_2O$. Dasselbe, bestehend aus grossen, gelben, quadratischen Krystallen, dient zur Darstellung des Cyankaliums, sowie der Blausäure etc.

3) Das **Amygdalin**: $C_{20}H_{27}NO_{11}$, wurde 1830 von *Robiquet* und *Boutron-Charlard* aus den bittern Mandeln dargestellt. Im reinen Zustande, aus Alkohol krystallisirt, bildet das Amygdalin feine, farblose, perlmutterglänzende Krystallschuppen, mit 2 At. Krystallwasser, aus Wasser, in welchem sich das Amygdalin leicht löst (1 : 12 Theile), krystallisirt, aber grössere, durchsichtige Prismen mit 3 At. Krystallwasser. Das Amygdalin ist geruchlos, hat einen schwach bittern Geschmack, seine Lösung reagirt neutral und dreht die Ebene des polarisirten Lichtes nach links. Durch Erhitzen auf höhere Temperatur, durch Einwirkung der verschiedensten Reagentien wird das Amygdalin zerlegt, so durch Alkalien in Ammoniak und Amygdalinsäure. Wichtiger ist die Zersetzung, welche das Amygdalin durch die Einwirkung des in den Mandeln enthaltenen Eiweissstoffes, des Emulsins erfährt. Bei Gegenwart von Wasser zerfällt so das Amygdalin, am schnellsten bei 20—30°, in Blausäure, Bittermandelöl und Zucker (auch kleine Mengen Ameisensäure) entsprechend der Gleichung: $C_{20}H_{27}NO_{11} + 2H_2O = CNH + C_7H_6O + 2C_6H_{12}O_6$. Darnach liefern 17 Theile Amygdalin einen Theil Blausäure und 8 Theile Bittermandelöl. — Am besten wirkt frisch bereitetes Emulsin; durch Kochen wird die Wirkung des letzteren aufgehoben, durch Zusatz von Säuren resp. Basen verzögert. — Ausser durch Emulsin, erfährt das Amygdalin die genannte Umsetzung

auch noch durch Diastase, Bierhefe, das Mehl von Roggen, Weizen und Erbsen (*Henschen*); dagegen sind unwirksam Speichel, Pancreassaft, Kälberlab, gewöhnliches Pflanzeneiweiss.

Das Amygdalin, nach dem oben Erwähnten, ein Stickstoff-haltiges Glucosid, wurde ausser in den bittern Mandeln, noch in vielen andern Pflanzen, resp. Theilen derselben aufgefunden. Die bittern Mandeln, die Samen von Amygdalus communis *L.* var. amara enthalten 2,2—3% (*Bette*), 3,31% (*Feldhaus*) Amygdalin; auch die Samen von Amygdalus nana *L.* sind Amygdalin-haltig (*Henschen*). Aus den Fruchtkernen der Pfirsiche (Amygdalus Persica *L.*) isolirte *Lehmann* 2,35% des Glucosides. — Ausser in den Amygdalusspecies wurde das Amygdalin noch in andern Pflanzenarten der Familie der Amygdaleen, sowie in der Familie der Pomaceen (und Papilionaceen : Vicia sativa; *Ritthausen* und *Kreussler*) gefunden. *Lehmann* isolirte aus den Kernen der Kirschen (Prunus avium *L.*): 0,82%, aus denen der Pflaumen (Prunus domestica *L.*) : 0,96%, aus denen der Aepfel (Pyrus Malus *L.*) : 0,6% Amygdalin. Dieser Körper wurde noch nachgewiesen in Theilen von Prunus capricida, virginiana, spinosa, Sorbus aucuparia, latifolia, Pyrus communis, Cydonia u. a. m. Dagegen enthalten nach Untersuchungen von *Lehmann*: Prunus Padus *L.* und Prunus Laurocerasus *L.* kein Amygdalin, sondern einen eigenthümlichen Körper : L a u r o c e r a s i n. Diese Substanz, früher wohl als „amorphes Amygdalin" bekannt, bildet eine sehr hygroskopische, gelblich-glasglänzende Masse, welche geruchlos, rein bitter schmeckt und mit Emulsin langsam zu Blausäure zerlegt wird. Das bei 100° getrocknete Präparat hatte die Zusammensetzung : $C_{40}H_{55}NO_{24}$, d. h. Amygdalin: $C_{20}H_{27}NO_{11}$ + Amygdalinsäure: $C_{20}H_{28}O_{13}$. Das Laurocerasin zerfällt zunächst in seine beiden Componenten und dann erst das entstandene Amygdalin zu Blausäure etc. In der Rinde von Prunus Padus fand *Lehmann* 0,7%, in den Blättern von Prunus Laurocerasus: 1,38% Laurocerasin.

Das Bittermandelöl ist als ein Abkömmling des Amygdalins noch zu erwähnen. Im reinen Zustand als B e n z a l d e h y d : C_6H_5CHO bekannt, ein farbloses, stark lichtbrechendes, dünnflüssiges Oel von eigenthümlichem Geruche, ist dasselbe relativ ungiftig, resp. unschädlich; dagegen enthält das im Handel vorkommende Bittermandelöl oft grössere oder kleinere Mengen, im Mittel wohl 8—9% wasserfreie Blausäure, von der Darstellung beigemengt und hat ein solches Präparat dann die Wirkung der Blausäure. — Als officinelle Präparate sind zu nennen: Aqua Amygdalarum amararum, dargestellt durch Destillation der bittern Mandeln mit Wasser, eine etwas trübe, nach Blausäure und Bittermandelöl riechende Flüssigkeit, welche 0,1% wasserfreie Blausäure enthalten soll. Ebenso stark ist die durch Destillation der Kirschlorbeerblätter gewonnene Aqua Laurocerasi, während Aqua Amygdalarum amararum diluta auf das Zwanzigfache verdünnt ist.

Die Vergiftung durch Cyanverbindungen.

Vergiftungen durch Cyanverbindungen kommen sehr häufig vor und hat deshalb diese Intoxication für die praktische Toxikologie ein grosses Interesse. Diese, statistisch leicht zu bekräftigende Thatsache findet ihre Erklärung in der allgemeinen Kenntniss von der grossen Giftigkeit der Blausäure und ihrer Präparate, sowie in der Anwendung von Cyanverbindungen in der Technik, wodurch die Beschaffung des Giftes sehr erleichtert wird. So wird Cyankalium technisch benutzt in der Galvanoplastik, in der Photographie, der Färberei, zum Löthen, in chemischen Laboratorien; so dient das käufliche Bittermandelöl zur Anfertigung von Conditorwaaren, zur Fabrication. von Liqueuren etc. als: Kirsch, Persico, Maraschino, „Almond flavour" u. a. m.

Dienten bislang auch Cyanverbindungen nur selten zur Ausführung eines Giftmordes (nach *Tardieu* waren von in Frankreich 1851—1871 gerichtlich verhandelten 793 Vergiftungen nur 4 — je 2 durch Blausäure und Cyankalium — entstanden), so ist die Verwendung dieser Gifte zu Selbstvergiftungen um so grösser. So kamen in Wien 1874: 32, 1875: 27 Selbstvergiftungen durch Cyankalium vor; *Hofmann.* Die Opfer sind dann meist Photographen, Apotheker, Drogenhändler, Chemiker etc., Leute, welchen diese Gifte leicht zugänglich sind. — Auch die zufällig entstandenen Vergiftungen sind an Zahl sehr gross. Technische, resp. gewerbliche wurden bis jetzt nur wenige beobachtet, um so häufiger gaben Cyanpräparate zu öconomischen und medicinalen Intoxicationen Anlass. Oeconomische Intoxicationen wurden veranlasst durch den Genuss von bittern Mandeln, Pfirsich-, Kirschkernen etc., von giftigen Flüssigkeiten statt Liqueuren, Wasser *(White)* etc. Medicinale Vergiftungen kamen früher, als man therapeutisch von Cyanpräparaten noch ausgedehnteren Gebrauch machte, häufiger vor als jetzt. Vergiftungen der Art entstanden durch Schuld des Arztes (Verordnung zu grosser Dosen), durch Schuld des Apothekers (Verwechslung von süssen und bittern Mandeln, Abgeben von Cyankalium statt chlorsauren Kaliums, kohlensauren Ammoniums, Bromkalium etc.), durch Schuld des Patienten (Einnahme zu grosser Dosen gegen Verordnen des Arztes; Benutzung von giftigen Pflanzentheilen als Hausmittel, gegen Würmer etc.).

Um zu zeigen, in welchem Verhältniss bei dem Zustandekommen der Blausäure- etc. Vergiftungen die verschiedenen Präparate betheiligt sind, habe ich aus den letzten 12 Jahren die in der Literatur angeführten Intoxicationen zusammengestellt. Unter 51 hierher gehörigen Vergiftungen waren veranlasst: 29 durch Cyankalium, 9 durch Blausäure, 5 durch Bittermandelöl, 3 durch Pfirsichkerne (öconomische Vergiftung kleiner Kinder; 1 letal), 3 durch bittere Mandeln (2 öconomische, eine Selbstvergiftung einer Frau mit letalem Ausgang), eine durch Cyankalium und Weinsäure (Selbstvergiftung eines Apothekers; *Siegel*) und eine durch Ferrocyankalium und Salpetersalzsäure (Selbstvergiftung; *Volz*). Einen dem letzten ähnlichen Fall (durch Ferrocyankalium und. Weinsäure) berichtet *Sonnenschein.* — Von 43 Intoxicationen waren 21 Selbstvergiftungen, 7 Giftmorde, 8 öconomische und 7 medicinale; dieselben betrafen 14 Kinder, 24 Männer und 5 Frauen. — Nach *Böhm* starben von 44 (von *B.* zusammengestellten) Vergifteten: 41 = c. 93 %. — Was die Applicationsstelle betrifft, so ist zu erwähnen, dass die meisten Intoxicationen durch Einführen des Giftes in den Magen zu Stande kamen; nur bei wenigen gelangte das Gift in Dampfform in die Lungen (Unglücksfälle durch Zerbrechen der mit Blausäure gefüllten Gefässe; Tod *Scheele*'s, des Entdeckers der Blausäure), resp. in fester Form (Cyankalium) unter den Nagel (Fall von *Tardieu*), resp. als Clysma in das Rectum (Selbstmord; *Carrière*).

Trotz der grossen Zahl von Menschen, welche bis jetzt der Wirkung der Cyanverbindungen zum Opfer gefallen, sind wir doch nur schlecht über die letale Menge dieser Gifte unterrichtet. Der Grund hierzu liegt theils in dem vollständigen Mangel irgend einer Angabe über die eingeführte Menge in einer sehr grossen Zahl von Fällen, theils in den verschiedensten andern Verhältnissen. Von letzteren ist in erster Linie die so sehr wechselnde Wirkungskraft der benutzten Präparate zu erwähnen. Schwankte doch der Gehalt der officinellen Blausäurepräparate in den verschiedenen Ländern zwischen 1,6% (Dublin), 15% (Frankreich) und 50% (*Robiquet*) wasserfreie Blausäure. Ebenso verschieden findet man den Gehalt des Bittermandelöls, der Pflanzenstoffe etc. Dazu kommt ferner die schon oben erwähnte leichte Zersetzlichkeit der Cyanverbindungen, die dadurch bedingte relative Unwirksamkeit, welche schon manchem Selbstmörder hindernd in den Weg trat. — Auch verschiedene Zustände des Vergifteten sind für die Höhe der letalen Dosis höchst wichtig, so der Füllungszustand des Magens zur Zeit der Vergiftung, einzelne Körperzustände u. a. m. In einer grossen Zahl Vergiftungsfälle kamen begreiflich überhohe Dosen zur Wirkung; nur wenige Fälle sind geeignet, um die letale Dosis annähernd zu bestimmen. Indem *Taylor* berücksichtigte, dass eine Dosis, entsprechend 43 mg wasserfreier Blausäure, die heftigsten Symptome, Dosen von 58,5 mg das eine Mal ebenfalls stark toxisch, das andere Mal letal wirkten, kam er zu der Ueberzeugung, dass eine Blausäure-haltige Flüssigkeit, welche 65 mg (= 1 Gran engl.) wasserfreier Säure enthält, für gewöhnlich genügen wird, um das Leben eines Erwachsenen zu vernichten. Mit Rücksicht auf die letale Dosis der wasserfreien Säure hat man die Dosen für die übrigen, toxikologisch wichtigen Cyanverbindungen berechnet. Darnach ist als letal wirkende Dosis des chemisch reinen Cyankaliums eine Menge von 2,44 engl. Gran (*Taylor*; richtiger: 2,41 entsprechend 0,157 g) anzusehen. — Die letale Menge der Blausäure resp. Cyankalium enthaltenden Präparate (officinelle Blausäure, Aqua amygdalarum, Bittermandelöl u. v. a.) kann mit Hülfe der vorhergehenden leicht angegeben werden. — Hier sind noch die Amygdalin-haltigen Stoffe zu erwähnen. Wie oben angegeben, lieferten 17 Theile Amygdalin bei Gegenwart von Wasser, unter der Einwirkung von Emulsin, einen Theil wasserfreie Blausäure; darnach entsprechen 1,105 g Amygdalin : 65 mg der letzteren. — Der Gehalt der bittern Mandeln an Amygdalin ist sehr schwankend; nimmt man denselben im Mittel zu 2,5% an, so würden c. 45 g bittere Mandeln (c. 80 Stück) als eine für einen Erwachsenen letale Menge anzusehen sein. 4—6 Stück sollen bei Kindern Vergiftungen hervorgerufen haben. — In ähnlicher Weise lässt sich die Menge, welche von Kirschkernen, Apfelkernen etc. tödtlich wirkt, berechnen; nur ist bei diesen Pflanzenstoffen noch die Samenhülle zu berücksichtigen; dieselbe ist ziemlich schwer, fest und hart und hindert, wenn sie nicht zerstört wird, die Bildung der Blausäure. — Die *Pharmacopoea germanica* bezeichnet als Maximaldosen für Aqua Amygdalarum amararum und Aqua Laurocerasi je 2 g pro dosi, 7 g pro die.

Symptome der Blausäurevergiftung.

Man hat symptomatologisch die Blausäurevergiftung in mehrere Stadien (asthmatisches, convulsivisches, asphyctisches oder paralytisches) zu zergliedern versucht; eine solche Eintheilung ist praktisch kaum von Nutzen, dagegen empfiehlt es sich, eine höchst acute und eine weniger acute Form der Vergiftung zu unterscheiden (*Böhm*).

Höchst acut verlaufende Vergiftungen sind meist die Folge relativ grosser Giftmengen. Schon während des Verschluckens, resp. nur sehr kurze Zeit (1—2 Minuten) nachher macht sich die Wirkung des Giftes bemerklich; der Vergiftete stürzt plötzlich, in einzelnen Fällen mit lautem Schrei, „wie vom Schlage gerührt" zu Boden; völlig bewusstlos, ohne Gefühl, liegt er da, seine Augäpfel stehen vor und glänzen, die Pupillen sind weit, auf Lichtreiz sich nicht verändernd, die Glieder sind vollständig erschlafft, dabei die Kiefer fest geschlossen, Schaum tritt vor den Mund, die Haut ist kalt, mit klebrigem Schweisse bedeckt, der Puls kaum oder nicht zu fühlen, die Athmung sehr verlangsamt, mühsam, oft stertorös, convulsivisch; die Inspiration kurz, die Exspiration lang; „zwischen die Exspiration und die nächste Inspiration schieben sich immer länger werdende Pausen ein, in welchen der Kranke wie todt daliegt und in der That erfolgt der Tod immer in einer solchen Pause einfach dadurch, dass eben keine weitere Inspiration mehr eintritt" (*Böhm*). — Die Zeit, welche zwischen Einnahme des Giftes und Eintritt des Todes vergeht, beträgt in der Regel nur wenige (2—20) Minuten; zu bemerken ist als forensisch wichtig, dass nach Einnahme des Giftes, selbst einer grossen Menge — nach *Hofmann* fand man in der Leiche eines Selbstmörders 7,24 g Cyankalium — bis zum Eintritt der Bewegungs- und Bewusstlosigkeit noch mehrere Minuten vergehen können, während deren der Vergiftete die verschiedensten Handlungen (Verschliessen des Giftes, Zukorken der Flaschen, zu Bette legen u. a. m.) zu vollbringen vermag.

Waren nur geringe Giftmengen, in verdünntem Zustande eingeführt, so verbreitet sich die Vergiftung auch entsprechend über einen längeren Zeitraum. Der Vergiftete ist im Stande über locale Einwirkungen des Giftes zu berichten. War die Giftlösung zufällig eingenommen, so wird man Klagen vernehmen über den bittern, brennenden Geschmack, über Kratzen im Halse, Speichelfluss. Erst nach mehreren Minuten treten weitere Symptome auf, wie Schwere im Kopfe, Schwindel, Uebelkeit und Erbrechen, Angst, Brustbeklemmung, Muskelschwäche. Die Respiration erfolgt keuchend, mühsam, der Puls ist verlangsamt, plötzlich stürzt der Vergiftete bewusstlos zu Boden und verfällt in allgemeine, theils klonische, theils tonische Convulsionen. Letztere dauern jedoch nicht lange, sondern machen bald der allgemeinen Paralyse Platz. Die Pupillen sind jetzt erweitert, die Respirations- und Herzthätigkeit etc. gestört und geht der Vergiftete entweder unter den oben schon angegebenen Erscheinungen, 30—60—90 Minuten nach Einnahme des Giftes zu Grunde oder es stellt sich allmälig resp. rasch die vollständige Genesung ein.

Leichenbefund.

Hin und wieder bemerkt man an den Leichen, deren Organen und Körperhöhlen einen auffallenden Geruch nach bittern Mandeln,

welcher auch schon zu Lebzeiten des Vergifteten wahrgenommen werden
kann. Das Blut ist flüssig und wird seine Farbe, theils als dunkel,
bläulich etc., theils als hellkirschroth angegeben. In dem Magen findet
man nur bei Cyankaliumvergiftung einige Veränderungen, bestehend
in Injection und Ecchymosirung einzelner Theile der Schleimhaut, auf
welche das stark alkalische Cyankalium eingewirkt hat; daneben findet
man Quellung des Gewebes und Imbibition mit gelöstem Blutfarbstoff
(*Hofmann*). — An dem Blute können bestimmte Veränderungen nachgewiesen werden (s. unten).

Experimentaluntersuchungen.

Wird Blausäure mit Blut zusammengebracht, so vereinigt sich
der Cyanwasserstoff mit dem Oxyhämoglobin zu einer sehr lockern
Verbindung: das optische Verhalten, das Krystallisationsvermögen sind
nicht wesentlich verändert. Das Blut gibt jetzt seinen Sauerstoff nicht
mehr an reducirende Substanzen ab (*Gähtgens*); Wasserstoffsuperoxyd,
welches durch normales Blut in Sauerstoff und Wasser zerlegt wird,
bleibt unverändert, wenn man es Blausäure-haltigem Blute zusetzt, das
Blut selbst wird aber braun gefärbt und ist diese Reaction bei 1:800000
Blausäure im Blute noch deutlich erkennbar. — Die Aufnahme der
Blausäure in das Blut erfolgt von allen Körpertheilen, auch von der
unverletzten Haut aus (*Kühne, Rossbach*); von dieser Stelle erfolgt die
Resorption nur sehr langsam, schneller von wunden Flächen, den
Schleimhäuten, dem Unterhautzellstoff, sehr schnell durch die Lungen.
Je nach der Applicationsstelle, der Art des giftigen Präparates etc.
vergeht bis zum Eintritt der ersten Symptome kürzere oder längere
Zeit, immer aber, selbst bei directer Infusion in das Blut ist zum Zu-
standekommen der Wirkung die Zeit von einigen Sekunden (nach
Preyer bei Kaninchen: 29 Sekunden) nothwendig.

Die Blausäure ist eins der heftigsten Gifte, die wir kennen; die
schädliche Wirkung, schon durch die geringsten Mengen wasserfreier
Säure hervorgerufen, kann bei Repräsentanten aller Thierklassen beobachtet werden. Die Vergiftung der Warmblüter stimmt mit der des
Menschen vollkommen überein; bei den Kaltblütern wurden Unterschiede nachgewiesen, bestehend in dem langsamern Auftreten der
Wirkung, sowie in dem vollständigen Fehlen der Krämpfe. — Auf
die Circulationsorgane üben die Cyangifte eine intensive Wirkung aus.
Dieselbe äussert sich anfangs durch bedeutende Steigerung (durch
Reizung), später durch Absinken des Blutdrucks (durch Lähmung des
vasomotorischen Centrums), während die Schnelligkeit des Herzschlags
herabgesetzt wird (*Rossbach*), ja bei Fröschen diastolische Stillstände
des Herzens schon sehr früh eintreten. Auch die Farbe des Blutes
zeigt im lebenden Thiere eine Aenderung; dieselbe ist am besten an
dem Blute der Venen zu erkennen. Das Blut in den letzteren, sowie
in dem rechten Herzen ist hellroth gefärbt (*Gähtgens* u. A.) und zwar
zu Beginn der Krämpfe resp. zur Zeit des starken Abfalls des Blutdrucks (*Rossbach*). Später wird das Venenblut des Warmblüters wieder
dunkel. — Auf die Respirationsthätigkeit wirken die Cyanverbindungen
ebenfalls sehr intensiv ein; im Anfang der Vergiftung zeigt sich die
Respiration verlangsamt und erschwert, sie wird dann etwas beschleunigt,
zeigt während der allgemeinen Convulsionen selbst einen krampfhaft-

inspiratorischen Charakter, dem dann eine äusserst verlangsamte Thätigkeit (kurze Inspiration, lange Exspirationen und immer länger dauernde Athmungspause) folgt (*Böhm, Rossbach* u. A.). Die schliesslich eintretende Lähmung des Athmungscentrum ist als Todesursache anzusehen (*Böhm*). Der Stoffwechsel wird, entsprechend der Einwirkung auf Athmungs- und Herzthätigkeit, sowie auf das Blut derart verändert, dass zu Beginn der Intoxication die Sauerstoffaufnahme und Kohlensäureabgabe vermindert ist (*Gähtgens*). — Die Ausscheidung der Blausäure erfolgt wohl vorzugsweise durch die Lungen.

Zum Schluss scheinen noch einige Bemerkungen über das Amygdalin, dessen Zerlegbarkeit unter Bildung von Blausäure wir oben kennen gelernt, nothwendig zu sein. Neuere Untersuchungen von *Moriggia* und *Ossi*, sowie von *Reymond* haben ergeben, dass Amygdalin in grösserer Menge innerlich applicirt, sehr leicht bei Kaninchen, schwieriger bei Hunden toxisch und letal wirkt; die Zerlegung des Amygdalins geht im Darmkanal der Thiere (nicht bei Katzen; *Reymond*) vor sich. Wird Amygdalin an einer andern Stelle des Körpers applicirt, so ist es unschädlich und findet man den Körper schon eine Stunde nach der Injection in dem Urin des Thieres. — Werden Amygdalin und Emulsin in den Körper auf verschiedenen Wegen eingeführt, so ist die Wirkung nicht immer dieselbe. Vergiftung erfolgt, wenn beide Stoffe vermischt applicirt werden, ferner: bei Application von Emulsin in den Conjunctivalsack und Amygdalin subcutan; von Emulsin in die Bauchhöhle, Amygdalin in den Pleurasack; Emulsin in die Venen, Amygdalin an die verschiedensten Körperstellen mit Ausnahme der Venen. Unschädlich sind: Amygdalin in die Venen, Emulsin an die verschiedensten Körperstellen mit Ausnahme der Venen; Emulsin in den Darm, Amygdalin an die verschiedensten Stellen mit Ausnahme des Darms (*Reymond*).

Behandlung der Blausäurevergiftung.

Die Vergiftung verläuft meist so schnell, dass jede Hülfe zu spät kommen wird. — Die Entfernung des noch nicht resorbirten Giftes würde auch hier als erste Aufgabe zu bezeichnen sein, ferner Bekämpfung der Symptome. Vor allem ist die Respirationsstörung zu beachten und wenn nöthig die Athmung künstlich zu unterhalten, mit oder ohne vorhergehender Tracheotomie. *Preyer* hat in dieser Weise mehrere seiner Thiere wieder hergestellt. In *Gillibrand's* Falle (Vergiftung durch 3,6 g Cyankalium) wirkte diese Behandlung neben Excitantien lebensrettend. Auch subcutane Atropininjectionen werden von *Preyer* empfohlen; atropinisirte Thiere (Kaninchen, Meerschweinchen) vertrugen Blausäuremengen, die bei andern gleichschweren Thieren schnell letal wirkten.

Der gerichtlich-chemische Nachweis.

Um Blausäure und andere Cyanverbindungen in organischen Massen, Leichentheilen etc. zu erkennen, muss man dieselben — aus der Leiche vorzugsweise den Inhalt des Magens und oberen Darmabschnitts, sowie das Blut, Leber etc. mit Wasser zu einem Brei verrieben — nach Zusatz von verdünnter Schwefelsäure resp. Weinsäure bis zur sauren Reaction, bei 105—110° der Destillation unterwerfen und die übergehenden Flüssigkeiten in gesonderten Fractionen von je 2—3 ccm auffangen. Die Destillate werden auf Blausäure geprüft; über die Empfindlichkeit der verschiedenen Reactionen geben· *Link* und *Möckel* folgendes an: Die Silberreaction (weisser, käsiger Niederschlag) tritt in verdünnten Lösungen nur dann ein, wenn man zunächst mit Ammoniak übersättigt, dann mit Silberlösung versetzt, und mit Salpetersäure ansäuert (Grenze 1 Blausäure auf 250000 Theile Wasser). — Berlinerblaureaction: Destillat mit mässig concentrirter, Oxydhaltiger Eisenvitriollösung gemischt, mit verdünnter Kalilauge alkalisch gemacht, 5 Minuten stehen gelassen, alsdann mit Salzsäure angesäuert; die Lösung wird, namentlich nach gelindem Erwärmen: blau (Grenze 1 : 500000). — Guajak-Kupferreaction: kleine Filtrirpapierstreifen mit frisch bereitetem, 4%igem alkoholischem Guajakharzauszug getränkt, nach Verdunsten des Alkohols mit einem Tropfen ¹/₄%iger Kupfervitriollösung befeuchtet und dann mit dem Destillat betupft: schön blaue Färbung (Grenze 1 : 3000000). — Rhodanreaction: Destillat mit Schwefelammon gelb gefärbt, ein Tropfen Natronlauge zugesetzt, auf dem Wasserbad eingedampft; Rückstand in wenig Wasser gelöst, mit Salzsäure angesäuert, etwas stehen gelassen, Eisenchlorid zugesetzt: rothe Färbung, (Grenze: 1 : 4000000). — Blausäure zersetzt sich sehr leicht, namentlich in faulenden Massen: trotzdem gelang der Nachweis des Giftes im Mageninhalt etc. in einzelnen Fällen noch 8 (*Rennard, Struve, Pincus*), 15 (*Rennard*), 22 Tage (*Sokoloff*), 4 Wochen (*Dragendorff*), 100 Tage (*Lwow*) nach der Vergiftung. — Bei der oben angegebenen Behandlung würden auch Ferrocyankalium etc. Blausäure liefern; um Blausäure, Cyankalium, neben Ferrocyankalium — die Gegenwart des letzteren constatirt in einem wässerigen, schwefelsäurehaltigem Auszug durch Eisenchlorid — nachzuweisen, leitet man durch die zu untersuchende Masse einen Strom Kohlensäure und letztere dann durch verdünnte Natronlauge; in dieser ist die Blausäure dann nachzuweisen. Auch kann man das Untersuchungsobject mit Wasser maceriren, die Colatur mit verdünnter Schwefelsäure deutlich ansäuern, mit möglichst neutraler Eisenchloridlösung ausfällen, in dem Filtrat durch Zusatz von neutralem, weinsaurem Kalium die freie Säure binden und dann destilliren (*Dragendorff*).

35. Nitrobenzol.

Das Nitrobenzol: $C_6H_5NO_2$, dargestellt durch Behandlung von Benzol mit concentrirter Salpetersäure, ist eine gelbliche, ölige Flüssigkeit, welche bei 213° C. siedet und bei 0° ein spec. Gewicht = 1,20 besitzt. Dieselbe schmeckt süss, hat einen an Bittermandelöl erinnernden Geruch; mit Wasser, Blut etc. kann man sie nicht mischen, wohl aber mit Alkohol, Aether, fetten Oelen (Olivenöl).

Das Nitrobenzol, auch Nitrobenzin, Mirbanöl, künstliches Bittermandelöl genannt, spielt in der Technik eine bedeutende Rolle: bildet es doch das Ausgangsmaterial zur Darstellung des Anilins. Auch in der Parfümerie wird dasselbe zur Bereitung von Haaröl, Pomade etc. benutzt, ebenso wie man von demselben zur Dar-

stellung von Liqueuren (Persico etc.), von Conditorwaaren (Marcipan etc.)
und selbst in der Küche Gebrauch macht.

Vergiftungen durch Nitrobenzol können gerade nicht zu den
Seltenheiten gerechnet werden. Nach *Böhm* sind 45 Fälle bekannt
geworden, von welchen 15 tödtlich endeten. Als ätiologischer Moment
macht *Böhm* für 3: Selbstmord, für 4: technische Vergiftung, für 34:
„Zufall" namhaft, während *Jüdell* von den 40 von ihm zusammengestellten Intoxicationen 6 für Selbstvergiftung, 2 für technische, alle
andern für öconomische Vergiftungen erklärt.

Die grosse Zahl dieser Vergiftungen wurde durch Einfuhr der
giftigen Substanz in den Magen veranlasst; nur selten (nach *Jüdell*:
4 Fälle) gelangte das Nitrobenzol, dampfförmig eingeathmet, zur
Wirkung, einmal (Fall von *Limasset*) war die Substanz als Krätzmittel
eingerieben worden.

Die für den Menschen tödtlich wirkende Menge kann aus den
beobachteten Fällen nicht mit Sicherheit angegeben werden, indem
(nach *Jüdell's* Zusammenstellung) in 2 Fällen c. 4—5 g den Tod herbeiführten, während andernseits nach der Einfuhr von c. 10 g noch
Genesung eintrat. Diese bedeutende Differenz der Wirkung erklärt
sich wohl durch die verschieden schnelle Resorption des Giftes. Gelangt die Giftlösung (Liqueur etc.) in den fast nüchternen Magen, so
wird dieselbe schnell mit der Schleimhaut in Berührung kommen und
sehr rasch resorbirt werden; ist dagegen der Magen stark mit Speisebrei erfüllt, so wird das Gift theilweise von diesem umhüllt und so
seine Resorption verzögert werden.

Auf diese Verhältnisse ist es auch zurückzuführen, dass in einzelnen Fällen die ersten Vergiftungssymptome sofort nach dem Genuss
des Giftes sich einstellten, in andern Fällen jedoch erst 2—3 Stunden
später beobachtet werden konnten (*Filehne*). Das Nitrobenzol gehört
zu den leicht resorbirbaren Stoffen.

Der Symptomencomplex dieser Intoxication ist in fast allen
Fällen derselbe. Ausser dem oft constatirten Brennen im Munde und
Rachen wird in den Berichten das schnelle Eintreten von Schläfrigkeit
und Benommenheit, von Schwindel, Kopfschmerz und Uebelkeit, ja
auch Erbrechen erwähnt. Die erbrochenen Massen besitzen den dem
Nitrobenzol eigenthümlichen Geruch.

Constant wird eine eigenthümliche Verfärbung der Haut wahrgenommen. Das Gesicht, sowie die Extremitäten (Hand etc.) sind
blaugrau bis blauschwarz gefärbt und wird diese cyanotische Verfärbung im Laufe der Intoxication noch gesteigert.

Die Pupillen werden in den meisten Fällen als stark erweitert
angeführt. Die Patienten liegen bewusstlos da mit frequentem Pulse
und erschwerter Respiration (die Exspirationsluft besitzt constant den
Geruch des Nitrobenzols). Von Zeit zu Zeit bemerkt man klonische,
auch tonische Contractionen einzelner Muskelgruppen, die sich auf eine
grössere Zahl von Muskeln ausbreiten und zu Tetanus (Trismus und
Opisthotonus) steigern können. Die Sensibilität, sowie die Reflexerregbarkeit schwindet mehr und mehr, die comatösen Erscheinungen steigern
sich und es erfolgt bald der Tod.

War die ins Blut aufgenommene Giftmenge zu klein, um den
Tod zu bedingen, so nehmen die Erscheinungen nur allmälig an In-

tensität ab; die cyanotische Verfärbung ist noch lange zu constatiren, ebenso klagen die Patienten über grosse Schwäche, Kopfschmerz mit Ohrensausen etc.

In dem Urin findet sich eine, *Fehling*'sche Lösung reducirende Substanz (*Ewald*), welche aber nicht gährungsfähig ist und deutliche Linksdrehung besitzt (*v. Mering*).

Bei den Leichenöffnungen konnte der intensive Geruch des Giftes wahrgenommen werden. Charakteristische pathologische Veränderungen der Organe fanden sich nicht; das Blut wird als dunkelbraun, kaffeebraun bezeichnet.

Die zahlreichen Thierversuche haben ergeben, dass das Nitrobenzol weder durch Ueberführung in Blausäure, noch durch Reduction zu Anilin wirkt (*Filehne*). Das Nitrobenzol übt seine hauptsächlichste Wirkung auf das Blut aus. Dieses Gift hat die Eigenschaft, die Blutkörperchen aufzulösen und entzieht damit dem Blut die Fähigkeit: Sauerstoff aufzunehmen, so dass das Blut nur noch 0,91—2,92 Volumprocent O enthält (*Filehne*). Spectroskopisch ist in dem Blute der Hämatinstreifen nachzuweisen (*Filehne, L. Lewin*).

Therapeutisch ist zunächst für Entfernung des Giftes (Magenpumpe, Brechmittel, Abführmittel) zu sorgen, dabei aber Stoffe, welche wie Alkohol, fette Oele, Milch, das Gift zu lösen vermögen, zu vermeiden. Künstliche Respiration, sowie eine ausgiebige Venäsection mit nachfolgender Transfusion können empfohlen werden (*Filehne*). Sonst symptomatisch.

Für gerichtliche Fälle ist wichtig die Veränderung des Blutes, der intensive Geruch der Leiche nach Nitrobenzol. Zum chemischen Nachweis müssten die betreffenden Theile (Erbrochenes, Mageninhalt etc.) der Destillation unterworfen werden. Zum sichern Nachweis des Nitrobenzols dient seine Reduction zu Anilin.

36. Anilin.

Das Anilin oder Amidobenzol: $C_6H_5.NH_2$, wird dargestellt durch Reduction des Nitrobenzols; bei der fabrikmässigen Darstellung erhitzt man 1 Th. Nitrobenzol mit 1 Th. concentrirter Essigsäure und 1,2 Th. Eisenfeile. Es wird erhalten als farblose, wasserhelle Flüssigkeit von 1,036 spec. Gewicht bei 0°, welche bei 184,°5 siedet, in Wasser schwer, in Alkohol und Aether leicht löslich ist. Mit Säuren bildet sie Salze.

Das Anilin wird zur Darstellung der bekannten prachtvollen Farben technisch verwendet; c. 2000000 kg werden jährlich von dieser ölartigen Flüssigkeit verarbeitet (*Hirt*). In den betreffenden Fabriken sind eine grosse Zahl Arbeiter der Wirkung dieser giftigen Substanz ausgesetzt. Trotzdem sind die Intoxicationen durch diese Substanz relativ selten und wurden dieselben wohl meist durch Unvorsichtigkeit der Arbeiter veranlasst. Von andern nicht im Beruf entstandenen Intoxicationen ist nur die Beobachtung von *Lailler* zu erwähnen: es wurde salzsaures Anilin gegen Psoriasis äusserlich angewandt und bei dem Patienten 2mal hierdurch Vergiftungssymptome hervorgerufen.

Das Anilin gelangt meist in Dampfform eingeathmet in den Körper und kann je nach der Grösse der Giftmenge schnell und langsam verlaufende Intoxicationen bedingen.

Die acute Anilinvergiftung (*Hirt*), meist durch Unvorsichtigkeit oder Unglücksfälle veranlasst, verläuft in Zeit von einer bis wenigen Stunden meist letal. Der Arbeiter stürzt plötzlich zu Boden, seine Haut ist kalt und blass, nur an den Lippen, der Nasenschleimhaut, Gesicht und Nägeln bläulich roth. Puls und Respiration sind beschleunigt, später verlangsamt. Die Patienten liegen bewusstlos da, die Sensibilität ist abgeschwächt, ja ganz aufgehoben. Der Tod erfolgt comatös (Fälle von *Hirt*, von *Häussermann* und *Schmidt*).

Die subacute und chronische Vergiftung wurde häufig beobachtet. Charakteristisch für dieselbe sind folgende Störungen: Im Anfange der Erkrankung stellen sich oft papulöse, pustulöse etc. Ausschläge auf der Haut ein, die in der Regel schnell heilen. Ferner klagen die Kranken über Ekel, Uebelkeit, Erbrechen und schlechten Appetit. Dazu kommen von Seiten des Nervensystems: Kopfschmerz, Schwindel, Ohrensausen und Anästhesie. Auch Schwäche einzelner Muskeln und Muskelgruppen bis zur Parese sind beobachtet worden.

·Behandlung symptomatisch.

Die Experimente an Thieren haben ergeben, dass das Anilin sowohl, wie seine Salze heftige Gifte sind, welche durch Lähmung des Athmungscentrums tödten (*Olga Stoff*). — *Hirt* hält die Herzlähmung für die Ursache des Todes. — Das Anilin konnte in fast allen Organen nachgewiesen werden und wird namentlich durch den · Urin wieder ausgeschieden.—Von trächtigen Thieren abortirten 75 % in Folge der Anilinwirkung (*Hirt*) und wurde Anilin im Fruchtwasser nachgewiesen.

Zum Nachweis des Anilins werden die Organe etc. mit Schwefelsäure-haltigem Wasser ausgezogen, mit Kaliumcarbonat versetzt und mit Aether ausgeschüttelt. Der Aetherrückstand, in Wasser gelöst, färbt sich mit Chlorkalk, mit unterchlorigsaurem Natron etc. blau.

Ueber die Giftigkeit resp. Unschädlichkeit der chemisch reinen Anilinfarben ist viel gestritten.

Neuere Experimente an Thieren, mit Fuchsin ausgeführt, lassen diesen Farbstoff als ungiftig erscheinen (*Bergeron* und *Clouet*), während die Untersuchungen von *Feltz* und *Ritter* denselben als nicht unschädlich hinstellen. So trat bei einem Menschen nach 0,5 g Fuchsin: Rothfärbung der Ohren, Anschwellung des Zahnfleisches ein. Der Urin war stark hellroth gefärbt und enthielt bei einem zweiten Versuch Eiweiss. — Mit Fuchsin gefütterte Thiere magerten ab, schieden durch die Nieren Eiweiss aus und körnig-fettige Cylinder. Auch zeigte die Rindensubstanz der Nieren: Degeneration. — Convulsivische Bewegungen der Thiere mussten als eine directe Einwirkung auf das Nervensystem angesehen werden.

In den meisten durch Anilinfarben veranlassten Intoxicationen handelt es sich um das Auftreten von Hautaffectionen, welche wohl meist auf Arsen oder freies Anilin zurückzuführen sind.

37. Phenol.

Das Phenol (Carbolsäure, auch Phenylalkohol genannt): $C_6H_5.OH$, bildet sich bei der trocknen Destillation der Steinkohlen etc., wird deshalb aus dem schweren Steinkohlentheeröl durch Behandeln mit Kali- resp. Natronlauge, Zersetzung des Phenolkalium mit Salzsäure und fractionirte Destillation dargestellt. — Im reinen Zustande bildet es lange, farblose Nadeln, welche schwerer als Wasser, bei 42° C. schmelzen zu einer farblosen, dicklichen, bei 181°,5 siedenden Flüssigkeit; die Nadeln lösen sich, im reinen Zustande, in 17—20 Theilen Wasser von mittlerer Temperatur klar auf; die Lösung lässt Lacmuspapier unverändert. Das Phenol hat einen eigenthümlichen, an Kreosot erinnernden Geruch und brennenden Geschmack. Mit concentrirter Kalilauge gemischt bilden sich Nadeln von Phenolkalium (carbolsaurem Kalium): $C_6H_5.OK$.

Im Handel kommt ausser dem reinen Phenol noch ein unreines Präparat vor; dasselbe ist auch unter dem Namen Acidum carbolicum crudum officinell. Es ist ein rectificirtes Theeröl, resp. Kreosotöl, eine röthlich braune, mehr oder weniger durchsichtige, empyreumatisch riechende, in Wasser wenig lösliche Flüssigkeit, welche c. 50—60 % Phenol enthält, neben Cresol, Naphtalin und färbenden Substanzen.

Die *Pharmacopoea germanica* gibt eine Vorschrift zur Darstellung des Liquor Natri carbolici (5 Th. reines Phenol, 1 Th. Natronlauge, 4 Th. destillirtes Wasser), eine früher in Frankreich viel benutzte Flüssigkeit. — Im Handel findet man eine Mischung roher Carbolsäure mit 25 % Natronlauge, eine dunkelfarbige Flüssigkeit, welche zum Conserviren von Holz benutzt wird.

Das Phenol und seine Präparate sind als Desinfectionsmittel, antiseptische Mittel, zur Darstellung vieler Farbstoffe, medicinisch wie technisch von der grössten Bedeutung. 1834 von *Runge* entdeckt, seit 1859 zuerst in England fabrikmässig dargestellt, erhielt das Phenol, namentlich durch *Lister* (seit 1863), immer grössere Bedeutung in der Therapie, vorzugsweise in der chirurgischen Praxis.

Im Verlaufe der wenigen Jahre sind durch diese intensiv wirkende Substanz schon eine ganz erhebliche Zahl von heftigen Vergiftungen und Todesfällen veranlasst worden. Seit dem Jahre 1868 finde ich in der Literatur 87 solcher Fälle verzeichnet. Von denselben wurde eine in 9 Stunden tödtlich verlaufene Intoxication durch carbolsaures Natron hervorgerufen (*Rendu*); eine heftige Erkrankung kam zu Stande durch 3 Stunden fortgesetzte Einathmung der Dämpfe von concentrirter Carbolsäure. — Alle andern (85) Intoxicationen sind zurückzuführen auf die Einwirkung des Phenols im flüssigen Zustande auf den menschlichen Organismus.

Von Selbstmördern wurde nur 7 Mal (5 Todesfälle) von dem Phenol in verschieden concentrirter Lösung Gebrauch gemacht. Die übrigen Vergiftungen (78) verdanken zu je 39 der medicinalen Anwendung des Phenols, namentlich bei chirurgischen Fällen, sowie dem Zufall ihre Entstehung. — Auf die antiseptische Wundbehandlung sind von den gemeldeten Fällen 27 (mit 8 Todesfällen) zurückzuführen. In 8 Fällen wurde die Carbolsäure zu Einreibungen, resp. Einpinselungen

der äusseren Haut gegen Scabies (6; in *Machin*'s 3 Fällen statt Schwefelsalbe angewandt), Favus und Psoriasis verwendet; es starben 6 dieser
Patienten. Zu Ausspülungen des Darms, vorzugsweise um Ascariden
zu bekämpfen, wurde das Phenol im verdünnten Zustande in 4 Fällen
(1 mit letalem Ausgange) benutzt.

Vergiftungen durch Phenol wurden dadurch zufällig veranlasst,
dass dieses Gift Kranken statt anderer Arzneien verabreicht wurde,
oder dass es die betreffenden Personen selbst „aus Versehen" statt
andrer Flüssigkeiten zu sich nahmen. Phenollösungen wurden in einzelnen Fällen gegeben statt Opiumtinctur (1), statt Infusum Sennae (3),
statt Mineralwasser (2), statt anderer Mixturen (3), innerlich statt
äusserlich, meist als Carbolöl (3); von diesen 12 Vergiftungen endeten
8 durch den Tod. — 10 Personen tranken, einzelne im trunkenen Zustande, Phenollösungen, in der Meinung, es seien alkoholische Getränke
(Schnaps, Rum, Cognac, Bier); es starben 9. 17 Personen erhielten,
resp. tranken „aus Versehen" Phenollösungen; es starben 13. — Somit erlagen von den 85 Patienten 50 der Wirkung des Giftes.

Bezüglich der für Menschen tödtlich wirkenden Menge Phenol
lassen sich aus den vorhandenen Angaben (39 Fälle) nur annähernd
richtige Werthe ableiten. Natürlich ist für den Ausgang der Intoxication auch bei dieser Vergiftung wichtig die Beschaffenheit des benutzten Präparates (Concentration etc.), über welche wir nur selten
Aufschluss erhalten, ferner bei der innerlichen Application: die Füllung
des Magens, die Zeit, zu welcher die Behandlung erfolgte u. v. a.

Hier haben wir zunächst den Applicationsort zu berücksichtigen.

In zahlreichen bei den Phenolvergiftungen zu berücksichtigenden
Fällen wurde das Phenol äusserlich applicirt, theils, indem Phenol zur
Herstellung des Verbandes für wunde Flächen, Resections- und Ampu-
tations- etc. Wunden u. a. m. diente, theils, indem man von dem
Phenol als Heilmittel bei Hautaffectionen Gebrauch machte. Bei vielen
dieser Fälle wird die angewandte, resp. resorbirte Giftmenge nicht angegeben; nur bei 6 Patienten, bei welchen Phenol zur Einreibung
gegen Scabies diente, erfahren wir annähernd die gebrauchte Menge.
In *Machin*'s Fällen benutzten 3 Frauen 60 g Carbolsäure; 2 Patienten
starben, eine wurde nach heftiger Erkrankung wieder hergestellt. Die
2 Patienten, über welche *Köhler* berichtet, verbrauchten je 15 g; einer
davon starb schon nach wenigen Minuten. Nach *Lubrecht* wirkten 30 g,
ebenfalls gegen Krätze angewandt, tödtlich. Als kleinste Menge, welche
bei dieser Application tödtlich wirkte, haben wir 15 g anzugeben; zu
berücksichtigen ist, dass bei dieser Art der Anwendung jedenfalls auch
Phenoldämpfe eingeathmet werden.

Wir hörten oben, dass in einigen wenigen Fällen, Phenollösung
in den Darmkanal applicirt, zu Intoxicationen Anlass gab. Nach
Pinkham erkrankte eine 20jährige Frau, welche 10,5 g (145 gran) Phenol
im Clysma erhielt, rasch und sehr schwer; ähnliches berichten *Prätorius*
und *Kottmeier*; die 45jährige Patientin des ersteren erhielt c. 1 g in
$\frac{1}{2}$ % Lösung in den Darm applicirt. Nach *Lightfoot* ging ein Patient
10 Minuten nach der Application eines Phenol-Clysma zu Grunde; die
Menge ist leider nicht angegeben und ist es zur Zeit nicht möglich
für diese Applicationsart die tödtliche Menge zu fixiren. Nur soviel

geht aus allem hervor, dass das Phenol auch vom Darme aus schnell
heftige, ja tödtliche Wirkung zu entfalten vermag.

Eine sehr grosse Zahl von Intoxicationen kam zu Stande durch
die Aufnahme der Phenollösung in den Magen. Für 33 dieser Fälle
habe ich genauere Angaben über die eingeführte Giftdosis, sowie über
das Schicksal der Patienten gefunden. Wir betrachten hier nur diejenigen Fälle, die uns zur Feststellung der Dosis letalis minima nützlich sein können. Bei Erwachsenen kam 5 Mal die Menge von 30 g
zur Anwendung; alle Fälle endeten in Zeit von 5 Minuten bis 1½ Stunden mit dem Tod. Ebenfalls bei 5 Erwachsenen wird als eingenommene Menge je 15 g (ein Esslöffel voll) angegeben; es starben 3 Männer
und ein Weib in Zeit von 45 Minuten bis 30 Stunden, eine Frau wurde
wieder hergestellt. Dosen von 11,5 g, 10,8 g und 9 g wurden von
Männern überstanden, dagegen ging ein Selbstmörder, welcher nur
1½ Theelöffel (c. 6 g) concentrirte Carbolsäure genommen hatte, in
50 Minuten zu Grunde (*Jeffreys* und *Hainworth*). Giftmengen von 3 g,
von 0,3 g haben wohl in einigen Fällen bedenkliche Symptome veranlasst, doch wurden die Patienten wieder hergestellt. Hiernach wird
man wohl berechtigt sein, die minimal-letale Dosis für Erwachsene auf
15 g festzusetzen. Höhere Mengen als 15 g haben (in 12 Fällen) nur
mit einer Ausnahme stets den Tod der Vergifteten bewirkt; nur in
dem von *Davidson* berichteten Falle wurde eine 40jährige Selbstmör-
derin, obwohl sie 120 g roher Carbolsäure getrunken hatte, doch noch
gerettet. Dass bei Kindern schon geringere Mengen giftig, tödtlich
wirken, geht ebenfalls aus mehreren Beobachtungen hervor. Drei kleine
Mädchen, von welchen jedes etwas über einen Theelöffel voll (c. 5 g)
zur Desinfection bestimmter Carbolsäure erhalten hatte, starben in
kurzer Zeit. — Die *Pharmacopoea germanica* schreibt als Maximaldosen
vor: Acidum carbolicum crystallisatum pro dosi: 0,05; pro die: 0,15 g.

Symptome und Verlauf der Vergiftung.

Die Vergiftung durch Phenol verläuft sehr rasch. In 35 Fällen
ist die Zeit, welche von der Einnahme etc. des Giftes bis zum Eintritt
des Todes verging, genauer angegeben. Darnach starben in der ersten
Stunde: 12, in der 2. 3, in den 2 ersten Stunden zusammen: 15; in
der 3.—12. Stunde: 10; in der 13.—24. Stunde: 7 und in der 25.—60.
Stunde nur 3. Es starben somit von den durch Phenol Vergifteten
in den ersten 12 Stunden 71,4 %, in den ersten 24 Stunden 91,4 %.

Leichtere Fälle einer Intoxication durch Phenol sind wohl schon
in grosser Menge vorgekommen, ohne dass man allgemein Kunde davon erhalten hat, ja oft wohl, ohne sie als solche (Vergiftung) erkannt
zu haben. Erst in neuerer Zeit wurde, besonders auf dem deutschen
Chirurgencongress 1878 durch *Küster* u. A. die Aufmerksamkeit der
Chirurgen auf diese Gefahr, welche durch die *Lister*'sche Verband-
methode und deren Modificationen dem Patienten droht, hingelenkt.
Gleichzeitig wurden schon früher vorgekommene, leichtere und schwerere
Intoxicationen zur Sprache gebracht. Leichtere Vergiftungen dürften
wohl in jeder chirurgischen Klinik (resp. Krankenhaus) beobachtet
worden sein und werden auch in Zukunft sich nicht immer vermeiden lassen.

Als Symptome dieser leichteren Intoxicationen, meist hervor-

gerufen durch Application des Phenols auf Wundflächen, als Verband,
finden wir in vielen Berichten erwähnt: bald eintretende Kopfschmerzen,
Uebelkeit und sich öfters wiederholendes Erbrechen. Dazu treten
Schwindel, Ohnmachtsanfälle, Schlingbeschwerden mit Speichelfluss.
Auch die Körpertemperatur wird beeinflusst, nach einigen Beobachtern
erniedrigt, nach andern ziemlich bedeutend gesteigert. „Carbolfieber"
wurde namentlich bei Kindern, doch auch bei Erwachsenen öfters beobachtet; dasselbe folgte öfters einem Wechsel des Verbandes auf dem
Fusse nach. *Sonnenburg* und auch *Küster* sprechen die Ansicht aus,
dass das von *Volkmann* und *Genzmer* beschriebene „aseptische Wund-
fieber" zum Theil, resp. in einzelnen Fällen jedenfalls auf leichtere
Carbolvergiftungen zurückzuführen sei. — Auch der Urin der betreffenden Patienten ist meist verändert; seine Farbe wechselt vom schwachen
Grün bis zum Grünlichbraun resp. bis fast schwarz. Auch Eiweiss
ist im „Carbolharn" gefunden. — Alle diese Symptome pflegen ziemlich schnell wieder zu verschwinden, sobald, wie z. B. bei der Behandlung von Wundflächen etc. der stark phenolhaltige Verband wieder
entfernt wird.

Sind grössere Mengen des Giftes zufällig oder beabsichtigt (Selbstmord) in den Körper eingeführt, so werden die Patienten schon in
kurzer Zeit von sehr schweren Vergiftungserscheinungen heimgesucht.
Oft nur wenige (bis 5) Minuten nach Einnahme des Giftes finden wir
die Vergifteten bewusst- und bewegungslos daliegen; das Gesicht ist
ganz bleich, die Haut oft mit klebrigem Schweisse bedeckt, der Puls
ist sehr frequent, klein, oft kaum zu fühlen, die Pupillen sind in den
meisten Fällen stark verengt oder doch mittelweit und sollen dieselben
auf Lichtreiz nur träge oder gar nicht mehr reagiren. Auch die Cornea
ist unempfindlich, wie überhaupt die Sensibilität und die Reflexerregbarkeit ganz bedeutend vermindert, resp. aufgehoben ist. Erbrechen
stellt sich entweder ganz früh gleich nach Einnahme des Giftes ein
oder erst im späteren Verlaufe, auch dann, wenn das Gift nicht in
den Magen gelangte. Frühzeitig finden wir die Respirationsthätigkeit
bedeutend gestört, die Athmung wird als unregelmässig, bedeutend
erschwert, stertorös angegeben; Coma und Respirationsstörung nehmen
mehr und mehr zu und erfolgt der Tod durch Stillstand der Athmung.
— Krampfhafte Affection einzelner Muskelgruppen finden wir hin und
wieder angegeben: Trismus, Krämpfe der Gesichtsmuskeln, Zittern
des Körpers, selbst „Convulsionen" (*Machin, Pinkham, Unthank, Winslow*
u. A.); „heftige convulsivische Zuckungen der Extremitäten" hat noch
kürzlich *Mraček* beobachtet.

Das Phenol übt, in concentrirtem Zustand auf den Körper applicirt, auch locale Wirkungen aus. *Ponset* berichtet, ein junges Mädchen,
welches sich einen Splitter unter einen Fingernagel gestossen, habe
den Finger in flüssige Carbolsäure getaucht und dann verbunden; am
folgenden Morgen war das Fingerglied grau und gefühllos und stiess
sich später die mumificirte Parthie (2 Phalangen) ab. Aehnliches beobachteten *Tillaux, Brochin* u. A.

Leichenbefund

In der Leiche der durch Phenol zu Grunde gegangenen Personen
wird man wohl nur dann bestimmte Veränderungen finden, wenn das

Gift concentrirt in den Magen eingeführt worden war. In vielen solcher
Fälle fand man eine stärkere, resp. schwächere Anätzung (stärkere
Röthung, Hyperämie der Schleimhaut neben weisser Verfärbung etc.)
und werden dem entsprechend, auch in einzelnen Krankenberichten
Schmerzen im Munde und Rachen, sowie in der Magengegend erwähnt.
Aetzungen können unter Umständen auch im Duodenum gefunden
werden. — Ausserdem wird man wohl immer an dem Inhalt des Magens den Geruch nach Phenol wahrzunehmen im Stande sein, sowie
in Fällen, in denen das Phenol auf die Haut etc. applicirt wurde,
der in der Blase vorgefundene Urin die Zeichen des Carbolharns besitzen wird.

Experimental-Untersuchungen.

Durch zahlreiche Untersuchungen sind wir über die Wirkung
des Phenols genau unterrichtet. — Phenol vermag, namentlich im
concentrirten Zustande angewandt, niedere Organismen (Bacterien,
Vibrionen etc.) zu vernichten, Gährungsprocesse zu verhindern, resp. zu
unterbrechen. Eiweisslösungen werden schon durch 5%ige Phenollösung gefällt, wobei sich aber das Phenol nicht mit dem Eiweiss zu
Albuminat zu vereinigen scheint (*Bill*). Auf diese Einwirkung des
Phenols auf die Eiweisskörper ist die Aetzwirkung zurückzuführen.

Wie wir bei den Vergiftungen der Menschen sahen, wird das
Phenol von allen Körperstellen aus resorbirt. Die Dämpfe gelangen,
eingeathmet durch die Lungen in das Blut; auf die intacte Haut ein-
gerieben, kommt das Phenol ebensogut zur Wirkung, wie von dem
Magen aus, dem Darmkanal, dem Unterhautzellstoff etc. Warm- und
Kaltblüter erliegen alle ziemlich gleichmässig der Wirkung des Phenols.
Das Vergiftungsbild ist insofern von dem der Menschen verschieden,
als bei Warmblütern durchweg als Hauptsymptom Zittern und klonische
Convulsionen, sowie Mydriasis angegeben werden, Symptome, die bei
Menschen nur selten zur Beobachtung kamen und auch bei den Froschversuchen nicht constant einzutreten scheinen. Bei Fröschen tritt
ziemlich schnell Collaps ein, Sopor, Aufhebung der willkürlichen Bewegung und Tod durch Lähmung der Nervencentren. Krämpfe, selbst
tetanischer Form sind nicht constant zu beobachten. — *Salkowski*
bringt die bei Warmblütern auftretenden Krämpfe mit einer Wirkung
des Phenols auf das Rückenmark in Zusammenhang. *Husemann* dagegen hält die fibrillären Muskelzuckungen etc. als bedingt durch eine
Reizung der intramusculären Nervenendigungen. — Der Tod ist auf
eine Lähmung des Respirationscentrums zurückzuführen.

Danion hat durch Selbstversuche nachgewiesen, dass 0,5 g Phenol
im verdünnten Zustande keine Vergiftungserscheinungen hervorruft,
dass durch 1,5 g dagegen styptischer Geschmack erzeugt wird, Brennen
im Halse, Schwindel, Mattigkeit und Ohrensausen, sowie dass leichte
Contractionen der Wadenmuskeln verspürt werden.

Küster hat experimentell den Nachweis geliefert, dass vorhergehender, stärkerer Blutverlust, sowie bestehendes septisches Fieber
die Widerstandskraft der Thiere (Hunde) gegen die Phenolwirkung
herabsetzen.

Das in das Blut aufgenommene Phenol wird zum Theil unverändert, zum Theil in veränderter Form, vorzugsweise durch den Urin

wieder ausgeschieden. Ein solcher, aus dem Phenol entstandener
Körper ist die Phenolschwefelsäure (*Baumann*). Im Urin können hierdurch die durch Chlorbaryum fällbaren schwefelsauren Salze auf ein
Minimum reducirt, resp. wohl ganz geschwunden sein und gibt *Sonnenburg* an, dass man aus der Menge des gebildeten schwefelsauren Baryums
die Intensität der Carbolintoxication zu erkennen vermöge. Sind aus
dem Urin die direct fällbaren Sulfate geschwunden, so hat die Vergiftung eine Höhe erreicht, welche namentlich Kindern das Leben
vernichten kann (*Sonnenburg*). — Daneben findet sich in dem Harn
des Phenol-vergifteten Hundes Hydrochinon und Brenzcatechin, ebenfalls in Form von Aetherschwefelsäuren, durch deren Auftreten, sowie
weiterer Oxydationsproducte die dunkle Farbe des Carbolharns bedingt
ist (*Baumann* und *Preusse*).

Behandlung der Vergiftung.

Der behandelnde Arzt hat, gegen eine Phenolvergiftung schnell
und energisch vorzugehen. Vor allem hat er, wenn möglich, die Resorption der im Körper enthaltenen Giftstoffe zu verhindern. Zu dem
Zweck wird er von Wundflächen die betreffenden Verbände schnell
entfernen, resp. den Magen mit Hülfe von Magenpumpe etc. ausspülen,
ebenso den Darmkanal, bei Application des Phenols in Form eines
Clysma. Zu der Ausspülung des Magens resp. Darms ist Kalkwasser
dem gewöhnlichen Wasser vorzuziehen. — Nach den Untersuchungen
von *Husemann* ist der Zuckerkalk, eine Verbindung von Rohrzucker
mit Kalk, welche in Wasser, namentlich in Zucker-haltigem Wasser
sich leicht löst, ein sehr brauchbares Gegengift, um die noch unresor-
birte Carbolsäure unschädlich zu machen. In concentrirter Lösung und
im Ueberschuss, gleichzeitig mit dem Phenol angewandt, konnten
Kaninchen, welche das 3—4fache der minimal-letalen Phenolmenge
erhalten hatten, durch dieses Antidot gerettet werden.

Ist das Phenol schon in grösserer, toxisch wirkender Menge in
das Blut aufgenommen, so wird man, gestützt auf die Untersuchungen
von *Baumann* und die günstigen Erfolge, welche, allerdings in leichteren
Vergiftungsfällen, bereits *Sonnenburg, Sanftleben* u. A. davon gesehen
haben, von Schwefelsäure Gebrauch machen und zwar wohl am besten
in Form des Natriumsalzes. — Sonst symptomatisch.

Um die grosse Zahl der vorkommenden Medicinalvergiftungen
durch Phenol zu verringern, resp. ganz zu beseitigen, dazu müsste
man ein Ersatzmittel für die Carbolsäure, welches ungiftig ist und
doch genügende antiseptische Wirkung zu entfalten vermag, suchen.
Ein solches ungiftiges Surrogat scheint nach Untersuchungen von *Schulz*
in dem Eukalyptusöl vorhanden zu sein.

Der gerichtlich-chemische Nachweis.

In vielen Fällen wird das Phenol sofort an seinem charakteristischen Geruch erkannt werden. Andernfalls würden die verschiedensten
Organe (Leber etc.), Blut, Mageninhalt, Harn zur Untersuchung zu
verwenden sein. Diese Massen würden nach Zusatz von Schwefelsäure
resp. Phosphorsäure der Destillation zu unterwerfen sein; mit dem
Destillat können dann die für Phenol charakteristischen Reactionen
ausgeführt werden. Soll die Gegenwart von freiem Phenol im Harn

nachgewiesen werden, so wird man am besten den Harn mit Petroläther ausschütteln und den Auszug zu den Reactionen benutzen.

Phenol liefert mit Eisenchlorid eine schön violette Färbung, noch
gut erkennbar bei einer Verdünnung von 1 Phenol: 3000 Lösung. —
Ammoniakalische Phenollösungen mit unterchlorigsaurem Natrium erwärmt, werden intensiv blau gefärbt und tritt diese Färbung bei grossen
Phenolmengen schnell, bei kleinen nur sehr langsam, erst nach 24 Stunden ein. Grenze: 1 : 50000. — Aehnlich verhält sich Anilin und unterchlorigsaures Natrium; durch Säuren wird die blaue Farbe in Roth,
durch Alkalien wieder in Blau übergeführt; Grenze: 1 : 50—60000. —
Bromwasser gibt mit Phenollösungen Niederschläge, resp. Trübung
(unter dem Mikroskop Krystalle von Tribromphenol); Grenze: 1 : 60000.
— Am empfindlichsten ist *Millon's* Reagens. Phenollösung mit dieser
Flüssigkeit gekocht, alsdann durch Zusatz von Salpetersäure der entstandene Niederschlag vorsichtig gelöst, liefert eine intensiv rothe
Färbung; Grenze 1 : 2000000 (*Almén*).

Phenol wurde im Blut, Muskelgewebe, Herz, Lunge, Leber etc.,
im Harn und in der Milch nachgewiesen (*Jacquemin* u. A.).

38. Cytisin.

Cytisus Laburnum *L.*: der gemeine Bohnenbaum, Gold-
regen[1]) (Fam. Papilionaceae) findet sich einheimisch im südlichen
Europa, wird bei uns als beliebter Zierstrauch cultivirt. Der baumartige Strauch ist 5—7 m hoch; seine Blätter sind gedreit, die goldgelben Blüthen stehen in langen, vielblüthigen, schlaff herabhängenden
Trauben, die Hülsen sind seidenhaarig, vielsamig, die Samen nierenförmig, seitlich zusammengedrückt, glatt, schwarzbraun, 4 mm lang,
3,5 mm breit, in der Mitte 1,5 mm dick.

A. Husemann und *Marmé* stellten 1864 aus den Blättern, Blüthen,
unreifen Früchten und Samen dieses Strauches das oben genannte
Alkaloïd: Cytisin: $C_{20}H_{27}N_3O$ dar. Dasselbe wurde als weisse, strahlig-
krystallinische Masse erhalten, welche sich in Wasser und Alkohol
sehr leicht löst, in reinem Aether, Chloroform, Benzol etc. aber unlöslich ist. Die Lösung reagirt stark alkalisch, schmeckt bitter; von
den Salzen wurde das Nitrat in grossen, farblosen Prismen erhalten,
welche in Wasser leicht löslich sind. Dieses Salz wurde bei der ersten
Untersuchung von *Husemann* und *Marmé* für ein eigenthümliches Alkaloïd: Laburnin genannt, gehalten, von *A. Husemann* aber später
als Cytisinnitrat erkannt. *Perle* gibt noch 1877 das Vorkommen von
Laburnin an.

Ausser in den verschiedensten Theilen (auch Rinde und Wurzeln,
sowie die Samenschale enthalten es) von Cytisus Laburnum wurde
dasselbe von *Marmé* noch in den Theilen anderer Cytisusspecies nachgewiesen und zwar in Cytisus fragrans und sessilifolius (Gattung
Laburnum), sowie in Cytisus capitatus, supinus, elongatus und hirsutus
(Gattung Eucytisus), während Cytisus (Lembotropis) nigricans keine
giftigen Bestandtheile enthält.

---

[1]) Abbild. in *Winkler's* Giftgewächse Deutschlands. 1854. Taf. 84.

Vergiftuugeu mit Theilen des Goldregens, des bei uns so be-
liebten Zierstrauchs, sind schon oft vorgekommen und werden jährlich
solche Unglücksfälle gemeldet. In der Literatur fand ich Angaben
über 155 theils schwere, theils leichtere Intoxicationen. Nur einmal
wurde das Gift (die Rinde) absichtlich, um Erbrechen zu bewirken,
der Suppe zugesetzt und wurde hierdurch eine Intoxication bedingt
(*Christison*). Einmal wurde durch ein Decoct der Blüthen, welches
als Diureticum einem hydropischen Kinde verordnet war, Erbrechen,
Durchfall, Collaps, verengte Pupillen etc. hervorgerufen (*Pollak* in
Teheran). Ein anderes Mal wurde aus Theilen des Goldregens ein
Thee bereitet und getrunken, in der Absicht, die Unschädlichkeit dieses
Mittels nachzuweisen; es trat heftige Vergiftung ein. — Alle andern
Vergiftungen wurden durch unabsichtlichen Genuss dieser giftigen
Pflanzentheile hervorgerufen. Meist (120 von 152) waren es Kinder,
welche Theile des Goldregenbaumes verzehrten und dadurch erkrankten.
Nach *Sedgwick* verzehrten 2 Kinder die Wurzel des Goldregens,
dieselbe für Süssholz haltend, und erkrankten. *Vallance* beobachtete
eine Massenvergiftung betreffend 58 Knaben, die ebenfalls von einer
Wurzel, sie für Süssholz haltend, genossen hatten. Seltner gab der
Genuss der Rinde des Strauches Veranlassung zu Krankheit. Solche
Fälle beobachteten *Wilson* und *Bull* bei kleinen Kindern, welche
Zweige des Baumes zerkaut hatten. Aehnliches berichtet *Tinley* von
einem 18jährigen Mädchen. Auch der Genuss der Blüthen rief nach
Barber und *North* bei 2 damit spielenden Kindern Vergiftungserschei-
nungen hervor.

Wichtiger sind jedenfalls für das Zustandekommen einer Vergiftung die reifen und unreifen Hülsen. Durch dieselben sind seit
1851 16 Erkrankungen veranlasst (beobachtet von *Traill, Rake, Fischer,
Wheelhouse, Hinckeldeyn, Martin, Aitken, Perle*), meist (15) bei Kindern, welche beim Spiel dieselben verzehrt hatten, einmal bei einer
Erwachsenen (*Martin*). 41 Erkrankungen wurden bei ebensoviel Kindern durch den Genuss der reifen, resp. unreifen Samen hervorrufen (*Taylor, Popham, Graham, Wilson, Sabarth*).

Doch auch erwachsene Personen sollten ohne ihre Schuld durch
den Genuss von Theilen des Goldregens erkranken. 4 Beobachtungen
liegen hierfür vor. *Rouge* berichtet über die Erkrankung einer Ge-
sellschaft von 14 Personen durch ein Gebäck, welchem statt der Blüthen
von Robinia Pseudacacia die von Cytisus zugesetzt waren. Auch berichtet *Clonet* über die Vergiftung von 5 Personen durch Krapfen,
welchen die Blüthen als Aroma statt Acacienblüthen zugesetzt waren.
Auch in den Fällen von *Bourgeois* waren die Blüthen bei der Darstellung von Pfannkuchen benutzt worden und war durch den Genuss
derselben eine Familie von 5 Personen heftig erkrankt. Aehnlich in
den von *Picon* beobachteten 6 Fällen.

Ich kann die Aetiologie der Cytisinvergiftung nicht verlassen,
ohne noch eine Angabe *Popham*'s zu erwähnen. Derselbe liess gelegentlich seiner Beobachtung den Samen in einer Mühle zerkleinern:
das Mehl des, auf dem nicht gehörig gereinigten Mühlstein, kurz nachher gemahlenen Buchweizens bewirkte bei mehreren Personen in Folge
seines Genusses schwache Vergiftungssymptome.

Von allen diesen Vergiftungen endeten 4 = 2,6% tödtlich (*Wilson,*

Wheelhouse, Hinckeldeyn). Die Menge der genossenen Pflanzentheile
(Rinde resp. Schoten) war nicht zu bestimmen. Toxisch wirkten nach
Barber bei einem 3—4jährigen Kinde 12 Blüthen, nach *Wilson* bei
einem 4jährigen Knaben 10 Samen, nach *Martin* bei Kindern 2, bei
Erwachsenen 3—4 Hülsen. Hierbei ist Rücksicht zu nehmen auf die
in der Regel ausleerende Wirkung des Cytisins.

Symptome der Cytisinvergiftung.

Nach den vorliegenden Berichten treten die Erscheinungen der
Cytisinvergiftung ziemlich schnell ein; schon $^1/_4$ Stunde nach Genuss
der giftigen Substanz wurde in vielen Fällen der Anfang des Krank-
seins bemerkt, in andern $^1/_2$—1 Stunde später; nur selten hat das
Prodromalstadium der Vergiftung eine längere Dauer; so war es in
dem nicht letalen Falle von *Hinckeldeyn* von 2 Stunden, bei einem
Patienten *Rouge*'s von 6 Stunden und bei einem Kranken *Clonet*'s
sogar von 10 Stunden Dauer. Allgemeine Unbehaglichkeit, Uebelkeit,
Ekel und Erbrechen sind meist die ersten Zeichen der stattgefundenen
Vergiftung; letzteres, das Erbrechen, kann allerdings fehlen, wie 2 Fälle
von *Rouge* und der von *Tinley* beobachtete Fall beweisen. Sonst tritt
das Erbrechen wiederholt ein, es können selbst blutige Massen auf
diese Weise entleert werden (*Hinckeldeyn*).

Zugleich mit dem Erbrechen stellen sich bei den Patienten mehr
weniger intensive Leibschmerzen und Durchfall ein und können die
Diarrhöen schnell nach einander erfolgen. Doch ist dieses Symptom
noch weniger constant, als das des Erbrechens. Von den 13 Kranken
Rouge's litten nur 2 an Durchfall, von andern Beobachtern wird dieses
Symptom gar nicht erwähnt (*Wilson, Tinley* u. A.).

Die Erscheinungen der Krankheit steigern sich ziemlich rasch:
man beobachtet kalte Schweisse, es stellt sich Schwäche in den Beinen
ein, Collaps, Somnolenz mit nachfolgender Insomnie, Hallucinationen
und selbst Delirien. Der Puls ist langsam und klein, die Respiration
verlangsamt; die Temperatur subnormal (*Perle*); Pupillen erweitert.

Die Vergiftung kann sich mit diesen Symptomen längere Zeit
(12—24 Stunden) hinziehen; das Erbrechen dauerte in einzelnen Fällen
12 Stunden lang; ähnlich die grosse Schwäche u. a. m., welche in
Tinley's Falle eine ganze Woche bestanden hat. — Auch die Vergiftungen mit tödtlichem Ende zeigten bezüglich ihrer Zeitdauer bedeutende Differenzen. In den beiden Fällen *Hinckeldeyn*'s trat der Tod
nach heftigen Krämpfen, Bewusst- und Sprachlosigkeit in $^3/_4$—1 Stunde
ein. Der Patient von *Wilson* dagegen starb, nachdem er kurz vorher
noch vollständig bei Besinnung war, c. 12 Stunden nach Einnahme
des Giftes; das von *Wheelhouse* beobachtete Mädchen starb sogar erst
am 9. Tage nach dessen erster, am 7. nach der zweiten Vergiftung.

Noch ein Symptom muss ich erwähnen, welches allerdings nur
einmal beobachtet wurde und daher vielleicht mit der Vergiftung nichts
zu thun hat. Es ist dies die Entleerung von grasgrünem Urin. *Bull*
beobachtete einen Knaben, welcher die Rinde von Cytisus verzehrt
hatte; es war Erbrechen, Collaps eingetreten; es bestand Tenesmus;
nach einigen Stunden entleerte der Knabe 300 g klaren, grasgrünen
Urin und befand er sich kurze Zeit darauf wieder wohl. Der später
entleerte Urin war normal gefärbt.

Leichenbefund.

Durch die Section der wenigen der Cytisinvergiftung erlegenen Menschen wurde keine dieser Vergiftung eigenthümliche Veränderung gefunden. Nach *Wilson* trat die Todtenstarre schon ½ Stunde nach dem Tode ein und fand *Wilson* eine hochgradige Entzündung des Dünndarms und Mesenteriums, während *Hinckeldeyn* in seinen 2 Fällen nichts Derartiges bemerken konnte. Letzterer fand bei einem Knaben, welcher zu Lebzeiten Blut gebrochen hatte, eine Perforation des Magens, offenbar in Folge des Erbrechens bei stark gefülltem Magen entstanden, und Cytisusschoten in dem Mageninhalt.

Experimentaluntersuchungen.

Experimente mit Cytisin sind bis jetzt nur von *Marmé* angestellt worden, welcher dessen Wirkung an Repräsentanten aller Thiertypen studirte. Die letale Dosis stellte sich von dem Nitrat für Frösche zu 2—4 mg, Tauben zu 10 mg pro kg, Katzen zu 10—15 mg, Hunde zu 6—10 mg, Kaninchen zu 30—40 mg p. kg bei subcutaner Application.

Im Allgemeinen wirkt das Cytisin anfangs excitirend; die Erregung geht rasch vorüber und macht einer Depression resp. vollkommenen Lähmung Platz. Diese Erscheinungen sind auf eine Wirkung auf das Rückenmark (das Gehirn bleibt intact) zurückzuführen; durch die Erregung des Rückenmarkes kann vollkommen das Bild der Strychninvergiftung hervorgerufen werden. Auch die motorischen Nerven werden erst erregt und dann gelähmt und beginnt die Lähmung in den peripherischen Enden derselben. Bei Säugethieren sind fibrilläre Zuckungen in den verschiedensten Muskeln zu bemerken.

Die Respiration wird zuerst und am intensivsten gestört, anfangs beschleunigt, später verlangsamt; durch grosse Dosen erfolgt rasch Stillstand im Inspirationszustand. — Das Cytisin bewirkt Steigerung des Blutdrucks auch bei vollständig isolirtem Herzen (alle Nerven und das Rückenmark durchschnitten); Vagusreizung bleibt ohne Erfolg. — Das Gift bedingt Vermehrung der Harn- und Speichelsecretion, gesteigerte, krampfhafte Peristaltik.

Der Tod erfolgt immer asphyctisch und kann durch künstliche Unterhaltung der Respiration mit Erfolg bekämpft werden.

Behandlung der Cytisinvergiftung.

Dieselbe hat zunächst für vollständige Entfernung des Giftes zu sorgen und dürfte bei vorhandenem Collaps von der Magenpumpe Gebrauch zu machen sein. Bei eintretender Asphyxie müsste die Athmung künstlich unterhalten werden. Gegen den Collaps etc. symptomatisch. Nach *Binz* dürfte von dem Terpentinöl Gebrauch zu machen sein.

Der gerichtliche Nachweis.

Derselbe wird oft durch das Auffinden des Samens etc. erleichtert werden. Der chemische Nachweis ist erschwert, da für das Cytisin charakteristische Reactionen fehlen. — Das Cytisin wird durch die Nieren wieder eliminirt.

39. Physostigmin.

Physostigma venenosum *Balfour*[1]): die Calabarbohnen-pflanze (Fam. Papilionaceae) findet sich an der westlichen Küste Afrika's, vom Old-Calabar bis zum Cap Lopez (Guineaküste) auf feuchtem Marschboden als ein üppiger, ausdauernder, holziger, kletternder Halbstrauch von 12—15 m Höhe, reich geschmückt mit Blüthentrauben. Die Hülsen sind 12—15 cm lang und enthalten 2—3 Samen, welche als Calabarbohnen bekannt sind. Die Samen, in Alt-Calabar: Eséré, in Gaboon: n'Chogo genannt, sind c. 2 cm breit, c. 3,5 cm lang, länglich, fast nierenförmig, chokoladebraun, mit rinnenförmigem, von rothbraunem Wulst begrenztem Nabel. In ihrem Vaterlande werden dieselben zu sogenannten Gottesgerichten benutzt, daher ihr Name: Gottesurtheilbohne (Ordeal-bean).

Die Samen enthalten das oben genannte Alkaloïd: Physostigmin: $C_{15}H_{21}N_3O_2$, welches 1864 von *Jobst* und *Hesse* in Form eines farblosen Firnisses dargestellt wurde. Dieser Körper ist in Wasser wenig, in Aether, Alkohol und Chloroform leichter löslich, bildet mit Säuren nicht krystallisirende Salze, mit Alkaloïdreagentien Niederschläge, welche nicht krystallisirt erhalten werden konnten. Das Physostigmin wird leicht, z. B. durch Erwärmen mit Alkalien, oxydirt unter Bildung eines unwirksamen Körpers: Rubreserin. Hierauf beruht die allmälige Rothfärbung der Physostigminlösungen (Absorptionsstreifen zwischen B und C spectroskopisch nachweisbar; *Pöhl*).

Aus den im Handel unter den Namen Calabarin, Eserin resp. Physostigmin vorkommenden Präparaten gelang es *Harnack* und *Witkowski* noch ein zweites Alkaloïd, von ihnen Calabarin genannt, darzustellen; dasselbe ist in Aether unlöslich, entsteht auch aus Physostigmin. Nach *Pöhl* sind beide Alkaloïde linksdrehend.

Die Calabarbohnen haben in den 60er Jahren mehrmals zu Vergiftungen von Menschen Anlass gegeben, während aus neuerer Zeit kein Fall bekannt ist. Beschrieben wurden solche Intoxicationen von *Fraser* und *Harley* (2 Fälle; Stücke der Bohnen aus Neugierde verzehrt), *Linden* (1 Fall; Bohnen am Hafen gefunden), *Cameron* und *Evans* (45 Kinder und eine 32jährige Frau am Liverpooler Hafen Bohnen, welche aus Afrika als Ballast mitgebracht wurden, aufgelesen und gegessen), und *Young* (2 Kinder in ähnlicher Weise vergiftet). — Von diesen Vergiftungen endete nur eine tödtlich (ein Kind; *Cameron-Evans*) nach Genuss von 6 Bohnen; *Christison*, sowie *Fraser*, welche zur Prüfung der Bohnen 0,3—0,6 g nahmen, wurden erheblich krank. Nach *Vée* und *Leven* wirken schon 4 mg „Eserin" beim Menschen toxisch und bewirken 10 mg mehrstündige Intoxication mit Ekel, Erbrechen, Muskelschwäche. — In Afrika wurden zu den Gottesurtheilen 1—25 Bohnen, zerquetscht, den Verbrechern gegeben (*Thompson-Watson*). — Die *Pharmacopoea germanica* schreibt als Maximaldosen vor für **Extractum Fabae Calabaricae** pro dosi: 0,02; pro die: 0,06 g.

---

[1]) Abbild.: von *Balfour* in Transact. of the roy. Soc. of Edinb. 22. II. p. 305.

Symptome der Vergiftung.

Fraser gibt als erstes Symptom, bald nach der Einnahme des
Giftes eintretend, heftigen Schmerz im Epigastrium unter dem Sternum
an, dann Aufstossen, ein Gefühl von Dyspnoë, Schwindel, Muskelschwäche; bei grösseren Dosen Krampf der Brustmuskeln, unregelmässigen, langsamen Puls etc. — Heftiger waren die zufällig entstandenen Intoxicationen. In den von *Cameron-Evans* berichteten Fällen
zeigten sich die ersten Symptome 5—10 Minuten bis selbst 2½ Stunden nach dem Genuss des Giftes, durchschnittlich nach 20—30 Minuten.
Erbrechen, welches bei 38 Patienten (82,5 %) erfolgte, trat als erstes
Symptom auf; meist wird, wie oft auch bei den Gottesurtheilen, hierdurch das Gift wieder entleert; in dem tödtlich verlaufenen Falle fehlte
Uebelkeit und Erbrechen ganz. — Alle klagten über Schmerzen im
Leibe und erfolgten bei 15 Kranken bald Durchfälle. Daneben ent-
wickelte sich schon ziemlich früh, bald nach dem Erbrechen, Muskelschwäche, welche sich zu lähmungsartigem Zustand steigerte; dabei
verlangsamter Puls, kalte Extremitäten, kalte Schweisse, facies Hippo-
cratica. Von 10 Patienten, welche darauf untersucht wurden, hatten
nur 3 verengte Pupillen. Der Tod erfolgte (in einem Falle) ganz
plötzlich. Convulsionen und Anästhesie wurden nicht beobachtet.

Cameron und *Evans* fanden in der Leiche ihres Gestorbenen das
Herz erschlafft, den linken Ventrikel ganz relaxirt, mit Blut und Gerinnsel erfüllt. In Magen und Darm grosse Mengen mandelmilchähn-
licher Massen.

Experimentaluntersuchungen.

Wenn auch der Calabarbohne und ihren Präparaten nur ein geringes Interesse wegen der sehr selten vorkommenden Intoxicationen
(in den letzten 12 Jahren kein Fall) von der praktischen Toxikologie
zuerkannt werden kann, so ist die Physostigminwirkung für den Thera-
peuten, sowie für den experimentirenden Toxikologen von der grössten
Wichtigkeit. Seit *Christison* resp. *Fraser* sind zahlreiche Untersuchungen über die Wirkung der Calabarpräparate angestellt worden; die
Resultate dieser Untersuchungen sind sehr verschieden, jedenfalls wohl
deshalb, weil zu den Untersuchungen nicht ein chemisch-reiner Körper,
sondern ein Gemenge zweier in der Calabarbohne enthaltenen giftigen
Substanzen benutzt wurde. Erst die Untersuchungen von *Harnack* und
Witkowski wurden mit dem von ihnen dargestellten calabarinfreien
Physostigmin angestellt. Indem ich bezüglich der bestehenden ver-
schiedenen Ansichten über die Calabarwirkung auf die Abhandlung von
Harnack und *Witkowski* verweise, führe ich hier die Resultate ihrer
Untersuchungen vor.

Schwefelsaures Physostigmin, in Dosen von 2—5 mg Fröschen
applicirt, hebt bei diesen schnell durch directe Lähmung der Nervencentren die willkürlichen Bewegungen auf; auch die Sensibilität wird
herabgesetzt, später hört die Athmung auf und nimmt nun auch die
Reflexerregbarkeit ab. Die Stämme der motorischen Nerven und ihre
Endigungen in den Muskeln werden nicht gelähmt. Die Wirkung des
Physostigmins scheint anfangs nur auf das Gehirn, erst später auch
auf das Rückenmark gerichtet zu sein.

Bei Säugethieren (bei Hunden wirken 4—5, bei Katzen 2—3, bei Kaninchen c. 3 mg tödtlich) treten nach schnell vorübergehender Beschleunigung der Athmung die Symptome der Lähmung des Respirationscentrums stark hervor und kann, wenn nur die minimal letale Dosis applicirt ist, durch künstliche Respiration das Thier gerettet werden. Heftige fibrilläre Zuckungen können an sämmtlichen Körpermuskeln beobachtet werden.

Die Thätigkeit des Froschherzens wird schon durch ½ mg verlangsamt, aber verstärkt; Vagusreizung ruft nunmehr keinen Stillstand mehr hervor. Der Muscarinstillstand wird durch Physostigmin beseitigt. Untersuchungen, ausgeführt durch Anwendung von Muscarin-Physostigmin-Kupfersalz-Atropin, stellen die Wirkung des Physostigmins als auf die Muskelsubstanz des Froschherzens gerichtet hin. Die Muskelsubstanz wird durch dieses Gift erregt. — Auch auf die Scelettmuskeln des Frosches äussert das Physostigmin eine ähnliche Wirkung, indem unter dem Einfluss desselben die Erregbarkeit des Muskels ziemlich bedeutend gesteigert wird.

Bei Säugethieren wird die Wirkung der Vagusreizung durch Physostigmin nicht aufgehoben. Kleine Dosen des Giftes bedingen, in Folge der Einwirkung auf das Gefässnervencentrum, ein Sinken des Blutdrucks, grosse Dosen in Folge einer Wirkung auf den Herzmuskel: Steigerung des Blutdrucks und Abnahme der Pulsfrequenz. Bei Thieren, bei welchen in Folge der Chloralwirkung Blutdruck und Pulsfrequenz stark herabgesetzt sind, wird durch Physostigminapplication beides wieder erhöht. — Eine Wirkung des Physostigmins auf die Scelettmuskeln muss daraus geschlossen werden, dass das Gift bei curarisirten Thieren, deren Nerven schon gelähmt sind, noch fibrilläre Muskelzuckungen hervorzurufen im Stande ist.

Therapeutisch interessant ist jedenfalls die Wirkung auf die Pupille, resp. das Auge. Schon 10—15 Minuten nach der Application der Giftlösung in den Conjunctivalsack beobachtet man den Eintritt der Verengerung der Pupille (nach Vée und Leven bei Menschen schon durch 0,0004 mg „Eserin"), dieselbe erreicht in den nächsten 5—10 Minuten ihren Höhepunkt, verharrt auf diesem 6—18 Stunden und ist erst nach 2—3 Tagen vollständig verschwunden. Der myotischen Wirkung geht nach v. Reuss eine Wirkung auf die Accommodation voraus, welche meist in 5—10 Minuten beginnt, zwischen der 30. und 40. Minute ihr Maximum erreicht und nach 1—2 Stunden verschwunden ist. (Constant beobachtet man ferner eine Zunahme der Hornhautkrümmung: die Verkleinerung des Hornhautradius betrug 0.04 bis 0,14 mm; v. Reuss). In dem glaucomatösen Auge setzt Physostigmin den Druck herab, in Folge verminderter Exsudation in den Glaskörper; letzteres ist zurückzuführen auf die Erregung der Musculatur der Chorioidealgefässe (Laqueur). — Die verengte Pupille kann durch Reizung des Sympathicus erweitert werden, sie erweitert sich in Folge voller Beschattung etwas, zu mittlerer Weite, ebenso nach Atropineinwirkung; die Myose tritt auch an dem ausgeschnittenen Auge ein, dieselbe entwickelt sich auch an dem durch Atropin mydriatisch gemachten Auge, jedoch nur langsam. Martin-Damourette, sowie Harnack und Witkowski geben als Grund der Myose eine erregende Wirkung des Physostigmins auf den Musculus sphincter iridis an. — Die bei der

Physostigminintoxication zu beobachtende Vermehrung der Speichelsecretion soll nach *Harnack* und *Witkowski* durch eine stärkere Erregung des Drüsenparenchyms zu Stande kommen. — Auch auf den
Darm wirkt das Physostigmin, indem häufige Entleerungen stattfinden.
Der Darm wird durch die Calabarwirkung in lebhafte peristaltische
Bewegungen versetzt, welche letztere zu Darmkrampf gesteigert werden können. Auch diese Wirkung ist auf eine Erregung der Darm-
musculatur zurückzuführen. — *Röhrig* beobachtete verstärkte Contraction der Harnblase und namentlich peristaltisch verlaufende Contractionen an dem nicht schwangeren Uterus der Kaninchen. — Das
Physostigmin tödtet durch Lähmung des Athmungscentrums.

Behandlung der Vergiftung.

Die Behandlung hat bei der Einführung von Calabarbohnen in
den Magen, wenn dies nicht schon durch die Giftwirkung veranlasst
werden sollte, für Entleerung des Giftes zu sorgen. Sind Theile des
Giftes bereits resorbirt, so hat man nöthigenfalls durch die künstliche
Respiration die Wirkung der Athmungslähmung auf das Herz zu verhindern. — Atropin ist gegen die Calabarvergiftung als Antagonist
empfohlen worden auf Grund von günstig ausgefallenen Thierversuchen
(*Bartholow, Fraser, Schroff, Köhler* u. A.); theoretisch ist ein physiologischer Antagonismus jedenfalls nicht anzunehmen; dennoch könnte
Atropin bei Intoxicationen des Menschen Anwendung finden. — Die
in Edinburg ausgeführten Untersuchungen lassen einen günstigen Einfluss des Chloralhydrats gegen die Calabarvergiftung erkennen (*Bennett*):
über diesen Antagonismus sind wohl noch weitere Untersuchungen nothwendig, zumal unbekannt ist, ob *Bennett* nicht mit Calabarin gearbeitet hat.

Chemischer Nachweis.

Nach *Dragendorff* konnte Physostigmin im Speichel, Magen, Darm,
Blut und Leber nachgewiesen werden. Dasselbe geht in den Benzin-
auszug der ammoniakalischen, wässerigen Flüssigkeit über. Der erhaltene Rückstand ist zu prüfen: mit Bromwasser, welches noch bei
Lösungen von 1:5000 einen gelblichen Niederschlag gibt; mit Jod-
Jodkalium, in Lösungen von 1:25000 einen kermesfarbenen Niederschlag liefernd. Chlorkalksolution färbt noch 0,5 mg schwefelsaures
Physostigmin innerhalb 5—10 Minuten röthlich. — Das erhaltene Extract wird man auch bezüglich seiner Wirkung auf die Pupille zu
prüfen haben. — *Dragendorff* fand, dass Physostigmin, mit Blut gemengt und 3 Monate lang aufbewahrt, nicht mehr nachweisbar war.
Anhang. Das schon genannte zweite Alkaloïd der Calabarbohnen, das Calabarin wirkt in Folge der Untersuchungen von *Har-*
nack und *Witkowski* nach Art des Strychnins tetanisch.

40. Morphin.

Papaver somniferum *L.*, der Gartenmohn[1]) (Fam. Papa-
veraceae), im Orient einheimisch, in vielen Ländern als Culturpflanze

---

[1]) Abbild.: *Berg* und *Schmidt* XV. e.

gebaut. — Ein 1jähriges, 1 m hohes Kraut, mit kahlem Stengel, länglichen, gesägten Blättern, endständigen Blüthen, deren Blumenblätter entweder milchweiss, am Grunde lila (Papaver somniferum β album *D C.*), resp. purpurn, am Grunde schwärzlich (P. s. α uigrum *D C.*) gefärbt sind. Frucht eine kahle, kugelige oder länglich-eiförmige, kurzgestielte (von nigrum in Poren aufspringende) Kapsel — im unreifen Zustande gesammelt als Fructus Papaveris officinell —, welche eine grosse Zahl kleiner, nierenförmiger, weisslich, bläulich resp. graugefärbter Samen enthält. — In der Mittelschicht des Fruchtgehäuses finden sich Milchsaftgefässe. Der in denselben enthaltene Milchsaft wird in einzelnen Culturländern des Mohns im grossartigsten Massstabe gewonnen; er ist die unter dem Namen Opium im Handel vertriebene Droge.

Die Gewinnung des Opiums geschieht nicht überall nach derselben Methode, auch haben die verschiedenen Handelssorten nicht dieselbe Beschaffenheit, und, was am wichtigsten, nicht die gleiche chemische Zusammensetzung. — Kurze Zeit nach Abfall der Blumenblätter werden die noch unreifen Kapseln mit geeigneten Instrumenten angeritzt (die Kapselwand nicht durchschnitten), der ausfliessende Saft eingesammelt, eingetrocknet und in bestimmte Formen gebracht. Eine Mohnkapsel liefert: 72—90 mg Opium (*Schrader*, *Desaga*). — Im Handel sind folgende Opiumsorten von grösserer Bedeutung: 1) das türkische (kleinasiatische, Smyrnaer) Opium, bestehend aus glatten, scheibenförmigen, bis 700 g schweren Broden, welche in ein Mohnblatt gehüllt, mit Rumexfrüchten bestreut sind; 2) das persische Opium, welches theils in Form von bis 12 cm langen, in Papier gehüllten Stangen, theils als in Mohnblatt gehüllte Brode in den Handel kommt. 3) Das indische Opium: Kugeln von 1500 g Gewicht, mit einer aus den Blumenblättern des Mohns bestehenden Hülle versehen: 4) das ägyptische Opium, dem türkischen ähnlich, ohne Rumexfrüchte. — Auch in andern Ländern wird die Mohnpflanze zur Opiumgewinnung cultivirt, so in China, dem asiatischen Russland, in Algier, in Nordamerika (Californien), in Neuholland, in verschiedenen Ländern Europa's, doch ist das erhaltene Opium bis jetzt für den Handel ohne Bedeutung.

Die eigentliche Opiummasse ist im frischen Zustande hellbraun, weich, knetbar, getrocknet aber dunkelrothbraun, hart, auf dem Bruche glänzend, körnig; sie ist in Alkohol, in Wasser theilweise löslich, riecht eigenthümlich, narkotisch, schmeckt intensiv bitter.

Zahlreiche Untersuchungen sind über die Zusammensetzung des Opiums ausgeführt worden. 1803 zeigte *Derosne* die Existenz eines krystallisirbaren Princips im Opium. Etwas später beschäftigte sich *Sertürner* mit dem Opium; seine Publicationen blieben ziemlich unbeachtet, bis er 1816 bewies, dass der von ihm aus dem Opium dargestellte, krystallisirende Körper, den er Morphium nannte, ein wahres, sich zunächst dem Ammoniak anschliessendes, mit Säuren zu Salzen verbindbares Alkali sei, welches die therapeutischen Wirkungen des Opiums in höherem Grade in sich einschlösse. Seit der Entdeckung des Morphins, des ersten bekannten Alkaloïdes, hat sich das Opium in den Händen der Chemiker als eine reiche Fundgrube für eigenthümliche Pflanzenstoffe ergeben. 1817 erkannte *Robiquet* die basische

Natur des Narkotins und entdeckte derselbe 1832 das Codeïn. In demselben Jahre fand *Thiboumery* in *Pelletier*'s Fabrik das Thebaïn, *Pelletier* das Narceïn; 1835 fanden *Pelletier* und *Thiboumery* das Pseudomorphin. Das Papaverin wurde 1848 von *Merck* zuerst besprochen. 1867 fanden *T.* und *H. Smith* das Kryptopin, in den Jahren 1869—1871 *O. Hesse* das Mekonidin, Lanthopin, Codamin, Laudanin, Laudanosin, Protopin, Hydrocotarnin. Diesen 15 Opiumalkaloïden fügten *T.* und *H. Smith* 1878 das 16., von ihnen Gnoscopin genannt, hinzu. — Ausser diesen Pflanzenbasen und einer Zahl von Stoffen, deren Vorkommen nicht auf das Opium beschränkt ist (Cellulose, Wachs, Zucker, Milchsäure, Gummi etc.), sind in dem Opium noch eine ihm eigenthümliche Säure: die Meconsäure (1804 von *Sertürner* entdeckt), sowie 2 indifferente Körper: das Meconin und das Meconoiosin aufgefunden worden. Wir kennen demnach zur Zeit 19 dem Opium eigenthümliche Pflanzenstoffe.

1) Morphin: $C_{17}H_{19}NO_3 - H_2O$, bildet rhombische Prismen, welche in Wasser schwer löslich (in 1000 Th.), von 100 Th. Weingeist, von 13 Th. kochendem Alkohol aufgenommen werden; die Lösung reagirt alkalisch, schmeckt-bitter, dreht die Polarisationsebene stark nach links. Mit Säuren liefert es krystallisirende Salze, von denen officinell sind a) das essigsaure Morphin: in 12 Theilen Wasser löslich, ein unbeständiges Salz, welches allmälig die Essigsäure verliert: b) das Morphinhydrochlorat: $C_{17}H_{19}NO_3 . HCl - 3H_2O$: weisse Nadeln, welche in 20 Th. Wasser löslich sind; c) das Sulfat, schon in 2 Th. Wasser löslich. — Wird Morphin mit rauchender Salzsäure auf 150° C. erhitzt, so entsteht aus ihm, unter Wasserabgabe, eine neue Base, das Apomorphin: $C_{17}H_{17}NO_2$, dessen Wirkung von der des Morphin verschieden ist.

2) Codeïn: $C_{18}H_{21}NO_3 - H_2O$, bildet grosse, vierseitige, rhombische Prismen, welche bei 150° C. schmelzen, sich schon in 80 Th. Wasser lösen; die Lösung schmeckt bitter.

3) Narcotin: $C_{22}H_{23}NO_7$, rhombische Prismen, in Wasser unlöslich, geschmacklos; schmilzt bei 176° C.

4) Thebaïn: $C_{19}H_{21}NO_3$, schöne, farblose Krystallblätter, in Wasser unlöslich, bei 193° schmelzend. Liefert, mit Salzsäure längere Zeit gekocht, 2 Basen: Thebenin und Thebaïcin.

5) Narceïn: $C_{23}H_{29}NO_9$, kleine, in kochendem Wasser lösliche, bittere Prismen, welche bei 145° schmelzen.

6) Pseudomorphin: $C_{17}H_{19}NO_4$, in Wasser unlösliche Schüppchen.

7) Papaverin: $C_{21}H_{21}NO_4$, farblose, in Wasser unlösliche, geschmacklose, bei 147° schmelzende Prismen.

8) Kryptopin. $C_{21}H_{23}NO_5$, kleine Rhomboëder, bei 217° schmelzend: die Salze scheiden sich aus den Lösungen anfangs gallertartig ab.

9) Mekonidin: $C_{21}H_{23}NO_4$, amorphe, bei 58° schmelzende Masse.

10) Lanthopin: $C_{23}H_{25}NO_4$, weisse, bei 200° schmelzende Prismen.

11) Codamin: $C_{20}H_{25}NO_4$, 6seitige, in Wasser lösliche Prismen; bei 126° schmelzend.

12) Laudanin: $C_{20}H_{25}NO_4$, grosse Prismen, bei 166^0 schmelzend, geschmacklos.

13) Laudanosin: $C_{21}H_{27}NO_4$, bei 89^0 schmelzende, prismatische Nadeln.

14) Protopin: $C_{20}H_{19}NO_5$, bei 202^0 schmelzendes, weisses Krystallpulver.

15) Hydrocotarnin: $C_{12}H_{15}NO_3$, bei 50^0 schmelzende, monokline Krystalle.

16) Gnoscopin: $C_{34}H_{36}N_2O_{11}$, bei 233^0 schmelzend.

Diese Opiumalkaloïde finden sich in der Opiummasse in sehr wechselnder Menge vor, abhängig von der Cultur, den Bodenverhältnissen, der Zeit des Einsammelns etc. — Praktisch am wichtigsten von ihnen ist das Morphin; die Mengen, welche von diesem Alkaloïd in den verschiedenen Opiumsorten vorkommen können, sind aus folgenden Angaben ersichtlich: In 92 verschiedenen Proben von türkischem Opium schwankte der Morphingehalt zwischen 2,16 und 15% (*Fayk Bey*), das feinste türkische Opium, das von *Gheiré* enthält 12 bis 15% (*Finckh*), in einer kleinasiatischen Sorte fand *Guibourt* 21,46%. Persisches Opium enthält von 5—10% (*Finckh*), selbst 12 bis 14% (*Palm*); indisches bis 6,1% (*Flückiger*), chinesisches bis 6,5%. Aegyptisches Opium enthielt 3—8,2%, amerikanisches 3,5% (*Grahame*) bis 8,75 (*Kennedy*) bis 15,75% (*Procter*). In Australien gewonnenes Opium bis zu 10% (*Bosisto*). Von europäischen Sorten ist das französische Opium zuerst zu erwähnen; *Guibourt* fand in einer Probe 22,88% Morphin (den höchsten bis jetzt gefundenen Gehalt!), in andern Proben: 20,7 und 21,2%. Auch in deutschem Opium fand *Biltz* einmal 20%, doch ist der Gehalt gewöhnlich nur 13—15% (*Jobst*), 16,5% (*Desaga*); in österreichischem Opium fand *Godeffroy* bis 11%, in schwedischem *Almquist* bis 12% Morphin. — Nach der *Pharmacopoea germanica* soll das officinelle Opium wenigstens 10% Morphin enthalten.

Von den übrigen Alkaloïden ist das Narcotin zunächst zu nennen; auch die Menge dieses Körpers wechselt sehr, sowohl absolut, als auch in Bezug auf die Morphinmenge. Einzelne Opiumsorten enthalten geringere Mengen Narcotin als Morphin (so fand *Procter* neben c. 16% Morphin: 2% Narcotin), andere, namentlich die indischen, vorherrschend Narcotin. *Fricker* fand in indischem Opium neben 1,7% Morphin: 9,9% Narcotin, in persischem neben 9,5% Morphin: 12,5% Narcotin. — Codeïn wurde bis zu 1% gefunden, in der Regel ist die Menge aber geringer; so fand *Jobst* neben 12,6% Morphin nur 0,12% Codeïn. — *T.* und *H. Smith* fanden in Opium mit 10% Morphin: Narcotin: 6%, Papaverin: 1%, Codeïn: 0,3%, Thebaïn: 0,15%, Narceïn: 0,02%, Meconin: 0,01% und Meconsäure: 4%. — Pseudomorphin fand *Hesse* zu 0,02%, Kryptopin zu 0,003%, Codamin zu 0,0033%, Lanthopin und Laudanin zu je 0,0055%.

Von den aus Opium dargestellten galen'schen Präparaten sind zu erwähnen: das mit Hülfe von Wasser dargestellte Extract: c. 15—20% Morphin enthaltend; die durch Ausziehen mit verdünntem Weingeist erhaltene Tinctura Opii simplex (dieselbe enthält c. 0,9% Morphin, c. 0,5% Narcotin; *Fricker*. Der Morphingehalt der englischen Opiumtinctur schwankte in 18 Proben zwischen 0,12 und 0,92%/o, das Mittel war 0,554%/o; *Dott*), sowie die Tinctura Opii crocata, das Laudanum liquidum Sydenhamii, zu deren Darstellung ausser Xereswein noch Safran, Gewürznelken und Zimmtkassie benutzt werden, deren Morphingehalt: 0,4–0,58%/o, deren Narcotingehalt: 0,6–0,75%/o beträgt (*Fricker*). — Die übrigen officinellen Opium-haltigen Arzneimischungen haben für die praktische Toxikologie nur eine geringe Bedeutung. — Schliesslich sind noch die ebenfalls officinellen Fructus Papaveris zu nennen. *Fricker* fand in denselben 0,11–0,13% Alkaloïde, davon 0,04% Narcotin, 0,03% Morphin; auch *Krause* konnte diese Stoffe, sowie die Meconsäure nachweisen.

Das Opium, resp. der wichtigste Bestandtheil desselben, das Morphin, hat für die Toxikologie eine sehr grosse Bedeutung; Vergiftungen durch Opium, resp. durch aus diesem dargestellte Präparate kommen ziemlich häufig vor. Wir unterscheiden:

1) Die acute Vergiftung.

Die Häufigkeit der acuten Morphinvergiftung ergibt sich wohl aus folgenden Zahlenangaben: In Frankreich wurden 1831—1871:. 793 Vergiftungen gerichtlich verhandelt; als Gift wird bei 6 Fällen Opium, bei 3 Fällen Laudanum genannt. In England (1837—1838) waren von 541 Todesfällen (Selbst- und Giftmord) 198 (36,6%/o) durch Opiaceen veranlasst; im Jahre 1840 waren von 349 Vergiftungen 75 (21,5%/o; darunter 42 Kinder unter 5 Jahren) durch Opiaceen hervorgerufen; in den Jahren 1852 bis 1856 kamen durchschnittlich 140 Todesfälle auf Opiaceen (davon 34 Opium, 89 Laudanum). In Preussen benutzten 1869 von 103 Selbstmördern nur 5 Morphin zur Ausführung des Selbstmordes. Zur Ausführung eines Giftmordes wurde von den hier mit berücksichtigenden Stoffen nur selten Gebrauch gemacht und doch war es gerade das Morphin, welches von allen Alkaloïden zuerst, in der Hand des Dr. *Castaing* in dieser Weise Anwendung fand (1823).

Ich habe die in der Literatur behandelten Vergiftungen der letzten 12 Jahre zusammengestellt: 92 Intoxicationen sind auf die Wirkung der Opiaceen zurückzuführen. Eine kurze Betrachtung dieser Fälle wird uns mit der Aetiologie der Opiatvergiftung hinreichend bekannt zu machen vermögen.

Die 92 Fälle sind ihrer Entstehung nach als Selbstvergiftungen (26) und medicinale Vergiftungen (52) zu bezeichnen; bei 14 Fällen finde ich die Ursache nicht angeführt, doch glaube ich, mit Rücksicht auf die hohen Giftmengen u. a. m. annehmen zu dürfen, dass es sich bei diesen Fällen, jedenfalls den meisten, um Selbstvergiftung handelt. Die Selbstmörder benutzten vorzugsweise (14) „Laudanum" resp. (5) Opiumtinctur, nur 2 Opium, 5 Morphin. In den 14 Fällen kam 5mal Laudanum, 2mal Opiumtinctur, je 3mal Opium und Morphin und 1mal Opiumextract zur Anwendung. — Von den 26 Selbstmördern starben 8, • von den weiter angeführten 14 Vergifteten 4, demnach von 40:12 (30%).

Von den 52 medicinalen Intoxicationen sind 32 durch Versehen, durch die Schuld der Patienten, resp. deren Angehörigen hervorgerufen, 13 durch Verschulden des Apothekers, während bei 7 der behandelnde Arzt als Urheber angesehen werden muss. — In den letztgenannten Fällen handelt es sich um die therapeutische Anwendung zu grosser Dosen (so verordnete ein Arzt in der Eile 12 Gran statt ¹/₂ Gran [0,78 g statt 0,03 g] Morphin; der Patient starb). — Die 13 Vergiftungen, für deren Zustandekommen wir den Apotheker verantwortlich machen müssen, sind theils durch Verwechslung der giftigen mit weniger stark wirkenden Stoffen, theils durch Verabreichung zu hoher Dosen veranlasst. So wurde Opium und Opiumtinctur statt Rhabarber resp. Calomel, Morphinpulver statt Abführpulver gegeben; besonders sind hier namhaft zu machen die Verwechslungen (6), welche zwischen Morphin und Chininsalzen vorkamen; Morphinum muriaticum resp. sulfuricum wurden statt der gleichnamigen Chininsalze, natürlich in der dem Chinin entsprechenden hohen Dosis verabreicht, theils dadurch, dass der dispensirende Apotheker beide Salze verwechselte, theils dadurch, dass die Verwechslung schon in der chemischen Fabrik, in dem Drogengeschäft stattgefunden hatte; die 6 Patienten erlagen der Giftwirkung. Ueberhaupt starben von den 13 durch solche Verwechslungen Vergifteten 11 (85%). — Die 32 durch Schuld der Patienten etc. hervorgerufenen Intoxicationen betreffen nur zum kleineren Theile (9) Erwachsene, welche meist durch Einnahme zu grosser Mengen der verordneten Arznei die Vergiftung verursachten. Die bei 23 Kindern beobachteten Erkrankungen und Todesfälle sind in der verschiedensten Weise veranlasst worden; in einigen Fällen wurden den Kindern Opium-haltige Arzneien (Pulver), welche für Erwachsene bestimmt waren, verabreicht; in andern Fällen fand eine Verwechselung zweier Arzneien statt und erhielten in Folge derselben die Kinder: Morphinlösung statt Brechwein, Opiumtinctur statt Tinctura Rhei, Morphinpulver statt Calomelpulver u. a. m.; wieder in andern Fällen wurden die stark giftigen Stoffe als Beruhigungs- und Schlafmittel dem Kinde von seiner Wärterin, seiner Mutter verabreicht; als solche Mittel dienten ausser Opium und Laudanum noch ein Decoct der Mohnköpfe (3 Fälle), sowie der mit Hülfe der Mohnköpfe dargestellte Syrupus Diacodii (1 Fall). — Von den 32 Vergifteten starben 12 (38%). — Praktisch wichtig ist die beobachtete Vergiftung eines Säuglings durch die Milch seiner Mutter, welche vor einer Operation Opium in Extract und Pillenform genommen hatte.

Von den 92 Vergifteten waren 32 Männer, 18 Frauen, 30 Kinder: bei 12 fehlen die betreffenden Angaben. — Was die Präparate betrifft, so wurden 34 Vergiftungen durch Morphin und dessen Salze, 2 durch Codeïn, 36 durch Opiumtinctur (davon 25 durch „Laudanum", 2 durch Tinctura Opii crocata), 15 durch Opium, eine durch Opiumextract und 4 durch Fructus Papaveris resp. den Syrupus Diacodii veranlasst. Als weitere Opium-haltige Präparate, welche ebenfalls schon zu Vergiftungen führten, sind eine kleine Zahl, namentlich in England viel gebrauchter Geheimmittel als Godeffrey's Cordial, Dalby's Carminative u. a. m. zu nennen. — In der grossen Mehrzahl der Fälle wurden die giftigen Substanzen in den Magen gebracht; doch kamen auch einzelne Vergiftungen (3 Fälle von 92) zu Stande durch Application des Giftes in den Darm als Clysma, andere (3) durch die subcutane Injection von Morphinlösungen. Dass auch von wunden Körperstellen aus, durch Umschläge, Linimente resp. Pflaster solche Vergiftungen hervorgerufen werden können, ist bewiesen. — Von den 92 Vergifteten starben 37 (40%).

Die toxisch und letal wirkenden Mengen der Opiaceen können nur annähernd angegeben werden, da die Art des Präparates, das Alter des Individuums, etwa bestehende Krankheiten, Gewöhnung an Opiaceen etc. neben der Applicationsstelle, dem Füllungszustande des Magens u. a. m. für die Grösse der Dosis von grosser Bedeutung sind. — Wir finden in der Literatur zahlreiche Angaben über letal wirkende Dosen vor. Nach *Taylor* erlag ein kräftiger, 32jähriger Mann einer Dosis von 0,26 g Opium; ein 19jähriges Mädchen starb, nachdem sie 0,065 Morphin. muriat. in getheilten Dosen eingenommen hatte. Dies die minimal-letalen Dosen! — In vielen letalen Fällen kamen Giftmengen zur Wirkung, welche die minimal-letalen nur um weniges überschreiten; andererseits ist keine kleine Zahl von Beobachtungen bekannt, welche darthun, dass unter günstigen Umständen viel grössere Giftmengen, selbst Dosen von c. 150 g Laudanum (*Taylor*), von 3,3 g essigsaurem Morphin (*Orfila*) überstanden wurden. — In allen Lehrbüchern finden wir erwähnt, dass Kinder und jugendliche Individuen der Opiumwirkung gegenüber viel empfindlicher [1]) seien, als Erwachsene. Auch führt *Taylor* 4 Fälle genauer an, betreffend nur wenige Tage alte Kinder, welche durch 5 bis 8 mg Opium (in Form der Tinctur, zu 1—2 Tropfen gegeben) getödtet wurden; unter den oben angeführten 92 Vergifteten befand sich ein 2 Wochen altes Kind, welches ebenfalls durch 7,5 mg Opium zu Grunde ging. Andernseits wurde beobachtet, dass Kinder nach relativ sehr hohen Dosen von Opiaceen wieder hergestellt wurden (so ein 3 Monate altes Kind nach 0,325 g, ein 6 Jahr altes Kind nach c. 0,5 g Opium).

Von Krankheitszuständen, welche die Intensität der Opiumwirkung und damit die Höhe der letalen Dosis zu modificiren vermögen, nennen wir hier Psychosen (Melancholie etc.), Tetanus, Delirium tremens, Strychnin- und Atropinvergiftung. Dass auch Krebskranke grosse Dosen Opiaceen vertragen, findet man ebenfalls erwähnt; bei diesen Kranken kommt jedenfalls die Gewöhnung an das Opium mit in Betracht. Diese Gewöhnung an das Opium tritt ziemlich schnell, schon nach kurzem Gebrauch dieser Stoffe, bei jedem Menschen, sei es Kind oder Erwachsener, sei es Kranker oder Gesunder auf; in Folge derselben muss man, um die gleichen, therapeutisch zu verwerthenden Wirkungen zu erzielen, die Tagesgaben fortwährend erhöhen. So

---

[1]) Bei der therapeutischen Benutzung der Arzneimittel, bei der Bestimmung der von denselben anzuwendenden Mengen pflegen wir, ausser auf andere Verhältnisse, besonders auf das Alter der Patienten Rücksicht zu nehmen; zu diesem Zwecke hat man sog. Alterscalen aufgestellt. Nach der von *Hufeland* gegebenen verhält sich die Arzneimenge, welche ein 2 Wochen altes Kind erhalten soll, zu der Dosis, welche wir einem Erwachsenen (25 Jahre) geben dürfen, wie 1:40. — In 5 Fällen wurde bei wenige Tage alten Kindern als minimal-letale Opiummenge 5—8 mg. im Mittel 6.7 mg gefunden. Das 40fache dieser Menge (= 0.268 g) stimmt mit der oben für den Erwachsenen angeführten minimal-letalen Menge (0.26 g) merkwürdig überein! Meines Wissens hat bis jetzt noch Niemand auf diese Verhältnisse aufmerksam gemacht! — In einem vereinzelt dastehenden Falle betrug die letale Dosis für ein kleines Kind 1/90 Gran = 0.7 mg Opium (*Edwards*); dementsprechend finden wir bei *Taylor* ebenfalls einen isolirt dastehenden Fall; ein 77jähriges Weib starb nach 2 Drachmen Tinctura Opii benzoica, entsprechend 1/2 Gran = 0.0325 g Opium (der 40. Theil beträgt: 0,8 mg!).

werden im Laufe der Zeit von solchen Menschen ganz unglaublich grosse Mengen von Opium vertilgt; die letal wirkende Menge ist dem entsprechend auch ganz beträchtlich erhöht. — Die von der *Pharmacopoea germanica* festgesetzten Maximaldosen sind: Morphinum, Morphinum aceticum, hydrochloricum und sulfuricum von jedem pro dosi: 0,03 g, pro die: 0,12 g; Codeïnum: 0,05 g pro dosi, 0,1 pro die; Opium: 0,15 g pro dosi, 0,5 g pro die; Extractum Opii, pro dosi: 0,1 g, pro die: 0,4 g; Tinctura Opii crocata und simplex von jedem 1,5 g pro dosi, 5 g pro die.

Symptome der acuten Vergiftung.

Je nach der Applicationsstelle und deren Beschaffenheit (z. B. Füllungszustand des Magens), je nach der grösseren, resp. geringeren Menge, dem Zustande des Giftes u. v. a. werden die Vergiftungserscheinungen schneller, resp. langsamer zum Vorschein kommen. — Wird Morphin, bei der subcutanen Application, zufällig direct in eine Vene eingeführt, so werden die Symptome in sehr kurzer Zeit ausgebildet sein; nach der subcutanen Application des Morphin vergehen schon mehrere Minuten, bis die Wirkung beginnt. Wird Morphin in Substanz resp. Opium in fester Form in den mit Speisebrei angefüllten Magen eingeführt, dann können selbst Stunden verstreichen, bis die Symptome eintreten.

In vielen Fällen kann man, nach der Einnahme kleiner Mengen Morphin. abgesehen von den Klagen über bittern Geschmack, als Anfangswirkung einen Zustand der Erregung constatiren; es besteht Exaltation, eine Art von Berauschung, verbunden mit Delirien, gesteigertem Bewegungstrieb, Hallucinationen, Schlaflosigkeit etc. Dann stellt sich Eingenommenheit des Kopfes ein, Kopfschmerz, Schwindel, (auch Uebelkeit, Würgen und Erbrechen können eintreten), Mattigkeit, Somnolenz; die Patienten liegen mit ruhiger Respiration, ruhig schlafend da, sie können durch starkes Zureden, starkes Rütteln leicht erweckt und für einige Zeit munter erhalten werden. — Gelangen grössere Mengen Gift in das Blut, so wird der Schlaf auch fester und fester, es wird immer schwieriger, den Patienten zu erwecken, endlich gelingt dies nicht mehr. In tiefem Coma, mit kühler, von Schweiss bedeckter Haut, blassem, resp. cyanotischem Gesichte, hochgradig verengten, punktförmigen Pupillen liegt der Patient bewusst- und regungslos da, seine Athmung ist verlangsamt, unregelmässig, ebenso die Thätigkeit des Herzens; die Sensibilität ist stark herabgesetzt, resp. vollkommen aufgehoben, die Muskeln sind erschlafft, oft wie gelähmt. „Immer flacher und seltner werden die Athemzüge, unregelmässiger und schwächer der Herzschlag, tiefer sinkt die Körperwärme und unter leichten Zuckungen der Extremitäten, oft auch ganz ohne sie, tritt der letzte, kaum merkbare Athemzug ein" (*Binz*). Entleerungen von Harn und Fäces sind gewöhnlich unterdrückt: häufig tritt heftiges Hautjucken, auch Hautexanthem auf. — Werden sehr grosse Dosen Morphin auf einmal eingeführt, so tritt schnell, ohne die Zeichen der Excitation Schlaf und Coma ein. — War die eingeführte Giftmenge nicht gross genug, um den Tod hervorzurufen, so geht der comatöse Zustand allmälig in ruhigen Schlaf über, aus welchem der Patient nach 24 bis 36 Stunden erwacht; meist besteht alsdann Kopfschmerz, es stellt sich

Uebelkeit und Erbrechen ein, Verdauungsstörungen mit Verstopfung etc. — In einzelnen Fällen trat nach scheinbarer Erholung resp. Besserung ein Rückfall ein, welcher dann mit Tod endete (remittirende Form: *Taylor*). *Hofmann* erklärt das von ihm ebenfalls beobachtete erneute Auftreten soporöser Erscheinungen aus pneumonischen Processen, welche „durch während der Betäubung und während des Darniederliegens im Reflexe erfolgende Aspiration von erbrochenen Substanzen sich ungemein rasch entwickeln“.

Die Dauer der Intoxication ist sehr verschieden. Von 13 Vergifteten, bei welchen ich die Zeitdauer angegeben fand, starb eine Frau, welche 0,25 g Morphini hydrochlorici statt des Chininsalzes erhalten hatte, 40—50 Minuten nach Einnahme des Pulvers (*Ebertz*). In 2 Fällen starben Kinder 5 Stunden nach der Giftaufnahme. 8 Vergiftete starben innerhalb der ersten 12 Stunden, 3 innerhalb der 12. bis 24. Stunde, einer nach 28 und einer nach 30 Stunden (*Boyd*). *Taylor* führt als längste Dauer der Vergiftung 48 Stunden an.

Leichenbefund.

In der Leiche eines durch grosse Dosen Morphin resp. Opium zu Grunde Gegangenen findet man kaum charakteristische Veränderungen der Organe. Ziemlich constant beobachtete man starke Hyperämie des Gehirns und seiner Häute, seröse Ergüsse in den Ventrikeln, Hyperämien der Lungen, das Herz mit dunklem, meist flüssigem Blute erfüllt. Die Harnblase des Vergifteten ist mitunter bedeutend ausgedehnt, mit Urin gefüllt. — War Opium resp. die Tinctur genommen, so wird man am Mageninhalt den eigenthümlichen Geruch wahrnehmen können.

Behandlung der acuten Vergiftung.

Die Entfernung des Giftes aus dem Körper, von der Applicationsstelle, ist die erste Aufgabe, welche der behandelnde Arzt zu erfüllen versuchen muss. Ist das Gift, wie wohl in der Mehrzahl der Fälle, in den Magen applicirt, dann wird man zu versuchen haben, durch Kitzeln des Schlundes etc. Brechbewegungen auszulösen, was kurz nach der Vergiftung wohl stets gelingen wird. Sonst wende man zur Entleerung die Magenpumpe an, resp. wenn diese nicht zur Hand, Emetica, wobei jedoch zu berücksichtigen, dass durch die Wirkung dieser Mittel, namentlich nach der subcutanen Injection von Apomorphin, der Collaps der Vergifteten erhöht werden kann (*v. Böck*). Zweckmässig ist es, mit Hülfe der Pumpe den Magen auszuspülen und hierzu Flüssigkeiten zu benutzen, welche zugleich das Gift unschädlich zu machen vermögen. Hier sind die Gerbsäure-haltigen Flüssigkeiten (Tanninlösung, Galläpfeldecoct, Aufguss von Thee, von Kaffee etc.) zu nennen, welche, ausser zur Ausspülung des Magens, auch noch als Getränk benutzt werden können. Da das gerbsaure Morphin nicht völlig unlöslich ist, so ist für die vollkommene Entfernung bald Sorge zu tragen.

Erscheinungen, welche eine Resorption des Morphins darthun, sind symptomatisch zu bekämpfen. — Den Eintritt des Schlafes, des Coma's kann man, wie dies oft geschah, dadurch aufzuhalten versuchen, dass der Vergiftete durch 2 Personen stundenlang herumgeführt wird (ambulatory treatment); zugleich kann von hautreizenden Mitteln (Sinapismen) Gebrauch gemacht werden; auch kalte Begiessungen werden empfohlen. Am besten wird man letztere appliciren, während der Vergiftete sich in einem warmen Bad befindet; dabei ist aber eine künstliche Abkühlung des Körpers zu vermeiden, man hat im Gegentheil nach *Binz* dahin zu trachten, den starken Wärmeverlust, welchen als Folge der Vergiftung der Körper erleidet, durch andauernde künstliche Erwärmung unschädlich zu machen.

Auch von excitirend wirkenden Substanzen kann man Gebrauch machen und sind als solche empfohlen: Alkoholica, Aether, Kampfer, Kaffee u. a. m. — Treten erhebliche Störungen der Respiration ein, so wird man die Athmung künstlich zu unterhalten haben (s. S. 40). Die günstige Wirkung der künstlichen Respiration ist durch zahlreiche Fälle erwiesen; so wurde ein 7 Monate altes Kind, welches 65 mg Morphini muriatici statt Calomel erhalten hatte, gerettet in Folge der 7—8 Stunden fortgesetzten künstlichen Respiration durch Faradisation der Phrenici, sowie durch Application von Douchen und reizenden Klystieren.

Wir haben schliesslich noch ein Mittel zu nennen, welches schon oft gegen die Morphin-, Opiumvergiftung empfohlen und auch mit günstigem Erfolge angewendet wurde: die Belladonna, das Atropin. Ohne auf die Streitfrage über den „Antagonismus zwischen Morphin und Atropin" einzugehen, erwähne ich, dass ausser den Untersuchungen von *Binz-Heubach* u. A. auch zahlreiche Beobachtungen am Krankenbette eine günstige Wirkung des Atropins bei Morphinvergifteten erkennen lassen. *Binz* spricht sich über die Wirkung, welche das Atropin bei unserer Vergiftung zu äussern vermag, also aus: „Das Morphin hat die excitomotorischen Apparate stark gelähmt; das Atropin hebt diese Lähmung nicht, aber es nimmt die Hemmung weg, welche in dem Herzen noch thätig ist, und schafft damit indirect die Aufbesserung des Blutdrucks. Das Gift hat ferner das Athmungscentrum stark deprimirt. Die einzelnen Züge der Respiration sind kaum sichtbar. Hier nun scheint das Gegengift als directer Reiz zu wirken, der die Lähmung überbietet. Aehnlich beim Sensorium. Das Atropin wirkt hier wie irgend ein anderes kräftiges Weckmittel auf einen fest Schlafenden. Die Ursache des Reizes ist stärker, wie die der vorübergehenden Lähmung." Mit dem Gegensatz, der sich bei der Morphin-Atropin-Wirkung in einigen wichtigen Lebensfunctionen geltend macht, müssen wir am Krankenbette zufrieden sein. Das Leben gewinnt Zeit und das Gift verschwindet mehr und mehr aus dem Körper (*Binz*). Bei vorkommenden Opiumvergiftungen wird man daher gut thun, wenn man bemerkt, dass die andern, vorher genannten Hülfsmittel unwirksam bleiben, auch noch kleine Mengen Atropin, innerlich resp. subcutan, nach und nach, in längeren oder kürzeren Pausen anzuwenden.

2) Die chronische Vergiftung.

Dieselbe kommt sehr häufig zu Stande in Folge der bei den Orientalen, aber auch bei uns, in England etc., gebräuchlichen Benutzung des Opiums als Genussmittel, durch die Anwendung des Opiums als Schlafmittel für Kinder der Fabrikarbeiter (England), sowie bei der lange Zeit fortgesetzten therapeutischen Verwendung der Opiaceen, besonders des Morphins.

Als Genussmittel wird das Opium theils innerlich genommen, in Form von Pillen oder der Tinctur, theils aus kleinen Pfeifen geraucht, mit oder ohne Verwendung von Tabak (Opiumesser und Opiumraucher). — Die Veränderungen, welche der menschliche Körper in Folge des Jahre lang fortgesetzten Genusses von Opium erfährt, sind schon lange bekannt. Nach *Oppenheim* stellen sich bei den Opiophagen allmälig allgemeine Abmagerung mit vollkommenem Schwund des Panniculus adiposus ein, man bemerkt an ihnen ein blasses, verwelktes Gesicht, schleppenden Gang, Krümmung des Rückgrats, glänzende, tiefliegende Augen. Die Verdauung ist gestört, die Nahrungsaufnahme gering, es besteht anfangs Verstopfung, später tritt aber Diarrhöe ein, die Kräfte nehmen mehr und mehr ab, die geistigen Fähigkeiten sind gestört und gehen die Opiumesser meist schon nach kurzer Zeit in Folge auftretender Lungen- resp. Herzaffectionen zu Grunde. In einzelnen berichteten Fällen soll ein selbst 30 Jahre fortgesetzter Gebrauch grosser Mengen Opium nur eine geringe Wirkung geäussert haben und solche Menschen ein Alter von 70—80 Jahren erreicht haben.

Das Opiumrauchen ist im Grossen und Ganzen wohl nicht so schädlich, wie das Opiumessen; nur wenn es sehr übermässig getrieben wird, treten ähnliche Veränderungen ein, wie nach der innerlichen Aufnahme des Opiums.

Werden Kinder, wie dies in England in einzelnen Fabrikbezirken viel geschieht, von der Geburt an mit Opium, als Schlaf- und Beruhigungsmittel, gefüttert, so tritt auch bei diesen schnell Gewöhnung an das Opium ein und stellen sich ebenso schnell die schädlichen Wirkungen ein; auch hier leidet die Ernährung, die Kinder magern ab und die meisten sterben im Alter von 2 Jahren an Hydrocephalus.

Die umfangreiche Anwendung des Opiums und der Opiaceen, besonders des Morphins als Schmerz stillendes, Schlaf bringendes etc. Mittel hat es bewirkt, dass die chronische Vergiftung auch bei uns nicht mehr zu den Seltenheiten gehört. Namentlich die Benutzung des Morphins in Form der Subcutaninjection hat, wie es scheint, das Auftreten dieser Vergiftung, von *Levinstein* mit dem Namen: Morphiumsucht belegt, sehr begünstigt. Patienten, welche eine Zeit lang therapeutisch Morphininjectionen nöthig hatten (denen die Ausführung der Injection selbst überlassen wurde), sie gewöhnten sich derart an dieses Mittel, dass sie auch nach ihrer Heilung fortfuhren, sich Injectionen zu machen und so unter die Wirkung des Mittels zu kommen. Leidenschaftlich sind sie dem Genusse des Morphins ergeben, sie verbrauchen täglich ganz bedeutende Mengen (bis 4 g) des Alkaloïdes, um durch die Wirkung desselben ihre geschäftlichen Unannehmlichkeiten etc. vergessen zu machen. Mehr und mehr treten bei ihnen die Folgen dieses Missbrauchs, auf welchen *Fiedler* zuerst aufmerksam gemacht, hervor, nach *Levinstein* in der Regel nach 4—6 Monaten, selten erst nach Jahren. Die einzelnen Organe werden in der verschiedensten Weise betroffen. Die Haut ist meist blass, die Schweisssecretion ist oft gesteigert, Exantheme finden sich seltner; die Pupillen sind in der Regel verengt, Diplopie kommt nicht selten vor; die Temperatur sinkt allmälig, der Puls ist klein, fadenförmig, bedeutendere Störungen der Respiration und Circulation fehlen. Die Schleimhaut des Mundes ist trocken (die Speichelsecretion kann ganz aufhören), es besteht Durst, Uebelkeit, Erbrechen, Appetitlosigkeit; die Verdauung ist gestört, es besteht Obstruction, die Ernährung leidet, es tritt oft Abmagerung ein. Die Harnsecretion ist ebenfalls verändert, vermindert; es kommt zu Albuminurie und Glycosurie; es treten Störungen der Function der Geschlechtsorgane ein, Amenorrhöe, Impotenz etc. Hyperästhesien der verschiedensten Organe stellen sich ein, es kommt zu Tremor, es stellen sich Fieberzustände ein, Febris intermittens (*Levinstein*), von der Malaria dadurch unterschieden, dass es durch Chinin nicht zu bekämpfen ist. Die Kranken gehen schliesslich marastisch, resp. cachectisch zu Grunde.

Wird dem Morphiumsüchtigen das Morphin vollständig entzogen, oder ihm die gewohnte Menge bedeutend verkleinert, so treten die sog. Inanitionserscheinungen mit Angst, Unruhe etc. ein. Die einzelnen Patienten verhalten sich sehr verschieden, die einen toben und wüthen, und suchen in jeder Weise sich den Genuss des Morphins zu verschaffen, andere lassen resignirt Alles über sich ergehen, wieder andere suchen ihrem elenden Leben, dem elenden Zustande ein Ende zu machen. Mehr und mehr wird die Unruhe gesteigert, es stellt sich Kopfschmerz ein, profuser Schweiss, Diarrhöen, Würgen, Erbrechen, Muskelzuckungen, Tremor, Hallucinationen der verschiedensten Sinne. Einen Zustand dieser Art, 6—12 Stunden nach der Entziehung des Morphins sich entwickelnd und sich bis zu Tobsuchtanfällen steigernd, hat *Levinstein* als Delirium tremens beschrieben. — Dieses Delirium unterscheidet sich von dem gleichnamigen, bei Alkoholisten (s. S. 169) zu beobachtenden dadurch, dass es durch grosse Dosen Morphin schnell schwindet (das Delirium der Potatoren durch Alkohol nicht), dass es die Dauer von 48 Stunden kaum überschreitet. — Auch epileptiforme Anfälle (Convulsionen, Bewusstlosigkeit, Schaum vor dem Munde) können durch die Entziehung verursacht werden. Ohnmachten stellen sich ein, die in schweren Fällen zum Tode führen.

Die verschiedenen Sectionsprotokolle berichten übereinstimmend von Circulationsstörungen fast in allen Organen, bedingt zum grössten Theil von einer Stauung im venösen Kreislauf (*Burkart*). — An den Unterschenkeln fand man leichte Oedeme. Gehirn und Hirnhäute waren bald blutreich, bald blass. Die Lungen ausgedehnt, ihr Gewebe dicht, rostfarben, blutreich. Das Herz vergrössert, besonders im Längsdurchmesser; Wandungen verdickt, Arteria pulmonalis erweitert, Aorta normal. Magen- und Darmschleimhaut hyperämisch u. a. m.

Die Behandlung der chronischen Vergiftung.

Wie bei jeder andern chronischen Intoxication, so hat man auch bei der durch Morphin in erster Linie dafür Sorge zu tragen, dass die fortgesetzte Zufuhr des Giftes abgeschnitten wird, aufhört. Diese Aufgabe wird nur in seltenen Fällen voll zu erfüllen sein und ist alsdann auch, hatte der Morphingenuss nicht schon zu lange angedauert, die volle Genesung sicher. Doch in den meisten Fällen ist es fast unmöglich, die Patienten zu entwöhnen; eine solche Entziehungscur wird man mit einiger Aussicht auf Erfolg nur in zweckmässig eingerichteten

Anstalten, in welchen jeder Betrug etc. unmöglich, vornehmen können. — Man kann die Entziehung des Morphins entweder plötzlich oder ganz allmälig vornehmen; welche dieser beiden Methoden den Vorzug verdient, kann zur Zeit noch nicht entschieden werden. Auch dürfte es sich wohl nicht empfehlen, bei allen Kranken dieselbe Methode zu befolgen[1]). Die bei der Entziehungscur eintretenden Erscheinungen sind nach allgemeinen Regeln zu bekämpfen, so der Collaps durch Excitantien etc. — Recidive treten leider oft genug ein.

Experimentaluntersuchungen.

Zahlreiche Untersuchungen sind an Thieren mit Morphin angestellt worden. Die acute Vergiftung verläuft auch bei den Thieren unter ähnlichen Symptomen, wie bei den Menschen, nur mit dem Unterschiede, dass bei ersteren, namentlich bei Kaltblütern, Convulsionen öfter beobachtet werden. Injicirt man einem Hunde kleine Mengen Morphin in eine Vene (um das Thier zu narkotisiren), so tritt schon nach c. 1 Minute die Wirkung ein: das Thier leckt viel, heult, wirft sich umher, entleert unter lebhaftem Kollern im Unterleib Fäces und verfällt in tiefen Schlaf. — Nicht alle Thiere sind der Morphinwirkung gegenüber gleich empfindlich. Hunde und Katzen scheinen gleich empfindlich zu sein und sterben dieselben nach subcutaner Injection von c. 0,2 g Morphinhydrochlorat pro kg; bei Kaninchen ist bei gleicher Applicationsart 0,3 g nothwendig, bei Tauben wirken erst Dosen von $^3/_4$—1 g letal (eigne Untersuchungen).

Auf die Circulation wirkt das Morphin, indem es, nach kurz dauernder Pulsbeschleunigung, die Herzthätigkeit mehr und mehr verlangsamt, die Regelmässigkeit aufhebt, das Herz lähmt. Ob die Beschleunigung zu Stande kommt durch Reizung der Accelerantes, ist unsicher; die Verlangsamung rührt anfangs her von einer erregenden Wirkung auf das Vaguscentrum, später von der Lähmung der musculomotorischen Herzganglien und des Herzmuskels selbst. — Auch der Blutdruck wird wesentlich verändert, anfangs erhöht in Folge Reizung des vasomotorischen Centrums (Verengerung der Gefässe), später erniedrigt in Folge der Lähmung dieses Centrums, sowie der Wirkung auf den Herzmuskel. — Die Respiration wird verlangsamt in Folge der Herabsetzung der Erregbarkeit des Athmungscentrums; letzteres wird schliesslich gelähmt; der Morphintod ist ein Erstickungstod. — Die Körpertemperatur mit Morphin vergifteter Thiere sinkt ziemlich stark: treten schliesslich Convulsionen ein, so geht dem entsprechend die Temperatur wieder in die Höhe. — Grosse Morphinmengen rufen eine bedeutende Herabsetzung der Energie der Darmperistaltik und vollständige Darmruhe hervor (*Rossbach*), während kleine Dosen anfangs die Darmbewegungen zu verstärken vermögen (*Nasse*). — Bei Hunden ruft Morphin Speichelfluss hervor; im Urin erscheint Eiweiss und Zucker, letzterer jedoch erst nach grösseren Dosen; bei Kaninchen nach Injection von 30—60 mg Morphinsulfat in die Venen (*Eckhard*). — Die Pupille wird durch Morphin stark verengt, zugleich tritt Accommodationskrampf ein. — Die Erregbarkeit der motorischen Nerven

---

[1]) Das Nähere bei *Levinstein*: Morphiumsucht. 2. Aufl. — *Burkart*: chron. Morphinvergiftung.

wird durch Morphin anfangs etwas erhöht, später aber vermindert. — Die Hauptwirkung des Morphins ist auf das Centralnervensystem gerichtet. Die schlafmachende Wirkung des Morphins und anderer Hypnotica hat man in der verschiedensten Weise zu erklären versucht; so wurde namentlich die Wirkung dieser Stoffe auf die Circulation herangezogen und bald die hierdurch verursachte mangelhafte Ernährung des Gehirns, bald die Hyperämie desselben genannt. *Binz* fand bei seinen Untersuchungen, dass die graue Substanz durch die directe Einwirkung kleiner Mengen von Morphin, von Chloralhydrat, Chloroform und Aether in auffallender Weise verändert wurde; man bemerkte jetzt scharf contourirte Ganglienzellen mit trübem Protoplasma und gedunkelter Zwischensubstanz. Diese Aenderung, eine Art Gerinnung, konnte noch durch Morphin in Verdünnung von 1 : 5000 nachgewiesen werden. Eine Anhäufung von Morphin in der Hirnsubstanz, wie sie für Chloroform und Aether nachgewiesen (s. S. 181), konnte bis jetzt nicht gefunden werden. Die Wirkung des Morphins scheint nicht mit einem Schlage alle Ganglienzellen zu betreffen. *Witkowski* schliesst aus seinen Untersuchungen, dass erst mit der Zeitdauer der Vergiftung, mit einer Steigerung der Dosen auch immer grössere Gehirnbezirke ergriffen werden. Es schwinden nach und nach die Fähigkeiten: 1) zur spontanen Bewegung (einer Abtragung des Grosshirns des Frosches analog), 2) zur Bewegungs-Statik und Dynamik (Abtragung der Vierhügel), 3) zum Sprung überhaupt (Abtragung des Kleinhirns) und 4) zur Bewahrung der gewöhnlichen Stellung (Abtragung der Medulla oblongata). Die genannten Hirntheile werden, ohne dass eine Erregung vorhergeht, durch das Morphin gelähmt; später erst das Athmungscentrum. Die Reflexerregbarkeit des Rückenmarks wird durch das Morphin gesteigert, und tritt diese Wirkung nach der auf das Gehirn gerichteten ein; später wird auch das Rückenmark gelähmt. Nach *Buchheim* wirkt das Morphin auf die verschiedenen Thiere je nach der Entwickelung ihres Grosshirns verschieden intensiv ein; Thiere, bei welchen das Gehirn nur wenig entwickelt ist, werden erst durch grosse Dosen betäubt, zeigen aber heftige, bis zum Tetanus gesteigerte Erregungen des Rückenmarks.

Von den übrigen Opiumalkaloïden steht der Narceïn, der Wirkung nach, dem Morphin am nächsten (*Cl. Bernard*); der Narceïnschlaf soll noch ruhiger sein, als der durch Morphin. — Das Papaverin wirkt (nach eigenen Untersuchungen) ebenfalls narkotisch ein, bewirkt vollkommene Anästhesie und tödtet Kaninchen, wenn diesen 0,6 g pro kg subcutan, Hunde, wenn ihnen 50 mg pro kg in das Blut injicirt werden. — Auch dem Narkotin kommt wohl eine ähnliche Wirkung zu. — Eine lähmende Wirkung auf das Athmungscentrum, den Herzmuskel übt das Kryptopin aus; die letale Dosis beträgt für Kaninchen, subcutan, 40 mg pro kg.

Das Codeïn ruft bei Menschen ebenfalls Schlaf herbei, bei Thieren bewirken grosse Dosen tonische und klonische Convulsionen. Für Kaninchen beträgt, bei subcutaner Application, die minimal-letale Dosis 51,2 mg Codeïnnitrat pro kg (*F. A. Falck*). — Das Hydrocotarnin wirkt auf Kaninchen (minimal-letale Dosis: 0,2 g Nitrat pro kg) bald narkotisch, bald tetanisch (*F. A. Falck*). — Das Laudanosin ruft bei Kaninchen starken Speichelfluss, Zitterkrämpfe (auch

nach Halsmarkdurchschneidung) hervor, und macht ein tetanischer Anfall dem Leben ein Ende (letale Dosis: 67,5 mg pro kg; subcutan).
Kleine Giftmengen erhöhen Blutdruck und Pulszahl durch Reizung des
vasomotorischen Centrums, sowie der Accelerantes (*F. A. Falck*).

Das Thebaïn wirkt nach Art des Strychnins tetanisch; minimal
letale Dosis für Kaninchen bei subcutaner Application: 14,4 mg Thebaïnnitrat pro kg. — Aehnlich wirkt das Laudanin, dessen letale
Dosis zu 25 mg pro kg, Kaninchen subcutan applicirt, gefunden wurde
(*Falck*).

Chemischer Nachweis der Vergiftung.

Zur Abscheidung des Morphins aus organischen Massen benutzt
man die Methode von *Dragendorff* (s. auch S. 46); man wird die
wässerigen, Schwefelsäure-haltigen Auszüge zunächst öfters mit Amylalkohol ausschütteln, alsdann die wässerige Lösung, auf 50—70° erwärmt, mit Amylalkohol mischen, mit Ammoniak übersättigen, ausschütteln und die Ausschüttelung mit neuen Mengen Amylalkohol öfters
wiederholen. Aus den Amylalkohollösungen erhält man das Morphin
als amorphe Masse, krystallisirt, wenn die Verdunstung bei gewöhnlicher Temperatur erfolgt (*Buri*). Die erhaltene Masse dient zur Anstellung der charakteristischen Reactionen. Als solche sind zu nennen:
1) Die Reaction von *Fröhde*: Concentrirte Schwefelsäure, in 1 ccm
5 mg molybdänsaures Natrium enthaltend, färbt sich bei Zusatz von
Morphin und seinen Salzen sogleich prachtvoll violett und geht die
Farbe dann in Blau und schmutzig Grün über, verschwindet schliesslich ganz. Grenze der Reaction bei 0,005 mg Morphin (*Dragendorff*).
— 2) Die Reaction von *A. Husemann*: Eine kleine Menge Morphin mit concentrirter Schwefelsäure erwärmt, gibt auf Zusatz von
etwas Salpetersäure resp. Salpeter eine schöne blauviolette Färbung,
welche schnell blutroth und dann orange wird; Grenze: 0,01 mg Morphin. — Weitere Reactionen siehe bei *Dragendorff*.

Morphin wurde im Blut und vielen Organen aufgefunden. Ein
wichtiges Untersuchungsobject, neben dem Magen- und Darminhalt,
dem Erbrochenen etc. ist der Urin. Morphin konnte schon 2 Stunden
nach subcutaner Application in dem Urin einer Katze nachgewiesen
werden und war schon nach 52 Stunden nicht mehr nachweisbar; die
grösste Menge des Giftes wird durch die Nierenthätigkeit aus dem
Körper wieder entfernt. — In faulenden, organischen Massen kann
Morphin noch nach 40 Tagen aufgefunden werden.

War Opium in den Körper eingeführt, so wird man ausser auf
Morphin noch auf die andern Opiumalkaloïde, sodann noch auf die
Meconsäure die Untersuchung auszudehnen haben. Um die Meconsäure nachzuweisen, extrahirt man die Massen mit Salzsäure-haltigem
Alkohol, entfernt aus den Auszügen den Alkohol, filtrirt, verdunstet
zur Trockne, löst den Rückstand in kochendem Wasser, filtrirt, reinigt
das Filtrat durch Schütteln mit Benzin; die von Benzin befreite Lösung
wird mit Magnesia neutralisirt, kochend heiss filtrirt, etwas eingedampft; mit Eisenchlorid versetzt wird die Lösung bei Gegenwart von
Meconsäure intensiv blutroth gefärbt.

Dragendorff gibt einen Weg an, um im Untersuchungsobject die
Gegenwart von Meconin, Narceïn, Codeïn, Narkotin, Thebaïn, Morphin

und Meconsäure sicher zu stellen. Man schüttelt die saure wässrige Lösung zweimal mit Benzin (der Verdunstungsrückstand enthält Meconin), einmal mit Amylalkohol (dieser zieht die Meconsäure aus), entfernt den Rest des Amylalkohols durch Schütteln mit Petroläther, behandelt jetzt die ammoniakalisch gemachte Lösung 2—3mal mit Benzin (Auszug enthält Codeïn, Narkotin, Thebaïn), ferner mit Chloroform (Narceïn und Morphin) und schliesslich mit Amylalkohol, welcher den Rest des Narceïns und Morphins auszieht.

41. Aconitin.

1) Aconitum Napellus *L.*: der gemeine Sturmhut [1]) (Fam. Ranunculaceae), findet sich wild in Gebirgsgegenden Europa's (Pyrenäen, Alpen etc.), wird häufig in Gärten gezogen. — Knollen (die untersten, unentwickelten Glieder des Stengels), meist 2 von verschiedenem Alter, rübenförmig, kurz, schnell in eine Spitze zulaufend, erdbraun, innen weiss, fleischig, mit vielen Nebenwurzeln besetzt. Stengel aufrecht bis 2,5 m hoch, Stiel rund, ästig. Blätter langgestielt, glänzend, 3theilig. Blüthen in Trauben, resp. Rispen. Kelch 5blättrig, veilchenblau, selten weiss, abfallend; Helm breiter als lang. Blumenblätter klein, die 2 oberen mit langem, gebogenem Nagel wagerechtnickend. Fruchtkapseln aufrecht.

2) Aconitum variegatum *L.*: der bunte Sturmhut [2]), findet sich seltner als die vorige Species z. B. in Thüringen, Sachsen, Schlesien, Bayern, Böhmen etc. Die Knollen sind kleiner, kugelig-eiförmig. Die Kelchblätter sind blauviolett, weiss gestreift; der Helm ist länger als breit, die oberen Blumenblätter mit geradem Nagel aufrecht. Die Fruchtkapseln aufrecht.

3) Aconitum Störckianum *Reichenbach: Störck's* Sturmhut [3]), findet sich im mittleren Europa, selten. — Mehrere zusammenhängende Knollen. Kelchblatt violett, weiss gestreift; Helm so lang als breit. Obere Blumenblätter mit gebogenem Nagel schief geneigt. Fruchtkapseln einwärts gekrümmt.

4) Aconitum ferox *Wallich:* Nepal'scher Sturmhut, findet sich auf dem Himalaya, in Nepal etc. als eine 1—1,5 m hohe Pflanze mit 2—3 cm langen Knollen. Letztere, Bish resp. Bikh genannt, dienen den Bewohnern der dortigen Gegenden zur Anfertigung eines Pfeilgiftes.

Ausser diesen 4 Species würde man noch eine grössere Zahl von Aconitspecies resp. Varietäten derselben namhaft machen können. Alle sind mehr weniger heftig giftig.

1833 stellten *Geiger* und *Hesse* das Aconitin in amorphem Zustande aus Aconitumarten dar. Von diesem Jahre an wurden zahlreiche Untersuchungen über die giftigen resp. wirksamen Bestandtheile dieser Pflanzen angestellt, doch haben wir erst vor wenigen Jahren durch die Untersuchungen der in England dazu ernannten Commission (*Groves, Williams* und *Wright*) volle Aufklärung erhalten. Das Re-

---

[1]) Abbild.: *Brandt* und *Ratzeburg* Taf. 42. — *Berg* und *Schmidt* XXVIII f.
[2]) Abbild.: *Brandt* und *Ratzeburg* Taf. 39.
[3]) Abbild.: *Berg* und *Schmidt* XXVIII. c.

sultat dieser Untersuchung ist, dass die Knollen von Aconitum Napellus grosse Mengen von Aconitin neben kleinen Mengen von Pseudaconitin enthalten, in den Knollen von Aconitum ferox beide Stoffe in umgekehrtem Verhältniss enthalten sind, nebst einem 3. Alkaloïd, ferner, dass die aus Aconitum Lycoctonum dargestellten Stoffe Acolyctin und Lycoctonin (*Hübschmann*) mit Aconin und Pseudaconin identisch sind und die Aconitine des Handels Gemenge von Aconitin, Pseudaconitin, Aconin und Pseudaconin darstellen (so bestand ein Pseudaconitin aus 70% Pseudaconitin, 0,6% Aconitin, 24,8% Pseudaconin und 4,8% Wasser).

Das Aconitin: $C_{33}H_{43}NO_{12}$, bildet in Alkohol, Aether, Benzin und Chloroform leicht lösliche Krystalle, welche bei 120° schmelzen, als Lösung die Polarisationsebene schwach links drehen. Die Salze dieses Alkaloïdes sind krystallinisch, das Nitrat bildet rhombische Octaëder. Durch Kochen mit Säuren und Alkalien, resp. Erhitzen mit Wasser auf 150°, wird das Aconitin gespalten in Benzoësäure und Aconin.

Das Pseudaconitin, auch Nepalin genannt, $C_{36}H_{49}NO_{11}$, ist in Alkohol, Aether, Chloroform schwieriger löslich, wird leicht in rhombischen Octaëdern erhalten; dieselben schmelzen bei 104—105°, drehen nicht. Wird, analog dem Aconitin, gespalten in Dimethylprotocatechusäure und Pseudaconin.

Quantitative Bestimmungen des Alkaloïdgehalts der Pflanzen und Pflanzentheile sind namentlich von *Dragendorff* und dessen Schülern ausgeführt; ich erwähne hier folgende Resultate: Die Knollen von Aconitum Napellus enthielten: 1—1,7885%; die Stengel: 0,12% (frisch), 0,25% (trocken); die Blätter: 0,176% (frisch), 0,845% (trocken); die Blüthen: 0,435% (frisch), 1,516% (trocken); die Pflanze vor der Blüthe (verschiedene Varietäten untersucht): 0,066—0,327% (frisch), 0,316—1,195% (trocken). Auch Theile von Aconitum Stoerckianum und variegatum wurden untersucht. — Die (russische) Aconittinctur enthielt: 0,09—0,12%, das Extract: 4,36—6,5%. — Die Knollen von Aconitum ferox enthielten: 1,81% Alkaloïd.

Ausser von der Sturmhutart ist der Alkaloïdgehalt abhängig von dem Standort, dem Klima, der Zeit des Einsammelns etc. Ein natürlicher Standort (wildwachsend) ist günstiger, ebenso ein steiniger Boden. Nach *Zinoffsky*'s Bestimmungen ist die Zeit der Einsammlung sehr wichtig. In Aconitum Stoerckianum fand derselbe:

	8. Juni 1871.		26. Juli 1871.	
	frisch	trocken	frisch	trocken
in den Blättern:	0,17%	0,91%	0,27%	1,4 %
„ „ Stengeln:	0,12 „	0,26 „	0,28 „	0,91 „
„ „ Blüthen:	0,34 „	1,66 „	0,73 „	5,53 „

Durch längere Aufbewahrung büsst die Knolle ihre Wirksamkeit nicht ein. *Schroff* fand 33 Jahre alte Knollen noch ebenso wirksam wie frisch eingesammelte.

Aconitinvergiftungen.

In der Literatur finden wir zahlreiche Angaben über Vergiftungen, welche durch Aconit und dessen Präparate veranlasst wurden. Von

81 auf Aconitwirkung zurückzuführenden Vergiftungen waren nur 6 absichtlich hervorgerufen und haben wir von diesen 5 als Selbstmord und nur eine als Giftmord zu bezeichnen. Letzterer kam zu Stande, indem Gemüse mit einer Mischung von Pfeffer und gepulverter Aconitwurzel gewürzt worden war. Zur Ausführung der Selbstmorde diente einmal die Wurzel, 3mal die Tinctur und einmal ein in England unter dem Namen Neuraline bekanntes, schmerzlinderndes Geheimmittel, eine Mischung von Aconittinctur, Chloroform und Rosenwasser.

Zufällig, unbeabsichtigt kamen Vergiftungen (33) auf die verschiedenste Art durch Aconitpräparate etc. zu Stande. Zufällig vergifteten sich 2 kleine Kinder, indem sie mit Blättern und Blüthen spielend, diese verzehrten; zufällig, im Rausche, trank ein Mann Aconittinctur und wurde schwer krank. Im Haushalt kamen oft ähnliche Intoxicationen vor. Oefter (10 Personen) wurde die Wurzel mit Meerrettig (diese Wurzel ist weisslich-gelb, lang, cylindrisch) verwechselt und als solche zubereitet; 5 Personen benutzten die Aconitknollen statt Sellerie; einmal wurde die Wurzel zur Anfertigung eines Liqueurs benutzt und führte letzterer 5 Vergiftungen herbei; einmal wurde die Wurzel gepulvert als Gewürz gebraucht, einmal als Hausmittel gegen Tremor und Schlaflosigkeit. Auch die Blätter, von einem 14jährigen Knaben für Petersilie gehalten und gegessen, wirkten tödtlich. Die Tinctur war öfters Ursache zu Vergiftungen (7 mal), indem dieselbe für Wein, Sherry, Tokayer, Branntwein gehalten und genossen wurde.

Das grösste Contingent zur Aconitvergiftung lieferte uns (mit 42 Vergiftungen) die Medicinalvergiftung. In mehreren Fällen wurden zum äusserlichen Gebrauche verordnete Mixturen (Linimente aus Aconittinctur und Chloroform, fluid extract etc.) innerlich verbraucht unter Hervorrufung von Intoxicationen. In andern Fällen wurde die Tinctur an Stelle von magenstärkenden Mitteln, von Tinctura Hyoscyami, Rhei, von Succus Citri, ein Liniment an Stelle eines Purgirtrankes, der ausgepresste Saft der Pflanze an Stelle von Löffelkrautsaft, eingenommen. Wieder in andern Fällen wurden von der verordneten Mixtur (Extract, Tinctur und Mischungen) zu grosse Mengen eingenommen, und veranlassten dieselben alsdann Intoxication und Tod. 3 Vergiftungen (1 letal) kamen zu Stande durch Dispensation von „Aconitinum gallicum" anstatt des schwächer wirkenden deutschen Präparats (*Busscher* in Holland). — Schliesslich muss ich wohl noch erwähnen, dass nach *Schroff* dadurch Intoxicationen veranlasst wurden, dass die Knollen von Aconitum ferox aus Ostindien nach Constantinopel als Jalapenwurzel geschickt und benutzt wurden.

Auch bei dieser Vergiftung ist es mit grossen Schwierigkeiten verknüpft, die für den Menschen tödtlich wirkende Menge der giftigen Substanzen anzugeben. Ueber die Menge der Knollen, welche bei den 24 durch solche verursachten Vergiftungen genossen wurden, erfahren wir kaum etwas; es ist dies auch begreiflich, da die meisten dieser Vergiftungen (21) in Verwechselung dieser Wurzeln mit denen anderer essbarer Pflanzen ihre Ursache hatten. Nur in dem von *Schreiber* genauer mitgetheilten Falle wird die Pulvermenge, welche gegen Tremor und Schlaflosigkeit benutzt wurde, zu 2 Theelöffel (c. 7,5 g) angegeben; Patient wurde durch energische Behandlung gerettet.

20 mehr weniger schwere Vergiftungen wurden durch den Genuss der Tinctura Aconiti veranlasst. · Als Präparat wird in 5 Fällen die in England gebräuchliche Tinctura *Fleming*'s (doppelt so stark, wie die gewöhnliche) angeführt. Die als genossen angegebenen Mengen dieser Tincturen liegen zwischen c. 60 g und 0,24 g. Von den Vergifteten starben 9; 11 wurden wieder gesund. Dass der Ausgang einer solchen Vergiftung von den verschiedensten Verhältnissen abhängig ist, sieht man auch aus einer solchen Zusammenstellung. So finden wir, dass dieselbe Menge Tinctur, in dem einen Falle als Medicin genommen, tödtlich wirkte, in dem andern Falle dagegen, in welchem sie aus Versehen genommen war und sofort Hülfe geleistet wurde, nur eine heftige Vergiftung veranlasste. Auch der Zustand, in welchem sich der Körper befand, ist von Wichtigkeit; so konnte ein Selbstmörder durch die bedeutende Menge von 11,25 g *Fleming*'s Tinctur seine Absicht nicht erreichen, weil er vor dem Gift ein reichliches Frühstück zu sich genommen, hierdurch die Resorption erschwert und durch das bald folgende Erbrechen das Gift wieder entleert wurde. — Noch eins möchte ich nicht unerwähnt lassen, es ist dies die Therapie und namentlich die Verbesserung derselben in den letzten Jahren. Aus den 40er, 50er, auch noch 60er Jahren finden wir Intoxicationen berichtet, bei denen relativ kleine Mengen Tinctur trotz der Behandlung tödtlich wirkten, aus den 70er Jahren liegen Fälle vor, in denen sehr hohe Dosen bis zu 60 g mit Erfolg von den Aerzten bekämpft wurden. Solche Thatsachen können natürlich auf gute und schlechte Präparate zurückgeführt werden, ebenso gut aber auch auf das energische und rationelle Vorgehen der Aerzte gegen die Vergiftungssymptome. — Nach der von mir gemachten Zusammenstellung halte ich 3,75 g (1 Drachme, ein Theelöffel) der Tinctur für die Dosis letalis minima, welcher, ohne energische Hülfe, der erwachsene Mensch erliegen wird. Nach *Guéneau* sollen schon durch 0,24 g Tinctur Vergiftungserscheinungen zum Vorschein gekommen sein. — Angaben über die zur Wirkung gelangten Dosen finden wir noch über das Extract, von welchem 0,3 g in einem Falle tödtlich wirkte, ferner über den frisch ausgepressten Saft der Pflanze, von welchem je 90 g den Tod von 3 Patienten veranlassten. — Was das Alkaloïd betrifft, so muss ich erwähnen, dass nach *Bird* 0,16 g (2½ grain) Aconitin, ohne Lebensgefahr hervorzurufen, genommen worden sind, während *Pereira* anführt, dass schon ¹⁄₅₀ grain = 1,3 mg für eine ältere Dame beinahe tödtlich gewesen sei und 6,5 mg jedenfalls einen Menschen tödten würden. In den von *Bausscher* berichteten Fällen riefen 9,2 mg in 48 Stunden, in Pausen genommen, heftige Symptome, dagegen 4 mg Aconitinum gallicum auf einmal genommen nach 5 Stunden den Tod eines Erwachsenen hervor. Hiermit stimmen die oben angeführten Werthe gut überein; 3,75 g Tinctur enthalten c. 4,5 mg Alkaloïd, 0,3 g Extract sogar 13,2 mg. — Die *Pharmacopoea germanica* bestimmt als Maximaldosen für Aconitinum [1]): 0,004 g pro dosi, 0,03 g pro die, für Extractum Aconiti: 0,025 g pro dosi, 0,1 g pro die, für Tinctura

---

[1]) Hierbei ist natürlich die Wirkungsdifferenz zwischen Aconitin und Pseudaconitin zu berücksichtigen!

Aconiti: 1 g pro dosi, 4 g pro die, für Tubera Aconiti: 0,15 g pro dosi, 0,6 g pro die.

Die Erscheinungen der Aconitvergiftungen treten schon bald nach Genuss des Giftes ein und verläuft die Vergiftung in nur wenigen Stunden entweder letal oder günstig, durch Eintritt vollständiger Genesung. Von 24 Intoxicationen, bei welchen die Zeit des Todes angegeben ist, endeten 17 in der Zeit von 2—4 Stunden nach der Einfuhr des Giftes letal, 2 schon in $^1/_4$—$^1/_2$ Stunde (Selbstmord durch Neuraline), eine erst in 20 Stunden (2—3jähriges Kind, durch Genuss frischer Blätter). Als erste Symptome der Intoxication, meist schon wenige Minuten nach der Einnahme des Giftes eintretend, werden angeführt: Klagen über heftiges Brennen im Munde, Schlunde und auch Magen, Gefühl von Taubheit in der Zunge, ungeheurer Durst neben Schlingbeschwerden, Kriebeln und allgemeine Gefühllosigkeit der Glieder, Ameisenkriechen in Händen, Armen etc., Schwindel und Schwäche. Die Beine sind wie gelähmt, die Haut kalt, oft mit kaltem Schweisse bedeckt, Gefühl, als ob das Gesicht anschwelle etc. Meist erfolgt auf das Uebelsein Erbrechen; die Schmerzen im Unterleibe, der Magengegend werden intensiver, Kolikschmerzen und Durchfälle wurden jedoch nur selten beobachtet. Sind grössere Mengen des Giftes in das Blut gelangt, so steigern sich die Symptome: Erweiterung der Pupillen wird man meist constatiren können; auch Störungen des Sehvermögens, Nebelsehen, Verdunklung des Gesichts bis zur vollständigen Blindheit, Verlust des Gehörs, Unfähigkeit zu sprechen werden oft angeführt. Das Bewusstsein ist meist nicht gestört, nur selten werden, „unzusammenhängender Gedankengang", Delirien, Bewusstlosigkeit, Coma gemeldet. — Ausser der hochgradigen Muskelschwäche werden auch hin und wieder stärkere Muskelbewegungen gemeldet und zwar von schwachen Zuckungen in einzelnen Muskeln (des Gesichts etc.) „wilde Bewegungen der Arme und Beine" bis zu stärkeren Convulsionen klonischer und tonischer Art (Trismus, Tetanus); letztere kamen freilich selten zur Beobachtung. — Die Herzthätigkeit wird sehr bedeutend gestört; der Puls wird ganz bedeutend verlangsamt, klein, schwach, unregelmässig, kaum fühlbar. In ähnlicher Weise finden wir die Respirationsthätigkeit beeinflusst; die Athmung ist erschwert, verlangsamt und hört schliesslich ganz auf, der Patient stirbt. — Bei nicht letal endenden Intoxicationen können einzelne der Symptome noch längere Zeit anhalten, so in dem von *Althill* beobachteten Falle die Schwere im Kopfe noch 14 Tage lang, während die Schmerzen in einzelnen Muskeln (Waden) sich schon in den ersten Tagen verloren. Meist schwinden alle Symptome in sehr kurzer Zeit wieder.

Die Section der durch Aconitwirkung zu Grunde Gegangenen hat nichts für diese Intoxication Charakteristisches ergeben. Hin und wieder wurde eine stärkere Röthung, selbst starke Hyperämie der Schleimhaut des Mundes, des Magens und Darmkanals gefunden; meist ist eine stärkere Hyperämie des Gehirns, der Hirnhäute, der Lungen zu constatiren; das Herz ist schlaff, mit dunklem, flüssigem Blute erfüllt.

Zahlreiche Thierversuche wurden schon angestellt, um die Wirkung der Aconitpräparate kennen zu lernen. In früherer Zeit, theilweise auch jetzt noch, unterscheidet man bei diesen Untersuchungen zwischen englischem und deutschem (resp. auch französischem) Aconitin und fand man, dass ersteres, auch *Morson*'sches Aconitin genannt, eine viel stärkere Wirkung besitzt, als das deutsche, oder *Geiger*'sche Aconitin. Diese Unterschiede sind wohl darauf zurückzuführen, dass in England zur Darstellung des Alkaloïds sehr viel Knollen von Aconitum ferox benutzt wurden, in Deutschland resp. in der Schweiz (*Hübschmann*) vorwiegend oder nur Aconitum Napellus. Das englische war daher vorwiegend Pseudaconitin, das deutsche: Aconitin. *Böhm* (und *Evers*) haben ein von *Dragendorff* dargestelltes Pseudaconitin mit dem deutschen Aconitin bezüglich der Wirkung verglichen und gefunden, dass die Wirkung dieser beiden Pflanzenstoffe sich vorzugsweise quantitativ unterscheidet: das Pseudaconitin wirkt, subcutan applicirt, auf Säugethiere (Katze, Kaninchen) 20 mal, auf Frösche c. 17 mal stärker als Aconitin. Es dürfte interessant sein, die von *Wright* dargestellten Alkaloïde ebenfalls in dieser Richtung zu prüfen.

Frösche werden durch die Application von 0,5 mg Aconitin resp. von 0,03 mg Pseudaconitin in einer Stunde vollkommen gelähmt und gehen dieser Paralyse fibrilläre Zuckungen der Muskeln voraus. Nerven und Muskeln des gelähmten Thieres sind noch lange Zeit erregbar; die Nervenirritabilität erlischt jedoch bei Rana temporaria (nicht bei Rana esculenta!) sowohl durch Aconitin, wie Pseudaconitin in kurzer Zeit vollständig.

Bei Säugethieren tritt am meisten die Wirkung auf die Athmung hervor. Es stellt sich Speichelfluss ein, Muskelschwäche, verlangsamte Athmung, Dyspnoë, welche letztere durch Trennung der Vagi zu Beginn der Intoxication verhindert resp. verzögert wird. Auch die Dauer der ganzen Intoxication kann durch diese Nerventrennung verlängert werden, jedoch wird bei letalen Dosen der Erstickungstod nicht aufgehoben. Atropin wirkt analog. Die Aconitine wirken reizend auf die sensiblen Enden der Vagi in der Lunge, lähmend auf das Athmungscentrum. — Auch die Salivation kommt nach Trennung der Vagi nicht zu Stande. — Auf die Circulation haben die Aconitine eine intensive Wirkung, welche sich zu Beginn der Intoxication durch starke Verlangsamung des Herzschlags und starkes Sinken des Blutdruckes (in Folge des Vagusreizung) documentirt; später steigt Druck und Pulszahl, die Curve wird ganz unregelmässig, der Vagus ist gelähmt und erfolgt schliesslich diastolischer Herzstillstand. — Der Tod ist wohl mehr auf die Veränderung der Respiration, als der Circulation zurückzuführen.

Die Behandlung der Aconitvergiftung muss, wegen des raschen Verlaufs der Intoxication, rasch und energisch eingeleitet werden. Zunächst hat man dafür zu sorgen, dass das noch nicht resorbirte Gift

schnell entfernt werde, was durch Anwendung von Emeticis, der Magenpumpe etc. zu erreichen sein wird. Zugleich kann man von Gerbsäure-haltigen Flüssigkeiten Gebrauch machen. — Gegen die Symptome, welche das resorbirte Gift zu bedingen pflegt, wird man mit
allen Mitteln anzukämpfen haben. Hier sind es namentlich die Erscheinungen von Seiten des Herzens und der Respiration, welche unsere Aufmerksamkeit voll in Anspruch nehmen. Gegen die Herzlähmung wird man excitirend einwirken, gegen die Respirationslähmung
durch Einleitung der künstlichen Respiration. — Namentlich aus den
letzten Jahren haben wir einige schöne Erfolge der Therapie bei der
Aconitvergiftung zu verzeichnen. Man hat von Hautreizen (Senfteigen,
reizenden Frictionen etc.), von Alkoholicis (Branntwein, Aether subcutan
(*Pike*), Wein u. s. w.), von starkem Kaffee, von Kampfer u. a. m.
Gebrauch gemacht. Die künstliche Respiration (durch den Inductions-
apparat; Fall von *Schreiber*) hat ebenfalls gute Dienste geleistet und
haben auch die Untersuchungen *Lewin's* ergeben, dass die tödtliche
Wirkung des Aconitins sich durch längere Zeit consequent unterhaltene,
künstliche Respiration hinausschieben, resp. überhaupt aufheben lässt.
Von Antagonisten dürfte Digitalis und Atropin zu erwähnen sein;
Digitalis, welches nach *Fothergill*, vor dem Aconitin applicirt, bei
Thieren eine auffallende Immunität gegen letzteres erzeugen soll,
Atropin, von welchem *Böhm* sagt, dass es „das rationelle Gegengift
bei der Aconitinvergiftung" sei.

Der gerichtliche Nachweis des Aconitins.

Das Aconitin wird erhalten aus dem ammoniakalischen, wässerigen
Extract durch Ausschütteln mit Benzin (s. S. 46). Die erhaltene
Masse kann in verschiedener Weise auf Aconitin geprüft werden.
Beim vorsichtigen Erwärmen mit Phosphorsäure wird die Substanz
allmälig röthlich und schliesslich violett; zu dieser Probe sind mindestens 2 mg Aconitin nothwendig. Mit geringern Mengen gelingt eine
zweite Reaction: in concentrirter Schwefelsäure löst sich das Aconitin
gelb, wird dann braun, rothbraun und violettroth und geht die Farbe
nach c. 24 Stunden durch rehbraun in farblos über; mit 0,7 mg ist
auch diese Reaction kaum noch zu erkennen. — Auch die Fällungs-
mittel können zum Nachweis benutzt werden; Phosphormolybdänsäure
liefert in $\frac{1}{2}$ Stunde einen Niederschlag mit 0,07 mg Aconitin in 1 ccm
Schwefelsäure (1 : 50). Ferner kann man die Angabe von *Wynter
Blyth* benutzen, dass Aconitin mit übermangansaurem Kali behandelt
3,5 % Ammoniak liefert. Auch die Sublimation kann nach *Helwig*
zum Nachweis benutzt werden. — Der physiologische Nachweis ist
sehr unsicher.

Nach *Dragendorff* und *Adelheim* wird nur ein Theil des Aconitin
resorbirt; der andere Theil wird mit den Fäces entleert. Durch die
Nieren beginnt die Elimination schon sehr bald und konnte das Alkaloïd im Blut, der Leber und andern Organen nachgewiesen werden.
Auch gelang der Nachweis in faulenden Massen noch nach 2 Monaten.

42. Strychnin.

Strychnos Nux vomica *L.*, der Brechnussbaum [1]) (Fam. Loganiaceae), findet sich einheimisch in Vorderindien, auf Ceylon, in Cochinchina, Siam etc. — Stamm des Baumes kurz, dick, mit schwärzlich-aschgrauer Rinde (als falsche Angusturarinde bekannt) bedeckt; Blüthen in Trugdolden, Früchte: apfelartige, röthlich gelbe, glatte Beeren, in deren bitterm Fruchtfleische 3—8 Samen eingebettet liegen. Die Samen: Nuces vomicae, Brechnüsse, Krähenaugen sind flach, scheibenförmig, 25 mm im Durchmesser, 5 mm dick, verbogen, mit aufgetriebenem Rande, graugelb gefärbt, seidenglänzend, dicht besetzt mit weichen, angedrückten Haaren. Die Haare sind einzellig, am Grunde blasig angeschwollen, von schraubenförmig aufsteigenden Spalten durchbrochen, nach oben verschmälert zu langen, stumpfwinklig umgebogenen Röhrchen.

Ausser der Strychnos Nux vomica sind noch andere Strychnosarten für die Toxikologie wichtig. Ich nenne zunächst Strychnos Ignatii *Berg.*, eine auf den Philippinen einheimische, kletternde Pflanze, deren Samen als Ignatiusbohnen, Fabae St. Ignatii im Handel vertrieben werden. Letztere sind 25 mm lang, eiförmig, durch gegenseitigen Druck unregelmässig kantig, graubraun, matt. — Strychnos colubrina *L.*, ein auf Malabar und Ceylon einheimischer Baum, dessen holzige Wurzel das Schlangenholz, Lignum colubrinum liefert. — Strychnos Tieuté *Leschenault*, eine auf Java einheimische, kletternde Pflanze, deren Theile zur Darstellung des Pfeilgiftes Upas Radja oder Tieuté benutzt werden.

Pelletier und *Caventou* stellten 1818 das Strychnin dar und zwar zuerst aus den Ignazbohnen, dann aus den Krähenaugen, später aus andern Drogen der genannten Strychnosarten (aus der falschen Angusturarinde etc.). — Das Strychnin: $C_{21}H_{22}N_2O_2$, bildet kleine, weisse, bitter schmeckende, 4seitige, rhombische Säulen, welche sich in 2500 Theilen kochenden Wassers, in 6300 Th. kalten Wassers, in 12 Th. kochendem Weingeist, in 6 Th. Chloroform lösen, in Lösung alkalisch reagiren, die Polarisationsebene nach links drehen; sie neutralisiren die stärksten Säuren unter Bildung von Salzen. Das Strychninnitrat bildet lange, weisse Nadeln, welche sich in 80 Th. Wasser, in 88 Th. Weingeist lösen.

Neben dem Strychnin findet man in den meisten der genannten Drogen noch ein 2. Alkaloïd, das 1819 von *Pelletier* und *Caventou* entdeckte Brucin: $C_{23}H_{26}N_2O_4 + 4H_2O$; dasselbe bildet weisse, federartige Blättchen, welche sich in 150 Th. kochenden Wassers lösen. Durch Einwirkung von Salpetersäure liefert das Brucin: Kakotelin: $C_{20}H_{22}N_4O_9$. Eine Umwandlung von Brucin in Strychnin (*Sonnenschein*) findet nicht statt (*Cownley, Shenstone*).

Desnoix fand 1853 in den Brechnüssen noch ein 3. Alkaloïd: Igasurin genannt; *Schützenberger* 1858 im käuflichen Brucin neben Strychnin und Brucin noch 9 Alkaloïde, welche sich durch Zusammensetzung und Löslichkeit in Wasser unterscheiden.

---

[1]) Abbild.: *Berg* und *Schmidt* XIII. b.

Ueber den Alkaloïdgehalt der verschiedenen Drogen finde ich folgende Angaben: Strychnin und Brucin finden sich zu fast gleichen Theilen in den Brechnüssen und beträgt die Alkaloïdmenge in denselben 1,93—2,88% (*Dragendorff*). — Upas Tieuté enthält nur Strychnin und zwar 60—62% (*Schultzen*); in den Samen von Strychnos Tieuté fand *Moëns* neben 1,469% Strychnin nur Spuren von Brucin; sich ähnlich verhaltend, lieferten die Ignazbohnen 1,39% Strychnin (*Dragendorff*). — Umgekehrt sind in der falschen Angusturarinde neben 2,4% Brucin nur Spuren von Strychnin enthalten (*Dragendorff*); ähnlich verhält sich das Schlangenholz, während eine von Strychnos ligustrina *Blume* stammende Droge nur Brucin enthält (*Dragendorff*).

Von den galenschen Präparaten enthielt die Tinctura Strychni: 0,244 bis 0,353% Alkaloïd, das Extractum Strychni spirituosum: 7,3—8,59% Alkaloïd (Strychnin und Brucin zu gleichen Theilen); in dem Extractum Strychni aquosum, 3,18—4,3% Alkaloïd liefernd, ist nur ⅕ Strychnin und ⅘ Brucin enthalten.

Vergiftungen durch Strychnin und Strychnin-haltige Substanzen gehören nicht zu den Seltenheiten. Ich habe die in den letzten 12 Jahren berichteten Intoxicationen (57) zusammengestellt. Dieselben wurden bis auf 2 Fälle, bei welchen Krähenaugenpulver zur Wirkung gelangte, alle veranlasst durch die Einnahme von Strychnin, sei es in Substanz, oder in Lösung oder in Form der namentlich in England viel gebrauchten Pulver zur Vertilgung des Ungeziefers (*Battle*'s resp. *Gibson*'s vermin killer wurden bei 13 Fällen namhaft gemacht).

Von den 57 Intoxicationen sind 38 als absichtliche zu bezeichnen; davon waren 6 Giftmorde und 32 Selbstvergiftungen. — Zum Giftmord wurde Strychnin trotz seines intensiv bittern Geschmackes, welcher noch bei 1:670000 Th. Wasser deutlich zu erkennen ist, in einzelnen Fällen benutzt, wie dies auch die interessanten Criminalfälle *Palmer-Cook*, *Dove* u. a. beweisen. In Frankreich kamen 1851—71 von 793 gerichtlich verhandelten Vergiftungen 5 auf Krähenaugen und 7 auf Strychnin. — Selbstvergiftungen kommen relativ häufig vor; von den 32 angeführten wurden die meisten aus England und Amerika gemeldet; Rattengift war fast immer das benutzte Präparat. In einem Falle wurde vergifteter Weizen angewandt. Als interessante Selbstmordversuche sind zu erwähnen der von *Mannkopff* gemeldete Fall, bei welchem Upas Tieuté zur Anwendung kam, ferner der von *Tschepke* erzählte, einen Apothekerlehrling betreffend, welcher 0,6 g Strychninnitrat mit 30 g Bittermandelwasser, eine halbe Stunde später 0,6 g Morphinacetat in Bittermandelwasser nahm, Chloroform auf das Kopfkissen goss und sich zu Bett legte; der Vergiftete wurde wieder hergestellt.

Von den 19 zufällig, unbeabsichtigt entstandenen Intoxicationen sind 15 als medicinale, 4 als öconomische zu bezeichnen. — Medicinale Vergiftungen wurden veranlasst durch Schuld des Arztes, indem derselbe die nach längerem Gebrauche des Strychnins eintretende cumulative Wirkung nicht genügend berücksichtigte, indem er zu hohe Dosen verordnete, indem er Recepturfehler machte. So verordnete ein Arzt Strychninnitrat in Lösung, dazu aber eine ungenügende Menge des Lösungsmittels, so dass sich einige Strychninkrystalle am Boden absetzten; dieselben, später auf einmal genommen, veranlassten Vergiftung und Tod. Aehnlich der von *Bullock* berichtete Fall: es war eine Lösung von Strychninnitrat und Jodeisen, theelöffelweise zu nehmen, verordnet worden; in dem Glase hatte sich ein Bodensatz von schwer löslichem Jodstrychnin gebildet. — Keine kleine Zahl von medicinalen Vergiftungen entstanden durch die Schuld des Apothekers: es wurden höhere Dosen dispensirt, als verordnet, es wurden Strychnin und Strychninhaltige Stoffe statt anderer, weniger intensiv wirkender Mittel abgegeben; so wurde dispensirt: Strychnin statt Morphin, Chinin, Jalapin, Salicin, Santonin, Zincum valerianicum; Strychninpillen statt Aloëpillen; Extract. nuc. vomic. statt Extract. nuc. jugland.; gepulverte Nux vomica statt Semen cinae; Cort. Angusturae spuriae statt ächter Angustura-rinde, u. a. m. Zu erwähnen ist, dass Santonin hin und wieder Strychnin-haltig gefunden wurde. — In einigen Fällen war der Patient der Urheber der Vergiftung, indem er grössere Dosen einnahm, als ihm verordnet worden war (die Arznei auf einmal leerte, statt in getheilten Mengen etc.).

Schliesslich sind noch die öconomischen Vergiftungen zu erwähnen. Die 4 erwähnten Fälle kamen zu Stande, indem ein Knabe Strychnin-haltigen Käse, als Rattengift ausgelegt, auffand und verzehrte, indem ein junger Mann ein mit Strychnin vergiftetes, zur Vertilgung der Krähen ausgelegtes Entenei ass (*Haughton*), indem ein sog. „Fuchsvogel" (ein zur Vergiftung von Füchsen mit Strychnin präparirter Krammetsvogel) mit andern Vögeln gekauft und zubereitet wurde; 2 Personen, welche sich in diesen Vogel getheilt, erkrankten, eine davon erlag der Wirkung im Verlauf einer halben Stunde.

Von den 57 Vergifteten starben 20 (35 %). — Zur Wirkung gelangten in den zahlreich bekannten Vergiftungsfällen die verschiedensten Strychninmengen. Als minimal-letale Strychninmengen sind bekannt: 4 mg Strychninnitrat, welche in einer Pille ein 2—3jähriges Kind erhielt; dasselbe starb nach 4 Stunden (*Christison*). 33 mg Strychninsulfat, von dem Apotheker an Stelle des schwefelsauren Morphin abgegeben, tödteten einen Erwachsenen (*Warner*). — Mehrere genaue Beobachtungen haben ergeben, dass Dosen von 30—45 mg bei Erwachsenen letal wirken; dasselbe gilt von noch grösseren Dosen, während andererseits Vergiftete, welche 0,1, 0,2 etc., ja selbst 1,3 g (*Atlee*) Strychnin genommen hatten, wieder hergestellt wurden. — Als letale Dosis wird man für Erwachsene 0,03 bis 0,1 g Strychnin anzusehen haben; die Menge der Brechnüsse, galenschen Präparate etc. richtet sich nach ihrem Strychningehalt. Als Maximaldosen schreibt die *Pharmacopoea germanica* vor: Strychninum und Strychninum nitricum: je 0,01 g pro dosi, 0,03 g pro die; Semen Strychni: 0,1 g pro dosi, 0,3 g pro die; Tinctura Strychni: 0,5 g pro dosi, 1,5 g pro die; Extractum Strychni spirituosum: 0,05 g pro dosi, 0,15 pro die; Extractum Strychni aquosum: 0,2 g pro dosi, 0,6 g pro die.

Symptome der Vergiftung.

Die Zeit, welche von der Einnahme des Giftes bis zu dem Hervortreten der ersten Symptome verstreicht, ist verschieden lang, abhängig begreiflich von der Beschaffenheit des Giftes (gelöst oder in festem Zustand, als Pillen etc.), des Magens (nüchtern genommen oder nach der Mahlzeit etc.) u. a. m. Am schnellsten, nämlich nach

c. 3 Minuten, traten die Symptome in *Barker*'s Falle hervor; *Warner* wurde in weniger als 5 Minuten von Symptomen befallen. Die längste Zeit, welche verstrich, ehe Symptome auftraten, war 2½ Stunden in dem von *Anderson* beobachteten Falle; in *Schmidt*'s Falle, Strychnin in Pillen genommen, stellte sich der erste Tetanus nach 8 Stunden ein.

Im Mittel stellen sich die ersten Vergiftungserscheinungen 10 bis 45 Minuten nach der Einnahme des Giftes ein. Die Vergifteten werden unruhig, von Angst befallen, sie klagen über Zusammenschnüren des Schlundes, über Brustbeklemmung, schmerzhaftes Ziehen in den Muskeln, Steifwerden derselben; die Patienten werden mehr und mehr schreckhaft, sie zittern und zucken, fahren leicht zusammen und verfallen endlich, spontan oder in Folge eines äusseren Reizes, in Tetanus. Derselbe, mit Trismus verbunden, hat meist die Form des Opisthotonus: der Kopf ist stark in den Nacken gezogen, die Wirbelsäule bogenförmig gekrümmt, die Beine steif ausgestreckt, so dass der Patient nur mit Hinterhaupt und Fersen aufliegt. Dieser Tetanus befällt alle Muskeln; Bauch und Brust sind brettartig hart, daher ist die Respiration während des Anfalls unterdrückt, die Augäpfel treten stärker hervor, die Pupillen sind weit, das Gesicht verzogen, cyanotisch. — Nur selten tritt während des ersten tetanischen Anfalls der Tod ein; in der grossen Mehrzahl der Fälle macht der Anfall nach einer Dauer von ½—2—5 (*Warner*) Minuten einer Krampfpause Platz, während welcher die Respiration sich wieder einstellt. Das Bewusstsein ist, sowohl während des Anfalls, wie in der Pause vollständig erhalten. — Diese Erschlaffung der Muskeln dauert jedoch nicht lange, spontan oder meist in Folge eines äusseren Reizes (stärkere Geräusche, starkes Licht, Zugluft, Berührung des Vergifteten etc.) erfolgt ein zweiter tetanischer Anfall, dem nach kürzeren, resp. längeren Pausen noch mehrere (7) folgen können. — War die eingeführte Giftmenge zu klein, um tödtlich zu wirken, so nehmen die Krampfanfälle an Dauer und Intensität wieder ab, die Pausen werden länger und tritt Genesung ein, wobei anfangs noch etwas Muskelsteifigkeit bestehen bleibt. — Nach letalen Dosen dagegen erfolgt der Tod entweder während eines tetanischen Anfalls durch Asphyxie oder in einer Krampfpause durch Erschöpfung, allgemeine Lähmung. — Der Tod erfolgt im Mittel nach 2 Stunden und wird als kürzeste Dauer der Vergiftung 10 Minuten (*Ogston*), als längste Dauer 6 Stunden (*Taylor*) angegeben. — Einzelne Intoxicationen, z. B. der Fall *Trümpy*, zeigten insofern einen abnormen Verlauf, als es zu keinem ausgesprochenen Tetanus kam; es bildeten sich nur allgemeine Convulsionen aus, die schnell dem Collaps Platz machten.

Leichenbefund.

Schon bald nach dem durch Strychnin erfolgten Tod tritt die Starre ein, welche, stark ausgebildet, viele Tage, ja Monate lang (*Taylor*) bestehen kann; dabei können die Finger meist eingeschlagen, die Füsse gebogen sein. Charakteristische Organveränderungen wurden nicht gefunden. Das Blut ist dunkel, meist flüssig; Hyperämien des Gehirns, der Lungen wurden beobachtet.

Behandlung der Vergiftung.

Die erste Aufgabe der Therapie ist es, das in den Körper (Magen) eingeführte Gift so schnell wie möglich daraus zu entfernen. Um dieses zu erreichen, wird man von Brechmitteln (Ipecacuanha, Apomorphin etc.), von der Magenpumpe Gebrauch machen. Zur Ausspülung des Magens verwendet man am besten Tanninlösungen und andere Gerbsäure-haltige Flüssigkeiten (Thee etc.); ähnlich könnte man von Jod-haltigen Flüssigkeiten Gebrauch machen, doch sind alle diese schwer löslichen Strychninverbindungen nicht unlöslich, deshalb giftig. — Um das Gift aus dem Darm zu entfernen, sind abführende Fette (Oleum Ricini, Crotonis) zu geben.

Zur Bekämpfung der Vergiftungserscheinungen, besonders der Krämpfe sind eine grosse Zahl von Arzneimitteln und Massregeln empfohlen worden. Von letzteren ist namentlich die künstliche Respiration hier zu erwähnen; zahlreiche Untersuchungen sind über den Nutzen derselben bei der Strychninvergiftung angestellt worden, ohne jedoch die Frage endgiltig zu entscheiden. Jedenfalls könnte die künstliche Unterhaltung der Respiration dadurch sich nützlich erweisen, dass der während des tetanischen Anfalls eintretende Tod durch Asphyxie abgehalten werden kann (*Husemann, von Böck*). — Von den Arzneimitteln erwähnen wir zunächst das Bromkalium, Calabar und Opium, für deren günstige Wirkung einzelne Vergiftungsfälle angeführt werden. Wichtiger, als die genannten, sind aber das Chloroform, sowie das Chloralhydrat. In sehr vielen Fällen wurde mit günstigem Erfolge von dem Chloroform, meist in Form der Inhalationen, Gebrauch gemacht; in neuerer Zeit hat man ebenso oft das Chloralhydrat, theils innerlich, theils subcutan applicirt, angewandt, ebenfalls mit günstigem Erfolge. Die Thierversuche stellen das Chloral als ein gutes Mittel gegen die Strychninwirkung hin. *Husemann* fand, dass mit Strychnin vergiftete Kaninchen durch nicht tödtliche, aber tiefen Schlaf herbeiführende, Mengen Chloralhydrat gerettet werden können, und zwar noch dann, wenn selbst die 5—6fache Menge der minimalletalen Strychnindosis zur Wirkung gelangte; bei noch höhern Strychninmengen ist die Aussicht auf Lebensrettung wahrscheinlich, nur muss alsdann auch die Chloraldosis erhöht werden und wirkt letztere dann von einer bestimmten Grenze an selbst letal. Nach *Husemann* beruht die Wirkung des Chlorals bei der Strychninvergiftung darauf, dass es verschiedene Bahnen, auf welchen den motorischen Centren und dem Rückenmark Reize zugeleitet werden, ausser Thätigkeit setzt und auf diese Weise der öfteren Wiederholung von tetanischen Anfällen vorbeugt. Auch die Intensität und Dauer der Anfälle wird durch das Chloral gemindert. — Sollte im Chloralschlafe nach einem tetanischen Anfalle die Respiration stocken, so würde man natürlich dieselbe, etwa durch rhythmische Compressionen des Thorax (*Husemann*), künstlich zu unterhalten haben.

Experimentaluntersuchungen.

Das Strychnin wirkt auf Wirbelthiere als mehr weniger heftiges Gift ein, indem es bei denselben ähnliche Symptome, wie bei Menschen hervorruft. Die verschiedenen Thierarten reagiren aber nicht gleich

fein auf das injicirte Gift; bei einzelnen Thieren sind schon sehr geringe Mengen Gift ausreichend, um Krankheit und Tod zu verursachen, bei andern bleiben bedeutend grössere Mengen wirkungslos [1]).
Auf die Circulation wirkt das Strychnin intensiv ein; das frei-
gelegte Froschherz wird während der tetanischen Anfälle in schnell
vorübergehenden Stillstand versetzt. Der Blutdruck steigt ganz bedeutend, ebenso die Pulszahl; ersteres, theilweise zurückzuführen auf
eine Reizung des vasomotorischen Centrums (die Arterien sind stark
verengt), findet man auch beim curarisirten Thiere, bei welchem das
Strychnin Puls verlangsamend wirkt in Folge einer Reizung der Hemmungsapparate (*S. Mayer*). — Auf das Respirationscentrum wirkt das
Strychnin stark erregend ein. — Die Körpertemperatur wird gesteigert,
bis um 2,^{0}4 C. — Die Harnmenge soll durch die Wirkung des Strychnins vermehrt werden; die Ausscheidung des Strychnins .erfolgt durch

---

[1]) Die relative Receptivität der verschiedenen Thierspecies zum Strychnin
ergibt sich aus folgender Zusammenstellung der Resultate meiner Untersuchungen:

Thierspecies	Applicationsstelle	Auf 1 kg Thier berechnet	
		höchste experimentirte aletale	niedrigste experimentirte letale
		Dosis Strychninnitrat in mg	
Weissfisch	Subcutan	6,25	12,5
Frosch	„	2.0	2,1
Ringelnatter	„	—	23,1
Taube	Kropf	10,0	15,0
Hahn	..	50,0	50,0
„	Subcutan	1,0	2,0
Maus	„	2.36	2,36
Kaninchen	„	0.5	0,6
Fledermaus	„	2,0	40,0
Igel	„	1,0	2.0
Katze		—	0,75
Fuchs		—	1.0
Hund	„	—	0,75
.. . .	Magen	2.0	3.9
„	Rectum	—	2,0
„	Harnblase	5.5	—

Warner, 39 Jahre alt, schwächlich, starb nach Einnahme von ½ Gran
(33 mg) Strychninsulfat in den Magen; das Gewicht (nach *Quetelet*) zu
68,8 kg angenommen, berechnet sich hieraus pro kg 0,465 mg als minimal-
letale Menge.

die Nierenthätigkeit, jedoch beginnt dieselbe erst nach längerer Zeit; hierdurch ist die Möglichkeit gegeben, dass sich bei therapeutischer Anwendung Strychnin im Körper anhäufe (cumulative Wirkung). — Die sensiblen Nerven werden durch das Strychnin beeinflusst; die Tastsphären werden etwas vergrössert (*Lichtenfels*), die Geruchsempfindungen deutlicher, präciser, angenehmer (*Fröhlich*), die Sehschärfe gesteigert, das Gesichtsfeld für Blau und Roth vergrössert (*Hippel* und *Cohn*); mit Strychnin vergiftete Hunde suchen schattige Stellen auf (Hyperästhesie der Retina; *F. A. Falck*). — Die motorischen Nerven werden nicht wesentlich beeinflusst; nach lange dauernden tetanischen Anfällen tritt schliesslich Lähmung ein. Die Muskeln reagiren bei künstlich respirirten Thieren schon sauer, während das Herz noch schlägt (*Rossbach*). — Das Gehirn wird nicht beeinflusst; künstlich respirirte Kaninchen, deren Halsmark durchschnitten, nagen am vorgehaltenen Futter, während der Rumpf tetanisch afficirt ist (*Rossbach*). — Die reflexvermittelnden Ganglien des Rückenmarks werden in einen Zustand erhöhter Erregbarkeit versetzt, so dass jetzt Minimalreize reflectorisch Zuckungen, etwas stärkere Reize aber tetanische Anfälle auszulösen vermögen. Das Brucin ruft bei Warmblütern dieselben Erscheinungen, wie das Strychnin hervor, bei Kaltblütern bewirkt das Brucin aber ausser einer Steigerung der Reflexerregbarkeit noch Lähmung der Endigungen der motorischen Nerven; letztere tritt zuerst in den hintern Extremitäten auf, dann in den vordern, zuletzt erst in den Nerven des Rumpfes und Kopfes (*Liedtke*). Sehr grosse Dosen Strychnin wirken ähnlich, wie bereits von mir angegeben wurde. — Die Intensität der Wirkung des Brucins zu der des Strychnins und anderer tetanisch wirkender Gifte ergibt sich aus folgenden Werthen: Die Dosis letalis minima betrug für 1 kg schwere Kaninchen, bei subcutaner Injection: von Strychninnitrat: 0,6 mg, von Brucinnitrat: 23 mg, von Thebaïnnitrat: 14,4 mg und von Laudaninnitrat: 29,6 mg. Dazu kommt noch, dass die minimal-letale Strychninmenge 3,06 mal schneller tödtet, als die entsprechende Brucindosis (*F. A. Falck*).

Chemischer Nachweis.

Um die Gegenwart des Strychnins in organischen Massen (Erbrochenes etc.), Leichentheilen (Magen- und Darminhalt, Leber, Blut, Harn etc.) darzuthun, wird man die *Dragendorff'*sche Methode benutzen (s. S. 46); der ammoniakalische Auszug wird am besten mit Benzin erschöpft. Die gewonnenen Rückstände benutzt man zur Anstellung charakteristischer Reactionen. Von den chemischen Reactionen ist die wichtigste die von *Marchand* angegebene, von *Otto* modificirte: Zur Anstellung derselben löst man die Strychninprobe in etwas concentrirter Schwefelsäure, resp. Schwefelsäuretrihydrat (*Dragendorff*) und bringt in die farblose Lösung einen kleinen Krystall von Kaliumbichromat; bewegt man jetzt die Flüssigkeit, durch Neigung des Gläschens etc., so entstehen in derselben, vom Krystall ausgehend, violette, resp. blaue Streifen, nach und nach wird die ganze Lösung violett oder blau, doch geht diese Färbung bald in Roth über. Statt Kaliumbichromat kann man zu dieser Reaction auch Bleihyperoxyd (von *Marchand* zuerst angewendet), Mangansuperoxyd, rothes Blutlaugensalz, Ceroxyduloxyd (*Sonnenschein*) u. a., anwenden. — Man vermag mit dieser Reaction noch 0,001 mg Strychnin mit Sicherheit nachzuweisen und konnte dadurch das Strychnin in dem Harn, durch welchen es vorzugsweise den Organismus wieder verlässt, in dem Speichel, in der Milch, in der Medulla oblongata (*Gay, Dragendorff*) etc. gefunden werden. — Wichtig ist ferner der physiologische Nachweis; Frösche eignen sich wohl am besten zu demselben. Nach *Gray* kann man beim Frosche (wenn er nicht zu gross ist) durch 0,0065 mg Strychnin, subcutan injicirt, die tetanischen Phänomene vollkommen deutlich hervorrufen; entzieht man aber dem Frosche durch Abtrocknen, Setzen auf Löschpapier etc. zunächst Feuchtigkeit, dann genüge schon 0,0022 mg. Ich konnte bei meinen Versuchen einen 2,1 g schweren Frosch durch 0,005 mg Strychninnitrat nicht allein tetanisch machen, sondern tödten; ein 17 g schwerer Frosch erlag noch der Wirkung von 0,036 mg. Bei den Froschversuchen ist zu berücksichtigen, dass sehr reizbare Thiere schon durch die kleinste Verletzung derart afficirt werden, dass sie in Tetanus verfallen. Um letzteres zu vermeiden, bestimmte ich die minimal-letale Dosis für die Maus; die geringsten Mengen, welcher 21,2 resp. 18,5 g schwere Mäuse erlagen, betrugen 0,046 resp. 0,05 mg Strychninnitrat.

Das Strychnin ist das am meisten widerstandsfähige Alkaloïd (*Dragendorff*) und konnte dasselbe von *Rieckher* noch nach 11 Jahren in einer faulenden Masse nachgewiesen werden.

Ist die Vergiftung durch Brechnüsse verursacht, so wird man microskopisch die Haare derselben nachzuweisen vermögen. Chemisch wird man neben dem Strychnin auch das Brucin aufzufinden versuchen müssen. Zu dem Zweck löst man den zu prüfenden Rückstand (s. S. 46) in Schwefelsäuretrihydrat und setzt etwas Salpetersäure hinzu: es tritt sofort blutrothe Färbung ein; dieselbe geht schnell in orange und dann in gelb über (noch mit 0,01 mg Brucin nachzuweisen). Die gelb gewordene Flüssigkeit wird durch Schwefelammonium prachtvoll rothviolett gefärbt, noch bei Benutzung von 0,1 mg Brucin (*Dragendorff*).

43. Atropin und Hyoscyamin.

1) Atropa Belladonna *L.*: die Tollkirsche [1]) (Fam. Solanaceae) findet sich, besonders auf Kalkboden, in Gebirgswäldern des südlichen und westlichen Deutschland, in Frankreich, England etc. Ein ausdauerndes Kraut mit grosser, fleischiger, später: holziger Wurzel, c. 1,5 m hohem, ästigem, behaartem Stengel, gestielten, in den Stiel verschmälerten, länglich-eiförmigen, zugespitzten, ganzrandigen Blättern, hängenden Blüthen, deren Krone glockenförmig, am Saume 5lappig, schmutzig purpurbraun ist. Die Frucht eine vom Kelch umgebene, glänzend schwarze, kuglige, saftige, fade süsslich schmeckende, 2fächrige Beere, eine grosse Zahl hellbrauner, nierenförmiger, 2 mm grosser Samen enthaltend.

2) Datura Stramonium *L.*: der gemeine Stechapfel [2]), einheimisch in den am schwarzen Meere gelegenen Ländern, findet sich derselbe bei uns verwildert auf Schutt, an Wegen, unbebauten Stellen.

---

[1]) Abbild.: *Berg* und *Schmidt* XX. c.
[2]) Abbild.: *Berg* und *Schmidt* XX. d.

Einjähriges, c. 1 m hohes Kraut, mit kahlem, gabelästigem Stengel, zerstreuten, langgestielten, eiförmigen, buchtiggezähnten Blättern; Blüthen achselständig, Krone trichterförmig, kahl, weiss, bis 10 cm lang; Frucht eine 5 cm grosse Kapsel: eiförmig, dicht derbstachlig, 4klappig aufspringend, eine grosse Zahl schwarzer, matter, 2—3 mm grosser, nierenförmiger Samen enthaltend.

3) Hyoscyamus niger L.: das schwarze Bilsenkraut [1]), durch fast ganz Europa auf Schutthaufen etc. vorkommend. Ein 2jähriges Kraut mit rübenförmiger, betäubend riechender Wurzel, bis 60 cm hohem, aufrechtem, zottig behaartem Stengel, länglich eiförmigen, buchtig gezähnten Blättern, Blüthen in beblätterter Aehre, fast sitzend, Kelch krugförmig, Krone trichterförmig, schmutziggelb, violett netzadrig, am Saume violett. Kapsel eiförmig, sich oben mit Deckel öffnend, enthält eine grosse Anzahl Samen; dieselben sind graubräunlich, 1,5 mm lang, nierenförmig.

4) Duboisia myoporoides R. Brown, ein durch ganz Australien, Neu-Caledonien, Neu-Guinea verbreiteter, c. 5 m hoher Baum resp. Strauch, ästig, mit lanzettförmigen, ganzrandigen, 10—13 cm langen Blättern, kleinen, blasslila resp. weissen, in endständigen Rispen stehenden Blüthen, kleinen, saftigen, schwarzen, beerenartigen Früchten und braunen, nierenförmigen Samen.

Unsere Kenntnisse über die wirksamen Bestandtheile der genannten Pflanzen sind noch immer nicht als vollkommen zu bezeichnen. — Schon 1831 wies *Mein* die Gegenwart eines Alkaloïdes in der Belladonnawurzel nach. *Geiger* und *Hesse* stellten 1833 das Atropin zuerst, und ohne Kenntniss von *Mein's* Untersuchung, rein dar und gelang es denselben 1833 aus den Samen des Stechapfels das Daturin und aus den Bilsensamen das Hyoscyamin zu isoliren. 1878 stellten *Gerrard* und *Petit* gleichzeitig aus dem Duboisia-Extract das Duboisin dar (1858 isolirte *Hübschmann* aus der Tollkirsche ein 2. Alkaloïd: das Belladonnin; *Buchheim* belegte 1876 eine amorphe Base, welche im Bilsensamen enthalten, mit dem Namen: Sikeranin).

Während man lange Zeit darüber im Zweifel blieb, ob Atropin und Daturin identisch seien oder nicht, hielt man stets Atropin und Hyoscyamin für 2 wesentlich verschiedene Substanzen. Erst die neuesten Untersuchungen von *Ladenburg* haben uns aufgeklärt über das Verhältniss der 3 Alkaloïde zu einander. *Ladenburg* gelang es, den Nachweis zu liefern, dass das Daturin und Duboisin identisch sind mit dem krystallisirten Hyoscyamin und dieses isomer dem Atropin. Nach *Ladenburg* enthält Atropa Belladonna mindestens 2 Alkaloïde (das Belladonnin ist nicht in den Kreis der Untersuchung gezogen): das Atropin und Hyoscyamin, ersteres in grösserer, letzteres in geringerer Menge; auch Datura Stramonium enthält diese beiden Alkaloïde, nur ist in dieser Pflanze das Hyoscyamin vorherrschend. Hyoscyamus enthält ebenfalls 2 Alkaloïde, welche bis jetzt als krystallinisches (in Atropa und Datura ebenfalls vorkommend) und amorphes Hyoscyamin unterschieden werden. Das Duboisin des Handels besteht nur aus krystallinischem Hyoscyamin.

Das Atropin: $C_{17}H_{23}NO_3$, bildet glänzende, in 600 Th. kaltem,

---

[1]) Abbild.: *Berg* und *Schmidt* XVI. f.

in 58 Th. kochendem Wasser, sehr leicht in Alkohol, ferner in Aether, Chloroform etc. lösliche Nadeln, welche bei $113^0,5$ C. schmelzen; ihre Lösung reagirt stark alkalisch, schmeckt bitter, ist optisch inactiv. Mit Säuren liefert das Atropin Salze, von welchen das Sulfat sehr leicht in Wasser löslich ist. Mit Baryt oder Salzsäure behandelt, spaltet sich das Atropin nach der Gleichung: $C_{17}H_{23}NO_3 + H_2O = C_8H_{15}NO + C_9H_{10}O_3$ in Tropin und Tropasäure. Die Rückbildung des Atropins aus seinen Zersetzungsproducten gelang *Ladenburg*, indem er tropasaures Tropin mit verdünnter Salzsäure unter 100^0 behandelte. Das so erhaltene Alkaloïd hat alle Eigenschaften des natürlich vorkommenden. In sauren Lösungen mit Goldchlorid versetzt, liefert Atropin einen gelben, öligen Niederschlag, der nach einiger Zeit krystallisirt und bei $135-137^0$ schmilzt.

Das Hyoscyamin: $C_{17}H_{23}NO_3$, bildet kleinere, weniger gut ausgebildete Nadeln, als das Atropin; dieselben schmelzen bei $108^0,5$, zeigen ähnliche Lösungsverhältnisse wie das Atropin, seine Lösungen besitzen aber ein Rotationsvermögen von $-14^0,12$, werden durch Baryt, resp. Salzsäure analog gespalten in Hyoscin und Hyoscinsäure, von welchen *Ladenburg* nachwies, dass sie mit Tropin und Tropasäure identisch sind und dass das Hyoscyamin, dieselben Spaltungsproducte wie das Atropin liefernd, letzterem isomer, vielleicht physikalisch isomer ist. Das Hyoscyamingoldsalz, in schönen goldglänzenden Blättchen erhalten, schmilzt erst bei 159^0.

Das amorphe Hyoscyamin soll sich durch sein Goldsalz, dessen höhern Schmelzpunkt und Krystallform charakterisiren.

Quantitative Bestimmungen des Alkaloïdgehalts der genannten Pflanzen sind oft ausgeführt worden. Nach den Untersuchungen von *Dragendorff-Günther* enthält die Wurzel der Tollkirsche (im September gesammelt): 0,21 % (auf wasserfreie Substanz berechnet), die Stengel: 0,146 %, die Blätter: 0,838 %, die unreifen Früchte: 0,955 %. die reifen Früchte: 0,821 % und die Samen: 0,407 % Atropin. *Lefort* fand in den Blättern: 0,39—0,485 %, die grössere Menge nach dem Blühen, aber vor der Fruchtreife; die 2—3 Jahre alte Wurzel enthielt: 0,48 %, die 7—8 Jahre alte: 0,28 %. Die Wurzel enthält zur Zeit der Blüthe die grössten Mengen (*Schroff*). — In Datura Stramonium fand *Dragendorff-Günther*: in der Wurzel: 0,065 %, in dem Stengel: 0,063, in den Blättern: 0,31 und in den Samen: 0,365 % Alkaloïd. — Die Untersuchungen von *Thorey* zeigen, dass der Alkaloïdgehalt in Hyoscyamus niger und albus sehr wechselnd ist. H. albus lieferte fast immer grössere Mengen als H. niger. Die Wurzeln von Hyoscyamus niger enthalten während der Blüthe am meisten: 0,132 %. weniger vor der Blüthe: 0,03—0,08, noch weniger nachher: 0,03 bis 0,06 %. In ähnlicher Weise wechselt der Gehalt der Stengel, zwischen 0,01 und 0,07 % betragend; auch bei den Blättern verhält es sich analog: 0,15—0,21 % (blühend), 0,15—0,19 (vorher), 0,07—0,11 (fructificirend). Die Samen enthielten: von Hyoscyamus niger: 0,08—0,12 %, von H. albus: 0,16—0,17 % Alkaloïd.

Entsprechend dem Ergebniss der chemischen Untersuchungen werden wir die durch Atropa, Datura und Hyoscyamus und deren Präparate etc. hervorgerufenen Vergiftungen hier zusammengefasst zu behandeln haben.

Vergiftungen durch Atropin-Hyoscyamin-haltige Stoffe kommen ziemlich häufig vor. — Um Angaben darüber machen zu können, in welcher Weise diese Vergiftungen sich auf die 3 genannten Pflanzen vertheilen, habe ich die Intoxicationen der letzten 12 Jahre zusammengestellt. Die Aetiologie der Atropin-Vergiftung dürfte aus diesen Angaben ebenfalls erkannt werden. Ich fand in der Literatur Berichte, resp. kurze Angaben über 112 Intoxicationen; dieselben vertheilen sich zu 38 auf das reine Alkaloïd, das Atropin, 1 auf das in der letzten Zeit ebenfalls therapeutisch benutzte Duboisin, zu 44 auf Theile resp. galen'sche Präparate der Atropa Belladonna, 18 der.von Datura Stramonium und 11 von Hyoscyamus niger.

Absichtlich wurden nur wenige Vergiftungen durch die genannten Stoffe hervorgerufen. Als Giftmord haben wir nur den einen von *Calvert* beschriebenen Fall zu bezeichnen; eine Wärterin vergiftete den Hospitalbeamten, indem sie diesem Atropin in der Milch beibrachte; der Vergiftete starb nach c. 8 Stunden. (Dieser Fall erinnert an die durch die Krankenpflegerin *Jeanneret* veranlassten Vergiftungen.) — 9 der Fälle sind Selbstvergiftungen; benutzt wurden von 7 Selbstmördern zu medicinaler Benutzung angefertigte Atropinlösungen (Collyrien etc.), einmal ein aus 30 g Belladonnablättern bereitetes Infus und einmal eine aus Belladonnaextract und Glycerin bestehende, zum Verband eines Brustkrebs bestimmte Arzneimischung. Diese Selbstvergiftungen verdanken somit indirect ihren Ursprung der therapeutischen Benutzung der giftigen Stoffe.

Von den unabsichtlich, zufällig entstandenen Vergiftungen sind 30 als öconomische zu bezeichnen. 22 Kinder vergifteten sich durch den Genuss der giftigen Pflanzentheile; 9 derselben hatten Tollkirschen gegessen (es starben 2), 12 hatten die Samen des Stechapfels verzehrt (es starben 3) und 1 Kind die Samen des Bilsenkrauts. 4 Erwachsene erkrankten dadurch, dass man die Wurzel von Hyoscyamus aus Unkenntniss bei der Darstellung von Suppe benutzt hatte, eine Familie dadurch, dass die Bilsenwurzel statt Cichorienwurzel als Kaffeesurrogat Anwendung gefunden hatte. — Als öconomische Vergiftungen dürfen wohl auch die Erkrankungen der Soldaten des *Xenophon*, welche den in den Thälern bei Trapezunt gesammelten Honig genossen hatten, bezeichnet werden; neuere Berichte aus den dortigen Gegenden bestätigen die Schädlichkeit des fraglichen Honigs und geben als Ursache dieser Schädlichkeit an, dass in den dortigen Thälern der Stechapfel in grosser Menge vorkomme, aus dessen schönen, honigreichen Blüthen die Bienen den giftigen Honig saugen. — Auch durch das Fleisch einzelner Thiere, welche, wie z. B. die Kaninchen, längere Zeit von Belladonnablättern ohne Schaden sich ernähren können, sind Intoxicationen hervorgerufen worden.

Nicht gering ist die Zahl der Intoxicationen (33), welche ebenfalls als öconomische zu bezeichnen sind, deren Entstehen aber nur ermöglicht ist durch die umfangreiche, medicinale Anwendung der fraglichen Präparate. Atropinlösungen werden in zahllosen Fällen als Collyrien benutzt; die schlechte Verwahrung dieser stark giftigen Präparate, das „Umherstehenlassen" (*Binz*) gab Anlass zu Intoxicationen: 8 Kinder, im Alter von 1½—6 Jahren, tranken „zufällig" solche Augentropfwässer aus und erkrankten; ein Kind erlag der Vergiftung; ähnlich wird von 5 Erwachsenen gemeldet, dass sie „aus Versehen" solche Lösungen genommen hätten. — 4 Kinder verschluckten ebenfalls schlecht verwahrte Atropinpillen. — Arzneimischungen, welche Belladonnaextract enthielten, gelangten in 4 Fällen zufällig, aus Versehen zur Wirkung. Belladonnalinimente wurden aus Versehen von 5 Personen genommen. — Die Familie (7 Personen) eines Kräutersammlers, welcher Belladonnaextract darstellte, erkrankte in Folge der Benutzung eines schlecht gereinigten Topfes.

Auch medicinale Intoxicationen haben wir zu melden (39). Vergiftungssymptome traten ein in 6 Fällen bei der Benutzung von Collyrien (einmal Duboisin), in 2 Fällen nach der subcutanen Injection von Atropinlösungen (in eine Vene gespritzt?), in 2 Fällen nach Application von Belladonnpflaster, in einem Falle bei Benutzung von Belladonnaextract zum Verband der Brust, in 3 Fällen bei Anwendung eines Liniments zu Einreibungen der Brust, resp. des Scrotums, in 2 Fällen in Folge der Benutzung von Syrupus Belladonnae. Verwechselungen mit andern Arzneien kamen mehrfach vor, theils durch die Schuld des dispensirenden Apothekers, theils durch die Schuld des Patienten selbst. Atropinlösungen wurden innerlich genommen statt äusserlich (2 Fälle), wurden mit Morphin-, Chininlösung, mit Orangensyrup verwechselt (3 Fälle); Atropin wurde statt Asa fötida zur Darstellung von Pillen benutzt (ein letal verlaufener Fall), Belladonnablätter wurden statt Brustthee (2 Fälle), Belladonnaextract statt Extractum Lobeliae resp. Buchu (2 Fälle), Stechapfelblätter statt Folia Juglandis resp. flores pectorales (4 Fälle), Tinctura Hyoscyami statt Potio nigra (2 Fälle) angewandt. Kräutersammler empfahlen die Belladonnablätter als vorzüglichen Kräuterthee resp. gaben sie als Nesselblätter ab (5 Fälle); auf Anrathen eines Quacksalbers wurden Stechapfelblätter benutzt; ein Asthmatiker nahm grössere Mengen Tinctura Stramonii ohne ärztliche Verordnung.

Es scheint mir wichtig noch darauf aufmerksam zu machen, dass von 38 durch Atropin bedingten Intoxicationen 30 veranlasst wurden durch zum äusserlichen Gebrauch verordnete Atropinlösungen (Collyrien).

Von den 112 Vergifteten starben 13 (11,6 %). — Ueber die toxisch und letal wirkenden Mengen liegen Angaben vor, aus welchen sich ergibt, dass schon durch 1 mg Atropin mehr weniger heftige Vergiftungserscheinungen hervorgerufen werden können. In *Richet's* Falle wurden einem ältern Mann täglich c. 1,2 mg Atropin in das Auge applicirt; nach 8 Tagen hatten sich heftige Symptome ausgebildet. *Hurd* injicirte einem Ischias-Kranken 1,3 mg subcutan (in die Vene?), es trat sofort Vergiftung ein; ähnlich bei *Stocks*, der sich selbst 2,5 mg subcutan applicirte. — Grössere Dosen wirken auch entsprechend heftiger ein. Die geringste Menge Atropin, welcher ein 3jähriges Kind nach 10¾ Stunden erlag, betrug 0,095 g (in Form eines Collyriums); ein junger Mann starb nach 0,13 g Atropin (*Taylor-Sells*); eine Dame, welche 0,195 g schwefelsaures Atropin statt Asa fötida erhalten, erlag, ungeachtet aller Bemühungen der Aerzte, nach 15 Stunden. Ein Arzt vergiftete sich mit 0,36 g Atropin; er starb 15 Stunden später. — Die toxisch und letal wirkenden Mengen der Pflanzentheile und der daraus bereiteten galen'schen Präp̄ate hängen von dem Alkaloïdgehalt der-

selben ab. — Die *Pharmacopoea germanica* setzt folgende Maximaldosen fest: Atropinum und Atropinum sulfuricum: 1 mg pro dosi, 3 mg
pro die; Radix Belladonnae: 0,1 g pro dosi, 0,4 g pro die; Folia Belladonnae: 0,2 g pro dosi, 0,6 g pro die; Extractum Belladonnae: 0,1 g
pro dosi, 0,4 g pro die; Tinctura Belladonnae: 1 g pro dosi, 4 g pro
die; Folia Stramonii: 0,25 pro dosi, 1 g pro die; Extractum Stramonii:
0,1 g pro dosi, 0,4 g pro die; Tinctura Stramonii: 1 g pro dosi, 3 g
pro die; Folia Hyoscyami: 0,3 g pro dosi, 1 g pro die; Extractum
Hyoscyami: 0,2 g pro dosi, 1 g pro die.

Symptome der Vergiftung.

Die Symptome der Vergiftung treten schon sehr bald nach dem
Genuss des Giftes ein und verläuft die Intoxication in kurzer Zeit; in
7 letal verlaufenen Fällen ist die Dauer genau angegeben. In einem
Falle (Vergiftung eines 16jährigen Jünglings durch 3,9 g Belladonnaextract) erfolgte der Tod schon nach $3^3/_4$ Stunden, in *Calvert's* Falle
7—8 Stunden nach dem Genuss der vergifteten Milch; der 3jährige
Knabe, welcher 0,095 g Atropin genommen, starb nach $10^3/_4$ Stunden,
Pollak's und *Gross's* Vergiftete erlagen nach 15 Stunden, die Patientin
von *Beddoes*, welche zufällig einen Theelöffel voll eines Liniments genossen, ging erst nach 16 Stunden zu Grunde; ein $^3/_4$ Jahr alter Knabe
starb erst 24 Stunden nach dem Genuss von (3) Tollkirschen (*Bauer*).

Als erste Symptome finden wir in vielen Fällen neben Kopfschmerz: Trockenheit und Kratzen im Munde und Halse, Beschleunigung der Herzthätigkeit, erweiterte Pupillen genannt. Im weiteren
Verlaufe, resp. nach grösseren Giftmengen, ziemlich rasch, stellt sich
grosser Durst ein, dabei ist das Schlingen erschwert, ja es kann Dysphagie eintreten; die Speichelsecretion ist unterdrückt, das Sprechen
in einzelnen Fällen erschwert, es stellt sich Schwindel ein, Uebelkeit,
auch Erbrechen. Auch die äussere Haut ist trocken, es zeigt sich
lebhafte, scharlachrothe oder bläuliche Färbung des aufgetriebenen Gesichtes, doch ist auch an dem übrigen Körper oft ein scharlachähn-
licher Ausschlag zu bemerken; Klopfen der Halsgefässe; die Augen
sind injicirt, die Pupillen ad maximum erweitert, reagiren nicht mehr
auf Lichtreiz; es bestehen Sehstörungen, Diplopie, Schwachsichtigkeit,
Nebel- und Farbensehen; auch Störungen des Gehörs, des Geschmacks
können eintreten. Jetzt stellen sich auch Delirien ein, welche bald
still sind, bald heiter erscheinen und alsdann mit grosser Geschwätzigkeit verbunden sind, bald als furibunde sich darstellen und mit den
heftigsten Ausbrüchen von Tobsucht und Raserei (von Tanzwuth, Lach-
lust, Beisswuth u. a. m.) auftreten. Im weiteren Verlaufe sinkt die
Pulszahl, sowie die Körpertemperatur, die Respiration ist erschwert, es
besteht taumelnder Gang, Adynamie, Anästhesien der Haut, Parese,
Sopor, allgemeine und partielle Convulsionen, Harn- und Stuhlverhal-
tung, später unwillkürlicher Abgang von Urin und Fäces, ganz verlangsamte, unregelmässige Herzthätigkeit, Tod.

In nicht letal endenden Fällen hält der Zustand der Narkose
Stunden lang an; endlich erwachen die Vergifteten, meist ohne Erin-
nerung an die Erscheinungen des Excitationsstadiums; die Genesung
macht nur ganz langsam Fortschritte und bleibt namentlich die Mydriasis oft mehrere Tage bestehen.

In der Leiche der durch Atropin zu Grunde Gegangenen findet man nichts, was dieser Intoxication eigenthümlich wäre. Die Pupillen sind stark erweitert; Gehirn, Meningen etc. sind stark mit Blut überfüllt; auch die Lungen, Leber, Nieren wurden hyperämisch gefunden; das Blut dunkel und dünnflüssig.

Experimentaluntersuchungen.

Zahlreiche Untersuchungen sind ausgeführt worden, um die Wirkung des Atropins kennen zu lernen. Diese Untersuchungen haben bewiesen, dass die giftige Wirkung dieses Stoffes sich nicht bei allen Thierarten in gleicher Intensität bemerklich macht. Eine bedeutende Immunität besitzen die Pflanzenfresser (Kaninchen, Meerschweinchen u. a.), derart, dass Kaninchen noch nicht durch c. 0,7 g Atropin pro kg subcutan applicirt, getödtet werden (eigner Versuch). Fleischfresser sind bedeutend empfindlicher, als die Pflanzenfresser, doch sind auch bei ersteren die letalen Dosen noch als sehr hoch zu bezeichnen. So musste ich, um einen Hund zu tödten, 0,196 g (*Heubach* 0,136 g) Atropin pro kg subcutan injiciren; bei Injection in die Vene starben meine Thiere, wenn sie 0,1—0,11 g pro kg erhalten hatten. Am empfindlichsten ist jedenfalls der Mensch.

Auf die Circulation übt das Atropin eine bedeutende Wirkung aus; die Pulsfrequenz steigt schon nach kleinen Atropindosen ziemlich an und vermag jetzt die Reizung des Vagus die Pulszahl nicht wieder herabzusetzen; das Atropin hat die Erregbarkeit der im Herzen gelegenen Endapparate des Vagus hochgradig herabgesetzt. Zugleich mit der Pulsbeschleunigung tritt Steigerung des Blutdrucks ein, theilweise bedingt durch Reizung des Gefässnervencentrums. Grössere Giftmengen setzen dann Pulszahl und Blutdruck bedeutend herab, indem dieselben lähmend einwirken auf das vasomotorische Centrum (Erweiterung der Gefässe), sowie auf die motorischen Herzganglien und schliesslich auf den Herzmuskel selbst. — Die Respirationsthätigkeit wird anfangs, in Folge einer lähmenden Wirkung auf die Endigung des Vagus in der Lunge, verlangsamt, später beschleunigt durch Einwirkung auf das Athmungscentrum; grössere Dosen lähmen auch dieses Centrum. — Auf die Körpertemperatur wirkt das Atropin derart ein, dass kleine Giftmengen dieselbe erhöhen, grössere sie bedeutend herabsetzen. — Kleine Atropinmengen rufen lebhafte Peristaltik des Darmes hervor; die Splanchnici haben ihren hemmenden Einfluss eingebüsst (*Keuchel, Rossbach*). Grössere Mengen versetzen den Darm in Ruhe (lähmende Wirkung auf die im Darm liegenden Ganglien, sowie auf die glatten Muskelfasern). — Die Absonderung des Speichels wird durch die Wirkung des Atropins aufgehoben; eine Reizung der Chordafasern ist nicht mehr im Stande die Speicheldrüse zur Secretion zu bringen, während der Blutstrom in der Drüse beschleunigt ist, das Blut hellroth durch die Vene fliesst; das Atropin hat die für die Secretion wichtigen Endigungen (Ganglien) der Chordafasern gelähmt; Reizung des Sympathicus veranlasst Absonderung von zähem, dickem Speichel. — Die Secretion des Bauchspeichels wird herabgesetzt, ohne zu völligem Stillstand zu kommen (*Langendorff*). — Höchst intensiv wirkt das Atropin auf das Auge ein; in den Conjunctivalsack applicirt, genügen schon sehr geringe Mengen (nach *de Ruiter* bei dem Hunde schon 0,0005 mg Atropin), um in wenigen Minuten die Pupille des Auges maximal zu erweitern; das mydriatische Auge reagirt nicht auf Lichtreiz. Die Mydriasis, der sich später Lähmung der Accomodation anschliesst, kann mehrere Tage bestehen bleiben und schwindet nur allmälig. Die Ursachen dieser Veränderungen sind zurückzuführen auf eine lähmende Wirkung des Atropins auf die Endigungen des Oculomotorius (eine gleichzeitige, erregende Wirkung auf den Sympathicus ist mindestens als zweifelhaft zu bezeichnen). Das atropinisirte Auge kann durch Reizung des Oculomotorius nicht mehr myotisch gemacht werden, während die Pupille sich in Folge einer directen Reizung des Irismuskels verengt; die Atropinwirkung tritt auch ein, wenn 13 Monate vorher der Sympathicus am Halse resecirt wurde (*Budge*). — Auf die sensiblen und motorischen Nerven wirkt das Atropin die Erregbarkeit herabsetzend und schliesslich lähmend ein, jedoch tritt diese Wirkung nur dann hervor, wenn sehr grosse Dosen applicirt werden. — Auf das Gehirn wirkt das Atropin erregend ein (nach *v. Bezold* liegt die Vermuthung nahe, das Atropin wirke nur scheinbar erregend, rufe aber in Wahrheit eine Verminderung der Erregbarkeit, welche in erster Linie durch Wegräumung gewisser centraler Hemmungen sich auszeichnet, hervor. Die rauschartigen Zustände, der eigenthümliche Drang zur Bewegung deute darauf hin, dass die hemmende Controle des Bewusstseins und Willens unter dem Einfluss des Giftes leidet). Nach *Binz* bezieht sich die Erregung auf „das Denkorgan, die braune Hirnrinde mit den Arbeitsstätten der so verschieden abgestuften Intelligenz." Greift die Reizung auf das Mittelhirn, die sog. Krampfcentren und auf gewisse Theile des verlängerten Marks, so entstehen Krämpfe des Gesichts, der Extremitäten etc.; bei heftiger, dauernder Einwirkung ruft es schliesslich schlafähnliche Erschöpfung hervor (*Binz*).

v. Anrep(*-Rossbach*) hat kürzlich die Wirkung wiederholt eingeführter Atropinmengen (kleine und grosse) untersucht. Bei Hunden rufen kleine Atropinmengen von 1—3 mg, öfter wiederholt, nicht mehr die allgemeinen Vergiftungserscheinungen (Veränderungen der Hautempfindlichkeit, geringes Zittern der Extremitäten) hervor, dagegen ist constant nach jeder Injection zu beobachten: Pulsbeschleunigung (jedoch bleibt die Pulszahl mehr und mehr unter der Norm; es tritt Herzschwäche ein), Mydriasis, kurz dauerndes Versiegen der Speichelsecretion. Die Thiere selbst bleiben munter, haben guten Appetit etc. Werden längere Zeit grosse Dosen von 50 mg bis 1 g pro die applicirt, so treten zu den eben genannten Symptomen noch hinzu: schwankender Gang, heftiges Zittern, Zuckungen der hintern Extremitäten, Durst, Trockenheit der Schleimhäute, Erbrechen; Benommenheit, Mattigkeit, Appetitlosigkeit bleiben lange bestehen. Nach öfterer Wiederholung der grossen Dosis schwinden diese Erscheinungen und bleibt nur Herzschwäche bestehen. Nur der Appetit geht ganz verloren, der Hund ist trübsinnig, matt, schläfrig, magert ab. — Der Organismus gewöhnt sich an die Atropinwirkung: nur die Wirkung auf Pupille und Herz tritt selbst nach langem Gebrauch des Atropins stets hervor.

Die Wirkung des Hyoscyamins stimmt mit der des Atropins qualitativ überein. Die Intensität der Wirkung der fraglichen Stoffe dürfte am besten aus folgenden Angaben hervorgehen: Es sind erforderlich (a: zur Aufhebung des Muscarinstillstandes des Froschherzens;

b: zur Erweiterung der Kaninchenpupille) von Atropin: a: 0,0025 mg, b: nicht sicher festgestellt; von Hyoscyamin [1]) (*Merck*'s krystallisirtem): a: 0,005 mg, b: 0,004 mg, von dem extractförmigen Hyoscyamin: a und b: 0,01 mg; von Duboisin: a und b: 0,001 mg (*Harnack*); von Belladonnin: a: 0,1 mg, b: 0,25 mg (*Buchheim*); von Tropin: a: 0,5 mg, b: das Tropin wirkt nicht mydriatisch (*Buchheim;* analog das Hyoscin; *Hellmann*). Tropa- resp. Hyoscinsäure sind indifferent (*Hellmann*).

Behandlung der Atropinvergiftung.

In erster Linie hat man das in den Magen gebrachte Gift schnell wieder zu entfernen; zu dem Zwecke kann man von Brechmitteln, besser wohl noch von der Magenpumpe etc. Gebrauch machen. Um Samen, Beeren etc. aus dem Darm zu entfernen, wird man Abführmittel geben müssen. Zur Ausspülung des Magens würde man am zweckmässigsten von Gerbstoff-haltigen Flüssigkeiten (Tannin, Galläpfel, Thee etc.) Gebrauch machen; auch schwache Jodlösungen könnten benutzt werden. Auch die Thierkohle ist empfohlen worden, um das Atropin zu absorbiren und damit dessen Wirkung zu verlangsamen. — Sind Symptome der Giftwirkung vorhanden, so wird man im Grossen und Ganzen symptomatisch vorzugehen haben. Man wendet an: kalte Umschläge und Begiessungen, Blutentziehungen am Kopfe, unter Umständen Excitantien, Wein etc., künstliche Respiration. Als pharmakologische Antagonisten kommen Opium und Morphin in Betracht. Zahlreiche Beobachtungen am Krankenbette sprechen für einen günstigen Einfluss, welchen Morphin bei der Atropinvergiftung zu äussern vermag. *Binz* spricht sich auf Grund seiner Untersuchungen an Thieren, sowie der Beobachtungen an Menschen dahin aus: „vorsichtige Gaben Morphin können die von dem Atropin veranlasste lebensgefährliche Erregung der Nervencentren herabsetzen." Das Morphin vermag ziemlich schnell die beschleunigte Herzthätigkeit und Athmung zu vermindern, die Aufregung, die Krämpfe zu mässigen, den Vergifteten in Schlaf zu versetzen.

Gerichtlicher Nachweis.

Zum Nachweis einer Atropinvergiftung verwendet man ausser den erbrochenen Massen, dem bei Lebzeiten entleerten, resp. in der Blase enthaltenen Urin, noch Magen- und Darminhalt, Blut und blutreiche Organe. Die Isolirung der giftigen Substanz gelingt am besten nach der *Dragendorff*'schen Methode (S. 46) durch Ausschüttelung der ammoniakalischen, wässerigen Flüssigkeit mit Benzin (nach *Wasilewsky*'s Untersuchungen wirkt Chloroform noch besser). — Charakteristische, chemische Reactionen, welche mit den Extracten vorgenommen werden könnten, sind nicht bekannt. (Bringt man auf einige Chromsäurekrystalle in einer kleinen Porzellanschale etwas Atropin und erwärmt, so tritt ein charakteristischer Geruch nach Blumen: Orangenblüthen, Prunus Padus, Spiraea etc. auf.) Es bleibt somit nur der physiologische Nachweis zu führen übrig. Der Nachweis der Wirkung auf die Pupille, am besten am Katzenauge auszuführen, und auf

---

[1]) Das von *Harnack* aus der Jaborandi dargestellte Alkaloïd: Jaborin, nach Art des Atropin wirkend, hat die Intensität des Hyoscyamin.

das durch Muscarin in diastolischen Stillstand versetzte Froschherz werden genügen, um das Vorhandensein des Atropins, genauer des in Atropa resp. Datura resp. Hyoscyamus enthaltenen Giftes sicher zu stellen. Waren Pflanzentheile die Ursache der Vergiftung, so wird man wohl im Erbrochenen, dem Magen-, resp. Darminhalt Körper vorfinden, welche die Diagnose ermöglichen werden. Als solche sind zu nennen die Samenkörner der 3 Pflanzen, deren Grösse und Farbe wesentlich verschieden ist. — Atropa Belladonna enthält in allen Theilen einen sehr beständigen und stark blau fluorescirenden Schillerstoff, welchen *Fasbender* auch in den im Handel befindlichen Extracten finden konnte. Dieser Körper, in Alkohol, Amylalkohol etc. löslich, findet sich vorzugsweise in der Fruchthaut der Tollkirsche. — Das Atropin geht sehr schnell in den Urin über; letzterer kann deshalb benutzt werden, um darin das Atropin nachzuweisen. Zu dem Zweck wird man den Urin, mit verdünnter Schwefelsäure angesäuert, stark eindampfen, mit Ammoniak versetzen und mit Chloroform ausschütteln; das Extract wird an dem Katzenauge zu prüfen sein (*Binz*). Da das Atropin durch die Nieren den Körper schnell wieder verlässt, so wäre es möglich, dass der in der Leiche vorgefundene Urin, aus der späteren Vergiftungszeit stammend, kein Atropin mehr enthält. — Atropin konnte noch nach $2^{1}/_{2}$ Monaten in organischen, in Fäulniss übergegangenen Massen nachgewiesen werden (*Dragendorff*).

44. Solanin.

Das Solanin: $C_{43}H_{69}NO_{16}$ [1]), wurde 1820 von *Desfosses* aus den Beeren von Solanum nigrum dargestellt. Dieser Körper bildet im reinen Zustande, feine, seidenglänzende Prismen, welche in Wasser fast unlöslich, sich wenig in kaltem Alkohol, leichter in kochendem lösen, noch leichter von Amylalkohol aufgenommen werden. Seine Lösung reagirt schwach alkalisch und schmeckt bitter. Das Solanin schmilzt bei 235°, liefert nach *Wynter Blyth* durch Einwirkung von übermangansaurem Kali 0,98% Ammoniak. Mit Säuren bildet es meist amorphe, gummiartige Salze. Mit verdünnten Säuren (Schwefelsäure) erwärmt, wird es unter Aufnahme von 3 Mol. Wasser leicht gespalten in Zucker und Solanidin, nach der Gleichung: $C_{43}H_{69}NO_{16} + 3H_2O = 3C_6H_{12}O_6 + C_{25}H_{39}NO$. Letzteres, eine stärkere Base, als das Solanin, bildet feine Nadeln, die bei 208° schmelzen, mit Säuren leicht krystallisirende Salze liefern.

Das Solanin, ein glucosidisches Alkaloïd, wurde bisher in verschiedenen Solanumspecies (Fam. Solanaceae) aufgefunden: Von denselben finden wir in Deutschland: 1) Solanum tuberosum L.: die Kartoffelpflanze, ein bekanntes, überall cultivirtes Kraut mit grossen, kugligen, grünen Beeren. 2) Solanum nigrum L.: der schwarze Nachtschatten[2]) findet sich durch Europa und Asien sehr verbreitet, an Wegen, auf Schutt; ein dunkelgrünes, bis 50 cm hohes Kraut, kahl; Stengel ästig mit höckerigen Kanten; Blätter gestielt, eiförmig; Blumenkrone weiss, doppelt so lang, als der Kelch; Beeren im unreifen

---

[1]) *P. Martin* stellte kürzlich die Formel $C_{42}H_{73}NO_{15}$ dafür auf.
[2]) Abbild.: *Brandt* und *Ratzeburg* Taf. 19.

Zustande grün, im reifen schwarz, glänzend. 3) Solanum villosum *Lamarck*: der zottige Nachtschatten[1]); dem vorigen sehr ähnlich, ist die Pflanze dicht filzig, resp. zottigrauhhaarig; der Stengel nur schwach kantig, die Blumenkrone 2—4 mal so lang, als der Kelch, die Beeren safrangelb resp. ziegelroth gefärbt. 4) Solanum Dulcamara *L.*: Bittersüss[2]) findet sich in Gesträuchen, an Bach- und Flussufern in Europa, Asien und Amerika; eine strauchartige, kletternde bis 1,5 m hohe Pflanze mit hohlem Stengel, krautartigen Aesten, gestielten, länglich-eiförmigen Blättern; die Blüthen in end- resp. seitenständiger, langgestielter Trugdolde, Kelch becherförmig, violett, Krone radförmig violett, resp. weiss, mit grünen drüsigen Flecken; Beeren hängend, länglich-oval, glänzend, scharlachroth, saftig. — Ausser diesen Species wurde das Solanin noch nachgewiesen und sind toxikologisch wichtig: Solanum verbascifolium *L.* in Mittel- und Südamerika; S. Pseudo-Capsicum *L.*, auf Madeira heimisch, bei uns als „Korallenbaum" gezogen; S. sodomeum *L.*, in Sicilien und Afrika einheimisch; S. mammosum *L.* in Westindien, Carolina; S. bacciferum *L.* auf Jamaika; auch noch andere Species dieser artenreichen Gattung werden Solanin enthalten.

Ueber den Solanin-Gehalt der Pflanzen resp. Pflanzentheile sind wir nur schlecht unterrichtet. — In den Kartoffelknollen findet es sich im reifen Zustande nicht. *Bach* führt an, das Solanin finde sich bei gekeimten Kartoffeln nur in der Schale, und an den Stellen, wo die Keime sind, bis zur Wurzel derselben in der Knolle. — Die unreifen Kartoffeln enthalten nach *Hauf* im Mai 0,032%, im Juli 0,042%. — Nach *Missaghi* soll Solanum sodomeum sehr reich an Solanin sein. Der Saft der Beeren vom Bittersüss enthält 0,3%.

Vergiftungen durch Solanin-haltige Substanzen.

Vergiftungen von Menschen sind, wenn auch nicht in sehr grosser Zahl, durch Solanin-haltige Substanzen verursacht worden; auch hat dieses Gift schon mehrmals den Tod der Vergifteten veranlasst.

Das Solanin selbst hat bisher wohl kaum zu Intoxicationen Anlass gegeben. Immer waren es Pflanzentheile, resp. aus solchen dargestellte Präparate. Kinder waren es meist, welche die Beeren der betreffenden Pflanzen (Solanum villosum, nigrum, Dulcamara, pseudocapsicum, tuberosum etc.), sie für essbare Früchte haltend, verzehrten, erkrankten und zum Theil der Wirkung erlagen. Auch der Genuss unreifer Kartoffeln, der Blätter von Solanum nigrum hat ebenfalls zu Vergiftung Anlass gegeben. Auch medicinale Vergiftungen durch zu grosse Dosen officineller Dulcamara-Präparate sollen vorgekommen sein.

Die Dosis toxica und letalis für Menschen ist auf Grund der vorliegenden Angaben kaum zu fixiren. In dem von *Bourneville* berichteten Falle erkrankte ein 11jähriges Kind in Folge des Genusses von 10 Beeren von Solanum Dulcamara; *Montané* erzählt die Vergiftung eines 4jährigen Kindes durch 3—4 Beeren von Solanum Pseudo-Capsicum.

[1]) Abbild.: *Winkler* Taf. 59.
[2]) Abbild.: *Berg* und *Schmidt* XX. b.

Symptome der Solaninvergiftung.

Die Vergiftungserscheinungen treten erst mehrere Stunden nach dem Genusse des Giftes auf. Als solche finden wir angegeben: Kopfschmerzen, Schwindel, Uebelkeit, Erbrechen, Delirien, sehr frequenter, kleiner Puls, erschwerte Athmung, grosse Muskelschwäche, Convulsionen, Trismus, erweiterte Pupillen; letzteres Symptom ist jedoch nicht immer beobachtet worden.

Sectionen der durch Solanin zu Grunde gegangenen Menschen scheinen bisher nicht ausgeführt zu sein.

Experimentaluntersuchungen.

Zur Anstellung von Untersuchungen an Menschen und Thieren ist Solanin oft benutzt worden. Unter *Schroff*'s Leitung wurde dasselbe in Dosen von 2 mg bis 0,2 g an 4 Personen geprüft. Grössere Dosen bewirkten Beschleunigung des Pulses um 25 Schläge; derselbe war klein, schwach, fadenförmig; beschwerliches Athmen, Aufstossen, Uebelkeit und Brechreiz, aber kein Erbrechen; Salivation; Kopfschmerzen, Schwindel, grosse Neigung zum Schlaf und doch Unvermögen zu schlafen; Extremitäten kalt; grosses Schwächegefühl; unruhiger Schlaf, schreckhafte Träume.

Unsere Kenntniss der Wirkungsart des Solanins wurde namentlich durch die Untersuchungen von *Husemann* gefördert. Wird Solanin Kaninchen subcutan beigebracht (dosis letalis minima c. 0,1 g pro kg), so tritt die Wirkung des Giftes schon nach 5—10 Minuten ein. Die Vergiftung zerfällt in ein lange dauerndes Stadium der Apathie und ein kurzes der Convulsionen. Im ersten Stadium sitzt das Thier ruhig; lähmungsartige Zustände, eine Herabsetzung der Sensibilität konnten nur selten beobachtet werden; frühzeitig konnte ein leises Zittern der Muskeln, sowie masticatorischer Krampf wahrgenommen werden. Schlaf trat nie ein. Die Temperatur sinkt, die Respiration, anfangs beschleunigt, ist später herabgesetzt. Auch der Puls wird meist im späteren Verlauf der Intoxication frequenter. Plötzlich treten heftige tonische und klonische Convulsionen ein, Erweiterung der Pupille und Tod. Muskeln, Nerven und Herz sind noch elektrisch reizbar. — Bei Tauben trat als weiteres Symptom noch Erbrechen auf, Zittern der Flügel, Schwäche der Beine. — Bei Fröschen zeigt es sich, dass zunächst eine Schwächung der Bewegung der hinteren Extremitäten eintritt, dann erst hören die willkürlichen Bewegungen auf; die Thiere liegen unbeweglich da. Auch die (durch Ligatur) für die Giftwirkung ausgeschaltete Extremität verhielt sich wie die vergiftete. — Die Ursache dieser Erscheinungen ist zu suchen in einer herabgesetzten resp. lähmenden Wirkung des Solanin auf die motorischen Centren. Namentlich das Athmungscentrum wird stark betroffen und gehen die Thiere asphyctisch zu Grunde. Das Erbrechen tritt in Folge der Wirkung auf das Brechcentrum ein. Die Convulsionen sind durch die Erstickung bedingt. — Ob der Lähmung der Centren eine Reizung vorhergeht, ist nicht sicher gestellt. Auf den Vagus scheint es anfangs reizend, dann lähmend zu wirken.

Das Solanidin wirkt, nach den Untersuchungen von *Husemann*, dem Solanin analog, unterscheidet sich nur von letzterem durch die

geringere Intensität der Wirkung, ferner durch die frühzeitig eintretende Mydriasis und die Steigerung der Körpertemperatur.

Extractum Dulcamarae wirkt wie Solanin.

Die Behandlung der Solaninvergiftung hat für die Entfernung der Giftstoffe (Brechmittel, Magenpumpe) zu sorgen. Gegen
die Lähmung der Respiration, dürfte die künstliche Respiration anzuwenden sein. Sonst symptomatisch.

Der gerichtlich-chemische Nachweis.

Bei demselben ist die durch Behandlung mit verdünnten Säuren
leicht erfolgende Spaltbarkeit des Solanins in Zucker und Solanidin zu
berücksichtigen. Das Solanin wird aus der ammoniakalischen, wässerigen
Lösung durch Ausschütteln mit Amylalkohol erhalten. Zur Erkennung
des Solanins dienen, ausser den oben angeführten Eigenschaften, noch
die Löslichkeit des Solanidins in Aether, sowie das Verhalten zu
Schwefelsäure. Wird Solanin auf einem Objectträger mit ganz verdünnter Schwefelsäure gelöst, so bleibt beim Verdunsten ein aus vier-
seitigen Säulen bestehender Rückstand, welcher noch feucht allmälig
erwärmt, sich leicht roth färbt, welche Farbe dann in Purpurroth und
Braunroth übergeht. Durch Erkalten geht die Farbe dann in Violett,
Schwarzblau und Grün (*Helwig*). Ob dem in Solanum Dulcamara vorkommenden Glucosid: Dulc-
amarin: $C_{22}H_{34}O_{10}$ (*Geissler*) eine giftige Wirkung zukommt, ist
unbekannt.

45. Veratrumalkaloïde.

Veratrum album *L.*: die weisse Nieswurz, Germer [1])
(Fam. Liliaceae) findet sich auf Alpenwiesen und Voralpen von Süd-
und Mitteleuropa, sowie Asien. — Knollstock ausdauernd, cylindrisch,
resp. verkehrt kegelförmig, fleischig, aussen schwarz, innen weiss,
ringsum mit langen Nebenwurzeln besetzt. Stengel einfach, bis 1 m
hoch, beblättert. Blätter bis länglich, die unteren stumpf, die
oberen spitz. Blüthen in endständiger Traube. Frucht bestehend aus
3 länglichen, unten an der Bauchnaht verwachsenen, papierartigen,
bräunlichen Kapseln. Samen glänzend, blassbräunlich, flach.

Ausser dieser Species ist noch Veratrum viride *Aiton*, die
amerikanische Nieswurz zu erwähnen. Diese in Nordamerika
in grosser Menge vorkommende Pflanze hat Aehnlichkeit mit unserer
Nieswurz, namentlich aber mit deren Varietät, dem Veratrum
Lobelianum *Bernh.*

Pelletier und *Caventou* stellten 1819 aus der Nieswurz ein Alkaloïd
dar, welches man lange Zeit für identisch hielt mit dem aus den Samen
von Sabadilla officinarum *Brandt* s. Veratrum officinale
Schlecht., zuerst von *Meissner* dargestellten Veratrin. Neuere Untersuchungen haben dargethan, dass die weisse und amerikanische Nieswurz kein Veratrin enthält. — Schon 1837 fand *Simon* in der Nieswurz ein Alkaloïd: Jervin genannt und isolirte *Bullock* aus Veratrum

---

[1]) Abbild.: *Berg* und *Schmidt* XVII. c.

viride, *Tobien* aus dieser, sowie aus Veratrum album und Lobelianum ein 2. Alkaloïd: Veratroïdin genannt.

Das Jervin: $C_{27}H_{47}N_2O_8$ (*Tobien*) bildet im reinen Zustande blendend weisse Krystallnadeln, welche in Wasser nur sehr schwer löslich, in Alkohol sich leicht, in Chloroform etwas schwerer lösen, mit Säuren krystallisirende Salze liefern, welch letztere meist schwer löslich sind. So bildet das schwefelsaure Jervin kleine, weisse, stäbchenförmige Krystalle, die sich in 427 Th. Wasser, in 182 Th. Alkohol lösen. Durch Salzsäure wird das Jervin weder gelöst, noch gefärbt; gekocht, wird es braun gefärbt (*Dragendorff*). Veratrin dagegen färbt sich prachtvoll kirschroth. Schwefelsäure färbt das Jervin allmälig roth, bei Gegenwart von Brom schmutzig braunroth. (Veratrin: schön roth). Wird eine Spur Jervin (resp. Veratrin) mit der 2—4fachen Menge Rohrzucker gemischt und mit etwas concentrirter Schwefelsäure innig verrieben, so tritt anfangs eine hellgelbe Färbung auf, welche später dunkelgrün und tief blau wird (*Weppen, Dragendorff*).

Das Veratroïdin: $C_{24}H_{37}NO_7$ (*Tobien*), ist ein fast weisses, amorphes Pulver, welches in Wasser nicht sehr schwer löslich, in Alkohol und Aether leicht löslich, aus diesen Lösungsmitteln krystallisirt erhalten werden kann. Seine Salze sind in Wasser leicht löslich. Mit concentrirter Salzsäure liefert es in der Kälte eine schnell verschwindende, rosa Färbung, mit Zucker und Schwefelsäure wird es nicht blau gefärbt.

Jervin und Veratroïdin finden sich nach *Tobien* nicht nur in den Wurzeln, sondern auch in den Blättern der Veratrumarten, in den letzteren jedoch in kleinerer Menge. Aus dem frischen Rhizom von Veratrum Lobelianum wurde 0,018—0,0325 %, aus dem trocknen Rhizom von Veratrum album 0,015 % Veratroïdin erhalten; die Menge des Jervin war stets geringer. In den cultivirten Wurzeln wurden grössere Mengen Alkaloïd als in den wildgewachsenen gefunden. — Nach neueren Untersuchungen von *Wright* und *Luff* enthält Veratrum album: Jervin (0,13 %), Pseudojervin (0,04), Rubijervin (0,025), Veratralbin (0,22); Veratrum viride: Jervin (0,02 %), Pseudojervin, Rubijervin etc.; der Alkaloidgehalt von Veratrum album betrug 0,42 %, der von Veratrum viride: 0,08 %.

Vergiftungen durch Nieswurzpräparate gehören nicht zu den häufigen Vorkommnissen. In der Literatur fand ich Berichte nur über ca. 30 solcher Intoxicationen, von welchen 2 Fälle durch die Benutzung von Veratrum viride (Tinctur), einer durch Veratrin, alle andern aber durch Veratrum album (3 Mal Decoct resp. Tinctur, sonst das Pulver der Wurzel) veranlasst waren. — Zur Ausführung des Selbstmordes scheinen Veratrumpräparate bisher nicht gedient zu haben, dagegen wurde das Pulver der weissen Nieswurz in giftmörderischer Absicht benutzt und zwar zweimal mit und einmal ohne den beabsichtigten Erfolg (*Nivet* und *Giraud*). — Die zufällig entstandenen Intoxicationen sind der grossen Mehrzahl nach als öconomische zu bezeichnen. Verwechslungen des Nieswurzpulvers mit Pfeffer (Suppe damit gewürzt), mit Kümmel (im Brod), mit Galgantwurzel etc. kamen öfters vor; auch „aus Versehen" wurden grössere Mengen Pulver genommen. Medicinale Vergiftungen wurden ebenfalls in kleiner Zahl durch die Benutzung von Veratrum hervorgerufen, sei es dadurch, dass zu grosse

Dosen der Arznei eingenommen wurden, sei es, dass durch Verwechslung von Arzneien, die giftige statt einer weniger wirksamen, das Mittel innerlich statt äusserlich angewandt wurde. So vergifteten sich 2 Kinder durch ein zur Vertilgung des Ungeziefers angefertigtes Decoct *(Blas)*; so wurde Tinctura Veratri viridis statt Tinct. Valerianae eingenommen *(Buckingham)*, ein Veratrinliniment innerlich verbraucht *(Blake)* etc. — Von den Vergifteten starben 6.

Eine Fixirung der Dosis letalis hat mit den grössten Schwierigkeiten zu kämpfen, einmal, weil die Zahl der beobachteten Fälle so sehr gering ist, dann auch, weil über den Alkaloïdgehalt der benutzten Präparate fast durchweg alle Angaben fehlen u. a. m. In *Blake's* Falle soll das eingenommene Liniment neben Opium 3 Gran (0,195 g) Veratrin enthalten haben; die Kranke wurde gerettet. Nach *Peugnet* enthielt die genommene Menge der Tinctura Veratri albi $^{7}/_{8}$ Gran (= 57 mg) Alkaloïde; auch diese Frau wurde wieder hergestellt. *Taylor* führt einen Fall an, in welchem nach Genuss von 20 Gran des Pulvers (= 1,30 g) der Tod nach 3 Stunden erfolgte. Begreiflich ist dieses Material vollkommen unzureichend die Dosis letalis zu bestimmen. — Die *Pharmacopoea germanica* bestimmt als Maximaldosen für Rhizoma Veratri: 0,3 g pro dosi, 1,2 g pro die, (für Veratrinum: 5 mg pro dosi, 30 mg pro die).

Symptome der Vergiftung.

Als erstes Zeichen der Wirkung der Nieswurz finden wir meist aufgeführt: das schon bald nach der Giftaufnahme eintretende, brennende Gefühl im Munde, Schlunde und Magen, zu welchem sich schnell Speichelfluss, Zusammenschnüren des Schlundes, Leibschmerzen, grosse Hitze, Uebelkeit, Erbrechen und Durchfälle hinzugesellen; die Ausleerungen sind häufig mit Blut vermischt, es besteht Tenesmus mit einem eigenthümlichen Gefühle, als ob die Eingeweide mit einem Bande zusammengeschnürt würden *(Blake)*. Früh schon stellt sich Schwindel ein, heftige Kopfschmerzen, Ohnmachten, Ameisenkriechen über die ganze Körperoberfläche, sehr heftiges Jucken resp. Taubsein an Händen und Füssen (letzteres Symptom wurde als erstes, $3^{1}/_{2}$ Stunden nach der Vergiftung beobachtet; *Peugnet*). Die Patienten liegen mit schwachem, unregelmässigem Pulse resp. „pulslos", mit erschwerter Respiration, weiten Pupillen, in Schweiss gebadet da; die Sensibilität der Haut ist vollkommen erloschen, das Bewusstsein aber erhalten; in einzelnen Muskeln treten Zuckungen ein, besonders in den Gesichtsmuskeln, selten werden Convulsionen beobachtet. Später tritt Bewusstlosigkeit ein, Collaps und der Tod; dieser 3—6—12 Stunden nach der Einnahme des Giftes. — In nicht letal verlaufenden Fällen verschwinden die Symptome auch wieder ziemlich schnell; nur einzelne wenige Erscheinungen werden noch mehrere Tage nach der Vergiftung beobachtet. So blieb in *Blake's* Falle das lästige Hautjucken längere Zeit bestehen, ebenso ein Zusammenschliessen der Kiefer beim Sprechen resp. Lachen; bei *Peugnet's* Patientin bestand noch am 2. Tage vollständige Anästhesie der Extremitäten und hielt die Anästhesie der Dorsalfläche des Vorderarms fast einen Monat an.

In der Leiche der durch Veratrumpräparate zu Grunde Ge-

gangenen sind charakteristische Veränderungen bis jetzt nicht aufge-
gefunden worden.

Behandlung der Vergiftung.

Vor Allem hat man für eine schnelle Entfernung des Giftes
Sorge zu tragen. Oft wird das durch die Giftwirkung selbst hervor-
gerufene Erbrechen schon genügend, vollständig diesem Theil der
Therapie Rechnung getragen haben; sollte das Erbrechen aber, wie
es in einigen Fällen beobachtet wurde, sehr lange auf sich warten
lassen, so verdienen Brechmittel, Magenpumpe etc. angewandt zu
werden. Von chemischen Antidoten können zur Ausspülung des
Magens tanninhaltige Flüssigkeiten benutzt werden. Sonst ist die
Behandlung als symptomatisch zu bezeichnen; gegen die heftigen
Durchfälle Opium, gegen die Aenderung der Herzthätigkeit Excitantien,
gegen die Respirationsstörungen künstliche Respiration u. a. m.

Experimentaluntersuchungen.

Schon lange waren Thatsachen bekannt, welche auf eine Wirkungsdifferenz der Nieswurz und des Veratrins hindeuteten und es somit wahrscheinlich machten, dass neben dem Veratrin noch ein anderes Alkaloïd
in dieser Droge enthalten sei. Erst *Wood* stellte Untersuchungen
über die Wirkung der von *Bullock* aufgefundenen Alkaloïde an.

Wood fand, dass das Veratroïdin bei Thieren constant Erbrechen und Durchfälle hervorruft, viel weniger Convulsionen und
fibrilläre Muskelzuckungen. Auf die Circulation wirkt das Veratroïdin
ein, indem es in kleinen Dosen die Hemmungsnerven resp. Centren
des Herzens erregt, in grossen dagegen lähmt; ausserdem wirkt es
direct auf den Herzmuskel resp. die musculomotorischen Ganglien „beruhigend“ ein. Der Tod erfolgt durch Respirationslähmung.

Das Jervin (Viridin) bewirkt anfangs einen Zustand von Träg-
heit, später Zittern und fibrilläre Muskelzuckungen unter zunehmender
Schwäche, klonische Convulsionen; die Sensibilität ist herabgesetzt;
Erbrechen und Durchfälle wurden nicht beobachtet, aber ganz constant
Speichelfluss. Auf die Circulation wirkt das Jervin viel energischer
als das Veratroïdin ein und ist seine Wirkung besonders auf den
Herzmuskel und das vasomotorische Centrum gerichtet. Der Tod er-
folgt asphyctisch, durch Lähmung der Respirationsthätigkeit.

Das „Veratrin“ ist Gegenstand zahlreicher Untersuchungen
gewesen. Wenn auch, wie wir oben sahen, dieses Alkaloïd in der
Nieswurz nicht enthalten ist, so glaube ich doch hier die Wirkung
dieses, therapeutisch benutzten Körpers kurz anführen zu müssen[1]).
Eine charakteristische Wirkung ruft das Veratrin schon bei seiner
Application auf Schleimhäute etc. hervor; dieselbe documentirt sich als
Brennen, Prickeln, resp. Jucken auf der ganzen Haut, als Niesen und
Husten. — Auf Thiere wirkt das Veratrin in ähnlicher Weise ein, wie
die Veratrumpräparate auf den Menschen, nur mit dem Unterschied,

---

[1]) Das Veratrin des Handels und der *Pharmacopoea germanica* wird fabrikmässig nur aus Sabadillsamen dargestellt. — Schon *Weigelin*, später *Wright*
und *Luff* wiesen nach, dass das käufliche Veratrin ein Gemenge sei, bestehend
aus Veratrin und 2 andern, im Sabadillsamen enthaltenen Alkaloïden: dem Sabatrin und Sabadillin.

dass Krämpfe regelmässig auftreten. — Die Vergiftungserscheinungen, welche beim Frosche schon durch sehr kleine Mengen (0,05—0,1 mg) Veratrin hervortreten, sind von v. *Bezold* und *Hirt* genau und treffend geschildert: Der sonst lebhaft springende Frosch kriecht jetzt ganz langsam und schwerfällig dahin, gleich als ob er in eine andere Art von Geschöpfen verwandelt wäre; „wenn die gesammte quergestreifte Muskulatur sich plötzlich in glatte organische Faserbündel umgewandelt hätte, man könnte keine langsameren Bewegungen der Gliedmassen sehen." Dieser eigenthümliche Zustand ist zurückzuführen auf eine Wirkung des Giftes auf die Muskelsubstanz. Der Muskel des vergifteten Thieres zieht sich in Folge eines Reizes schnell zusammen, dehnt sich aber nicht so schnell wieder aus, als normal: das Stadium der sinkenden Energie ist auf das 40—60fache verlängert (*v. Bezold* und *Hirt* u. A.). Die Zuckung selbst ist um das Doppelte bis Dreifache verstärkt (*Rossbach* und *Harteneck*) und wird während derselben eine grössere Menge Wärme geliefert als von nicht vergifteten Muskeln (*Fick* und *Böhm*). Der durch Maximalzuckungen stark ermüdete Warmblütermuskel kann durch Veratrin enorm erholt werden (*Rossbach* und *Harteneck*). — Durch grössere Giftmengen werden die Muskeln schliesslich gelähmt.

Die Wirkung des Veratrins auf den Circulationsapparat ist theilweise auf die Einwirkung auf den Herzmuskel zurückzuführen. Das Herz des vergifteten Frosches schlägt immer langsamer, zugleich aber kräftiger und ist die Systole bedeutend verlängert; weder die directe Reizung der Vagi, noch die Injection von Muscarin hat irgend einen Einfluss auf die Vergiftung; der Muscarinstillstand wird durch Veratrin schnell beseitigt. Schliesslich wird das Herz gelähmt. — Der Blutdruck erfährt durch kleine Giftmengen eine Steigerung, durch grössere ein starkes Absinken. Die Respirationsthätigkeit wird durch Veratrin anfangs angeregt, beschleunigt, später aber verlangsamt und schliesslich aufgehoben durch Lähmung des Athmungscentrums. — Die Körpertemperatur sinkt bei vergifteten Thieren.

Gerichtlich-chemischer Nachweis.

Das Wenige, was bezüglich des Nachweises bekannt und erwähnenswerth ist, bezieht sich vorzugsweise auf das Veratrin. — Nach *Dragendorff*'s Abscheidungsmethode würden die Bestandtheile der Nieswurz erhalten werden aus der sauren, wässrigen Extractflüssigkeit der Untersuchungsobjecte durch Ausschütteln mit Chloroform (S. 46). Die dadurch erhaltene amorphe Masse würde die oben schon angegebenen Reactionen gegen Salzsäure, resp. Schwefelsäure liefern müssen. — Auch der sog. physiologische Nachweis würde zu führen sein.

46. Colchicin.

Colchicum autumnale L.: die Herbstzeitlose [1]) (Fam. Liliaceae), ein im mittleren und nördlichen Europa auf feuchten Wiesen häufig vorkommendes, stengelloses Zwiebelgewächs, dessen Blüthen im Herbste, dessen Blätter und Früchte im Frühjahr zum Vorschein

---

[1]) Abbild.: *Brandt* und *Ratzeburg* Taf. 4. — *Berg* und *Schmidt* XII. a.

kommen. — Ihre Zwiebel ist eiförmig, die Blätter länglich-lanzett-
förmig, die Blüthen lilafarben, die Frucht eine braune, eiförmige, auf-
geblasene, 3fächerige, gegen die Spitze an der inneren Naht aufspringende Kapsel, welche zahlreiche, 2 mm grosse, rundliche, schwarzbraune
Samen enthält.

Die Herbstzeitlose enthält in allen ihren Theilen das Colchicin.
Dasselbe wurde bis jetzt nur als eine farblose, amorphe Masse erhalten; sie schmilzt bei 140⁰, löst sich in Wasser, Alkohol, Chloroform,
schmeckt intensiv bitter; sie hat nur sehr schwach ausgesprochene
basische Eigenschaften. Durch Erwärmen mit verdünnten Säuren wird
das Colchicin verwandelt in das Colchiceïn, einen in Nadeln kry-
stallisirenden Körper mit schwachsauren Eigenschaften. — *Johannson*
fand in ausgewachsenen, noch grünen Früchten: 1,15 %, in den Blättern: 1,46 %, in den Zwiebeln: 1,4—1,58 %, in den Wurzelfibrillen:
0,634 % Colchicin (auf die Trockensubstanz berechnet).

Berichte über Vergiftungen, veranlasst durch die Wirkung der
Herbstzeitlose, liegen in ziemlicher Zahl vor. Ich konnte 55 solcher
Berichte resp. Angaben zusammenstellen. — Zu absichtlichen Vergiftungen wurde von Colchicum nur in 2 Fällen (Selbstmord) Gebrauch
gemacht. — Die unbeabsichtigt aufgetretenen Vergiftungen waren
theils öconomische, theils medicinale. Zu letzteren sind wohl 5 Fälle
zu rechnen, bei welchen grössere Dosen von Colchicum-Wein, resp.
Syrup, Extract, therapeutisch gegen Rheumatismus gebraucht, zur Wirkung gelangten und heftigere Symptome, ja selbst den Tod hervorriefen. In 3 Fällen wurde von Colchicum als Hausmittel (Abführmittel) Gebrauch gemacht. — Am wichtigsten sind jedenfalls die öconomischen Vergiftungen, von welchen wir 42 anführen können.
Tinctura (5 Fälle), Vinum seminis Colchici (14 Fälle) wurden statt
Tinct. cortic. Aurantii, statt Chinawein, statt Schnaps, Madeira resp.
Sherry genommen; auch „aus Versehen" genommen, veranlasste der
Wein in 3 Fällen letale Vergiftung. Zu Glühwein wurden die Zwiebeln
einmal verwandt, als Salat wurden von einem Manne die Blätter verzehrt. 16 Vergiftungen wurden bei Kindern beobachtet, welche sich
durch den Genuss grösserer Mengen von Samen vergiftet hatten. —
In Folge des Genusses von Ziegenmilch traten zu Rom massenhafte
Erkrankungen auf; die Ziegen selbst waren gesund, aber ihre Milch
enthielt, aus dem Futter stammend, Colchicin (*Ratti*).

Die verschiedenen Theile und Präparate der Zeitlose führten ungleich häufig zu den Vergiftungen. Durch den Genuss der mit Hülfe
von Knollen dargestellten Colchicinlösungen (Tinctur, Glühwein) erkrankten nur 3 Personen; durch die Blätter wurde nur eine Vergiftung veranlasst; die Blüthen (infundirt) führten zu 2 Erkrankungen.
Die meisten Erkrankungen veranlassten die Samen, theils unverändert
(17), theils verändert als Decoct (1), Tinctur (7), Wein (21), Syrup
(1) und Extract (1). Auch durch eine Colchicinlösung wurde aus
Versehen eine Person vergiftet (*Koller*). — Von 55 Vergifteten starben
46 = 83,7 %.

Die Feststellung der Dosis letalis ist bei dieser Vergiftung
trotz zahlreicher (24) Angaben über die eingeführte Giftmenge sehr
erschwert, vorzugsweise deshalb, weil hauptsächlich Flüssigkeiten, deren
Giftgehalt unbekannt ist, zur Wirkung gelangten. Ich habe mit Hülfe

der von *Johannson* gefundenen Werthe die Colchicinmengen, welche zur Wirkung gelangten, berechnet. Darnach war die geringste Menge, welche tödtlich wirkte, c. 25 mg Colchicin (13,65 g Vinum in getheilten Dosen genommen; Tod am 4. Tage. *Mann*), übereinstimmend mit den Angaben *Casper's*, welcher 25—30 mg für eine tödtliche Dosis hält. *Koller's* Patientin überstand eine Giftmenge von 45 mg ($^{3}/_{4}$ Gran öster. = 54 mg), ebenso wurde ein Vergifteter *Warncke's* (c. 68 mg) wieder hergestellt. Personen, welche mehr als 40 g Tinctur resp. Wein genommen hatten (c. 60—70 mg Colchicin entsprechend), erlagen alle der Wirkung des Giftes. — Die *Pharmacopoea germanica* schreibt als Maximaldosen vor: von Tinctura und Vinum Colchici: je 2 g pro dosi, je 6 g pro die.

Symptome der Colchicinvergiftung.

Die ersten Erscheinungen der Giftwirkung können schon bald nach der Einnahme auftreten, in der Mehrzahl der beobachteten Fälle vergingen aber mehrere (3—19) Stunden bis zum Ausbruch der Erscheinungen. — Als erste Symptome findet man meist angeführt: heftige, brennende Schmerzen im Munde und Schlunde bis zum Magen, grossen Durst, Uebelkeit und wiederholtes Erbrechen, Kolikschmerzen und flüssige Darmausleerungen, bei oft bestehender Harnverhaltung; Collaps, zum Theil wohl bedingt durch den starken Wasserverlust des Körpers, blasses Gesicht, Ringe um die Augen, erschwertes Athmen, schwachen, verlangsamten Puls, Schwindel, Delirien, Betäubung, Krämpfe und Tod. — Das Bewusstsein kann bis zum Tode ungetrübt bleiben; Schmerzen in den Fusssohlen, schmerzhafte Krämpfe in den Beinen und Füssen, Lähmungen wurden ebenfalls beobachtet. — Die grosse Mehrzahl der beobachteten Vergiftungen endete letal. Die Zeitdauer der Vergiftung ist verschieden, im Grossen und Ganzen aber als sehr lang zu bezeichnen. In einem Fall von *Taylor* erfolgte der Tod nach 7 Stunden. Von 23 Vergifteten starben 19 (c. 83 %) zwischen 19 und 48 Stunden nach der Einnahme des Giftes. Doch auch noch länger dauernde Vergiftungen wurden beobachtet. In *Forest's* Falle erfolgte der Tod nach 74 Stunden (1,44 g Extract); nach *Mann* starb ein Patient, welcher 13,65 g Wein medicinal, in getheilten Dosen erhalten, am 4. Tage. *Schilling* berichtet über einen 6jährigen Knaben, welcher erst am 50. Tage nach Genuss von Zeitlosensamen der Wirkung erlag. — Der Verlauf dieser Vergiftung ist unberechenbar; selbst wenn die Collapszustände schon einer Besserung Platz gemacht, können erstere wieder zunehmen, Erbrechen und Durchfälle treten immer wieder auf, der Tod erfolgt. — Auch bei den nicht letalen Erkrankungen kommt Aehnliches zum Vorschein; erst nach vielen Tagen, ja Wochen kann die Genesung als eine vollkommne bezeichnet werden.

In den Leichen der Vergifteten findet man dickflüssiges, dunkelrothes Blut, Hyperämien des Gehirns, der Lungen und anderer Organe. Die Schleimhaut des Magens und Darms theils schwach geröthet, theils stark hyperämisch, selbst mit Ecchymosen versehen.

Behandlung.

In erster Linie ist eine schnelle Entfernung des Giftes durch Brechmittel, Magenpumpe etc. zu bewirken. Von Antidoten, um das

Gift unschädlich zu machen, ist Tannin anzuwenden. Gegen die Erscheinungen der Giftwirkung ist symptomatisch von Eispillen, Opium, Excitantien, Hautreizen etc. Gebrauch zu machen, dabei zu berücksichtigen, dass selbst nach scheinbar überstandener Gefahr die Collapsanfälle wiederkehren können.

Experimentaluntersuchungen.

Die Untersuchungen von *Rossbach* lehren, dass das Colchicin auch auf Thiere nur langsam einwirkt, am stärksten auf Fleischfresser, weniger stark auf Pflanzenfresser, Omnivore und Kaltblüter. — Nach schnell vorübergehender Erregung (bei Fröschen) tritt Lähmung des Centralnervensystems (Verlust des Bewusstseins, der Empfindung, der Bewegung, Lähmung der Athmung) ein. Das Herz schlägt noch nach dem Tode fort. Der Tod erfolgt durch Athmungslähmung. Die Schleimhaut des Tractus intestinalis ist enorm geschwellt, blutroth injicirt.

Gerichtlich-chemischer Nachweis.

Nach den von *Speyer* ausgeführten Untersuchungen wird von den in den Thierkörper eingeführten Colchicinmengen der grösste Theil zersetzt; von dem unzersetzten Reste wird der grössere Theil durch den Darm, der kleinere durch die Nieren aus dem Blute entfernt und erfolgt diese Ausscheidung rasch. — Zum Nachweis sind deshalb der Inhalt des Darms, besonders des Dickdarms, Nieren und Harn zu benutzen. Aus diesen Massen erhält man das Colchicin nach der Methode von *Dragendorff* durch Ausschütteln der sauren Auszüge mit Benzin resp. Chloroform (S. 46). Die gewonnenen Extracte dienen zur Anstellung charakteristischer Reactionen. Von diesen ist die Gelbfärbung, welche Schwefelsäurehydrat hervorruft, zu nennen; dieselbe ist noch bei 0,05 mg deutlich zu erkennen. — Colchicinproben in je 0,5 ccm Schwefelsäurehydrat gelöst und nach längerem Stehen unter einer Glasglocke mit einem Tropfen Salpetersäure (spec. Gew. $= 1,3$) versetzt, werden sogleich grün, dann blau, violett und endlich blassgelb gefärbt; noch bei 0,1 mg Colchicin deutlich erkennbar (*Dragendorff*).

47. Taxin.

Taxus baccata *L.*: der Eibenbaum [1]) (Fam. Coniferae), ein immergrüner Strauch, resp. Baum von c. 12—14 m Höhe, in Gebirgswäldern des mittleren und südlichen Europa einheimisch, in Parkanlagen häufig cultivirt. Die an den Zweigen zweireihig stehenden Blätter sind flach, spitz, auf der oberen Seite glänzend dunkelgrün, auf der unteren matt. Die Frucht ist eine kirsch-scharlachrothe Beere; ihr Samenmantel ist fleischig, urnenförmig gestaltet, oben offen, der Samen rundlich, röthlich-braun.

Aus den Samen und Blättern, aus letzteren in grösserer Menge, stellte *Marmé* das Taxin dar; dasselbe ist ein schneeweisses Pulver von bitterem Geschmacke, welches in Wasser schwer löslich, sich in Alkohol, Aether, verdünnten Säuren leicht auflöst. — Neben diesem

---

[1]) Abbild.: *Brandt* und *Ratzeburg* Taf. 46.

Alkaloïd fand *Marmé* noch relativ reichliche Mengen von Ameisensäure.

Vergiftungen durch Theile des Eibenbaumes wurden gar nicht so selten beobachtet. In der Literatur fand ich Berichte über 32 Vergiftungen, davon 3 Fälle aus den letzten Jahren. Alle Vergiftungen, sowohl die durch die Beeren (9), als die durch die Blätter resp. Zweige (23) verursachten, sind als unbeabsichtigte zu bezeichnen. — Vergiftungen durch Beeren kamen bei 7 Kindern und 2 Erwachsenen vor; erstere hatten die schön rothen Früchte aus Unkenntniss verzehrt und erlagen 5 derselben der Giftwirkung; eine ähnliche Ursache ist wohl für die von *Neuth* berichtete letal verlaufene Vergiftung eines Geisteskranken anzunehmen, während in einem andern Falle eine Frau die Beeren als Abortivum einnahm und zu Grunde ging. — Ein ziemlich starkes Decoct der Zweige wurde von 11 Personen als Präservativ gegen Lyssa benutzt; 2 Personen starben (*Boretius*). In 5 Fällen wurden Abkochungen etc. der Blätter als Abortivum angewandt; die Vergifteten starben. Als Hausmittel gegen Würmer erhielten 3 Kinder die Blätter der Eibe; auch sie starben. — Von den Vergifteten starben 20 = 62,5 %.

Ueber die letale Dosis sind wir kaum unterrichtet. In dem Falle von *White* starb ein 3jähriges Kind in Folge des Genusses von 50 Beeren; nach *Redwood* nahm eine Frau eine Abkochung von c. 200 g Blättern nebst diesen ein und erlag der Wirkung. — Nach *Dragendorff* enthalten Fruchthaut und Fleisch nur Spuren von Taxin, die Samen dagegen mehr, jedoch können diese, wenn sie im Munde nicht zerkaut worden, unverändert und ohne zu wirken, den Körper wieder verlassen.

Als Symptome der Vergiftung finden wir angeführt: Uebelkeit, Erbrechen, Durchfälle, Schwindel, Betäubung, weite Pupillen, erschwerte, verlangsamte Respiration, convulsivische Zuckungen und Tod. Letzterer erfolgte in einzelnen Fällen schon sehr früh nach 1 bis 1½, 4, 7, 8 und 14 Stunden. — In den Leichen wurden öfters Entzündungen des Darms nachgewiesen.

Durch die Untersuchungen von *Marmé-Borchers* ist die Wirkung des Taxins klargestellt worden. Das Taxin wirkt lähmend auf die Nervencentra, während Nerven und Muskeln noch längere Zeit nach dem Tod erregbar bleiben; es tödtet durch Lähmung der Respiration (Asphyxie, Convulsionen), das Herz schlägt noch fort. — Die örtliche Einwirkung der Eibenblätter auf den Darm wurde von *Borchers* als durch die Ameisensäure hervorgerufen nachgewiesen.

Die Behandlung sorge für Entfernung des Giftes durch Brech- und Abführmittel; sonst symptomatisch. Es dürfte sich empfehlen die Respiration künstlich zu unterhalten.

Nach *Dragendorff* kann das Taxin aus den Untersuchungsobjecten durch Ausschütteln der ammoniakalisch gemachten Auszüge mit Hülfe von Benzin oder Chloroform isolirt werden. Mit concentrirter Schwefelsäure übergossen, färbt sich das Taxin roth, die Gold-, Platin- und Quecksilberchloridverbindungen sind leicht löslich.

48. Muscarin.

Amanita muscaria *Pers.* (Agaricus muscarius *L.*): der
Fliegenschwamm[1]) (Hymenomycetes), im Sommer und Herbst, in
Wäldern gemein. Der junge Pilz in eine weisse Hülle eingeschlossen;
letztere reisst später und bildet alsdann den schuppigen Rand des Stiel-
knollens, den häutigen Ring und die auf dem Hute sitzenden Warzen.
Stiel bis 15 cm hoch, am Grunde knollig, eiförmig bis 4 cm dick, mit
weissem, schuppigem Wulste, weissem, schlaffem Ringe, innen oft hohl;
Hut orangeroth, feuerroth bis blutroth, klebrig, mit dicken, weissen
Warzen besetzt, anfangs kuglig, später flach, 7—18 cm breit, am
Rande fein gestreift; Fleisch gelblich, Lamellen weiss oder gelblich.

Schmiedeberg und *Koppe* isolirten 1869 den giftigen Bestandtheil
des Fliegenpilzes, das Muscarin: $C_5H_{15}NO_3 = N.(CH_3)_3.C_2H_5O_2.OH$.
Dasselbe bildet eine leicht zerfliessliche, stark alkalisch reagirende, im
Exsiccator krystallinisch erstarrende Masse. Muscarin kann künstlich
dargestellt werden durch Oxydation des Cholins (aus Gehirnsubstanz,
Eigelb etc.) resp. eines zweiten, in dem Fliegenpilz enthaltenen, nicht gifti-
gen Alkaloïdes, des mit dem Cholin identischen Amanitins: $C_5H_{15}NO_2$
$= N.(CH_3)_3.CH_2.CH_2OH.OH$ (*Schmiedeberg* und *Harnack*).

Vergiftungen durch Fliegenschwämme sind namentlich in
früherer Zeit häufig genug vorgekommen; aus neuerer Zeit finden wir
nur vereinzelt über solche berichtet. Die Fliegenschwammvergiftungen
sind wohl alle als unbeabsichtigte, als zufällig entstandene zu bezeichnen; zur Selbstvergiftung scheint man von diesem Pilz keinen
Gebrauch gemacht zu haben, auch nicht zur Ausführung des Giftmordes, wenn auch, wie aus *Brunet's* Bericht hervorgeht, andere Pilze
schon zum Giftmord gedient haben. — Die Vergiftungen sind durchweg öconomische, entstanden durch die Benutzung des Fliegenpilzes
als Nahrungsmittel, sei es, dass dieser Pilz statt anderer, ihm ähnlicher,
z. B. statt des Kaiserlings (Amanita caesarea *Pers.*) eingesammelt, sei es, dass er in Folge der Unkenntniss mit seinen giftigen
Wirkungen verzehrt wurde. Berichte über derartige Intoxicationen,
welche mit einiger Sicherheit auf die Wirkung von Amanita muscaria
zurückgeführt werden können, liegen nur in geringer Zahl vor; ich
fand solche über 27 Vergiftete, davon 10 Fälle aus den 70er Jahren.
Ueber die toxisch resp. letal wirkende Menge sind keine bestimmten
Angaben zu machen. Von den 27 Vergifteten erlagen 5 (18,5%) der
Wirkung des Giftes.

Symptome und Verlauf der Vergiftung.

Die Erscheinungen, welche durch die Wirkung des Giftes hervorgerufen werden, pflegen schon bald nach dem Genuss des Pilz-
gerichtes einzutreten. Schon nach 10 Minuten, nach $\frac{1}{2}$ bis 1, 2 und
mehr Stunden werden die Vergifteten von heftigen Schmerzen im Leibe
befallen, es tritt allgemeines Unwohlsein, ein Gefühl von Zusammenschnüren im Halse auf, ferner Uebelkeit, Erbrechen und Durchfälle.
Durch letztere, welche sich sehr oft wiederholen können (schliesslich

---

[1]) Abbild.: *Phöbus* Taf. II. *Hartinger* Taf. 9. Abb. 3.

Entleerung blutiger Stühle), wird alsdann die giftige Nahrung aus dem Magen und Darm entfernt. Diese Erscheinungen von Seiten des Tractus intestinalis fehlten in einzelnen Fällen ganz oder fast ganz; in solchen Fällen wurden Symptome beobachtet, welche eine Wirkung des Giftes auf das Gehirn erkennen lassen. Das Auftreten furibunder Delirien ist nach *Boudier* der Wirkung dieser Pilzspecies eigenthümlich; Anfälle von Wahnsinn, von Tobsucht, von Convulsionen wurden beobachtet. Doch bald sieht man die Patienten in „Betäubung" da liegen; der Puls ist verlangsamt, unregelmässig, klein, die Extremitäten sind kalt, mit Schweiss bedeckt, es herrscht hochgradige Schwäche und gehen die Vergifteten 7—12 Stunden, doch auch erst am 2., resp. 3. Tage nach der Aufnahme des Giftes zu Grunde. — Tritt, wie in der Mehrzahl der Beobachtungen Genesung ein, so schwinden die einzelnen Symptome erst nach mehreren Tagen.

Die wenigen Sectionsberichte über durch Fliegenschwamm zu Grunde Gegangene lassen nichts dieser Vergiftung Charakteristisches erkennen. In dem Magen und auch wohl in dem Darm findet man Reste der Schwämme, welche in gerichtlichen Fällen zum Nachweis etc. benutzt werden können; die Schleimhaut war schwach geröthet, doch eine ausgesprochene Entzündung nicht nachweisbar.

Experimentaluntersuchungen.

Die Wirkung, welche das Muscarin auf Mensch und Thier auszuüben vermag, ist durch zahlreiche Untersuchungen, namentlich durch die von *Schmiedeberg* und *Koppe* klargestellt worden.

Bei Menschen rufen 3—5 mg Muscarin, subcutan injicirt, schon nach 2—3 Minuten profusen Speichelfluss und beträchtlichen Blutandrang zum Kopfe hervor; die Pulsfrequenz steigt, das Gesicht röthet sich, die Stirn wird feucht, es stellt sich Schwindel ein, Beklemmung und Beängstigung, Uebelkeit, Kneifen und Kollern im Leibe, starker Schweiss, gestörtes Sehvermögen, doch wurden durch diese Dosen Erbrechen und Durchfall nicht veranlasst.

Bei Thieren wirken schon geringe Mengen toxisch und letal; Katzen erlagen der Wirkung von 3—4 mg im Laufe mehrerer Stunden. Als Vergiftungssymptome sind zu nennen: Kau- und Leckbewegungen, Speichel- und Thränenfluss, Kollern im Leibe, Würgen, Erbrechen und Durchfälle, hochgradige Verengerung der Pupille, frequente, dyspnoische Athmung; lang ausgestreckt liegen die Thiere da, Erbrechen und Durchfälle hören auf, die Respiration wird schwächer und „unter leichten Convulsionen tritt der Tod durch Stillstand der Respiration ein, während das Herz noch fortfährt sich zu contrahiren".

Auf die Circulation übt das Muscarin eine bedeutende Wirkung. Das Herz des gefensterten Frosches wird schon durch 0,025 mg, sicherer und schneller durch 0,1 mg in diastolischen Stillstand versetzt, in welchem es Stunden lang verharren kann, während dessen es auf mechanische Reize durch Contractionen antwortet. Der Stillstand, zurückgeführt auf eine Reizung der im Herzen gelegenen Hemmungsapparate, tritt auch beim nicotinisirten Frosche ein, wird sofort beseitigt durch Atropin, auch durch Physostigmin, Kampfer u. a. — Bei Säugethieren tritt sofort nach der Injection ein starkes Sinken des Blutdrucks (Vagusreizung) ein, später steigt der Druck wieder. Die Gefüsse, z. B. des Ohres sind stark erweitert (in Folge Lähmung des Gefässcentrums?). — Kleine Dosen Muscarin bewirken eine bedeutende Steigerung der Athmungsfrequenz; nach grössern sinkt dieselbe und kann es sehr rasch zum Stillstand der Athmung kommen. — Der gesammte Tractus intestinalis wird durch die Muscarinwirkung schnell in heftigen Tetanus versetzt: nach kurzer Zeit lässt dieser Tetanus nach und es beginnt nun eine sehr lebhafte Peristaltik, welche durch Atropin sofort beseitigt wird; das Muscarin wirkt reizend auf die in der Darmwand gelegenen Ganglien ein. — In ähnlicher Weise wirkt das Gift auf Magen, Milz und Harnblase ein. — Schon geringe Mengen (0,4 mg) Muscarin sind im Stande, einen profusen Speichelfluss hervorzurufen; derselbe ist zurückzuführen auf eine erregende Wirkung, welche das Gift auf die peripheren Endigungen der Drüsennerven ausübt. Auch die Thränen- und Schleimsecretion ist vermehrt. Dass die Pancreas- und Gallensecretion durch Muscarin vermehrt werde, constatirte *Prevost*; auch die Harnsecretion wird beeinflusst, nach kleinen Dosen vermindert, nach grossen hört sie ganz auf (*Prevost*). — Auch auf das Auge wirkt das Muscarin intensiv ein: schon geringe Mengen erzeugen, bei unveränderter Pupillenweite einen kurzdauernden Accommodationskrampf, durch grössere Dosen wird auch noch eine hochgradige Myose veranlasst. Beide Wirkungen treten bei mittleren Dosen nicht gleichzeitig ein. Der Accommodationskrampf beginnt schon 5—10 Minuten nach Application des Giftes, erreicht 15—30 Minuten nachher sein Maximum und ist nach 1—2½ Stunden wieder geschwunden; die Verengerung der Pupille beginnt später, wird später maximal und geht nur langsam nach 3—24 Stunden zurück (*Krenchel*). Die verengte Pupille erweitert sich auf Reizung des Sympathicus sofort. Die Muscarinwirkung ist auf eine Reizung des Oculomotorius zu beziehen. — Auch auf das Centralnervensystem wirkt das Muscarin beim atropinisirten Thiere intensiv ein; grosse Dosen rufen jetzt eine Lähmung der willkürlichen Bewegungen hervor, dabei ist die Reflexthätigkeit vollkommen erhalten, auch die Athmungsbewegungen sind nicht gestört. In kleinen Dosen genommen, scheint das Muscarin eine erregende Wirkung auszuüben und wird wegen dieser Wirkung von einzelnen asiatischen Völkerschaften (Kamtschadalen, Koräken, Samojeden, Ostjaken, Tungusen u. a. m.) der Fliegenschwamm als Genussmittel benutzt; durch die Anwendung desselben werden die Menschen in einen rauschartigen Zustand versetzt. — Die Körpertemperatur sinkt während der Muscarinvergiftung, bei Hunden bis zu 10°,7 (*Falck-Ruckert*).

Behandlung der Fliegenschwammvergiftung.

Auch hier hat man zunächst für Entfernung des Giftes aus dem Körper durch Anwendung von Brech- und Abführmitteln zu sorgen; Magenpumpe dürfte sich weniger empfehlen (s. S. 34). Gegen die Muscarinwirkungen hat man von dem physiologischen Antagonisten desselben, dem Atropin, in subcutaner Application, Gebrauch zu machen (s. S. 37).

Nachweis der Fliegenschwammvergiftung.

Man benutzt am besten die von dem Vergifteten entleerten Massen, das Erbrochene, die Stühle, um microskopisch etc. die Gegen-

wart von Theilen der Schwämme darzuthun. Man könnte die daraus
isolirten Schwammtheile, wenn grössere Mengen vorhanden, benutzen,
um das Muscarin auszuziehen und den Auszug zum physiologischen
Nachweis benutzen. In den Urin geht das Muscarin unverändert über
und könnte derselbe in ähnlicher Weise zum Nachweis herangezogen
werden. Ueber die Möglichkeit der Abscheidung des Muscarins aus
Organen vergifteter Thiere liegen keine Angaben vor.

Anhang: **Vergiftungen durch Schwämme.**

Ausser dem Fliegenschwamm haben noch andere Schwämme
mehr weniger grosses Interesse für die praktische Toxikologie. Leider
sind wir über die wirksamen Bestandtheile so gut wie nicht unterrichtet. *Kobert* und *Küssner* weisen darauf hin, dass das Bild der
Oxalvergiftung (S. 187) dem der Vergiftung durch Pilze in manchen
Punkten ausserordentlich ähnlich sein kann, und halten es für möglich,
dass ein Theil der Erscheinungen auf die in den Pilzen enthaltene
Oxalsäure bezogen werden könne (*Hamleth* und *Plowright* fanden in
Fistulina: 0,08% Oxalsäure). — Ich lasse eine kurze Besprechung
der zu berücksichtigenden Vergiftungen hier folgen.

1) Amanita pantherina *Secr.* (Agaricus pantherinus *DC.*),
der Pantherschwamm [1]), im Sommer und Herbst in Wäldern ziemlich häufig. Er unterscheidet sich von dem Fliegenpilz: Stiel 7—12 cm
hoch, am Grunde mit ockergelber Wulstscheide, Ring schief, unregelmässig, Hut 7—12 cm breit, bräunlich, in's Grünliche resp. Bläuliche
spielend, am Rande gestreift, Lamellen nach hinten verschmälert.

Vergiftungen durch diesen Schwamm, welche nach *Corradi* in
Italien in grosser Zahl vorkommen, wurden nur wenige beobachtet
und beschrieben. Dieselben lassen die Wirkung als eine dem Muscarin
ähnliche erscheinen. Von 9 Personen (Fälle von *Ramello*, *Liégey*,
Petersen) starben 3. — Die Symptome treten schon frühzeitig,
2½—4 Stunden nach der Nahrung auf; es wurden beobachtet: Kolikschmerzen, Uebelkeit, Erbrechen, Durchfälle, Störungen der Athmung
und Circulation, Verlust des Bewusstseins, Zuckungen und Convulsionen,
Myose u. a. m. Der Tod erfolgte am 3. und 4. Tage.

2) Amanita phalloïdes *Lk.*, der Knollen-Blätterpilz [2]), im
Sommer und Herbst, in Wäldern häufig. Die Hülle reisst auf dem
Scheitel und bleibt an der Stielbasis als häutige Scheide stehen; Hut
mit wenigen Warzen besetzt, anfangs glockig, später ausgebreitet,
weiss, blassgelb, grün. Stiel am Grunde knollig, hohl, kahl, mit ver-
wachsener Scheide.

Dieser Pilz, sowie dessen verschiedene Varietäten etc., welche
als Amanita bulbosa, verna, citrina, viridis, venenosa *Pers.*,
Amanita Mappa *Batsch.*, Hypophyllum albo-citrinum *Paul.* etc.
beschrieben werden, hat eine grössere Wichtigkeit für die praktische
Toxikologie. — Trotz der Untersuchungen von *Letellier und Speneux*,
von *Boudier*, von *Oré* u. A. sind wir über den wirksamen Bestandtheil
des Knollen-Blätterschwamms so gut wie nicht aufgeklärt. Zwar
isolirten *Boudier*, „ein eigenthümliches Alkaloïd“, Bulbosin genannt,

---

[1]) Abbild.: *Hartinger* Taf. 12. Abb. 2.
[2]) Abbild.: *Phöbus* Tafel I. — *Hartinger* Taf. 11. Abbild. 1.

Letellier und *Speneux* ein scharfes Princip, sowie ein glucosidisches
Alkaloïd: Amanitin, *Oré* eine wirksame Substanz: Phalloïdin,
doch ist von allen diesen Substanzen nicht nachgewiesen, ob sie einfache Körper sind.

Vergiftungen durch Amanita phalloïdes kommen in grösserer
Zahl vor, als solche durch den Fliegenschwamm. Konnte doch
Chevallier aus dem Jahre 1868 30 hierhergehörige Vergiftungen, von
welchen 17 letal endeten, aus Frankreich sammeln. Auch in der
Literatur sind eine grössere Zahl einschlägiger Berichte vorhanden;
ich fand 53 derselben. — Die Aetiologie dieser Vergiftung ist der
Fliegenschwammvergiftung analog, nur ist hier anzuführen, dass die
Amanita phalloïdes durch Verwechslung mit dem Champignon
(Agaricus campestris *L.*) zu den meisten Vergiftungen führte. —
Von den 53 Erkrankten starben 40 (75,5%; nach *Boudier-Husemann*
starben 66,6%).

Symptome der Vergiftung durch Amanita phalloïdes.

Charakteristisch für diese Vergiftung, besonders im Vergleich zu
der durch Fliegenschwamm, ist der späte Eintritt der ersten Symptome.
Zwar finden wir Angaben, wonach die Zeichen der Vergiftung schon
3, 4, 6, 7, 8 Stunden nach der Einnahme der Nahrung hervortraten,
doch vergingen in der grossen Mehrzahl der Vergiftungen mindestens
12 Stunden; erst 15, 20, 24, 29, 30, ja selbst erst 48 Stunden nach
der Nahrungsaufnahme fangen die Vergifteten an zu klagen. Während
der Vergiftung, deren Verlauf oft als choleraartig bezeichnet wird, treten
folgende Symptome hervor: heftige Kolikschmerzen, Uebelkeit, Erbrechen und Durchfälle, heftiger, unlöschbarer Durst, Beängstigungen;
diese Symptome können wieder nachlassen, einer Besserung, selbst
mehrere Tage dauernd, Platz machen; dann kommen dieselben wieder
hervor; ohnmächtig, oft völlig bewusstlos liegen die Vergifteten da,
mit kleinem verlangsamtem Pulse, kühlen Extremitäten, die Haut mit
Schweiss bedeckt; dazu treten Delirien, Convulsionen, selbst Tetanus
und Trismus und Coma. Auch Icterus, Mydriasis etc. wurden beobachtet.
Der Tod, welcher in der Mehrzahl der Fälle dem Leiden ein Ende
macht, erfolgt 12, 24, 48, 100 Stunden nach der Giftaufnahme. Von
43 Vergifteten starben 6 am 1. Tage, 14 am 2., 15 am 3. Tage
(29 = 67,5% in dem Zeitraume von 24—72 Stunden nach der
Nahrungsaufnahme), 8 am 4.—7. Tage.

Leichenbefund.

Es liegen mehrere Sectionsbefunde vor, welche Folgendes ergeben: Todtenstarre nicht vorhanden; Pupillen weit; Blut dunkel-
kirschbraun, flüssig, an den verschiedensten Stellen (Pleura, Pericard,
Leber, Nieren, Milz, Herzfleisch, Magen etc.) zahlreiche Ecchymosen;
Leber fettig degenerirt; Harnblase stark ausgedehnt.

Behandlung: symptomatisch.

3) Agaricus integer *Phöbus* (Russula emetica *Fr.* etc.) der
Speiteufel [1] im Spätsommer in Wäldern sehr häufig. Ohne Hülle
und Ring. Stiel bis 5 cm hoch, glatt; Hut 5—9 cm breit, gewölbt,
später flach, am Rande gefurcht, verschieden (roth, violett, grün, gelb,

---

[1] Abbild.: *Phöbus* Taf. III. IV. Abb. 1. 2.

weiss) gefärbt, Fleisch weiss; Lamellen dünn, mit scharfer Schneide, gleichlang, weiss.

Vergiftungen durch diesen Pilz sind nur in geringer Zahl beobachtet. *Buchwald* beobachtete 3 hierher gehörige Fälle. Die Symptome der Vergiftung traten, ähnlich wie bei *v. Krapf*, schon während der Nahrungsaufnahme ein, bestehend in Schwindelanfällen, trunkenheitsähnlichem Zustand des Taumelns, heftigem Erbrechen, unstillbarem Durst, Durchfall, Ohnmachten, Krämpfen etc. — Bei *v. Krapf* hielten die Leibschmerzen 8 Tage lang an. — Behandlung: symptomatisch.

4) Boletus luridus *Schaeff.*, der Donner- oder Schusterpilz [1]), im Sommer und Herbst in Laub- und Nadelwäldern häufig. — Stiel bis 12 cm hoch, bis 8 cm dick, fest, mennigroth, roth genetzt; Hut 6—20 cm breit, filzig, olivengrün bis umbrabraun; Röhren gelb, an der Mündung roth gefärbt. Das Fleisch des Hutes ändert nach dem Anbrechen seine Farbe in dunkelblau. — *Lenz* stellte als Art auf: Boletus Satanas *Lenz*, welche seltner als B. luridus vorkommt, aber sich wenig von diesem unterscheidet.

Vergiftungen durch diese Pilze sind in kleiner Zahl gemeldet. Die Symptome treten schon bald, ca. 2—4 Stunden nach der Aufnahme hervor. Auch hier werden heftige Kolikschmerzen, Erbrechen, Durchfälle etc. angegeben, ähnlich wie bei den andern Pilzvergiftungen. Der Tod erfolgte in einzelnen Fällen am 2., 3. und 4. Tage. — Behandlung: symptomatisch.

5) Ausser den etwas genauer behandelten Pilzspecies, welche als anerkannt giftig zu bezeichnen sind, werden noch eine grosse Zahl von Schwammspecies, zum Theil wohl nur Varietäten der vorhergenannten, hin und wieder als „verdächtig", als schädlich resp. giftig bezeichnet. Ich führe einige derselben hier an:

Agaricus rubescens *Fr.*, necator *Bull.*, vaginatus *Bull.*, Vittadini *Fr.*, rimosus *Bull.*; — Lactarius torminosus *Fr.*, pyrogalus *Fr.*, vellereus *Fr.*; — Russula foetens *Fr.*; — Cantharellus aurantiacus *Fr.*; — Boletus lupinus *Fr.*; — Helvella suspecta *Krombh.* u. a. m.

Die Angaben über die Schädlichkeit dieser und noch vieler anderer Giftspecies sind nicht sehr zuverlässig. Allgemeine oder ein allgemeines Kennzeichen, durch welche wir die giftigen Pilze zu erkennen vermöchten, gibt es nicht. Durch zweckmässige Behandlung resp. Zubereitung kann man sich in zweifelhaften Fällen, wenn man nicht am besten auf den Genuss verzichten kann, gegen die Hauptgefahr zu schützen suchen. Zu dem Zwecke wird man nach *Gérard* die in Stücke zerschnittenen Pilze mit Wasser, welchem pro Liter 2—3 Löffel Essig resp. 2 Löffel Kochsalz zugesetzt sind, 2 volle Stunden maceriren, die Pilze alsdann mit viel Wasser auswaschen, sie von Neuem in reines Wasser legen, ½ Stunde kochen, sie abwaschen, trocknen und zubereiten. In dieser Weise bearbeitete Schwämme ass *Gérard*, einmal 500 g Fliegenschwämme, einmal 70 g Amanita phalloïdes, ohne dadurch belästigt zu werden.

Auch anerkannt unschädliche, essbare Pilze haben schon zu hef-

---

[1]) Abbild.: *Phöbus* VII. VIII. — *Hartinger* Taf. 11. Abb. 2. Taf. 12, Abb. 3.

tigen Erkrankungen mit selbst letalem Ausgange Anlass gegeben. Oft sind derartige Krankheiten wohl als Indigestion zu bezeichnen, doch kann die Ursache derselben auch darin liegen, dass die Pilze verdorben waren und sind gerade solche Massen, die sich durch hohen Eiweiss- und Fettgehalt auszeichnen (nach *Lösecke's* Zusammenstellung schwankt in 24 untersuchten essbaren Pilzen der Proteïngehalt zwischen 10,6 und 50,64%, der Fettgehalt zwischen 0,81 und 9,6% der Trockensubstanz), als leicht zersetzbare zu betrachten.

Gegen solche Erkrankungen, oft unter dem Bilde der Cholera verlaufend, werden wir symptomatisch vorzugehen haben.

49. Coniin.

Conium maculatum *L.*: der gefleckte Schierling [1] (Fam. Umbelliferae), findet sich in Gärten, an Wegen und unbebauten Stellen durch ganz Europa und Südasien.

Der gefleckte Schierling ist ein 2jähriges Kraut, dessen Stengel erst im 2. Jahre aus dem Wurzelkopf emporwächst. Die Wurzel ist spindelförmig, weisslich, einfach. Der Stengel bis 2 m hoch, röhrig, an den Knoten geschlossen, etwas gefurcht, kahl, bläulich bereift, glänzend, unten braunroth gefleckt, ästig. Aeste gabeltheilig mit einer zuerst aufblühenden Dolde in der Gabel. — Blätter, im 1. Jahre nur wurzelständig, oberseits dunkelgrün, matt, kahl; die untern mit langen, hohlen, fast gekielten Blattstielen, rundlich-eiförmig, 3fach fiedertheilig mit ovalen, eingeschnitten gesägten Zipfeln, deren Zähne in eine kurze farblose Stachelspitze auslaufen. Die oberen Blätter sind einfacher, kleiner. Blüthen in Doppeldolden, weiss. Hülle 5blättrig, zurückgeschlagen, Hüllchen nach aussen gerichtet. Frucht eiförmig, grünlichbraun, 2—3 mm lang, von der Seite zusammengedrückt. 180 Früchte wiegen nach *Schroff* 1 g.

Aus dem gefleckten Schierling stellte *Geiger* (1831) das Coniin dar. Diese Pflanzenbase: $C_8H_{15}N$ ist, frisch dargestellt, eine wasserhelle, ölartige Flüssigkeit von eigenthümlich widrigem Geruch; sie ist in Wasser schwer löslich, leichter in Aether, noch leichter in Alkohol; sie siedet bei 168—170° C., hat das. spec. Gew. = 0,878—0,89 bei 15° C. und das Rotationsvermögen $\alpha_D = +15°,6$. Es verflüchtigt sich allmälig und verändert sich durch Stehen an der Luft. Liefert nach *Wynter Blyth*, mit übermangansaurem Kali behandelt: 4,6% Ammoniak. Mit Alkylradicalen liefert es basische Substitutionsproducte; das Coniin ist eine Iminbase. — *Schiff* hat eine dem Coniin isomere Base: Paraconiin: $C_8H_{15}N$ aus normalem Butyraldehyd dargestellt; dieselbe ist ebenfalls giftig, hat aber das spec. Gew. = 0,893—0,895 bei 15° C., dreht nicht; ist eine Nitrilbase [2]. — Neben dem

---

[1] Abbild.: *Berg* und *Schmidt* XXIV. e.

[2] Nach *Schiff* ist

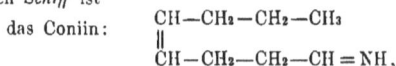

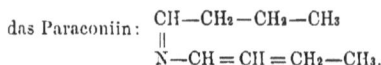

das Coniin: $\begin{array}{l} CH-CH_2-CH_2-CH_3 \\ \| \\ CH-CH_2-CH_2-CH=NH, \end{array}$

das Paraconiin: $\begin{array}{l} CH-CH_2-CH_2-CH_3 \\ \| \\ N-CH=CH=CH_2-CH_3. \end{array}$

Coniin findet sich noch in dem Samen des Schierlings: Conhydrin: $C_8H_{17}NO$, eine starke Base, welche in Coniin übergeführt werden kann; es stellt farblose, perlmutterglänzende Blättchen dar, welche bei 120° schmelzen, bei 226° sieden und schwächer als Coniin wirken.

Das Coniin ist nicht immer in derselben Menge im Schierling enthalten; nach *Holmes* soll der schottische Schierling keine giftige Wirkung besitzen. Nach *Dragendorff* enthält frisches Schierlingskraut 0,0466—0,094 % (in trocknem Kraut c. 0,26 %) Coniin, die nicht ganz ausgewachsenen Früchte: 0,766 %; (in getrocknetem guten Kraut: 0,0003 %, in gewöhnlicher Handelswaare kein Coniin, *Close*). Ich darf hier wohl erwähnen, dass nach *Schroff* 2 und 4 g Coniumextract bei Kaninchen keine bemerkenswerthe Wirkung hervorriefen.

Der gefleckte Schierling war in früherer Zeit für die praktische Toxikologie wichtiger als jetzt. Hinrichtungen, Mord und Selbstmord wurden bei den Alten oft durch die Wirkung des Schierlings ausgeführt. *Socrates* [1], *Phocion* u. A. mussten diesen Gifttrank leeren. — In neuerer Zeit sind die Vergiftungen (jedenfalls die Berichte über solche) seltner geworden. 17 Todesfälle und einige wenige leichtere Vergiftungen habe ich zusammenstellen können. Zum Giftmord wurde wohl (nach *Taylor*) eine Abkochung der Schierlingsblätter benutzt; das Kind starb; zum Giftmord benutzte Dr. *Jahn* das reine Alkaloid Coniin. *Walker* benutzte, um sich selbst zu tödten, das Coniumextract. Vergiftungen durch Benutzung von Schierlingspräparaten als Arznei, Hausmittel etc. wurden mehrere beobachtet; *Choquet* berichtet, dass Coniumextract, gegen Krebsgeschwüre benutzt, heftige Vergiftung hervorrief; nach *Coindet* erlag ein hypochondrisches, altes Weib der Wirkung von 2 Unzen eines starken Schierlingsblätter-Aufgusses; auch ein solches Infus, als Clysma applicirt, wirkte tödtlich. — Alle andern Intoxicationen (12 Todesfälle) wurden zufällig, durch unabsichtlichen Genuss von Schierling veranlasst. So wurde die Wurzel des Schierlings statt Pastinakwurzel, die Blätter statt der des Kerbels, der Petersilie u. a. m. Suppen zugesetzt und genossen. Auch als Gewürz benutzte Früchte sollen oft Schierlingsfrüchte enthalten und können dadurch schädlich wirken. So fand *Pöhl* in einer Handelssorte von Anis Schierlingfrüchte, welche jedoch nicht makro- resp. mikroskopisch, sondern nur chemisch darin nachgewiesen werden konnten.

Genaue Angaben über die zur Herbeiführung des Todes nothwendig gewesenen Mengen finden wir nicht; auch wird die Dosis letalis der Coniumpräparate je nach Alter, Darstellungsweise etc. eine verschiedene sein. Die *Pharmacopoea germanica* führt als Maximaldosen an: von Coniin 1 mg pro dosi, 3 mg pro die; von Herba Conii: 0,3 g pro dosi, 2 g pro die; von Extractum Conii: 0,18 g pro dosi, 0,6 g pro die.

Symptome der Vergiftung.

Die Vergiftungserscheinungen treten ziemlich schnell nach der Einnahme des Giftes ein und verläuft fast ebenso rasch die Intoxica-

---

[1] Dass das Staatsgift der Athener nur aus Conium maculatum dargestellt sein kann, s. *Imbert-Gourbeyre*.

tion. So bemerkte man schon nach einer halben Stunde die ersten heftigen Erscheinungen und kann schon eine Stunde nach Genuss der giftigen Substanz der Tod eintreten.

Unter *Schroff*'s Leitung wurden 27 Versuche an Medicinern mit reinem Coniin angestellt; letzteres wurde in Dosen von 3—85 mg, in Alkohol gelöst, gegeben. Die Einnahme des Mittels verursachte heftiges Brennen im Munde, Kratzen im Halse, Speichelfluss. Schon nach 3 Minuten Eingenommenheit, Schwere des Kopfes, Schwindel, Uebelkeit, Brechneigung und einmal Erbrechen. Schlaftrunkenheit, undeutliches Sehen und Hören, erweiterte Pupillen, Schwäche in den Extremitäten, grosse Hinfälligkeit, krampfhafte Affectionen einzelner Muskeln (Wadenmuskeln).

Tödtlich verlaufene Intoxicationen des Menschen sind nur wenige gut beobachtet resp. berichtet. In dem von *Bennet* beschriebenen Falle wankte der Vergiftete etwa ½ Stunde nach Genuss der giftigen Pflanzen wie ein Trunkener umher, sein Gesicht war blass und verfallen; das Gehen wurde immer schwerer und schwerer, im Zickzack wurde eine kleine Strecke des Wegs zurückgelegt. Das Sehvermögen war gestört, er konnte nicht mehr auf den Beinen stehen, sondern knickte zusammen. Wasser zu trinken (zu schlucken) vermochte er nicht; auch war das Sprechen gehemmt, obwohl das Bewusstsein vollkommen erhalten war. Die Beine waren vollkommen gelähmt und kalt, später trat dies auch in den Armen ein, während er den Kopf noch erhoben hielt. Sinken des Pulses und der Temperatur, erschwerte Respiration. 3¼ Stunden nach Einnahme des Giftes erfolgte der Tod, ohne Convulsionen. — Dieser Fall erinnert lebhaft an die Vergiftung des *Socrates*, bei welchem auch die Lähmung zuerst die Beine, dann die Arme befiel; die Extremitäten wurden kalt, starr, empfindungslos, während die Sprachfähigkeit noch vorhanden, das Bewusstsein intact war; letzteres schwindet zuletzt. — In vielen Fällen finden wir die Vergiftungserscheinungen etwas abweichend hiervon angegeben; namentlich spielen alsdann Convulsionen eine grosse Rolle. Auch können, wie in dem Falle von *Vicat (Orfila)* Delirien eintreten und die Patienten wie wahnsinnig umherrennen. — War die in's Blut aufgenommene Menge zu gering, um letal zu wirken, so erholen sich die Patienten nur ganz allmälig und bleibt noch grosse Schwäche, namentlich in den Beinen, und Zittern mehrere Tage zurück.

Leichenbefund.

Der Leichenbefund der durch Coniinwirkung Gestorbenen bietet für diese Vergiftung nichts Charakteristisches; sind Pflanzentheile benutzt, so wird man etwas davon wohl noch im Magen auffinden können, ist Coniin angewandt, so dürften geringe Veränderungen an der Schleimhaut der Applicationsstelle nachweisbar sein. In den verschiedensten Theilen findet man starke Hyperämie, das Blut ist dunkelroth und flüssig, auch wird dasselbe, an der Luft sich röther färbend, nur schwer coagulirt.

Experimentaluntersuchungen.

Dem reinen Coniin kommt ausser der entfernten auch noch eine locale Wirkung zu in Folge seiner stark alkalischen Eigenschaften. Eiweiss wird durch Coniin coagulirt.

Das Coniin wird von allen Applicationsstellen aus resorbirt; selbst von der unverletzten Haut aus konnte *Guttmann* Frösche vergiften. Nach *Dujardin-Beaumetz* wirkt das Coniin vom Unterhautzellgewebe intensiver als vom Magen aus, während *Bochefontaine* und *Tiryakian* das Umgekehrte angeben.

Zahlreiche Untersuchungen haben die intensive Wirkung des Coniins bewiesen. Bei Fröschen zeigt sich in Folge der Wirkung kleiner Dosen eine erhöhte Reizbarkeit (*Valentin*), eine Hyperexcitabilität der motorischen Centren, in Folge dessen tetanische Convulsionen und convulsivisches Zittern (*Damourette-Pelvet*). Es erfolgt dann schnell Lähmung der motorischen Nerven, später der Empfindungsfasern; der Frosch liegt vollkommen gelähmt da und kommen bald die Lymphherzen, erst später das Blutherz zum Stillstand. Eine der Giftwirkung entzogene Extremität zeigt willkürliche und Reflexbewegung bis zuletzt, während in allen andern Theilen durch Wirkung des vergifteten Blutes die peripherischen Endigungen der motorischen Nerven gelähmt werden.

Auch bei Säugethieren treten anfangs durch Reizung der Centren Convulsionen ein, welche durch künstliche Respiration nicht unterdrückt werden (*Guttmann*). Auch die Respirationsthätigkeit wird im Anfang beschleunigt, die Pupillen werden verengt, der Herzschlag verlangsamt, die Gefässe verengt. Alle diese Erscheinungen führen *Damourette-Pelvet* auf eine reizende Wirkung des Coniins auf die betreffenden Nerven resp. Nervencentren zurück. Erst später tritt die lähmende Wirkung ein, die Athmung wird verlangsamt, die Pupillen werden weit, der Puls beschleunigt, die Capillaren erweitert. Der Blutdruck wird durch Coniin erhöht. — Auch auf die glatten Muskeln wirkt das Gift erst erregend, später lähmend.

Bezüglich der experimentell geprüften Dosen darf noch erwähnt werden, dass *Mourrut* erst durch 0,5 g Bromconiin einen 7—8 kg schweren Hund tödten konnte. — Eine cumulative Wirkung kommt dem Coniin nicht zu, eher eine Gewöhnung an dasselbe. So fand *Mourrut* bei Anwendung von bromwasserstoffsaurem Coniin bei Kranken, dass nach längerer Anwendung des Mittels durch 0,25 g keine stärkere Wirkung erzielt wurde wie zu Beginn der Benutzung durch 0,15 g.

Behandlung der Vergiftung.

Dieselbe hat die Entfernung der giftigen Stoffe anzustreben, daneben aber, zumal da die Wirkung sehr rasch eintritt, der Verlauf ebenfalls ein rapider ist, gegen die Intoxicationssymptome anzukämpfen. Sind schon lähmungsartige Zustände vorhanden, so wird man nur noch durch die Magenpumpe den Mageninhalt entfernen können (Anwendung von Tannin-haltigem Wasser zum Ausspülen). Ist die Wirkung weiter vorgeschritten, so wird nur noch von der künstlichen Respiration Rettung zu erwarten sein.

Nachweis der Vergiftung.

Zum gerichtlich-chemischen Nachweis wird die aus den Organen dargestellte, wässrige Flüssigkeit (s. S. 46), nachdem sie ammoniakalisch gemacht ist, mit Petroleumäther ausgeschüttelt. Das erhaltene Extract ist zu prüfen, bezüglich der oben angegebenen Eigenschaften des Coniins. Kaliumwismuthjodid gibt in saurer Lösung noch deutliche Trübung („sehr schwache Randtrübung") in einer Verdünnung von 1 : 6000. Der Auszug liefert mit Salzsäure nadel- oder säulenförmige Krystalle, welche das Licht doppelt brechen. — Auch zur Anstellung von Thierversuchen (Frösche, kleine Vögel) könnte der Auszug benutzt werden.

Das Coniin wurde so in dem Blute, verschiedenen Organen und dem Harn nachgewiesen; auch in den Lungen war es enthalten und scheint es zum Theil hier eliminirt zu werden; im Urin erscheint das Gift schon nach wenigen Minuten. Im Darmkanal konnte es nicht nachgewiesen werden. — Im Magen einer Katze, welche durch c. 0,4 g Coniin getödtet war (in 8 Minuten), konnte das Alkaloïd noch nach 6 Wochen, während welcher das Thier bei 15—20⁰ C. aufbewahrt und in vollständige Verwesung übergegangen war, nachgewiesen werden. — Nach *Lauterbach* veranlasst Coniin, in einen Pfortaderzweig injicirt, nur geringe Symptome; Maceration des Giftes mit Lebersubstanz soll eine Abnahme der Giftwirkung veranlassen.

Anhang: **Aethusa Cynapium.**

Im Anhang zu dem gefleckten Schierling und seinem Alkaloïd, dem Coniin, habe ich hier noch eine zweite, der Familie der Umbelliferen angehörige Pflanze zu behandeln: die Hundspetersilie[1]): Aethusa Cynapium *L.* Dieselbe findet sich durch fast ganz Europa auf Schutthaufen, Gartenland, an Wegen häufig. Sie ist ein kahles, c. 1 m hohes Kraut mit spindelförmiger, oft ästiger Wurzel, sehr ästigem, fein bereiftem Stengel, 3fach gefiederten, dunkelgrünen, etwas glänzenden Blättern. Die Blüthen sind weiss, die vielstrahligen Dolden ohne Haupthülle, die Döldchen mit einer, aus 3 auf einer Seite herabhängenden, linealen Blättchen bestehenden, Hülle versehen. — Die Pflanze hat, zerrieben, einen unangenehmen narkotischen Geruch und widerlichen Geschmack.

Ficinus fand 1827 in der Hundspetersilie eine krystallisirende, in Wasser und Alkohol lösliche, in Aether unlösliche Base: Cynapin genannt. *Walz* gibt an, ein dem Coniin ähnliches Alkaloïd erhalten zu haben.

Aus älterer Zeit werden eine grössere Zahl von Intoxicationen, durch die zufällige Benutzung der Hundspetersilie veranlasst, beschrieben. In neuerer Zeit behauptet *Harley*, dass die Aethusa Cynapium nur wegen ihrer grossen Aehnlichkeit mit Conium maculatum für giftig gehalten worden sei. *Harley* hat den ausgepressten Saft dieser Pflanze an sich selbst und an Kranken geprüft und bis zu Mengen von 90 g Saft unwirksam befunden; ebenso: grosse Mengen der aus reifen Früchten dargestellten Tinctur. Ein Alkaloïd vermochte *Harley* nicht zu isoliren. *Harley* zeigt, dass die in der Literatur vorliegenden Krankengeschichten theils auf Aconit, theils auf Conium hindeuten. — Ich möchte auch noch die Cicuta dabei nennen (s. b. *Orfila* den Bericht von *Vicat*, ferner *Taylor* etc.); die krampfhaft geschlossenen Kiefer, blutiger Schaum vor dem Munde, aufgetriebenes Abdomen dürften wohl auf Cicuta hinweisen (s. S. 315).

---

[1]) Abbild.: *Brandt* und *Ratzeburg*, Taf. 27.

Jedenfalls müsste durch weitere Untersuchungen die Giftigkeit resp. Unschädlichkeit der Aethusa Cynapium noch sicher gestellt werden.

50. Curarin.

Im Jahre 1595 brachte *Raleigh* eine giftig wirkende Substanz, Ourari genannt, nach Europa; dieselbe war von den Eingebornen am Orinoco und Rio negro dargestellt worden, um damit ihre, auf der Jagd und im Kriege zu benutzenden Pfeile zu vergiften. — Die Indianer halten die Darstellung der extractförmigen Massen, welche unter den Namen Curare, Urari-uva, Woorara, Macusi Urari u. ä. als verschiedene Arten resp. Handelssorten bekannt sind, sehr geheim. *A. v. Humboldt* war wohl der erste Europäer, welcher der Darstellung des Curare beizuwohnen Gelegenheit fand; nach dessen Bericht wurde zur Bereitung des Extractes die Rinde einer Liane, Mavacure genannt, mit Wasser ausgekocht, eingedickt und mit dem Saft der Kiracaguero versetzt. *Rob. Schomburgk* hat sich sehr bemüht, die zur Darstellung des Curare dienenden Pflanzen festzustellen und die Bereitung des Extractes kennen zu lernen. Aus Strychnos toxifera, welche Pflanze zur Darstellung benutzt werden sollte, hat *S.* selbst einen giftig wirkenden, wässrigen Auszug dargestellt. — *Rich. Schomburgk* hatte Gelegenheit, der Darstellung beizuwohnen. Zur Bereitung des Giftes wurden von dem Macusi-Indianer benutzt: 2 Pfund der Rinde von Strychnos toxifera, je ¼ Pfund von Yakki (Strychnos Schomburgkii), Arimaru (Strychnos cogens) und Wakarimo, je ½ Unze der Wurzel von Tarireng und Tararemu, die fleischige Wurzel von Muramu (Cissus-species), 4 kleine Stücke des Stammholzes einer Xanthoxylee, Manuca genannt. Die genannten Pflanzentheile, mit Ausnahme der Muramu, wurden nun zerkleinert und 24 Stunden lang mit Wasser gekocht, dem Extract alsdann der ausgepresste Saft der Muramu zugesetzt und die Masse der Sonne ausgesetzt. Am 3. Tage war das Curare fertig und wurde dasselbe in Calabassen gefüllt. — Auch *Jobert* hatte Gelegenheit, die Darstellung des Curare bei den Tecunas-Indianern (in Brasilien, nahe der Grenze von Peru) kennen zu lernen. Es wurden benutzt: Urari-uva, eine kletternde Strychnee (vielleicht Strychnos castelnae *Weddell*) und Eko oder Pani du Maharâo, eine kletternde Menispermacee (vielleicht Cocculus toxiferus *Weddell*). Die sehr dünnen Zweigrinden dieser Pflanzen werden geschabt, die Massen in Verhältniss 4 Theile zu 1 Th. gemengt, in einem Trichter 7—8mal mit kaltem Wasser ausgelaugt. Zu der so erhaltenen rothen Flüssigkeit wird von Taja (einer Aroïdee) und Eoné oder Mucura-ea-ha (Didelphys cancrivora?) Stücke des Schaftes zugesetzt und die Masse gekocht bis zu einer dicklichen Consistenz. Der Flüssigkeit werden alsdann Stücke von unbekannten Piperaceen zugesetzt, dann gekocht und erkalten lassen. *Jobert* hält die Urari-uva und die Taja für die wirksamen Theile. — Nach *Crévaux* besitzt das Extract der Stammrinde von Strychnos castelnae starke Curarewirkung; ebenso die Extracte der verschiedensten Theile von Strychnos triplinervia (*Couty* und *Lacerda*).

Preyer fand in einer Calabasse eine Frucht, welche als von Paullinia Cururu stammend erkannt wurde; das Extract dieser Frucht wirkte auf Frösche nach Art des Curare. — Auch in andern Pflanzen hat man schon Curare-artig wirkende Stoffe nachgewiesen. So fanden *Buchheim* und *Loos*, dass dem wässrig-spirituösen Extract von Anchusa officinalis eine solche Wirkung zukomme; ebenso Bestandtheilen von Cynoglossum und Echium. — Nach *Hermann-Kappeler* wirkt das aus Peru stammende Pfeilgift Uchomaté wie Curare. Dieselben fanden ferner, dass auch ein aus Bier (Münchener Exportbier) dargestelltes Extract analoge Wirkung hatte.

Die verschiedenen südamerikanischen Pfeilgifte kommen, vorzugsweise aus Britisch-Gujana, in irdenen Töpfen oder Calabassen in den Handel. Die Pfeilgifte bilden extractartige, braunschwarze, spröde Massen von harzartigem Aussehen und bitterem Geschmack. Sie sind in Wasser nicht vollständig löslich, in absolutem Alkohol und Aether sehr wenig löslich.

Nachdem schon *Roulin* und *Boussingault* u. A. aus dem Curare eine basische Substanz isolirt hatten, gelang es 1865 *Preyer* den wirksamen Bestandtheil des Pfeilgiftes in krystallisirter Form abzuscheiden. *Preyer* hat den von ihm Curarin genannten Körper genauer untersucht, auch aus dem Ergebniss der Elementaranalyse die Formel des Stoffes zu $C_{10}H_{15}N$ berechnet. — *Sachs* hat 1872 das schwefelsaure Curarin des Handels genauer untersucht und gefunden, dass diese Krystalle aus phosphorsaurem Kalk, kohlensaurem Kalk und einer anhängenden, braunen Materie bestehen. Die Krystalle, welche nach *Preyer* 20mal stärker als Curare wirken sollen, übten, nachdem sie mit Wasser abgespült worden waren, so gut wie keine Wirkung auf Frösche aus, während das Spülwasser Curarewirkung hervorrief. — *Sachs* hat selbst das Curare untersucht, und darin 75% einer in Wasser löslichen Masse gefunden. Diese Lösung wurde mit Kaliumquecksilberjodid unter Vermeidung eines Ueberschusses ausgefällt, der ausgewaschene, dann mit Wasser angerührte Niederschlag bei 60° C. mit Schwefelwasserstoff behandelt, das Filtrat mit Bleiessig ausgefällt und die vom Bleijodid durch Filtriren befreite Lösung mit Schwefelwasserstoff entbleit. Das sauer reagirende Filtrat, eine Lösung von essigsaurem Curarin, wirkte energisch auf Frösche und lieferte mit Alkaloïdreagentien Niederschläge. Der gelbe, voluminöse Niederschlag, welcher durch Picrinsäure hervorgerufen wird, wurde weiter untersucht und daraus für das Curarin die Formel $NC_{36}H_{35}$ berechnet. Das salzsaure und schwefelsaure Salz (letzteres im Curare enthalten) krystallisiren nicht; die Platin- und Goldchloridverbindung zersetzt sich leicht.

Aus dem oben Erwähnten geht hervor, dass die giftige Wirkung des Curare schon oft zum Erlegen der Thiere auf der Jagd, zum Vernichten der Feinde benutzt worden ist. Trotzdem haben wir über Todesfälle, welche auf das Pfeilgift zurückzuführen wären, kaum Berichte. *Rich. Schomburgk* erwähnt ganz kurz den Tod eines durch seinen eigenen Pfeil verletzten Indianers. Etwas ausführlicher berichtet *Ferreira de Lemos* das Schicksal einer von Brasilien und Peru zur Grenzregulirung eingesetzten Commission; dieselbe wurde plötzlich von Indianern angegriffen, wobei mehrere Personen durch Pfeile verwundet wurden; ein Mann starb nach 3 Stunden, andere wurden wieder hergestellt.

Curarevergiftungen geringeren Grads sind schon hin und

wieder bei Menschen verursacht worden, meist dadurch, dass das Curare als Heilmittel bei bestimmten Krankheiten angewandt wurde (*Voisin* und *Liouville, Bianchi, Palmesi, Offenberg* u. A.); *Preyer* berichtet über 2 Intoxicationen, eine, welche er sich selbst beim Pulvern des Curare zugezogen hatte und eine zweite, welche durch Eindringen einiger Tropfen Curarinlösung in eine Wunde zu Stande gekommen war.

Namentlich für die therapeutische Anwendung des Curare ist die Dosirung von der grössten Wichtigkeit. Die im Handel vorkommenden Curaresorten sind nie gleich stark, was auch mit Rücksicht auf die Darstellung kaum erwartet werden kann; auch scheint das Alter des Giftes auf seine Wirksamkeit von Einfluss zu sein. *Schroff* hat nachgewiesen, dass durch 1 mg Calabassen-Curare ein Kaninchen schon in 7 Minuten getödtet wurde, während 2 mg eines in einem Thontopf von *Oberdörffer* bezogenen Curare erst in 13 Minuten den Tod herbeiführten. 100 Jahre altes tödtete in 10, 40jähriges in 6 und 2 Jahre altes schon in 4 Minuten.

Symptome der Vergiftung.

Die Vergiftung *Preyer's*, welche er sich durch Einathmen von Curarestaub zugezogen, documentirte sich durch Blutandrang nach dem Kopf, heftige Kopfschmerzen, Mattigkeit und Unlust zur Bewegung, starke Speichel- und Nasenschleimsecretion, welche Symptome aber schnell vorübergingen. Auch in dem 2., von *Preyer* berichteten Falle zeigten sich ebenfalls eine Vermehrung der Thätigkeit der Schweiss-, Speichel-, Thränendrüsen und der Nieren.

Systematische Untersuchungen über die Wirkung kleiner Curaremengen auf Menschen (Kranke) haben *Voisin* und *Liouville* angestellt. Auch sie fanden als erstes Symptom nach 12—15 mg, subcutan applicirt, Vermehrung der Urinmenge und nach mehreren cg: Zucker im Urin (in *Beigel's* Untersuchungen traten diese Wirkungen nicht ein). — Als Symptome stärkerer Intoxication finden wir angeführt: fibrilläre Zuckungen der Muskeln, Frost mit Zähneklappern etc., frequenten Puls, Kopfschmerzen, Diplopie, Mydriasis, Ohrenklingen, Beeinträchtigung der Bewegung. Einzelne dieser Symptome, wie Mattigkeit, frequenter Puls konnten mehrere Tage anhalten. — Auch *Beigel* constatirte Aehnliches. Durch 90 mg stellten sich Störungen der Bewegung (wankender Gang), Ptosis, Sehstörungen ein, welche Symptome nach 1—2½ Stunden wieder schwanden; nach 150 mg traten noch Störungen der Bewegung der unteren Extremitäten und der Sprache hinzu, welche 2½ Stunden anhielten. — An den Injectionsstellen trat Entzündung ein.

Bianchi wandte Curare bei einem Falle von Tetanus traumaticus an. Am 3. Tage der Erkrankung wurde 1 cg Curare injicirt; es erfolgte nach wenigen Minuten Erschlaffung der Muskeln; am 4. Tage erfolgten mehrere Injectionen von je 15 mg, am 6. Tage: 4 Dosen von 2 cg, am 8. Tage: von 25 mg, am 9. Tage: 3 Dosen von 3 cg subcutan und 3 Dosen innerlich, ebenso am 10. und 11. Tage: alle diese Mengen riefen nicht die geringsten Intoxicationserscheinungen hervor. Am 12. Tage wurden wegen heftiger tetanischer Anfälle 2mal 3 cg injicirt und noch 3 cg innerlich gegeben: Abends wurden noch 35 mg injicirt. „Wenige Minuten darauf verfiel Patient in einen

Zustand allgemeiner Lähmung mit Aufhören der Respiration, blutigem Schaum vor dem Munde und schwachem, intermittirendem Pulse. Da die Respirationsmuskeln noch schwach auf Electricität reagirten, gelang es nach einstündiger Anwendung derselben die Respiration herzustellen. Patient hatte während der Lähmungsperiode alle Vorgänge in seiner Umgebung wahrgenommen und entsann sich sogar der gesprochenen Worte." Im Ganzen hatte Patient, welcher vom Tetanus geheilt wurde, 1,215 g Curare erhalten.

Offenberg behandelte ein von einem tollen Hunde gebissenes Mädchen während des Krampfstadiums der Krankheit mit Curare-injectionen. 3 Stunden nach Ausbruch der Krankheit erhielt Patientin 2 Dosen von 20 mg in Zeit von $1/4$ Stunde. Nach einer Stunde 30 mg Curare; die Pausen zwischen den einzelnen Anfällen wurden länger, Patientin klagte über intensive Kopfschmerzen. Noch 2 Dosen nach je einer Stunde, dann nach $1/2$ Stunde ebenfalls 30 mg: eigenthümliche Schwäche in der rechten Schulter; nach einer weiteren Dosis von 30 mg entwickelten sich ziemlich rasch, innerhalb einer Minute, intensive Lähmungserscheinungen: es waren nur noch active Bewegungen der Finger, des Fusses und der Zehen möglich. Die Athmung war noch nicht beeinträchtigt, hörte aber c. 20 Minuten später plötzlich auf, jedoch stellte sich der normale Zustand der Athmung nach einer einzigen Compression des Thorax wieder ein. Eine halbe Stunde später, nach einem tetanischen Anfall, vollkommener Stillstand der Respiration, der aber in ähnlicher Weise beseitigt wurde. In den nächsten Stunden bestanden die Lähmungserscheinungen fort; auch das Sprechen war erschwert, die Augen waren geschlossen, die Athmung schwach und oberflächlich. Die Lähmungserscheinungen schwanden alsdann im Laufe des Tages. Grosse Schwäche, Schmerzen im Kopfe blieben bestehen. Die Injectionsstellen waren geschwollen, geröthet und schmerzhaft. Am nächsten Tage, c. 32 Stunden nach der letzten Injection, fiel Patientin plötzlich in einen tiefen Lähmungszustand; fast jede selbstständige Bewegung hörte auf, die Athmung war sehr oberflächlich. Dieser Zustand dauerte eine Stunde und nahm allmälig wieder ab. — Da sich wieder Muskelzuckungen einstellten, so wurde Abends, c. 42 Stunden nach der letzten Injection wieder 30 mg Curare injicirt; $2^1/2$ Stunden später trat wieder eine intensive Lähmung der willkürlichen Bewegungen ein; dieser Zustand dauerte etwa eine Stunde, nahm dann allmälig ab, um c. 14 Stunden später wieder aufzutreten. Solche Zustände traten später nicht mehr ein, die Kranke wurde vollkommen geheilt. — *Offenberg* hat seiner Patientin in Zeit von fast 5 Stunden 0,19 g Curare subcutan injicirt und durch diese Menge einen lähmungsartigen Zustand hervorgerufen; im späteren Verlaufe der Krankheit, c. 42 Stunden nach der letzten Injection, war eine Injection von 30 mg genügend, um dieselbe Wirkung hervorzubringen. — *Palmesi* hat, wie es scheint, ebenfalls einen Wuthkranken mit Curare behandelt, jedoch wohl ohne Erfolg; wie *Palmesi* dazu kommt, die Curare-behandlung als den Giftmord eines Wuthkranken zu bezeichnen, ist aus dem Referat nicht zu ersehen.

Für die Anwendung des Curare als Heilmittel bei Lyssa ist die Wirkungsintensität des anzuwendenden Präparates von der grössten Bedeutung. Die Mengen, welche *Voisin* und *Liouville* bei ihren

Patienten anwendeten, beziehen sich auf ein Präparat, das zu 2,5 mg Kaninchen zu tödten vermochte; *Offenberg* gibt von seinem Präparat als Wirkungsintensität: die rasche Lähmung eines Frosches durch 0,1 mg an und benutzte er eine Lösung von 0,5 g Curare in 10 g Wasser. Die Injectionen kleiner Mengen werden öfter wiederholt bis deutliche Intoxicationssymptome eintreten; zwecks Bekämpfung einer Lähmung der Respiration sind alle Vorkehrungen zur künstlichen Unterhaltung der Respiration zu treffen, auch ist der Patient längere Zeit genau zu überwachen, da ganz plötzlich sich Lähmungen einstellen können. Im Uebrigen verweise ich auf die Schrift von *Offenberg*.

Experimentaluntersuchungen.

Zahlreiche Untersuchungen wurden an Thieren über die Wirkung des Curare angestellt. Die Resorption und damit die Wirkung des Pfeilgiftes ist von den verschiedenen Applicationsstellen aus eine sehr verschiedene. Begreiflich ist die directe Injection der Curarelösung in das Blut für das Zustandekommen der Wirkung am günstigsten. Immer noch rasch erfolgt die Intoxication von dem subcutanen Bindegewebe und den serösen Höhlen aus, während die Application in den Magen weit ungefährlicher ist. Früher war man der Ansicht, das Gift werde vom Magen aus gar nicht resorbirt; das Unhaltbare dieser Ansicht wurde dargethan, indem der Beweis geführt wurde, dass ein nüchterner Hund nach der Application grosser Dosen in den Magen Intoxicationssymptome darbietet und dass von dieser Applicationsstelle aus auch schon sehr kleine Mengen Curare eine letale Wirkung besitzen, wenn man bei dem Thiere die Nierengefässe unterbunden hat. — Die Application in die Blase, in die Nasenhöhle, den Conjunctivalsack scheint ganz ungefährlich zu sein, während vom Rectum aus heftigere Vergiftungen hervorgerufen werden können. Von der unversehrten Haut aus gelangt das Gift bei Säugethieren nicht in das Blut, Frösche dagegen werden auch durch Eintauchen einer Pfote in eine starke Curarelösung rasch gelähmt.

Die bei Thieren tödtlich, resp. lähmend wirkenden Dosen hängen ausser von der Applicationsstelle noch ab von der Güte des Präparates; wir finden deshalb auch verschiedene Dosen angeführt. Bei subcutaner Application schwanken für Frösche die angegebenen Dosen zwischen 0,02 und 1 mg, für Kaninchen zwischen 3 und 7 mg, für Hunde zwischen 5 und 20 mg, wobei natürlich auch noch die Grösse des Versuchsthieres von Einfluss ist. Direct in das Blut gespritzt sind bei Kaninchen 2—4 mg, bei Hunden 2—15 mg anzuwenden.

Wird einem Frosch eine Curarelösung unter die Haut gebracht, so ist derselbe schon nach wenigen Minuten bewegungslos und scheintodt; selbst der heftigste Reiz vermag keine Bewegung mehr auszulösen; das Herz aber schlägt noch Stunden lang fort und kann, wenn die Giftmenge nicht zu gross war, das Thier sich nach einiger Zeit, vor Vertrocknen geschützt, wieder vollkommen erholen. — Vergiftet man ein Säugethier mit Curare, so lassen die Thiere, z. B.: Kaninchen, sehr bald den Kopf sinken, sie fallen zur Seite, es treten Convulsionen ein, allgemeine Lähmung, weite Pupillen und Tod. Letzterer erfolgt durch Lähmung der Athemmuskeln.

Die Wirkung des Curare ist als eine die intramuskulären Endi-

gungen der motorischen Nerven lähmende zu bezeichnen. — Wird bei
einem Thiere (Frosche) vor der Vergiftung die Blutzufuhr zu einer
Extremität aufgehoben, so wird diese Extremität nicht gelähmt und
werden durch Reize der vergifteten Theile Reflexbewegungen des un-
vergifteten Gliedes ausgelöst; die Muskeln des vergifteten Frosches
sind direct reizbar; auch die Nervenstämme werden durch das Gift
nicht afficirt. — Auf das Herz hat das Gift in kleinen Mengen direct
keine Wirkung; erst grössere Dosen, für den Frosch 15—20 mg,
wirken lähmend auf den Vagus und rufen eine Beschleunigung des
Herzschlags hervor. Auf der Höhe der Curarewirkung tritt auf Reizung
des Vagus Pulsbeschleunigung ein, später zugleich mit bedeutender
Drucksteigerung (paradoxe Vaguswirkung; *Böhm*). — Das Blut hat
die Eigenschaften des Erstickungsblutes, auch beim Frosche, dessen
Herz noch lange functionsfähig bleibt. Die Lymphherzen des Frosches
kommen bald zu diastolischem Stillstand; auch das Blutherz wird durch
grosse Dosen schnell gelähmt. — Auf den Splanchnicus scheint Curare
ähnlich wie auf den Vagus zu wirken; derselbe wird erst durch grössere
Mengen gelähmt. Die Darmperistaltik wird durch Curare verstärkt.
Auch auf den Pupillarzustand der Augen hat das Curare Einfluss;
meist findet man Mydriasis in Folge der Lähmung des Oculomotorius;
bei kleinen Dosen ist die Sympathicusreizung noch wirksam, durch
grosse Dosen wird dieser Nerv ebenfalls gelähmt. — Die Körpertemperatur sinkt während der Curarevergiftung ziemlich bedeutend. —
Die Sauerstoffaufnahme und Kohlensäureabgabe ist während der Vergiftung bedeutend herabgesetzt. — In dem Urin tritt constant Zucker
auf, nach *Eckhard* jedoch nur dann, wenn man bei Hunden, Kaninchen
die künstliche Respiration so lange fortsetzt, bis die Thiere wieder aus
der Narkose erwachen. Der Diabetes kommt nicht zu Stande, wenn
man die Thiere anhaltend in vollkommener Narkose hält.

Zahlreiche Untersuchungen haben ergeben, dass eine der Curarewirkung ähnliche Wirkung einer grossen Zahl von Alkaloïdverbindun-
gen zukommt. Viele Alkaloïde haben die Eigenschaft, durch Behandeln mit Jod-Methyl, Aethyl etc. sog. Alkylderivate zu bilden. Diese
Alkylderivate besitzen nicht mehr die Wirkung des reinen Alkaloïdes,
sondern wirken nach Art des Curare lähmend. Diese Wirkung wurde
festgestellt für Methyl- und Aethylstrychnin, Methyl- und Aethylbrucin,
Methylatropin, Methyldelphinin, Methyl-Chinin und Cinchonin, Methyl-
und Amylveratrin, Methyl- und Aethylnicotin u. a. m.

Die Behandlung der Curarevergiftung.

Praktisch wird dieselbe wohl nur bei der therapeutischen Anwendung des Curare in Betracht kommen. Sollte Curare innerlich in
grösserer Menge genommen sein, so wird man das Gift durch Brechmittel etc. zu entfernen versuchen. Ist ein Mensch durch einen vergifteten Pfeil verwundet worden und befindet sich die Wunde am
Rumpfe etc., so wird man local das Gift zu entfernen (Aussaugen etc.),
zu zerstören versuchen müssen. Ist dagegen eine Extremität verwundet, so wird man auf Grund der Untersuchungen *Saikowsky's* durch
Anlegen einer Ligatur und zeitweiliges Lockern derselben die vergifteten Flüssigkeiten (Blut etc.) nur ganz allmälig, nach und nach,
in den allgemeinen Kreislauf eintreten lassen. Es kommen alsdann

immer nur ganz kleine Mengen Gift zur Wirkung; dieselben werden schnell ausgeschieden und kann alsdann wieder eine neue Giftmenge in den Kreislauf gelangen. Auf diese Weise gelingt es, Thiere vor dem Curaretod zu bewahren. — Ist die Lähmung hochgradig und ist die Gefahr des Erstickungstodes vorhanden, so muss die Respiration künstlich unterhalten werden. Auf diese Weise können nach *Bert* Thiere gerettet werden, welchen das Doppelte der minimal-letalen Dosis applicirt worden war. Grössere Giftmengen werden aber auch durch die künstliche Respiration kaum mit Erfolg zu bekämpfen sein, weil durch dieselben die Centralorgane, Rückenmark und Herzganglien gelähmt werden.

Der gerichtlich-chemische Nachweis.

Derselbe wird nur äusserst selten zu führen sein. Das Curarin findet man in der Lösung, aus welcher durch Ausschüttelung mit Petroläther, Benzin, Chloroform und Amylalkohol alle andern Alkaloïde etc. entfernt sind (s. S. 46). Die Flüssigkeit wird mit Glaspulver ausgetrocknet und der Rückstand mehrmals mit Chloroform ausgezogen. Die Chloroformextracte werden zu dem Nachweis des Curarin benutzt. Concentrirte Schwefelsäure bringt in Curarelösung eine blass violette Färbung hervor (nicht blau, wie *Preyer* angibt), welche nach 1½ Stunden dunkler, mehr röthlich, nach 2 Stunden schmutzig roth wird. Diese Färbung ist noch nach 24 Stunden sichtbar und tritt die Reaction noch bei 0,06 mg Curarin sehr schön ein (*Dragendorff*). Der frisch gefällte Niederschlag des Curarin mit Kaliumbichromat wird durch Schwefelsäure blau gefärbt.

Wichtig ist für den Nachweis des Curarin das Thierexperiment; Frösche, Kaninchen werden schnell gelähmt.

Man hat bei Thieren das Curare im Magen- und Darminhalt, in den Fäces, dem Blut, der Leber und dem Urin nachgewiesen. Die Ausscheidung erfolgt vorzugsweise und sehr schnell durch die Nieren. Nach *Bidder* wird durch den Harn (subcutan injicirt) eines vergifteten Frosches ein zweiter Frosch schnell gelähmt, durch den Urin des 2. ein dritter, durch den Harn dieses ein 4. Thier. In die Galle scheint das Gift nicht überzugehen.

51. Nicotin.

1) **Nicotiana Tabacum** *L.*: **der virginische Tabak** [1]), (Fam. Solanaceae), ist einheimisch in Südamerika, wird in vielen Ländern cultivirt. — Eine einjährige, c. 1,6 m hohe Pflanze, deren krautartiger, wenig verästelter, drüsig behaarter, klebriger Stengel breit lanzettliche resp. elliptische, bis 0,6 m lange, bis 0,15 breite, meist sitzende, zugespitzte Blätter trägt. Die Blüthen sind in endständiger, doldentraubiger Rispe vereinigt; die langröhrige, trichterförmige Blumenkrone ist oben rosenroth, nach unten grünlich gefärbt; die Frucht eine länglich-eiförmige Kapsel.

2) **Nicotiana rustica** *L.*: **der Bauern- oder Veilchen-Tabak** [2]), ist nur c. 1 m hoch; der Stengel ist stärker verästelt, die

---

[1]) Abbild.: *Berg* und *Schmidt* XII. d.
[2]) Abbild.: *Berg* und *Schmidt* XII. c.

Blätter sind gestielt, eiförmig, die Blumenkrone kurzröhrig, grünlich-
gelb gefärbt.

Ausser diesen beiden Arten finden wir noch andere Species und
Varietäten von Nicotiana in fast allen Ländern zwischen dem 50^0 N.
und S. Br. als Culturpflanzen verbreitet. Der Tabak ist seit der Entdeckung Amerika's (s. *Tiedemann*: Geschichte des Tabaks) ein sehr
wichtiger Handelsartikel geworden, welcher in seinen verschiedenen
Zubereitungen als Rauch-, Schnupf- und Kautabak, ein für Viele nicht
zu entbehrendes Genussmittel ist. Die jährliche Production von Tabak
wird von *Brehm, Scherzer* u. A. auf c. 500 Millionen kg geschätzt.

Die Tabakspflanze enthält in allen ihren Theilen, besonders aber
in den Blättern das Nicotin, welches 1828 von *Posselt* und *Reimann*
rein dargestellt wurde. Im reinen Zustande ist das Nicotin: $C_{10}H_{14}N_2$,
eine völlig farblose Flüssigkeit von eigenthümlich-narkotischem, an
Tabak nicht erinnerndem Geruch (*Laiblin*), welche leicht flüchtig, bei
240—242^0 C. siedet, stark alkalisch reagirt und die Polarisationsebene
des Lichtes nach links dreht; ihr specifisches Gewicht beträgt bei
15^0 C.: 1027. Das Nicotin ist in Wasser, Alkohol, Aether und
Oelen löslich; mit Säuren bildet es leicht lösliche, schwer krystallisirende
Salze; als apfelsaures Salz kann das Nicotin durch Wasser dem Tabak
entzogen werden.

Quantitative Bestimmungen des Nicotingehalts des Tabaks haben
ergeben, dass hier, wie bei kaum einer zweiten Droge sehr bedeutende
Schwankungen der Alkaloïdmenge vorkommen. Diese Schwankungen
sind theils auf die Beschaffenheit des Standorts der Pflanze (fetter
Boden liefert grössere Mengen Nicotin), theils auf die verschiedenen
Handelssorten, sowie die Zubereitung zurückzuführen. Nach *Schlösing*
enthält guter Rauchtabak 2—4%; schlechtere Sorten enthalten mehr,
bis zu 7,96%. Andere Analytiker fanden geringere Mengen, so
Wittstein nur 1,5—2,6%, *Kosutany* nur 0,04—2,7% etc. — Im Schnupftabak ist der Nicotingehalt sehr stark herabgesetzt. *Vohl* und *Eulenberg* fanden in Schnupftabak nur 0,04—0,062% Nicotin, im Kautabak
aber in einer Probe „nicht einmal eine Spur", in einer andern Sorte
„nur zweifelhafte Spuren von Nicotin".

Die Frage, ob der Tabaksrauch Nicotin enthält, scheint mir
endgiltig noch nicht entschieden zu sein. *Melsens* wollte in dem
Rauche Nicotin gefunden haben. *Vohl* und *Eulenberg* gelang bei ihren
Untersuchungen der Nachweis dieses leicht flüchtigen, aber auch leicht
zerstörbaren Alkaloïdes nicht, während *Heubel* das Nicotin in Form
eines flüchtigen Salzes nachweisen konnte. — *Vogel* fand in dem
Tabaksrauch kleine Mengen von Schwefel- und Cyanwasserstoff; *Ludwig* fand darin Carbolsäure; ausserdem stellten *Vohl* und *Eulenberg*
aus dem Tabaksrauche dar: die im Steinkohlentheer, im Thieröle vorkommenden flüchtigen Pyridinbasen: das Pyridin: C_5H_5N, Picolin:
C_6H_7N, Lutidin, Collidin, Parvolin, Corindin, Rubidin und
Viridin: $C_{12}H_{19}N$, ersteres das Pyridin schon bei 116,^{0}5, letzteres
erst bei 251^0 siedend. Diese Basen, welche auch bei der Verbrennung
von Leontodon Taraxacum, von Datura, von Weidenholz erhalten
wurden, sind in dem Tabaksrauche nicht immer in demselben Verhältnisse vorhanden, abhängig von der Art der Verbrennung (verschiedener Luftzutritt, Hitzegrad etc.), dem Feuchtigkeitsgehalt des

Tabaks u. a. m. So wurden bei dem Rauchen des Tabaks aus Pfeifen grössere Mengen des höchst flüchtigen und betäubend wirkenden Pyridin nachgewiesen, während bei dem Rauchen der Cigarren vorzugsweise Collidin und die andern, schwerer flüchtigen Basen entstehen. — In den nicht condensirbaren Gasen des Tabaksrauches wurden Kohlen-oxyd- und Sumpfgas gefunden (*Vohl* und *Eulenberg*).

Die acute Nicotinvergiftung.

Die in der Literatur vorhandenen Angaben und Berichte über Tabaksvergiftungen lassen die auffallende Thatsache erkennen, dass Vergiftungen durch diesen Stoff, namentlich absichtlich hervorgerufene, nicht so häufig vorkommen, als man entsprechend der ausserordentlich grossen Verbreitung und Benutzung des Tabaks wohl erwarten sollte. Berichte über Giftmorde und Selbstvergiftungen, bei welchen Nicotin oder Tabak zur Wirkung kam, liegen nur in sehr geringer Zahl vor, von ersteren 4, von letzteren nur 3. Dagegen ist die Zahl der zufällig entstandenen, theils öconomischen, theils medicinalen Vergiftungen schon bedeutend grösser.

Folgende von mir zusammengestellten Angaben zeigen uns, wie oft und in welcher Weise die verschiedenen Tabakspräparate zu Vergiftungen führten. — Das reine Alkaloïd, das Nicotin gab nur zu 3 letal verlaufenen Intoxicationen Anlass, von welchen der bekannte Fall: *Fougnies-Bocarmé* als Giftmord, die beiden von *Taylor* und *Fonssagrives* erwähnten als Selbstvergiftungen zu bezeichnen sind. — Ausser der Base führten nur noch die Blätter des Tabaks zu Intoxicationen. In grösserer Menge auf den entblössten Körper gepackt, wurden Schmuggler von heftigen Symptomen heimgesucht (*Namias, Hildenbrand* u. A.); angefeuchtet, auf Wunden (*Orfila*), auf Scrotalgeschwülste (*Callas*) applicirt, als Blutstillungsmittel in eine frische Wunde gepresst (*O'Neill*) führten sie ebenfalls Vergiftungen herbei. Auch innerlich kamen die Blätter, als solche, in Form von Cigarren, von Rauch- und Schnupftabak zur Verwendung. Ein geistes-kranker Matrose vergiftete sich durch 15—30 g rohen Tabak. Cigarren, Rauchtabak resp. Tabaksstiele wurden, statt des weniger giftigen Kau-tabaks, gekaut, verschluckt; es kam zu Vergiftungen, in einem Falle mit letalem Ausgange. Als Hausmittel wurden 2 Esslöffel voll Tabak gegen Verstopfung eingenommen, auch wurde Schnupftabak mit Kaffee verwechselt. Auch zur Ausführung des Giftmordes diente der Tabak; einem 10 Wochen alten Kinde wurde Tabak in den Mund gebracht, Erwachsenen wurde der Tabak in Whisky resp. in Ale beigebracht. — In der grossen Mehrzahl der Fälle kamen aber nicht die unver-änderten Blätter zur Anwendung und Wirkung; es waren aus den-selben Aufgüsse, Abkochungen u. a. m. bereitet worden. Aeusserlich kamen solche Arzneiformen zur Anwendung, indem Tabaksblätter, mit Butter zu einem Liniment verarbeitet, gegen Tinea angewandt, wässe-rige Infuse der Blätter bei Krätze-Kranken benutzt wurden. — Sehr viele Vergiftungen mit oft tödtlichem Ausgange (von 15 Personen starben 11) sind zurückzuführen auf die Anwendung von Tabaks-Infusen resp. Decocten als Clysma; in dieser Form machte man von Seiten der Aerzte in früherer Zeit nicht so selten therapeutischen Gebrauch bei Darmeinklemmungen etc.; jetzt ist diese Anwendung wohl vollkommen verlassen und wird von sog. Tabaksklystieren nur noch als Hausmittel, gegen Spulwürmer etc., Gebrauch gemacht. — Die von *Morgan* beobachteten Fälle glaube ich noch erwähnen zu müssen; die Vergiftung mehrerer Personen (ein Kind starb) erfolgte durch die Benutzung von Wasser aus einem Brunnen, in welchem schliesslich ein Packet Rauchtabak aufgefunden wurde.

Nach dem oben Angeführten, bezüglich des Nicotingehalts des Tabakrauches, ist es zweifelhaft, ob die unzähligen Erkrankungen, welche durch dieses Genussmittel hervorgerufen werden, hier aufgeführt werden dürfen. Bis zur experimentellen Entscheidung der Frage (gegenüber den Angaben von *Heubel* hält *Eulenberg* an dem Resultat seiner Untersuchungen fest) wird es gut sein, die Erkrankungen, welche durch Tabakrauchen resp. durch dabei gebildete Massen hervorgerufen werden, hier zu berücksichtigen, um so mehr, da die Wirkung der Pyridinbasen grosse Aehnlichkeit mit der des Nicotins hat. — Vergiftungen leichteren Grades hat wohl jeder Raucher in Folge der ersten Rauchversuche durchgemacht. Ein übermässiger Genuss lässt aber selbst den Gewohnheitsraucher erkranken und kann, wie in den von *Helwig* mitgetheilten Fällen, nach 17 resp. 18 unmittelbar hintereinander gerauchten Pfeifen der Tod eintreten. — Der sich in Pfeifen ansammelnde Tabakssaft ist äusserlich gegen Hautausschläge benutzt worden; nach *Landerer* wird im Orient der Tabaksschmirgel unter dem Namen Tséfex als Specificum gegen Exantheme etc. gebraucht; innerlich wurde derselbe benutzt als Mittel gegen Bandwurm (Fall von *Deutsch*), als Abortivum (im Orient; *Landerer*) u. a. m. Die Benützung eines alten, hölzernen Pfeifenrohres zur Anfertigung von Seifenblasen verursachte den Tod eines Kindes.

Eine genaue Bestimmung der Dosis toxica und letalis des Nicotins und der durch dasselbe wirkenden Stoffe ist äusserst schwer. In den 3 Fällen, bei welchen Nicotin den Tod von Menschen hervorrief, waren überletale Mengen zur Anwendung gekommen (aus dem Mageninhalte von *Fougnies* wurde noch c. 0,4 g Nicotin dargestellt). Mit Rücksicht auf die Ergebnisse von Untersuchungen an Menschen hält *Schroff* 36,5 mg ($\frac{1}{2}$ Gran österr.) Nicotin für eine höchst gefährliche Dosis. — Was die Menge der Tabaksblätter betrifft, so liegen bezüglich deren Anwendung in Form des Klystiers mehrere Angaben vor: nach *Pereira-Buchheim* wirkte ein Clysma, aus 0,78 g Tabak und 180 g Wasser bereitet, tödtlich; in *M'Gregor's* Falle verursachte ein Infus von 1,95 g Tabak heftige Symptome; Clysmata aus 3,8—7,6 und mehr g Tabak wirkten in mehreren Fällen tödtlich. — Nach *Copland* hatte ein Infus von 1,95 g Blättern, nach Einfuhr in den Magen, tödtliche Wirkung.

Symptome der acuten Vergiftung.

Die Wirkung kleiner Mengen Nicotins auf den Menschen ist durch Untersuchungen von *Falck-Wachenfeld*, später von *Dworzak* und *Heinrich* klargestellt worden. Letztere nahmen Mengen von 1, 2, 2,3 und 4,6 mg Nicotin, mit Wasser stark verdünnt. Die Giftlösung erzeugte Brennen auf der Zunge, Kratzen im Schlunde, Speichelfluss, Gefühl von Wärme, sich über den Körper verbreitend; hierzu kam grosse Aufregung, Kopfschmerz, Schwindel, Betäubung, Schläfrigkeit, undeutliches Sehen und Hören, häufige, beschwerliche Respiration, Schwächegefühl, Anwandlungen von Ohnmacht mit beginnendem Verschwinden des Bewusstseins, Aufstossen, Uebelkeit und Erbrechen, heftiger Stuhldrang, Abgang von Gasen, Urinentleerung. Bei dem einen Experimentator stellten sich klonische Krämpfe ein, Zittern der Extremitäten, sich über den Körper verbreitend, das Athmen erfolgte schwer und beengt, jeder Athemzug bestand aus einer Reihe kurzer, schnell auf einander folgender Stösse. Dieser Zustand dauerte c. 2 Stunden, dann hörten die Krämpfe auf, während die übrigen Erscheinungen erst am 3. Tage verschwanden.

Aehnliche Erscheinungen treten bei dem ersten Rauchversuche hervor. Der Neuling im Rauchen wird plötzlich von schwindelartigen Anfällen befallen, sein Gesicht ist bleich, entstellt, auf der Stirne bricht der Angstschweiss hervor, Ohrensausen, Flimmern vor den Augen treten ein, dazu Uebelkeit, Brechneigung und Erbrechen, Kolikschmerzen, Durchfälle, leichtes Zittern, Muskelschwäche, Betäubung und Ohnmachten; dieser Zustand geht nach stärkeren Entleerungen nach oben und unten schnell vorüber und bleibt etwas Kopfschmerz noch zurück.

Werden grössere Giftmengen in den Körper eingeführt, so tritt die Wirkung auch sehr schnell ein. Ein mit Nicotin Vergifteter stürzt nach sehr kurzer Zeit bewusstlos zu Boden, er wird von klonischen resp. tetanischen Convulsionen befallen, und treten dann schnell Lähmung und Tod ein. — Die Vergiftungen verlaufen sehr schnell und enden schon in sehr kurzer Zeit (3—5—15 Minuten) letal; von 12 letal verlaufenen Fällen endeten 8 innerhalb der ersten 2 Stunden.

Sectionsbefund.

In der Leiche der durch Nicotin zu Grunde Gegangenen findet man keine charakteristischen Veränderungen. Die Todtenstarre scheint sehr schnell einzutreten. In dem Magen fand man, nach Einnahme von Tabak, Hyperämie, Ecchymosen; ferner Hyperämie des Gehirns, der Lungen; das Herz schlaff, das Blut dunkel und flüssig. Tabaksgeruch des Mageninhalts etc. kann manchmal wahrgenommen werden.

Experimentaluntersuchungen.

Zahlreiche Untersuchungen an Thieren sind mit Nicotin und seinen Salzen ausgeführt worden. — Das Nicotin gelangt von allen Applicationsstellen, auch von der unverletzten Haut ziemlich rasch in das Blut; nach zahlreichen Angaben wirkt dieses Gift vom Tractus intestinalis (Magen etc.) aus schneller als nach Subcutaninjection; bei directer Infusion ruft es blitzschnell den Tod hervor. — Die bei den vergifteten Thieren auftretenden Symptome sind den bei Menschen beobachteten analog. Säugethiere verfallen bald in klonische und tonische Convulsionen; bei Fröschen stellen sich ebenfalls schnell tetanische Krämpfe ein. Letztere sind, von (Falck-) Wachenfeld zuerst (1848) beschrieben, dadurch charakterisirt, dass die Vorderbeine nach hinten geschlagen, dem Thorax fest anliegen, während die Hinterbeine „spastisch gegen den Rücken gezogen sind, so zwar, dass die Oberschenkel rechtwinklich vom Körper abstehen, die Unterschenkel vollkommen in Flexion sich befinden, so dass sich die Fusswurzeln auf dem Rücken berühren“; der Kopf ist nach unten geneigt, die Aug-

äpfel stehen vor, die Athmung hat aufgehört, es folgt bald das Stadium
der Lähmung, während dessen, namentlich an den von der Haut entblössten, Muskeln eigenthümliche flimmernde Zuckungen beobachtet
werden. Das Herz stellt zuletzt seine Thätigkeit ein. — Auf die
Circulationsorgane übt das Nicotin eine interessante Wirkung aus.
Bald nach der Injection von 0,1—0,3 mg tritt bei dem Frosch ein
1—1½ Minuten dauernder, diastolischer Stillstand des Herzens ein in
Folge der Reizung der Hemmungsapparate; bald schlägt das Herz
wieder normal fort, Reizung des Vagus vermag dasselbe nicht mehr
zum Stillstand zu bringen, wohl aber eine Reizung des Venensinus
resp. die Wirkung des Muscarins; es sind somit nicht die Hemmungs-
vorrichtungen im Herzen selbst gelähmt, sondern es ist nur die Zu-
leitung der Erregung vom Vagusstamme her unterbrochen in Folge
der Lähmung von Zwischenapparaten, welche den Zusammenhang des
Endapparats mit den Vagusfasern vermitteln (*Schmiedeberg*). Der
Blutdruck sinkt zu Beginn der Vergiftung, später steigt er über die
Norm, während die Gefässe stark contrahirt sind. Diese Blutdrucksteigerung und Verengerung der Gefässe ist theils auf eine Reizung
des vasomotorischen Centrums, theils auf eine Einwirkung auf die Ge-
fässnerven selbst zurückzuführen (*Basch* und *Oser*); schliesslich tritt
Sinken des Drucks und Erweiterung der Gefässe ein. — Auf die
Respiration wirkt das Gift anfangs erregend, später lähmend ein. Der
Tod erfolgt durch Lähmung der Respiration. — Auf den Darmkanal
wirkt das Nicotin derart ein, dass derselbe in stärkere Bewegung,
schliesslich in Tetanus versetzt wird; auf letzteren folgt eine kurze
Ruhe und dann verstärkte Peristaltik des ganzen Darmkanals. — Auch
Uterus und Blase werden zur Contraction veranlasst. — Die Pupille
wird verengt in Folge einer Reizung des Oculomotorius; Sympathicusreizung ruft sofort enorme Mydriasis hervor (*Harnack-Meyer*). — Auf
das Rückenmark wirkt das Nicotin erregend ein (nach der Decapitation
reflexlos gewordene Thiere antworten nach Nicotininjection auf Reize
wieder mit Reflexbewegungen; *Freusberg*), ebenso auf die intra-musku-
lären Endigungen der motorischen Nerven (fibrilläre Muskelzuckungen
nach vorhergehender Nervendurchschneidung auftretend, jedoch stärker
nach Gefässunterbindung bei erhaltenen Nerven; *Anrep*) und werden
beide schliesslich gelähmt; durch Nervenreizung sind alsdann keine
Muskelzuckungen mehr auszulösen, wohl aber durch directe Muskelreizung.

Therapie der acuten Nicotinvergiftung.

Die schnelle Entfernung des Giftes von der Applicationsstelle ist
eine der Hauptaufgaben und wird derselben entsprochen, nach Application auf die Haut, Geschwürsflächen etc.: durch Abwaschen u. a. m.,
nach Einführung in den Darm: durch umfangreiche Ausspülungen, sowie nach Einnahme in den Magen: durch Anwendung von Brechmitteln
und Magenpumpe. Als chemische Antidote sind Tannin, sowie Jod-
wasser empfohlen. Sonst symptomatisch die Anwendung von Excitantien und die fortgesetzte künstliche Respiration.

Die chronische Tabakvergiftung.

Chronische Vergiftungen durch die fortgesetzte Aufnahme von
Tabak, dessen Bestandtheile, resp. der aus ihm hervorgehenden Sub-

stanzen kommen ziemlich häufig vor. Meist handelt es sich um lang fortgesetztes übermässiges Tabaksrauchen, während das Kauen und Schnupfen weniger in Betracht kommt; auch die in Tabaksfabriken auftretenden Ausdünstungen wirken auf den Menschen schädlich ein, ebenso kann dies, wie die Beobachtung von *Dubay* lehrt, eintreten bei dauerndem Aufenthalt in Cigarrenläden.

Trotz der, wie bekannt, im Allgemeinen leicht eintretenden Gewöhnung an das Rauchen von Tabak und Cigarren findet man bei einer nicht kleinen Zahl von Rauchern einzelne Symptome mehr weniger stark ausgeprägt, welche oft nur auf den fortgesetzten Genuss des Tabaks zurückzuführen sind. Meist sind die chronisch Vergifteten sog. starke Raucher, welche die Cigarre fast nie aus dem Munde lassen und dieselben fortwährend zerkauen. Auf dieses Zerkauen und Verschlucken des so Nicotin-haltig gemachten Speichels will *Clemens* die chronische Vergiftung zurückführen und hält *Richter* ebenfalls das Aussaugen des Cigarrenendes, das Verschlucken des gifthaltigen Speichels und des Rauches für äusserst schädlich.

Von Symptomen, welche öfters beobachtet wurden, sich nach und nach entwickeln und an Intensität zunehmen, sind zu erwähnen: Störungen der Verdauung (Verlust des Appetits, Cardialgien, Durchfälle mit Verstopfung wechselnd, starke Abmagerung etc.), Kopfschmerzen, Schwindelanfälle, unruhiger Schlaf resp. Schlafsucht, Unfähigkeit zu geistigen Arbeiten bei niedergeschlagener weinerlicher Stimmung (*Dornblüth*), Störungen der Sinnesthätigkeit als Hyperästhesien des Hörnerven (Empfindlichkeit gegen lautes Sprechen etc.; *Schotten*), des Geschmacksnerven (Tabaksgeschmack; von *Dornblüth* für ein Zeichen der Sättigung gehalten), des Riechnerven (Widerwillen gegen Tabak, Eau de Cologne; *Schotten*), Störungen des Gesichtssinnes (Flimmern, Nebelsehen, Amblyopie, Amaurose etc.), Neuralgien an den verschiedensten Stellen, Störungen der Bewegungen (Muskelschwäche, krampfhafte Affectionen, Zittern etc.), Impotenz, Störungen der Herzthätigkeit (Herzpalpitationen, verlangsamter resp. beschleunigter Puls) und der Respiration. — Durch alle diese Störungen etc. kann der Organismus derart geschädigt werden, dass, wie in einem Falle von *Richter*, der plötzlich eintretende Tod als Folge der chronischen Vergiftung angesehen werden muss.

Die Behandlung des chronisch Vergifteten hat in erster Linie dafür zu sorgen, dass die weitere Einwirkung der Schädlichkeit aufhört. Meist schwinden dann auch bald die Vergiftungserscheinungen. Einzelne Symptome erheischen noch eine besondere entsprechende Behandlung.

Experimentaluntersuchungen über die wiederholte Wirkung von Nicotin sind von *Anrep* ausgeführt. Derselbe fand, dass bei Fröschen, welche sich von der ersten Nicotinvergiftung ($\frac{1}{10}$ Tropfen) scheinbar erholt haben, durch die 2. Injection Krämpfe und Muskelzuckungen nicht veranlasst werden und dass dieselben dieser zweiten Giftmenge schnell erliegen in Folge der Einwirkung auf das Herz. Die herzschwächende Wirkung der ersten Dosis war noch latent vorhanden und führt die zweite Dosis jetzt schnell zum Tode durch Herzschwäche.

Gerichtlich-chemischer Nachweis.

Nach *Dragendorff*'s Methode (S. 46) erhält man das Nicotin aus der ammoniakalischen Lösung durch Ausschütteln mit Petroläther. *Guyot* empfahl zur Abscheidung die Dialyse. Die erhaltene flüssige Masse gibt, in Aether gelöst und mit dem gleichen Volum ätherischer Jodlösung versetzt, einen braunen, amorphen Niederschlag, welcher sich nach einiger Zeit (Stunden) in zolllange Krystallnadeln umsetzt. — Zum physiologischen Nachweis benutzt man Frösche, welche mit kleinen Mengen des Extractes vergiftet werden; es treten die oben geschilderten Symptome hervor. — Nicotin wurde in den verschiedensten Organen aufgefunden, selbst 7 Jahre nach der Tödtung des Thieres durch das Gift (*Melsens*). — Die Ausscheidung des Nicotins erfolgt vorzugsweise durch den Urin; ferner wurde dasselbe nachgewiesen im Speichel, im Schweisse (bei chronisch Vergifteten), sowie im Fruchtwasser.

52. Sclerotinsäure.

Claviceps purpurea *Tulasne*, der Mutterkornpilz [1]) (Pyrenomycetes). Dieser Pilz durchläuft mehrere Entwicklungszustände, von welchen der erste, zur Zeit der Roggenblüthe auftretend, als Sphacelia segetum *Leveillé* beschrieben wurde. Der sog. Honigthau, ein zäher, süsser, Conidien haltender Schleim ist das Secret des Myceliums, dessen Fäden den Fruchtknoten der Blüthe ausfüllen und umgeben. Am Grunde des Fruchtknotens entsteht ein steriles Lager, welches aus der Blüthe hervorwächst, den vertrockneten Rest der Sphacelia als Mützchen tragend. Im ausgebildeten Zustande bildet dieses Stadium, als Sclerotium Clavus *DC.* bekannt, stumpf-dreikantige, bogen- oder hornartig gekrümmte, bis 4 cm lange, bis 6 mm dicke Körper, das Mutterkorn, aus welchem, in geeigneten Boden versetzt, nach einiger Zeit an einzelnen Stellen kleine, weisse, bald sich violett färbende Köpfchen mit ziemlich langem Stiele hervorkommen: der Pilz: Claviceps purpurea, dessen Sporen in der Blüthe verschiedener Pflanzen zu Mutterkornbildung Anlass geben können. Als solche Pflanzen, auf welchen man Mutterkorn finden kann, sind aus der Familie der Gramineen zu nennen: Agrostis, Aira, Alopecurus, Anthoxanthum, Avena, Bromus secalinus, Festuca, Holcus, Hordeum vulgare, Lolium perenne, temulentum, Nardus, Phleum, Secale cereale, Triticum, Zea Mays u. a. m.; ferner auf Cyperus- und Carex-species.

Das Mutterkorn war Gegenstand zahlreicher chemischer Untersuchungen. Das Ergotin von *Wiggers* enthält die in Wasser und Aether unlöslichen, in Alkohol löslichen Theile von Secale cornutum, das *Bonjean*'sche Ergotin, als Extractum secalis cornuti officinell, dagegen die im Wasser löslichen Theile; beide Präparate sind keine reinen Körper. Dasselbe ist der Fall bei den von *Wenzell* dargestellten basischen Substanzen: Ecbolin und Ergotin. — Schon *Wernich*, später *Zweifel* hatten einen sehr wirksamen Körper isolirt, den sie für eine Säure ausgaben, doch erst *Dragendorff* und *Podwissotzky* gelang es 1876 aus dem Mutterkorn den wirksamen Bestandtheil im reinen Zustande abzuscheiden; es ist dies

---

[1]) Abbild.: *Berg* und *Schmidt* XXXII. c.

die Sclerotinsäure: $C_{12}H_{19}NO_9$, ein fast geruch- und ge-
schmackloses, hygroskopisches, aber nicht zerfliessliches, in Wasser
leicht lösliches Pulver, dessen Lösung schwach sauer reagirt: sie findet
sich im Mutterkorn an Kalium, Kalk etc. gebunden. Daneben findet
sich als zweiter, wirksamer Bestandtheil das
  Scleromucin; dasselbe ist eine durchaus colloidale, wenig hygroskopische, gummiartige Masse, ohne Geschmack und Geruch, in Wasser
löslich, daraus schon durch verdünnten Alkohol fällbar.
  Ausser diesen beiden Stoffen isolirte *Dragendorff* noch Sclero-
jodin, Scleroxanthin, Sclerokrystallin und Sclererythrin; aus
letzterem wurde später noch die Fuscosclerotinsäure und eine
äusserst giftige, basische Substanz: das Pikrosclerotin abgeschieden.
— Auch *Tanret* hat aus dem Mutterkorn ein Alkaloïd isolirt: das Ergotinin, eine schwammige, gelbliche Masse, welche aus Alkohol krystallisirt erhalten werden kann, in Wasser unlöslich, in Aether und
Chloroform leicht löslich ist, deren Lösungen stark fluoresciren; mit
Schwefelsäure wird das Alkaloïd rothgelb, später tiefviolettblau gefärbt.
Auch dieses Alkaloïd wirkt giftig auf Thiere ein.
  Noch ein, allerdings dem Mutterkorn nicht eigenthümlicher Bestandtheil muss hier erwähnt werden: das Fett, zu 30—33 % in demselben enthalten, dessen Oxydation jedenfalls die Ursache der Zersetzung der wirksamen Bestandtheile des Mutterkorns ist. Das Mutterkorn behält seine Wirkung nur kurze Zeit und soll dasselbe deshalb
jedes Jahr frisch eingesammelt werden. Man wird diese leichte Zersetzung, wie schon *Ficinus* andeutete, durch Entfetten des Pulvers mit
Aether verhindern können (*Dragendorff*). Andernfalls sinkt beim Aufbewahren der Fettgehalt auf 20—22 %, zugleich der Gehalt an Sclerotinsäure von 5,89—6,56 % auf 3 %, während die Menge des Sclero-
mucins von 0,64—0,79 % auf 3 %, die des Wassers von 4,4—4,8 % auf
9,64 % ansteigt. Der Ergotiningehalt beträgt c. 0,12 % (*Tanret*).

Die acute Mutterkornvergiftung.

  Die acut verlaufende Mutterkornvergiftung, veranlasst durch die
einmalige oder öftere Einfuhr grosser Mengen des Giftes, kam nur
sehr selten zur Beobachtung; aus den letzten Jahren sind keine hierher gehörigen Fälle berichtet. — Intoxicationen der Art wurden hervorgerufen bei der therapeutischen Verwendung zu grosser Dosen des
Mittels, sowie bei der Benutzung des Mutterkorns als Abortivum. —
Ueber die Mengen, welche zur Hervorrufung der Vergiftung nothwendig, sind wir nur schlecht unterrichtet. *Hasselt*, sowie *Husemann*
halten eine Menge von mindestens 7,5 g für toxisch wirkend. Die
Pharmacopoea germanica bestimmt weder für Secale cornutum, noch
für das officinelle Extract Maximaldosen; von dem Pulver macht man
in Dosen von 0,5—1 g, von der Sclerotinsäure (subcutan) zu 0,03—0,045 g
bis zu 0,6 g (*Stumpf*) Gebrauch.

Symptome der Vergiftung.

  Die Vergiftung beginnt meist mit Aufstossen, Speichelfluss und
Trockenheit im Halse, Uebelkeit, Würgen und Erbrechen, Kolik-
schmerzen und Durchfällen: es treten im weiteren Verlaufe auf: Schwindel,
Kopfschmerz, Störungen des Sehens und Veränderung der Pupillen-

weite (Mydriasis oder Myosis), Schwäche der Glieder, Verlangsamung des Pulses, Delirien, Betäubung, Harnverhaltung, Coma.

Behandlung der Vergiftung.

Die Hauptaufgabe ist, das Gift aus dem Körper zu entfernen, was bei Application in den Magen leicht durch Brech- und Abführmittel, sowie durch Ausspülung erreicht werden kann. Zu letzterer kann man von Tannin-haltigen Flüssigkeiten Gebrauch machen, zumal da die Sclerotinsäure mit diesem Niederschläge gibt. — Gegen die Vergiftungserscheinungen hat man symptomatisch von Excitantien etc. Gebrauch zu machen. *v. Böck* macht noch besonders auf das Amylnitrit aufmerksam (*Schüller* gelang es nicht, die durch grosse Ergotinmengen verengten Gefässe durch Amylnitrit zu erweitern).

Experimentaluntersuchungen.

Zahlreiche Untersuchungen sind mit den verschiedensten Mutterkornpräparaten angestellt worden. Mit der Sclerotinsäure resp. deren Natriumsalz hat unter *Rossbach's* Leitung *Nikitin* gearbeitet. Die Resultate dieser Untersuchungen sind folgende: Kaltblüter sind gegen Sclerotinsäure sehr empfindlich, von Warmblütern die Fleischfresser mehr als die Pflanzenfresser. Die Wirkung des Giftes ist besonders auf das Centralnervensystem gerichtet; die Reflexerregbarkeit wird bei Fröschen herabgesetzt bis zur vollständigen Lähmung; bei Warmblütern bleibt dieselbe, ebenfalls herabgesetzt, bis zu dem Tode des Thieres nachweisbar. — Die peripheren Endigungen der sensiblen Nerven werden bei directer Einwirkung gelähmt, bei allgemeiner Vergiftung bleiben sie intact; letzteres gilt auch bezüglich der Erregbarkeit der motorischen Nerven, sowie der quergestreiften Muskeln. — Die Thätigkeit des Herzens wird nur bei Fröschen herabgesetzt; bei Warmblütern bleibt dieselbe unverändert, der Blutdruck sinkt. — Auch die Temperatur fällt ab, die Athembewegungen werden verlangsamt und hören früher auf als die Herzthätigkeit. Die Peristaltik wird beschleunigt, der Uterus sowohl im trächtigen, wie nicht trächtigen Zustande zu Contractionen angeregt, vorhandene Contractionen aber verstärkt. — Die blutstillende Wirkung der Sclerotinsäure bei Lungenblutungen kann durch Sinken des Blutdrucks erklärt werden: dagegen ist die blutstillende Wirkung bei Darm- und besonders bei Uterusblutungen auf ein anderes Moment, die Anämie zurückzuführen, welche nach der Einspritzung der Sclerotinsäure stets in Folge einer Gefässverengerung in diesen Organen eintritt. — Der Sclerotinsäuretod bei Warmblütern ist bedingt durch endliche Respirationslähmung. Auf die im Uterus enthaltenen Früchte äussert das Gift keine schädliche Wirkung. — Für einen erwachsenen Menschen von 50 kg Gewicht würde sich (unter allem Vorbehalt) die tödtliche Gabe etwa auf 10 g Sclerotinsäure berechnen (*Nikitin*). — Diese Säure besitzt alle physiologischen und therapeutischen Wirkungen des Mutterkorns. — Untersuchungen, welche *Stumpf* an Kranken angestellt, sprechen ebenfalls für die therapeutische Verwendung der Sclerotinsäure; dagegen fand *Kobert*, dass „bei Patienten mit continuirlichen, spärlichen Blutungen nach 1—2—8tägiger Anwendung nicht die geringste Besserung eintrat, wohl aber dann, wenn sie ein Secale-Decoct erhielten. Es ist demnach doch wahrscheinlich, dass die Sclerotinsäure nicht das einzige, wirksame Princip des Mutterkorns ist" (*Kobert*). — Als weitere wirksame Stoffe ist an das Scleromucin, sowie an die basischen Bestandtheile des Mutterkorns, das Pikrosclerotin, sowie das Ergotinin zu denken; auch diese Stoffe wirken giftig.

Die chronische Mutterkornvergiftung.

Diese Art der Vergiftung hatte in früherer Zeit eine grössere Bedeutung als jetzt. Sie entstand, und kommen vereinzelte Fälle derselben auch jetzt noch vor, durch die fortgesetzte, dauernde Einfuhr kleinerer, resp. grösserer Mengen von Mutterkorn. Die Möglichkeit hierzu war namentlich in früheren Jahrhunderten in umfangreicher Weise gegeben und haben dem entsprechend bedeutende, über grössere Länderstrecken ausgebreitete Epidemien geherrscht. — Lange Zeit war man über die Ursache dieser Erkrankungen im Zweifel; wohl hielt man mehr und mehr daran fest, dass die Krankheitsursache in der von den Erkrankten genossenen, aus dem Getreide dargestellten Nahrung liegen müsse, doch brachte erst *Thuillier* 1630 die von ihm in der Sologne beobachtete Epidemie mit dem in dem Getreide enthaltenen Mutterkorn in genetischen Zusammenhang. Seitdem hat man oft genug Gelegenheit gehabt, sich von der Richtigkeit dieser Anschauung zu überzeugen: die beschriebenen Epidemien waren chronische Mutterkornvergiftungen.

Diese Erkrankungen, in zahlreichen Epidemien im Herbst, kurz nach der Ernte beginnend und bis zum nächsten Jahr, hin und wieder über mehrere Jahre sich ausdehnend, haben in früheren Jahrhunderten gradezu verheerend unter den Bewohnern ganzer Provinzen und Länder gewüthet; tausende von Menschen sind durch die Krankheit hinweggerafft worden. Seitdem man die Ursache der Erkrankung kennt, hat man sich gegen dieselbe auch zu schützen gewusst und ist wohl mit in Folge dessen die Häufigkeit dieser Erkrankung ganz bedeutend herabgesetzt; verschwunden ist dieselbe aber noch immer nicht. Noch im laufenden Jahrhundert kamen auch in Deutschland Epidemien vor, welche sich allerdings meist auf Dörfer beschränkten, Erkrankungen unter den Bewohnern eines einzelnen Hauses (Mühle etc.), bei den Mitgliedern einer einzigen Familie etc. Fälle letzterer Art wurden noch in der allerneuesten Zeit beobachtet.

Genaue Angaben über die Mortalität liegen nur für wenige Epidemien vor; in früherer Zeit scheint die Sterblichkeit grösser gewesen zu sein (Angaben über 60—90 %) als in der Neuzeit (6—10 %). — So starben in der von *Taube* berichteten Epidemie (1770) von 600 Kranken: 97 (16 %), nach *Husemann* (1855) von 30 Erkrankten: 7 (23,3 %), nach *Heusinger* von 102: 12, nach *Griepenkerl* von 155: 25 (16 %), nach *Meyr* von 283: 98 (34,6 %). Der Erkrankung (Kriebelkrankheit) erlagen vorzugsweise die Vergifteten jugendlichen Alters; Säuglinge scheinen jedoch nicht befallen zu werden. Die 97 Todesfälle *Taube*'s vertheilen sich, dem Alter nach, zu 41 auf das 2. bis 10. Lebensjahr, zu 15 auf das 10.—20., zu 14 auf das 20.—30. Jahr. In ähnlicher Weise vertheilen sich auch die Erkrankungen auf das verschiedene Alter; von *Heusinger*'s 102 Erkrankten waren 32 unter 10, 25 zwischen 10 und 20 Jahren alt; unter den Gestorbenen befand sich nur eine Erwachsene; 58 % der Erkrankten waren weiblichen Geschlechts.

Entsprechend den Symptomen, welche bei den durch Mutterkorn Vergifteten beobachtet wurden, pflegt man 2 verschiedene Formen der chronischen Mutterkornvergiftung, des Ergotismus chronicus zu unterscheiden; dieselben, hin und wieder während derselben Epidemie neben einander vorkommend, zum Beweis, dass sie beide auf dieselbe Ursache zurückgeführt werden müssen, vertheilten sich auf die in frühern Jahrhunderten von solchen Epidemien heimgesuchten Länder derart, dass die eine Form, der Ergotismus gangraenosus vorzugsweise in Frankreich, England und der Schweiz, die andere Form, der Ergotismus convulsivus vorzugsweise in Deutschland, Schweden und Russland zur Ausbildung kam. Die Frage, wie es kommt, dass dasselbe Gift in der einen Epidemie vorzugsweise die eine Form, in einer andern vorzugsweise die zweite Form hervorzurufen pflegt, ist noch nicht endgültig beantwortet; man nimmt meist an, dass diese Unterschiede der Symptomatologie zurückzuführen seien auf den grösseren resp. geringeren Giftgehalt der Nahrung. So wurden Epidemien von Ergotismus spasmodicus beobachtet, hervorgerufen durch den Genuss von Brod etc., dem $^1/_{16}$ — $^1/_8$ Mutterkorn beigemengt war, während die Giftmenge, welche die brandige Form veranlasste, auf $^1/_4$, ja auf $^1/_3$ der Nahrung geschätzt wurde.

Die Symptome der chronischen Vergiftung.

1) Ergotismus convulsivus s. spasmodicus, Kriebelkrankheit.

Fälle dieser Form sind noch in der allerjüngsten Zeit zur Beobachtung gekommen. — Als erste Symptome dieser Vergiftungsform, oft schon wenige (4) Tage nach Beginn des Genusses von Mutterkornhaltigem Brod eintretend, werden, ausser Schwindel, Flimmern vor den Augen und Ohrensausen, namentlich ein kriebelndes Gefühl, Pelzigsein und vollkommene Anästhesie der Finger und Zehen, später der Extremitäten, des Rumpfes, der Zunge gemeldet. Daneben stellen sich Durchfälle ein, Erbrechen, Koliken, unersättlicher Heisshunger, sowie gesteigerter Durst. — Dauert die Zufuhr des Giftes fort, so steigern sich die Symptome, es treten weiter Zuckungen der verschiedensten Muskeln auf, schmerzhaftes Ziehen im Rücken, heftige, schmerzhafte, tonisch-spasmodische Contractionen der Muskeln, besonders der Flexoren. Diese Contractionen, welche Stunden lang andauern, können durch die Kraft der Hände überwunden werden, sie können bis zu ausgesprochenem Tetanus gesteigert werden; nach kürzerer resp. längerer Dauer lassen die Contractionen nach, um nach einer 2—24 Stunden langen Pause sich wieder einzustellen. Dazu treten ferner Erweiterung der Pupillen, Störungen im Sehvermögen als Photophobie, Chromatopsie, selbst Amblyopie und Amaurose, Schwindel, kataleptische und epileptische Zufälle, Tobsucht, Blödsinn. Die Haut der Patienten ist gelb resp. erdfahl, meist, namentlich während der sehr schmerzhaften Krampfanfälle, mit kalten Schweissen bedeckt; hin und wieder fand man vesiculöse und pustulöse Ausschläge, sowie Furunkeln. — Die Dauer der Erkrankung ist sehr verschieden; der Tod erfolgte in einzelnen Fällen schon nach wenigen Tagen (am 3. Tage der Erkrankung; *Flinzer*), in andern erst nach 4—8—12 Wochen und zwar entweder unter Convulsionen oder durch Erschöpfung. In nicht letal endenden Fällen bleiben oft Schwäche, Zittern der Muskeln, Contracturen resp. Lähmungen, Linsenstaar (*Meyr*), Amaurose, ja selbst Blödsinn zurück. — Zu erwähnen ist noch, dass sich bei einzelnen Fällen des Ergotismus spasmodicus Brandblasen an den Fingern bildeten, brandige Abstossung von Fingergliedern erfolgte. Diese Erscheinungen deuten auf die 2. Form der chronischen Mutterkornvergiftung:

2) Ergotismus gangraenosus, Mutterkornbrand.

Diese Form der Erkrankung, auch als Ignis sacer, Ignis Sti Antonii u. a. m. beschrieben, beginnt mit ähnlichen Störungen, wie die Kriebelkrankheit, speciell mit Kriebeln, Schwindel etc.; auch Contracturen können sich einstellen. Dieses erste Stadium der Erkrankung dauert verschieden lang, 2—7—14—21 Tage; alsdann tritt an einzelnen Körperstellen der Brand hinzu. Am häufigsten an den Zehen und Füssen, seltener an den Fingern und Händen, noch seltener an der Nase etc. entwickelt sich mehr weniger rasch der Brand, welchem zunächst in dem betroffenen Körpertheile ein anfangs dumpfer, später heftig schneidender Schmerz, Gefühl von Pelzigsein etc. vorausgeht; zugleich schwillt das Glied an, die Haut zeigt eine erysipelatöse Röthe, fühlt sich dabei aber eiskalt an. Schliesslich verfallen die Theile dem trocknen resp. feuchten Brand; ersteren beobachtete man in der grossen Mehrzahl der Fälle. Die mumificirten Theile sind von den gesunden meist durch eine feuchte Demarcationslinie getrennt. Verjauchen die Theile, so stellt sich dem entsprechend Fieber ein, welches mit dem Stillstand des Brandes endet; durch Pyämie können die Patienten schnell zu Grunde gehen. In andern Fällen gingen die Vergifteten unter zunehmender Adynamie, Delirien und Coma zu Grunde. — Trat Genesung ein, so blieben Verstümmelungen der Glieder, Atrophien resp. Lähmungen oft zurück.

Leichenbefund.

Nur wenige zuverlässige Angaben finden wir in der Literatur vor. Darnach sollen die der chronischen Mutterkornvergiftung erlegenen Körper rasch verwesen und dem entsprechend die Leichen einen unerträglichen Geruch verbreiten. Weiter finden wir erwähnt flüssiges dunkles Blut, die Zeichen des Magendarmkatarrhs, der allgemeinen Anämie etc. Die zu den vom Brand befallenen Gliedern führenden Gefässe werden theils für gesund (*Bonjean*), theils für entzündet (*Barrier*) erklärt.

Behandlung der chronischen Vergiftung.

Sind bei einem Menschen die Zeichen dieser Intoxication eingetreten, so wird man in erster Linie die weitere Zufuhr des Giftes zu verhindern bestrebt sein, indem man statt der aus dem schädlichen Getreide dargestellten Nahrungsstoffe Fleisch, Milch, Eier u. a. m. geniessen lässt. Daneben ist Sorge zu tragen, das in den Körper eingeführte Gift daraus zu entfernen, zu welchem Zwecke von Abführmitteln, von diuretisch und diaphoretisch wirkenden Stoffen Gebrauch zu machen ist. Gegen die übrigen Vergiftungserscheinungen verfahre

man symptomatisch (gegen Durchfälle und Schmerzen: Opium etc.;
gegen das Kriebeln: warme Bäder; gegen die Krämpfe: Zinkpräparate etc.;
gegen die schmerzhaften Contracturen: feste Verbände; bei erysipela-
töser Röthe: warme Umschläge, warme Localbäder etc.; bei bestehendem Brand: Chinin, Mineralsäuren u. a. m.). — Besonders wichtig
ist es natürlich, das Auftreten der chronischen Mutterkornvergiftung
zu verhüten, was durch zweckmässig auszuführendes Reinigen des Ge-
treides, durch Verbot Mutterkorn-haltiges Getreide zu mahlen etc.
wohl erreicht werden kann.

Nachweis des Mutterkorns.

Der Nachweis einer Vergiftung durch Mutterkorn kann, nach
unseren jetzigen Kenntnissen, nur dann mit Aussicht auf Erfolg versucht werden, wenn die Mutterkorn-haltige Nahrung zur Untersuchung
vorliegt. Das dem Getreide beigemischte Mutterkorn ist leicht als
solches nachzuweisen. Ebenso hält es nicht schwer, grössere Mengen
des Giftes in dem Mehl mit Sicherheit zu erkennen. — Von den verschiedenen Methoden, welche angegeben sind, um das Mutterkorn in
dem Mehl nachzuweisen, erwähnen wir hier die von *Hoffmann-Kandel*
angegebene: Man nimmt 10 g Mehl, 15 g Aether und 10 Tropfen
verdünnte (1 : 5) Schwefelsäure, lässt unter öfterem Umschütteln ¹⁄₂
Stunde stehen, bringt auf ein Filter, wäscht mit Aether nach, bis das
Filtrat 10 g beträgt; letzteres wird nun mit 5 Tropfen einer gesättigten,
wässrigen Lösung von Natriumbicarbonat versetzt, geschüttelt und
hingestellt: nach c. 1 Minute scheidet sich die wässrige Lösung am
Boden des Gefässes ab; sie ist, war Chlorophyll im Mehl, kaum gelblich
gefärbt, bei Gegenwart von Mutterkorn aber violett. Mit Hülfe dieser
Methode konnte noch 0,03—0,1% Mutterkorn nachgewiesen werden;
auch gelang der Nachweis in vielen Mehlsorten des Handels. Der Farbstoff (Sclererythrin) kann auch spectroskopisch nachgewiesen werden;
derselbe liefert, in saurer Lösung untersucht, 3 deutliche Absorptionsstreifen, 2 davon im Grün, einen schwächern im Blau. — Aus dem
Brod ist der roth färbende Bestandtheil des Mutterkorns nicht mehr
auszuziehen (*Dragendorff*). Nach *Hoffmann-Kandel* kann nach seiner
Methode (30 g gröblich zerriebene, nicht getrocknete Brodkrume, 40 g
Aether, 20 Tropfen Schwefelsäure) noch 0,1—0,2% Mutterkorn aufgefunden werden, nur muss man mindestens 24 Stunden lang unter
öfterem Umschütteln stehen lassen. — *Schmid* gelang der Nachweis
des Mutterkorns im Brode mit Hülfe des Mikroskops; man findet so
die dem Mutterkorn angehörigen kleinen, fettes Oel als Tröpfchen
enthaltenden, stumpf 4—6eckigen Zellen, welche durch Schwefelsäure
und Jod nicht gebläut werden. Auch *Emmerling* gelang der Nachweis
des Mutterkorns im Brod mit Hülfe des Mikroskops, während die
chemische Untersuchung ein negatives Resultat lieferte.

53. Mezereïn.

Daphne Mezereum *L.*, der gemeine Seidelbast¹) (Fam.
Thymelaeaceae), findet sich in schattigen Laubwäldern, hin und wieder

---

¹) Abbild.: *Berg* und *Schmidt* XII. b.

auch in Gärten cultivirt. — Bis 75 cm hoher, ästiger Strauch, mit runzeliger, gelblich-brauner Rinde, lanzettförmigen Blättern, purpurrothen, betäubend riechenden, in Trugdolden vereinigten Blüthen, rundlichen, kurz gestielten, scharlachrothen, mit saftigem Fleische versehenen Beeren.

Die wirksamen Bestandtheile dieses Strauches sind nicht genau bekannt. *Buchheim* isolirte aus dem Aetherextract der Seidelbastrinde ein gelbbraunes, glänzendes Harz, welches, in Alkohol und Aether leicht löslich, die eigenthümliche, blasenziehende Wirkung besitzt, sich durch Einwirkung von Kalilösung in eine Säure, die Mezereïnsäure, verwandelt. Das scharfe Harz: Mezereïn, ist das Anhydrid dieser Säure. — Aus den Beeren stellte *Casselmann* das Coccognin dar und 2 Harze, von welchen das eine in Aether, das andere in Alkohol löslich ist; letzteres wirkt hautreizend.

Vergiftungen durch Theile des Seidelbastes werden selten gemeldet. Nur wenige Berichte liegen vor. Meist waren es die Beeren, welche als Hausmittel gegen Verstopfung, Bandwürmer, kaltes Fieber etc. genommen, Erkrankung und Tod veranlassten; seltner führten die giftigen Beeren, von Kindern aus Unkenntniss genossen, die Krankheit herbei. Nach *Linné* starb ein Mädchen nach Genuss von 12 Beeren.

Die Symptome der Vergiftung, schon nach Genuss von 3 Beeren auftretend (*Schroff*), sind starkes Brennen im Munde, Gastroënteritis, Erbrechen, Durchfälle, Schwindel, Narkose, Convulsionen und Tod. — Behandlung: symptomatisch.

54. Santonin.

Der Wurmsamen, Zittwersamen, Anthodia, Flores resp. Semen Cinae, besteht aus 3 mm grossen, länglich prismatischen, kahlen, grünlich, gelblich resp. bräunlich gefärbten Blüthenkörbchen, deren Hüllkelch aus 12—18 dachziegelförmig gestellten, gekielten, mit goldgelben Drüsen besetzten Blättchen besteht; eingeschlossen sind 3—5, auf nacktem Boden stehende Blüthenknospen. Sie haben einen eigenthümlichen, widerlichen Geruch und Geschmack.

Die Stammpflanze dieser Drogen, ein Halbstrauch der Section Seriphidium (Fam. Compositae) (nur die sogenannte levantische Cina ist officinell), ist bis jetzt noch nicht bekannt. *Willkomm* hat eine Artemisia-species, von *Berg* mit dem Namen Artemisia Cina[1]) belegt, beschrieben und für die Mutterpflanze der officinellen Droge erklärt. Im Handel kamen aber auch Drogen vor, welche auf andere Species, z. B. auf Artemisia pauciflora, monogyna und Lercheana zurückzuführen sind. — Die Heimath der Stammpflanze ist die Kirgisensteppe nördlich von Turkestan, zwischen dem Aral- und Balchaschsee; von hier gelangt die Droge über Nischnei-Nowgorod in den Handel.

Der Wurmsamen enthält nach *Dragendorff* 2,03—2,13 % Santonin, ausserdem c. 2,25 % ätherisches Oel und c. 3 % Fett und Harz.

Das Santonin: $C_{15}H_{18}O_3$, wurde 1830 gleichzeitig von *Kahler* und *Alms* aus dem Wurmsamen dargestellt. Dasselbe bildet farblose,

---

[1]) Abbild.: *Berg* und *Schmidt* XXIX. c.

rhombische Tafeln, welche bei 170,°5 (*Leroy*) schmelzen, in kaltem
Wasser kaum löslich, sich in 250 Th. heissem Wasser, in 3 Th.
kochendem Alkohol, in 42 Th. kochendem Aether lösen. Dem Lichte
ausgesetzt, wird das Santonin schnell gelb (Photosantonsäure). —
Das Santonin ist das Anhydrid der Santoninsäure: $C_{15}H_{20}O_4$. In
Alkalien löst es sich unter Bildung von santoninsauren Salzen,
von welchen officinell ist das santonsaure Natrium: $C_{15}H_{19}NaO_4$
$+ 3^{1}/_{2}H_{2}O$: grosse, farblose, rhombische Krystalle, welche sich schon
in 3 Th. kaltem Wasser lösen.

Vergiftungen durch Santonin und Santonin-haltige Präparate
sind bis jetzt nur in kleiner Zahl berichtet; ich finde in der Literatur
Angaben über 18 hier zu berücksichtigende Vergiftungen. — Zur Ausführung eines Giftmords resp. zur Selbstvergiftung hat das Santonin
bis jetzt nicht gedient. Die beobachteten Vergiftungen sind durchweg
als medicinale zu bezeichnen, hervorgerufen durch die therapeutische
Verwendung zu grosser Dosen der benutzten Präparate zwecks Entfernung, Abtreibung von Spulwürmern (Ascariden). Mehrere dieser
Vergiftungen wurden in der Weise veranlasst, dass das Wurmmittel
ohne Verordnung eines Arztes gegeben wurde; andere kamen zu Stande,
indem kleine Kinder die Wurmkügelchen „naschten“ und sich so selbst
vergifteten. — Die Vergifteten waren, mit einer Ausnahme, Kinder
im Alter von 2—12 Jahren. In 5 Fällen waren die Flores Cinae, in
13 Fällen das Santonin, theils (6) als Pulver, theils (7) in Form der
Trochisci zur Anwendung gekommen. — Von den 18 Vergifteten
starben 2 (c. 11%); wegen dieser geringen Zahl ist die tödtlich
wirkende Menge nicht zu bestimmen. In dem von *Grimm* beobachteten Falle starb ein $5^{1}/_{2}$ Jahr alter Knabe c. 15 Stunden nach
der Einnahme von 0,12 g Santonin; *v. Linstow* berichtet, dass ein
10jähriges Mädchen nach Genuss von 10 g Flores Cinae (c. 0,2 g
Santonin entsprechend) nach 48 Stunden zu Grunde gegangen sei.
In andern Fällen haben Santoninmengen von 0,1 (*Binz*), von 0,2
(*Berg*), von 0,3 (*Farquharson*), von 0,36 (*Snyders*) wohl mehr weniger
heftige Vergiftungen hervorgerufen, doch sind die Kinder bei passender Behandlung in kurzer Zeit wieder hergestellt worden. — Die
Pharmacopoea germanica führt als Maximaldosen auf für Santonin:
0,1 g pro dosi, 0,5 g pro die. Die Flores Cinae und das ebenfalls
officinelle Extractum Cinae werden nicht aufgeführt.

Symptome der Vergiftung.

Werden kleine Mengen Santonin als Arznei gebraucht, so zeigt
schon nach kurzer Zeit der entleerte Urin eine stärker gelbe (citronengelbe, safrangelbe) Farbe, welche durch Zusatz von Alkalien in Purpurroth übergeht (die Farbe schwindet bald wieder, wenn die Reaction
nur unbedeutend war). Die Dauer dieser Farbenänderung des Urins
hängt von der eingeführten Dosis ab, doch hält sich dieselbe im Allgemeinen über 24 bis zu 60 Stunden. Auch die Urinmenge soll vermehrt sein.

Das erste Symptom der Vergiftung, welches bei der therapeutischen Benutzung des Santonins schon unzählige Male beobachtet
wurde, ist eine eigenthümliche Störung der Farbenempfindung, welche
man gewöhnlich als Gelbsehen (Xanthopsie) bezeichnet findet.

Schon nach Dosen von 0,05 (bei Kindern) bis 0,3 g (bei Erwachsenen) stellen sich diese Wirkungen ein; oft geht dem Gelbsehen ein Blau- resp. Violettsehen voraus, um jedoch bald wieder zu schwinden. Jetzt erscheinen alle weissen Gegenstände gelb, blaue: grünlich gefärbt; die violette Farbe wird nicht mehr empfunden und ist das Spectrum dem entsprechend verkürzt, es besteht Violettblindheit. Nach grösseren Giftmengen erscheinen schliesslich alle Farben undeutlich. — Dieses Farbensehen tritt schon bald nach der Einnahme der Giftmenge ein, verschwindet aber auch wieder schnell, längstens in 24 Stunden.

Neben dem Gelbsehen besteht oft etwas Benommenheit des Kopfes, auch sind hin und wieder noch Hallucinationen des Geruchs (z. B. nach faulendem Urin; *Eckman*) und Geschmacks beobachtet worden. — Grössere Dosen rufen dann noch andere Vergiftungs- erscheinungen hervor. Als solche sind zu nennen: Schwindel, Kopf- schmerzen, Uebelkeit und oft sich wiederholendes, selbst heftiges Er- brechen, Kolikschmerzen, Zuckungen (klonische Krämpfe) einzelner Muskeln, besonders des Gesichts, sich mehr und mehr über den Körper ausbreitend, sich steigernd zu allgemeinen Convulsionen mit Trismus, selbst Opisthotonus. Dabei bestehen meist Bewusstlosigkeit, die Pupillen sind weit, gegen Licht kaum reagirend, die Respiration ist gestört, es tritt Collaps ein und Tod durch Stillstand der Respiration (Asphyxie). — *Sieveking* beobachtete Urticaria ähnliches Exanthem in dem ge- schwollenen Gesichte und am Rumpfe.

Experimentaluntersuchungen.

Zahlreiche Untersuchungen an Menschen sind angestellt worden, um die Ursache des Gelbsehens nach Santoningebrauch aufzuklären. Man nimmt jetzt an, dass es sich um eine Wirkung des Giftes auf die violett-empfindenden Nervenfasern handelt *(Helmholtz, Hüfner)*; diese Fasern werden durch das Santonin erregt (Violettsehen), sie er- müden dann aber schnell und stellt sich nun (in Folge von Violett- blindheit) Gelbsehen ein. — Durch Untersuchungen von *Falck-Manns* u. A. ist die Giftigkeit des Santonins für Thiere festgestellt worden. *Binz-Becker* fanden, dass bei Fröschen zunächst allgemeine Erschlaffung, Stillstand der Athmung eintritt; später entstehen Krämpfe, welche sowohl spontan, als auch auf äussere Reize auftreten; die Krämpfe werden durch Abtrennung des Rückenmarks von der Medulla auf- gehoben. Schliesslich tritt allgemeine Lähmung ein, das Herz bleibt in Diastole still stehen. — Die Vergiftung des Warmblüter hat Aehn- lichkeit mit der des Menschen. Kaninchen fangen plötzlich zu zittern an, es stellt sich ein: Zähneknirschen, Contractur einer Gesichtshälfte, Rollen der Bulbi, Nicken und Drehen des Kopfes, Opisthotonus, all- gemeine Krämpfe, Athmungsstillstand. Auf den Blutdruck hat das Santonin keinen Einfluss. Das Santonin wirkt zunächst auf den 2. bis 7. Hirnnerven, das Mittelhirn und wird später erst die Medulla er- griffen (*Binz*).

Behandlung der Vergiftung.

Entleerung des Giftes aus dem Körper durch Brechmittel, wenn Erbrechen noch nicht stattgefunden, und Abführmittel resp. reizende Klystiere; Unterhaltung der stockenden Respiration auf künstlichem

Wege. Durch die Untersuchungen von *Binz* ist dargethan, dass die
Krämpfe durch Aether- (auch Chloroform-) Einathmungen unterdrückt werden können. „Die Inhalation hätte zu beginnen, sobald
die ersten, leisesten Zuckungen sich zeigen. Wird das Athmen erst
unregelmässig und spärlich, so lässt sich ein Abschneiden des Anfalls
schwerlich mehr erreichen.‟ Auch Chloral dürfte über die Vergiftung
allmälig hinüberhelfen, nachdem der erste Anlauf der Krämpfe durch
Aether unterdrückt ist. Unausgesetzte Bewachung des Patienten für
mehrere Tage ist erforderlich (*Binz*).

Der Nachweis der Vergiftung.

Das Santonin wird, entsprechend seiner Schwerlöslichkeit nur
langsam resorbirt, schneller das santonsaure Natrium. Ein Theil des
als Pulver eingenommenen Santonin wird mit den Fäces wieder entleert. Die Veränderungen, welche der Harn während des Santonin-
gebrauchs erfährt, sind für den Nachweis wichtig. Die Färbung lässt
sich von der ähnlichen durch Rheum hervorgerufenen dadurch unterscheiden, dass bei dem Rheumharn der Farbstoff durch Zusatz von
Barytwasser oder Kalkmilch aus dem Urin gefüllt wird (farbloses
Filtrat), der Santoninfarbstoff nicht (*Munk*). — Aus Untersuchungsobjecten wird das Santonin durch Ausschütteln der wässerigen sauren
Lösung mit Benzin (S. 46) erhalten.

55. Cantharidin.

Der Pflasterkäfer oder die spanische Fliege: Lytta
vesicatoria *Fabricius* (Hexapoda, Coleoptera), kommt in grosser
Menge in Spanien, Sicilien etc. vor, findet sich aber auch in Deutschland im Mai und Juni auf Eschen, Hollunder, Jasmin. — Ein 15—30 mm
langer, 4—7 mm breiter, goldgrüner, glänzender Käfer mit grünen,
hornartigen Flügeldecken, braunen häutigen Flügeln, schwarzen, faden-
förmigen Fühlhörnern. Mund mit 2 einfachen, bogenförmigen Mandibeln versehen.

Die Käfer, Canthariden, kommen ganz in dem Handel vor;
sie dienen als Arzneimittel in Form von Pulver, Tinctur, Pflaster,
Salbe und Collodium.

Robiquet isolirte 1812 aus den spanischen Fliegen einen Körper:
Cantharidin genannt, welcher der wirksame, giftige Bestandtheil dieses
Käfers, sowie verwandter Insecten (Mylabris- und Meloë-species) ist.

Das Cantharidin: $C_{10}H_{12}O_4$, dargestellt durch Ausziehen des
mit Petroläther entfetteten, mit Magnesia gemischten, mit Chloroform
durchdrängten Pulvers mit Aether, bildet farblose, 4seitige Prismen oder
Tafeln, welche bei 210° erweichen, bei 218° schmelzen, in Wasser
sich nicht lösen, wohl aber in Alkohol, Aether, Chloroform. Es ist
ein beständiger, der aromatischen Reihe zugehöriger Körper, welcher
durch Einwirken von Basen mit diesen gut charakterisirte Salze liefert.
Das Cantharidin ist das Anhydrid der Cantharidinsäure (*Dragendorff*).

Die Canthariden enthalten c. 0,35 % Cantharidin (*Rennard* fand
in verschiedenen Sorten 0,380—0,570 %). *Ferrer* fand in Flügel und
Flügeldecken 0,082 %, in Kopf und Antennen 0,088, in den Beinen
0,091, im Thorax und Hinterleib 0,240, im ganzen Käfer: 0,278 %.

In Lytta aspera fand *Wolff:* 0,815%, *Ferrer* in Mylabris Cichorei: 0,1%, in M. punctum: 0,193, in M. pustulata: 0,33% Cantharidin.

Vergiftungen durch Canthariden und ihre Präparate sind gar nicht so selten. Waren diese Käfer doch in älterer Zeit ein wesentlicher Bestandtheil der sog. Liebestränke! Heftige Erkrankungen, ja Todesfälle sind in grosser Zahl durch die Wirkung des Cantharidins veranlasst. Die in der zugänglichen Literatur genauer angeführten Vergiftungen (27 Beobachtungen über 49 Erkrankte) machen bezüglich der Veranlassung der Vergiftung, des benutzten Präparates, der angewandten Menge und des Schicksals der Kranken folgende Angaben möglich.

Als Aphrodisiacum wurde von Canthariden 3mal Gebrauch gemacht, als Abortivum 1mal; 4mal dienten sie Selbstmördern, 2mal Giftmördern zur Ausführung ihrer Pläne (nach *Tardieu* waren in Frankreich 1851—71 von 793 forensisch verhandelten Intoxicationen 30 = 3,8% durch Canthariden veranlasst). Als Arzneimittel angewandt, wurde durch spanische Fliegen 5mal (2mal in Folge der Application des Pflasters) schwere Vergiftung veranlasst. Am häufigsten kamen Intoxicationen durch das Mittel zu Stande, indem es mit andern Arznei- resp. Genussmitteln verwechselt wurde; so wurde es benutzt an Stelle von Jalape, Baldrian und Schwefel, als Gewürz an Stelle von Pfeffer (6 Personen) und als Liqueur 3mal (von 4, 7 und 9 Personen). Zur Anwendung kamen 2mal das Cantharidin, 11mal (16 Personen) das Pulver der Canthariden (1mal das von Meloë proscarabaeus und violaceus), 8mal (25 Personen) die Tinctur derselben, 4mal das Pflaster (1 Giftmord), 1mal die Salbe (gegen Krätze statt Schwefelsalbe) und 1mal Collodium cantharidatum (statt Tinct. Valerianae). Es starben von den 49 Personen 11 (22,5%).

Als letale Dosen finden wir verzeichnet: von dem Pulver 1,44 g, c. 2 g, 7,5 g und 8 g; von der Tinctur 30 und 90 g. In andern Fällen wirkten 3,6 g und 3,75 g Pulver nicht tödtlich. — Als Maximaldosen werden von der *Pharmacopoea germanica* angegeben: Cantharides: 0,05 g pro dosi, 0,15 g pro die; Tinctura Cantharidum: 0,5 g pro dosi, 1,5 pro die.

Symptome der Vergiftung.

Die Symptome, welche durch die Wirkung des Cantharidin hervorgerufen werden, sind je nach der eingeführten Menge, je nach der Applicationsstelle etwas verschieden.

Wirkt das staubförmige Pulver längere Zeit äusserlich ein (bei Arbeitern, welche Canthariden pulvern und durchsieben; *Galippe*), so werden sich Keratitis, Schwellung des Gesichtes, Entzündung der Lippen und Nasenschleimhaut einstellen; auch der Geschlechtstrieb ist gesteigert.

6 Studenten, welche ihre Speisen einige Monate lang statt mit Pfeffer irrthümlich mit Cantharidenpulver gewürzt hatten, verspürten während dieser Zeit nur ganz mässige Schmerzen in der Lenden- und Nierengegend nebst etwas Blasenkrampf; Priapismus war nicht eingetreten (*Tardieu*). Die Patienten genasen. — Der längere Zeit fortgesetzte Gebrauch dieses Giftes kann aber auch zu heftigen Erscheinungen Anlass geben und schliesslich zum Tod führen.

Meist hat man es in der Praxis mit acut verlaufenden Intoxicationen zu thun.

Wird eine grössere Menge innerlich genommen, so kann sofort
heftiges Brennen im Munde und Rachen verspürt werden; seltner wird
erst nach einer, selbst mehreren Stunden der Mensch von den Symptomen
der Intoxication heimgesucht. Die Patienten klagen über Brennen im
Munde, Schmerzen im Magen, Unterleib und der Nierengegend. Es
bilden sich Blasen im Munde, Schlingbeschwerden stellen sich ein und
damit Speichelfluss. Uebelkeit und Erbrechen von schleimigen, auch
blutigen Massen treten ganz constant ein; auch blutige Durchfälle
können sich einstellen. Zugleich klagen die Patienten über Kopfschmerzen und Schwindel, ihr Gesicht ist stark geschwollen, ebenso
die Submaxillardrüsen, ihre Augen stehen vor und sind die Pupillen
oft erweitert. Jetzt tritt Schmerz in der Blase auf, heftiger Harndrang, Strangurie, Entleerung kleiner Mengen eiweisshaltigen, ja
blutigen Urins. In einzelnen Fällen stellt sich Steigerung des Geschlechts-
triebes (Priapismus, Nymphomanie) ein.

Sind nur geringe Mengen des Giftes resorbirt worden, so nehmen
diese Erscheinungen der Reizung des Tractus intestinalis, der Harn-
und Geschlechtsorgane ganz allmälig wieder ab und können Incontin-
nentia urinae und ähnliche Leiden als Folge der Erkrankung zurückbleiben.

In Folge der Wirkung grösserer Dosen steigern sich auch die
Erscheinungen; es kommen Muskelzuckungen hinzu, die sich zu Convulsionen, zu Tetanus verstärken können; die Respiration der collabirt
Daliegenden ist erschwert, Puls verlangsamt und erfolgt der Tod nach
1—5 Tagen.

Die Section zeigt in der Leiche die Zeichen der Entzündung
des Tractus intestinalis: Injection, Ecchymosen, Exsudation (in *Jeffriss'*
Fall eine eiförmige Perforation des Magens). Das Cantharidenpulver
ist, wenn es als Gift benutzt wurde, in den Schleimhautfalten leicht
zu finden. Nieren, Ureteren und Blase sind ebenfalls meist mehr
weniger stark entzündet.

Experimentaluntersuchungen.

Dass das Cantharidin ebenso wie auf den Menschen auch auf
Thiere giftig wirkt, ist durch zahlreiche Untersuchungen nachgewiesen.
Im Wesentlichen stimmen die Resultate dieser Thierversuche mit dem
bei vergifteten Menschen Beobachteten überein.

Das Cantharidin gelangt, sowohl vom Unterhautzellstoff, wie vom
Magen aus, als auch von der äusseren Haut in das Blut und führt
dasselbe in bestimmter Menge gegeben, bei Hunden, Katzen, Kaninchen, Tauben etc. schnell den Tod herbei unter den oben angeführten
Erscheinungen. Der Igel soll dem Cantharidin gegenüber immun sein;
Hühner sind vollständig unempfindlich, selbst bei Injection des Giftes
in das Blut *(Radecki)*.

Das resorbirte Cantharidin verändert das Blut; die Blutkörperchen
zeigen — nicht immer — maulbeerförmige Verzerrungen *(Dragendorff)*.

Von Vergiftungssymptomen dürfte hier eines erwähnt werden.
Galippe constatirte nach Injection von 5 mg Cantharidin in die Vene
eines Hundes: Steigerung des Geschlechtstriebs. — Die Pupillen werden

schnell erweitert; die Hunde suchen alsdann das Dunkel auf und werden schlummersüchtig. — Der Tod der Thiere erfolgt asphyctisch, durch Lähmung des Athmungscentrums.

Sehr wichtig sind die in den Nieren eintretenden Veränderungen. Nach den Untersuchungen von *Schachowa* enthält der Urin eines mit 1 g Cantharidenpulver täglich gefütterten Hundes vom 3. Tage an Eiterkörperchen, vom 5. Tage an Bacterien, vom 17. Tage an rothe, stark geschrumpfte Blutkörperchen. Vom 18. Tage an enthielt der Urin Fett in grosser Menge. — Die Nieren zeigten die verschiedensten Stadien einer parenchymatösen Entzündung mit Ausgang theils in Absterben der Epithelzellen und Ausscheidung derselben in Form von Cylindern durch den Harn, theils in Zerfall der fettig degenerirten Epithelien in Fetttropfen, die im Harn nachzuweisen sind.

Radecki fand Cantharidin in Darm und Fäces, in Blut, Nieren, Leber, Gehirn und Muskeln der vergifteten Thiere. Auch gelang es demselben noch 84 Tage nach dem Tode in einer stark verwesten Katze das Gift nachzuweisen.

Das Cantharidin wird mit allen [1]) Flüssigkeiten des thierischen Organismus eliminirt; hierbei tritt seine Wirkung nur auf Oberflächen mit saurer Secretion ein: durch die Säure des Urins freigemacht, wirkt es irritirend auf die Harn- (und Geschlechts-) Organe; durch die Schweissdrüsen ausgeschieden, wirkt es ebenfalls reizend ein, im Sommer stärker als im Winter *(Laboulbène)*. Nach *Radecki* ist das Gift bei Kaninchen schon nach 1 $\frac{1}{2}$ Stunden im Urin nachzuweisen und ist beim Menschen in 48 Stunden die Elimination durch die Nieren beendet.

Behandlung der Vergiftung.

Die Behandlung eines durch Cantharidin vergifteten Menschen hat in erster Linie für Entfernung des Giftes aus dem Tractus intestinalis zu sorgen, indem bestehendes Erbrechen unterstützt wird; andernseits ist durch Brechmittel, Magenpumpe die Entleerung vorzunehmen. Auch Abführmittel, jedoch keine Oele, sind zu Hülfe zu nehmen.

Die Vergiftungserscheinungen erfordern Symptomatica. Gegen die Entzündungen sind einhüllende, schmerzstillende Mittel (Eiweiss, Gummi etc., Opium) zu benutzen. Weiter kommen in Betracht die Anwendung von Kampfer resp. Bromkalium. Letzteres hat sich in dem Falle von *Braga* wirksam erwiesen. — Gegen die Affection der Harn- und Geschlechtstheile sind kalte Sitzbäder, Injection von warmem Wasser in die Blase, bei heftigem Priapismus: Chloroforminhalationen anzuwenden. — Oele sind, da sie das Cantharidin lösen, zu vermeiden.

Nachweis der Vergiftung.

Die durch Cantharidin stattgefundene Vergiftung kann auf verschiedene Weise nachgewiesen werden.

Wurde das Pulver der Käfer benutzt, so lässt sich schon durch die Lupe, das Mikroskop, in dem Erbrochenen, dem Magen- und Darminhalt durch Nachweis von Flügelstücken, Mandibeln etc. die Vergiftung sicherstellen.

---

[1]) Im Speichel konnte *Radecki* das Cantharidin nicht finden.

In allen andern Fällen ist die chemische Untersuchung auszuführen. Man kann hierzu den Magen- und Darminhalt, das Blut, die Leber und Nieren, Muskeln und den Urin in Arbeit nehmen. Die Substanz ist, zerkleinert, mit Kalilauge zu kochen, mit Wasser zu verdünnen und durch Schütteln mit Chloroform zunächst von Verunreinigungen zu befreien. Man macht nun mit Schwefelsäure sauer, mischt mit dem 4fachen Volum Alkohol, filtrirt heiss und befreit das Filtrat vom Alkohol durch Destillation. Der Rückstand wird jetzt mit Chloroform ausgezogen. — Auch die Dialyse *(Radecki)*, sowie die Sublimation *(Partes)* kann zur Isolirung des Cantharidins benutzt werden.

Die erhaltene Substanz ist auf ihre blasenziehende Eigenschaft zu untersuchen und zu dem Zweck eine kleine Menge derselben auf der Brust des Menschen zu appliciren. Noch 0,14 mg Cantharidin bewirkten in kurzer Zeit eine Blase *(Bluhme)*. Auch das cantharidinsaure Kali wirkt ähnlich, zu 0,11 mg: Blasen, zu 0,06 mg schwache Hautröthung *(Masing)*. Charakteristische chemische Reactionen fehlen für das Cantharidin.

56. Helleboreïn.

1) **Helleborus niger** *L.*, die schwarze Nieswurz [1] (Fam. Ranunculaceae), findet sich wild auf den Vorbergen der Alpen, in Süddeutschland und Schlesien. — Die schwarze Nieswurz ist ein ausdauerndes Kraut, mit dickem Wurzelstock; Stengel c. 15 cm hoch, fast blattlos, einfach, einblüthig. Die Wurzelblätter sind langgestielt, 7- bis 9theilig, kahl. Blüthe gross, c. 10 cm im Durchmesser, bestehend aus 5 weissen, bleibenden, ausgebreiteten Kelch- und vielen (bis 21) abfallenden, kleinen, grünen, röhrig-tutenförmigen Blumenblättern.

2) **Helleborus fötidus** *L.*, die stinkende Nieswurz [2], findet sich im westlichen, südlichen und mittleren Europa. Pfahlwurzel; Stengel bis 50 cm hoch, von unten an beblättert, ästig, vielblüthig, Stengelblatt mit scheidigem Stiele, 3- bis 5theilig. Blüthe glockig, Kelchblatt grün, am Rande purpurbraun.

3) **Helleborus viridis** *L.*, die grüne Nieswurz [3], in Europa ziemlich verbreitet. Wurzelstock. Stengel bis 30 cm hoch, nur oben mit Blättern versehen, ästig, vielblüthig; Stengelblatt sitzend, 3theilig. Blüthe grün, ausgebreitet.

Diese 3 Nieswurzarten enthalten in ihren Wurzeln und Wurzelblättern den obengenannten Körper: das Helleboreïn *(Marmé)*. Dasselbe: $C_{26}H_{44}O_{15}$, bildet durchsichtige, fast farblose, aus feinen Nadeln bestehende Warzen, welche in Wasser sehr leicht löslich, in Alkohol wenig, in Aether unlöslich sind und sich als Glucosid durch Kochen mit verdünnten Säuren spalten in Zucker und amorphes, unwirksames Helleboretin; letzteres wird als dunkelblauer Niederschlag erhalten.

Ausser dem Helleboreïn enthalten die genannten Pflanzentheile

---

[1] Abbild.: *Brandt* und *Ratzeburg*, Taf. 34. — *Berg* und *Schmidt* II. e.
[2] Abbild.: *Brandt* und *Ratzeburg*, Taf. 35.
[3] Abbild.: *Brandt* und *Ratzeburg*. Taf. 36. — *Berg* und *Schmidt* II. f. und XXIX. f.

noch ein zweites Glucosid: das Helleborin: $C_{36}H_{42}O_6$ (*Husemann und Marmé*). Dasselbe bildet glänzende, farblose, concentrisch gruppirte Nadeln, welche in Wasser unlöslich, leicht von Weingeist und Chloroform gelöst werden. Es spaltet sich in Zucker und Helleboresin. Das Helleborin findet sich in Hell. niger und fötidus nur spurenweise, reichlicher in viridis (c. 0,04 %). Helleborein ist in allen in grösserer Menge enthalten.

Namentlich aus älterer Zeit sind uns einige Vergiftungen durch diese giftigen Helleborusarten gemeldet. Alle sind wohl dadurch zu Stande gekommen, dass die betreffenden Wurzeln resp. ihre Präparate als Haus- resp. Arzneimittel von Kranken in zu grosser Menge benutzt wurden. In *Morgagni's* Fall wirkten c. 2 g des wässerigen Extractes der Wurzel von Hell. niger in 8 Stunden tödtlich. Nach *Ferrary* tödtete die Wurzel von Hell. niger, mit Cider eingekocht, 2 Personen; nach *Massey* erkrankte ein Weib, welches ein Infus von 45 g Radix Helleb. nigri getrunken hatte, während ein 2jähriges Kind der Wirkung eines Wurmmittels (Infus der Nieswurzblätter) in 13 Stunden erlag. Ein Decoct von 3 Loth Nieswurz bewirkte Vergiftungssymptome bei einem an Magenkatarrh Leidenden; die Wurzel von Helleb. viridis, statt eines abführenden Thee's eingenommen, wirkte nach *Felletár* auch tödtlich.

Die Dosis letalis ist nicht genau anzugeben. Die *Pharmacopoea germanica* schreibt für die officinelle Radix Hellebori viridis als Maximaldosen 0,3 g pro dosi, 1,2 g pro die vor.

Symptome der Vergiftung.

Die bei den Vergifteten beobachteten Symptome waren: Schmerzen und Stechen auf der Zunge, im Schlunde und im Magen; Anschwellung der Zunge, Schlingbeschwerden und Speichelfluss; Uebelkeit, Erbrechen; Angst, Schwindel, Ohrensausen, Schwere im Kopfe, Sinken der Puls-, Athemfrequenz und der Temperatur; erweiterte Pupillen, Sopor, Delirien, Convulsionen und Tod.

Experimentaluntersuchungen.

Das Helleborein macht die Hauptmasse der activen Principien unsrer deutschen Nieswurzarten aus (*Th. Husemann*). Deshalb und weil nach den oben kurz referirten Angaben bei den vorgekommenen Intoxicationen wesentlich wässerige Auszüge der Giftpflanzen zur Anwendung kamen — Helleborin ist aber in Wasser unlöslich — haben wir hier vorzugsweise die Wirkung des Helleboreins zu berücksichtigen.

Das aus den verschiedenen Species dargestellte Helleborein wirkt quantitativ verschieden; so ist als Dosis letalis für Kaninchen bei subcutaner Application von Helleborein aus Hell. niger und fötidus 0,4—0,6 g gefunden, während, aus Hell. viridis dargestellt, das Gift schon zu 0,03 g tödtet.

Auf Schleimhäute wirkt das Gift reizend ein und gibt zu Speichelfluss, zu Uebelkeit, Erbrechen, zu vermehrter Darmsecretion und Durchfällen Anlass. Die hauptsächlichste Wirkung des Helleboreins ist auf das Herz gerichtet. Auf diesen Theil des Körpers wirkt es ähnlich, nur intensiver als die Digitalis, in kleinen und wiederholten Dosen verlangsamend, in grösseren beschleunigend und schnell tödtlich. Der Blutdruck ist anfangs erhöht, später sinkt derselbe, schliesslich auf Null. Auch die Athmung wird langsam und erschwert, nachdem sie vorher beschleunigt war. Auf das Nervensystem wirkt Helleboreïn derart, dass sich lähmungsartige Schwäche einstellt.

Das Helleborin hat eine davon etwas verschiedene Wirkung. Auf die Schleimhäute wirkt es dem Helleboreïn ähnlich; anders aber auf die Nervencentren. Im Anfang der Wirkung stellt sich eine starke Erregung ein, beschleunigtes Athmen, grosse Unruhe, convulsivische Contractionen der Muskeln. In Folge der Wirkung grösserer Dosen werden die Bewegungen unsicher, Respiration und Herzthätigkeit werden verlangsamt, Bewegungen unmöglich. Es herrscht tiefe Narkose mit vollständiger Anästhesie und gehen die Thiere durch Lähmung der Nervencentren, namentlich des Gehirns und der Medulla zu Grunde.

Die Behandlung einer Vergiftung durch Helleborusarten würde, ausser der Entfernung der Giftstoffe, die Wirkung auf das Herz vorzugsweise zu berücksichtigen haben und Mittel anwenden müssen, welche die Herzthätigkeit zu beleben, zu unterhalten im Stande sind (Kampfer etc.).

Gerichtlich-chemischer Nachweis.

Das Helleboreïn geht aus der sauren, wässerigen Lösung in Chloroform über (S. 46). Das Helleboreïn wird durch concentrirte Schwefelsäure mit prachtvoll carminrother Farbe gelöst. — Ausser dieser Reaction könnte durch Experimente an Fröschen der Nachweis der Herzwirkung geliefert werden.

57. Oleandrin.

Nerium Oleander L., der gemeine Oleander [1] (Fam. Apocynaceae), findet sich einheimisch im Orient, verwildert im südlichen Europa; in Deutschland wird derselbe sehr viel als Ziergewächs gezogen. — Strauchartige resp. baumartige Pflanze von bis 3 m Höhe, vielästig, meist 3theilig; ihre Blätter sind kurz gestielt, lanzettförmig, zugespitzt, lederartig, ganz kahl, immergrün, c. 10 cm lang, 2 cm breit; ihre Blüthen sind in endständigen, aus wenigblüthigen Trugdolden bestehenden Sträussen vereinigt; Kelch einblättrig, glockenförmig, rothbraun, Blumenkrone einblättrig, trichterförmig, mit 5 grossen präsentirtellerförmig ausgebreiteten Lappen, rosenroth. Schotenförmige Balgfrucht.

Leukowski isolirte aus den Blättern das Oleandrin, einen schwach gelblichen, harzartigen, sehr bitter schmeckenden Körper, ein Alkaloïd, welches nach Bettelli durch Sublimation in spitzen, mikroskopischen Krystallen erhalten wird; dieselben, in Wasser, Alkohol, Aether, Chloroform, Amylalkohol, Olivenöl leicht löslich, erweichen bei 56°, schmelzen bei 70—75° zu einem grünen Oel, welches bei 135° siedet; das Chlorhydrat wurde krystallisirt erhalten. — Das ebenfalls von Leukowski dargestellte Pseudocurarin ist nach Bettelli ein Gemenge. — Einer

---

[1] Abbild.: Brandt und Ratzeburg. Taf. 20.

kurzen Mittheilung zufolge hat *Schmiedeberg* 1874 als wirksame Bestandtheile des Oleanders zwei Glucoside isolirt: das Oleandrin und Neriin; beide sind chemisch nicht genauer untersucht.

Blüthen, Blätter, Holz und Rinde des Oleanders sind giftig, nach *Kurzak* die ersteren am geringsten, die letztere am stärksten. Unsere Literatur ist nicht reich an Berichten über Vergiftungen durch Theile des Oleanders, doch ist, wie *Binz* mit Recht hervorhebt, bei der Häufigkeit der Zierpflanze, dem verlockenden Aussehen der Blüthen die Gelegenheit zu Vergiftungen, besonders der Kinder, fortwährend gegeben.

Die wenigen Intoxicationen (c. 12) sind theils als absichtliche, theils als zufällige zu bezeichnen. Zur Ausführung des Selbstmords wurden Auszüge resp. Abkochungen der Blätter benutzt (*Morgagni, Langlois*); die Selbstmörder erlagen der Wirkung des Giftes. — Oeconomische Vergiftungen wurden veranlasst durch den Genuss von Geflügel, welches nach Zusatz der Blätter gebraten war (*Roques*), durch das Verzehren der Blüthen (*Lindley, Kurzak*), durch Genuss einer Oleandertinctur anstatt Branntwein (*Trois*); vielleicht gehört hierher der Fall von *Krug*. Auch medicinale Vergiftungen kamen vor.

Ueber die zur Wirkung gelangten Mengen des Giftes liegen keine brauchbaren Angaben vor. *Kurzak* gibt als für den Menschen tödtliche Menge 5—6 g des Extractes der verschiedenen Pflanzentheile an.

Als Symptome der Vergiftung finden wir angegeben bald nach der Einnahme eintretendes Würgen und Erbrechen, Schmerzen im Magen, sowie heftige Kolik (*Lindley*). Ohnmächtig liegen die Patienten mit bleichem Gesichte, kalten Extremitäten, schwachem, verlangsamtem resp. unregelmässigem Pulse, engen (*Kurzak*) resp. etwas erweiterten, aber auf Lichtreiz noch reagirenden (*Krug*) Pupillen da; krampfhaftes Zucken der Gesichtsmuskeln wurde von *Krug* beobachtet. Bewusstlosigkeit, Coma wurde ebenfalls angeführt. — *Krug's* Patientin klagte noch im Verlaufe der Vergiftung über bittern Geschmack. — Der Tod erfolgte in einem Falle 9 Stunden nach der Einnahme des Giftes. — In der Leiche wurde nichts Charakteristisches gefunden.

Die Untersuchungen, welche bisher an Thieren ausgeführt wurden, lassen eine lähmende Wirkung der giftigen Bestandtheile des Oleanders erkennen. Der Tod erfolgt durch Lähmung der Herz- und Respirationsthätigkeit. — Nach *Schmiedeberg* kommen den Oleanderstoffen dieselben Wirkungen auf das Herz zu wie den Digitalispräparaten und hat das Oleandrin in seinen Eigenschaften Aehnlichkeit mit dem Digitalin, das Neriin mit dem Digitaleïn.

Die Behandlung hat zunächst für vollständige Entfernung des Giftes zu sorgen; sonst symptomatisch (Excitantien, schwarzer Kaffee; *Kurzak, Krug*).

58. Digitalis-glucoside.

Digitalis purpurea *L.*, der rothe Fingerhut [1] (Fam. Scrophulariaceae), findet sich in gebirgigen, waldigen Gegenden des westlichen Europa wild wachsend, wird häufig als Zierpflanze gezogen.

---

[1] Abbild.: *Berg* und *Schmidt* XXI. b.

Ein 2jähriges Kraut mit einfachem, 1,2 m hohem Stengel, zer-
streut stehenden, eiförmigen, gekerbten, behaarten Blättern (die obern
sitzend, die untern in den Stiel verschmälert), in endständigen Trauben
vereinten Blüthen. Die Blumenkrone röhrig, purpurroth, selten hellroth resp. weiss, im Innern behaart, dunkelroth gefleckt. Frucht eine
kegelförmige, vielsamige Kapsel.

Das Fingerhutkraut ist Gegenstand zahlreicher chemischer Untersuchungen gewesen. Die Arbeiten von *Le Royer*, *Dulong*, besonders
aber von *Homolle* und *Quevenne*, von *Walz*, *Kosmann* und *Nativelle*
hatten unsere Kenntnisse von den wirksamen Bestandtheilen des Finger-
huts bedeutend erhöht. *Schmiedeberg* wies 1874 nach, dass die im Handel
vertriebenen Digitalinpräparate keine chemisch reinen Stoffe seien, sondern Gemenge einer grösseren Zahl von Körpern, mit deren chemischen Eigenschaften er uns bekannt machte. Nach *Schmiedeberg* sind
als genuine, pharmakologisch wirksame Bestandtheile der Digitalis die
von ihm mit den Namen: Digitonin, Digitalin, Digitaleïn und
Digitoxin belegten Stoffe anzusehen.

1) Das Digitonin: $C_{31}H_{52}O_{17}$, die Hauptmasse des käuflichen,
löslichen Digitalins, ist weiss, amorph, in Wasser leicht, in Alkohol
schwer löslich; die wässerige Lösung schäumt. Durch Kochen mit verdünnten Mineralsäuren wird dieser Körper, ein Glucosid, gespalten,
in Zucker und 2 nicht krystallisirbare, in Wasser unlösliche Producte:
das Digitoresin und Digitoneïn; letzteres kann durch wiederholte
Behandlung in Zucker und, in Nadeln krystallisirendes Digitogenin
gespalten werden. Durch eine Art Gährungsprocess entsteht aus dem
Digitonin das Paradigitogenin.

2) Das Digitalin: $C_5H_8O_2$, der wesentliche Bestandtheil des
Digitalin von *Homolle* und *Quevenne*, bildet farblose, regelmässig kugel-
förmige, seltner warzenartige Körperchen, welche in Wasser sehr schwer
löslich, von Alkohol, Chloroform leicht aufgenommen werden. Als Glucosid wird es leicht gespalten in Zucker und Digitaliresin, eine harzartige, giftige Substanz.

3) Das Digitaleïn in dem löslichen Digitalin neben Digitonin
enthalten, eine stark gelblich gefärbte, amorphe Masse, welche sich in
Wasser in jedem Verhältniss löst; als Glucosid wird es in Zucker und
Digitaliresin gespalten.

4) Das Digitoxin: $C_{21}H_{32}O_7$, eine farblose, perlmutterglänzende
Masse, aus feinen Nadeln zusammengesetzt, in Wasser ganz unlöslich,
in Alkohol und Chloroform leichter löslich, liefert, mit Säuren gekocht,
keinen Zucker, geht aber selbst durch diese Behandlung über in das
Toxiresin, eine farblose, harzartige, giftige Masse.

Vergiftungen durch Digitalispräparate gehören nicht zu den
häufigen Vorkommnissen, namentlich scheint dieser Pflanze keine so
grosse toxikologische Bedeutung wie andern Giftpflanzen zuzukommen.
Husemann hat 1867 45 Digitalisvergiftungen zusammengestellt, zu welchen aus den späteren Jahren noch 6 hinzukommen. Von den 45 Fällen
ist einer als Giftmord bezeichnet (ausgeführt mit Digitalin von dem
Homöopathen *de la Pommerais*). einer als Selbstmord (Digitalisinfus),
einer als öconomische Vergiftung (Digitalisblätter statt Fol. Boraginis
eingesammelt und als Salat genossen) und 42 als Medicinalvergiftungen.
Von letzteren kamen zu Stande 24 durch Infuse resp. Decocte der

Blätter, 7 durch die Tinctur, 3 durch das Pulver der Blätter, je eine durch das Extract, den Syrup resp. den Saft: ferner 4 durch Digitalin und eine durch ein Infus der Wurzel. Die Medicinalvergiftungen wurden zurückgeführt in 33 Fällen auf Anwendung zu grosser Dosen resp. zu lange fortgesetzten Gebrauch, in 3 Fällen auf die Benutzung als Hausmittel, in je 2 Fällen auf unrichtiges Verständniss des Receptes resp. darauf, dass die äusserlich zu benutzende Arznei innerlich genommen wurde; in einem Falle: Anwendung der Digitalis als Geheimmittel. Von den 45 Fällen endeten 10 (c. 22 %) tödtlich. — Von den neueren Fällen scheint erwähnenswerth die Benutzung der Digitalis zur Befreiung Militärpflichtiger von der Dienstleistung (*Köhnhorn*): nachdem mehrere Personen sich durch den Gebrauch von Digitalispillen vom Militärdienste freigemacht, gab ein Todesfall zu der Entdeckung des „Freimachers" Anlass.

Ueber die toxisch und letal wirkenden Mengen der Digitalispräparate sind wir kaum unterrichtet: als Grund hierzu müssen wir anführen den so sehr wechselnden Gehalt der wirksamen Bestandtheile in der Digitalis. So soll die wildwachsende Pflanze stärker wirken, als die cultivirte, die vor oder zur Zeit der Blüthe gesammelten Theile am stärksten etc. u. a. m. Auch durch individuelle Unterschiede wird die Wirkung wesentlich beeinflusst. — Die *Pharmacopoea germanica* schreibt als Maximaldosen vor: Folia Digitalis: 0,3 g pro dosi, 1 g pro die; Extractum Digitalis: 0,2 g pro dosi, 0,8 g pro die; Tinctura Digitalis: 2 g pro dosi, 6 g pro die: Tinctura Digitalis aetherea: 1 g pro dosi, 3 g pro die. — Von dem Digitalin werden bis zu 6 mg pro die gegeben. Doch sind Vergiftungen durch bis 56 Granules de Digitaline, entsprechend 56 mg Digitalin (Fall von *Marrer*) glücklich überstanden worden.

Symptome der Digitalisvergiftung.

Werden grössere Mengen des Giftes plötzlich eingeführt, so stellen sich bei den Vergifteten, oft schon nach kurzer Zeit, Uebelkeit ein, Würgen und Erbrechen von flüssigen, schleimigen, grüngefärbten Massen: letzteres kann wiederholt erfolgen. Auch Kolikschmerzen und Durchfälle pflegen sich einzustellen. Nach kürzerer resp. längerer Zeit treten Schwindel ein, Kopfschmerzen, Ohrensausen, Betäubung, Erweiterung der Pupillen, Farbensehen, Gesichtsverdunkelung. Der Vergiftete liegt jetzt mit bleichem Gesicht, kalten Extremitäten, mit kaltem Schweisse bedeckt da, der Puls ist anfangs unregelmässig, beschleunigt, später verlangsamt auf 40, ja selbst auf 25 in der Minute. Das Bewusstsein ist in der Mehrzahl der Fälle erhalten. Die Schwäche wird bedeutender, es treten Delirien auf, Convulsionen, Coma und Tod. — In der Regel vergehen von der Einnahme des Giftes bis zu dem Eintritt des Todes mehrere Tage. In dem von *Barth(-Tardieu)* angegebenen Falle erfolgte nach 25 g Digitalistinctur der Tod schon nach ³/₄ Stunden: ein Knabe, welcher 180 g eines starken Decocts als Abführmittel erhalten, ging nach 22 Stunden zu Grunde. Ein Mädchen, welches ein aus 2,5 g Blättern dargestelltes Infus genommen, starb am 4. Tage (*Ducroix*). Eine Herzkranke starb am 10. Tage nach der Einnahme von 1,2 g Digitalisextract. Der ausgepresste Saft der frischen Kräuter als Abortivum benutzt, tödtete erst am 13. Tage (*Caussé*).

— Nicht alle Vergiftungen enden letal. In den günstig verlaufenden
Fällen hört das Erbrechen am 2. bis 4. Tage auf, die Delirien lassen
nach, Puls und Respiration werden mehr und mehr normal und bleiben
nur für kurze Zeit Schwindel, Kopfschmerz und Sehstörungen zurück.
Erst nach 10—15 Tagen ist die Genesung als vollkommen zu betrachten. — Werden kleine, therapeutische Dosen längere Zeit eingenommen, so treten ebenfalls in Folge einer sog. „cumulativen Wirkung"
bald Vergiftungserscheinungen hervor. Als solche sind zu nennen:
bitterer, widerlicher Geschmack, Uebelsein, dumpfes Gefühl im Kopfe,
Gesichtsverdunkelung, Schwäche, Kopfschmerz, Brechreiz, Schlaflosigkeit, Delirien, Hallucinationen, Funkensehen, Ohrensausen, weite Pupillen; die Herzthätigkeit ist stark herabgesetzt. Auch diese Erscheinungen halten längere Zeit nach der letzten Dosis an, um dann allmälig zu verschwinden.

In der Leiche der durch Digitaliswirkung zu Grunde Gegangenen
findet man keine für diese Vergiftung charakteristischen Veränderungen;
Entzündungen der Magenschleimhaut, Hyperämie der Hirnhäute werden erwähnt.

Experimentaluntersuchungen.

Zahlreiche Untersuchungen wurden ausgeführt, um die Wirkung
der Digitalis auf den Organismus klarzustellen. Dieselben haben ergeben, dass die Digitalis für Thiere, ebenso wie für den Menschen ein
heftiges Gift ist. Fleischfresser sind namentlich besonders empfindlich
für die Wirkung, am wenigsten die Kaltblüter (Frosch). — In das
Blut aufgenommen, üben die wirksamen Bestandtheile der Digitalis
eine eigenthümliche Wirkung auf das Herz aus. Vergiftet man einen
Frosch (Rana temporaria ist der Rana esculenta vorzuziehen!), so bemerkt man bald, dass das blossgelegte Herz eigenthümliche, unregelmässige sog. peristaltische Bewegungen ausführt und schliesslich Stillstand des Ventrikels in so vollständig systolischer Stellung eintritt, dass
die Höhlung durch Berührung der Innenwandungen gänzlich zum
Schwinden gebracht wird; die Vorhöfe schlagen noch kurze Zeit fort.
Dieser systolische Herzstillstand, welcher durch Delphinin, durch Sa-
ponin, Apomorphin und andere Muskel-lähmende Gifte aufgehoben werden kann, wird darauf zurückgeführt, dass das Gift die Elasticität der
Muskelsubstanz erhöht; wird ein solches stillstehendes Herz durch
Injection von Serum stark ausgedehnt, so treten bei einem gewissen
Grade der Ausdehnung regelmässige kräftige Contractionen des Herzens
ein, welche mit der Ausdehnung auch wieder abnehmen und schwinden
(*Schmiedeberg*). — Die Untersuchungen, welche die Wirkung des Finger-
huts auf die Circulation des Warmblüters klar legen sollten, haben zur
Aufstellung verschiedener Ansichten Anlass gegeben. Die Wirkung
auf den Kreislauf beschreibt *Rossbach*, indem er sie in 3 Stadien zer-
legt: nach kleinen Giftmengen tritt nur das erste Stadium, nach grossen
Dosen das erste kurz und unvollständig, das zweite länger, nach letalen
Mengen das dritte Stadium sehr rasch auf. Von diesen ist das erste
Stadium charakterisirt durch sehr bedeutende Pulsverlangsamung (in
Folge heftiger Erregung der Hemmungsapparate im Gehirn und Herzen),
starke Steigerung des Blutdrucks und Verengerung der peripheren Arterien (in Folge Reizung der vasomotorischen Centren, vielleicht auch

Folge einer verstärkten Herzarbeit). Während des zweiten Wirkungsstadiums bemerkt man plötzliche und starke Beschleunigung des Pulses (Lähmung der überreizten Hemmungsapparate) und allmäliges Sinken des Blutdrucks (in Folge beginnender Herzschwäche). Im dritten Stadium ist der Herzschlag sehr unregelmässig und stark verlangsamt (in Folge Schwächung der motorischen Herznerven und des Herzmuskels), der Blutdruck sinkt immer tiefer, das Herz bleibt gelähmt, in Diastole, stillstehn und reagirt jetzt nicht mehr auf die stärksten Reize. — Auf die Respiration wirken nur grössere Dosen ein; kurz vor dem Tode zeigt sich dieselbe dyspnoisch. — Die Körpertemperatur sinkt während der Digitaliswirkung, nach *Kramnik* bis um 1⁰,2 C. — Die quergestreiften Muskeln werden gelähmt; die Peristaltik des Darmkanals wird verstärkt; die Nierensecretion ist während der Blutdrucksteigerung vermindert.

Untersuchungen über die Wirkung der von *Schmiedeberg* dargestellten Digitalisstoffe sind ebenfalls angestellt worden. *Koppe* fand, dass dem Digitoxin, Digitalin und Digitaleïn qualitativ die gleiche Wirkung zukommt und dass diese in allen wesentlichen Punkten mit der Digitaliswirkung übereinstimmt. Zu erwähnen ist, dass dem Digitoxin eine locale Wirkung zukommt, indem es, subcutan applicirt, phlegmonöse Entzündung mit darauf folgender Vereiterung bewirkt und zwar bei Hunden noch in Mengen bis zu 0,1 mg. Die lähmungsartige Wirkung auf die Scelettmuskeln tritt sehr deutlich hervor. — Am intensivsten wirkt von den 3 Stoffen das Digitoxin, dessen Wirkung als 6—10mal stärker, als die der gleichstarken Digitalin und Digitaleïn angegeben wird. Als letale Dosen wurden pro kg Thier gefunden, für die Katze: 0,1 mg, für den Hund: 1,7 mg, für das Kaninchen: 3,5 mg Digitoxin. — *Perrier* untersuchte die Wirkung des Toxiresins und Digitaliresins; er fand, dass diese beiden Zersetzungsproducte qualitativ völlig gleich wirken (das Digitaliresin wirkt etwas schwächer) und dass die Wirkung beider der Wirkung des Pikrotoxins sehr analog ist.

Behandlung der Vergiftung.

Sind grössere Giftmengen in den Körper eingeführt, so hat man dieselben schnell mit Hülfe von Brechmitteln, von Magenpumpe etc. wieder zu entfernen. Auch kann man als chemisches Antidot von Tannin und Gerbstoff-haltigen Flüssigkeiten (zum Ausspülen des Magens) Gebrauch machen. Gegen die Vergiftungserscheinungen wird man symptomatisch vorgehen und von Wein, Aether, Kaffee, Kampfer, Sinapismen u. a. m. Gebrauch machen. — Vergiftungssymptome, welche bei der therapeutischen Verwendung der Digitalis in Folge der cumulativen Wirkung eintreten können, werden meist einfach durch Aenderung der Therapie wieder beseitigt. Um sich gegen solche Vorkommnisse so viel wie möglich sicher zu stellen, ist es nöthig, die Kranken unter Aufsicht zu halten, auch die Benutzung der Digitalis öfters zu unterbrechen.

Nachweis der Vergiftung.

Für den Nachweis einer stattgefundenen Vergiftung sind ausser dem Erbrochenen und dem Urin (*Brandt und Dragendorff* fanden in dem

Urin einer Katze Digitalin), noch der Inhalt des Magens zu verwerthen;
Blut und blutreiche Organe sind kein gutes Untersuchungsobject
(Dragendorff). — Man erhält die Digitalisbestandtheile durch Schütteln
des sauren Auszugs mit Benzin und Chloroform (S. 46). — Die erhaltenen Extracte verwendet man zum chemischen Nachweis. Hier ist
die von *Grandeau* angegebene Reaction zu erwähnen. Das mit Schwefelsäure angefeuchtete Extract versetzt man mit einem Tröpfchen einer
schwach gelblichen Mischung von 1 Th. Kalihydrat, 3 Th. Wasser und
etwas Brom: es entstehen schön violettrothe Streifen, welche lange
Zeit sichtbar bleiben; auf Zusatz von Wasser geht die Farbe in
schmutziggrün über. Diese Färbung tritt namentlich bei Gegenwart
von Digitaleïn auf, Digitalin wird mehr blut- resp. braunroth gefärbt
(Brandt und *Dragendorff)*. — Auch zum physiologischen Nachweis kann
ein Theil der Extracte benutzt werden. Man verwendet Rana temporaria, bei welcher die oben beschriebene Wirkung auf das Herz
deutlich hervortritt. — Waren Fingerhutblätter (wie z. B. in dem von
Köhnhorn berichteten Falle) eingenommen, so kann auch die mikroskopische Untersuchung des Mageninhalts Aufschluss geben: man wird
leicht die Haare der Digitalisblätter, welche eine deutliche Gliederung
besitzen, auffinden und mit andern Präparaten vergleichen können. —
Zu erwähnen ist noch, dass Digitaleïn mit organischen, faulenden
Massen gemischt, nach fast 4monatlichem Stehen noch unzweifelhaft
constatirt werden konnte *(Dragendorff)*.

59. Pikrotoxin.

Anamirta Cocculus *Wight et Arnott*, der Kockelskörner-
strauch [1] (Fam. Menispermaceae), findet sich einheimisch in Malabar.
auf Ceylon, Java. — Die weiblichen Blüthen stehen an diesem Schling-
strauch in grossen, c. 50 cm langen Trauben, von welchen oft
2—300, im frischen Zustande purpurrothe Steinfrüchte trägt. Letztere,
im Handel als Kockels-, Fisch- resp. Läusekörner (Cocculi in-
dici) bekannt, sind eirund resp. kuglich-nierenförmig, 6—10 mm im
Durchmesser, seitlich mit grosser, runder Narbe des Fruchtstiels und
einer Spitze versehen, graubraun, runzelig. Das Fruchtgehäuse ist dünn,
geschmacklos, enthält einen intensiv bitter schmeckenden Samen.

Die Fruchtschale enthält 2 nicht giftige Alkaloïde: Menisper-
min und Paramenispermin, die Samen dagegen bis zu 1 % des
oben genannten Bitterstoffes: Pikrotoxin: $C_{12}H_{14}O_5$ [2]. Dieser chemisch indifferente Pflanzenstoff bildet farblose, glänzende, sternförmig
gruppirte Nadeln, welche sich in 150 Theilen kaltem, in 25 Theilen
kochendem Wasser lösen (*Pelletier* und *Couerbe*), leichter von Alkohol,
Amylalkohol und Chloroform, sowie von verdünnten Säuren und Alkalien
aufgelöst werden, während Aether schwerer lösend wirkt. Die reine
Substanz schmilzt bei 199—200° C.

---

[1] Abbild.: Arch. d. Pharm. 1835. 1.
[2] *Paternó* und *Oglialoro* stellten kürzlich die Formel $C_9H_{10}O_4$ auf: das
Pikrotoxin würde isomer sein mit der Veratrinsäure. Hydrocaffeïnsäure u. a. —
Barth und *Kretschy* fanden, dass das Pikrotoxin des Handels ein Gemenge sei.
bestehend aus 32% Pikrotoxin. 66% Pikrotin und 2% Anamirtin: diese letzteren sind nicht giftig. für ersteres stellen sie die Formel: $C_{15}H_{16}O_6 + H_2O$ auf.

Das Pikrotoxin und die durch dasselbe wirkenden Stoffe haben für die praktische Toxikologie keine grosse Bedeutung. Vergiftungen, selbst mit tödtlichem Ausgange, sind freilich durch solche Stoffe hervorgerufen worden, doch sind dieselben sehr selten.

Poma theilt einen Fall mit, in welchem die Kockelskörner zur Ausführung der Selbstvergiftung benutzt worden waren, *Taylor* einen Fall, betreffend ein 9 Wochen altes Kind, welchem in der Absicht es zu tödten, 2 ganze Kockelskörner eingegeben worden waren. Viel häufiger, als diese beiden, absichtlich veranlassten Intoxicationen, werden durch den zufälligen Gebrauch von Kockelskörnern Krankheit und Tod bedingt. *Bernt* berichtet, dass Kockelskörner, als Gewürz der Suppe zugesetzt, bei 9 Personen Erkrankung und bei einer derselben den Tod hervorgerufen habe *(Christison)*, *Taylor* erzählt, dass von mehreren Personen, welche stark mit Kockelskörnern versetzten Rum getrunken, einer bald nachher gestorben sei; nach *von Schöller* starb ein 12jähriger Knabe nach Genuss von 2,5 g aus Kockelskörnern bestehenden Fischteiges am 19. Tage.

Ausser diesen Intoxicationen kommt noch die Benutzung der Kockelskörner in der Brauerei, zum Fisch- und Vogelfang in Betracht. Namentlich in England pflegt man hin und wieder zu dem Biere Kockelskörner zuzusetzen, um Hopfen zu sparen, die Nachgährung zu verhüten, das Bier berauschender zu machen; vorzüglich scheint dies bei der Darstellung von Porter und Ale zu geschehen. Dass durch fortgesetzten Genuss solchen vergifteten Bieres die Gesundheit geschädigt wird, ergibt eine Angabe *Taylor*'s: es erkrankten an Gehirnerscheinungen eine Anzahl Personen, welche alle Porter aus derselben Brauerei bezogen. — Wo Kockelskörner zum Fischfang benutzt werden, kann durch die damit vergifteten Fische unter günstigen Umständen leicht eine Intoxication bedingt werden. Jedenfalls ist der Genuss sog. gekockelter Fische für Thiere schädlich.

Ueber die Dosis letalis sind wir nur ungenügend unterrichtet; nur in *Schöller*'s Bericht finden wir eine Angabe über die Menge des Giftes, in den 2 resp. 3 andern, letal verlaufenen Fällen ist die eingeführte Giftmenge unbekannt geblieben. *Schöller*'s Knabe starb nach c. 2,5 g Kockelskörnern erst am 19. Tage.

Symptome der Vergiftung.

Die Symptome der Pikrotoxinvergiftung, wie sie von *Schöller* und *Poma* angegeben werden, sind: Schon wenige Minuten nach Einnahme des Giftes heftige Schmerzen in Speiseröhre, Magen und Unterleib, Uebelkeit und Erbrechen, Zeichen einer heftigen Gastroënteritis, Durchfall, Delirien. *Poma*'s Patient hatte 10 Minuten vor dem Tode tonische und klonische Convulsionen; dabei schrie er, blutiger[1] Schaum floss ihm aus Mund und Nase hervor, kalter Schweiss bedeckte seinen Körper, die Pupillen waren erweitert, das Bewusstsein aufgehoben; der Puls schwach und klein, die Respiration schwach und krampfhaft. In den von *Taylor* beschriebenen, nicht intensiven Intoxicationen war starke Neigung zum Schlaf neben Schlaflosigkeit vorhanden; es

---

[1] Wohl deshalb, weil die Zunge, von den Zähnen eingeklemmt, blutete.

zeigte sich lethargische Betäubung, die Willenskraft war vollständig geschwunden.

Schöller und *Poma* fanden in den Leichen ihrer Gestorbenen starke venöse Hyperämie des Gehirns und der Hirnhäute, die Magenschleimhaut geröthet *(Poma)* resp. die Zeichen der Gastroënteritis und Peritonitis *(Schöller)*.

Experimentaluntersuchungen.

Untersuchungen an Thieren wurden über die Pikrotoxinwirkung in grösserer Zahl angestellt. Dieselben ergaben, dass durch dieses Gift Thiere der verschiedensten Klassen schnell getödtet werden können. Die mit Pikrotoxin vergifteten Säugethiere werden bald nach der Application des Giftes unruhig und schreckhaft, bei Hunden stellt sich Erbrechen ein; die Thiere zittern, werden betäubt und verfallen in Krämpfe, welche meist klonische sind und sich als Schwimmbewegungen der Extremitäten, als Krämpfe der Kaumuskeln zeigen; auch Rückwärtsgehen, Rollen um die Körperaxe (bei Meerschweinchen) wurde beobachtet. Die Respiration ist behindert, der Puls verlangsamt, es besteht Speichelfluss; die klonischen Krämpfe wechseln mit tonischen (Opisthotonus, Emprosthotonus) und erfolgt bald der Tod.

Charakteristisch ist das Bild der Intoxication des Frosches durch das schon von *C. Ph. Falck* beobachtete, von *Röber* erklärte Aufgetriebensein des Bauches in Folge der Ueberfüllung der Lungen mit Luft. Das Abdomen ist kugelförmig aufgetrieben, es bestehen heftige, tetanische Krämpfe und schwindet die Auftreibung bei aufgesperrtem Maule und unter Schreien (eigenthümliche, langgezogene Töne) wieder plötzlich (s. Cicutoxin S. 317). — Die Krämpfe kommen zu Stande durch die Reizung des in der Medulla oblongata *(Heubel)* gelegenen Krampfcentrums; Zerstörung des Grosshirns der Frösche ändert an den Erscheinungen nichts, die Krämpfe werden schwächer nach Verletzung der Lobi optici und treten nicht ein nach vorhergehender Zerstörung der Medulla; es erfolgt alsdann nur Coma. Auf reflectorischem Wege werden keine Reflexe ausgelöst. — Ausserdem wirkt das Pikrotoxin erregend auf das Vaguscentrum und bedingt Beschleunigung der Respiration, Glottiskrampf (in Folge dessen ist die Entleerung der stark gefüllten Lungen behindert), Verlangsamung resp. Stillstand des Herzens während der Krampfanfälle. Diese Wirkungen fallen zum Theil fort nach Durchschneidung der Vagi. Nach *Planat* wirkt das Pikrotoxin auch reizend auf den Depressor; nach *Böhm* rufen grosse Dosen Pikrotoxin bedeutende Steigerung der Pulsfrequenz und des Blutdruckes hervor, ob in Folge einer Reizung von accelerirenden Nerven etc., ist unentschieden gelassen; die Wirkung bleibt nach Durchtrennung des Halsmarks aus. — Die Reflexerregbarkeit wird durch Pikrotoxin etwas herabgesetzt. — Nach *Röhrig* bewirkt das Gift kräftige tetanische Contractionen des Uterus in Folge einer Reizung des Centrums.

Behandlung der Vergiftung.

Die Behandlung der Pikrotoxinvergiftung hat in erster Linie für Entfernung der giftigen Stoffe zu sorgen (Brechmittel, Magenpumpe etc.). Gegen die ausgebildete Vergiftung wird man von Chloralhydrat als

Antagonisten Gebrauch zu machen haben. Die neueren Untersuchungen von *Crichton Browne* und *Amayats* ergaben, dass bei Kaninchen und Katzen die minimal letale Dosis Pikrotoxin durch Chloralhydrat sicher bekämpft wird, dass dasselbe auch noch geschieht, wenn erstere auf das doppelte gesteigert wurde, jedoch stellten sich jetzt Krämpfe ein. Wurde die Dosis des Pikrotoxin noch mehr, auf das 3- und vielfache der minimal letalen Menge erhöht, so wurde zwar die Wirkung abgeschwächt, verlangsamt, jedoch konnte der letale Ausgang durch die Chloralwirkung nicht verhindert werden. — Sonst wird man noch von Chloroform, Opium etc. Gebrauch machen können.

Der Nachweis des Pikrotoxins.

Wichtig ist es, sicher nachweisen zu können, ob Bier dieses Gift enthält oder nicht. Bis in die neueste Zeit hat man sich bemüht, für diesen Zweck brauchbare Methoden auszuarbeiten und verdienen hier die von und unter *Dragendorff* ausgeführten Untersuchungen Beachtung. Zum Nachweis treibt man aus 1 Liter Bier durch Erwärmen die Kohlensäure aus, fällt nach dem Erkalten mit Bleiessig aus, entfernt aus dem Filtrat durch Schwefelsäure das Blei und dampft das Filtrat auf 200 ccm ein. Durch Schütteln der sauren Lösung mit Chloroform wird das vorhandene Pikrotoxin entzogen. — Zum Nachweis des Pikrotoxins benutzt man alsdann die Reaction von *Langley*. Der erhaltene Rückstand wird durch wiederholtes Ausschütteln und Umkrystallisiren gereinigt, alsdann mit seiner 3fachen Menge Salpeter vermischt, das Gemenge mit Schwefelsäure durchfeuchtet und dann im Ueberschuss mit starker Natronlauge versetzt. Die Masse wird bei Gegenwart von Pikrotoxin ziegelroth gefärbt und zwar nach *Meyke* noch bei Gegenwart von 0,25 mg Pikrotoxin. — Strychnin gibt diese Reaction nicht. — Pikrotoxin wird von kalter, concentrirter Schwefelsäure schön goldgelb bis safrangelb gelöst; auf Zusatz von chromsaurem Kali wird die Lösung alsdann violett und braun.

Hat man genügend Extract erhalten, so kann man auch durch Untersuchung der Wirkung desselben auf Thiere den physiologischen Nachweis zu führen versuchen. Man benutzt neben Fröschen wohl auch noch kleine Fische; *Meyke* fand, dass 4—5 g schwere Barsche in 1 Liter Wasser nach Zusatz von 10 mg Pikrotoxin nach 2½ Stunden, nach Zusatz von 6 mg nach 7 Stunden starben.

60. Cicutoxin.

Cicuta virosa *L.*, der Wasserschierling [1] (Fam. Umbelliferae), findet sich fast durch ganz Europa hindurch, jedoch vorzugsweise in nördlichen Ländern, am Rande von Gräben, Flüssen. Teichen und Seen, seltner in feuchten Wiesen. — Der Wasserschierling ist ein kahles, 1,5 m hohes Kraut. Der unterirdische Theil des Stengels, gewöhnlich als „Wurzel" bezeichnet, ist c. 3 cm dick, c. 5 cm lang, eirund resp. mehr walzenförmig, hellbraun, geringelt, mit zahlreichen Fasern besetzt, fleischig. Auf dem Durchschnitte bemerkt man c. 10 unregelmässig viereckige, fast parallel übereinander-

---

[1] Abbild.: *Brandt* und *Ratzeburg*, Taf. 29.

stehende Fächer (entsprechend den Höhlen des verkürzten Stengels), welche einen hochgelben, stinkenden Milchsaft enthalten. Diese „Wurzel" riecht eigenthümlich betäubend, schmeckt anfangs süsslich, nachher scharf. — Der oberirdische Theil des Stengels ist rund, röhrig, ästig; die grossen, langgestielten Blätter sind 2—3fach gefiedert. Die zusammengesetzte Dolde ist meist ohne Hülle; die Hüllchen sind vielblättrig, die Blüthen weiss, die Früchte rundlich resp. kuglig, 2 mm dick.

Noch *von Ankum* hat sich bemüht, aus der „Wurzel" von Cicuta virosa ein Alkaloïd darzustellen, kam aber zu der Ansicht, dass der wirksame Bestandtheil ein harzartiger, chemisch indifferenter Körper sein müsse. *Böhm* gelang es 1876, diesen wirksamen Bestandtheil zu isoliren und seine Wirkungen festzustellen. Zur Darstellung wurde die getrocknete und gepulverte „Wurzel" mit Aether erschöpft, das so erhaltene dünnflüssige braune Extract mit 70%igem Alkohol behandelt, nach mehrtägigem Stehen das Filtrat mit Petroläther wiederholt ausgeschüttelt, nach Entfernung des letzteren die Lösung unter der Luftpumpe verdunstet. Der Rückstand löste sich vollständig in Alkohol, Aether und Chloroform. Das Harz: Cicutoxin genannt, ist eine völlig homogene, zähflüssige, nicht trocknende, amorphe Masse, welche in der frischen Wurzel zu 0,2 %, in der trocknen zu 1,5 % enthalten ist. Dasselbe ist höchst wahrscheinlich enthalten in dem Safte, welcher auf Querschnitten der frischen „Wurzel" aus der Rindenzone, sowie aus den Querschnitten des Stengels hervortritt.

Der giftigste Theil von Cicuta virosa ist ihre „Wurzel"; der Giftgehalt derselben scheint je nach der Jahreszeit etc. verschieden zu sein. *Böhm* gibt an, dass die Wurzeln von 1875 (trockner Sommer) weniger giftig gewesen seien. *Holmes* führt an, dass verschiedene als giftig bekannte Umbelliferen: Cicuta virosa, Oenanthe crocata und Conium maculatum, in Schottland wachsend, keine giftigen Wirkungen ausübten (nach *Husemann* soll *Christison* die schottische Cicutawurzel im Monat August unwirksam gefunden haben); *Husemann* sucht die Ursache in der Kälte des Klima's.

Nach *Husemann* haben wir die Vergiftungen durch Wasserschierling zu den häufigsten vegetabilischen Intoxicationen zu zählen. In der Literatur sind aber, namentlich aus neuerer Zeit, nur sehr wenige Fälle berichtet. Ich finde, die ganz kurz angeführten Fälle mitgezählt, 31 Erkrankungen mit 14 (45,2 %) Todesfällen angeführt. — Zur Ausführung des Selbstmordes wurde einmal von diesem Gifte Gebrauch gemacht (*Trojanowsky*). Alle andern Vergiftungen sind zufällig entstanden; meist betreffen sie Kinder, welche die bei Hochwasser oft angeschwemmten Wurzeln mit andern Wurzeln (z. B. Calmus, Pastinak, Sellerie u. a. m.) verwechselten. Auch sollen schon Kinder, welche die Stengel des Wasserschierlings als Schalmeien benutzen, wohl in Folge des dabei eingesaugten und verschluckten Saftes gestorben sein. — Die letale Dosis ist nicht genau zu bestimmen. Nach *Bennewitz* haben 4 Kinder von einer für unschädlich gehaltenen Wurzel gegessen und sind in Folge dessen heftig erkrankt.

Symptome der Vergiftung.

Die Symptome der Vergiftung des Menschen werden uns von verschiedenen Beobachtern geschildert. Kinder können schon während des Genusses der giftigen Substanzen erkranken, indem sie anfangen zu taumeln und bewusstlos umfallen; meist vergeht jedoch etwas längere Zeit; es stellt sich Uebelkeit ein, brennender Schmerz in der Magengegend, kolikartige Schmerzen im Unterleib, Erbrechen. Die Patienten liegen völlig bewusstlos da; die Pupillen sind weit, die Extremitäten kalt, Puls und Respiration verlangsamt; sie haben Schaum vor dem Munde; der Leib ist oft gespannt, stark aufgetrieben; heftige, epileptiforme Convulsionen stellen sich ein, krampfhaft geschlossener Mund, Zähneknirschen; später Lähmung und Tod. — Die Vergiftung verläuft ziemlich schnell in wenigen Stunden.

In der Leiche konnte nichts der Cicutavergiftung Eigenthümliches nachgewiesen werden, namentlich sind keine Zeichen einer Gastroënteritis zu bemerken.

Experimentaluntersuchungen.

Böhm hat die Wirkung des von ihm dargestellten Cicutoxins auf Thiere studirt. Das Cicutoxin, in Wasser unlöslich, wird nur sehr langsam vom Magen und Unterhautzellstoff resorbirt; in alkalischer Lösung in das Blut gespritzt, tritt die Wirkung schnell ein. — Bei Fröschen kamen Erscheinungen zur Beobachtung, wie sie auch durch Barytgifte (S. 121) und Pikrotoxin (S. 314) veranlasst werden. Auch hier bläht sich in dem Prodromalstadium der Körper allmälig auf und sind die Extremitäten krampfhaft afficirt. Während dieser Zeit wird in Folge der Einwirkung eines mechanischen Reizes der „Schreireflex" ausgelöst. Hierbei gerathen die seitlichen Bauchmuskeln in einen anhaltenden Krampf und wird hierdurch die in den stark ausgedehnten Lungen enthaltene Luft rasch durch die krampfhaft geschlossene Glottis hindurchgepresst; es wird so ein sehr intensiver langgezogener, schriller Schrei hervorgerufen. Oft erfolgt zugleich ein krampfhafter Sprung. Allmälig entwickelt sich Parese der Extremitäten, während welcher der Schreireflex noch beobachtet werden kann. Die Paralyse nimmt dann mehr und mehr zu und das Thier stirbt. Zur Hervorrufung dieser Symptome sind 1—3 mg Cicutoxin für einen Frosch genügend. — Die Wirkung wurde experimentell auf eine Reizung der in der Medulla oblongata gelegenen Centren (Krampfcentrum etc.) zurückgeführt; hierdurch entstehen die heftigen tonischklonischen Krämpfe, Beschleunigung, dann Stillstand der Athmung und Herzthätigkeit.

Bei Säugethieren (die Dosis letalis wurde bei Katzen, Injection in den Magen. zu 50 mg Cicutoxin pro kg Thier bestimmt) tritt als erstes Symptom Durchfall auf, Speichelfluss, Schreckhaftigkeit, frequente Respiration. Plötzlich erfolgt ein heftiger Krampfanfall; alle Muskeln sind von tonischen resp. klonischen Krämpfen befallen. Der Krampfanfall dauert 1—2 Minuten, dann folgt eine Pause, während welcher die Reflexerregbarkeit derart erhöht ist, dass durch Geräusche heftige, allgemeine Zuckungen ausgelöst werden können. Die Anfälle folgen immer schneller auf einander und gehen die Thiere bald zu

Grunde. — Kleine Dosen Cicutoxin bewirken Verlangsamung des Pulses durch centrale Vagusreizung, grosse Dosen dagegen Pulsbeschleunigung nebst bedeutender Steigerung des arteriellen Druckes, welche nicht eintreten, wenn vor der Vergiftung das Halsmark durchtrennt wurde. — Das Rückenmark und Grosshirn werden nicht oder nur secundär befallen.

Behandlung der Vergiftung.

Die Behandlung hat zunächst für vollständige Entfernung der giftigen Stoffe Sorge zu tragen, hier um so mehr, da der wirksame Bestandtheil nur sehr langsam resorbirt wird und wir auch längere Zeit nach dem Genuss des Giftes durch Entleerung die Wirkung verhindern können. Brechmittel, Magenpumpe. — Gegen die ausgebildete Vergiftung, namentlich die bestehenden Krämpfe wird man von Chloralhydrat (s. Pikrotoxin S. 314), Chloroform u. a. Mitteln Gebrauch machen müssen.

Der gerichtlich-chemische Nachweis.

Derselbe hat das oben über die Darstellung des Cicutoxins Gesagte zu berücksichtigen. Chemische Reactionen sind bis jetzt nicht bekannt und wird man deshalb zum physiologischen Nachweis (Untersuchung über die Wirkung des Extractes auf Frösche s. oben) seine Zuflucht nehmen müssen.

An Stelle der bei uns einheimischen Cicuta virosa finden sich in Nordamerika Cicuta maculata und bulbifera einheimisch und haben Theile dieser beiden Species zur Vergiftung mehrerer Kinder Anlass gegeben (s. *Mosher*).

Anhang: **Oenanthe crocata** L.

Im Anhang zu dem Gifte des Wasserschierlings betrachten wir eine zweite der Fam. der Umbelliferen zugehörige Giftpflanze, deren wirksamer Bestandtheil bis jetzt noch nicht isolirt wurde. Es ist dies Oenanthe crocata L., die giftige Rebendolde, Safrandolde; dieselbe ist einheimisch in England, Schott- und Irland, in Holland, Belgien, Frankreich und Spanien, während sie in Deutschland wohl vollständig fehlt. Sie wird gefunden an den Rändern von Teichen, Sümpfen und Flüssen. — Von dieser, bis 1 m hohen Pflanze kommen toxikologisch nur die Wurzeln in Betracht. Dieselben bestehen aus 4—6 länglichen, fleischigen, an ihrem Halse büschelig sitzenden Knollen mit langen, dünnen Fasern. — Der Stengel ist rund, gerieft, glatt, ästig, gelbroth gefärbt; die Blätter sind dunkelgrün mit röthlich gefärbtem Rande. — Die ganze Pflanze, namentlich aber die Wurzel enthält einen weisslichen, an der Luft schnell safrangelb werdenden Milchsaft.

Vergiftungen durch diese Pflanze kamen in Holland, Frankreich und England sehr häufig vor. *Bloc* stellte 124 durch Oenanthe hervorgerufene Intoxicationen zusammen; von den Erkrankten starben 55 = 44,3 %: ich fand Angaben über 134 Fälle, 44 = 32,9 % davon mit tödtlichem Ausgang. Man sieht, dass wir es hier mit einer sehr heftig wirkenden Substanz zu thun haben, da $\frac{1}{3}$, ja beinahe die Hälfte der Vergifteten (nach *Bloc*) der Wirkung erlag.

Zur Ausführung eines Giftmordversuchs wurde die Wurzel einmal (*Toulmouche*) benutzt. Medicinale Vergiftungen kamen auch vor. Nach *Nicol* starb ein Frauenzimmer, welches ein Decoct der Knollen dieser Pflanze nahm, eine Stunde nach Einnahme des Giftes. *Galtier* erzählt, dass 3 Personen den Saft dieser Pflanze sich gegen Krätze eingerieben hätten und gestorben seien. Alle andern Intoxicationen waren zufällig entstanden. In *Kane's* Falle wurden die Blätter der Pflanze für Pastinakblätter gehalten und genossen; es trat heftige Vergiftung ein. In allen andern Fällen waren die Wurzeln resp. Knollen, indem sie statt essbarer Wurzeln (Pastinak, Sellerie, Rüben, Möhren u. a. m.) genossen wurden, die Ursache der Vergiftung, des Todes.

Die letal wirkende Menge ist nicht anzugeben. Die Vergiftungssymptome treten schnell ein und verläuft die Intoxication ebenfalls sehr schnell, in wenigen (1—3½) Stunden letal; nur selten trat der Tod erst nach mehreren Tagen, in *Bossey's* Fällen am 9. resp. 11. Tage ein.

Meist treten die Symptome plötzlich ein; Schwindel, Unwohlsein und Erbrechen eröffnen meist die Krankheit; schnell werden die Kranken gefühl- und bewusstlos, sie werden von heftigen Convulsionen heimgesucht, wobei der Mund krampfhaft geschlossen ist resp. Kinnbackenkrampf besteht und sich oft blutiger Schaum vor dem Munde ansammelt. Die Respiration ist erschwert, das Gesicht blau, der Puls schwach, die Pupillen weit. Unter Convulsionen gehen die Kranken asphyctisch resp. comatös zu Grunde.

Die Section der der Giftwirkung Erlegenen ergab nichts dieser Vergiftung Eigenthümliches.

Böhm vermuthet, dass Oenanthe crocata zu den Krampfgiften (Gruppe: Cicuta) gehöre. *Bloc* bezeichnet als giftigen Bestandtheil ein Harz.

Die Behandlung dürfte mit der des Wasserschierlings analog anzuordnen sein. In *Kane's* Falle wurden durch Chloroform inhalationen die Krämpfe gemindert.

61. Sadebaumöl.

Der Sadebaum[1]), Sabina officinalis *Garcke* (Fam. Coniferae), ein immergrüner Strauch resp. Baum von 3—10 m Höhe, findet sich einheimisch im südlichen Europa, im Orient, sowie in Nordamerika, wird bei uns oft in Parkanlagen gezogen. — Die jüngeren Zweige sind mit den Blättern dicht bedeckt. Letztere sind grün oder bläulich, 2—5 mm lang, vierzeilig an den Aesten angeordnet. Ihre Gestalt ist verschieden. Theils sind sie rautenförmig, stumpf, etwas mit dem Zweig verwachsen, die einzelnen dachziegelförmig sich deckend, nach aussen gewölbt; theils sind sie lineal-lanzettlich, zugespitzt, stachelspitzig, vom Zweige abstehend. Sie besitzen einen eigenthümlichen starken Geruch. — Die Frucht ist eine c. 8 mm lange, 6 mm breite, runde, schwarze Beere.

Der Sadebaum enthält in den Zweigspitzen c. 2 %, in den Früchten gegen 10 % eines ätherischen Oeles. Dasselbe: $C_{10}H_{16}$,

---

[1]) *Berg* und *Schmidt* XXX. a.

durch Dampfdestillation erhalten, ist farblos oder gelblich, hat einen widerlichen Geruch und scharfen Geschmack. Es siedet bei 155—160°, hat das spec. Gewicht = 0,89—0,94, ist in starkem Alkohol leicht löslich und dreht die Polarisationsebene stark nach rechts.

Vergiftungen durch Theile des Sadebaumes kommen nicht selten vor; schwangere Frauen nehmen hin und wieder das Pulver der Sadebaumspitzen, daraus dargestellte Infuse oder Decocte, oder das Sadebaumöl in verbrecherischer Absicht als Abortivum ein. Meist verliefen die Vergiftungen, ohne dass Abortus eintrat, letal. Ueber die Mengen des benutzten Pulvers resp. Oeles liegen keine Angaben vor. — Die *Pharmacopoea germanica* schreibt als Maximaldosen vor für Extractum Sabinae 0,2 g pro dosi, 1 g pro die.

Die Symptome der Vergiftung treten meist erst nach mehreren Stunden ein. Die Vergifteten werden von heftigen Schmerzen im Magen und Unterleib befallen; es erfolgt Erbrechen (von grünen, nach Sadebaum riechenden Massen, wenn das Pulver eingenommen war), selbst Blutbrechen; Strangurie, Hämaturie können ebenfalls eintreten. Später stellt sich stertoröse Respiration ein, Anästhesie, Krämpfe, Coma und Tod. Letzterer erfolgte in einzelnen Fällen schon nach c. 12 Stunden, meist aber zieht sich die Vergiftung über eine Zeit von 4—5 Tagen hin.

In der Leiche findet man die Zeichen der heftigen Gastroënteritis, Entzündung der Nieren, der Beckenorgane etc. — Behandlung: symptomatisch.

Röhrig fand, dass Sadebaumextract bei Kaninchen den ruhenden Uterus in den thätigen Zustand überzuführen vermag; die Bewegungen des Uterus haben anfangs häufig mehr den tetanischen Charakter, erst im spätern Verlauf wird der peristaltische Motus vorherrschend; diese Wirkung bleibt aus nach vorhergehender Zerstörung des Lendenmarks.

62. Giftige Arachnoideen.

Zur Klasse der Arachnoida (Typus: Arthropoda) gehören eine kleine Zahl Thiere, welche für den praktischen Toxikologen einiges Interesse besitzen.

1) Von den echten Spinnen (Ordn. Araneïda) erwähnen wir als toxikologisch wichtig nur: Lycosa tarantula *L.*, die Tarantelspinne (Fam. Lycosidae), sowie Latrodectus malmignatus; *Walck.*, die Malmignatte (Fam. Therididae), beide im südlichen Europa (Italien) einheimisch.

Die Kieferfühler dieser Thiere, bestehend aus einem an der Innenseite gefurchten Grundgliede und einem klauenförmigen, einschlagbaren, durchbohrten Endgliede, tragen eine blinddarmförmige Giftdrüse, welche eine klare, wasserhelle, ölartige, bitter schmeckende, sauer reagirende Flüssigkeit absondert; dieselbe enthält Ameisensäure.

Bei dem Biss gelangt das Gift in die Wunde und veranlasst es local starke Anschwellung, Röthe, heftigen Schmerz. Es treten, besonders wenn die Behandlung unterlassen wird, allgemeine Erscheinungen hinzu.

Zangrilli hat noch kürzlich mehrere Fälle von Tarantelstich beobachtet. Bald nach dem Biss wurde die Körperstelle anästhetisch, und traten Unruhe, Beklemmung, kalter Schweiss etc. ein; nach fünf

Stunden: convulsivisches Zittern der Beine, Schlundkrampf, Unfähigkeit zu stehen, Pulsbeschleunigung: 3tägiges Fieber, galliges Erbrechen, Genesung nach mehrstündigem Schweisse. In einem Falle gingen
die allgemeinen Convulsionen in Tetanus über und erfolgte der Tod
am 4. Tage. — Behandlung: Scarificationen, Schröpfköpfe, Liquor
Ammon. caustici, Excitantien resp. Narcotica.

Dax beschreibt mehrere durch die Malmignatte verursachte In-
toxicationen. Auch bei diesen Patienten stellten sich ein: Unbehagen,
Cephalalgie, Schwäche, heftige Rückenschmerzen, Ameisenkriechen,
Krämpfe, Dyspnoë; die Symptome verschwanden erst nach mehreren
Tagen vollständig. — Behandlung: local Ammoniak, sonst symptoma-
tisch (Aether etc.).

2) Von den Scorpionen (Ordn. Scorpionidea, Fam. Scorpionidae)
sind als die wichtigsten namhaft zu machen:

Scorpio europaeus *Schr.*, in Italien, dem südlichen Frankreich,
Tyrol vorkommend. — Buthus afer *L.*, der grösste Scorpion, bis
16 cm lang, in Afrika, auch in Ostindien einheimisch. — Androctonus bicolor *Ehrb.* in Aegypten. — Androctonus occitanus *Am.*
in Spanien, Italien, Griechenland, nördlichen Afrika.

In dem letzten Gliede des Schwanzes findet man bei den Scorpionen den Giftapparat, bestehend aus 2 ovalen Drüschen, deren
Gänge in eine rundliche Blase münden; letztere steht mit einem dunkel-
braunen, spitzen, am Ende durchbohrten Stachel resp. Haken in Verbindung. Die Scorpione stechen, indem sie den Schwanz nach vorn
über den Rücken hinbiegen und den Stachel einstossen. Hierbei dringt
die giftige Flüssigkeit in die Wunde.

Die kleinen Arten der Scorpione (die europäischen) veranlassen
nur unbedeutende Vergiftungserscheinungen, nicht intensiver als sie
auch von Bienen etc. hervorgerufen werden. Dagegen können die
grösseren exotischen Scorpione (Buthus-species) höchst bedenkliche
Krankheitserscheinungen, ja selbst den Tod hervorrufen. An der Stich-
stelle bemerkt man leichte, erysipelatöse Röthe und Anschwellung,
welche sehr schmerzhaft ist; auch kann Gangrän eintreten. Als All-
gemeinerscheinungen sind zu erwähnen: Erbrechen und Durchfälle, allgemeine Schwäche, Fieber, welche 1—1½ Tage anhalten können. In
schweren Fällen kommt es zu Ohnmachten, Delirien, Convulsionen
(Tetanus), Coma und Tod. — Behandlung: locale Application von
verdünnter Ammoniakflüssigkeit, Scarificationen etc.; symptomatisch:
Excitantien, Diaphoretica u. a. m.

Auf Thiere wirkt das Scorpiongift verschieden intensiv ein. Die
neuesten Untersuchungen wurden von *Valentin* mit Androctonus occitanus an Fröschen angestellt. Letztere werden bald nach dem Stiche
ruhiger, bewegen sich nur noch auf Reize und rufen letztere schliesslich einen rasch vorübergehenden Starrkrampf hervor (ähnlich schon
durch Erschütterungen etc.); diesen Bewegungen der Glieder folgt stets
ein flimmerndes, anhaltendes Zucken einzelner Muskelbündel nach.
Mehr und mehr wird der Frosch gelähmt und schwindet zugleich die
Reflexerregbarkeit (von hinten nach vorn fortschreitend). Jetzt erhält
man noch auf örtliche Reizung des Nerven Muskelzuckungen, später
sind die Muskeln nur noch direct erregbar.

Falck, Toxikologie.   21

63. Giftige Hexapoden.

Aus der dem Typus der Athropoden zugehörigen Klasse der Hexapoden berücksichtigen wir hier nur einige der Ordnung der Hymenopteren zugehörigen Thiere.

1) Von den Ameisen (Fam. Formicidae) kommen in Betracht, ausser den vorzugsweise exotischen Arten von Ponera, Myrmica u. a. m.: Species von Formica, besonders Formica rufa L., Formica herculanea L. etc. Alle diese Thiere besitzen am Schwanzende des Körpers sog. Giftdrüsen, die weiblichen und geschlechtslosen Individuen der exotischen Arten auch noch einen zurückziehbaren, durchbohrten Giftstachel (Formica nicht), durch welchen das Secret der Giftdrüse in die Wunde entleert wird; Formica beisst und spritzt dann das Secret in die Wunde.

Der wirksame Bestandtheil des Secretes ist freie Ameisensäure.

Verletzungen, welche durch unsere Ameisen hervorgerufen werden, sind meist nicht bedeutend: es entsteht eine leichte Röthung und Schwellung der Stelle, mit Gefühl von Brennen. — Behandlung: Waschungen mit verdünnter Aetzammoniakflüssigkeit.

2) Von den Wespen und Bienen erwähnen wir als die wichtigsten: Vespa vulgaris L., die Wespe und Vespa crabro L., die Hornisse (Fam. Vespidae), Bombus terrestris Ill., die Hummel und Apis mellifica L., die Hausbiene (Fam. Apidae).

Auch von diesen Thieren besitzen nur die weiblichen und geschlechtslosen Individuen einen Giftapparat. Derselbe besteht aus 2 dünnen, langen, röhrenförmigen, in ein ovales Bläschen mündenden Drüsen; das Giftbläschen steht durch einen dünnen Gang mit dem Stachelapparat in Verbindung. Letzterer, an einigen mit den Hinterleibsringen zusammenhängenden Schuppen befestigt, besteht aus einer hornartigen Scheide, in welcher 2 hornartige, borstenförmige, am Ende mit Sägezähnen versehene Stacheln enthalten sind. Die Stacheln und das daran hängende Giftbläschen bleiben meist in der Wunde stecken; die in dem Bläschen enthaltene Flüssigkeit dringt in die Wunde ein.

Die giftige Flüssigkeit ist wasserhell und reagirt sauer; sie enthält Ameisensäure. — In Folge des Stiches einer Biene entsteht eine erysipelatöse resp. erythematöse Anschwellung (eine Beule), welche sich weiter ausdehnen kann. Meist ist die Verletzung ungefährlich; ist in Folge eines Stiches die Zunge etc. angeschwollen, so kann in Folge dessen Erstickungsgefahr eintreten. — Ist ein Mensch von einem Bienenschwarm überfallen und zerstochen, dann können heftige Erscheinungen, als Ohnmachten, Erbrechen, Delirien, Sopor, oft in kurzer Zeit, eintreten und, jedoch selten, der Tod.

Behandlung: Entfernung des Stachels, Waschungen mit verdünntem Ammoniak, Auflegen von feuchter Erde, Bestreichen mit Oel etc. Gegen die Erstickungsgefahr: Tracheotomie; sonst symptomatisch.

64. Giftige Amphibien.

Die hier zu berücksichtigenden Thiere haben für den Toxikologen mehr wissenschaftliches als praktisches Interesse. — Die Hautdrüsen der zu behandelnden Thiere sondern ein Secret ab, welches von dem Thiere selbst willkürlich in keiner Weise entleert werden kann, das aber leicht durch Druck, oft weit spritzend, entleert wird. — Wir behandeln hier kurz:

I. Aus der Ordnung der Schwanzlurche zwei Mitglieder der Familie der Salamandridae:

1) Salamandra maculosa *Laur.*, der gefleckte Erdsalamander.

Der Drüsensaft ist milchartig, zähe, alkalisch, scharf bitter schmeckend. *Zalesky* stellte aus demselben den wirksamen Bestandtheil: Samandarin genannt, dar. Dasselbe: $C_{34}H_{60}N_2O_5$ ist eine organische Base, welche in Wasser und Alkohol löslich, krystallisirt erhalten wird; sie bildet Salze.

Das Samandarin ist ein starkes Gift. Bei Kaninchen ruft es Unruhe, Zittern, epilepsieartige Convulsionen, Kaukrämpfe, Speichelfluss hervor; schliesslich tritt Opisthotonus ein mit unterdrückter Respiration, weiten Pupillen, Anästhesie, dann Ruhe, der ein 2. Anfall folgt; der Tod erfolgt unter lähmungsartiger Ermattung. Beim Hunde tritt Erbrechen auf. Auch Frösche verfallen bald in tetanische Convulsionen, dann in Lähmung. Das Samandarin wirkt auf Hirn und Rückenmark, lässt Herz und Muskeln intact.

2) Triton cristatus *Laur.*, der Wassersalamander.

Das Secret dieser Thiere, eine weisse, milchartige, dicke, unangenehm riechende Flüssigkeit, ruft bei Hunden: allgemeine progressive Schwäche ohne Convulsionen, Verminderung der Respiration, der Herzthätigkeit hervor; Tod nach 3—18 Stunden (*Vulpian*).

II. Aus der Ordnung der schwanzlosen Lurche (Batrachia) erwähnen wir die Familie der Bufonidae und von den verschiedenen Krötenarten:

Bufo (Phryne) vulgaris *Laur.*, die gemeine Kröte und Bufo viridis *Laur.*, die grüne Kröte.

Den wirksamen Bestandtheil des gelblich-weissen, dicken, klebrigen Saftes erhielt *Fornara* als ein in Alkohol lösliches Alkaloïd, welches anfangs Bufidin, später Phrynin genannt wurde. Dasselbe, auf Thiere (nicht auf Kröten) toxisch wirkend, veranlasst Erbrechen. Convulsionen u. a. m. Bei Fröschen tritt schnell Stillstand des Herzens ein, Ueberfüllung der Vorhöfe, Stillstand der Lymphherzen, während die Athmung noch kurze Zeit anhält; die Muskeln werden frühzeitig starr.

65. Giftige Reptilien.

Die Ordnung der Ophidier (Schlangen) umfasst die für die praktische Toxikologie wichtigsten Thiere. Die Giftschlangen sind in den beiden Unterordnungen: Proteroglypha und Solenoglypha zusammengefasst. Wir führen von den zahlreichen Species nur folgende auf:

I. Proteroglypha: 1. Fam. Elapidae, Prunknattern: Naja tripudians *Merr.*, Brillenschlange, Cobra di capello; Ostindien. — Naja haje *L.*, Uraeusschlange, Aspis der Alten; Aegypten. — Elaps corallinus *L.*, Korallenotter, Cobra coral; Südamerika. — Callophis-species. — Bungarus fasciatus *Shaw.*, Krait; Ostindien. — Pseudechis *Wagl.*, Schwarzotter; Neuholland. — Acanthophis antarctica *Wagl.*; Australien. — 2. Fam. Hydrophidae, Seeschlangen: Platurus fasciatus *Daud.*, Zeilenschlange; indisches Meer. — Hydrophis gracilis *Schl.*, Wasserschlange; indisches Meer. — Pelamis bicolor *Daud.*, Plättchenschlange; indisches Meer.

II. Solenoglypha: 3. Fam. Crotalidae, Grubenottern: Crotalus durissus *L.*, Klapperschlange; Südosten v. Nordamerika. — Crotalus adamanteus *Pal.*; Mexico. — Crotalus horridus *L.*; Südamerika. — Lachesis mutus *L.*, Buschmeister, Surukuku; Brasilien. — Trigonocephalus halys.; Sibirien. — Trigonocephalus piscivorus *Holbr.*; Nordamerika. — Bothrops lanceolatus *L.*, Lanzenschlange; Antillen. — Bothrops atrox *L.*, Schararaka; Brasilien. — 4. Fam. Viperidae, Ottern: Echis carinata *Merr.*, Efa; Cairo. — Cerastes aegyptiacus *Dum.*, Hornviper; Aegypten. — Clotho arietans *Gray.*, Puffotter; Cap. — Vipera ammodytes *Dum.*, Sandotter; Südeuropa. — Vipera aspis (Redii) *Merr.*, Viper; Südwesteuropa, Italien.

Pelias berus *Merr.* (Vipera berus *Daud.*), die Kreuzotter, im mittleren Europa und Asien vorkommend. Bis 75 cm lang, grau (Männchen) resp. bräunlich (Weibchen) gefärbt, mit einer doppelten Reihe schwarzer, im Zickzack stehender Flecken auf dem Rücken, einem grossen V-förmigen, schwarzen Fleck am Hinterkopf.

Alle Giftschlangen besitzen einen Giftapparat, bestehend aus Giftdrüse und Giftzahn. — Ausser einer grossen Zahl solider Hakenzähne findet man bei den Giftschlangen noch hohle, von einem Kanal durchzogene Giftzähne, welche in dem (theilweise sehr verkümmerten) Oberkiefer, beiderseits je ein vollkommen ausgebildeter, mit bis 6 kleineren und grösseren Ersatzzähnen, befestigt sind und mit dem beweglichen Kiefer beim Oeffnen des Rachens aufgerichtet und nach vorn geschlagen werden können. Die Länge der Giftzähne ist verschieden, bei der Kreuzotter bis zu 5 mm, bei der Lanzenschlange bis 25 mm; sie sind glasartig hart, spröde und sehr spitz. Ihr Kanal mündet an der Spitze nach aussen, steht an dem andern Ende in Verbindung mit dem Ausführungsgang der Giftdrüse, welche meist zwischen Oberkiefer und Quadratbein, unter und hinter dem Auge liegt, weit nach hinten sich erstreckend (bei Callophis reicht die Drüse bis in die Bauchhöhle). Die Drüse selbst ist verschieden gestaltet, stets aber durch Bindegewebszüge in röhrenförmige Abschnitte getheilt. Das Parenchym besteht aus glashellen, neben einander liegenden Zellen. Der Ausführungsgang, oft in der Nähe des Giftzahns mit kugliger Anschwellung versehen, besitzt circuläre Muskelfasern. Durch diese, sowie durch den Druck der Schläfenmuskeln auf die Drüse, wird das Secret in den Giftzahn gepresst und gelangt dasselbe so in die Wunde.

Das so entleerte Secret ist eine wasserhelle, dünne, durchsichtige, gelbliche Flüssigkeit, deren Reaction bald als neutral, bald als sauer angegeben wird. Zahlreiche chemische Untersuchungen sind über die

Schlangengifte ausgeführt, ohne aber bis jetzt befriedigende Resultate geliefert zu haben. *Bonaparte* isolirte kürzlich aus dem Secret der Viper einen Körper, E c h i d n i n genannt, als glänzenden, durchsichtigen Firniss, der mit Kali erhitzt Ammoniak liefert. *Brunton* und *Fayrer* fanden, dass der wirksame Bestandtheil des Cobragiftes in dem Alkohol-extract enthalten sei. Das getrocknete Gift bewahrt seine Wirksamkeit ziemlich lange.

Welche Bedeutung die Giftschlangen für die praktische Toxiko-logie besitzen, geht am besten wohl aus einer Zusammenstellung *Fay-rer*'s hervor, nach der von c. 120 Millionen Einwohnern Indiens im Jahre 1869 c. 20000 durch Schlangenbiss zu Grunde gingen. Aehnliches dürfte sich in andern Tropengegenden herausstellen. Die bei uns vorkommende Kreuzotter hat nicht die grosse Bedeutung wie die Cobra u. a., und doch hört man hin und wieder auch bei uns von Otternbissen, welche den Tod veranlassten. Glücklicherweise sind die Giftschlangen, wohl mit Ausnahme der Echis, nicht sehr aggressiv und beissen nur, wenn sie gereizt werden.

Symptome der Vergiftung.

Man findet gewöhnlich die örtlichen Erscheinungen von den all-gemeinen getrennt behandelt. — Oertlich tritt meist an der Bissstelle heftiger Schmerz auf, welcher sich rasch centripetal verbreitet: es er-folgt schnell Anschwellung des Gliedes, welche sich auf die ganze Körperseite ausdehnen kann, ferner rothe, violette Farbe der Haut, Oedeme, Anästhesie, Bewusstlosigkeit, Schwere und Kälte in den Ex-tremitäten, Ecchymosen, Phlyctaenen, selbst Gangrän. — Schon kurze Zeit nach der Vergiftung treten Symptome ein, welche auf die Wir-kung des in das Blut aufgenommenen Giftes zurückgeführt werden müssen. Die Gebissenen werden von grosser Angst befallen, es stellt sich Schwindel ein, Kopfschmerzen, grosse Schwäche, Ohnmachten, Zittern; der Puls ist klein, unfühlbar, unregelmässig; die Respiration ist erschwert, dyspnoisch, es erfolgt Erbrechen von mitunter blutigen Massen, auch Durchfälle kommen vor. In einzelnen Fällen treten Convulsionen auf, in andern stellen sich Delirien ein und gehen die Gebissenen asphyctisch zu Grunde.

Symptome und Verlauf der Intoxication sind je nach der Art des Giftes (der Giftschlange) verschieden. Der Biss der Kreuzotter ver-ursacht vorzugsweise locale Affection, sowie grosse Muskelschwäche, verläuft meist günstig resp. es erfolgt der Tod erst nach mehreren Tagen: das Gift der tropischen Schlangen wirkt auf Menschen meist viel intensiver ein und kann schon nach wenigen Minuten bis einigen Stunden der Tod erfolgen, indem nach dem Biss der Cobra Bewusst-losigkeit und Coma, nach dem der Hydrophis Convulsionen zur Beob-achtung kommen.

In der L e i c h e findet man keine charakteristischen Aenderungen: es wird angeführt: schnell eintretende Verwesung, Hyperämie der Hirn-häute, der Lungen etc.

Behandlung der Vergiftung.

Ist ein Mensch von einer Giftschlange gebissen, so wird man, um die Aufnahme des Giftes in das Blut zu verhindern, das an der Bissstelle befindliche Gift unschädlich zu machen, so schnell wie möglich, dem S. 31 und 32 Gesagten entsprechend, Binden um die Extremitäten anlegen, die Wunde durch Ausdrücken und Aussaugen, sowie durch Application von Schröpfköpfen etc. zu reinigen, das Gift durch Ausschneiden der Bissstellen, durch Anwendung von Aetzmitteln (Kalilauge, Ammoniak etc.), durch Glüheisen etc. zu zerstören versuchen. Kommt die Hülfe schnell genug, dann genügt oft die locale Behandlung. — Gegen die Erscheinungen der Giftwirkung können wir nur symptomatisch vorgehen. Hier spielen Excitantien eine Hauptrolle: Alkoholica, Kampfer, Liquor Ammonii caustici u. a. m. Letzteres Mittel wird in Ostindien viel benutzt und wurde dasselbe, mit Wasser verdünnt, von *Halford* zur Injection in das Blut empfohlen. In Amerika wendet man Alkohol an, in Mengen, welche den Gebissenen in berauschten Zustand versetzen. — Ferner wende man Diaphoretica und Diuretica an, bekämpfe das Sinken der Körpertemperatur durch künstliche Erwärmung, unterhalte die Athmung künstlich durch Anwendung des electrischen Stroms etc.

Experimentaluntersuchungen.

Man hat schon oft Untersuchungen über das Schlangengift ausgeführt, um dessen Wirkung kennen zu lernen; die neuesten Untersuchungen wurden von *Brunton* und *Fayrer*, von *Valentin* und von *Albertoni* angestellt. Nach *Valentin* reagirt das ölige Secret der Vipera Redii deutlich sauer: 0,37 mg desselben tödteten einen Frosch; das Thier wird anfangs unruhig, später werden die Bewegungen träger, es treten Lähmungen ein, wobei jedoch die Reflexerregbarkeit erhöht ist. Der Kreislauf in der Schwimmhaut etc. erlischt sehr schnell, während das Herz noch schlägt. — Untersuchungen mit den verschiedenen Schlangen Ostindiens lassen kleine Unterschiede der Wirkung erkennen, doch treten auch durch diese vorzugsweise Lähmungen hervor und erfolgt der Tod in der Regel durch Lähmung der Athmung (asphyctisch): durch künstliche Athmung können die durch Cobragift hervorgerufenen Convulsionen bald zum Schwinden gebracht und das Leben erhalten werden (*Brunton* und *Fayrer*).

66. Verdorbene Nahrungsmittel.

Die Hand- und Lehrbücher der Toxikologie behandeln oft als Anhang zu den durch anerkannt giftige Thiere veranlassten Intoxicationen, eine kleine Zahl von „Vergiftungen", welche auf den Genuss animalischer Nahrungsmittel, als Würste, Schinken, Käse, Fische, Muscheln u. a. m. zurückgeführt werden. Erkrankungen dieser Art gehören nicht zu den Seltenheiten. Ich fand aus den letzten 12 Jahren 19 Berichte über hier zu berücksichtigende Intoxicationen vor. Der Genuss von verdorbenem, eingepöckeltem Fleisch veranlasste nach *Nicolas* Krankheit bei einer Schiffsbesatzung von 18 Personen. Conservirtes sog. Büchsenfleisch, welches mehrere Tage frei an der Luft gestanden, wurde von 11 Personen genossen: alle erkrankten, 2 starben am 4. resp. 5. Tage. — Mehrere (5) Berichte handeln über Erkrankungen, welche auf den Genuss von Würsten (Leberwurst, Hirnleberwurst, sog. Rinderpresssack) zurückgeführt werden; es erkrankten im Ganzen: 362 Personen, von welchen 9 starben. — Mehrere Familien erkrankten in Folge des Genusses von Sairai-Käse; eine Person starb. — 4 Berichte handeln über Erkrankungen, hervorgerufen durch den Genuss verdorbener Fische; 6 Personen verzehrten Häring in Gelée, welcher 8 Tage lang gestanden: ein Kind starb 25 Stunden nach der Mahlzeit, die übrigen wurden wieder gesund. *Casselmann* meldete 1871: 35 Todesfälle, eingetreten nach dem Genusse von gesalzenem Stör resp. Hausen (Acipenser Sturio und Huso). Aus dem Jahre 1878 werden 2 Massenerkrankungen, eine von *Herrmann*, 108 Personen betreffend (mit 2 Todesfällen), die andere von *Schaumont* über 122 Vergiftete, gemeldet, veranlasst durch die Benutzung von altem, gesalzenem und gedörrtem Kabeljau (Gadus morrhua). — Der Genuss von Muscheln (theilweise Mytilus edulis) wird in 5 Berichten als Ursache der Erkrankung genannt; es erkrankten c. 10 Personen, von welchen 5 starben. — Schliesslich haben wir noch den Bericht von *Norden* zu erwähnen: mehrere 100 Personen erkrankten ziemlich bedenklich nach dem Genusse von Garneelen, Granaten (Crangon vulgaris); 2 Erwachsene starben nach 24 resp. 56 Stunden.

Diese kurzen Angaben zeigen wohl genügend die Wichtigkeit, welche diese Erkrankungen für die praktische Toxikologie besitzen. — Ueber die Entstehung der giftigen Stoffe, über ihre Eigenschaften sind wir gar nicht unterrichtet. *Schlossberger* vermuthete in dem Wurstgift organische Basen, welche jedoch *Hoppe-Seyler* aus einer giftigen Wurst nicht darzustellen vermochte (sollte man mit Benutzung der *Dragendorff*'schen Methode nicht bessere Resultate bezüglich der Darstellung des Wurstgiftes erhalten? — Da man eine „Entmischung" der Wurstmasse, eine „modificirte Fäulniss" als Ursache des Giftes namhaft gemacht hat, so will ich nicht unterlassen, hier nochmals darauf aufmerksam zu machen [s. S. 51], dass aus dem in Fäulniss befindlichen, als giftig bekannten Mais 2 giftige Stoffe, Oleoresin und Maïsin, dargestellt wurden und *Brugnatelli* in denselben Alkaloïde nachgewiesen haben soll). — Man pflegt gewöhnlich von Wurst-, Käse-, Fischgift etc. zu sprechen; die eigentlichen giftigen Bestandtheile der verdorbenen Nahrungsmittel sind unbekannt, ebenso ist es auch nicht sicher gestellt, ob der wesentliche Bestandtheil der giftigen Würste, Fische etc. ein und derselbe chemische Körper ist oder nicht: aus den bei Menschen beobachteten Erscheinungen schliesst man, dass es sich um mehrere von einander verschiedene Giftstoffe handelt.

Von der Wurst-, Käse-, Fisch- etc. Vergiftung ist die erstgenannte für uns am wichtigsten: Fischvergiftungen werden dagegen vorzugsweise aus Russland gemeldet. Wir behandeln kurz hier nur die

Wurstvergiftung (Botulismus, Allantiasis).

Die Wurstvergiftung ist bis auf wenige Ausnahmen auf Deutschland beschränkt; von Deutschland sind wieder Württemberg, Theile von Baden und Bayern zu nennen als die Gegenden, aus welchen vorzugsweise solche Erkrankungen gemeldet wurden; nur vereinzelt kamen Wurstvergiftungen in Westfalen, Lippe, Hessen, Sachsen etc. vor.

Das auf Süddeutschland beschränkte Vorkommen der Wurstvergiftungen hat dahin geführt, die dort geübte Wurstbereitungsmethode

für die Entstehung des Wurstgiftes verantwortlich zu machen. *Müller*
führt an, dass das zur Wurstmasse bestimmte Fleisch nicht lange
genug gekocht werde, dass man Stoffe, welche der Säurung, Gährung
sehr leicht ausgesetzt sind, der Wurstmasse zusetze (zu den Leber-
würsten: Hirn, Grütze, Semmeln; zu den Blutwürsten: Milch,
Semmel, Mehl etc.) und die flüssigen Massen nicht im passenden Verhältniss zu den festen nähme. Dabei werden diese Gemenge in die
dicksten Därme gefüllt und schlecht geräuchert.

Sehr oft ist die Wurst nur in ihren centralen Theilen verändert,
giftig und ist diese Veränderung schon durch ihre breiartig erweichte,
schmierige Beschaffenheit, ihre schmutziggraue Farbe, den höchst
widrigen, ranzigen Geruch und den unangenehmen ekelhaften, sauren,
bitter scharfen Geschmack zu erkennen.

Nach *Kerner* wurden aus den Jahren 1789 bis 1822: 155 Fälle
(davon 84 gestorben) bekannt; *Schlossberger* schätzt die Zahl der Wurstvergiftungen bis zum Jahre 1853 auf 400, davon 150 Todesfälle. In
den letzten Jahren hat, wie es scheint, die Wurstvergiftung an Häufigkeit abgenommen.

Die Symptome der Vergiftung treten in der Mehrzahl (in 67 %)
der Fälle 12—24 Stunden nach der Aufnahme des Giftes ein; nur in
seltnen Fällen wurden die Erscheinungen der Erkrankung schon früher,
sogar schon nach 1 Stunde beobachtet, ebenso selten aber auch erst
später, bis zum 9. Tage. Als Symptome sind zu nennen: allgemeines
Unwohlsein, Uebelkeit und Erbrechen; Leibschmerzen und Durchfall,
welcher jedoch fehlen kann, jedenfalls bald einer hartnäckigen Verstopfung Platz macht. Dazu kommen Trockenheit und Röthe der
Mundschleimhaut, Sprech- und Schlingbeschwerden, Aphagie, Athemnoth, Heiserkeit, Husten. Bald stellt sich hochgradige Schwäche ein,
Schwindel und Kopfschmerzen; Ptosis, Mydriasis, Funken- und Doppelsehen; Ohrensausen; schlechter, ranziger Geschmack; Anästhesien,
Taubheit, Kriebeln in den Fingern etc.; schwacher, verlangsamter Puls,
trockene, verschrumpfte Haut, Abmagerung, Sinken der Körpertemperatur etc. Marastisch gehen die Patienten, selten nach vorhergegangenen
Convulsionen, zu Grunde. — Die Mortalität beträgt 23—54 %.

In den Leichen wurden keine charakteristischen Veränderungen
aufgefunden.

Behandlung: Man sorge für schnelle Entfernung der giftigen
Massen durch Brech- und Abführmittel; sonst symptomatisch.

Anhang.

Zusammenstellung

der

bei Application in den Magen zur Hervorrufung einer a c u t e n, letal
endenden Intoxication nöthigen Giftmengen,

Angabe der kleinsten Menge, welche bei Erwachsenen und Kindern
den Tod hervorgerufen hat,

sowie

die von der *Pharmacopoea germanica* (ed. 1872) festgesetzten Maximaldosen.

Gift:	Die für einen Erwachsenen als „letal" zu bezeichnende Menge:	Kleinste Menge, welche den Tod eines		Maximaldosen der *Pharmacopoea germanica*	
		Erwachsenen	Kindes	pro dosi:	pro die:
		verursacht hat:			
1. Pseudaconitin	6,5 mg	4 mg	—	—	—
Aconitin	—	—	—	4 mg	30 mg
Tubera Aconiti	—	—	—	0,15 g	0.6 g
Extractum Aconiti	—	0.3 g	—	0.025 g	0.1 g
Tinctura Aconiti	—	—	—	1 g	4 g
„ Flemings	3.75 g	1.5 g	—	—	—
2. Phosphor	0.03—0.18 g	7,5 mg	20 mg	15 mg	60 mg
3. Strychnin u. Strychninnitrat.	0,03—0,1 g	33 mg	4 mg	10 mg	30 mg
Semen Strychni	—	—	—	0.1 g	0.3 g
Extract. Strychni spirituosum	—	—	—	0,05 g	0.15 g
Extr. Strychni aquosum	—	—	—	0,2 g	0.6 g
Tinctura Strychni	—	—	—	0.5 g	1.5 g
4. Coniin	—	—	—	1 mg	3 mg
Herba Conii	—	—	—	0.3 g	2 g
Extract. Conii	—	—	—	0,18 g	0.6 g
5. Nicotin	36,5 mg	—	—	—	—
Fol. Nicotianae	—	1,95 g	—	—	—
6. Rhizoma Veratri	—	1.3 g	—	0,3 g	1.2 g
Veratrin	—	—	—	5 mg	30 mg
7. Colchicin.	60—70 mg (25—30 mg: *Casper*)	25 mg	—	—	—
Tinctura Colchici	40 g	—	—	2 g	6 g
Vinum „	40 g	13.65 g	—	2 g	6 g

Gift:	Die für einen Erwachsenen als „letal" zu bezeichnende Menge:	Kleinste Menge, welche den Tod eines		Maximaldosen der *Pharmacopoea germanica*	
		Erwachsenen	Kindes	pro dosi:	pro die:
		verursacht hat:			
8. Blausäure	65 mg	58.5 mg	—	—	—
Aqua Amygdalar. amararum	65 g	—	—	2 g	7 g
Aqua Lauro-Cerasi	65 g	—	—	2 g	7 g
Cyankalium	0,157 g	—	—	—	—
Amygdalin	1.105 g	—	—	—	—
Amygdalae amarae	45 g	—	—	—	—
9. Morphinsalze	0,18—0,39 g	0.065 g	—	0.03 g	0.12 g
Opium	1.25—2 g	0,26 g	6,7 mg	0.15 g	0,5 g
		0.0325 g	0.7 mg		
		(*Taylor*)	(*Edwards*)		
Extractum Opii	—	—		0.1 g	0.4 g
Tinctura Opii crocata u. simplex	—	—	—	1.5 g	5 g
Codeïnum	—	—	—	0.05 g	0,1 g
10. Atropinsalze	—	0.13 g	0.095 g	1 mg	3 mg
Radix Belladonnae	—	—	—	0,1 g	0.4 g
Folia „	—	—	—	0.2 g	0,6 g
Extract. „	—	—	—	0.1 g	0.4 g
Tinctura „	—	—	—	1 g	4 g
Folia Stramonii	—	—	—	0.25 g	1 g
Extract. „	—	—	—	0.1 g	0.4 g
Tinctura „	—	—	—	1 g	3 g
Folia Hyoscyami	—	—	—	0.3 g	1 g
Extract. „	—	—	—	0.2 g	1 g
11. Acid. arsenicosum	0.13—0,195 g	0.13 g	—	5 mg	10 mg
Liquor Kali arsenicosi	—	—	—	0.4 g	2 g = 22 mg As₂O₃!
12. Extractum Fabae Calabaricae	—	—	—	0.02 g	0.06 g
13. Quecksilbersalze:					
Hydr. bichlorat. corros	—	0,195 g	0.195 g	0.03 g	0.1 g
„ bijodat. rubr. u. oxydat. rubr.	—	—	—	0.03 g	0.1 g
„ jodat. flav.	—	—	—	0.06 g	0.4 g
„ nitric. oxydulat.	—	—	—	0.015 g	0,06 g
Liquor Hydrarg. nitric. oxydul.	—	—	—	0.1 g	0.5 g
14. Tartarus stibiatus	0.65—1.3 g	0.195 g	—	0.2 g	1 g
15. Argentum nitricum	—	—	—	0.03 g	0.2 g
16. Santonin	—	—	0.12 g	0.1 g	0.5 g
Flores Cinae	—	—	10 g	—	—
17. Jod	0,9—1.2 g	—	0.12 g	—	—
Tinctura Jodi	3.75 g	30 g	1.3 g	0.3 g	1.2 g
18. Chloralhydrat	5—10 g	1.25 g	4 g	4 g	8 g
19. Cantharides	—	1.44 g	—	0.05 g	0.15 g
Tinctur. Cantharidum	—	30 g	—	0.5 g	1.5 g
20. Acid. carbolic.	15 g	6 g	5 g	0.05 g	0,15 g

Gift:	Die für einen Erwachsenen als „letal" zu bezeichnende Menge:	Kleinste Menge, welche den Tod eines Erwachsenen	Kindes verursacht hat:	Maximaldosen der *Pharmacopoea germanica* pro dosi:	pro die:
21. Zinc. chlorat.	—	6 g	—	0,015 g	0.1 g
„ sulfuricum	—	7.6 g	—	0,06 g	0.3 g
„ „ pro emetico refract. dosi	—	—	—	1,2 g	—
Zinc. lactic. u. valerianic.	—	—	—	0.06 g	0.3 g
22. Plumb. aceticum	—	—	—	0.06 g	0.4 g
23. Cupr. sulfuric.	—	26.25 g	—	0.1 g	0.4 g
„ „ pro emetico refract. dosi	—	—	—	1 g	—
Grünspan	—	15 g	1.25 g	—	—
24. Baryum chloratum	—	10 g	—	0.12 g	1.5 g
„ -nitrat.	—	15 g	—	—	—
25. Extract. Sabiuae	—	—	—	0.2 g	1 g
26. Folia Digitalis	—	c. 2.5 g	—	0.3 g	1 g
Extract. „	—	1,2 g	—	0.2 g	0.8 g
Tinctura „	—	25 g	—	2 g	6 g
„ „ aether.	—	—	—	1 g	3 g
27. Radix Hellebori viridis	—	c. 2 g	—	0.3 g	1.2 g
28. Brom	weniger als 3,75 g	30 g	—	—	—
29. Aetzammoniaklösung	4—8 g	—	—	—	—
30. Schwefelsäure	—	3,9 g	3 g	—	—
31. Nitrobenzol	—	4—5 g	—	—	—
32. Pottasche	10—20 g	—	—	—	—
33. Schwefelkalium	11—15 g	—	—	—	—
34. Salpetersäure	mehr als 15 g	8 g	8 g	—	—
35. Kaliumbichromat.	—	8 g	—	—	—
36. Kockelskörner	—	—	c. 2.5 g	—	—
37. Oxalsäure	—	11.25 g	3,75 g	—	—
38. Salzsäure	30 g	15 g	4 g	—	—
39. Chloroform	40 g	15 g	4 g	—	—
40. Salpeter	—	25 g	—	—	—
41. Alaun	—	30 g	0,9 g	—	—
42. Chlorsaures Kalium	—	30 g	3.9 g	—	—
43. Kaliumsulfat	—	37.5 g	—	—	—
44. Lauge, Javelle'sche	150—200 g	—	—	—	—
45. Alkohol	—	c. 330 g	75 g Gin. 120 g Brandy	—	—

Register.

www.ingramcontent.com/pod-product-compliance
Lightning Source LLC
Chambersburg PA
CBHW021405210326

41599CB00011B/1012